★ 案例名称　卡通名片设计　30页
★ 视频位置　多媒体教学\第2章\2.2 卡通名片设计.avi
★ 学习目标　学习卡通名片的制作方法

★ 案例名称　科技公司名片设计　37页
★ 视频位置　多媒体教学\第2章\2.3 科技公司名片设计.avi
★ 学习目标　掌握科技公司名片的制作方法

★ 案例名称　印刷公司名片设计　40页
★ 视频位置　多媒体教学\第2章\2.4 印刷公司名片设计.avi
★ 学习目标　学习印刷公司名片的制作方法

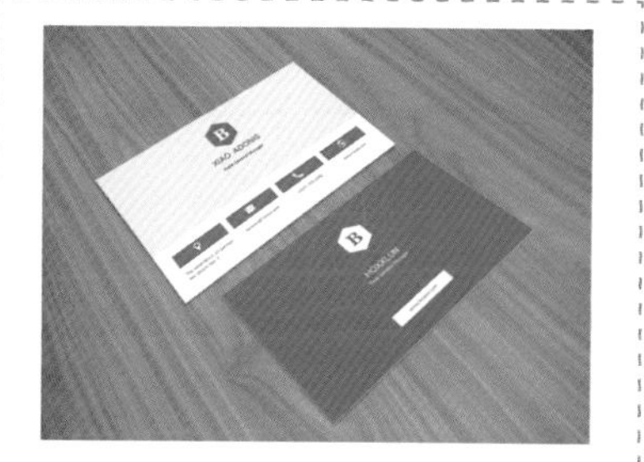

★ 案例名称　环球贸易名片设计　44页
★ 视频位置　多媒体教学\第2章\2.5 环球贸易名片设计.avi
★ 学习目标　掌握环球贸易名片的制作方法

★ 案例名称　运动名片设计　49页
★ 视频位置　多媒体教学\第2章\2.6 运动名片设计.avi
★ 学习目标　学习运动名片的制作方法

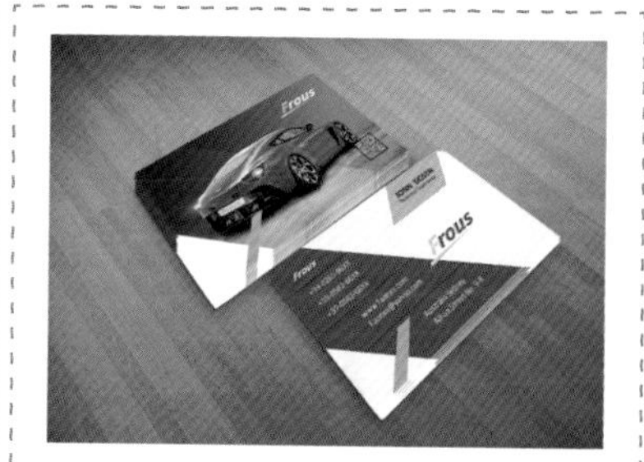

★ 案例名称　车行名片设计　55页
★ 视频位置　多媒体教学\第2章\2.7 车行名片设计.avi
★ 学习目标　掌握车行名片的制作方法

★ 案例名称　时尚名片设计　64页
★ 视频位置　多媒体教学\第2章\2.8 时尚名片设计.avi
★ 学习目标　掌握时尚名片的制作方法

★ 案例名称　美容院名片设计　68页
★ 视频位置　多媒体教学\第2章\2.9 美容院名片设计.avi
★ 学习目标　学习美容院名片的制作方法制作方法

★ 案例名称　网络时代名片设计　74页
★ 视频位置　多媒体教学\第2章\2.10 网络时代名片设计.avi
★ 学习目标　掌握网络时代名片的制作方法

★ 案例名称　社交公司名片设计　79页
★ 视频位置　多媒体教学\第2章\2.11 社交公司名片设计.avi
★ 学习目标　掌握社交公司名片的制作方法

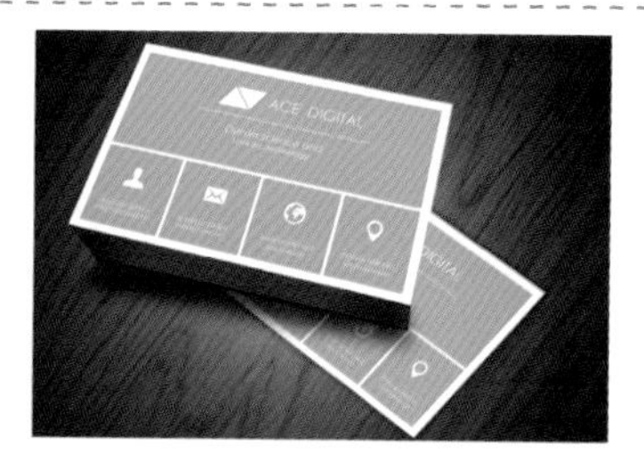

★ 案例名称　课后习题1——网络公司名片设计　83页
★ 视频位置　多媒体教学\第2章\2.13.1 课后习题1——网络公司名片设计.avi
★ 学习目标　学习网络公司名片的制作方法

★ 案例名称　课后习题2——地产公司名片设计　83页
★ 视频位置　多媒体教学\第2章\2.13.2 课后习题2——地产公司名片设计.avi
★ 学习目标　掌握地产公司名片的制作方法

优秀作品赏析

★ 案例名称　课后习题3——数码公司名片设计　84页
★ 视频位置　多媒体教学\第2章\2.13.3 课后习题3——数码公司名片设计.avi
★ 学习目标　掌握数码公司名片的制作方法

★ 案例名称　糖果进度条设计　93页
★ 视频位置　多媒体教学\第3章\3.2 糖果进度条设计.avi
★ 学习目标　学习糖果进度条的制作方法

★ 案例名称　iOS相册图标设计　99页
★ 视频位置　多媒体教学\第3章\3.3 iOS相册图标设计.avi
★ 学习目标　掌握iOS相册图标的制作方法

★ 案例名称　音乐图标设计　101页
★ 视频位置　多媒体教学\第3章\3.4 音乐图标设计.avi
★ 学习目标　学习音乐图标的制作方法

★ 案例名称　邮箱图标设计　104页
★ 视频位置　多媒体教学\第3章\3.5 邮箱图标设计.avi
★ 学习目标　掌握邮箱图标的制作方法

★ 案例名称　启动旋钮设计　108页
★ 视频位置　多媒体教学\第3章\3.6 启动旋钮设计.avi
★ 学习目标　学习启动旋钮的制作方法

★ 案例名称　播放器图标设计　113页
★ 视频位置　多媒体教学\第3章\3.7 播放器图标设计.avi
★ 学习目标　掌握播放器图标的制作方法

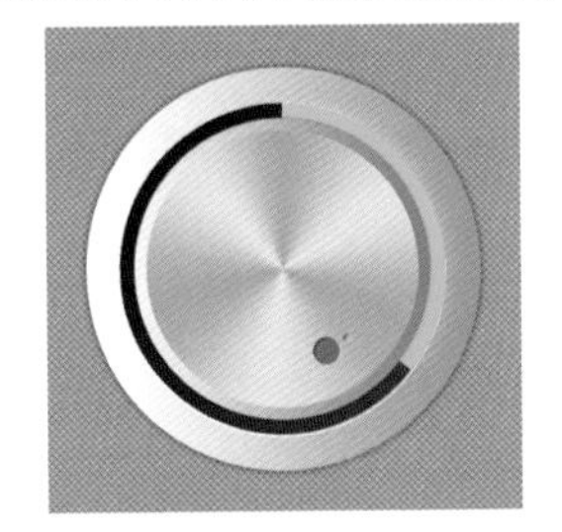

★ 案例名称　进度旋钮设计　119页
★ 视频位置　多媒体教学\第3章\3.8 进度旋钮设计.avi
★ 学习目标　掌握进度旋钮的制作方法

★ 案例名称　时钟图标设计　123页
★ 视频位置　多媒体教学\第3章\3.9 时钟图标设计.avi
★ 学习目标　学习时钟图标的制作方法

★ 案例名称　游戏图标设计　126页
★ 视频位置　多媒体教学\第3章\3.10 游戏图标设计.avi
★ 学习目标　掌握游戏图标的制作方法

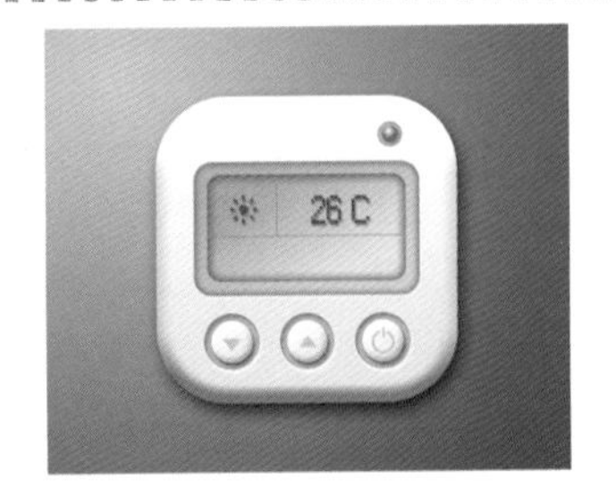

★ 案例名称　空调控件设计　130页
★ 视频位置　多媒体教学\第3章\3.11 空调控件设计.avi
★ 学习目标　掌握空调控件的制作方法

★ 案例名称　个人社交信息界面设计　137页
★ 视频位置　多媒体教学\第3章\3.12 个人社交信息界面设计.avi
★ 学习目标　学习个人社交信息界面的制作方法

★ 案例名称　会员登录界面设计　139页
★ 视频位置　多媒体教学\第3章\3.13 会员登录界面设计.avi
★ 学习目标　掌握会员登录界面的制作方法

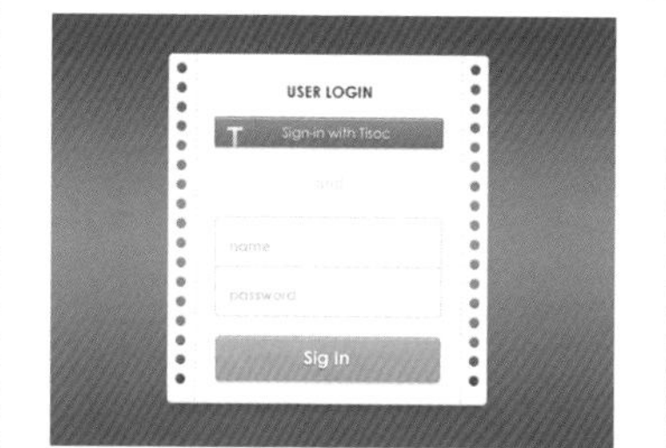

★ 案例名称　社交应用登录界面设计　140页
★ 视频位置　多媒体教学\第3章\3.14 社交应用登录界面设计.avi
★ 学习目标　掌握社交应用登录界面的制作方法

★ 案例名称　课后习题1——扁平相机图标　146页
★ 视频位置　多媒体教学\第3章\3.16.1 课后习题1——扁平相机图标.avi
★ 学习目标　学习扁平相机图标的制作方法

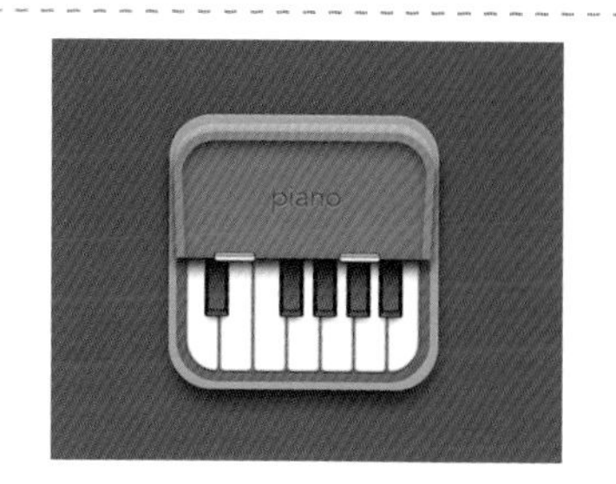

★ 案例名称　课后习题2——钢琴图标　147页
★ 视频位置　多媒体教学\第3章\3.16.2 课后习题2——钢琴图标.avi
★ 学习目标　掌握钢琴图标的制作方法

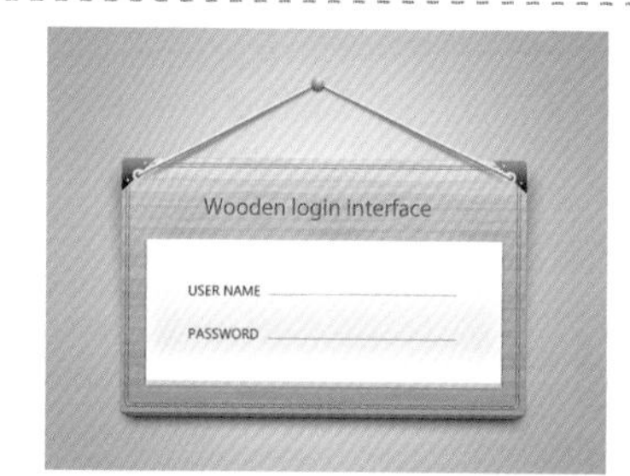

★ 案例名称　课后习题3——木质登录界面　147页
★ 视频位置　多媒体教学\第3章\3.16.3 课后习题3——木质登录界面.avi
★ 学习目标　掌握木质登录界面的制作方法

★ 案例名称　课后习题4——日历和天气图标　148页
★ 视频位置　多媒体教学\第3章\3.16.4 课后习题4——日历和天气图标.avi
★ 学习目标　学习日历和天气图标的制作方法

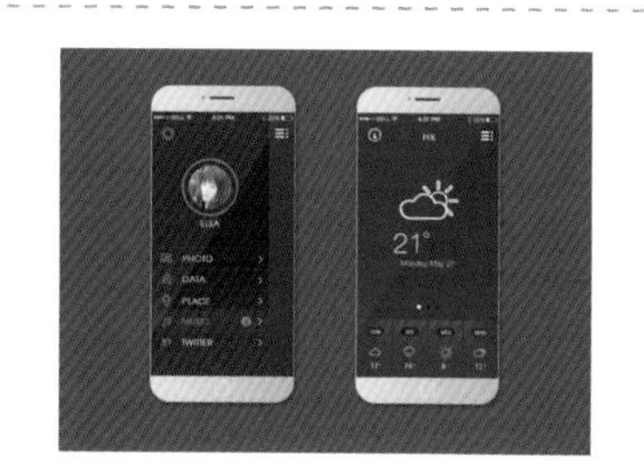

★ 案例名称　课后习题5——概念手机界面　148页
★ 视频位置　多媒体教学\第3章\3.16.5 课后习题5——概念手机界面.avi
★ 学习目标　掌握概念手机界面的制作方法

★ 案例名称　沙滩风情POP设计　153页
★ 视频位置　多媒体教学\第4章\4.2 沙滩风情POP设计.avi
★ 学习目标　掌握沙滩风情POP的制作方法

★ 案例名称 美食POP设计 157页
★ 视频位置 多媒体教学\第4章\4.3 美食POP设计.avi
★ 学习目标 学习美食POP的制作方法

★ 案例名称 手机POP设计 162页
★ 视频位置 多媒体教学\第4章\4.4 手机POP设计.avi
★ 学习目标 学习手机POP的制作方法

★ 案例名称 美食套餐POP设计 168页
★ 视频位置 多媒体教学\第4章\4.5 美食套餐POP设计.avi
★ 学习目标 掌握美食套餐POP的制作方法

★ 案例名称 节日折扣POP设计 171页
★ 视频位置 多媒体教学\第4章\4.6 节日折扣POP设计.avi
★ 学习目标 学习节日折扣POP的制作方法

★ 案例名称 课后习题1——地产POP设计 180页
★ 视频位置 多媒体教学\第4章\4.8.1 课后习题1——地产POP设计.avi
★ 学习目标 掌握地产POP的制作方法

★ 案例名称 课后习题2——通信POP设计 180页
★ 视频位置 多媒体教学\第4章\4.8.2 课后习题2——通信POP设计.avi
★ 学习目标 掌握通信POP的制作方法

★ 案例名称 手机DM单广告设计 185页
★ 视频位置 多媒体教学\第5章\5.2 手机DM单广告设计.avi
★ 学习目标 学习手机DM单广告的制作方法

★ 案例名称 活动DM单广告设计 193页
★ 视频位置 多媒体教学\第5章\5.3 活动DM单广告设计.avi
★ 学习目标 掌握活动DM单广告的制作方法

★ 案例名称 知识竞赛DM单广告设计 202页
★ 视频位置 多媒体教学\第5章\5.4 知识竞赛DM单广告设计.avi
★ 学习目标 学习知识竞赛DM单广告的制作方法

★ 案例名称　课后习题3——蛋糕POP设计 181页
★ 视频位置　多媒体教学\第4章\4.8.3 课后习题3——蛋糕POP设计.avi
★ 学习目标　学习蛋糕POP的制作方法

★ 案例名称　购物DM单广告设计 208页
★ 视频位置　多媒体教学\第5章\5.5 购物DM单广告设计.avi
★ 学习目标　掌握购物DM单广告的制作方法

★ 案例名称　折扣DM单广告设计 213页
★ 视频位置　多媒体教学\第5章\5.6 折扣DM单广告设计.avi
★ 学习目标　学习折扣DM单广告的制作方法

★ 案例名称　课后习题2——地产DM单页广告设计 219页
★ 视频位置　多媒体教学\第5章\5.8.2 课后习题2——地产DM单页广告设计.avi
★ 学习目标　掌握地产DM单页广告的制作方法

★ 案例名称　课后习题1——街舞三折页DM广告设计 219页
★ 视频位置　多媒体教学\第5章\5.8.1 课后习题1——街舞三折页DM广告设计.avi
★ 学习目标　掌握街舞三折页DM广告的制作方法

★ 案例名称　课后习题3——酒吧DM单广告设计 220页
★ 视频位置　多媒体教学\第8章\5.8.3 课后习题3——酒吧DM单广告设计.avi
★ 学习目标　学习酒吧DM广告的制作方法

★ 案例名称　汽车音乐海报设计　225页
★ 视频位置　多媒体教学\第6章\6.2 汽车音乐海报设计.avi
★ 学习目标　学习汽车音乐海报的制作方法

★ 案例名称　草莓音乐吧海报设计　233页
★ 视频位置　多媒体教学\第6章\6.3　草莓音乐吧海报设计.avi
★ 学习目标　掌握草莓音乐吧海报的制作方法

★ 案例名称　地产海报设计　239页
★ 视频位置　多媒体教学\第6章\6.4 地产海报设计.avi
★ 学习目标　学习地产海报的制作方法

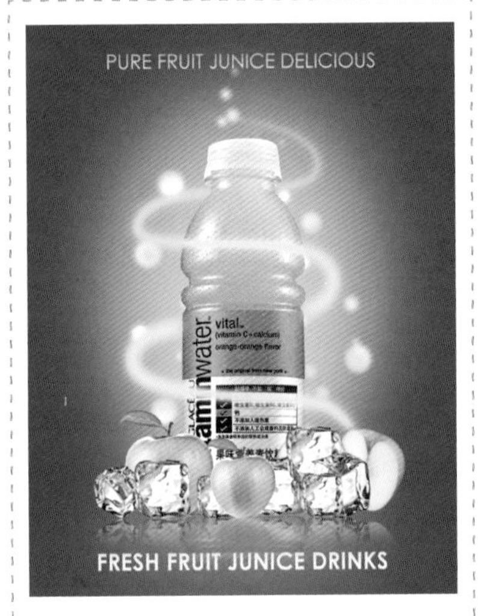

★ 案例名称　饮料海报设计　245页
★ 视频位置　多媒体教学\第6章\6.5 饮料海报设计.avi
★ 学习目标　掌握饮料海报的制作方法

★ 案例名称　课后习题1——3G宣传海报设计　251页
★ 视频位置　多媒体教学\第6章\6.7.1　课后习题1——3G宣传海报设计.avi
★ 学习目标　学习3G宣传海报的制作方法

★ 案例名称　课后习题2——招聘海报设计　252页
★ 视频位置　多媒体教学\第6章\6.7.2 课后习题2——招聘海报设计.avi
★ 学习目标　掌握招聘海报的制作方法

★ 案例名称　课后习题3——环保手机海报设计　252页
★ 视频位置　多媒体教学\第6章\6.7.3　课后习题3——环保手机海报设计.avi
★ 学习目标　掌握环保手机海报的制作方法

★ 案例名称　科技封面装帧设计　263页
★ 视频位置　多媒体教学\第7章\7.2 科技封面装帧设计.avi
★ 学习目标　学习科技封面装帧的制作方法

★ 案例名称　工业封面装帧设计　271页
★ 视频位置　多媒体教学\第7章\7.3 工业封面装帧设计.avi
★ 学习目标　掌握工业封面装帧的制作方法

★ 案例名称 印刷封面装帧设计 277页
★ 视频位置 多媒体教学\第7章\7.4 印刷封面装帧设计.avi
★ 学习目标 学习印刷封面装帧的制作方法

★ 案例名称 汽车画册封面装帧设计 282页
★ 视频位置 多媒体教学\第7章\7.5 汽车画册封面装帧设计.avi
★ 学习目标 掌握汽车画册封面装帧的制作方法

★ 案例名称 课后习题1——地产杂志封面设计 287页
★ 视频位置 多媒体教学\第7章\7.7.1 课后习题1——地产杂志封面设计.avi
★ 学习目标 学习地产杂志封面的制作方法

★ 案例名称 课后习题2——公司宣传册封面设计 287页
★ 视频位置 多媒体教学\第7章\7.7.2 课后习题2——公司宣传册封面设计.avi
★ 学习目标 掌握公司宣传册封面的制作方法

★ 案例名称 课后习题3——旅游杂志封面设计 288页
★ 视频位置 多媒体教学\第7章\7.7.3 课后习题3——旅游杂志封面设计.avi
★ 学习目标 掌握旅游杂志封面的制作方法
★ 难易指数 ★★☆☆☆

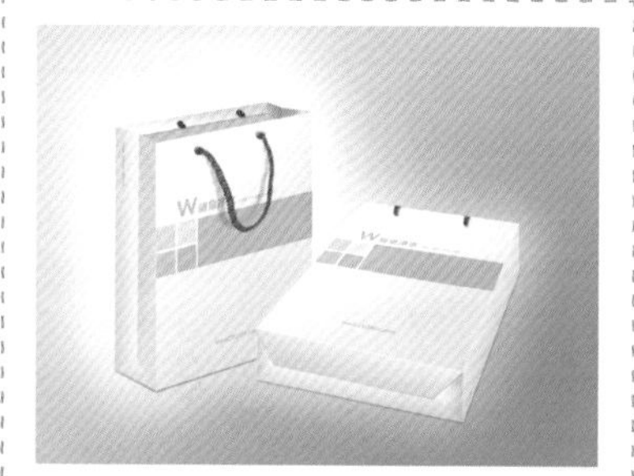

★ 案例名称 简约手提袋包装设计 294页
★ 视频位置 多媒体教学\第8章\8.2 简约手提袋包装设计.avi
★ 学习目标 学习简约手提袋包装的制作方法

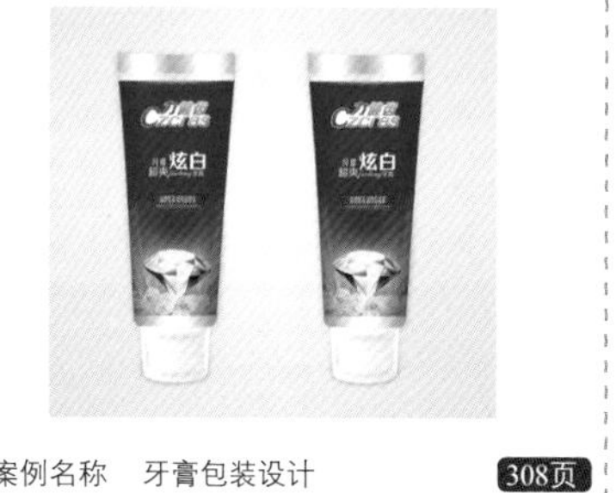

★ 案例名称 牙膏包装设计 308页
★ 视频位置 多媒体教学\第8章\8.3 牙膏包装设计.avi
★ 学习目标 掌握牙膏包装的制作方法

★ 案例名称 巧克力包装设计 320页
★ 视频位置 多媒体教学\第8章\8.4 巧克力包装设计.avi
★ 学习目标 学习巧克力包装的制作方法

★ 案例名称 果酱包装设计 331页
★ 视频位置 多媒体教学\第8章\8.5 果酱包装设计.avi
★ 学习目标 掌握果酱包装的制作方法

★ 案例名称 饼干包装设计 342页
★ 视频位置 多媒体教学\第8章\8.6 饼干包装设计.avi
★ 学习目标 学习饼干包装的制作方法

★ 案例名称 咖啡杯包装设计 349页
★ 视频位置 多媒体教学\第8章\8.7 咖啡杯包装设计.avi
★ 学习目标 掌握咖啡杯包装的制作方法

★ 案例名称 课后习题1——手提袋包装设计 358页
★ 视频位置 多媒体教学\第8章\8.9.1 课后习题1——手提袋包装设计.avi
★ 学习目标 掌握手提袋包装的制作方法

★ 案例名称 课后习题2—— 油鸡包装设计 359页
★ 视频位置 多媒体教学\第8章\8.9.2 课后习题2——油鸡包装设计.avi
★ 学习目标 学习油鸡包装的制作方法

Photoshop+Illustrator平面设计实用教程

水木居士 编著

人民邮电出版社
北京

图书在版编目（CIP）数据

Photoshop+Illustrator平面设计实用教程 / 水木居士编著. -- 北京 : 人民邮电出版社, 2016.7(2017.1重印)
ISBN 978-7-115-41557-8

Ⅰ. ①P… Ⅱ. ①水… Ⅲ. ①图象处理软件－教材
Ⅳ. ①TP391.41

中国版本图书馆CIP数据核字(2016)第084806号

内 容 提 要

本书是讲解商业平面设计的全实例教程，以深入浅出、直观易懂的讲解方式，将 Photoshop 和 Illustrator 合二为一，使读者在学习案例操作的过程中掌握更多的软件实用功能。

本书由平面设计基础知识、商业名片设计、UI 图标及界面设计、艺术 POP 广告设计、DM 广告设计、精美海报设计、封面装帧设计及商业包装设计八部分组成，案例经典，具有较强的针对性和实用性。本书在讲解过程中详细分析每个案例的操作步骤，全面解析实例的制作方法，为读者提供广泛的设计思路，使读者在学习的过程中逐渐感受平面设计的无穷魅力。

本书提供教学光盘，包括书中所有案例的素材文件及效果文件，同时还提供了所有实例的操作讲解视频，读者可以配合学习，提高效率。此外，为方便老师教学，本书还提供 PPT 教学课件，真正物有所值。

本书适合想要从事平面广告设计、工业设计、企业形象策划、产品及包装造型、印刷排版等工作的读者学习使用，同时，也可以作为培训机构、大中专院校相关专业的教学参考书或上机实践指导用书。

◆ 编　　著　水木居士
责任编辑　张丹阳
责任印制　陈　犇

◆ 人民邮电出版社出版发行　　北京市丰台区成寿寺路 11 号
邮编　100164　　电子邮件　315@ptpress.com.cn
网址　http://www.ptpress.com.cn
北京昌平百善印刷厂印刷

◆ 开本：787 × 1092　1/16
印张：22.5　　彩插：4
字数：660 千字　　2016 年 7 月第 1 版
印数：3 001 – 3 800 册　　2017 年 1 月北京第 2 次印刷

定价：49.00 元（附光盘）

读者服务热线：(010)81055410　印装质量热线：(010)81055316
反盗版热线：(010)81055315
广告经营许可证：京东工商广字第 8052 号

前 言

平面设计也称为视觉传达设计，它是以视觉作为沟通和表现形式，透过多种方式来创造并结合符号、图片和文字传达想法或讯息的视觉表现。平面设计师可以利用视觉艺术、版面制作、计算机软件等方面的专业技巧，来达到创作视觉设计的目的。现在有越来越多的人从事平面设计，其中不乏设计爱好者，他们对设计抱有极大的热情，但缺乏正确的指导，甚至设计工具的使用水平也高低不一。在这种情况下《Photoshop + Illustrator平面设计实用教程》一书为他们指明了正确的方向。

本书详细讲解了Photoshop和Illustrator的知识与技巧，读者通过对精品实例的学习，应能掌握设计技巧，熟练运用Photoshop和Illustrator，在设计创意之旅中得到全方位的提升。

全书采用生动的图文编写形式，将Photoshop、Illustrator两种软件相结合来完成实例的创作，同时将各种设计理论与实际案例融合在一起，对于每一个设计案例都讲解应如何思考、为什么、怎么做。这种循序渐进的编写方式，让读者在学习理论知识的同时还能掌握设计软件的操作技巧，真正做到理论与实践并重，将Photoshop和Illustrator完美结合，通过不同实战案例的学习来完成理论知识与实战学习的双重体验。

本书的主要特色包括以下4点。

- 全实例操作。覆盖Photoshop、Illustrator两款软件全实例操作，通过精彩实例的练习，从根本上掌握软件及设计知识。
- 最全面案例。包含基础的商业名片制作、商业海报设计、封面装帧设计等众多实例，几乎囊括了所有设计分类。
- 最超值的赠送。所有案例素材+所有案例源文件+高清语音教学视频。
- 高清有声教学。所有案例都配有高清语音教学视频，让大家体验大师面对面、手把手的教学。

本书附带一张DVD教学光盘，内容包括“案例文件”“素材文件”“多媒体教学”和“PPT课件”4个文件夹。在“案例文件”中包含本书所有案例的原始分层PSD和AI格式文件；在“素材文件”中包含本书所有案例用到的素材文件；在“多媒体教学”中包含本书所有课堂案例和课后习题的高清多媒体视频教学录像文件；在“PPT课件”中包含任课老师教学使用的PPT课件。

为了达到使读者轻松自学并深入了解平面设计的目的，本书在版面结构设计上尽量做到清晰明了，如下图所示。

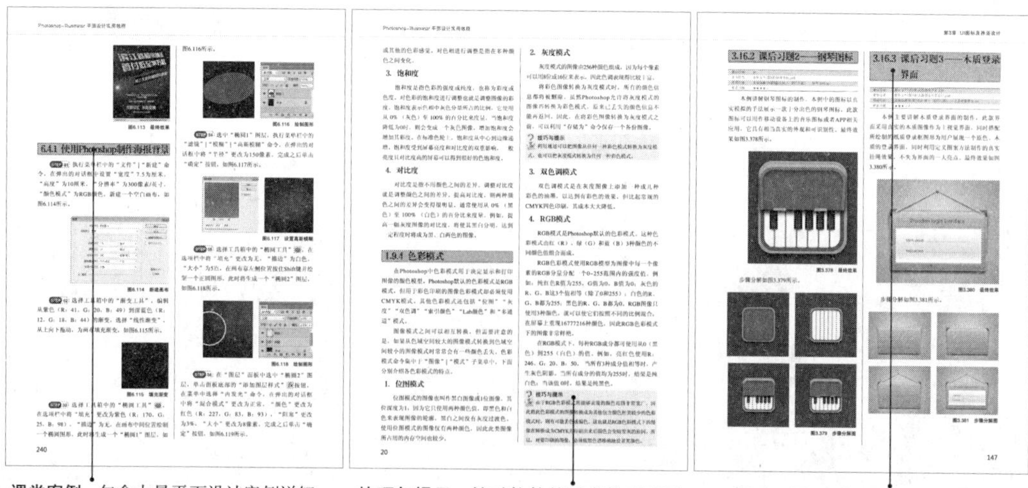

课堂案例：包含大量平面设计案例详解，让读者深入掌握平面设计的制作流程，以快速提高平面设计能力。

技巧与提示：针对软件的适应技巧及平面设计制作过程中的难点进行重点提示。

课后习题：安排重要的平面设计习题，让读者在学完相应内容后继续强化所学技能。

本书的参考学时为56学时，其中讲授环节为40学时，实训环节为16学时，各章的参考学时参见下面的学时分配表。

章节	课程内容	学时分配	
		讲授学时	实训学时
第1章	平面设计基础知识	3	
第2章	商业名片设计	6	2
第3章	UI图标及界面设计	6	3
第4章	艺术POP广告设计	4	2
第5章	DM广告设计	6	2
第6章	精美海报设计	4	2
第7章	封面装帧设计	5	3
第8章	商业包装设计	6	2
课时总计	56	40	16

本书由水木居士编著，在此感谢所有创作人员对本书付出的努力。在创作的过程中，由于时间仓促，错误在所难免，希望广大读者批评指正。如果在学习过程中发现问题或有更好的建议，欢迎发邮件到bookshelp@163.com与我们联系。

编 者

目 录 CONTENTS

目录 CONTENTS

目 录 CONTENTS

第1章

平面设计基础知识

在当今信息相当重要的时代，平面设计是企业宣传的重要手段。本章从平面设计的基础知识开始，详细讲解平面设计的基本概念、流程、常用软件以及常用尺寸等内容。希望读者充分掌握本章内容，为以后的平面设计打下基础。

教学目标

- 了解平面设计的基础概念
- 了解平面设计的流程
- 了解平面设计的常用软件及应用范围
- 掌握平面设计的常用尺寸及印刷知识
- 掌握颜色的基本原理与概念
- 掌握图像基础知识

1.1 平面设计的基本概念

平面设计的定义泛指具有艺术性和专业性，以“视觉”作为沟通和表现的方式，将不同的基本图形按照一定的规则在平面上组合成图案，是借此来传达想法或信息的视觉表现，平面设计即是平面广告设计。平面广告设计这个术语出于英文“graphic”，在现代平面设计形成前，这个术语泛指各种通过印刷方式形成的平面艺术形式。“平面”这个术语当时的含义不仅指作品是二维空间的、平面的，它还具有“批量生产的”含义，并因此与单张单件的艺术品区别开来。

平面设计，英文名称为Graphic Design，Graphic常被翻译为“图形”或者“印刷”，其作为“图形”的涵盖面要比“印刷”大。因此，广义的图形设计就是平面设计，主要在二度空间范围之内以轮廓线划分图与底之间的界限来描绘形象。也有人将Graphic Design翻译为“视觉传达设计”，即用视觉语言进行传递信息和表达观点的设计，这是一种以视觉媒介为载体，向大众传播信息和情感的造型性活动。此定义始于20世纪80年代，如今视觉传达设计所涉及的领域在不断地扩大，已远远超出平面设计的范畴。

设计一词来源于英文“design”，平面设计在生活中无处不在，比如小的宣传册、路边广告牌等。每当读者翻开一本版式明快、色彩跳跃、文字流畅、设计精美的杂志，都有一种让人爱不释手的感觉，即使对其中的文字内容并没有什么兴趣，有些精致的广告也能吸引住你。这就是平面设计的魅力。它能把一种概念或一种思想通过精美的构图、版式和色彩，传达给观者。平面设计的设计范围和门类建筑包括工业、环艺、装潢、展示、服装和平面设计等。

设计是有目的的策划，平面设计是这些策划将要采取的形式之一，在平面设计中需要用视觉元素来传播设计者的设想和计划，用文字和图形把信息传达给观众，让人们通过这些视觉元素了解设计者的设想和计划，这才是设计的真正定义。

1.2 平面设计的一般流程

平面设计的过程是有计划、有步骤的渐进式完善的过程，设计的成功与否在很大程度上取决于理念是否准确，考虑是否完善。设计之美永无止境，完善取决于态度。平面设计的一般流程如下。

1. 前期沟通

客户提出要求，并提供公司的背景、企业文化、企业理念以其他相关资料，以更好地进行设计。设计师这时一般还要做一个市场调查，以做到心中有数。

2. 达成合作意向

通过沟通，达成合作意向，然后签订合作协议，这时客户一般要支付少量的预付款，以便开始设计工作。

3. 设计师分析设计

设计师根据前期的沟通及市场调查，配合客户提供的相关信息，制作出初稿，一般要有2~3个方案，以便客户选择。

4. 第一次客户审查

将前面设计的几个方案提交给客户审查，以满足客户要求。

5. 客户提出修改意见

客户在提交的方案中提出修改意见，以供设计师修改。

6. 第二次客户审查

根据客户的要求，设计师再次进行分析修改，确定最终的海报方案，完成海报设计。

7. 包装印刷

双方确定设计方案，然后经设计师处理后，提交给印刷厂进行印制，完成设计制作。

1.3 平面设计常用软件

平面设计软件一直是应用热门领域，我们可以将其划分为图像绘制和图像处理两个部分，下面简单介绍这方面一些常用软件的情况。

1. Adobe Photoshop

Photoshop是Adobe公司旗下最为出名的图像处理软件之一，是集图像扫描、编辑修改、图像制作、广告创意和图像输入与输出于一体的图形图像处理软件，深受广大平面设计人员和电脑（计算机，俗称电脑）美术爱好者的喜爱。这款美国Adobe公司的软件一直是图像处理领域的“巨无霸”，在出版印刷、广告设计、美术创意、图像编辑等领域得到了极为广泛的应用。

Photoshop的专长在于图像处理，而不是图形创作。有必要区分一下这两个概念。图像处理是对已有的位图图像进行编辑加工处理以及运用一些特殊效果，其重点在于对图像的处理加工；图形创作软件是按照自己的构思创意，使用矢量图形来设计图形，这类软件主要有Adobe公司的另一个著名软件Illustrator和Macromedia公司的Freehand，不过Freehand已经快要退出历史舞台了。

平面设计是Photoshop应用最为广泛的领域，无论是图书封面还是大街上的招贴、海报，这些具有丰富图像的平面印刷品基本上都需要利用Photoshop软件对图像进行处理。

2. Adobe Illustrator

Illustrator是美国Adobe公司推出的专业矢量绘图工具，是出版、多媒体和在线图像的工业标准矢量插画软件。Illustrator是由Adobe公司出品，Adobe公司英文全称是Adobe Systems Inc.，始创于 1982 年，是广告、印刷、出版和Web领域首屈一指的图形设计、出版和成像软件设计公司，同时也是世界上第二大桌面软件公司。公司为图形设计人员、专业出版人员、文档处理机构和Web设计人员，以及商业用户和消费者提供了首屈一指的软件。

无论生产印刷出版线稿的设计者、专业插画家、生产多媒体图像的艺术家还是互联网网页、在线内容的制作者，都会发现Illustrator 不仅仅是一个艺术产品工具，它能适合大部分小型设计到大型的复杂项目。

3. Corel CorelDraw

CorelDRAW Graphics Suite是一款由世界顶尖软件公司之一的加拿大Corel公司开发的图形图像软件，是集矢量图形设计、矢量动画、页面设计、网站制作、位图编辑、印刷排版、文字编辑处理和图形高品质输出于一体的平面设计软件，深受广大平面设计人员的喜爱，目前主要在广告制作、图书出版等方面得到广泛的应用，与其功能类似的软件有Illustrator和Freehand。

CorelDraw图像软件是一套屡获殊荣的图形图像编辑软件，它包含两个绘图应用程序：一个用于矢量图及页面设计；一个用于图像编辑。这套绘图软件组合是强大的交互式工具，使用户可创作出多种富于动感的特殊效果及点阵图像即时效果，并且在简单的操作中就可得到实现——而不会丢失当前的工作。通过Coreldraw的全方位的设计及网页功能可以融合到用户现有的设计方案中，灵活性十足。

Coreldraw软件非凡的设计能力广泛地应用于商标设计、标志制作、模型绘制、插图绘画、排版及分色输出等诸多领域。其被喜爱的程度可用事实说明——用于商业设计和美术设计的PC电脑上几乎都安装了CorelDRAW。

4. Adobe InDesign

Adobe的InDesign是一个定位于专业排版领域的全新软件，是面向公司专业出版方案的新平台，由Adobe公司在1999年9月1日发布。InDesign集众家之长，从多种桌面排版技术汲取精华，比如将QuarkXPress和Corel-Ventura（Corel公司的一款著名的排版软件）等高度结构化程序方式与比较自然化的PageMaker方式相结合，为杂志、书籍、广告等灵活多变而复杂的设计工作提供了一系列更完善的排版功能。尤其该软件是基于一个创新的、面向对象的开放体系（允许第三方进行二次开发扩充加入功能），大大增加了专业设计人员用排版工具软件表达创意和观点的能力。虽然InDesign出道较晚，但在功能上反而更加完美与成熟。

5. Adobe PageMaker

PageMaker是由创立桌面出版概念的公司之一的Aldus于1985年推出，后来在升级至5.0版本时，在1994年被Adobe公司收购。PageMaker提供了一套完整的工具，用来制作专业、高品质的出版刊物。它的稳定性、高品质及多变化的功能特别受到使用者的赞赏。另外，在6.5版中添加的一些新功能让我们能够以多样化、高生产力的方式，通过印刷或是互联网来出版作品。另外，在6.5版中为与Adobe Photoshop 5.0配合使用提供了相当多的新功能。PageMaker在界面上及使用上就如同Adobe Photoshop、Adobe Illustrator及其他Adobe的产品一样，让我们可以更容易地运用Adobe的产品。最重要的一点是，在PageMaker的出版物中，置入图的方式可谓是最好的。通过链接的方式置入图，可以确保印刷时的清晰度，这一点在彩色印刷时尤其重要。

PageMaker操作简便但功能全面。借助丰富的模板、图形及直观的设计工具，用户可以迅速入门。作为最早的桌面排版软件，PageMaker曾取得过不错的业绩，但在后期与QuarkXPress的竞争中一直处于劣势。由于PageMaker的核心技术相对陈旧，在7.0版本之后，Adobe公司便停止了对其更新升级，而以新一代排版软件InDesign取代。

6. Adobe Freehand

Freehand（FH）是Adobe公司软件中的一员，是一个功能强大的平面矢量图形设计软件，无论要做广告创意、书籍海报、机械制图还是要绘制建筑蓝图，Freehand都是一件强大、实用而又灵活的利器。

Freehand是一款方便的、可适合不同应用层次用户需要的矢量绘图软件，可以在一个流程化的图形创作环境中提供从设计理念完美地过渡到实现设计、制作、发布所需要的一切工具，而且这些操作都在同一个操作平台中完成，其最大的优点是可以充分发挥人的想象空间，始终以创意为先来指导整个绘图，目前该软件在印刷排版、多媒体、网页制作等领域得到广泛的应用。

7. QuarkXPress

QuarkXpress是Quark公司的产品之一，是世界上最被广泛使用的版面设计软件之一。它被世界上先进的设计师、出版商和印刷厂用来制作宣传手册、杂志、书本、广告、商品目录、报纸、包装、技术手册、年度报告、贺卡、刊物、传单和建议书等。它把专业排版、设计、彩色和图形处理功能、专业作图、文字处理、复杂的印前作业等全部集成在一个应用软件中。因为QuarkXPress有Mac OS版本和Windows 95/98、Windows NT版本，因此可以方便地在跨平台环境下工作。

无可比拟的先进产品QuarkXPress是世界各出版商使用的先进的主流设计产品。它精确的排版、版面设计和彩色管理工具提供从构思到输出等设计的每一个环节的前所未有的命令和控制。QuarkXPress中文版还针对中文排版特点增加和增强了许多中文处理的基本功能，包括简–繁字体混排、文字直排、单字节直转横、转行禁则、附加拼音或注音、字距调整和中文标点选项等。作为一个完全集成的出版软件包，QuarkXPress是为印刷和电子传递而设计的单一内容的开创性应用软件。

1.4 平面广告软件应用范围

平面设计是一门历史悠久、应用广泛、功能基础的应用设计艺术。在设计服务业中，平面设计是所有设计的基础，也是设计业中应用范围最为广泛的类别。平面设计已经成为现代销售推广不可缺少的一个平面媒体广告设计方式，平面设计的范围也变得越来越大，越来越广。

1. 广告创意设计

广告创意设计是平面软件应用最为广泛的领域之一，无论是大街上看到的招贴、海报和POP，还是拿在手中的书籍、报纸和杂志等，基本上都应用了平面设计软件进行处理。常用软件有Photoshop、Illustrator、CorelDRAW和Freehand。图1.1所示为广告创意设计效果。

图1.1 广告创意设计

2. 数码照片处理

在平面设计软件中，Photoshop具有强大的图像修饰功能。利用这些功能可以快速修复一张破损的老照片，也可以修复人物面部上的斑点等缺陷，还可以完成照片的校色、修正和美化肌肤等。图1.2所示为数码照片处理效果。

图1.2 数码照片处理效果

3. 影像创意合成

平面设计软件还可以将多个影像进行创意合成，将原本不相关的对象组合在一起，也可以使用“狸猫换太子”的手段使图像发生面目全非的巨大变化。当然在这方面Photoshop是最擅长的。常用软件有Photoshop和Illustrator。图1.3所示为平面设计在影像创意合成中的应用。

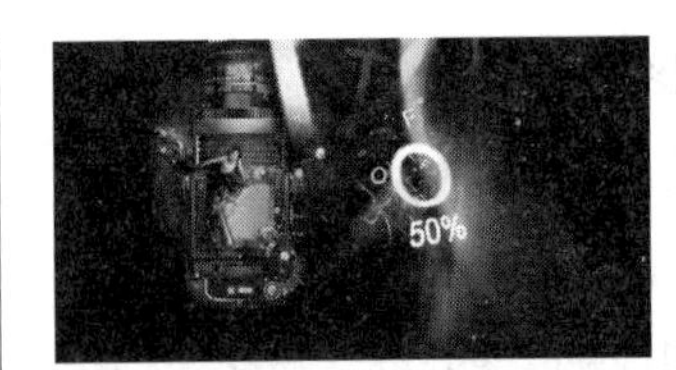

图1.3 影像创意合成设计

4. 插画设计

插画，英文为illustration，源自拉丁文illustraio，意指照亮。插画在中国被人们俗称为插图。今天通行于国外市场的商业插画包括出版物插图、卡通吉祥物、影视与游戏美术设计和广告插画4种形式。实际上在中国，插画已经遍布于平面和电子媒体、商业场馆、公众机构、商品包装、影视演艺海报、企业广告甚至T恤、日记本、贺年卡片设计。常用软件有Illustrator和CorelDRAW。图1.4所示为插画设计效果。

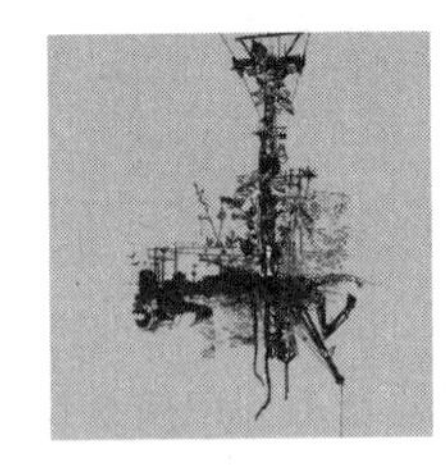

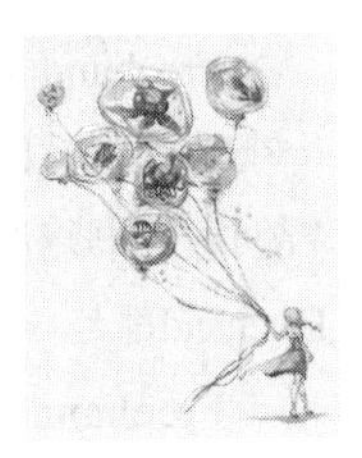

图1.4 插画设计效果

5. 网页设计

网站是企业向用户和浏览者提供信息的一种方式，是企业开展电子商务的基础设施和信息平台，离开网站去谈电子商务是不可能的。使用平面设计软件不但可以处理网页所需要的图片，还可以制作整个网页版面，并可以为网页制作动画效果。常用软件有Photoshop、Illustrator、CorelDRAW和Freehand。图1.5所示为网页设计效果。

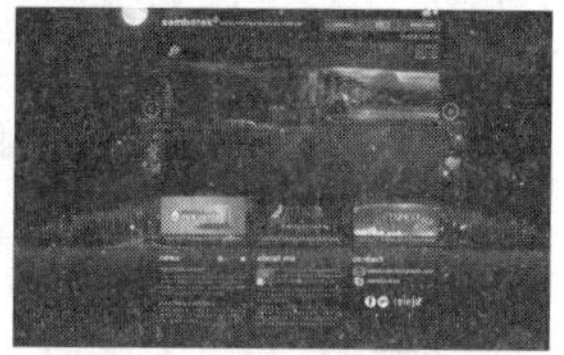

图1.5 网页设计效果

6. 特效艺术字

艺术字广泛应用于宣传、广告、商标、标语、黑板报、企业名称、会场布置、展览会以及商品包装和装潢、各类广告、期刊和书籍装帧等，越来越被大众所喜爱。艺术字是经过专业的字体设计师艺术加工的汉字变形字体，字体特点符合文字含义，具有美观有趣、易认易识和醒目张扬等特性，是一种有图案意味或装饰意味的字体变形。利用平面设计软件可以制作出许多美妙奇异的特效艺术字。常用软件有Photoshop、Illustrator和CorelDRAW。图1.6所示为特效艺术字效果。

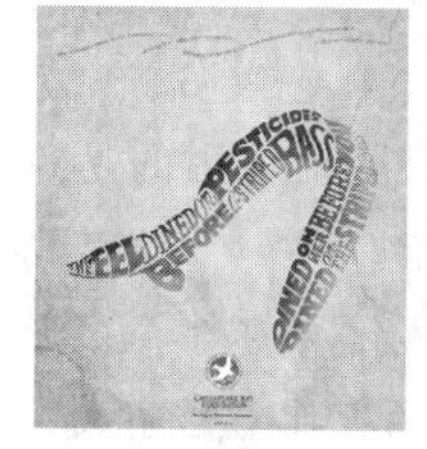

图1.6 特效艺术字效果

7. 室内外效果图后期处理

现在的室内外装修设计已经不是原来那种只把房子建起、东西摆放一下的简单设计了，随着三维技术软件的成熟，从业人员的水平越来越高，现在的装修效果图基本可以与装修实景图媲美。效果图通常可以理解为对设计者的设计意图和构思进行形象化再现的形式。现在多见的是手绘效果图和电脑效果图。在制作建筑效果图时，许多的三维场景是利用三维软件制作出来的，但其中的人物及配景还有场景的颜色通常是通过平面设计软件后期添加的，这样不但节省了大量的渲染输出时间，也可以使画面更加美化、真实。常用软件有Photoshop。图1.7所示为室内外效果图后期处理效果。

图1.7 室内外效果图后期处理效果

8. 绘制和处理游戏人物或场景贴图

现在几乎所有的三维软件贴图都离不开平面软件，特别是Photoshop。像3ds Max、Maya等三维软件的人物或场景模型的贴图，通常都是使用Photoshop进行绘制或处理后应用在三维软件中的，比如人物的面部和皮肤贴图，游戏场景的贴图和各种有质感的材质效果都是使用平面软件绘制或处理的。常用软件有Photoshop、Illustrator和CorelDRAW。图1.8所示为游戏人物和场景贴图效果。

图1.8 游戏人物或场景贴图效果

1.5 平面设计常用尺寸

对于纸张的大小一般都要按照国家制定的标准。在设计时还要注意纸张的开版，以免造成不必要的浪费，印刷常用纸张开数如表1-1所示。

表1-1 印刷常用纸张开数

正度纸张：787 mm×1092 mm		大度纸张：889 mm×1194mm	
开数（正）	尺寸单位（mm）	开数（大）	尺寸单位（mm）
2开	540×780	2开	590×880
3开	360×780	3开	395×880
4开	390×543	4开	440×590
6开	360×390	6开	395×440
8开	270×390	8开	295×440
16开	195×270	16开	220×2950
32开	195×135	32开	220×145
64开	135×95	64开	110×145

名片又称为卡片，中国古代称为名刺，是标示姓名及其所属组织、公司单位和联系方法的纸片。名片是新朋友互相认识、自我介绍的最快、最有效的方法。名片常用尺寸见表1-2。

表1-2 名片的常用尺寸

类型	方角（单位mm）	圆角（单位mm）
横版	90×55	85×54
竖版	50×90	54×85
方版	90×90	90×95

除了纸张和名片尺寸，还应该认识其他一些常用的设计尺寸，见表1-3。

表1-3 常用的设计尺寸

类别	标准尺寸（单位mm）	4开（单位mm）	8开（单位mm）	16开（单位mm）
IC卡	85×54	—	—	—
三折页广告	—	—	—	210×285
普通宣传册	—	—	—	210×285
文件封套	220×305	—	—	—
招贴画	540×380	—	—	—
挂旗	—	540×380	376×265	—
手提袋	400×285×80	—	—	—
信纸、便条	185×260	—	—	210×285

1.6 印刷输出知识

对于设计完成的作品，还需要将其印刷出来，以做进一步的封装处理。现在的设计师不但要精通设计，还要熟悉印刷流程及印刷知识，从而使制作出来的设计流入社会，以现实其设计目的及价值。在设计完作品并进入印刷流程前，还要注意几个问题。

1. 字体

印刷中的字体是需要注意的地方，对于不同的字体有着不同的使用习惯。一般来说，宋体主要用于印刷物的正文部分；楷体一般用于印刷物的批注、提示或技巧部分；黑体由于字体粗壮，所以一般用于各级标题及需要醒目的位置；如果用到其他特殊的字体，注意在印刷前要将字体随同印刷物一起交到印刷厂，以免出现字体的错误。

2. 字号

字号即字体的大小，一般国际上通用的是点制，也可称为磅制，在国内以号制为主。一般常见的有三号、四号和五号等。字号标称数越小，字形越大，如三号字比四号字大，四号字比五号字大。常用字号与磅数换算表如表1-4所示。

表1-4 常用字号与磅数换算表

字号	磅数
小五号	9磅
五号	10.5磅
小四号	12磅
四号	16磅
小三号	18磅
三号	24磅
小二号	28磅
二号	32磅
小一号	36磅
一号	42磅

3. 颜色

在交付印刷厂前，分色参数将对图片转换时的效果好坏起到决定性的作用。对分色参数的调整将在很大程度上影响图片的转换，所有的印刷输出图像文件都要使用CMYK的色彩模式。

4. 格式

在进行印刷提交时，还要注意文件的保存格式，一般用于印刷的图形格式为EPS格式，当然TIFF也是较常用的，但要注意软件本身的版本，不同的版本有时会出现打不开的情况，这样也不能进行印刷。

5. 分辨率

通常，在制作阶段就已经将分辨率设置好了，但在输出时也要注意，根据不同的印刷要求会有不同的印刷分辨率设计。一般报纸采用分辨率为125~170dpi，杂志、宣传品采用分辨率为300dpi，高品质书籍采用分辨率为350~400dpi，宽幅面采用分辨率为75~150dpi（如大街上随处可见的海报）。

1.7 印刷的分类

印刷也分为多种类型，不同的包装材料也有着不同的印刷工艺，大致可以分为凸版印刷、平版印刷、凹版印刷和孔版印刷4大类。

1. 凸版印刷

凸版印刷比较常见，也比较容易理解，比如人们常用的印章便利用了凸版印刷。凸版印刷的印刷面是突出的，油墨浮在凸面上，在印刷物上经过压力作用而形成印刷，而凹陷的面由于没有油墨，也就不会产生变化。

凸版印刷又包括有活版与橡胶版两种。凸版印刷色调浓厚，一般用于信封、名片、贺卡和宣传单等印刷。

2. 平版印刷

平版印刷在印刷面上没有凸出与凹陷之分，它利用水与油不相融的原理进行印刷，将印纹部分保持一层油脂，而非印纹部分吸收一定的水分，在印刷时带有油墨的印纹部分便印刷出颜色，从而形成印刷。

平版印刷制作简便、成本低且色彩丰富，可以进行大规模印刷，一般用于海报、报纸、包装、书籍、日历和宣传册等印刷。

3. 凹版印刷

凹版印刷与凸版印刷正好相反，印刷面是凹进的，当印刷时将油墨装于版面上，油墨自然积于凹陷的印纹部分，然后将凸起部分的油墨擦干净，再进行印刷，这样就是凹版印刷。由于它的制版印刷等费用较高，一般性印刷很少使用。

凹版印刷使用寿命长，线条精美，印刷数量大，不易假冒，一般用于钞票、股票、礼券和邮票等。

4. 孔版印刷

孔版印刷就是通过孔状印纹漏墨而形成透过式印刷，像学校常用的用钢针在蜡纸上刻字然后印刷学生考卷，这种就是孔版印刷。

孔版印刷油墨浓厚，色调鲜丽，由于是透过式印刷，所以可以进行各种弯曲的曲面印刷，这是其他印刷所不能的。孔版印刷一般用于圆形、罐、桶、金属板和塑料瓶等。

1.8 平面设计师职业简介

平面设计师是用设计语言将产品或被设计媒体的特点和潜在价值表现出来，展现给大众，从而产生商业价值和物品流通。

1. 平面设计师分类

平面设计师主要分为美术设计及版面编排两大类。

美术设计主要是融合工作条件的限制及创意而创设出一个新的版面样式或构图，用以传达设计者的主观意念；而版面编排则是以创设出来的版面样式或构图为基础，将文字置入页面中，达到一定的页数以便完成成品。

美术设计与版面编排两者的工作内容差不多，关联性高，经常是由同一个平面设计师来执行，但因为一般认知美术设计工作比起版面编排来更具创意，因此一旦细分工作时，美术设计的薪水待遇会比版面编排部分来得高，而且多数的新手会先从学习版面编排开始，然后再进阶到美术设计。

2. 优秀平面设计师的基本要求

要成为优秀的平面设计师，应该具备以下几点。

- 具有较强的市场感受能力和把握能力。
- 不能一味地抄袭，要对产品和项目的诉求点有挖掘能力和创造能力。
- 具有一定的美术基础，有一定美学鉴定能力。
- 对作品的市场匹配性有判断能力。
- 有较强的客户沟通能力。
- 熟练掌握相关平面设计软件如矢量绘图软件Coreldraw 或 Illustrator、图像照片处理软件Photoshop、文字排版软件Pagemaker、方正排版或InDesign，掌握设计的各种表现技法，能完成从草图构思到设计成形。

3. 平面设计师认证

中国认证平面设计师证书（Adobe China Certified Designer，ACCD）是指Adobe公司为通过Adobe平面设计产品软件认证考试组合者统一颁发的证书。

Adobe考试由Adobe公司在中国授权的考试单位组织进行。通过该考试者可以获得Adobe中国认证平面设计师证书。如果你想成为一位图形设计师、网页设计师、多媒体产品开发商或广告创意专业人士，“Adobe中国认证设计师（ACCD）”正是你所需的。作为一名“Adobe中国认证设计师”，将被Adobe公司授予正式认证书。作为一位高技能、专家水平的Adobe软件产品用户，可以享受Adobe公司给予的特殊待遇，授权用户在宣传资料中使用ACCD称号和Adobe认证标志，以及在Adobe和相关Web网页上公布个人资料等。

作为一名有Adobe认证的设计师，可在宣传材料上使用Adobe项目标识，向同事、客户和老板展示Adobe的正式认证，从而在就业、重用、升迁中有更多的机会，去展示非凡的才华。要获得Adobe中国认证设计师(ACCD)证书要求通过以下四门考试 。

- Adobe Photoshop
- Adobe Illustrator
- Adobe InDesign
- Adobe Acrobat

1.9 颜色的基本原理与概念

颜色是设计中的关键元素，下面来详细讲解色彩的原理、色彩模式以及色调、色相、饱和度和对比度的概念。

1.9.1 色彩原理

黄色是由红色和绿色构成的，没有用到蓝色，因此蓝色和黄色便是互补色。绿色的互补色是洋红色，红色的互补色是青色。这就是为什么能看到除红、绿、蓝三色外其他颜色的原因。把光的波长叠加在一起时，会得到更明亮的颜色。所以原色被称为加色。将光的所有颜色都加到一起，就会得到最明亮的光线白光。因此，当看到一张白纸时，所有的红、绿、蓝波长都会反射到人眼中。当看到黑色时，光的红、绿、蓝波长都完全被物体吸收了，因此就没有任何光线反射到人眼中。

在颜色轮中，颜色排列在一个圆中，以显示彼此之间的关系，如图1.9所示。

原色沿圆圈排列，彼此之间的距离完全相等。每种次级色都位于两种原色之间。在这种排列方式中，每种颜色都与自己的互补色直接相对，轮中每种颜色都位于产生它的两种颜色之间。

通过颜色轮可以看出将黄色和洋红色加在一起

便产生红色。因此，如果要从图像中减去红色，只需要减少黄色和洋红色的百分比即可。要为图像增加某种颜色，其实是减去它的互补色。例如，要使图像更红一些，实际上是减少青色的百分比。

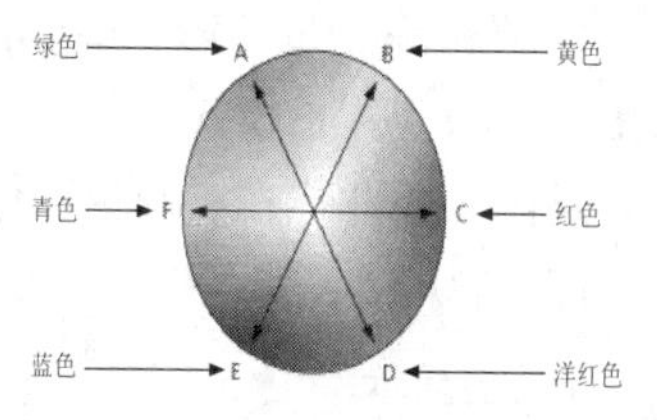

图1.9 色轮的显示

1.9.2 原色

原色，又称为基色，三基色（三原色）是指红（R）、绿（G）、蓝（B）三色，是调配其他色彩的基本色。原色的色纯度最高、最纯净、最鲜艳。可以调配出绝大多数色彩，而其他颜色不能调配出三原色。

加色三原色基于加色法原理。人的眼睛是根据所看见的光的波长来识别颜色的。可见光谱中的大部分颜色可以由3种基本色光按不同的比例混合而成，这3种基本色光的颜色就是红（Red）、绿（Green）、蓝（Blue）三原色光。这3种光以相同的比例混合且达到一定的强度，就呈现白色；若3种光的强度均为零，就是黑色。这就是加色法原理，加色法原理被广泛应用于电视机、监视器等主动发光的产品中。其原理如图1.10所示。

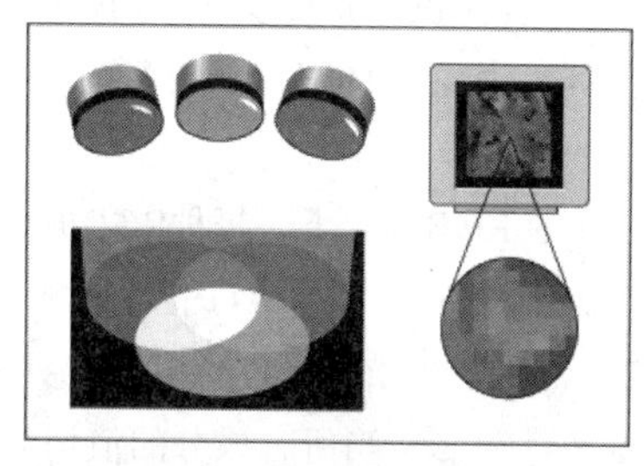
图1.10 RGB色彩模式的色彩构成示意图

减色原色是指一些颜料，当按照不同的组合将这些颜料添加在一起时，可以创建一个色谱。减色原色基于减色法原理。与显示器不同，在打印、印刷、油漆和绘画等靠介质表面的反射被动发光的场合，物体所呈现的颜色是光源中被颜料吸收后所剩余的部分，所以其成色的原理叫做减色法原理。打印机使用减色原色（青色、洋红色、黄色和黑色颜料）并通过减色混合来生成颜色。减色法原理被广泛应用于各种被动发光的场合。在减色法原理中的三原色颜料分别是青（Cyan）、品红（Magenta）和黄（Yellow）。通常所说的CMYK模式就是基于这种原理，其原理如图1.11所示。

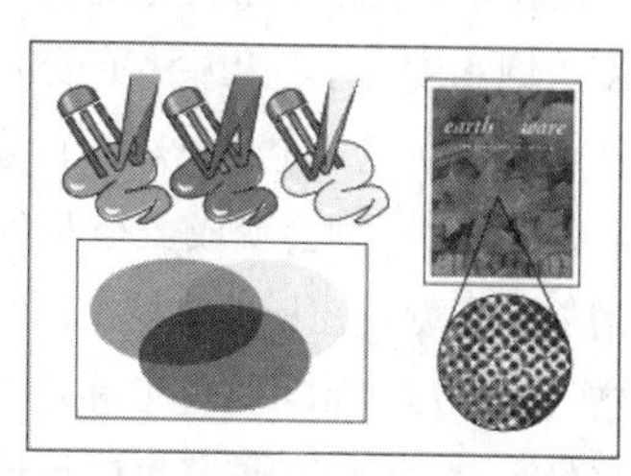
图1.11 CMYK色彩模式的色彩构成示意图

1.9.3 色调、色相、饱和度、对比度

在学习使用图像处理的过程中，常接触到有关图像的色调、色相（Hue）、饱和度（Saturation）和对比度（Brightness ）等基本概念，HSB颜色模型如图1.12所示。下面对它们进行简单介绍。

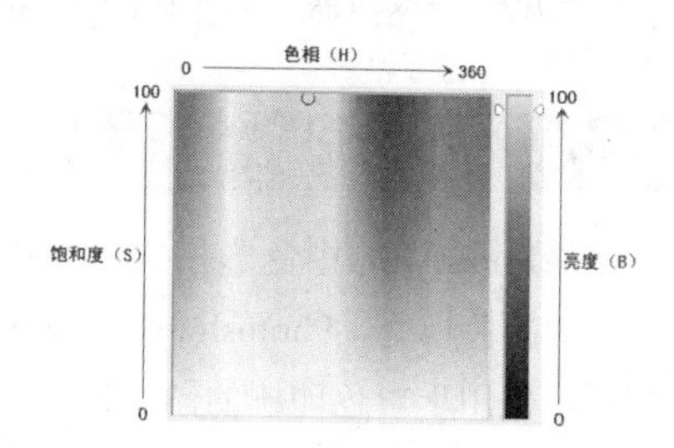

图1.12 HSB颜色模型

1. 色调

色调是指图像原色的明暗程度。调整色调就是指调整其明暗程度。色调的范围为0~255，共有256种色调。图1.13所示的灰度模式，就是将黑色到白色之间连续划分成256个色调，即由黑到灰，再由灰到白。

图1.13 灰度模式

2. 色相

色相，即各类色彩的相貌称谓。色相是一种颜色区别于其他颜色最显著的特性，在0~360度的标准色轮上按位置度量色相。它用于判断颜色是红、绿

或其他的色彩感觉。对色相进行调整是指在多种颜色之间变化。

3. 饱和度

饱和度是指色彩的强度或纯度，也称为彩度或色度。对色彩的饱和度进行调整也就是调整图像的彩度。饱和度表示色相中灰色分量所占的比例，它使用从 0%（灰色）至 100% 的百分比来度量，当饱和度降低为0时，则会变成一个灰色图像，增加饱和度会增加其彩度。在标准色轮上，饱和度从中心到边缘递增。饱和度受到屏幕亮度和对比度的双重影响，一般亮度且对比度高的屏幕可以得到很好的色饱和度。

4. 对比度

对比度是指不用颜色之间的差异。调整对比度就是调整颜色之间的差异。提高对比度，则两种颜色之间的差异会变得很明显。通常使用从 0%（黑色）至 100%（白色）的百分比来度量。例如，提高一幅灰度图像的对比度，将使其黑白分明，达到一定程度时将成为黑、白两色的图像。

1.9.4 色彩模式

在Photoshop中色彩模式用于决定显示和打印图像的颜色模型。Photoshop默认的色彩模式是RGB模式，但用于彩色印刷的图像色彩模式却必须使用CMYK模式。其他色彩模式还包括“位图”“灰度”“双色调”“索引颜色”“Lab颜色”和“多通道”模式。

图像模式之间可以相互转换，但需要注意的是，如果从色域空间较大的图像模式转换到色域空间较小的图像模式时常常会有一些颜色丢失。色彩模式命令集中于“图像”|“模式”子菜单中，下面分别介绍各色彩模式的特点。

1. 位图模式

位图模式的图像也叫做黑白图像或1位图像，其位深度为1，因为它只使用两种颜色值，即黑色和白色来表现图像的轮廓，黑白之间没有灰度过渡色。使用位图模式的图像仅有两种颜色，因此此类图像所占用的内存空间也较少。

2. 灰度模式

灰度模式的图像由256种颜色组成，因为每个像素可以用8位或16位来表示，因此色调表现得比较丰富。

将彩色图像转换为灰度模式时，所有的颜色信息都将被删除。虽然Photoshop允许将灰度模式的图像再转换为彩色模式，原来已丢失的颜色信息不能再返回。因此，在将彩色图像转换为灰度模式之前，可以利用“存储为”命令保存一个备份图像。

技巧与提示

利用通道可以把图像从任何一种彩色模式转换为灰度模式，也可以把灰度模式转换为任何一种彩色模式。

3. 双色调模式

双色调模式是在灰度图像上添加一种或几种彩色的油墨，以达到有彩色的效果，但比起常规的CMYK四色印刷，其成本大大降低。

4. RGB模式

RGB模式是Photoshop默认的色彩模式。这种色彩模式由红（R）、绿（G）和蓝（B）3种颜色的不同颜色值组合而成。

RGB色彩模式使用RGB模型为图像中每一个像素的RGB分量分配一个0~255范围内的强度值。例如：纯红色R值为255，G值为0，B值为0；灰色的R、G、B这3个值相等（除了0和255）；白色的R、G、B都为255；黑色的R、G、B都为0。RGB图像只使用3种颜色，就可以使它们按照不同的比例混合，在屏幕上重现16777216种颜色，因此RGB色彩模式下的图像非常鲜艳。

在RGB模式下，每种RGB成分都可使用从0（黑色）到255（白色）的值。例如，亮红色使用R：246、G：20、B：50。当所有3种成分值相等时，产生灰色阴影。当所有成分的值均为255时，结果是纯白色；当该值0时，结果是纯黑色。

技巧与提示

由于RGB色彩模式所能够表现的颜色范围非常宽广，因此将此色彩模式的图像转换成为其他包含颜色种类较少的色彩模式时，则有可能丢色或偏色。这也就是RGB色彩模式下的图像在转换成为CMYK并印刷出来后颜色会变暗发灰的原因。所以，对要印刷的图像，必须依照色谱准确地设置其颜色。

5. 索引模式

索引模式与RGB和CMYK模式的图像不同，索引模式依据一张颜色索引表控制图像中的颜色，在此色彩模式下图像的颜色种类最多为256，因此图像文件小，只有同条件下RGB模式图像的1/3，从而可以大大减少文件所占的磁盘空间，缩短图像文件在网络上的传输时间，因此被较多地应用于网络中。

但对于大多数图像而言，使用索引色彩模式保存后可以清楚地看到颜色之间过渡的痕迹，因此在索引模式下的图像常有颜色失真的现象。

可以转换为索引模式的图像模式有RGB色彩模式、灰度模式和双色调模式。选择索引颜色命令后，将打开图1.14所示的“索引颜色”对话框。

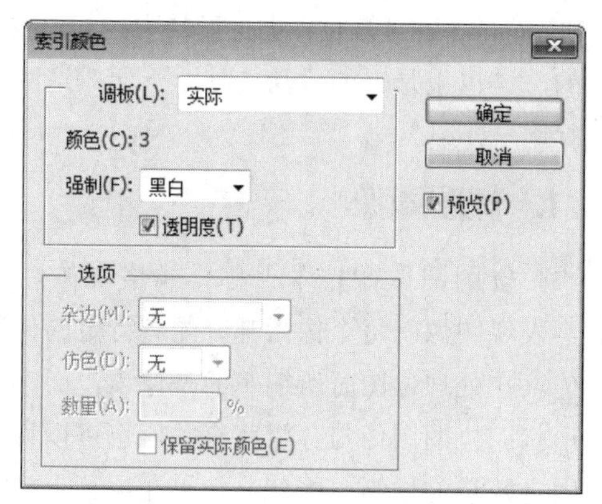

图1.14 “索引颜色”对话框

技巧与提示

将图像转换为索引颜色模式后，图像中的所有可见图层将被合并，所有隐藏的图层将被扔掉。

“索引颜色”对话框中各选项的含义说明如下。

• 面板：在“面板”下拉列表中可以选择调色板的类型。

• 颜色：在“颜色”数值框中可以输入所需要的颜色过渡级，最大为256级。

• 强制：在“强制”下拉列表框中选择颜色表中必须包含的颜色，默认状态选择【黑白】选项，也可以根据需要选择其他选项。

• 透明度：勾选“透明度”复选框转换模式时，将保留图像透明区域，对于半透明的区域以杂色填充。

• 杂边：在“杂边”下拉列表框中可以选择杂色。

• 仿色：在“仿色”下拉列表中选择仿色的类型，其中包括“扩散”“图案”和“杂色”3种类型，也可以选择“无”，不使用仿色。使用仿色的优点在于，可以使用颜色表内部的颜色模拟不在颜色表中的颜色。

• 数量：如果选择“扩散”选项，可以在“数量”数值框中设置颜色抖动的强度，数值越大，抖动的颜色越多，但图像文件所占的内存也越大。

• 保留实际颜色：勾选“保留实际颜色”复选框，可以防止抖动颜色表中的颜色。

对于任何一个索引模式的图像，执行菜单栏中的“图像”|“模式”|“颜色表”命令，在打开的图1.15所示的“颜色表”对话框中应用系统自带的颜色排列，或自定义颜色。在“颜色表”下拉列表中包含“自定”“黑体”“灰度”“色谱”“系统（Mac OS）”和“系统（Windows）”6个选项，除“自定”选项外，其他每一个选项都有相应的颜色排列效果。选择“自定”选项，颜色表中显示为当前图像的256种颜色。单击一个色块，在弹出的拾色器中选择另一种颜色，以改变此色块的颜色，在图像中此色块所对应的颜色也将被改变。

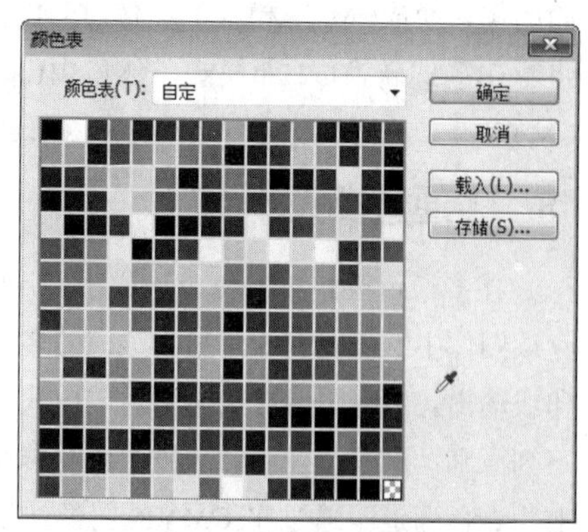

图1.15 “颜色表”对话框

将图像转换为索引模式后，对于被转换前颜色值多于256种的图像，会丢失许多颜色信息。虽然还可以从索引模式转换为RGB、CMYK的模式，但Photoshop无法找回丢失的颜色，所以在转换之前应该备份原始文件。

技巧与提示

转换为索引模式后，Photoshop的滤镜及一些命令就不能使用，因此在转换前必须做好相应的操作。

6. CMYK模式

CMYK模式是标准的用于工业印刷的色彩模式，即基于油墨的光吸收/反射特性，眼睛看到颜色实际上是物体吸收白光中特定频率的光而反射其余的光的颜色。如果要将RGB等其他色彩模式的图像输出并进行彩色印刷，必须要将其模式转换为CMYK色彩模式。

CMYK色彩模式的图像由4种颜色组成，包括青（C）、洋红（M）、黄（Y）和黑（K），每一种颜色对应于一个通道及用来生成四色分离的原色。根据这4个通道，输出中心制作出青色、洋红色、黄色和黑色4张胶版。每种CMYK四色油墨可使用从0%~100%的值。为最亮颜色指定的印刷色油墨颜色百分比较低，而为较暗颜色指定的百分比较高。例如，亮红色可能包含2%青色、93%洋红、90%黄色和 0%黑色。在印刷图像时将每张胶版中的彩色油墨组合起来可以产生各种颜色。

7. Lab色彩模式

Lab色彩模式是Photoshop在不同色彩模式之间转换时使用的内部安全格式。它的色域能包含RGB色彩模式和CMYK色彩模式的色域。因此，要将RGB模式的图像转换成CMYK模式的图像时，Photoshop 会先将RGB模式转换成Lab模式，然后由Lab模式转换成CMYK模式，只不过这一操作是在内部进行而已。

8. 多通道模式

在多通道模式中，每个通道都合用256灰度级所存放图像中颜色元素的信息。该模式多用于特定的打印或输出。当将图像转换为多通道模式时，可以使用下列原则：原始图像中的颜色通道在转换后的图像中变为专色通道；通过将 CMYK 图像转换为多通道模式，可以创建青色、洋红、黄色和黑色专色通道；通过将 RGB 图像转换为多通道模式，可以创建青色、洋红和黄色专色通道；通过从 RGB、CMYK 或 Lab 图像中删除一个通道，可以自动将图像转换为多通道模式；若要输出多通道图像，请以 Photoshop DCS 2.0 格式存储图像；对有特殊打印要求的图像非常有用。例如，如果图像中只使用了一两种或两三种颜色时，使用多通道颜色模式可以减少印刷成本。

技巧与提示

索引颜色和32位图像无法转换为多通道模式。

1.10 图像基础知识

Photoshop的基本概念主要包括位图、矢量图和分辨率的知识，在使用软件前了解这些基本知识，有利用后期的设计制作。

1.10.1 认识位图和矢量图

平面设计软件制作的图像类型大致分为两种：位图与矢量图。Photoshop 虽然可以置入多种文件类型包括矢量图，但是还不能处理矢量图。不过 Photoshop 在处理位图方面的能力是其他软件不能及的，这也正是它的成功之处。下面对这两种图像进行逐一介绍。

1. 位图图像

位图图像在技术上称作栅格图像，它使用像素表现图像。每个像素都分配有特定的位置和颜色值。在处理位图时所编辑的是像素，而不是对象或形状。位图图像与分辨率有关，也可以说位图包含固定数量的像素。因此，如果在屏幕上放大比例或以低于创建时的分辨率来打印它们，则将丢失其中的细节使图像产生锯齿现象。

• 位图图像的优点：位图能够制作出色彩和色调变化丰富的图像，可以逼真地表现自然界的景象，同时也可以很容易地在不同软件之间交换文件。

• 位图图像的缺点：它无法制作真正的3D图像，并且图像缩放和旋转时会产生失真的现象，同时文件较大，对内存和硬盘空间容量的需求也较高，用数码相机和扫描仪获取的图像都属于位图。

图1.16和图1.17为位图及其放大后的效果图。

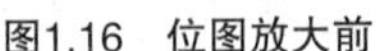

图1.16　位图放大前

图1.17　位图放大后

2. 矢量图像

矢量图形有时称作矢量形状或矢量对象，是由称作矢量的数学对象定义的直线和曲线构成的。矢量根据图像的几何特征对图像进行描述，基于这种特点，矢量图可以任意移动或修改，而不会丢失细节或影响清晰度，因为矢量图形是与分辨率无关的（即当矢量图放大时将保持清晰的边缘）。因此，对于将在各种输出媒体中按照不同大小使用的图稿（如徽标），矢量图形是最佳选择。

• 矢量图像的优点：矢量图像也可以说是向量式图像，用数学的矢量方式来记录图像内容，以线条和色块为主。例如对于一条线段的数据只需要记录两个端点的坐标、线段的粗细和色彩等，因此它的文件所占的容量较小，也可以很容易地进行放大、缩小或旋转等操作，并且不会失真，精确度较高并可以制作3D图像。

• 矢量图像的缺点：不易制作色调丰富或色彩变化太多的图像，而且绘制出来的图形不是很逼真，无法像照片一样精确地描写自然界的景象，同时也不易在不同的软件间交换文件。

图1.18和图1.19为一个矢量图放大前后的效果图。

图1.18　矢量图放大前　　图1.19　矢量图放大后

技巧与提示

因为计算机的显示器是通过网格上的“点”显示来成像，因此矢量图形和位图在屏幕上都是以像素显示的。

1.10.2 认识位深度

位深度也叫色彩深度，用于指定图像中的每个像素可以使用的颜色信息数量。计算机之所以能够表示图形，是采用了一种称作“位（bit）”的记数单位来记录所表示图形的数据。当这些数据按照一定的编排方式被记录在计算机中，就构成了一个数字图形的计算机文件。“位”是计算机存储器里的最小单元，它用来记录每一个像素颜色的值。图形的色彩越丰富，“位”的值就会越大。每一个像素在计算机中所使用的这种位数就是“位深度”。例如，位深度为1的图像的像素有两个可能的值：黑色和白色。位深度为8的图像有28（用2的8次幂即256）个可能的值。位深度为8的灰度模式图像有256个可能的灰色值。24位颜色可称之为真彩色，位深度是24，它能组合成2的24次幂种颜色，即：16777216种颜色（或称千万种颜色），超过了人眼能够分辨的颜色数量。Photoshop不但可以处理8位/通道的图像，还可以处理包含16位/通道或32位/通道的图像。

在Photoshop中可以轻松在8位/通道、16位/通道和32位/通道中进行切换，执行菜单栏中的“图像”|“模式”，然后在子菜单中选择8位/通道、16位/通道或32位/通道即可完成切换。

1.10.3 像素尺寸和打印分辨率

像素尺寸和分辨率关系到图像的质量和大小，像素和分辨率是成正比的，像素越大，分辨率也越高。

1. 像素尺寸

要想理解像素尺寸，首先要认识像素，像素（pixel）是图形单元（picture element）的简称，是位图图像中最小的完整单位。这种最小的图形的单元能在屏幕上显示通常是单个的染色点，像素不能再被划分为更小的单位。像素尺寸其实就是整个图像总的像素数量。像素越大，图像的分辨率也越大，打印尺寸在不降低打印质量的同时也越大。

2. 打印分辨率

分辨率就是指在单位长度内含有的点（即像素）的多少。打印的分辨率就是每英寸图像含有多少个点或者像素，分辨率的单位为dpi，例如72dpi就表示该图像每英寸含有72个点或者像素。因此，当知道图像的尺寸和图像分辨率的情况下，就可以精确地计算得到该图像中全部像素的数目。每英寸的像素越多，分辨率越高。

在数字化图像中，分辨率的大小直接影响图像的质量，分辨率越高，图像就越清晰，所产生的文件就越大，在工作中所需要的内存越多且CPU处理时间就越长。所以在创作图像时，对于不同品质、不同用途的图像就应该设置不同的图像分辨率，这样才能最合理地制作生成图像作品。例如要打印输出的图像分辨率就需要高一些，若仅在屏幕上显示使用就可以低一些。

另外，图像文件的大小与图像的尺寸和分辨率息息相关。当图像的分辨率相同时，图像的尺寸越大，图像文件的大小也就越大。当图像的尺寸相同时，图像的分辨率越大，图像文件的大小也就越大。图1.20所示为两幅相同的图像，分辨率分别为72像素/英寸和300像素/英寸，图中为缩放比例为200时的不同显示效果。

图1.20　分辨率不同显示效果

1.10.4 认识图像格式

图像的格式决定了图像的特点和使用，不同格式的图像在实际应用中区别非常大，不同的用途决定使用不同的图像格式，下面来讲解不同格式的含义及应用。

1. PSD格式

这是著名的Adobe公司的图像处理软件Photoshop的专用格式Photoshop Document（PSD）。PSD其实是Photoshop进行平面设计的一张“草稿图”，它里面包含有各种图层、通道和遮罩等多种设计的样稿，以便于下次打开时可以修改上一次的设计。在Photoshop所支持的各种图像格式中，PSD的存取速度比其他格式快很多，功能也很强大。由于Photoshop越来越广泛地应用，所以我们有理由相信这种格式也会逐步流行起来。

2. EPS格式

PostScript可以保存数学概念上的矢量对象和光栅图像数据。把PostScript定义的对象和光栅图像存放在组合框或页面边界中，就成为了EPS（Encapsulated PostScript）文件。EPS文件格式是Photoshop可以保存的其他非自身图像格式中比较独特的一个，因为它可以包容光栅信息和矢量信息。

Photoshop保存下来的EPS文件可以支持除多通道之外的任何图像模式。尽管EPS文件不支持Alpha通道，但它的另外一种存储格式DCS（Desktop Color Separations）可以支持Alpha通道和专色通道。EPS格式支持剪切路径并用来在页面布局程序或图表应用程序中为图像制作蒙版。

Encapsulate PostScript文件大多用于印刷以及在Photoshop和页面布局应用程序之间交换图像数据。当保存EPS文件时，Photoshop将出现一个“EPS 选项”对话框，如图1.21所示。

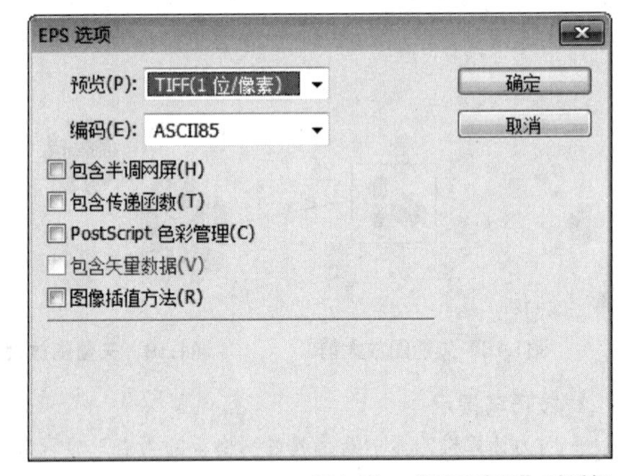

图1.21　“EPS选项”对话框

在保存EPS文件时指定的“预览”方式决定了要在目标应用程序中查看的低分辨率图像。选取“TIFF”，在Windows和Mac OS系统之间共享EPS文件。8位预览所提供的显示品质比1位预览高，但文件大小也更大。也可以选择“无”。在编码中ASCII是最常用的格式，尤其是在Windows环境中，但是它所用的文件也是最大的。“二进制”的文件比ASCII要小一些，但很多应用程序和打印设备都不支持。该格式在Macintosh平台上应用较多。JPEG编码使用JPEG压缩，这种压缩方法要损失一些数据。

3. PDF格式

PDF（Portable Document Format）是Adobe Acrobat所使用的格式，这种格式是为了能够在大多数主流操作系统中查看该文件。

尽管PDF格式被看作保存包含图像和文本图层的格式，但是它也可以包含光栅信息。这种图像数据常常使用JPEG压缩格式，同时它也支持ZIP压缩格式。以PDF格式保存的数据可以通过万维网（World Wide Web）传送，或传送到其他PDF文件中。以Photoshop PDF格式保存的文件可以是位图、灰阶、索引色、RGB、CMYK以及Lab颜色模式，但不支持Alpha通道。

4. Targa（*.TGA、*.VDA、*.ICB、*.VST）格式

Targa格式专用于电视广播，此种格式广泛应用于PC机领域。用户可以在3DS中生成TGA文件，在Photoshop、Freehand或Painter等应用程序软件中将此种格式的文件打开，并可以对其进行修改。该格式支持一个Alpha通道32位RGB文件和不带Alpha 通道的索引颜色、灰度、16位和24位RGB文件。

5. TIFF格式

TIFF（Tagged Image File Format）是应用最广泛的图像文件格式之一，运行于各种平台上的大多数应用程序都支持该格式。TIFF能够有效地处理多种颜色深度、Alpha通道和Photoshop的大多数图像格式。TIFF格式的出现是为了便于应用软件之间进行图像数据的交换。

TIFF文件支持位图、灰阶、索引色、RGB、CMYK和Lab等图像模式。RGB、CMYK和灰阶图像中都支持Alpha通道，TIFF文件还可以包含文件信息命令创建的标题。

TIFF支持任意的LZW压缩格式，LZW是光栅图像中应用最广泛的一种压缩格式。因为LZW压缩是无损失的，所以不会有数据丢失。使用LZW压缩方式可以大大减小文件的大小，特别是包含大面积单色区的图像。但是LZW压缩文件要花很长的时间来打开和保存，因为该文件必须要进行解压缩和压缩。图1.22所示为进行TIFF格式存储时弹出的“TIFF选项”对话框。

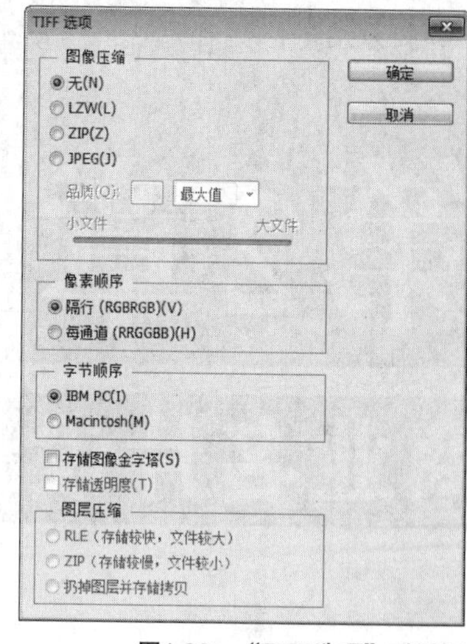

图1.22 “TIFF选项”对话框

Photoshop将会在保存时提示用户选择图像的“压缩方式”，以及是否使用IBM PC机或Macintosh机上的“字节顺序”。

由于TIFF格式已被广泛接受，而且TIFF可以方便地进行转换，因此该格式常用于出版和印刷业中。另外，大多数扫描仪也都支持TIFF格式，这使得TIFF格式成为数字图像处理的最佳选择。

6. PCX

PCX文件格式是由Zsoft公司在20世纪80年代初期设计的，当时是专用于存储该公司开发的PC Paintbrush绘图软件所生成的图像画面数据，后来成为MS-DOS平台下常用的格式，在DOS系统时代，它是这一平台下的绘图、排版软件多用PCX格式。进入Windows操作系统后现在它已经成为PC机上较为流行的图像文件格式。

第2章

商业名片设计

本章讲解商业名片设计。名片设计是指对名片进行艺术化、个性化处理，在设计上要讲究其艺术性以体现个人及公司等职业、主题信息的特点，它的重点在于传达名片主题的信息形象，在制作过程中一定要在遵循其定位、特点的同时完美地表现出最终形象。通过本章的学习可以完全掌握各类名片的制作重点。

要点索引

- 了解名片的分类及构成
- 了解名片的设计规格和规范
- 学习名片的保存及颜色规范
- 掌握常见名片的制作方法和技巧

2.1 名片的相关知识

名片设计就是利用相关软件对名片进行艺术加工处理，名片是现代人的一种交流工具，也是一种自我独立媒体的体现载体，名片具有3个重要的意义，一是宣传自我；二是宣传企业；三是联系卡。

要想引起人们的注意，就需要进行艺术加工处理，以便让别人记住。要做到这一点，就需要注意名片设计要简明扼要、主题突出，从纸张选择到版面设计、从后期印刷到工艺处理，都要与艺术设计相结合，让人有一看就有想去研究的欲望。

2.1.1 名片的分类

当今社会，名片的使用已经相当普遍，所以分类也是五花八门，并没有统一的标准，不过最常见的分类可以分为以下几种。

（1）按名片的用途分类，即名片的使用目的，名片可分为3类：商业名片、公用名片和个人名片。

（2）按排版方式分，名片可分为3类：横版名片、竖版名片和折卡名片。

（3）按按印刷色彩分类，名片可分为4类：单色、双色、彩色和真彩色。

（4）按印刷方式分类，名片可分为3类：数码名片、胶印名片和特种名片。

（5）按印刷表面分类，名片可分为两类：单面印刷和双面印刷

（6）按名片的性质分类，名片可分为3类：身份标识类名片、业务行为标识类名片和企业CI系统名片。

（7）按设计分类，名片可分为：漫画名片、透明名片、二维码名片、圆角名片和个性名片等。

（8）按材质分类，名片可分为：纸质名片、金属名片、塑料名片、PVC名片、皮革名片、竹简名片和丝绸名片等。不同名片效果如图2.1所示。

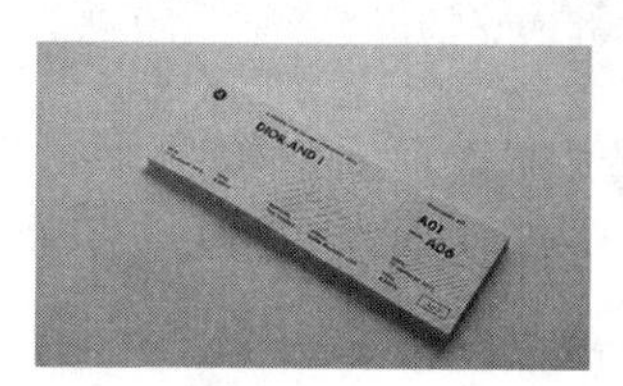

图2.1 不同名片效果

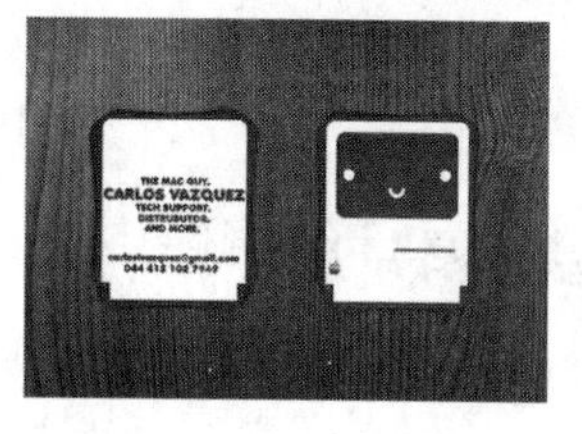

图2.1 不同名片效果（续）

2.1.2 名片的构成

要设计名片，就需要对名片的构成要素有充分的了解。名片的构成要素是指名片的信息的组成，一般指公司名称及标志、图案和信息项。公司名称及标志是指一些公司或企业的注册商标，即Logo和公司名称；图案是构成名片特有的色块构成；信息项是指名片持有人的姓名、职务、广告语、联系方式、地址、单位和业务范围等文字性的信息。在设计名片时，一般将公司的标志应放在版面的左上角，当然这并不是固定的，也可以放在其他的位置，另外也可以将标志以半透明的状态放大作为底衬来使用。

图案在使用上要简洁大方，颜色不要太多，为了和视觉设计公司达到统一的效果，一般以公司的标准色和辅助色为主，一般不要超过3种颜色。

文字的应用是名片中最重要的部分，对于一般比较正规版式的名片，一般以宋体、黑体或者变体为主，正文内容一般用方正中等线、汉仪中等线、华文中宋和微软雅黑等常见正规字体，英文字体一般用Arial字体居多。正文以6号字体为佳，最小不得小于5号。在设计上要注意字体的大小、粗细和颜色等不同应用相结合，在兼顾阅读的同时强调设计意识，形成相衬相托、错落有序、美观大方。名片构成要素如图2.2所示。

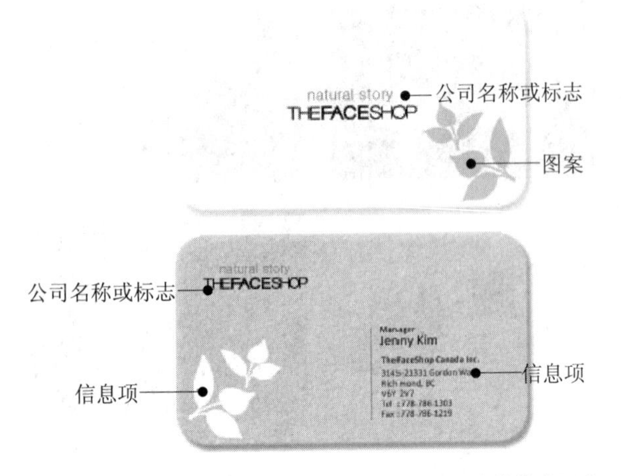

图2.2 名片构成要素

2.1.3 名片设计尺寸

名片通常都是随身携带，而为了更好地保护名片，很多人还会用名片盒将其装好。随着时代的发展，越来越多的人追求个性，名片尺寸也就变得越来越不规则，但如果尺寸过于特殊，别人就很难找到合适的名片夹放置名片。因此，在设计名片时，在追求个性的同时也要兼顾名片的尺寸，虽然名片尺寸的设计不是绝对的，但大多数人还是采用标准的尺寸来设计名片，以便别人保存。

标准名片尺寸有90mm×50mm、90mm×100mm和90mm×108mm。其中，国内标准名片设计尺寸为90mm×54mm，但一般名片设计需要出血位，在设计名片时对于四边需各留出1mm出血位，所以出血的设计尺寸为92mm×56mm。

折叠名片标准尺寸有90mm×94mm、90mm×108mm、90mm×90mm、54mm×180mm等尺寸形式。国内常见的折卡名片尺寸为90mm×108mm，折叠名片的使用情况往往是因为名片文字信息内容多，需要用折叠名片体现或体现设计师的创意设计。而90mm×50mm是欧美公司常用的名片尺寸，90mm×100mm是欧美歌手常用的折卡名片尺寸。如果想要个性时尚一些，不妨采用一些特殊的窄版尺寸，例如90mm×45mm和90mm×40mm。图2.3所示为名片尺寸为90mm×54mm和90mm×50mm的对比效果。

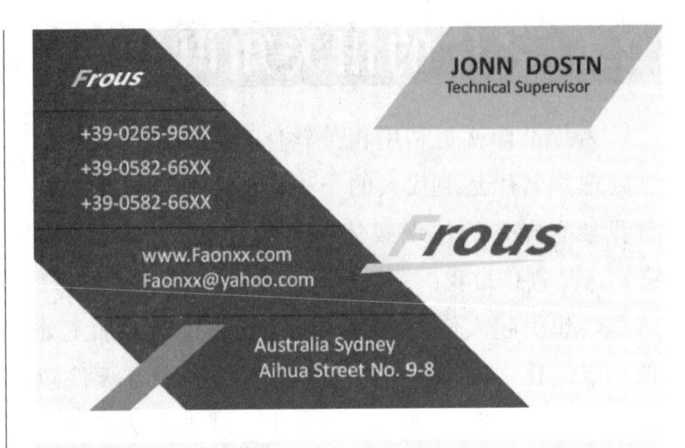

图2.3 90mm×54mm和90mm×50mm名片的对比效果

为了方便大家查看，现将常用的标准名片横、竖版及出血、成品尺寸列为表2-1。

表2-1 名片常用尺寸表

	成品尺寸		出血尺寸	
	横版（单位mm）	竖版（单位mm）	横版（单位mm）	竖版（单位mm）
中式标准名片	90×54	54×90	92×56	56×92
窄式标准名片	90×45	45×90	92×47	47×92
美式标准名片	90×50	50×90	92×52	52×92

2.1.4 常用名片样式

常见名片的样式可分为横版直角名片、竖版直角名片、横版圆角名片、竖版圆角名片、对角圆角名片和异形名片等。常见名片样式如图2.4所示。

横版直角名片　　竖版直角名片

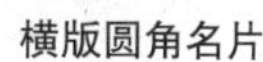

横版圆角名片　　竖版圆角名片

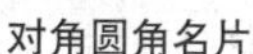

对角圆角名片　　异形名片

图2.4　常用名片样式

2.1.5 名片设计规范

对于国内标准名片设计要认清名片的几个重要规范区域，以免在设计时出现问题，这里将其分为3个区：出血区、裁切区和版心区。名片设计规范如图2.5所示。

图2.5　名片设计规范参考

（1）出血区：蓝线与红线之间为1mm的出血位置。此位置在后期的裁切中将被裁切掉，此处一般会有裁切线显示，图2.5中的蓝色线就是裁切线，为了大家看得清楚，这里用了蓝色的实线显示。不同软件的裁切线会有差异，不过用法是相同的。在设计时，用户要注意将图片或色块放在上、下或左右两侧的出血位置，否则可能会由于裁切的偏差产生名片四周与边框不对称的情况，使名片精美度大打折扣。

（2）裁切区：红线与黑线之间为裁切区。该区域一般在新建画布时会自动设置，当然也可以手动设置，一般该区域的大小为距版心边缘3mm。在设计名片时，注意不要将重要的名片信息放在这里，除非是一些通版的图片或色块，例如一些边框或花纹，否则可能会由于裁切的偏差产生不对称现象。

（3）版心区：黑线内部的区域即为版心区。版心区是名片设计的核心部位，名片的所有重要信息都要设计在这个区域，切勿将重要信息放在此区域之外，否则可能会出现问题。

2.1.6 名片保存规范

名片设计设计完成后，需要交到印厂进行印刷，由于电脑间的差异，例如软件版本、字体库等原因，文件在打开时会产生不同的变化，所以在印刷前还需要根据印厂要求进行保存，设计完成后可以提前打电话到印厂核实保存注意事项，以符合印厂要求。当然，对于大部分印厂来说，保存也是有规范的，只需要按规范保存，通常都不会有问题。

（1）如果你使用CorelDraw软件设计名片，可以将其保存成CorelDraw软件的官方格式，即CDR格式，但要求版本要尽量低些。例如你使用的是CorelDraw最新版本X6，那么你可以将其保存成9.0或更低的版本，并要确认将所有文字转换为曲线，专业术语是“转曲”，这样可以避免输出制版时因找不到字体而出现乱码。同时，所有的描边也要转换成填充，而且要确认设计中所使用的图片分辨率不低于300dpi，如果有特效图形最好将其转换成CMYK模式的位图。

技巧与提示

有人会问：为何要将版本保存成低版本，用高版本不行吗？其实高版本保存也是可以的，只是大家可能不了解，印厂电脑所安装的版本一般比较低，他们一般不会随软件的更新而及时进行更新。如果你将设计文件保存成高版本，有可能印厂的电脑打不开该文件，那就没法印刷了，所以保存成低版本可以避免这样的麻烦。

（2）如果你使用Freehand或Illustrator软件设计名片，可以将其保存成EPS格式，并保存成低版本，还要确认将所有文字转换为曲线。

（3）如果使用Photoshop软件设计名片，可以将其保存成PNG或JPG格式，而且要保证分辨率不低于300dpi。

（4）设计完稿时注意将名片正、反面并列展示或分文件正、反面展示，以方便印厂印刷。

（5）在设计名片过程中，线条的精细不能低于0.1mm，否则在印刷时将无法显现。

技巧与提示

不管使用哪个软件设计名片，在保存时最好再保存一份JPG格式的图片预览，并分类放在不同的文件夹中，以方便印厂对照，这样可以及时发现由于使用不同电脑打开时产生的变化。

2.1.7 名片颜色规范

在设计名片时，还要注意色彩的使用。大家知道，所有显示器的显示模式为RGB，而印刷的颜色模式为CMYK，由于模式的不同，如果不注意颜色，设计的名片在电脑上显示和印刷出来的成品效果有时候会出现非常大的差别，一般在设计时注意以下几点即可。

（1）在设计名片时，对于所有使用颜色的部分应使用CMYK颜色进行填充，如果使用RGB填充，可以在成品时转换成CMYK模式查看有没有颜色偏差，以避免印刷出成品时产生较大的颜色偏差。

（2）在使用文字时，尽量避免填充多种颜色，在使用黑色文字时，注意将CMYK的K值设置为100。

（3）同一款名片设计的色调应基本一致，色彩明度统一，而且要按照企业的标准色和辅助色来设计，和企业视觉设计效果达到浑然一体。

2.2 卡通名片设计

素材位置	素材文件\第2章\卡通名片
案例位置	案例文件\第2章\卡通名片正面效果设计.ai、卡通名片背面效果设计.ai、卡通名片展示效果设计.psd
视频位置	多媒体教学\第2章\2.2　卡通名片设计.avi
难易指数	★★☆☆☆

本例讲解卡通名片设计制作，本例的制作比较简单，以可爱的卡通笑脸与形象的对话框组合成一个具有可爱风格的名片正面效果；用与正面图案相对应的图像与简洁明了的文字信息组合成一个完美的名片背面效果；以贴近真实世界中的纹理作为背景，完美地展示出色的卡通名片效果，最终效果如图2.6所示。

图2.6　最终效果

2.2.1 使用Illustrator制作卡通名片正面效果

STEP 01 执行菜单栏中的“文件”|“新建”命令，在弹出的对话框中设置“宽度”为90mm，“高度”为54mm，新建一个空白画布，如图2.7所示。

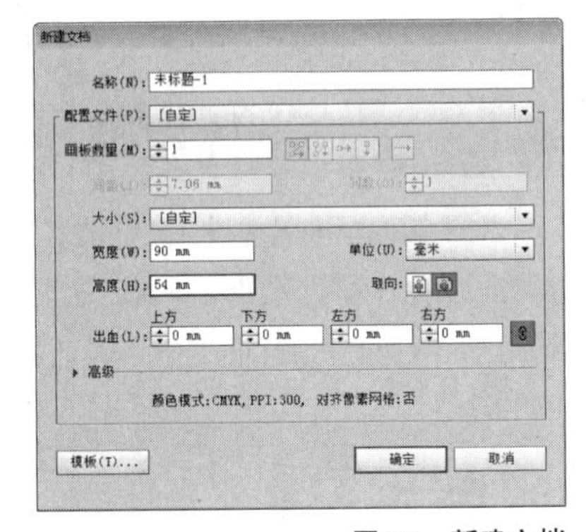

图2.7　新建文档

STEP 02 选择工具箱中的“圆角矩形工具”，将“填色”更改为浅红色（R：255，G：248，B：250），在画布中绘制一个与其大小相同的圆角矩形，如图2.8所示。

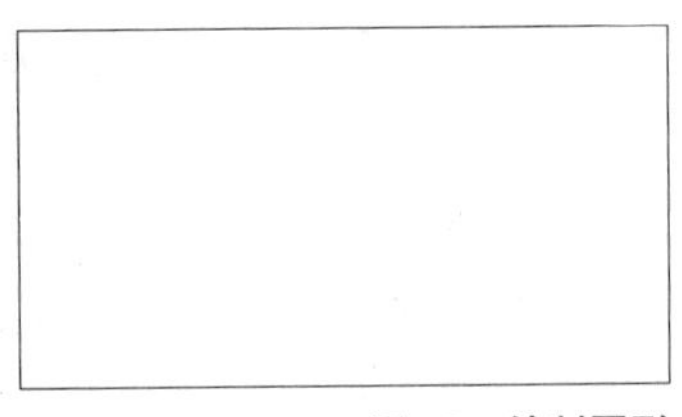

图2.8　绘制图形

技巧与提示

在绘制圆角矩形的同时按向上或者向下方向键可以增加或者减小圆角矩形的半径值。

STEP 03 选择工具箱中的“矩形工具”，在画板左上角位置绘制一个矩形将刚才绘制的圆角矩形的弧形区域覆盖，如图2.9所示。

STEP 04 选中矩形，在按住Alt键的同时将其拖至画布右下角位置将其复制，如图2.10所示。

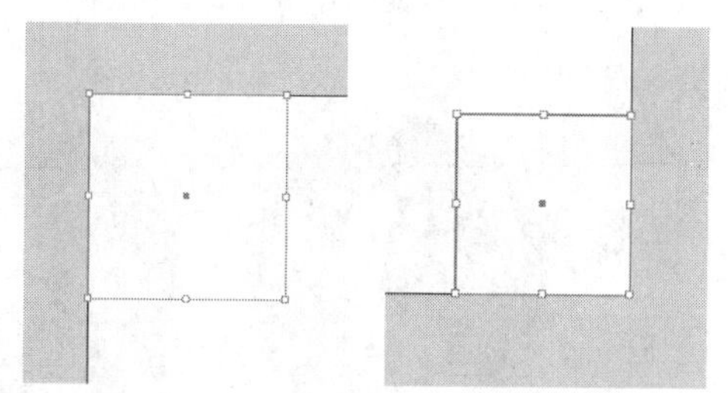

图2.9 绘制图形　　图2.10 复制图形

STEP 05 同时选中这3个图形，在“路径查找器”面板中单击“合并”按钮，将图形合并，如图2.11所示。

图2.11 合并形状

STEP 06 选择工具箱中的“文字工具”，在画布靠左下角位置添加文字信息，如图2.12所示。

STEP 07 执行菜单栏中的“文件”|“打开”命令，打开“图标.psd”文件，将打开的素材拖入画布中添加的文字前方位置并适当缩小，如图2.13所示。

图2.12 添加文字　　图2.13 添加素材

STEP 08 选择工具箱中的“圆角矩形工具”，将“填色”更改为无，“描边”更改为红色（R：244，G：129，B：152），“粗细”更改为3Pt，在画布右上角位置绘制一个圆角矩形，如图2.14所示。

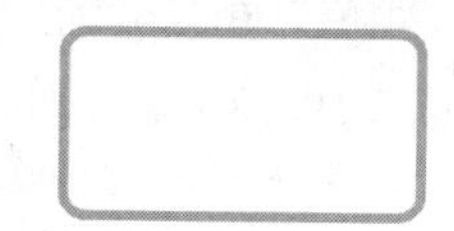

图2.14 绘制图形

STEP 09 选择工具箱中的“添加锚点工具”，在圆角矩形左上角位置单击以添加锚点，如图2.15所示。

STEP 10 选择工具箱中的“转换锚点工具”，单击添加的锚点，如图2.16所示。

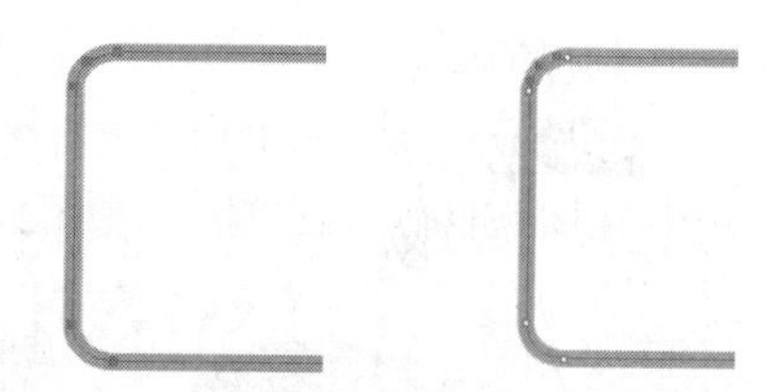

图2.15 添加锚点　　图2.16 转换锚点

STEP 11 选择工具箱中的“直接选择工具”，选中经过转换的锚点并拖动，将圆角变成直角，如图2.17所示。

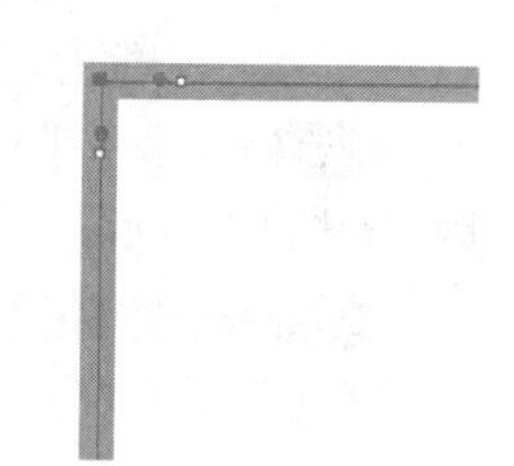

图2.17 将图形变形

STEP 12 以同样的方法在图形右下角位置添加锚点将图形变形，如图2.18所示。

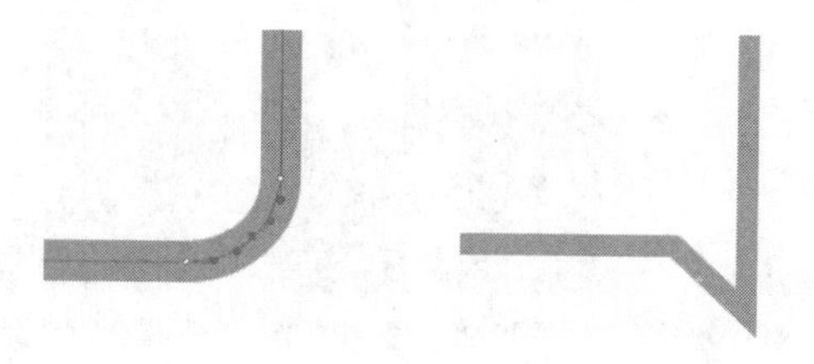

图2.18 将图形变形

STEP 13 选择工具箱中的“文字工具”，在圆角矩形内部位置添加文字信息，如图2.19所示。

STEP 14 选择工具箱中的“椭圆工具”，将

“填色”更改为红色（R：244，G：129，B：152），在文字下方位置绘制一个椭圆图形，如图2.20所示。

图2.19　添加文字　　图2.20　绘制图形

STEP 15 选择工具箱中的“椭圆工具”，将“填色”更改为无，“描边”更改为白色，“粗细”更改为2Pt，在椭圆图形上方位置绘制一个椭圆图形，如图2.21所示。

STEP 16 选择工具箱中的“直接选择工具”，选中图形底部锚点将其删除，如图2.22所示。

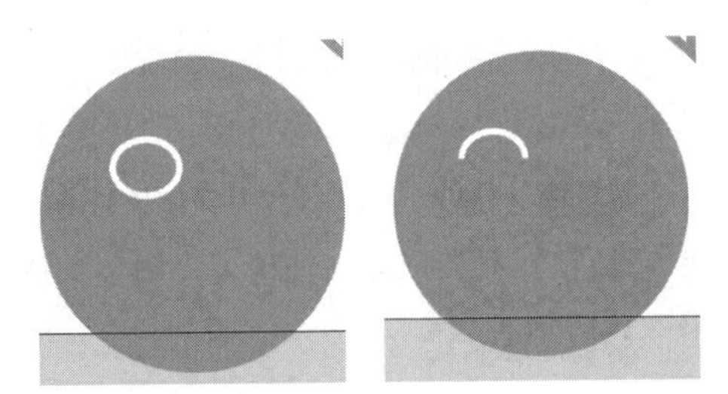

图2.21　绘制图形　　图2.22　删除锚点

STEP 17 选中半圆图形，按住Alt键将图形复制，如图2.23所示。

STEP 18 选择工具箱中的“直线段工具”，将“填色”更改为无，“描边”更改为白色，“粗细”更改为2Pt，在图形下方位置按住Shift键并绘制一个线段，如图2.24所示。

图2.23　复制图形　　图2.24　绘制图形

STEP 19 选择工具箱中的“钢笔工具”，将“填色”更改为红色（R：244，G：129，B：152），在椭圆图形顶部位置绘制一个不规则图形，如图2.25所示。

图2.25　绘制图形

STEP 20 同时选中这几个椭圆图形和线段，按Ctrl+G组合键将其编组，如图2.26所示。

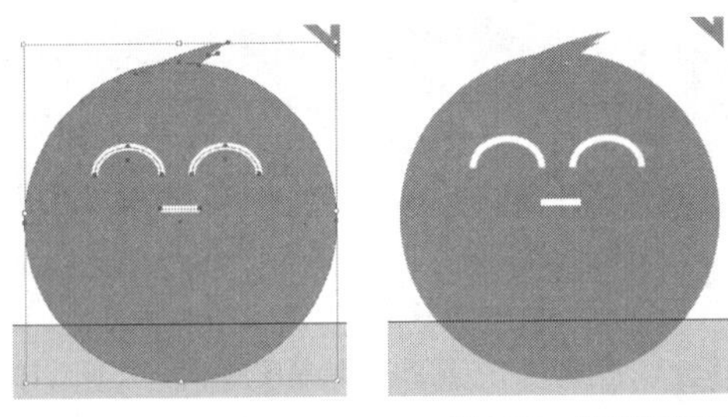

图2.26　将图形编组

STEP 21 将编组后的图形移至合适位置。选择工具箱中的“矩形工具”，将“填色”更改为任意颜色，绘制一个与画布相同大小的图形，如图2.27所示。

图2.27　绘制图形

STEP 22 同时选中所有图形，单击鼠标右键，从弹出的快捷菜单中选择“建立剪切蒙版”命令，将多余图形隐藏，这样就完成了效果制作，最终效果如图2.28所示。

图2.28　隐藏图形及最终效果

技巧与提示

利用建立剪切蒙版隐藏不需要的图形还有一种方法，选中画板底部图形按Ctrl+C组合键将其复制，按Ctrl+F组合键将其粘贴至当前图形前方，单击鼠标右键并从弹出的快捷菜单中选择“排列”|“置于顶层”命令，再同时选中所有图形建立剪切蒙版即可，其原理相同，都是将上下两个图形重合从而将不需要的图形或对象隐藏。

2.2.2 使用Illustrator制作卡通名片背面效果

STEP 01 执行菜单栏中的“文件”|“新建”命令，在弹出的对话框中设置“宽度”为90mm，“高度”为54mm，新建一个空白画布，如图2.29所示。

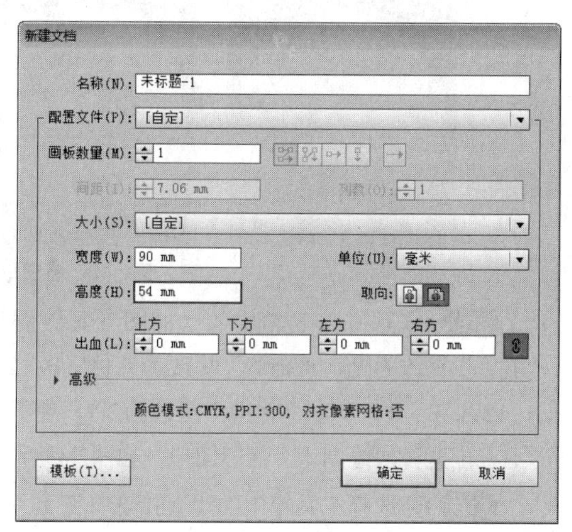

图2.29　新建文档

STEP 02 选择工具箱中的“圆角矩形工具”，将“填色”更改为红色（R：244，G：129，B：152），在画布中绘制一个与其大小相同的圆角矩形，如图2.30所示。

图2.30　绘制图形

STEP 03 选择工具箱中的“矩形工具”，将“填色”更改为红色（R：244，G：129，B：152），在画布左上角位置绘制一个矩形将刚才绘制的圆角矩形的弧形区域覆盖，如图2.31所示。

STEP 04 选中矩形，按住Alt键并将其拖至画板右下角位置将其复制，如图2.32所示。

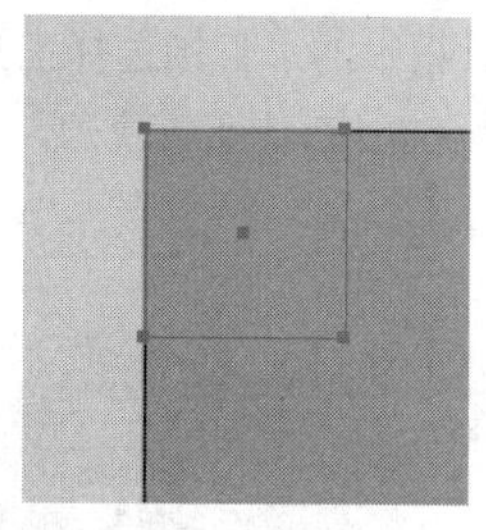

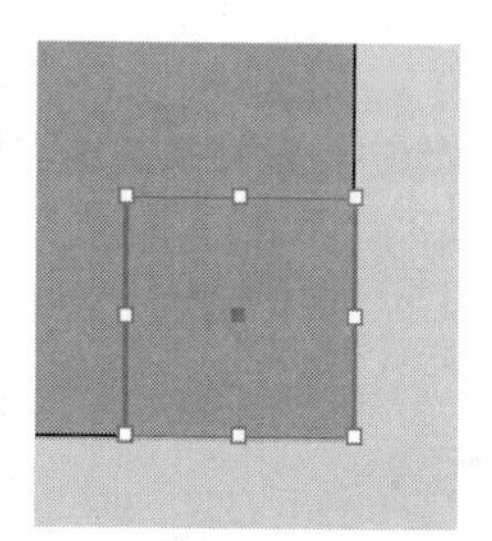

图2.31　绘制图形　　图2.32　复制图形

STEP 05 同时选中这3个图形，单击“路径查找器”面板中的“合并”按钮，将图形合并，如图2.33所示。

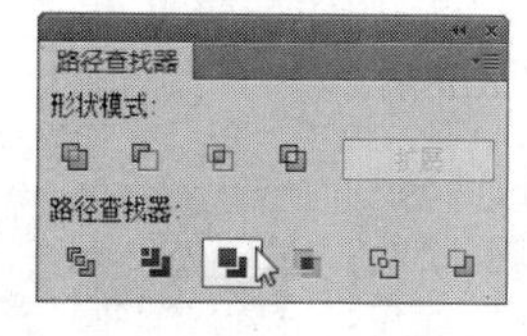

图2.33　合并形状

STEP 06 选择工具箱中的“圆角矩形工具”，将“填色”更改为无，“描边”更改为白色，“粗细”更改为3Pt，在画布左上角位置绘制一个圆角矩形，如图2.34所示。

图2.34　绘制图形

STEP 07 选择工具箱中的“添加锚点工具”，在圆角矩形左上角位置单击以添加锚点，如图2.35所示。

STEP 08 选择工具箱中的“转换锚点工具”，单击添加的锚点，如图2.36所示。

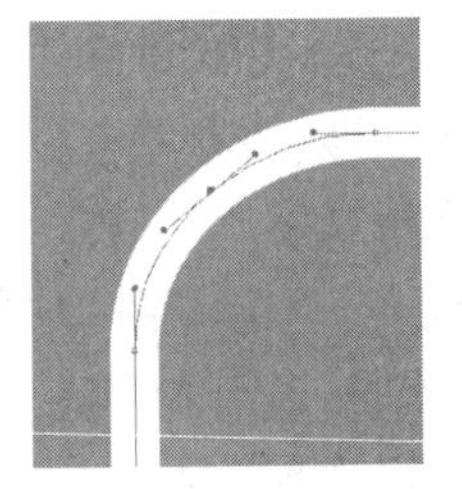

图2.35　添加锚点

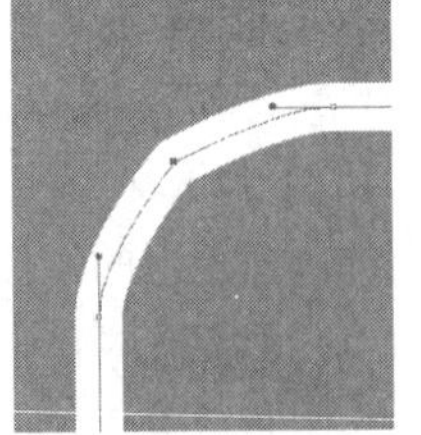

图2.36　转换锚点

STEP 09 选择工具箱中的“直接选择工具”，选中经过转换的锚点拖动将圆角变成直角，如图2.37所示。

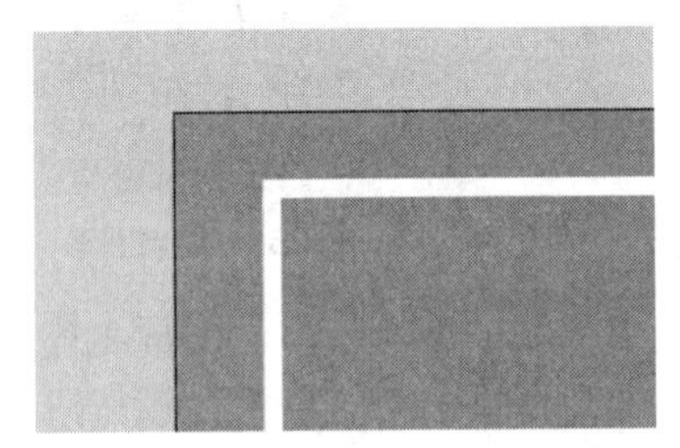

图2.37　将图形变形

STEP 10 以同样的方法在图形右下角位置添加锚点将图形变形，如图2.38所示。

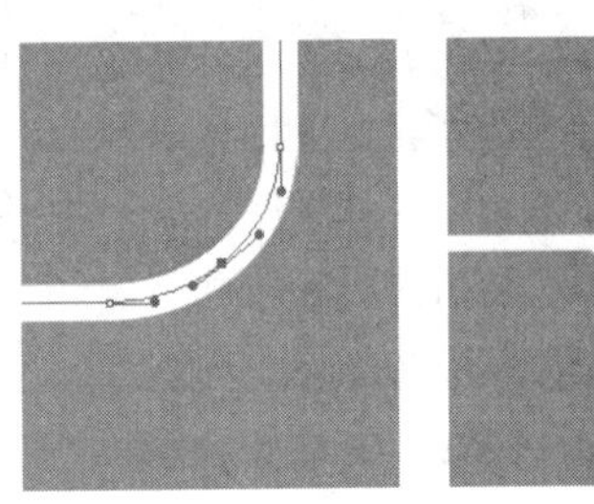

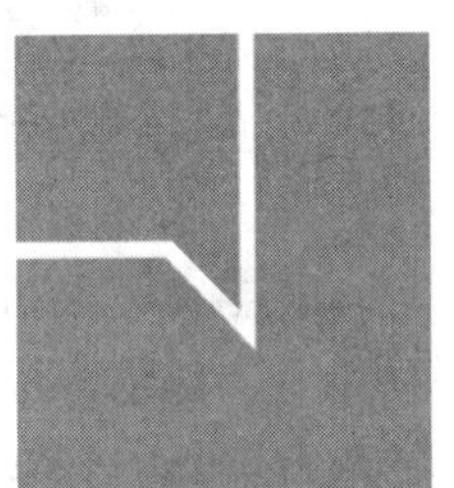

图2.38　将图形变形

STEP 11 选择工具箱中的“文字工具” T，在圆角矩形内部位置添加文字信息，如图2.39所示。

STEP 12 选择工具箱中的“椭圆工具”，将“填色”更改为白色，在文字下方位置绘制一个椭圆图形，如图2.40所示。

图2.39　添加文字

图2.40　绘制图形

STEP 13 选择工具箱中的“钢笔工具”，将“填色”更改为白色，在椭圆图形顶部位置绘制一个不规则图形，如图2.41所示。

图2.41　绘制图形

STEP 14 同时选中两个图形，单击“路径查找器”面板中的“合并”按钮，将图形合并，如图2.42所示。

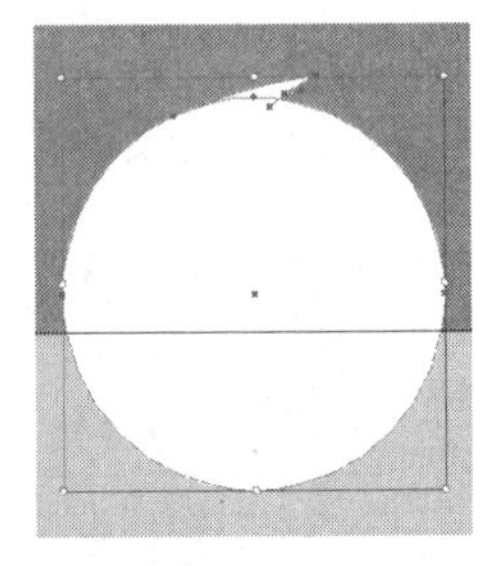

图2.42　将图形合并

STEP 15 选择工具箱中的“椭圆工具”，将“填色”更改为无，“描边”更改为红色（R：224，G：129，B：152），“粗细”更改为2Pt，在椭圆图形上方位置再次绘制一个椭圆图形，如图2.43所示。

STEP 16 选择工具箱中的“直接选择工具”，选中图形底部锚点并将其删除，如图2.44所示。

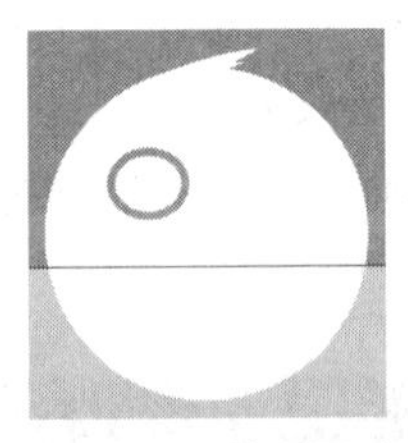

图2.43　绘制图形

图2.44　删除锚点

STEP 17 选中半圆图形并按住Alt键将图形复制，如图2.45所示。

STEP 18 选择工具箱中的“直线段工具”，将“填色”更改为无，“描边”更改为白色，“粗细”更改为2Pt，在图形下方位置按住Shift键并绘制一个线段，如图2.46所示。

图2.45　复制图形　　图2.46　绘制图形

STEP 19 选择工具箱中的“直接选择工具”，选中椭圆图形底部锚点并将其删除，如图2.47所示。

STEP 20 选择工具箱中的“矩形工具”，将“填色”更改为白色，在椭圆图形底部绘制一个矩形，如图2.48所示。

图2.47　删除锚点　　图2.48　绘制图形

STEP 21 同时选中椭圆及矩形，单击“路径查找器”面板中的“合并”按钮，将图形合并，如图2.49所示。

图2.49　将图形合并

STEP 22 选择工具箱中的“椭圆工具”，将“填色”更改为白色，“描边”更改为红色（R：244，G：129，B：152），“大小”更改为1Pt，在笑脸图形左侧位置绘制一个椭圆图形，如图2.50所示。

STEP 23 选中椭圆图形按Ctrl+C组合键将其复制，再按Ctrl+Shift+V组合键将其原位置粘贴，并将复制生成的图形缩小，如图2.51所示。

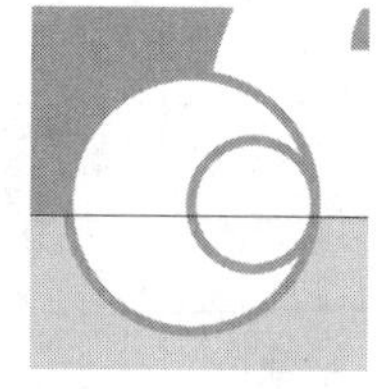

图2.50　绘制图形　图2.51　复制并缩小图形

STEP 24 同时选中两个椭圆图形，双击工具箱中的“镜像工具”，在弹出的对话框中单击“垂直”单选按钮，单击“复制”按钮，将复制生成的图形平移至笑脸图形右侧相对位置，如图2.52所示。

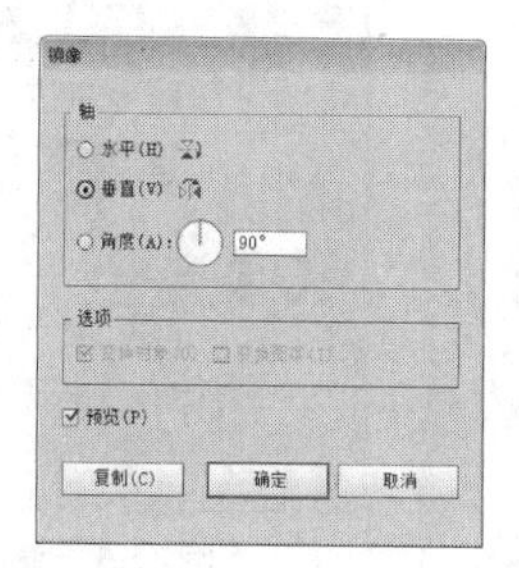

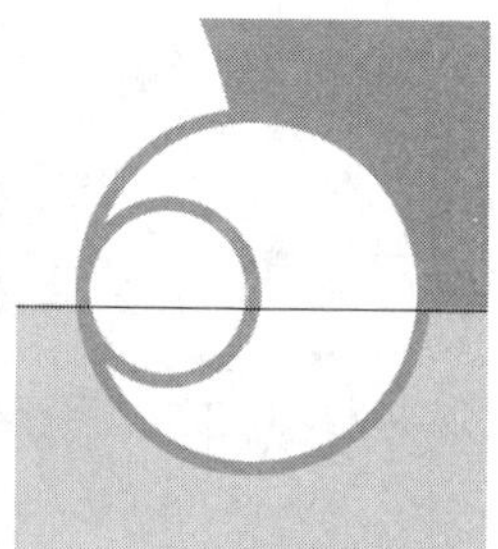

图2.52　复制图形

STEP 25 选择工具箱中的“矩形工具”，将“填色”更改为任意颜色，绘制一个与画布相同大小的图形，如图2.53所示。

图2.53　绘制图形

STEP 26 同时选中绘制的矩形与笑脸图形，单击鼠标右键，从弹出的快捷菜单中选择“建立剪切蒙版”命令，将多余笑脸图形隐藏，这样就完成了效果制作，最终效果如图2.54所示。

图2.54　最终效果

2.2.3 使用Photoshop制作卡通名片立体效果

STEP 01 执行菜单栏中的“文件”|“打开”命令，打开“背景.jpg”文件，将打开的素材拖入画布

中并适当缩小，如图2.55所示。

STEP 02 在“图层”面板中选中“背景”图层，将其拖至面板底部的“创建新图层”按钮上，复制出一个“背景拷贝”图层，如图2.56所示。

图2.55 打开素材

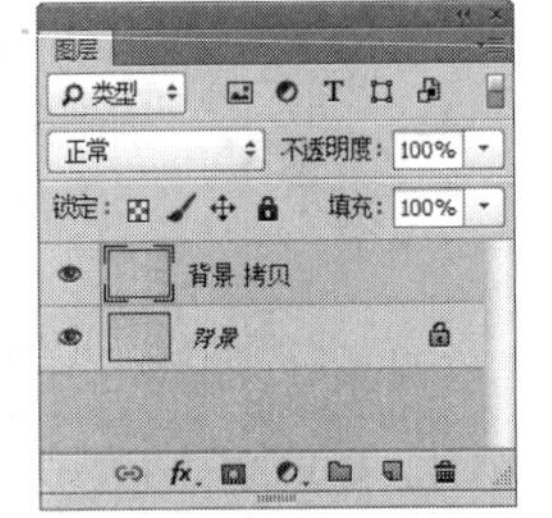

图2.56 复制图层

STEP 03 在“图层”面板中选中“背景 拷贝”图层，单击面板底部的“添加图层样式” fx 按钮，在菜单中选择“内发光”命令，在弹出的对话框中将“混合模式”更改为正片叠底，“不透明度”更改为65%，“颜色”更改为灰色（R：174，G：160，B：147），“大小”更改为150像素，完成之后单击“确定”按钮，如图2.57所示。

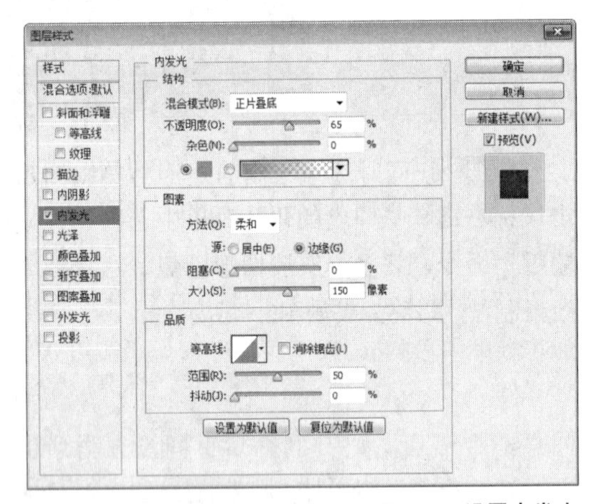

图2.57 设置内发光

STEP 04 执行菜单栏中的“文件”|“打开”命令，打开“卡通名片正面效果设计.ai”文件，将打开的素材拖入画布中并适当缩小，以同样的方法“卡通名片平面背面效果设计.ai”文件，分别将打开的名片图像拖入画布中并适当缩小，将图层名称分别更改为“图层1”“图层2”，如图2.58所示。

图2.58 添加图像

STEP 05 在“图层”面板中选中“图层1”图层，单击面板底部的“添加图层样式” fx 按钮，在菜单中选择“投影”命令，在弹出的对话框中将“不透明度”更改为30%，“距离”更改为4像素，“大小”更改为4像素，完成之后单击“确定”按钮，如图2.59所示。

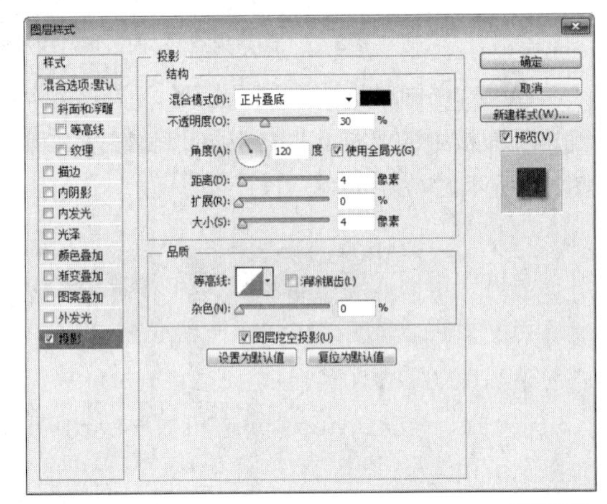

图2.59 设置投影

STEP 06 在“图层1”图层上单击鼠标右键，从弹出的快捷菜单中选择“拷贝图层样式”命令。在“图层2”图层上单击鼠标右键，从弹出的快捷菜单中选择“粘贴图层样式”命令。这样就完成了效果制作，最终效果如图2.60所示。

图2.60 复制并粘贴图层样式及最终效果

2.3　科技公司名片设计

素材位置	素材文件\第2章\科技公司名片
案例位置	案例文件\第2章\科技公司名片正面效果设计.ai、科技公司名片背面效果设计.ai、科技公司名片展示效果设计.psd
视频位置	多媒体教学\第2章\2.3　科技公司名片设计.avi
难易指数	★★☆☆☆

本例讲解科技公司名片设计制作，本例中的名片信息简洁，整个版式的布局舒适，信息明了易懂，背面采用Logo与简洁的文字说明组合的方式，与正面的布局相呼应，以实木为背景与名片的随意摆放相结合，整体上随意而大气，最终效果如图2.61所示。

图2.61　最终效果

2.3.1　使用Illustrator制作科技公司名片正面效果

STEP 01 执行菜单栏中的“文件”|“新建”命令，在弹出的对话框中设置“宽度”为90mm，“高度”为54mm，新建一个空白画布，如图2.62所示。

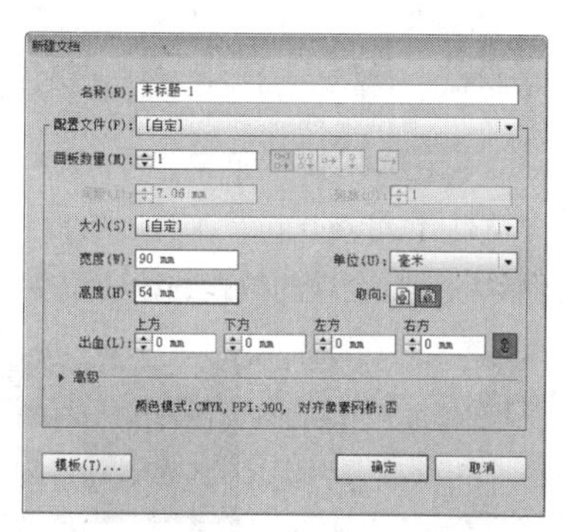

图2.62　新建文档

STEP 02 选择工具箱中的“矩形工具”，将“填色”更改为白色，在画布中绘制一个与其大小相同的矩形，然后在其上半部分位置再绘制一个矩形。

STEP 03 选中绘制的矩形，选择工具箱中的“渐变工具”，将渐变颜色更改为蓝色（R：50，G：67，B：164）到蓝色（R：18，G：26，B：100），“类型”更改为径向，为绘制的矩形填充渐变，如图2.63所示。

图2.63　绘制图形

STEP 04 选择工具箱中的“矩形工具”，将“填色”更改为绿色（R：52，G：190，B：68），按住Shift键并在画布左下角位置绘制一个矩形，如图2.64所示。

图2.64　绘制图形

STEP 05 选中矩形，在按住Alt+Shift组合键的同时向右侧拖动将图形复制3份，如图2.65所示。

图2.65　复制图形

STEP 06 分别选中复制生成的图形，将其颜色更改为其他颜色，比如红色（R：200，G：32，B：47），紫色（R：92，G：43，B：140），灰色（R：68，G：68，B：70），如图2.66所示。

图2.66　更改图形颜色

STEP 07 执行菜单栏中的“文件”|“打开”命令，打开“图标.psd”文件，将打开的素材拖入画布中底部矩形位置并适当缩小，如图2.67所示。

图2.67　添加素材

STEP 08 选择工具箱中的“文字工具” T，在适当位置添加文字信息，这样就完成了效果制作，最终效果如图2.68所示。

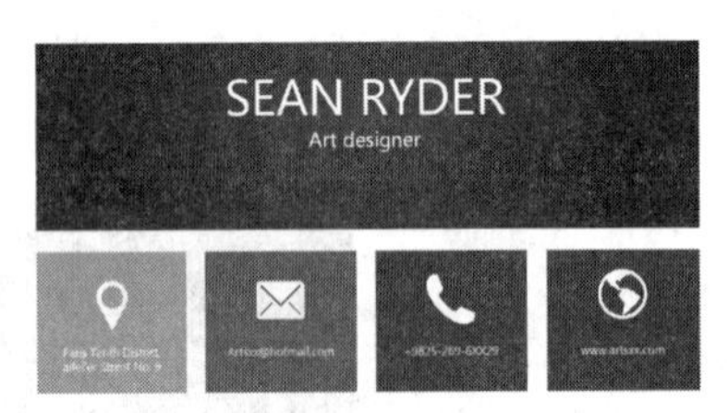

图2.68　添加文字及最终效果

2.3.2 使用Illustrator制作科技公司名片背面效果

STEP 01 执行菜单栏中的“文件”|“新建”命令，在弹出的对话框中设置“宽度”为90mm，“高度”为54mm，新建一个空白画布，如图2.69所示。

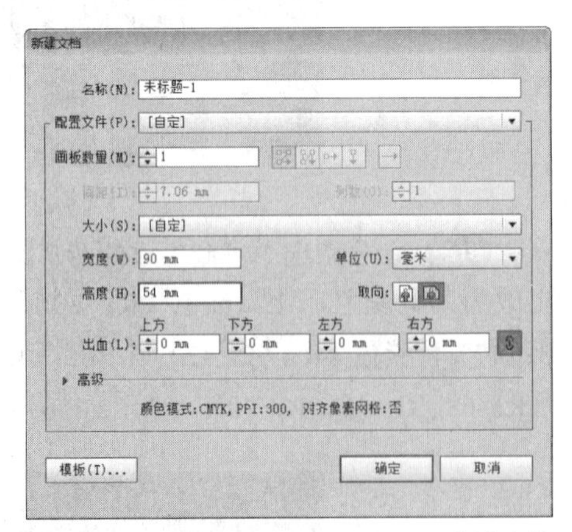

图2.69　新建文档

STEP 02 选择工具箱中的“矩形工具”，将“填色”更改为白色，在画布中绘制一个与其大小相同的矩形，如图2.70所示。

图2.70　绘制图形

STEP 03 选择工具箱中的“矩形工具”，将“填色”更改为任意颜色，在刚才绘制的矩形中间位置再次绘制一个矩形，如图2.71所示。

图2.71　绘制图形

STEP 04 同时选中两个矩形，单击“路径查找器”面板中“减去顶层”图标，将部分多余的矩形减去，如图2.72所示。

图2.72　减去部分图形

STEP 05 执行菜单栏中的“文件”|“打开”命令，打开“Logo.jpg”文件，将打开的素材拖入画布，删除图形后空缺的位置并适当缩小，如图2.73所示。

图2.73　添加素材

STEP 06 选择工具箱中的“文字工具” T，在适当位置添加文字信息，这样就完成了效果制作，最终效果如图2.74所示。

图2.74 添加文字及最终效果

2.3.3 使用Photoshop制作科技公司名片立体效果

STEP 01 执行菜单栏中的“文件”|“打开”命令，打开“木板.jpg”文件，将打开的素材拖入画布中并适当缩小，如图2.75所示。

STEP 02 在“图层”面板中选中“背景”图层，将其拖至面布底部的“创建新图层”按钮上，复制出一个“背景拷贝”图层，如图2.76所示。

图2.75 打开素材　　图2.76 复制图层

STEP 03 在“图层”面板中选中“背景 拷贝”图层，将其图层混合模式设置为正片叠底，如图2.77所示。

图2.77 设置图层混合模式

STEP 04 在“图层”面板中选中“背景 拷贝”图层，单击面板底部的“添加图层蒙版”按钮，为其图层添加图层蒙版，如图2.78所示。

STEP 05 选择工具箱中的“画笔工具”，在画布中单击鼠标右键，在弹出的面板中选择一种圆角笔触，将“大小”更改为450像素，“硬度”更改为0%，如图2.79所示。

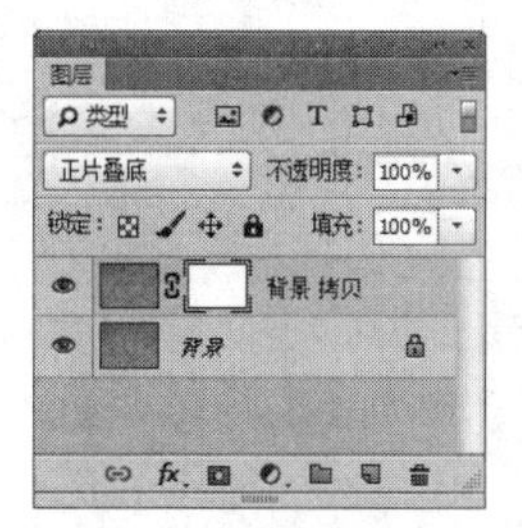

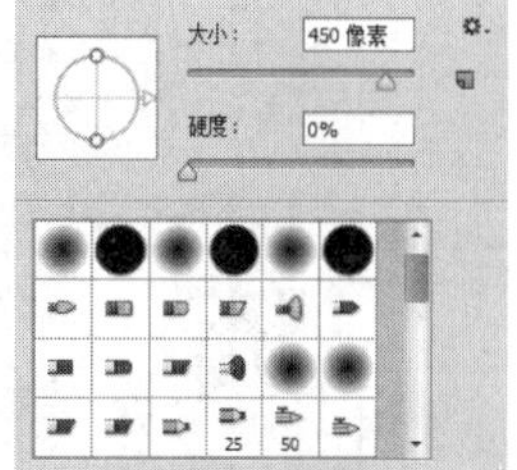

图2.78 添加图层蒙版　　图2.79 设置笔触

STEP 06 将前景色更改为黑色，在其图像上的部分区域涂抹以将其隐藏，如图2.80所示。

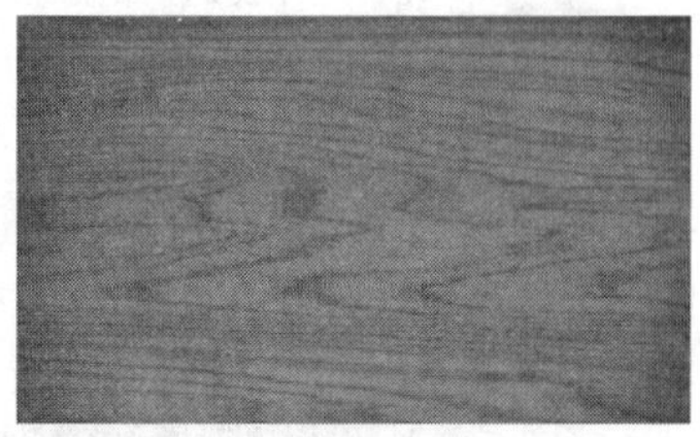

图2.80 隐藏图像

STEP 07 执行菜单栏中的“文件”|“打开”命令，打开“科技公司名片正面效果设计.ai”文件，将打开的素材拖入画布中并适当缩小，以同样的方法打开“科技公司名片背面效果设计.ai”文件，分别将打开的名片图像拖入画布中并适当缩小，其图层名称将分别更改为“图层1”“图层2”，将“图层2”置于“图层1”下方，如图2.81所示。

图2.81 添加图像

STEP 08 在“图层”面板中选中“图层1”图层，单击面板底部的“添加图层样式”按钮，在菜单中选择“投影”命令，在弹出的对话框中将“不透明度”更改为50%，“距离”更改为4像素，

“大小”更改为4像素，完成之后单击“确定”按钮，如图2.82所示。

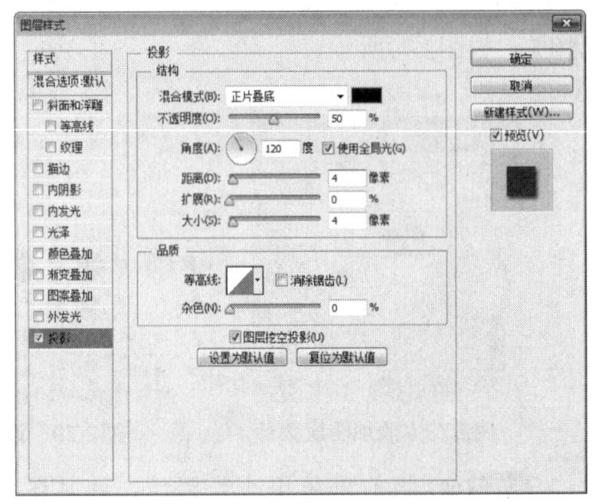

图2.82 设置投影

STEP 09 在“图层1”图层上单击鼠标右键，从弹出的快捷菜单中选择“拷贝图层样式”命令，在“图层2”图层上单击鼠标右键，从弹出的快捷菜单中选择“粘贴图层样式”命令，这样就完成了效果制作，最终效果如图2.83所示。

图2.83 复制并粘贴图层样式及最终效果

2.4 印刷公司名片设计

素材位置	无
案例位置	案例文件\第2章\印刷公司名片正面效果设计.ai、印刷公司名片背面效果设计.ai、印刷公司名片展示效果设计.psd
视频位置	多媒体教学\第2章\2.4 印刷公司名片设计.avi
难易指数	★★☆☆☆

本例讲解印刷公司名片设计制作，本例在制作过程中以印刷主题为线索，通过绘制多个彩色圆点与树状图形结合的方式制作出精美的名片效果，在展示效果的制作过程中以俯视的角度，具有较强的立体视觉感受，在一定程度上直观地展示名片效果，最终效果如图2.84所示。

图2.84 最终效果

2.4.1 使用Illustrator制作印刷公司名片正面效果

STEP 01 执行菜单栏中的“文件”|“新建”命令，在弹出的对话框中设置“宽度”为90mm，“高度”为54mm，新建一个空白画布，如图2.85所示。

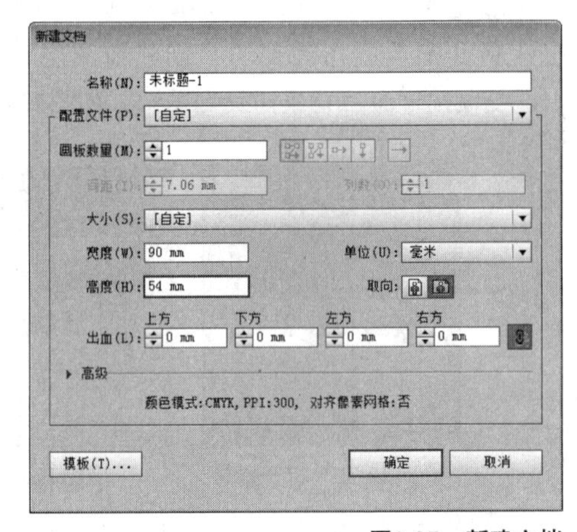

图2.85 新建文档

STEP 02 选择工具箱中的“矩形工具”，将“填色”更改为灰色（R：242，G：242，B：242），在画布中绘制一个与其大小相同的矩形，如图2.86所示。

图2.86 绘制图形

STEP 03 选择工具箱中的“钢笔工具”，将

“填色”更改为黑色，在画布左侧位置绘制一个树状不规则图形，如图2.87所示。

图2.87　绘制图形

STEP 04 选择工具箱中的“椭圆工具”，将“填色”更改为绿色（R：155，G：184，B：66），在刚才绘制的图形上方位置绘制一个椭圆图形，如图2.88所示。

STEP 05 选中图形，将其复制数份，将部分图形缩小并更改其颜色，如图2.89所示。

图2.88　绘制图形　图2.89　复制并变换图形

STEP 06 选择工具箱中的“文字工具”T，在画布适当位置添加文字，这样就完成了效果制作，最终效果如图2.90所示。

图2.90　添加文字及最终效果

2.4.2 使用Illustrator制作印刷公司名片背面效果

STEP 01 执行菜单栏中的“文件”|“新建”命令，在弹出的对话框中设置“宽度”为90mm，“高度”为54mm，新建一个空白画布，如图2.91所示。

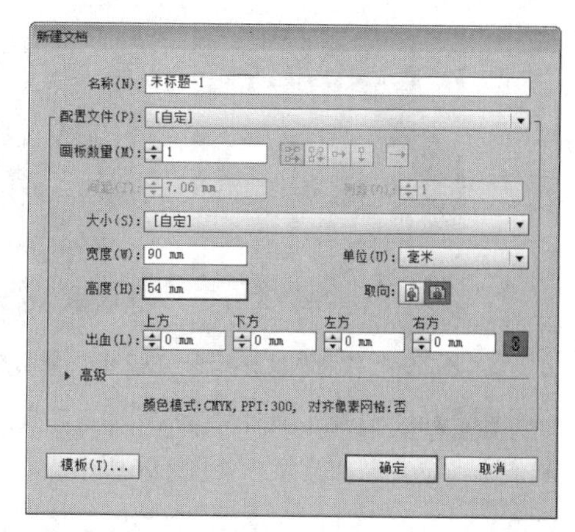

图2.91　新建文档

STEP 02 选择工具箱中的“矩形工具”，将“填色”更改为灰色（R：178，G：178，B：178），在画布中绘制一个与其大小相同的矩形，如图2.92所示。

图2.92　绘制图形

STEP 03 选择工具箱中的“钢笔工具”，将“填色”更改为黑色，在画布左侧位置绘制一个不规则图形，如图2.93所示。

图2.93　绘制图形

STEP 04 选择工具箱中的“椭圆工具”，将“填色”更改为绿色（R：155，G：184，B：66），在刚才绘制的图形上方位置绘制一个椭圆图形，如图2.94所示。

STEP 05 选中图形，将其复制数份，将部分图形缩小并更改其颜色，如图2.95所示。

图2.94 绘制及复制图形 图2.95 复制并变换图形

STEP 06 选择工具箱中的“文字工具”T，在画布适当位置添加文字，如图2.96所示。

图2.96 添加文字

STEP 07 选择工具箱中的“矩形工具”，将“填色”更改为任意颜色，绘制一个与画布相同大小的图形，如图2.97所示。

图2.97 绘制图形

STEP 08 同时选中所有图形，单击鼠标右键，从弹出的快捷菜单中选择“建立剪切蒙版”命令，将多余图形隐藏，这样就完成了效果制作，最终效果如图2.98所示。

图2.98 隐藏图形及最终效果

2.4.3 使用Photoshop制作印刷公司名片立体效果

STEP 01 执行菜单栏中的“文件”|“新建”命令，在弹出的对话框中设置“宽度”为7厘米，“高度”为5厘米，“分辨率”为300像素/英寸，新建一个空白画布，如图2.99所示。

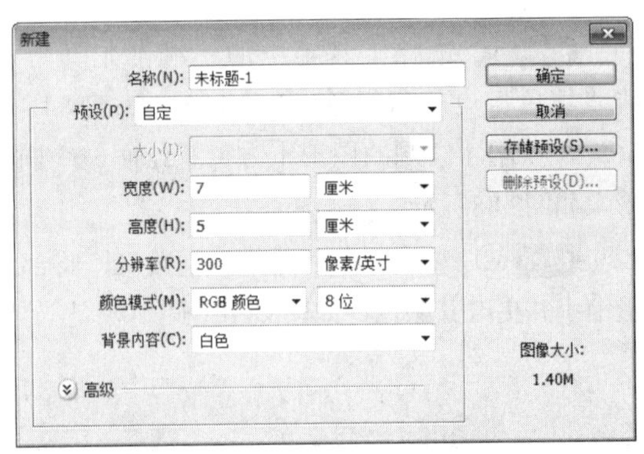

图2.99 新建画布

STEP 02 将其填充为灰色（R：230，G：227，B：224），如图2.100所示。

图2.100 填充颜色

STEP 03 执行菜单栏中的“文件”|“打开”命令，打开“印刷公司名片正面效果设计.ai”文件，将打开的素材拖入画布中并适当缩小，以同样的方法打开“印刷公司名片背面效果设计.ai”文件，分别将打开的名片图像拖入画布中并适当缩小，将其图层名称分别更改为“图层1”“图层2”，将“图层2”移至“图层1”图层下方，如图2.101所示。

STEP 04 选中“图层1”图层，按Ctrl+T组合键对其执行“自由变换”命令，当出现变形框以后单击鼠标右键，从弹出的快捷菜单中选择“扭曲”命令，拖动变形框控制点将图像变形，完成之后按Enter键确认，如图2.102所示。

图2.101　添加图像　　图2.102　将图像变形

技巧与提示

当出现变形框以后可以按住Ctrl键并拖动变形框控制点，将图像扭曲。

STEP 05 选择工具箱中的"钢笔工具"，在选项栏中单击"选择工具模式" 路径 按钮，在弹出的选项中选择"形状"，将"填充"更改为黑色，"描边"更改为无，在适当位置绘制一个不规则图形，此时将生成一个"形状1"图层，如图2.103所示。

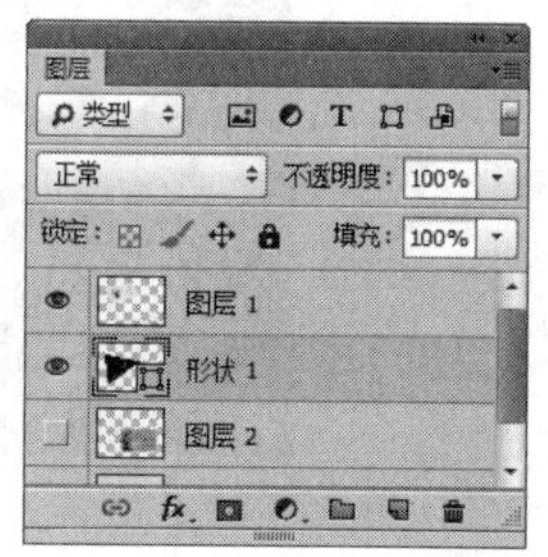

图2.103　绘制图形

STEP 06 在"图层"面板中选中"形状1"图层，单击面板底部的"添加图层蒙版"按钮，为其图层添加图层蒙版，如图2.104所示。

STEP 07 选择工具箱中的"画笔工具"，在画布中单击鼠标右键，在弹出的面板中选择一种圆角笔触，将"大小"更改为250像素，"硬度"更改为0%，如图2.105所示。

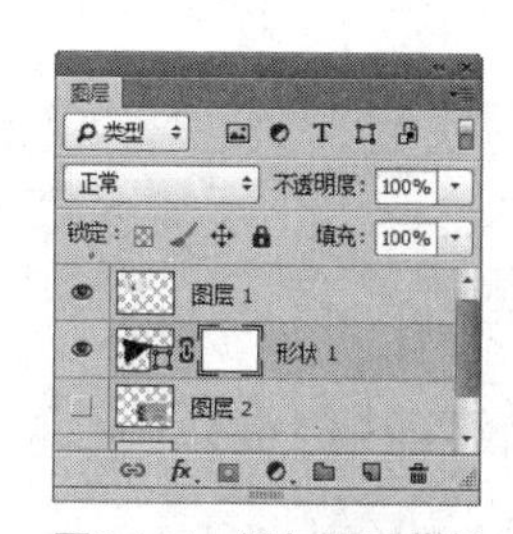

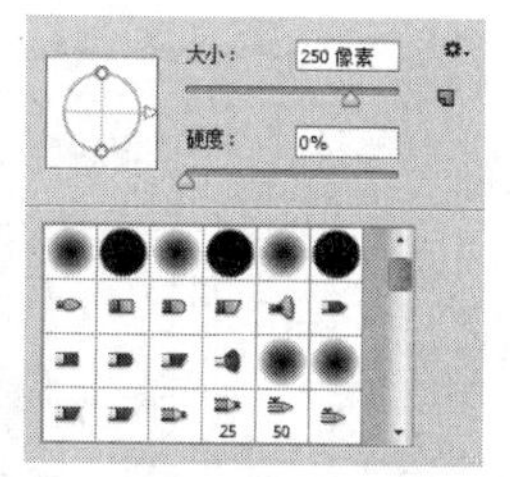

图2.104　添加图层蒙版　　图2.105　设置笔触

STEP 08 将前景色更改为黑色，在其图像上的部分区域涂抹将其隐藏以制作投影效果，如图2.106所示。

图2.106　隐藏图像

技巧与提示

在隐藏图像的时候可以在选项栏中不断更改画笔的不透明度，这样制作出的投影效果更加真实。

STEP 09 在"图层"面板中选中"图层1"图层，单击面板底部的"添加图层样式" fx 按钮，在菜单中选择"投影"命令，在弹出的对话框中将"不透明度"更改为10%，取消"使用全局光"复选框，将"角度"更改为55度，"距离"更改为4像素，"大小"更改为4像素，完成之后单击"确定"按钮，如图2.107所示。

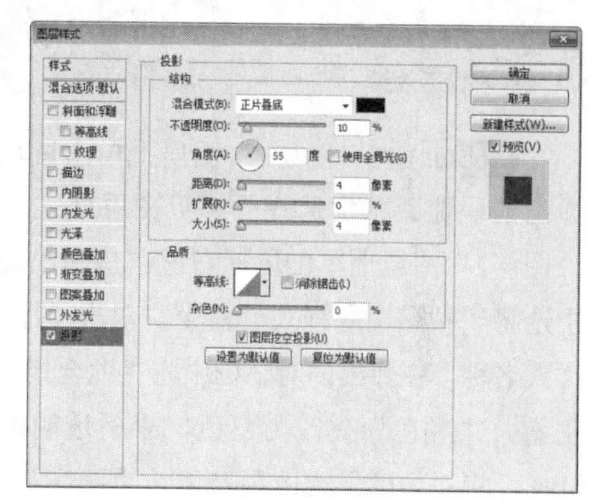

图2.107　设置投影

STEP 10 选中"图层2"图层，以同样的方法按Ctrl+T组合键对其执行"自由变换"命令，当出现变形框以后单击鼠标右键，从弹出的快捷菜单中选择"扭曲"命令，拖动变形框控制点将图像变形，完成之后按Enter键确认，如图2.108所示。

图2.108　将图像变形

STEP 11 在“图层”面板中选中“形状1”图层，将其拖至面板底部的“创建新图层”按钮上，复制出一个“形状1 拷贝”图层，将“形状1 拷贝”图层移至“图层2”下方，如图2.109所示。

STEP 12 选择工具箱中的“直接选择工具”，拖动“形状1 拷贝”图层中图形锚点将其变形，如图2.110所示。

图2.109 复制图层

图2.110 调整投影

技巧与提示

为了投影更加真实，在调整图形锚点之后再利用“画笔工具”将投影隐藏或者显示，对其进一步调整以适应当前名片的投影效果。

STEP 13 在“图层1”图层上单击鼠标右键，从弹出的快捷菜单中选择“拷贝图层样式”命令。在“图层2”图层上单击鼠标右键，从弹出的快捷菜单中选择“粘贴图层样式”命令。双击“图层2”图层样式名称，在弹出的对话框中将“混合模式”更改为正常，“颜色”更改为白色，“不透明度”更改为60%，将“角度”更改为75度，“距离”更改为1像素，“大小”更改为0像素，完成之后单击“确定”按钮，这样就完成了效果制作，最终效果如图2.111所示。

图2.111 最终效果

2.5 环球贸易名片设计

素材位置	素材文件\第2章\环球贸易名片
案例位置	案例文件\第2章\环球贸易名片正面效果设计.ai、环球贸易名片背面效果设计.ai、环球贸易名片展示效果设计.psd
视频位置	多媒体教学\第2章\2.5 环球贸易名片设计.avi
难易指数	★★☆☆☆

本例讲解环球贸易名片设计制作，以明显的标志与简洁明了的文字信息组成完整的名片信息，同时地球线条图的添加更是表明了环球公司的主题，在展示效果制作过程中采用了传统的展示制作方式，以经典的俯视视角呈现出最直观地展示，最终效果如图2.112所示。

图2.112 最终效果

2.5.1 使用Illustrator制作环球贸易名片正面效果

STEP 01 执行菜单栏中的“文件”|“新建”命令，在弹出的对话框中设置“宽度”为90mm，“高度”为54mm，新建一个空白画布，如图2.113所示。

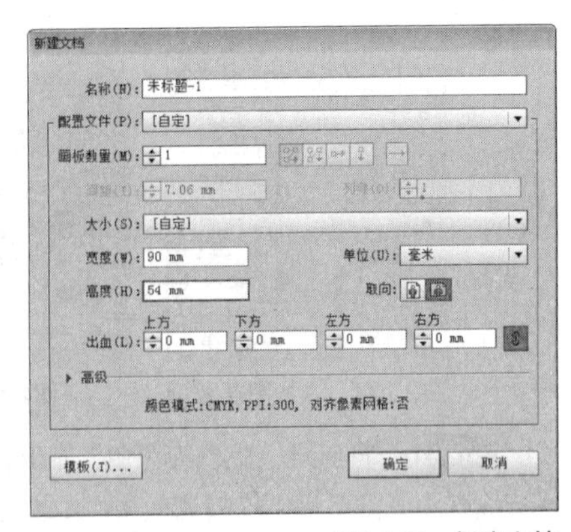

图2.113 新建文档

STEP 02 选择工具箱中的“矩形工具”▢，将“填色”更改为灰色（R：232，G：232，B：232），在画布中绘制一个与其大小相同的矩形，如图2.114所示。

图2.114 绘制图形

STEP 03 选择工具箱中的“矩形工具”▢，将“填色”更改为白色，在画布中绘制一个与画板矩形宽度相同的矩形，如图2.115所示。

图2.115 绘制图形

STEP 04 选择工具箱中的“多边形工具”⬡，将“填色”更改为蓝色（R：22，G：95，B：205），在画布中间上方位置绘制一个多边形，如图2.116所示。

图2.116 绘制及复制图形

STEP 05 选择工具箱中的“文字工具”T，在绘制的图形位置添加文字，如图2.117所示。

STEP 06 选择工具箱中的“矩形工具”▢，将“填色”更改为蓝色（R：23，G：100，B：194），绘制一个矩形，如图2.118所示。

图2.117 添加文字　　图2.118 绘制图形

STEP 07 选中矩形，按Alt+Shift组合键将其复制数份，如图2.119所示。

图2.119 复制图形

STEP 08 执行菜单栏中的“文件”|“打开”命令，打开“图标.psd”文件，将打开的素材拖入画布中适当位置，如图2.120所示。

图2.120 添加素材

STEP 09 选择工具箱中的“文字工具”T，在适当位置添加文字信息，这样就完成了效果制作，最终效果如图2.121所示。

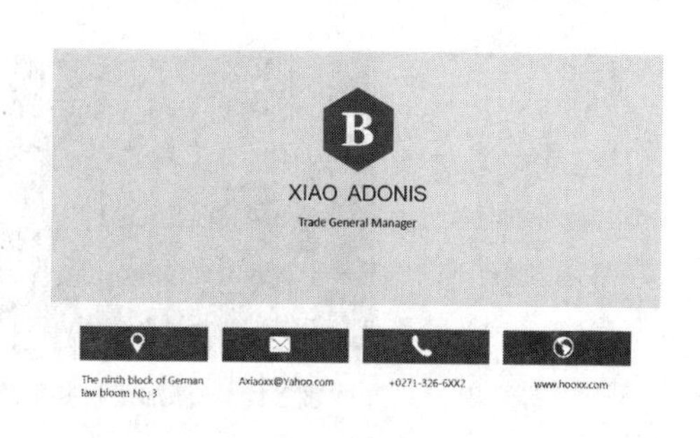

图2.121 添加文字及最终效果

2.5.2 使用Illustrator制作环球贸易名片背面效果

STEP 01 执行菜单栏中的“文件”|“新建”命令，在弹出的对话框中设置“宽度”为90mm，“高度”为54mm，新建一个空白画布，如图2.122所示。

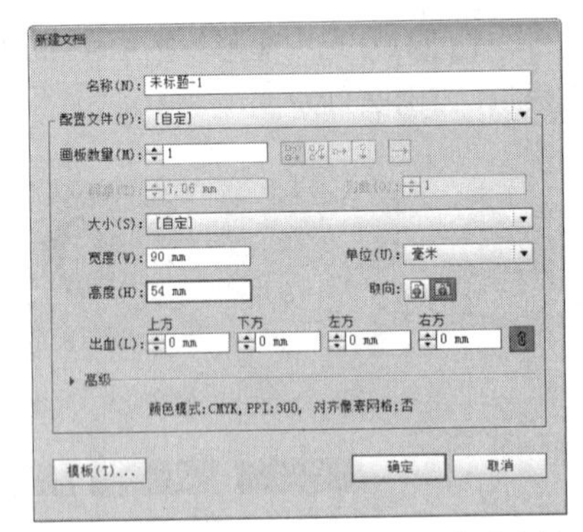

图2.122　新建文档

STEP 02 选择工具箱中的“矩形工具”，将“填色”更改为蓝色（R：22，G：100，B：194），在画布中绘制一个与其大小相同的矩形，如图2.123所示。

图2.123　绘制图形

STEP 03 执行菜单栏中的“文件”|“打开”命令，打开“线条图.ai”文件，将打开的素材图像拖入画布中适当位置。选中添加的素材，在选项栏中将“不透明度”更改为20%，如图2.124所示。

图2.124　添加素材并更改不透明度

STEP 04 选择工具箱中的“多边形工具”，将“填色”更改为白色，在画布中间上方位置绘制一个多边形，如图2.125所示。

STEP 05 选择工具箱中的“矩形工具”，将“填色”更改为白色，在画布中间下方绘制一个矩形，如图2.126所示。

图2.125　绘制多边形　　图2.126　绘制矩形

STEP 06 选择工具箱中的“文字工具”T，在适当位置添加文字信息，这样就完成了效果制作，最终效果如图2.127所示。

图2.127　最终效果

2.5.3 使用Photoshop制作环球贸易名片立体效果

STEP 01 执行菜单栏中的“文件”|“新建”命令，在弹出的对话框中设置“宽度”为7厘米，“高度”为5.5厘米，“分辨率”为300像素/英寸，新建一个空白画布，如图2.128所示。

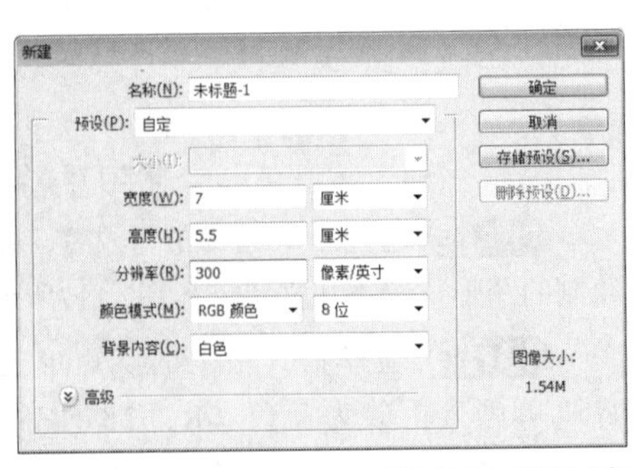

图2.128　新建画布

STEP 02 执行菜单栏中的“文件”|“打开”命令，打开“木板.jpg”文件，将打开的素材拖入画布中并适当缩小，其图层名称将更改为“图层1”，如图2.129所示。

图2.129 添加素材

STEP 03 选中“图层1”图层，按Ctrl+T组合键对其执行“自由变换”命令，单击鼠标右键，从弹出的快捷菜单中选择“扭曲”命令，拖动变形框控制点将图像扭曲变形，完成之后按Enter键确认，如图2.130所示。

图2.130 将图像变形

STEP 04 在“图层”面板中，单击面板底部的“创建新的填充或调整图层”按钮，在弹出快捷菜单中选中“色相/饱和度”命令，在弹出的面板中选择“红色”，将“饱和度”更改为-40，如图2.131所示。

图2.131 调整饱和度

STEP 05 选择“黄色”，将“饱和度”更改为-50，如图2.132所示。

图2.132 调整饱和度

STEP 06 在“图层”面板中，单击面板底部的“创建新的填充或调整图层”按钮，在弹出快捷菜单中选中“纯色”命令，在弹出的“拾色器”对话框中将颜色更改为深黄色（R：53，G：43，B：30），完成之后单击“确定”按钮，如图2.133所示。

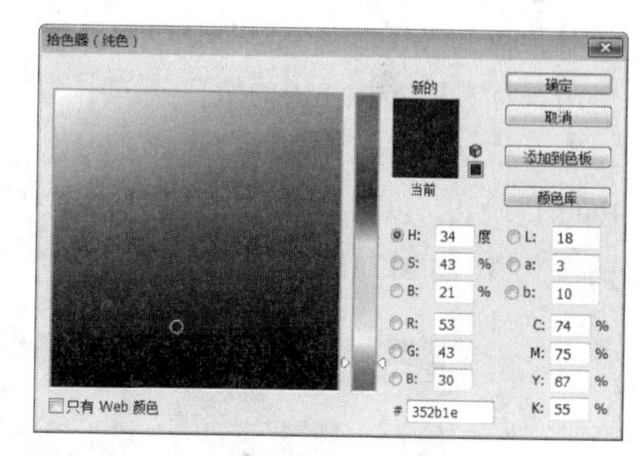

图2.133 更改颜色

STEP 07 选择工具箱中的“画笔工具”，在画布中单击鼠标右键，在弹出的面板中选择一种圆角笔触，将“大小”更改为350像素，“硬度”更改为0%，如图2.134所示。

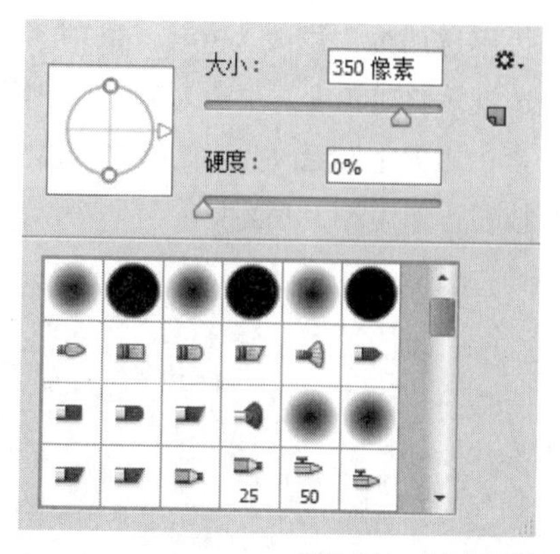

图2.134 设置笔触

STEP 08 将前景色更改为黑色，在图像上的部分区域涂抹以将其隐藏，如图2.135所示。

图2.135　隐藏颜色

技巧与提示

隐藏颜色的目的是降低图像边缘亮度。

STEP 09 执行菜单栏中的“文件”|“打开”命令，打开“环球贸易名片正面效果设计.ai”文件，将打开的素材拖入画布中并适当缩小，以同样的方法打开“环球贸易名片背面效果设计.ai”文件，分别将打开的名片图像拖入画布中并适当缩小，将其图层名称分别更改为“图层2”“图层3”，如图2.136所示。

STEP 10 选中“图层2”图层，按Ctrl+T组合键对其执行“自由变换”命令，当出现变形框以后单击鼠标右键，从弹出的快捷菜单中选择“扭曲”命令，拖动变形框控制点将图像变形，完成之后按Enter键确认，以同样的方法选中“图层3”图层，将图像变形，如图2.137所示。

图2.136　添加图像

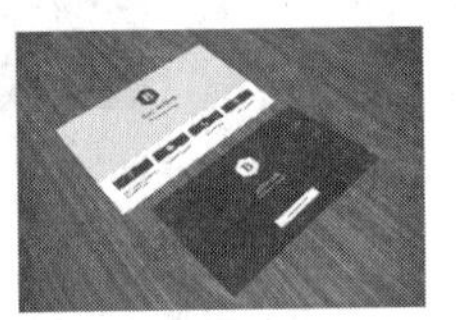

图2.137　将图形变形

STEP 11 在“图层”面板中选中“图层2”图层，单击面板底部的“添加图层样式” fx 按钮，在菜单中选择“投影”命令，在弹出的对话框中将“不透明度”更改为30%，取消“使用全局光”复选框，将“角度”更改为90度，“距离”更改为4像素，“大小”更改为4像素，完成之后单击“确定”按钮，如图2.138所示。

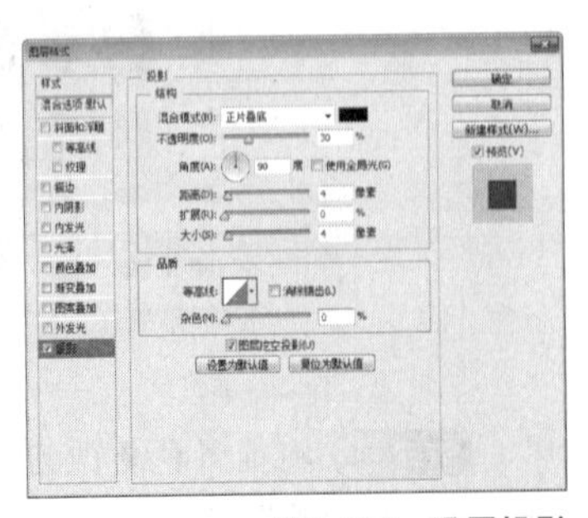

图2.138　设置投影

STEP 12 在“图层2”图层上单击鼠标右键，从弹出的快捷菜单中选择“拷贝图层样式”命令，在“图层3”图层上单击鼠标右键，从弹出的快捷菜单中选择“粘贴图层样式”命令，双击“图层3”图层样式名称，在弹出的对话框中将“不透明度”更改为60%，“距离”更改为3像素，“大小”更改为5像素，如图2.139所示。

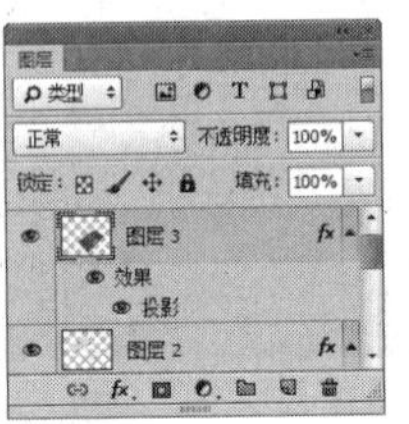

图2.139　复制并粘贴图层样式

STEP 13 在“图层3”图层样式名称上单击鼠标右键，从弹出的快捷菜单中选择“创建图层”命令，此时将生成一个“‘图层3’的投影”图层，如图2.140所示。

图2.140　创建图层

技巧与提示

在创建图层时，当弹出下面这个对话框时可以直接单击“确定”按钮将其关闭。

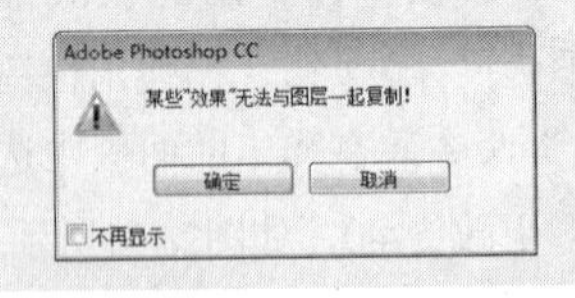

STEP 14 在“图层”面板中选中“图层3”图层，单击面板底部的“添加图层样式” fx 按钮，在菜单中选择“投影”命令，在弹出的对话框中将“混合模式”更改为正常，“颜色”更改为白色，取消“使用全局光”复选框，将“角度”更改为90度，“距离”更改为1像素，“大小”更改为1像素，完成之后单击“确定”按钮，这样就完成了效果制作，最终效果如图2.141所示。

图2.141 最终效果

2.6 运动名片设计

素材位置	素材文件\第2章\运动名片
案例位置	案例文件\第2章\运动名片正面效果设计.ai、运动名片背面效果设计.ai、运动名片展示效果设计.psd
视频位置	多媒体教学\第2章\2.6 运动名片设计.avi
难易指数	★★☆☆☆

本例讲解运动名片设计制作，此款名片在制作过程中以体现运动的本质为主，通过象形化的不规则图形组合在视觉上体现运动感。此款名片在展示效果制作上以透视视角背景与名片主题相对应，整个展示效果体现出运动的特点，同时所添加的虚化效果也加深了展示效果的真实感，最终效果如图2.142所示。

图2.142 最终效果

2.6.1 使用Illustrator制作运动名片正面效果

STEP 01 执行菜单栏中的“文件”|“新建”命令，在弹出的对话框中设置“宽度”为90mm，“高度”为54mm，新建一个空白画布，如图2.143所示。

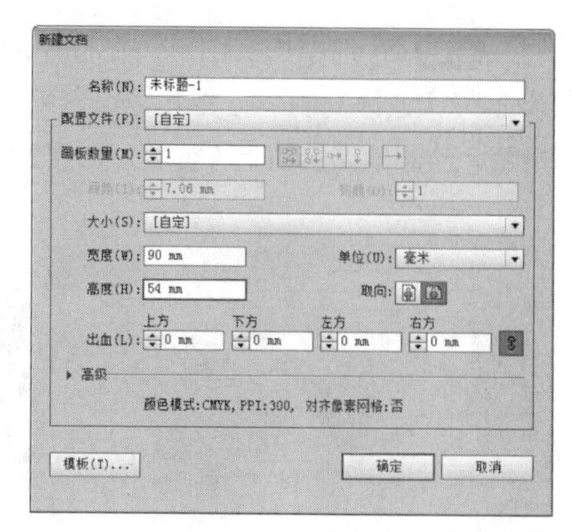

图2.143 新建文档

STEP 02 选择工具箱中的“矩形工具”，将“填色”更改为灰色（R：242，G：242，B：242），在画布中绘制一个与其大小相同的矩形，如图2.144所示。

图2.144 绘制图形

STEP 03 选择工具箱中的“椭圆工具”，将“填色”更改为绿色（R：97，G：180，B：55），“描边”更改为绿色（R：90，G：153，B：40），“大小”更改为0.5Pt，在画布靠底部位置绘制一个椭圆图形，如图2.145所示。

图2.145 绘制椭圆图形

STEP 04 选择工具箱中的“钢笔工具”，将“填色”更改为绿色（R：97，G：180，B：55），“描边”更改为绿色（R：90，G：153，B：40），“大小”更改为0.5Pt，在椭圆图形左侧位置绘制一个不规则图形，如图2.146所示。

STEP 05 选中椭圆图形，在按住Alt键的同时将其拖动以进行复制，再将其等比例缩小并旋转后移至刚才绘制的图形的上方位置，如图2.147所示。

图2.146 绘制图形 图2.147 复制并变换图形

STEP 06 以同样的方法在画布右侧位置绘制一个不规则图形，选中椭圆图形将其复制并缩小，填充不同的颜色，如图2.148所示。

图2.148 绘制及复制图形

STEP 07 选择工具箱中的“矩形工具”，将“填色”更改为任意颜色，绘制一个与画布相同大小的图形，如图2.149所示。

图2.149 绘制图形

STEP 08 同时选中所有图形，单击鼠标右键，从弹出的快捷菜单中选择“建立剪切蒙版”命令，将多余图形隐藏，如图2.150所示。

图2.150 隐藏图形

STEP 09 选择工具箱中的“文字工具” T，在适当位置添加文字信息，这样就完成了效果制作，最终效果如图2.151所示。

图2.151 添加文字及最终效果

2.6.2 使用Illustrator制作运动名片背面效果

STEP 01 执行菜单栏中的“文件”|“新建”命令，在弹出的对话框中设置“宽度”为90mm，“高度”为54mm，新建一个空白画布，如图2.152所示。

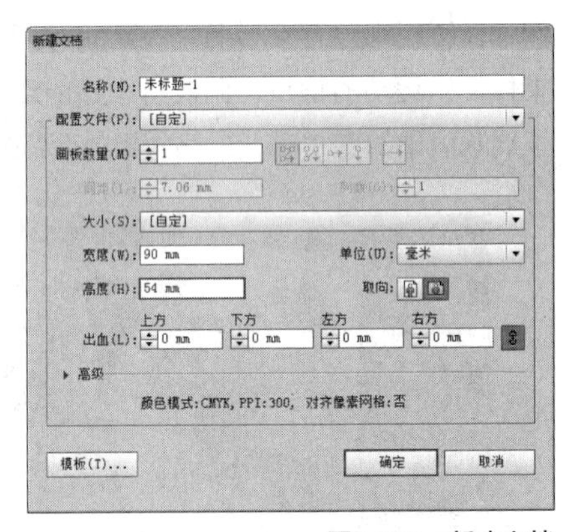

图2.152 新建文档

STEP 02 选择工具箱中的“矩形工具”，将“填色”更改为灰色（R：242，G：242，B：242），在画布中绘制一个与其大小相同的矩形，如图2.153所示。

图2.153 绘制图形

STEP 03 选择工具箱中的“文字工具”T，在画布中间位置添加文字，如图2.154所示。

STEP 04 选中文字，单击鼠标右键，从弹出的快捷菜单中选择“创建轮廓”命令，如图2.155所示。

图2.154 添加文字　　图2.155 轮廓文字

STEP 05 选择工具箱中的“渐变工具”，在“渐变”面板中，将“渐变”更改为蓝色（R：42，G：74，B：155）到蓝色（R：37，G：106，B：197），在文字上拖动为其填充渐变，如图2.156所示。

STEP 06 选择工具箱中的“文字工具”T，在文字下方位置再次添加文字，如图2.157所示。

图2.156 填充渐变　　图2.157 添加文字

STEP 07 以制作名片正面同样的方法，在文字上方位置再次绘制数个不规则图形，这样就完成了效果制作，最终效果如图2.158所示。

图2.158 最终效果

2.6.3 使用Photoshop制作运动名片立体效果

STEP 01 执行菜单栏中的“文件”|“打开”命令，打开“木质.jpg”文件，如图2.159所示。

图2.159 打开素材

STEP 02 在“图层”面板中，单击面板底部的“创建新的填充或调整图层”按钮，在弹出快捷菜单中选中“纯色”命令，在弹出的“拾色器”对话框中将颜色更改为深黄色（R：64，G：50，B：35），完成之后单击“确定”按钮，如图2.160所示。

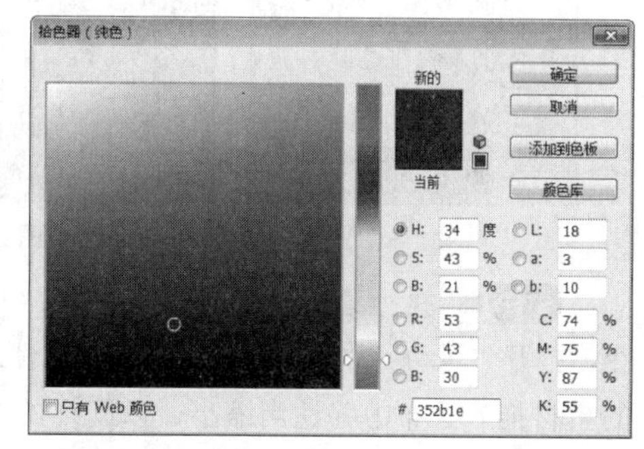

图2.160 更改颜色

STEP 03 选择工具箱中的“画笔工具”，在画布中单击鼠标右键，在弹出的面板中选择一种圆角笔触，将“大小”更改为500像素，“硬度”更改为0%，如图2.161所示。

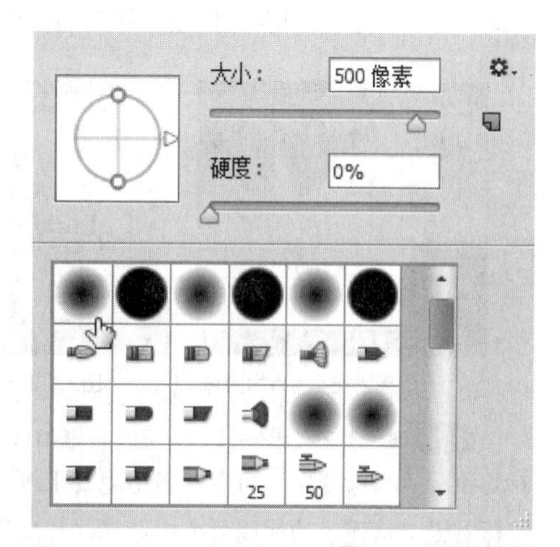

图2.161 设置笔触

STEP 04 将前景色更改为黑色，在图像上的部分区域涂抹以将其隐藏，如图2.162所示。

图2.162　隐藏颜色

STEP 05 在“图层”面板中，选中“颜色填充1”图层，将其图层混合模式设置为正片叠底，“不透明度”更改为80%，如图2.163所示。

图2.163　设置图层混合模式

STEP 06 执行菜单栏中的“文件”|“打开”命令，打开“运动名片正面效果设计.ai”文件，将打开的素材拖入画布中并适当缩小，以同样的方法打开“运动名片背面效果设计.ai”文件，分别将打开的名片图像拖入画布中并适当缩小，将其图层名称分别更改为“图层1”“图层2”，如图2.164所示。

STEP 07 在“图层”面板中选中“图层2”图层，将其拖至面板底部的“创建新图层”按钮上，复制出一个“图层2 拷贝”图层，如图2.165所示。

图2.164　添加图像　　图2.165　复制图层

STEP 08 选中“图层1”图层，按Ctrl+T组合键对其执行“自由变换”命令，当出现变形框以后单击鼠标右键，从弹出的快捷菜单中选择“扭曲”命令，拖动变形框控制点将图像变形，完成之后按Enter键确认，以同样的方法分别选中“图层2”及“图层2 拷贝”图层，将图像变形，如图2.166所示。

图2.166　将图像变形

STEP 09 选中“颜色填充 1”图层，单击面板底部的“创建新图层”按钮，在其图层上方新建一个“图层3”图层，如图2.167所示。

STEP 10 选中“图层3”图层，按Ctrl+Alt+Shift+E组合键执行盖印可见图层命令，在其图层名称上单击鼠标右键，从弹出的快捷菜单中选择“转换为智能对象”命令，如图2.168所示。

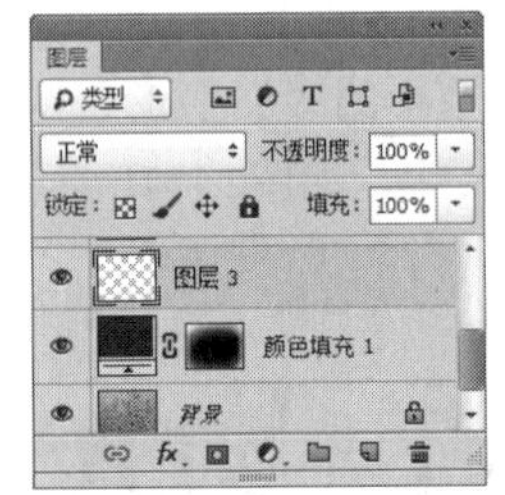

图2.167　新建图层　图2.168　转换为智能对象

技巧与提示

由于是盖印可见图层命令，所以在执行命令之前需要将“图层3”上方的图层暂时隐藏。

STEP 11 选中“图层3”图层，执行菜单栏中的“滤镜”|“模糊”|“高斯模糊”命令，在弹出的对话框中将“半径”更改为6像素，完成之后单击“确定”按钮，如图2.169所示。

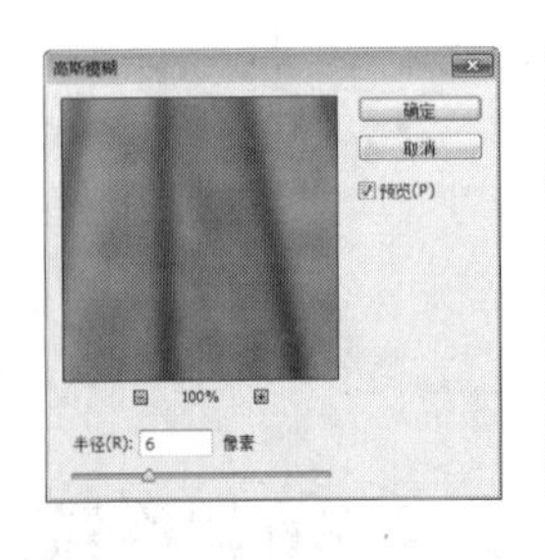

图2.169　设置高斯模糊

STEP 12 选择工具箱中的“画笔工具”，在画布中单击鼠标右键，在弹出的面板中选择一种圆角笔触，将“大小”更改为300像素，“硬度”更改为0%，如图2.170所示。

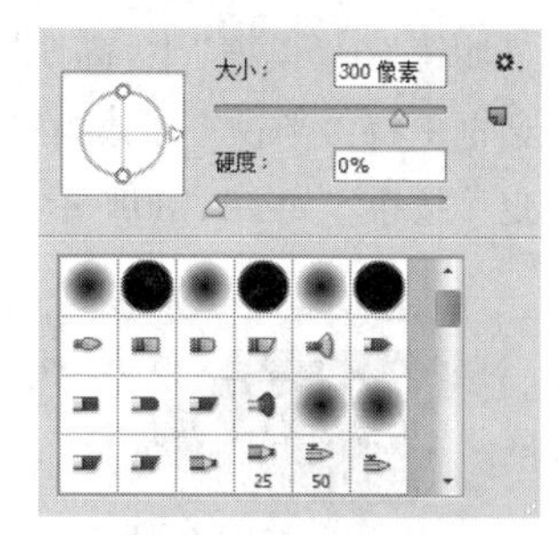

图2.170　设置笔触

STEP 13 将前景色更改为黑色，单击“智能滤镜”蒙版缩览图，在图像上的部分区域涂抹以将其隐藏，如图2.171所示。

图2.171　隐藏图像

STEP 14 选中“图层2”图层，在其图层名称上单击鼠标右键，从弹出的快捷菜单中选择“转换为智能对象”命令，如图2.172所示。

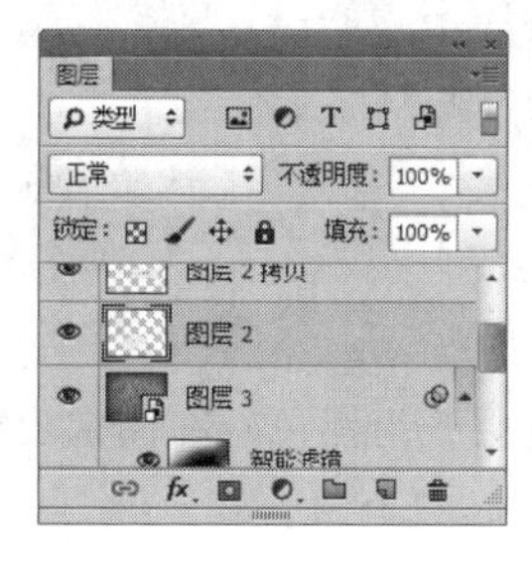

图2.172　转换为智能对象

STEP 15 选中“图层2”图层，执行菜单栏中的“滤镜”|“模糊”|“高斯模糊”命令，在弹出的对话框中将“半径”更改为3像素，完成之后单击“确定”按钮，如图2.173所示。

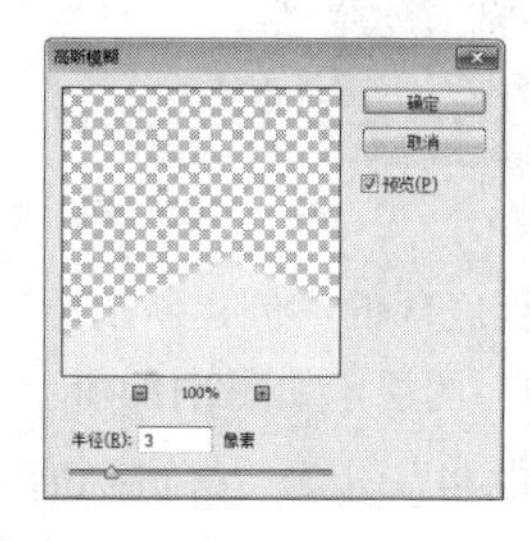

图2.173　添加高斯模糊

STEP 16 选择工具箱中的“画笔工具”，在画布中单击鼠标右键，在弹出的面板中选择一种圆角笔触，将“大小”更改为250像素，“硬度”更改为0%，如图2.174所示。

STEP 17 将前景色更改为黑色，单击“智能滤镜”蒙版缩览图，在图像上的部分区域涂抹以将其隐藏，如图2.175所示。

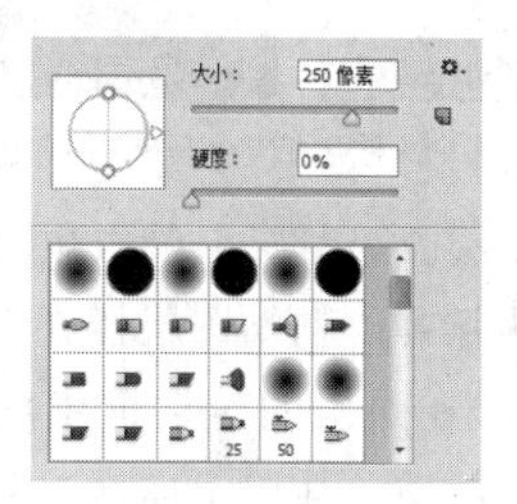

图2.174　设置笔触　　图2.175　隐藏效果

技巧与提示

此处添加的高斯模糊效果是为“图层2”图层中名片的左下角区域添加虚化效果，所以在隐藏多余效果的时候可以不断地更改画笔笔触大小及不透明度，这样经过隐藏后的虚化效果更加自然。

STEP 18 在“图层”面板中选中“图层2”图层，单击面板底部的“添加图层样式”fx按钮，在菜单中选择“投影”命令，在弹出的对话框中将“不透明度”更改为50%，取消“使用全局光”复选框，将“角度”更改为30度，“距离”更改为4像素，“大小”更改为6像素，完成之后单击“确定”按钮，如图2.176所示。

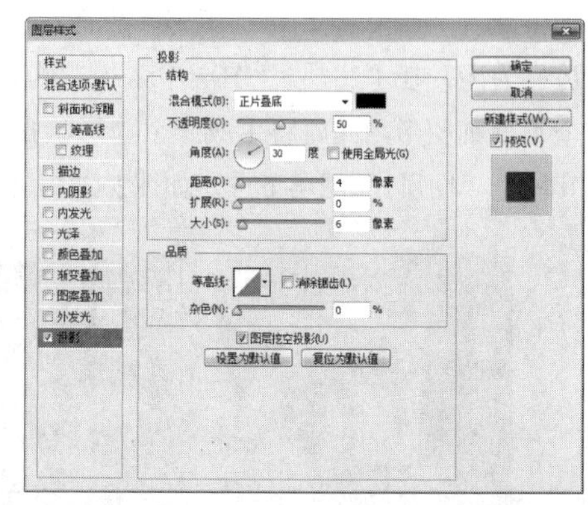

图2.176　设置投影

STEP 19 在“图层2”图层上单击鼠标右键，从弹出的快捷菜单中选择“拷贝图层样式”命令，在“图层 2 拷贝”图层上单击鼠标右键，从弹出的快捷菜单中选择“粘贴图层样式”命令，如图2.177所示。

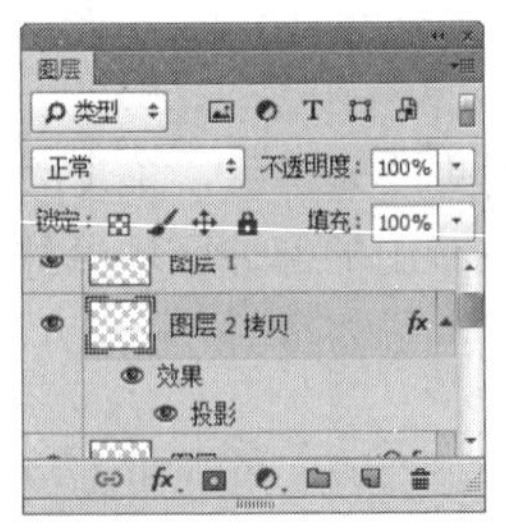

图2.177 复制并粘贴图层样式

STEP 20 在“图层 1”图层上单击鼠标右键，从弹出的快捷菜单中选择“粘贴图层样式”命令，双击图层样式名称，在弹出的对话框中将“不透明度”更改为40%，取消“使用全局光”复选框，“角度”更改为90度，“距离”更改为2像素，“大小”更改为2像素，完成之后单击“确定”按钮，如图2.178所示。

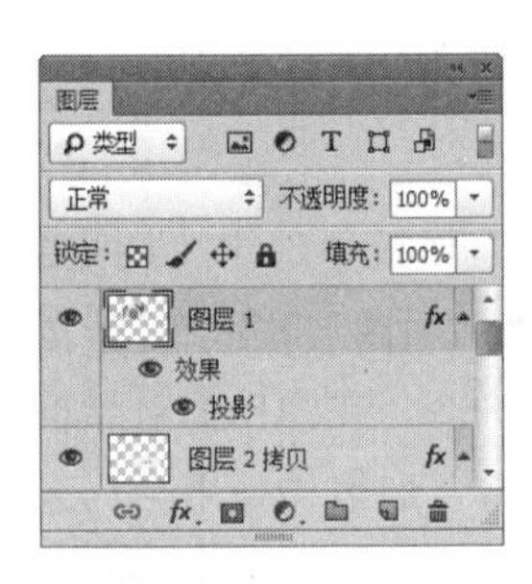

图2.178 粘贴图层样式

STEP 21 选择工具箱中的“钢笔工具”，在选项栏中单击“选择工具模式”按钮，在弹出的选项中选择“形状”，将“填充”更改为黑色，“描边”为无，在“图层1”图层中名片左侧位置绘制一个不规则图形，此时将生成一个“形状1”图层，将其移至“图层1”图层下方，如图2.179所示。

图2.179 绘制图形

STEP 22 选中“形状1”图层，执行菜单栏中的“滤镜”|“模糊”|“高斯模糊”命令，在弹出的对话框中将“半径”更改为3像素，完成之后单击“确定”按钮，如图2.180所示。

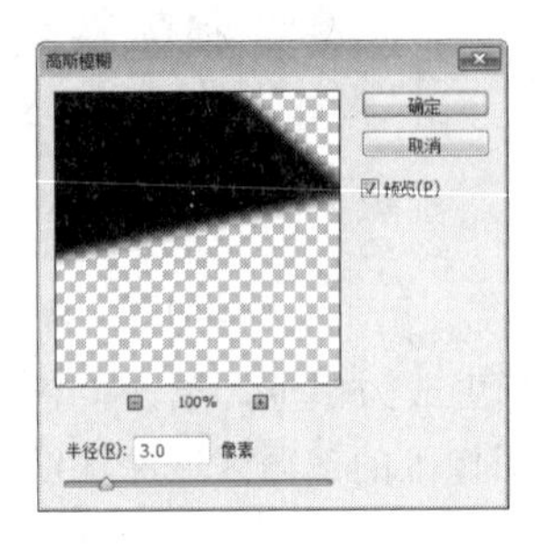

图2.180 设置高斯模糊

STEP 23 在“图层”面板中选中“形状1”图层，单击面板底部的“添加图层蒙版”按钮，为其图层添加图层蒙版，如图2.181所示。

STEP 24 选择工具箱中的“画笔工具”，在画布中单击鼠标右键，在弹出的面板中选择一种圆角笔触，将“大小”更改为200像素，“硬度”更改为0%，如图2.182所示。

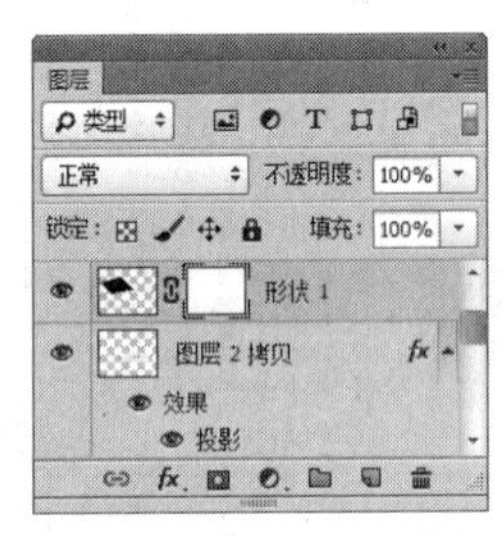

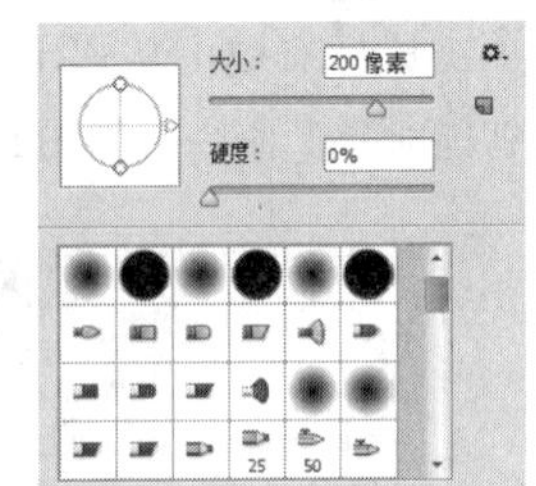

图2.181 添加图层蒙版　　图2.182 设置笔触

STEP 25 将前景色更改为黑色，在图像上的部分区域涂抹将其隐藏，如图2.183所示。

图2.183 隐藏图像

STEP 26 单击面板底部的“创建新图层”按钮，新建一个“图层4”图层，如图2.184所示。

STEP 27 选中“图层4”图层，按Ctrl+Alt+Shift+E组合键执行盖印可见图层命令，如图2.185所示。

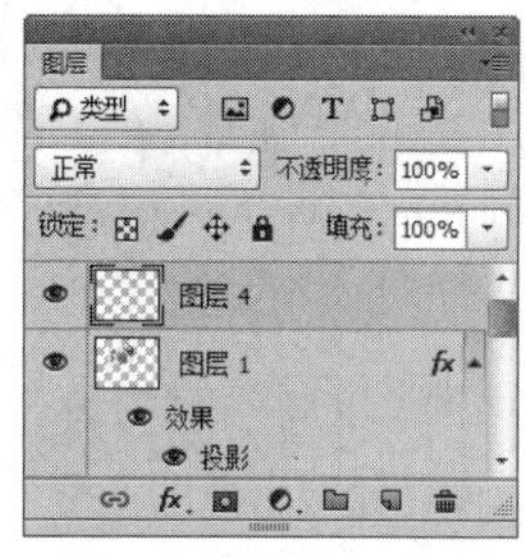

图2.184 新建图层　　图2.185 盖印可见图层

STEP 28 在“图层”面板中，选中“图层 4”图层，将其图层混合模式设置为叠加，“不透明度”更改为50%，这样就完成了效果制作，最终效果如图2.186所示。

图2.186 设最终效果

2.7 车行名片设计

素材位置	素材文件\第2章\车行名片
案例位置	案例文件\第2章\车行名片背景效果设计.psd、车行名片正面效果设计.ai、车行名片背面效果设计.ai、车行名片展示效果设计.psd
视频位置	多媒体教学\第2章\2.7 车行名片设计.avi
难易指数	★★☆☆☆

本例讲解车行名片设计制作，此款名片在正面图案中添加了诸多速度元素，区别于传统名片的信息排列方式，将主要文字信息放置于名片背面，这样可以很好地体现出车行的信息，在展示效果制作过程中以追求真实效果为主，通过俯视视角与投影效果的结合组合成一个写实的名片展示效果，最终效果如图2.187所示。

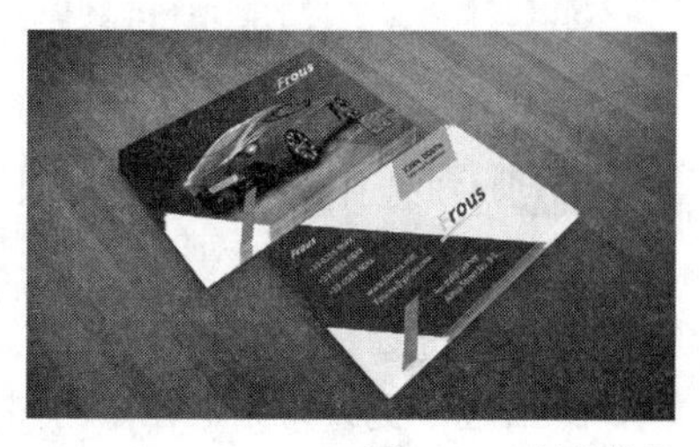

图2.187 最终效果

2.7.1 使用Photoshop制作车行名片背景效果

STEP 01 执行菜单栏中的“文件”|“新建”命令，在弹出的对话框中设置“宽度”为10厘米，“高度”为6厘米，“分辨率”为300像素/英寸，新建一个空白画布，如图2.188所示。

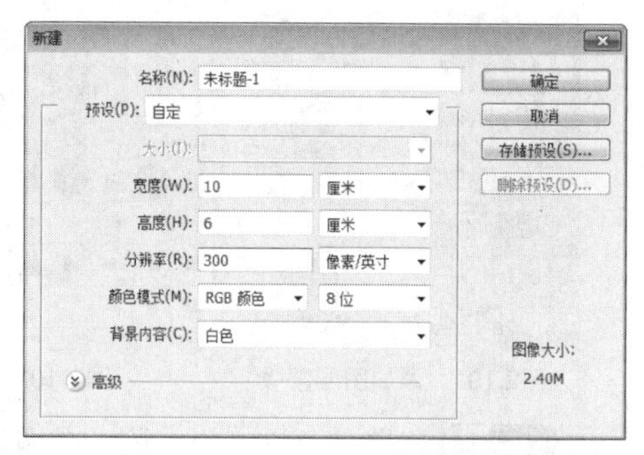

图2.188 新建画布

STEP 02 选择工具箱中的“渐变工具”，编辑深灰色（R：35，G：35，B：37）到灰色（R：116，G：120，B：125）的渐变，单击选项栏中的“线性渐变”按钮，在画布中从左上角向右下角方向拖动为画布填充渐变，如图2.189所示。

图2.189 填充渐变

STEP 03 执行菜单栏中的“文件”|“打开”命令，打开“墙壁.jpg”文件，将打开的素材拖入画布中并适当增加其高度，其图层名称将更改为“图层1”，如图2.190所示。

图2.190 添加素材

STEP 04 在“图层”面板中选中“图层1”图层，单击面板底部的“添加图层蒙版”按钮，为其图层添加图层蒙版，如图2.191所示。

STEP 05 选择工具箱中的“画笔工具”，在画布中单击鼠标右键，在弹出的面板中选择一种圆角笔触，将“大小”更改为350像素，“硬度”更改为0%，如图2.192所示。

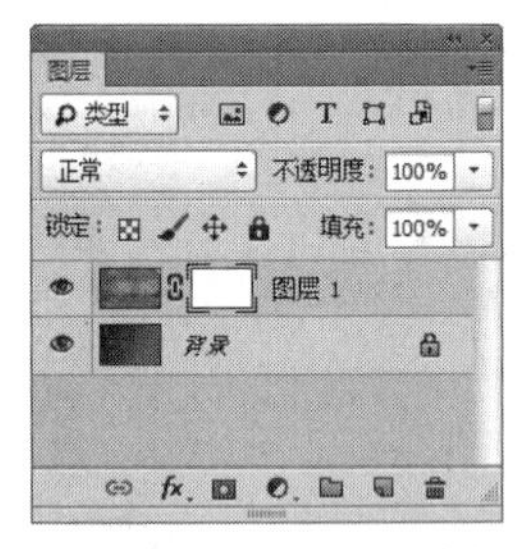

图2.191 添加图层蒙版

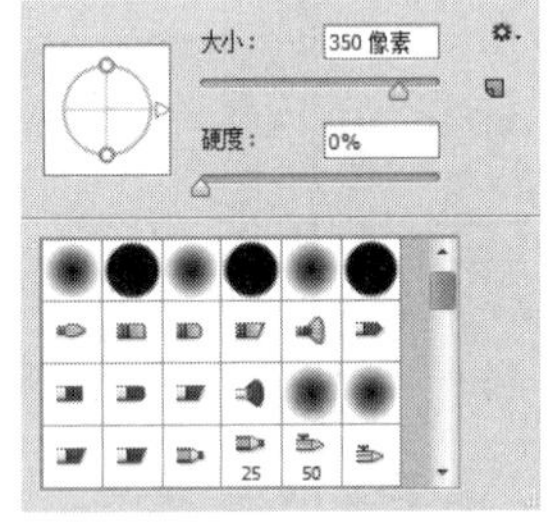

图2.192 设置笔触

STEP 06 将前景色更改为黑色，在图像上的部分区域涂抹将其隐藏，如图2.193所示。

图2.193 隐藏图像

STEP 07 在“图层”面板中，单击面板底部的“创建新的填充或调整图层”按钮，在弹出快捷菜单中选中“色阶”命令，在弹出的面板中单击面板底部的“此调整影响下面的所有图层”按钮，将数值更改为（37，1.00，174），如图2.194示。

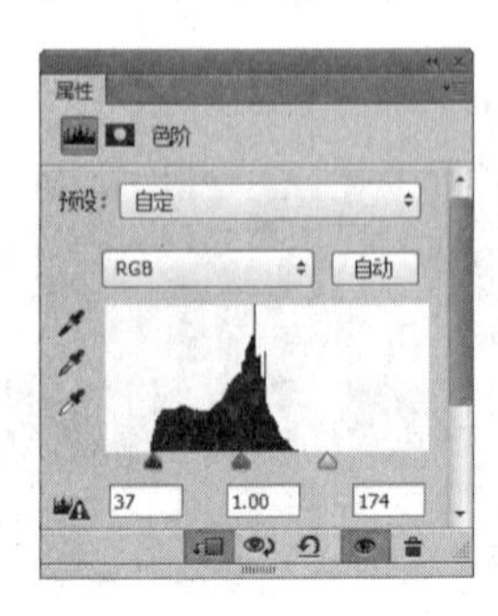

图2.194 调整色阶

技巧与提示

单击“此调整影响下面的所有图层”按钮之后，调整效果只对当前调整图层下方的图层有效，作用类似于“建立剪切蒙版”。

STEP 08 执行菜单栏中的“文件”|“打开”命令，打开“车.psd”文件，将打开的素材拖入画布中并适当缩小，如图2.195所示。

图2.195 添加素材

STEP 09 选择工具箱中的“画笔工具”，在画布中单击鼠标右键，在弹出的面板中选择一种圆角笔触，将“大小”更改为150像素，“硬度”更改为0%，如图2.196所示。

STEP 10 将前景色更改为黑色，单击“色阶 1”图层蒙版缩览图，在画布中除车图像下方的部分区域之外的位置涂抹将部分调整效果隐藏，如图2.197所示。

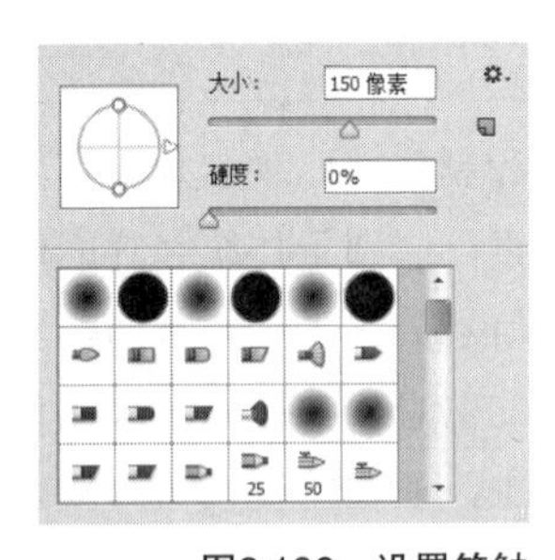

图2.196 设置笔触

图2.197 隐藏调整效果

技巧与提示

隐藏调整效果的目的是增强车图像下方的对比度以衬托出车的图像。

STEP 11 选择工具箱中的“钢笔工具”，在选项栏中单击“选择工具模式”路径按钮，在弹出的选项中选择“形状”，将“填充”更改为黑色，“描边”更改为无，在车的图像底部位置绘制一个不规则图形，此时将生成一个“形状1”图层，将其移至“车”图层下方，如图2.198所示。

图2.198　绘制图形

技巧与提示

绘制的图形用于为车添加阴影效果，所以在绘制过程中尽量按照车子底部轮廓绘制。

STEP 12 选中“形状 1”图层，执行菜单栏中的“滤镜”|“模糊”|“高斯模糊”命令，在弹出的对话框中将“半径”更改为12像素，完成之后单击“确定”按钮，如图2.199所示。

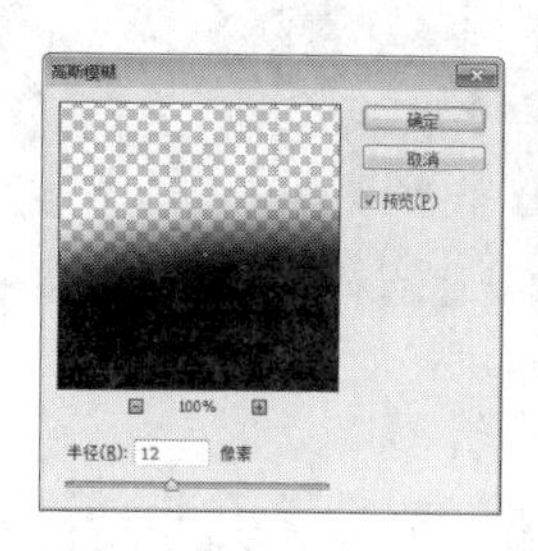

图2.199　设置高斯模糊

STEP 13 在“图层”面板中选中“形状1”图层，单击面板底部的“添加图层蒙版”按钮，为其图层添加图层蒙版，如图2.200所示。

STEP 14 选择工具箱中的“画笔工具”，在画布中单击鼠标右键，在弹出的面板中选择一种圆角笔触，将“大小”更改为150像素，“硬度”更改为0%，如图2.201所示。

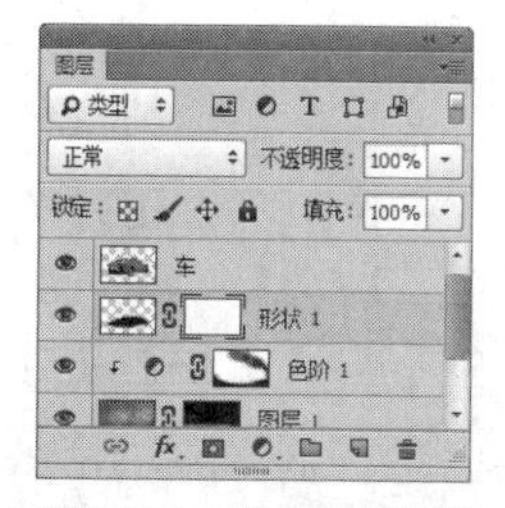

图2.200　添加图层蒙版

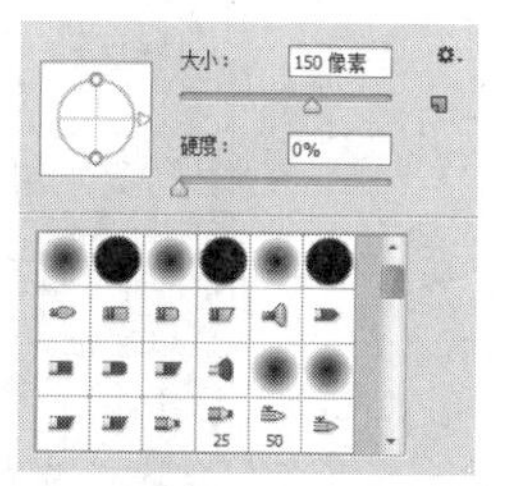

图2.201　设置笔触

STEP 15 将前景色更改为黑色，在其图像上的部分区域涂抹将其隐藏，如图2.202所示。

图2.202　隐藏图像

STEP 16 单击面板底部的“创建新图层”按钮，新建一个“图层2”图层，如图2.203所示。

STEP 17 选中“图层2”图层，按Ctrl+Alt+Shift+E组合键执行盖印可见图层命令，如图2.204所示。

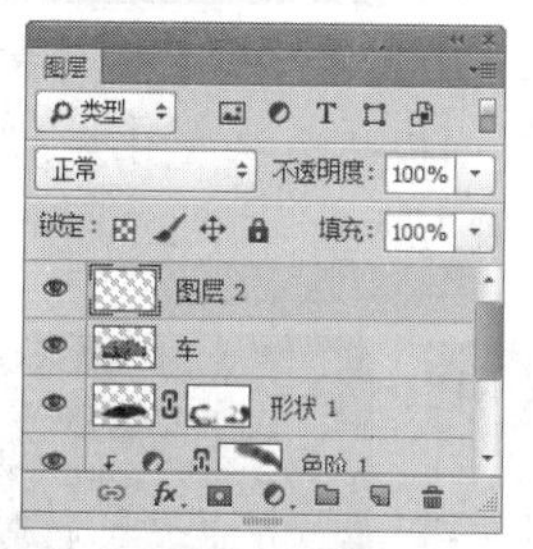

图2.203　新建图层　　图2.204　盖印可见图层

STEP 18 在“图层”面板中选中“图层2”图层，将其图层混合模式设置为叠加，“不透明度”更改为30%，如图2.205所示。

图2.205　设置图层混合模式

STEP 19 单击面板底部的“创建新图层”按钮，新建一个“图层3”图层，选中“图层3”图层并将其填充为黑色，如图2.206所示。

图2.206　新建图层并填充颜色

STEP 20 选中“图层3”图层，执行菜单栏中的“滤镜”|“渲染”|“镜头光晕”命令，在弹出的对话框中单击“电影镜头”单选按钮，将“亮度”更改为100%，完成之后单击“确定”按钮，如图2.207所示。

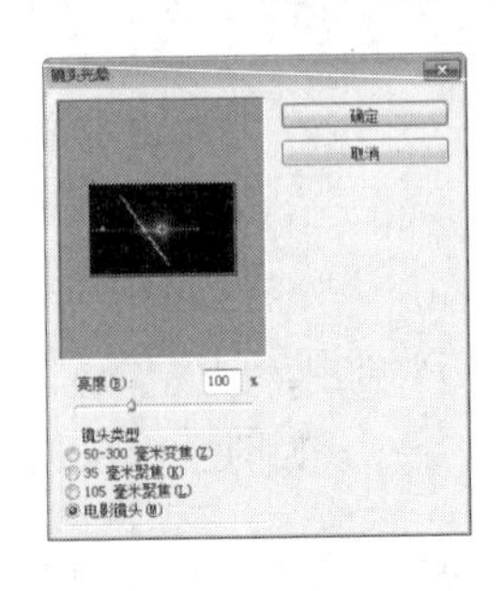

图2.207 设置镜头光晕

STEP 21 在“图层”面板中选中“图层 3”图层，将其图层混合模式设置为滤色，如图2.208所示。

图2.208 设置图层混合模式

STEP 22 在“图层”面板中选中“图层3”图层，将其拖至面板底部的“创建新图层”按钮上，复制出一个“图层3 拷贝”图层，如图2.209所示。

STEP 23 选中“图层3 拷贝”图层，按Ctrl+T组合键对其执行“自由变换”命令，将图像移至左侧车灯位置并等比例缩小，完成之后按Enter键确认，如图2.210所示。

图2.209 复制图层

图2.210 变换图像

STEP 24 选择工具箱中的“钢笔工具”，在选项栏中单击“选择工具模式”按钮，在弹出的选项中选择“形状”，将“填充”更改为蓝色（R：0，G：165，B：170），“描边”为无，在画布靠左侧位置绘制一个不规则图形，此时将生成一个“形状2”图层，如图2.211所示。

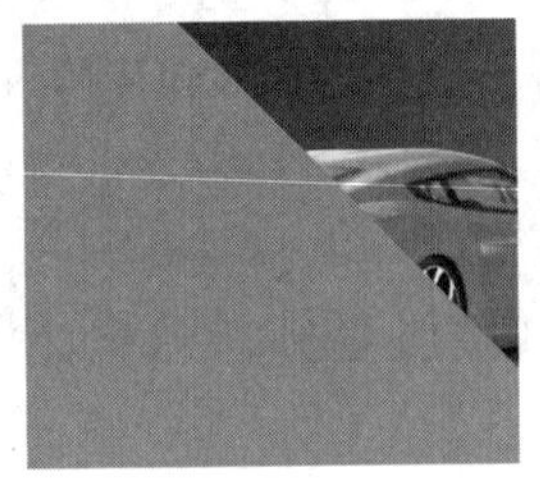

图2.211 绘制图形

STEP 25 在“图层”面板中选中“形状2”图层，将其图层混合模式设置为叠加，这样就完成了效果制作，最终效果如图2.212所示。

图2.212 最终效果

2.7.2 使用Illustrator制作车行名片正面效果

STEP 01 执行菜单栏中的“文件”|“新建”命令，在弹出的对话框中设置“宽度”为90mm，“高度”为54mm，新建一个空白画布，如图2.213所示。

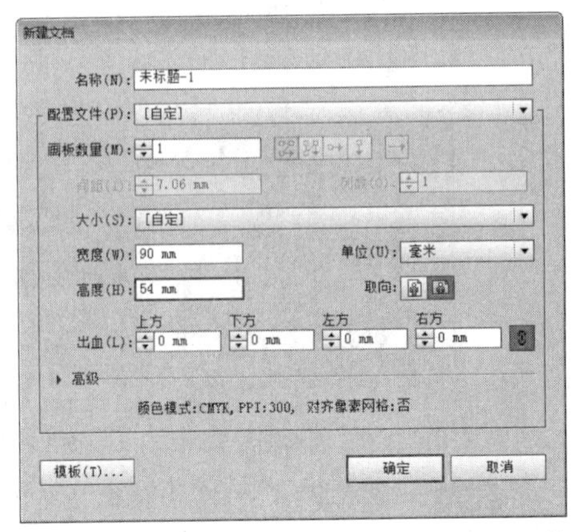

图2.213 新建文档

STEP 02 执行菜单栏中的“文件”|“置入”命令，打开“车行名片背景效果设计.psd”文件，将打开的素材图像置入画布中并适当等比例缩小至与画布相同大小，如图2.214所示。

图2.214 添加图像

STEP 03 选择工具箱中的“矩形工具”，将“填色”更改为白色，在画布左下角位置按住Shift键绘制一个矩形，如图2.215所示。

STEP 04 选择工具箱中的“删除锚点工具”，单击矩形右上角锚点将其删除，如图2.216所示。

图2.215 绘制图形　　图2.216 删除锚点

STEP 05 选择工具箱中的“矩形工具”，将“填色”更改为蓝色（R：0，G：165，B：170），在刚才绘制的矩形位置再次绘制一个矩形，如图2.217所示。

STEP 06 选择工具箱中的“自由变换工具”，拖动变形框顶部控制点将图形斜切变形，如图2.218所示。

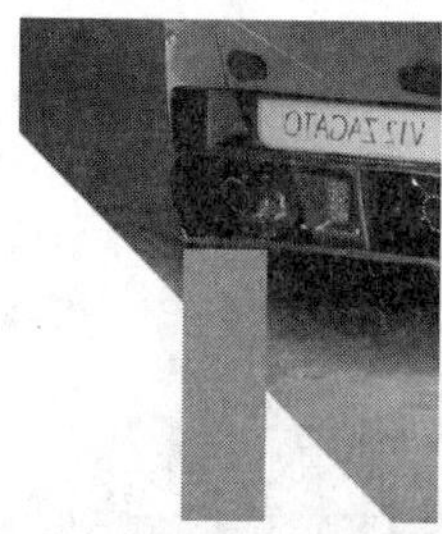

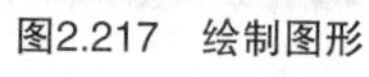

图2.217 绘制图形　　图2.218 将图形变形

STEP 07 执行菜单栏中的“文件”|“打开”命令，打开“二维码.jpg”文件，将打开的素材图像拖入画布右下角位置并缩小，如图2.219所示。

图2.219 添加素材

STEP 08 选择工具箱中的“矩形工具”，将“填色”更改为黑色，在二维码图像位置按住Shift键并绘制一个矩形，在选项栏中将其“不透明度”更改为50%，如图2.220所示。

图2.220 绘制图形并更改不透明度

STEP 09 选择工具箱中的“文字工具”T，在画布适当位置添加文字，如图2.221所示。

STEP 10 选择工具箱中的“自由变换工具”，拖动变形框顶部控制点将文字斜切变形，如图2.222所示。

图2.221 添加文字　　图2.222 将文字变形

STEP 11 选择工具箱中的“钢笔工具”，将“填色”更改为黄色（R：255，G：206，B：0），在文字底部位置绘制一个不规则图形，这样就完成了效果制作，最终效果如图2.223所示。

图2.223　最终效果

2.7.3 使用Illustrator制作车行名片背面效果

STEP 01 执行菜单栏中的“文件”|“新建”命令，在弹出的对话框中设置“宽度”为90mm，“高度”为54mm，新建一个空白画布，如图2.224所示。

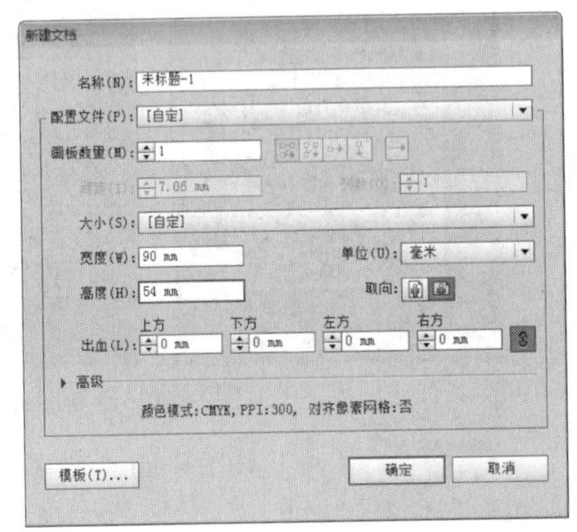

图2.224　新建文档

STEP 02 选择工具箱中的“矩形工具”，将“填色”更改为灰色（R：242，G：242，B：242），在画布中绘制一个与其大小相同的矩形，如图2.225所示。

图2.225　绘制图形

STEP 03 选择工具箱中的“矩形工具”，将“填色”更改为灰色（R：70，G：70，B：70），在画布中间位置绘制一个矩形，如图2.226所示。

图2.226　绘制图形

STEP 04 选择工具箱中的“自由变换工具”，拖动变形框顶部控制点将图形斜切变形，如图2.227所示。

图2.227　将图形变形

STEP 05 选择工具箱中的“矩形工具”，将“填色”更改为黄色（R：240，G：170，B：0），在画布右上角位置绘制一个矩形，以刚才同样的方法将其变形，在画布左下角位置再次绘制一个蓝色图形，并将其斜切变形，如图2.228所示。

图2.228　绘制图形并将其变形

STEP 06 选择工具箱中的“文字工具”，在画布适当位置添加文字，如图2.229所示。

图2.229　添加文字

STEP 07 选中添加的部分文字，选择工具箱中的“自由变换工有具”，拖动变形框顶部控制点将图形斜切变形，如图2.230所示。

STEP 08 选择工具箱中的“钢笔工具”，将“填充”更改为黄色（R：255，G：206，B：0），“描边”为无，在文字下方绘制一个不规则图形，如图2.231所示。

图2.230 将文字变形

图2.231 绘制图形

STEP 09 以同样的方法选中左上角文字将其斜切变形，如图2.232所示。

STEP 10 选择工具箱中的“直线段工具”，将其“填色”更改为无，“描边”更改为黑色，“粗细”更改为0.5点，在刚才添加的部分文字下方位置绘制一条水平线段，如图2.233所示。

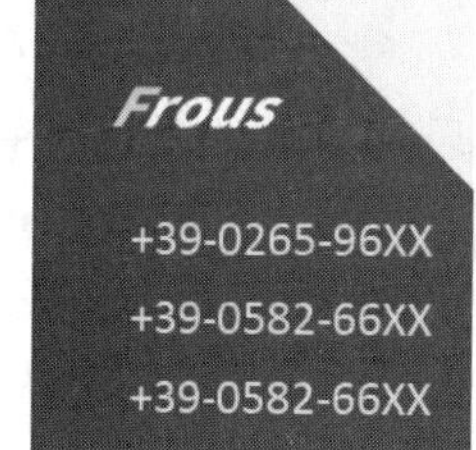

图2.232 将文字变形

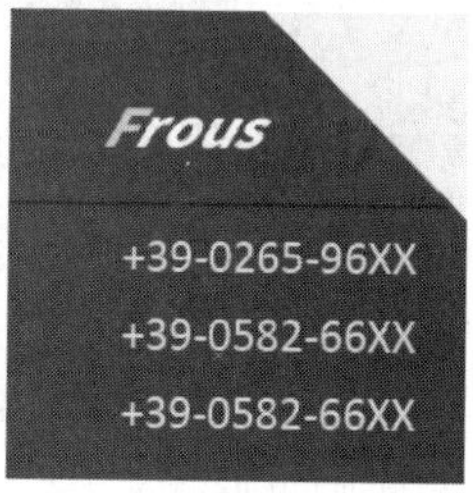

图2.233 绘制图形

STEP 11 选中线段，在按住Alt+Shift组合键的同时向下拖动将图形复制数份并将文字信息分开，如图2.234所示。

图2.234 复制并变换图形

STEP 12 选择工具箱中的“矩形工具”，将“填色”更改为任意颜色，绘制一个与画布相同大小的图形，如图2.235所示。

图2.235 绘制图形

STEP 13 同时选中所有图形，单击鼠标右键，从弹出的快捷菜单中选择“建立剪切蒙版”命令，将多余图形隐藏，这样就完成了效果制作，最终效果如图2.236所示。

图2.236 最终效果

2.7.4 使用Photoshop制作车行名片立体效果

STEP 01 执行菜单栏中的“文件”|“打开”命令，打开“木质.jpg”文件，如图2.237所示。

图2.237 打开素材

STEP 02 在“图层”面板中，单击面板底部的“创建新的填充或调整图层”按钮，在弹出的快捷菜单中选中“纯色”命令，在弹出的“拾色器”对话框中将颜色更改为深黄色（R：64，G：50，B：35），完成之后单击“确定”按钮，如图2.238所示。

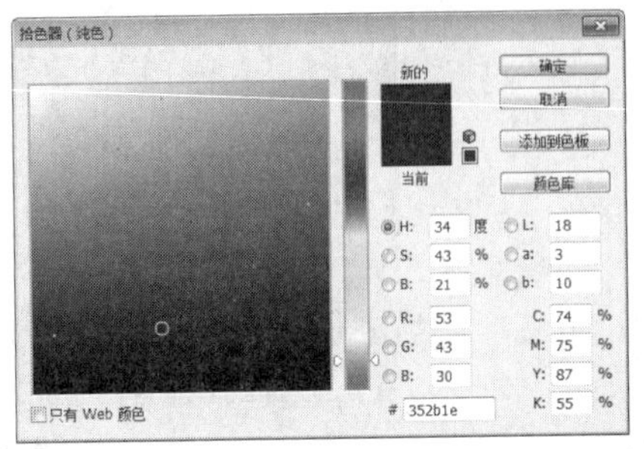

图2.238 更改颜色

STEP 03 选择工具箱中的“画笔工具”，在画布中单击鼠标右键，在弹出的面板中选择一种圆角笔触，将“大小”更改为350像素，“硬度”更改为0%，如图2.239所示。

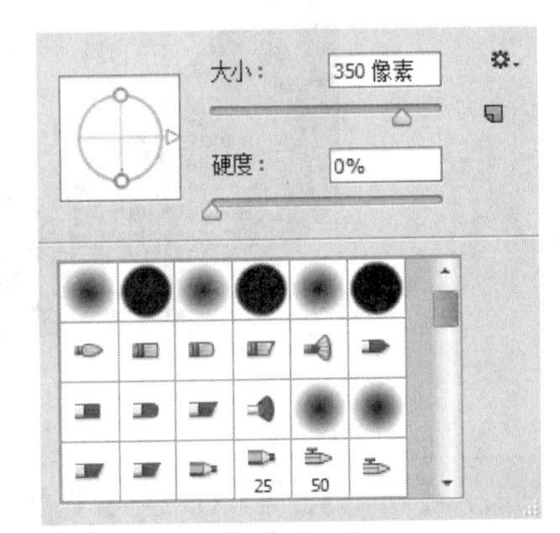

图2.239 设置笔触

STEP 04 将前景色更改为黑色，在图像上的部分区域涂抹以将其隐藏，如图2.240所示。

图2.240 隐藏颜色

STEP 05 在“图层”面板中选中“颜色填充 1”图层，将其图层混合模式设置为正片叠底，如图2.241所示。

图2.241 设置图层混合模式

STEP 06 执行菜单栏中的“文件”|“打开”命令，打开“车行名片正面效果设计.ai”文件，将打开的素材拖入画布中并适当缩小，以同样的方法打开“车行名片背面效果设计.ai”文件，分别将打开的名片图像拖入画布中并适当缩小，将其图层名称分别更改为“图层1”“图层2”，如图2.242所示。

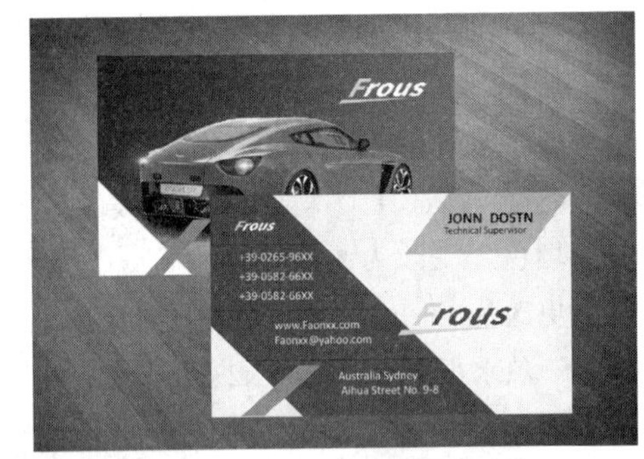

图2.242 添加图像

STEP 07 选中“图层1”图层，按Ctrl+T组合键对其执行“自由变换”命令，单击鼠标右键，从弹出的快捷菜单中选择“扭曲”命令，完成之后按Enter键确认，以同样的方法选中“图层2”图层，将图像扭曲变形，如图2.243所示。

图2.243 变换图像

STEP 08 在“图层”面板中选中“图层1”图层，单击面板底部的“添加图层样式”fx按钮，在菜单中选择“投影”命令，在弹出的对话框中将

“不透明度”更改为50%，取消“使用全局光”复选框，将“角度”更改为75度，“距离”更改为4像素，“大小”更改为4像素，完成之后单击“确定”按钮，如图2.244所示。

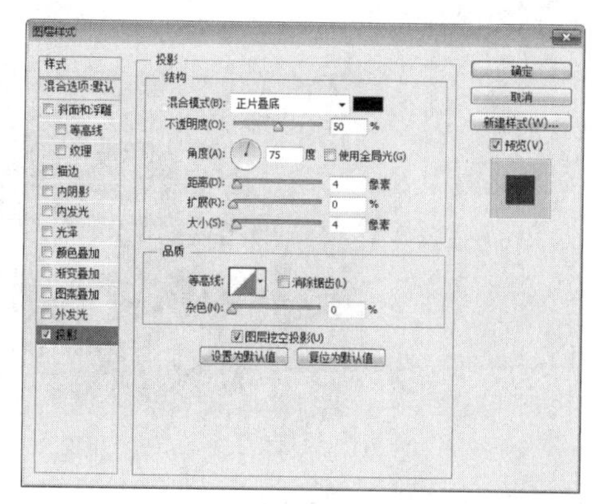

图2.244 设置投影

STEP 09 在“图层1”图层上单击鼠标右键，从弹出的快捷菜单中选择“拷贝图层样式”命令，在“图层2”图层上单击鼠标右键，从弹出的快捷菜单中选择“粘贴图层样式”命令，如图2.245所示。

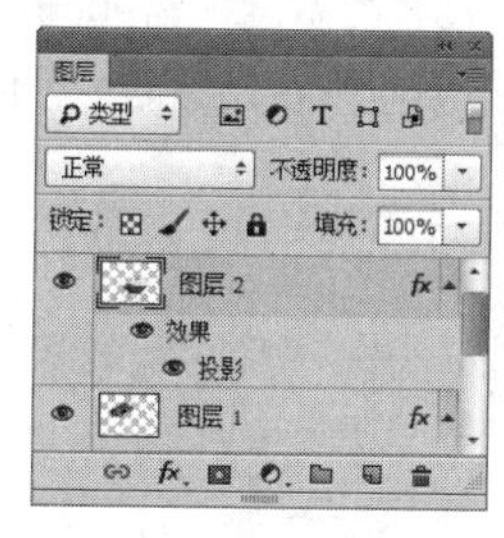

图2.245 复制并粘贴图层样式

STEP 10 在“图层2”图层样式名称上单击鼠标右键，从弹出的快捷菜单中选择“创建图层”命令，以同样的方法选中“图层1”图层并执行同样的命令，如图2.246所示。

图2.246 创建图层

STEP 11 在“图层”面板中选中“图层1”图层，单击面板底部的“添加图层样式”fx按钮，在菜单中选择“投影”命令，在弹出的对话框中将“混合模式”更改为正常，“颜色”更改为白色，“不透明度”更改为50%，取消“使用全局光”复选框，将“角度”更改为130度，“距离”更改为1像素，完成之后单击“确定”按钮，如图2.247所示。

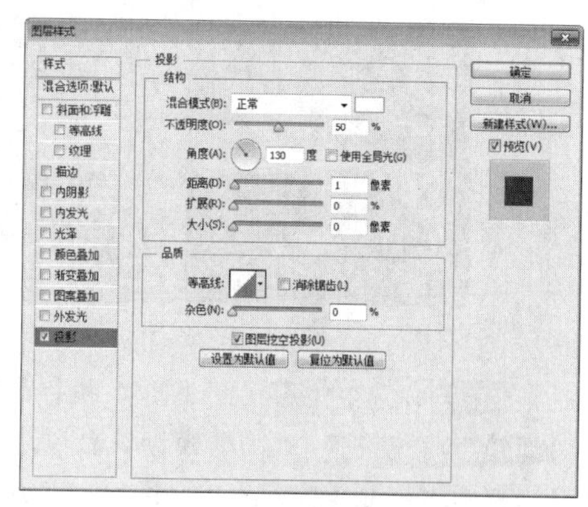

图2.247 设置投影

STEP 12 在“图层1”图层上单击鼠标右键，从弹出的快捷菜单中选择“拷贝图层样式”命令，在“图层 2”图层上单击鼠标右键，从弹出的快捷菜单中选择“粘贴图层样式”命令，如图2.248所示。

图2.248 复制并粘贴图层样式

STEP 13 选中“图层1”图层，按住Alt键将其复制数份并移动，以同样的方法选中“图层2”图层，将其复制移动，如图2.249所示。

图2.249 复制图像

STEP 14 选择工具箱中的“钢笔工具”，在选项栏中单击“选择工具模式” 路径 按钮，在弹出的选项中选择“形状”，将“填充”更改为黑色，“描边”更改为无，在名片底部位置绘制一个不规则图形，此时将生成一个“形状1”图层，将“形状1”图层移至“背景”图层下方，如图2.250所示。

图2.250 绘制图形

STEP 15 选中“形状1”图层，执行菜单栏中的“滤镜”|“模糊”|“高斯模糊”命令，在弹出的对话框中将“半径”更改为15像素，完成之后单击“确定”按钮，如图2.251所示。

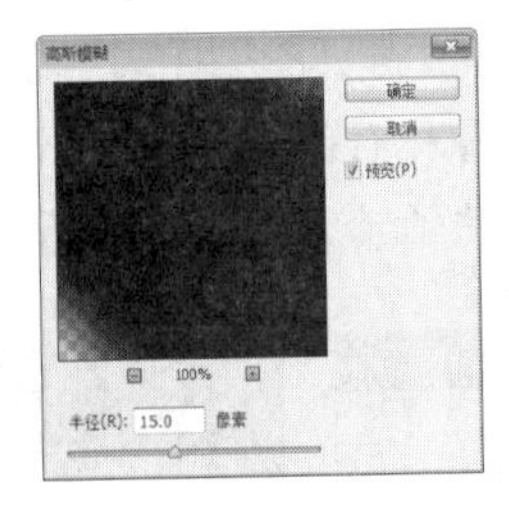

图2.251 设置高斯模糊

STEP 16 选中“形状 1”图层，将其图层“不透明度”更改为40%，这样就完成了效果制作，最终效果如图2.252所示。

图2.252 最终效果

2.8 时尚名片设计

素材位置	素材文件\第2章\时尚名片
案例位置	案例文件\第2章\时尚名片正面效果设计.ai、时尚名片背面效果设计.ai、时尚名片展示效果设计.psd
视频位置	多媒体教学\第2章\2.8 时尚名片设计.avi
难易指数	★★☆☆☆

本例讲解时尚名片设计制作，此款名片以人像剪影作为整个正面的视觉图像，在展示效果制作过程中选用笔记本图像作为背景，将名片图像进行变形后与其组合成自然的展示效果，最终效果如图2.253所示。

图2.253 最终效果

2.8.1 使用Illustrator制作时尚名片正面效果

STEP 01 执行菜单栏中的“文件”|“新建”命令，在弹出的对话框中设置“宽度”为90mm，“高度”为54mm，新建一个空白画布，如图2.254所示。

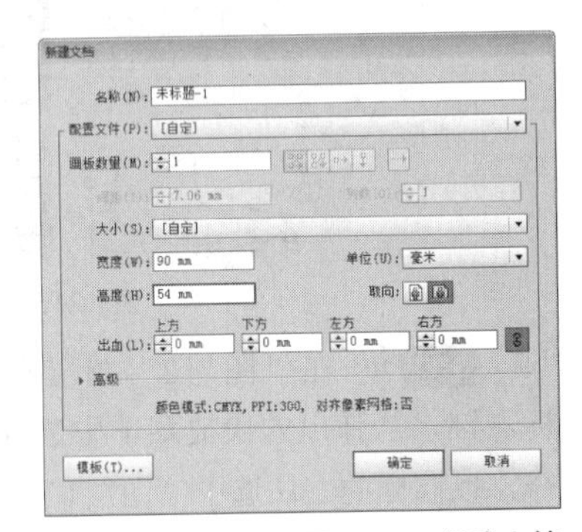

图2.254 新建文档

STEP 02 选择工具箱中的“矩形工具”，将“填色”更改为红色（R：140，G：6，B：27），在画布中绘制一个与其大小相同的矩形，如图2.255所示。

图2.255 绘制图形

STEP 03 选择工具箱中的“文字工具”T，在画布适当位置添加文字，如图2.256所示。

图2.256 添加文字

STEP 04 执行菜单栏中的“文件”|“打开”命令，打开“花纹.ai”文件，将打开的素材图像拖入画布中，将其更改为白色并移至适当位置，如图2.257所示。

图2.257 添加素材

技巧与提示

添加素材之后可以根据实际的花纹效果将不需要的部分删除。

STEP 05 选中右下角花纹图像，在选项栏中将“不透明度”更改为10%，如图2.258所示。

图2.258 更改不透明度

STEP 06 选择工具箱中的“矩形工具”，将“填色”更改为任意颜色，绘制一个与画布相同大小的图形，如图2.259所示。

图2.259 绘制图形

STEP 07 同时选中所有图形，单击鼠标右键，从弹出的快捷菜单中选择“建立剪切蒙版”命令，将多余图形隐藏，这样就完成了效果制作，最终效果如图2.260所示。

图2.260 隐藏图形及最终效果

2.8.2 使用Illustrator制作时尚名片背面效果

STEP 01 执行菜单栏中的“文件”|“新建”命令，在弹出的对话框中设置“宽度”为90mm，“高度”为54mm，新建一个空白画布，如图2.261所示。

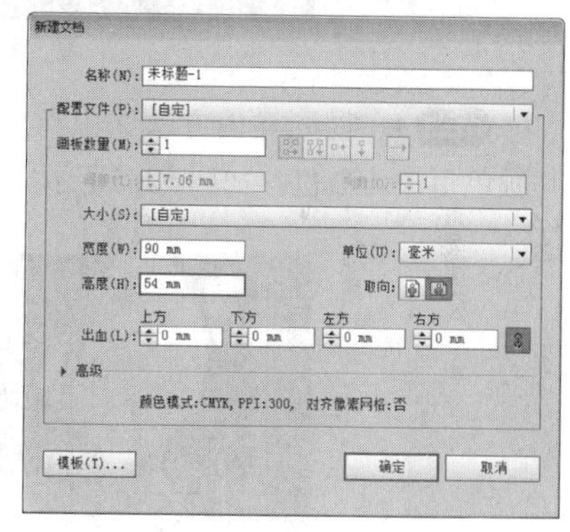

图2.261 新建文档

STEP 02 选择工具箱中的“矩形工具”，将“填色”更改为红色（R：140，G：6，B：27），在画布中绘制一个与其大小相同的矩形，如图2.262所示。

图2.262 绘制图形

STEP 03 执行菜单栏中的“文件”|“打开”命令，打开“人像.ai”文件，将打开的素材图像拖入画布中左侧位置并调整其大小，如图2.263所示。

图2.263　添加素材

STEP 04 选择工具箱中的“吸管工具”，选中人像中的部分图形并在旁边的红色区域单击以更改颜色，如图2.264所示。

图2.264　更改颜色

STEP 05 以同样的方法选中部分头发图像，将其颜色更改为白色，如图2.265所示。

图2.265　更改颜色

STEP 06 选中部分白色图形，按住Alt键将图形复制并适当调整大小，这样就完成了效果制作，最终效果如图2.266所示。

图2.266　最终效果

技巧与提示

将部分头发图形复制可以增强人像的对比，使整个视觉效果更加饱满。

2.8.3 使用Photoshop制作时尚名片立体效果

STEP 01 执行菜单栏中的“文件”|“打开”命令，打开“记事本.jpg”文件，如图2.267所示。

图2.267　打开素材

STEP 02 在“图层”面板中选中“背景”图层，将其拖至面板底部的“创建新图层”按钮上，复制一个“背景 拷贝”图层，如图2.268所示。

STEP 03 选中“背景 拷贝”图层，执行菜单栏中的“图像”|“调整”|“去色”命令，如图2.269所示。

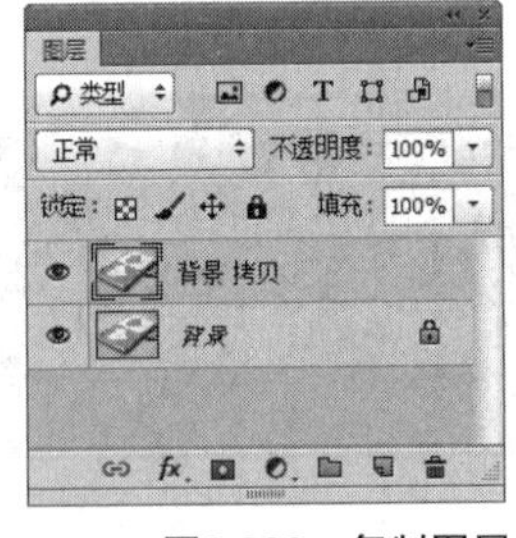

图2.268　复制图层

图2.269　去色

STEP 04 选中“背景 拷贝”图层，将其图层“不透明度”更改为50%，如图2.270所示。

图2.270　更改不透明度

STEP 05 执行菜单栏中的“文件”|“打开”命令，打开“时尚名片正面效果设计.ai”文件，将打开的素材拖入画布中并适当缩小，以同样的方法打开“时尚名片背面效果设计.ai”文件，分别将打开的名片图像拖入画布中并适当缩小，将其图层名称分别更改为“图层1”“图层2”，如图2.271所示。

图2.271 添加图像

STEP 06 选中“图层1”图层，按Ctrl+T组合键对其执行“自由变换”命令，单击鼠标右键，从弹出的快捷菜单中选择“扭曲”命令，完成之后按Enter键确认，以同样的方法选中“图层2”图层，将图像扭曲变形，如图2.272所示。

图2.272 变换图像

STEP 07 在“图层”面板中选中“图层2”图层，单击面板底部的“添加图层样式”fx按钮，在菜单中选择“投影”命令，在弹出的对话框中将“不透明度”更改为50%，“距离”更改为2像素，“大小”更改为2像素，完成之后单击“确定”按钮，如图2.273所示。

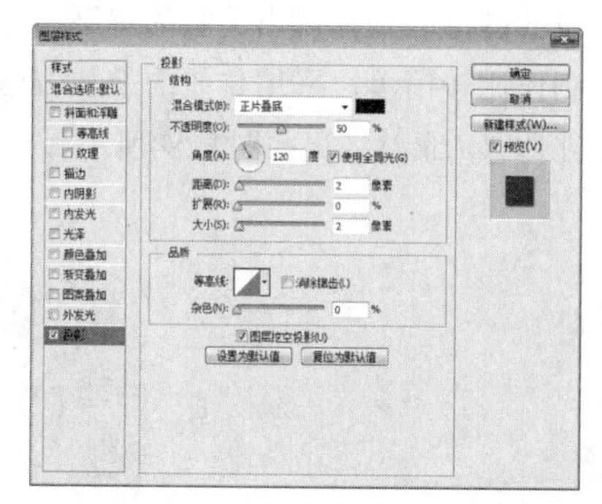

图2.273 设置投影

STEP 08 在“图层2”图层上单击鼠标右键，从弹出的快捷菜单中选择“拷贝图层样式”命令，在“图层1”图层上单击鼠标右键，从弹出的快捷菜单中选择“粘贴图层样式”命令，如图2.274所示。

图2.274 复制并粘贴图层样式

STEP 09 在“图层2”图层样式名称上单击鼠标右键，从弹出的快捷菜单中选择“创建图层”命令，以同样的方法选中“图层1”图层并执行同样命令，如图2.275所示。

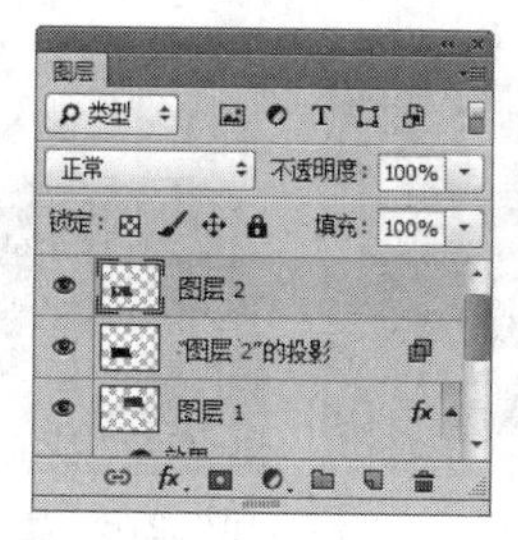

图2.275 创建图层

STEP 10 在“图层”面板中选中“图层1”图层，单击面板底部的“添加图层样式”fx按钮，在菜单中选择“投影”命令，在弹出的对话框中将“混合模式”更改为正常，“颜色”更改为白色，“不透明度”更改为50%，“距离”更改为1像素，完成之后单击“确定”按钮，如图2.276所示。

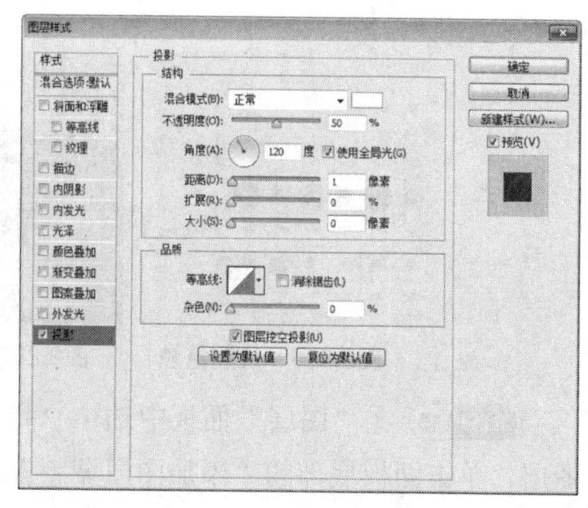

图2.276 设置投影

STEP 11 在“图层1”图层上单击鼠标右键，从弹出的快捷菜单中选择“拷贝图层样式”命令，在“图层 2”图层上单击鼠标右键，从弹出的快捷菜单中选择“粘贴图层样式”命令。双击“图层2”图层样式名称，在弹出的对话框中取消“使用全局光”复选框，将“角度”更改为90度，如图2.277所示。

图2.277 复制并粘贴图层样式

STEP 12 选中“图层1”图层，按住Alt键将其复制数份并移动，以同样的方法选中“图层2”图层并将其复制移动，如图2.278所示。

图2.278 复制图像

STEP 13 选择工具箱中的“模糊工具”，在画布中单击鼠标右键，在弹出的面板中选择一种圆角笔触，将“大小”更改为175像素，“硬度”更改为0%，如图2.279所示。

STEP 14 选中“图层1”图层中最上方的复制图层，在其图像右上角区域涂抹以将部分图像模糊，如图2.280所示。

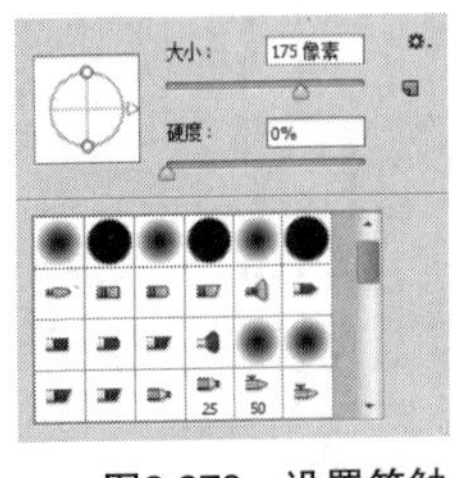

图2.279 设置笔触　　图2.280 模糊图像

STEP 15 在“图层”面板中选中“背景 拷贝”图层，单击面板底部的“添加图层蒙版”按钮，为其图层添加图层蒙版，如图2.281所示。

STEP 16 选择工具箱中的“画笔工具”，在画布中单击鼠标右键，在弹出的面板中选择一种圆角笔触，将“大小”更改为200像素，“硬度”更改为0%，如图2.282所示。

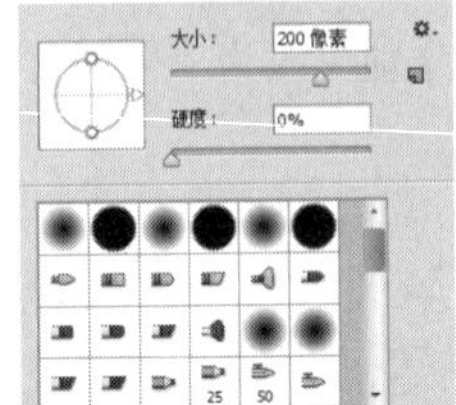

图2.281 添加图层蒙版　　图2.282 设置笔触

STEP 17 将前景色更改为黑色，在图像上的部分区域涂抹将其隐藏，这样就完成了效果制作，最终效果如图2.283所示。

图2.283 最终效果

技巧与提示

在隐藏图像的时候注意名片与记事本之间的明暗关系。

2.9 美容院名片设计

素材位置	素材文件\第2章\美容院名片
案例位置	案例文件\第2章\美容院名片正面效果设计.ai、美容院名片背面效果设计.ai、美容院名片展示效果设计.psd
视频位置	多媒体教学\第2章\2.9 美容院名片设计.avi
难易指数	★★☆☆☆

本例讲解美容院名片设计制作，此款名片以相似的图形装饰体现出美容的主题。本例的展示效果制作比较简单，采用传统的叠加方法以体现名片的立体感，最终效果如图2.284所示。

图2.284 最终效果

2.9.1 使用Illustrator制作美容院名片正面效果

STEP 01 执行菜单栏中的“文件”|“新建”命令，在弹出的对话框中设置“宽度”为90mm，“高度”为54mm，新建一个画布，如图2.285所示。

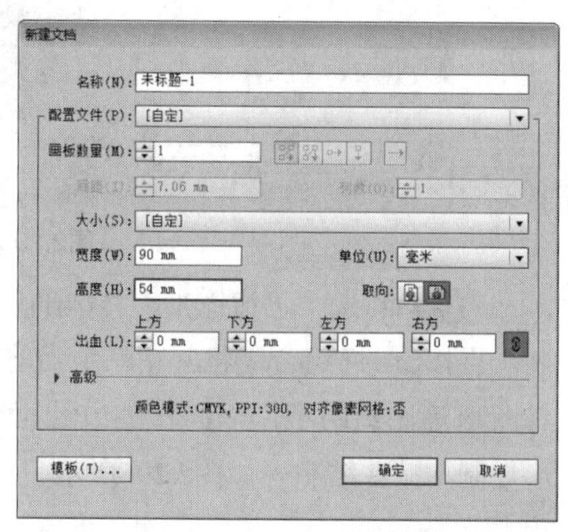

图2.285 新建文档

STEP 02 选择工具箱中的“矩形工具”，将“填色”更改为浅黄色（R：247，G：246，B：242），在画布中绘制一个与其大小相同的矩形，如图2.286所示。

图2.286 绘制图形

STEP 03 选择工具箱中的“椭圆工具”，将“填色”更改为浅红色（R：244，G：216，B：212），在画布左侧位置绘制一个椭圆图形，如图2.287所示。

图2.287 绘制图形

STEP 04 选中绘制的图形，执行菜单栏中的“效果”|“模糊”|“高斯模糊”命令，在弹出的对话框中将“半径”更改为65像素，完成之后单击“确定”按钮，如图2.288所示。

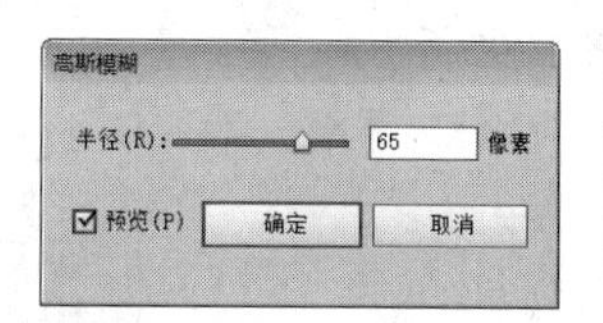

图2.288 设置高斯模糊

STEP 05 选中添加高斯模糊后的图形，按住Alt键将其复制多份并铺满整个画布，同时选中部分图形将其等比例缩小，如图2.289所示。

图2.289 复制并变换图形

STEP 06 选择工具箱中的“椭圆工具”，将“填色”更改为浅紫色（R：210，G：147，B：163），在画布右下角位置绘制一个椭圆图形，如图2.290所示。

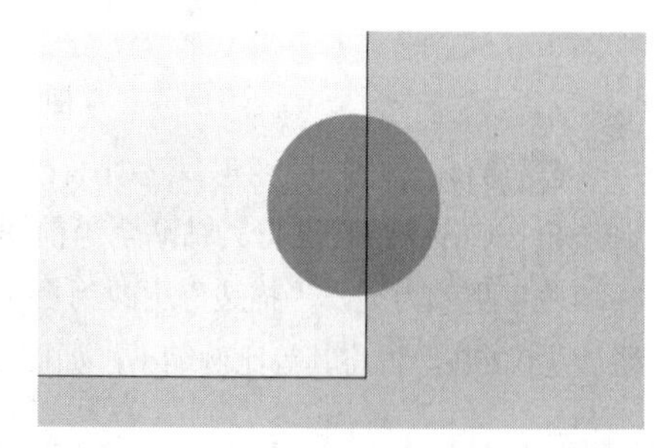

图2.290 绘制图形

STEP 07 选中绘制的图形，执行菜单栏中的“效果”|“模糊”|“高斯模糊”命令，在弹出的对话框中将“半径”更改为30像素，完成之后单击“确定”按钮，如图2.291所示。

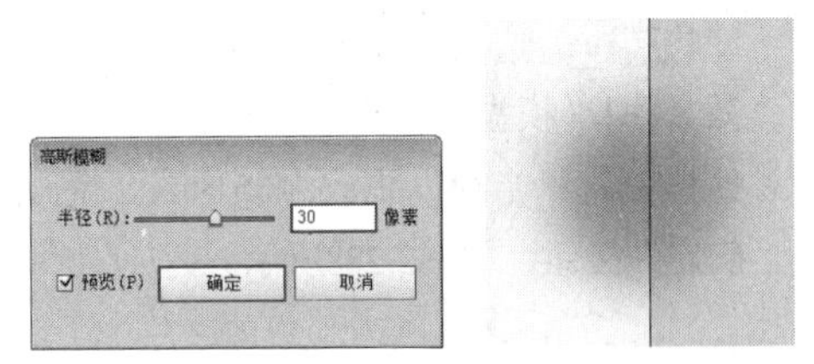

图2.291 设置高斯模糊

STEP 08 选中图形按住Alt键向左侧拖动将其复制并等比例缩小，如图2.292所示。

图2.292 复制并缩小图形

STEP 09 选择工具箱中的“椭圆工具”，在画板左上角位置按住Shift键并绘制一个正圆图形，选择工具箱中的“渐变工具”，将“渐变”更改为紫色（R：232，G：130，B：170）到紫色（R：197，G：33，B：117），选择“类型”为径向，在椭圆图形上拖动以更改渐变位置，如图2.293所示。

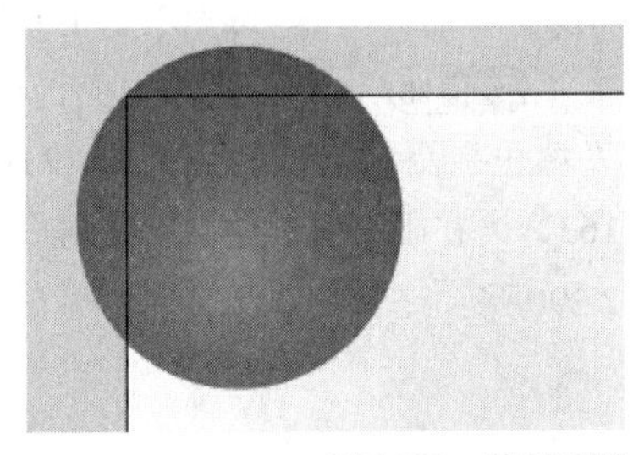

图2.293 绘制图形

STEP 10 选中椭圆图形，按Ctrl+C组合键将其复制，再按Ctrl+F组合键将其粘贴至当前图形前方，将“填色”更改为无，“描边”更改为白色，“粗细”更改为0.75Pt，再将其等比例缩小，如图2.294所示。

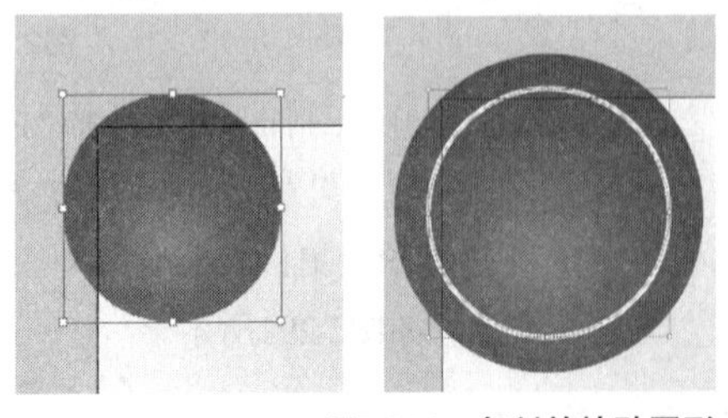

图2.294 复制并粘贴图形

STEP 11 选中描边图形，执行菜单栏中的“效果”|“模糊”|“高斯模糊”命令，在弹出的对话框中将“半径”更改为1像素，完成之后单击“确定”按钮，如图2.295所示。

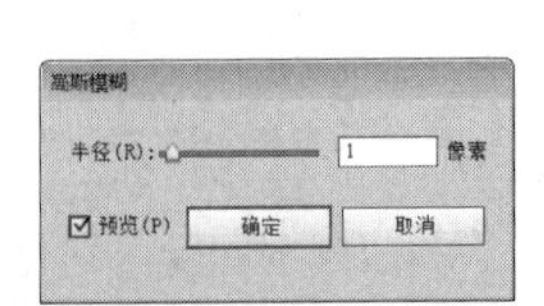

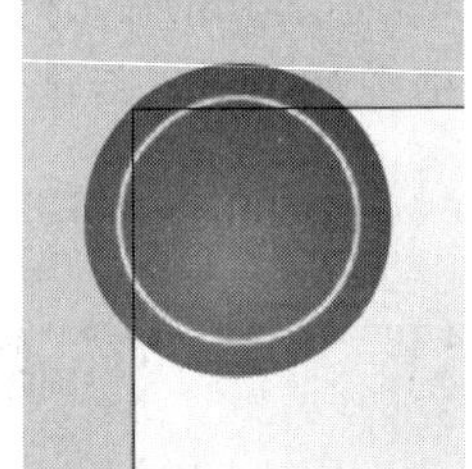

图2.295 设置高斯模糊

STEP 12 选中描边图形，按Ctrl+C组合键将其复制，再按Ctrl+F组合键将其粘贴至当前图形前方，再将图形等比例缩小，以同样的方法再将缩小后的图形复制粘贴并缩小，如图2.296所示。

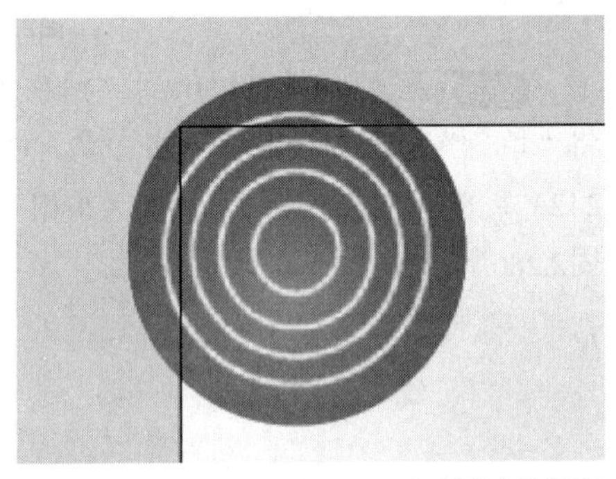

图2.296 复制并变换图形

STEP 13 同时选中椭圆图形及描边图形，按住Alt键并将其复制一份，将复制出的描边图形删除数个后将其等比例缩小，如图2.297所示。

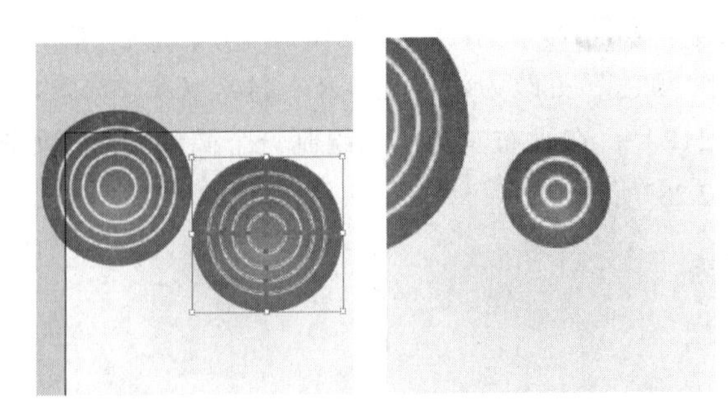

图2.297 复制并缩小图形

STEP 14 同时选中刚才绘制的两个图形，按住Alt键并向右侧拖动将其复制，将其等比例缩小后适当旋转，如图2.298所示。

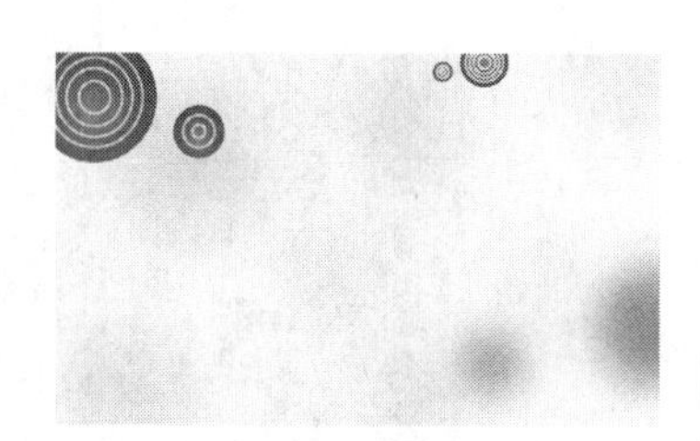

图2.298 复制并缩小图形

STEP 15 执行菜单栏中的“文件”|“打开”命令，打开“喷溅.ai”文件，将打开的素材图像拖入画布中适当位置，如图2.299所示。

STEP 16 用“吸管工具”取色，单击刚才添加渐变的椭圆图形为喷溅图形添加渐变，如图2.300所示。

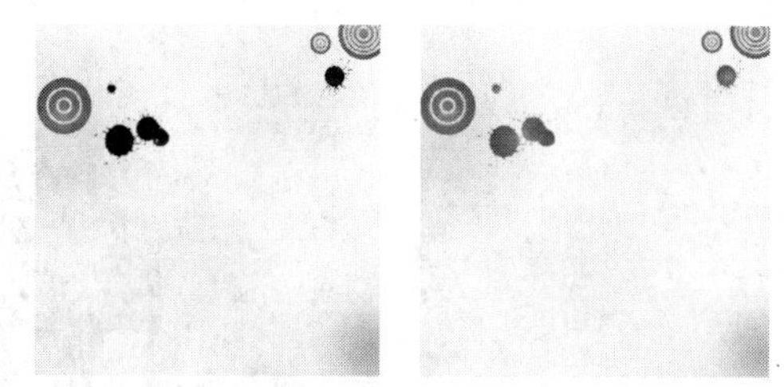

图2.299 添加素材　　图2.300 添加渐变

STEP 17 选择工具箱中的“文字工具”T，在画板适当位置添加文字（华文中宋，10pt），如图2.301所示。

STEP 18 选中“美丽女人”文字，单击鼠标右键，从弹出的快捷菜单中选择“创建轮廓”命令，如图2.302所示。

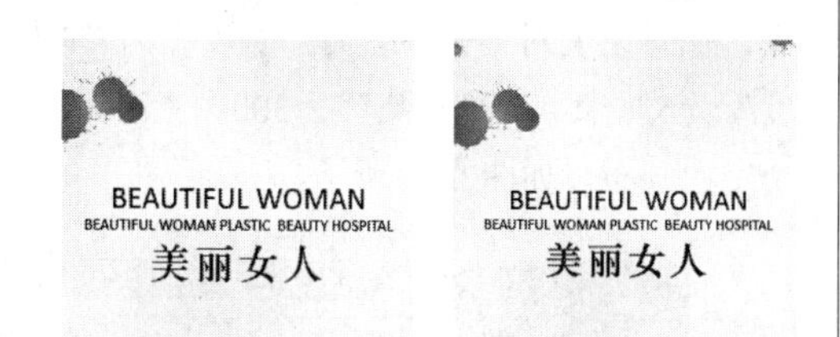

图2.301 添加文字　　图2.302 创建轮廓

STEP 19 选择工具箱中的“渐变工具”，在文字上拖动为其填充渐变，如图2.303所示。

图2.303 添加渐变及最终效果

STEP 20 选择工具箱中的“矩形工具”，将“填色”更改为任意颜色，绘制一个与画布相同大小的图形，如图2.304所示。

图2.304 绘制图形

STEP 21 同时选中所有对象，单击鼠标右键，从弹出的快捷菜单中选择“建立剪切蒙版”命令，将多余图形隐藏，这样就完成了效果制作，最终效果如图2.305所示。

图2.305 最终效果

2.9.2 使用Illustrator制作美容院名片背面效果

STEP 01 执行菜单栏中的“文件”|“新建”命令，在弹出的对话框中设置“宽度”为90mm，“高度”为54mm，新建一个空白画布，如图2.306所示。

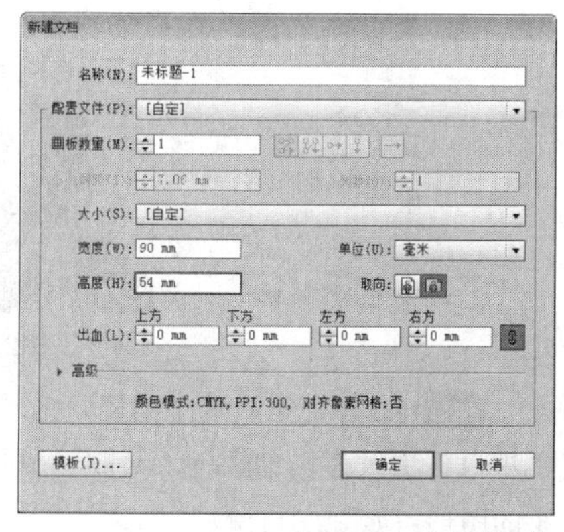

图2.306 新建文档

STEP 02 打开名片正面文档，将图形复制并粘贴至当前文档中，再单击鼠标右键，从弹出的快捷菜单中选择“释放剪切蒙版”命令，再适当调整图形位置及大小，如图2.307所示。

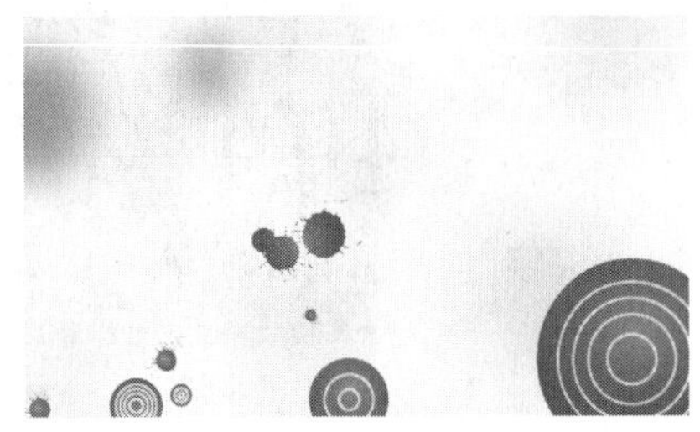

图2.307 添加图形

STEP 03 执行菜单栏中的“文件”|“打开”命令，打开“剪影.ai”文件，将打开的素材图像拖入画布中靠右侧适当位置，如图2.308所示。

STEP 04 选中剪影图像，选择工具箱中的“渐变工具”，将“渐变”更改为紫色（R：93，G：19，B：48）到紫色（R：197，G：33，B：117），“类型”更改为径向，如图2.309所示。

图2.308 添加素材　　图2.309 填充渐变

STEP 05 选择工具箱中的“文字工具” T，在画布适当位置添加文字，如图2.310所示。

图2.310 添加文字

STEP 06 选择工具箱中的“矩形工具”，将“填色”更改为任意颜色，绘制一个与画布相同大小的图形，如图2.311所示。

图2.311 绘制图形

STEP 07 同时选中所有对象，单击鼠标右键，从弹出的快捷菜单中选择“建立剪切蒙版”命令，将多余图形隐藏，这样就完成了效果制作，最终效果如图2.312所示。

图2.312 最终效果

2.9.3 使用Photoshop制作美容院名片立体效果

STEP 01 执行菜单栏中的“文件”|“新建”命令，在弹出的对话框中设置“宽度”为7厘米，“高度”为5厘米，“分辨率”为300像素/英寸，新建一个空白画布，如图2.313所示。

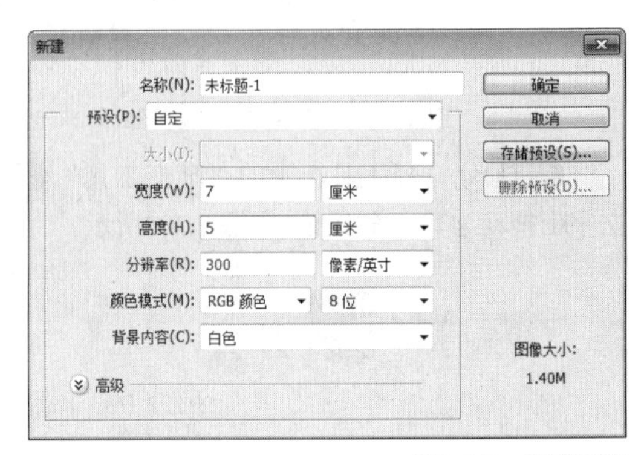

图2.313 新建画布

STEP 02 选择工具箱中的“渐变工具”，编辑浅蓝色（R：226，G：240，B：242）到浅蓝色（R：190，G：218，B：222）的渐变，单击选项栏中的“线性渐变”按钮，在画布中从上至下拖动为画布填充渐变，如图2.314所示。

图2.314 填充渐变

STEP 03 执行菜单栏中的“文件”|“打开”命令，打开“美容院名片正面效果设计.ai”文件，将打开的素材拖入画布中并适当缩小，以同样的方法打开“印刷公司名片背面效果设计.ai”文件，分别将打开的名片图像拖入画布中并适当缩小，将其图层名称分别更改为“图层1”“图层2”，将“图层2”移至“图层1”图层下方，如图2.315所示。

图2.315 添加素材

STEP 04 选中“图层1”图层，按Ctrl+T组合键对其执行“自由变换”命令，当出现变形框以后单击鼠标右键，从弹出的快捷菜单中选择“扭曲”命令，拖动变形框控制点将图像变形，完成之后按Enter键确认，以同样的方法选中“图层2”图层，将图像变形，如图2.316所示。

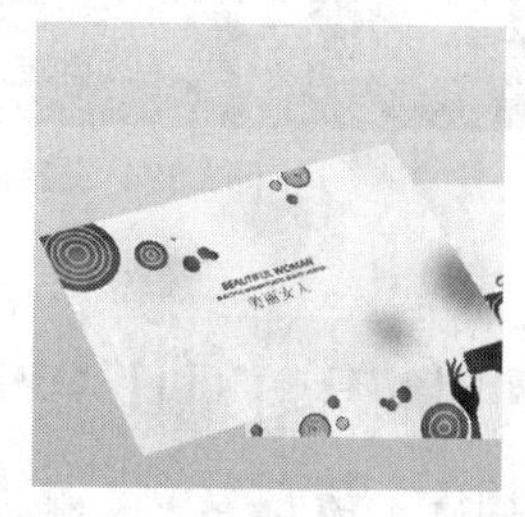

图2.316 将图像变形

STEP 05 在“图层”面板中选中“图层1”图层，单击面板底部的“添加图层样式”按钮，在菜单中选择“投影”命令，在弹出的对话框中将“不透明度”更改为30%，取消“使用全局光”复选框，将“角度”更改为85度，“距离”更改为2像素，“大小”更改为2像素，完成之后单击“确定”按钮，如图2.317所示。

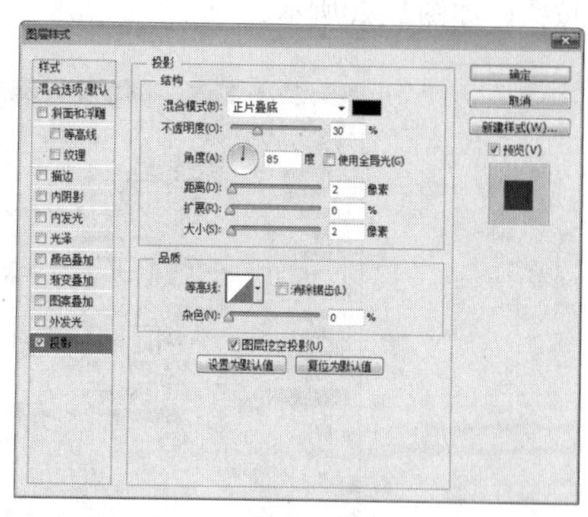

图2.317 设置投影

STEP 06 在“图层2”图层上单击鼠标右键，从弹出的快捷菜单中选择“拷贝图层样式”命令，在“图层1”图层上单击鼠标右键，从弹出的快捷菜单中选择“粘贴图层样式”命令，如图2.318所示。

图2.318 复制并粘贴图层样式

STEP 07 在“图层1”图层样式名称上单击鼠标右键，从弹出的快捷菜单中选择“创建图层”命令，以同样的方法选中“图层2”图层并执行相同命令，分别将两个图层的图层样式与图层分开，如图2.319所示。

图2.319 创建图层

STEP 08 在“图层”面板中，选中“图层1”图层，单击面板底部的“添加图层样式” fx 按钮，在菜单中选择“投影”命令，在弹出的对话框中将“混合模式”更改为正常，“颜色”更改为白色，“不透明度”更改为100%，“距离”更改为1像素，“大小”更改为1像素，完成之后单击“确定”按钮，如图2.320所示。

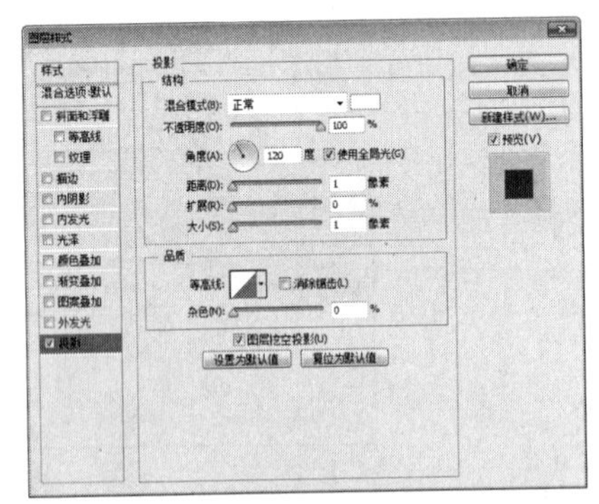

图2.320 设置投影

STEP 09 在“图层1”图层上单击鼠标右键，从弹出的快捷菜单中选择“拷贝图层样式”命令，在“图层 2”图层上单击鼠标右键，从弹出的快捷菜单中选择“粘贴图层样式”命令，双击“图层2”图层样式名称，在弹出的对话框中取消“使用全局光”复选框，将“角度”更改为90度，如图2.321所示。

图2.321 复制并粘贴图层样式

STEP 10 选中“图层1”图层，按住Alt键将其复制数份并移动，以同样的方法选中“图层2”图层，将其复制移动，如图2.322所示。

图2.322 复制图像

STEP 11 选中“‘图层 1’的投影”图层，在画布中将图像向右下角方向稍微移动，以同样的方法选中“‘图层 2’的投影”图层，在画布中将图像向右下角方向稍微移动，这样就完成了效果制作，最终效果如图2.323所示。

图2.323 最终效果

2.10 网络时代名片设计

素材位置	素材文件\第2章\网络时代名片
案例位置	案例文件\第2章\网络时代名片正面效果设计.ai、网络时代名片背面效果设计.ai、网络时代名片展示效果设计.psd
视频位置	多媒体教学\第2章\2.10 网络时代名片设计.avi
难易指数	★★☆☆☆

本例讲解网络时代名片设计制作，本例的制作比较简单，以不同的颜色区域对名片信息进行归类，同时将整个信息简洁化，使信息醒目的同时又让版式十分舒适。展示效果制作比较简单，以简单的木纹图像作为背景，十分直观地体现出名片的真实视觉效果，最终效果如图2.324所示。

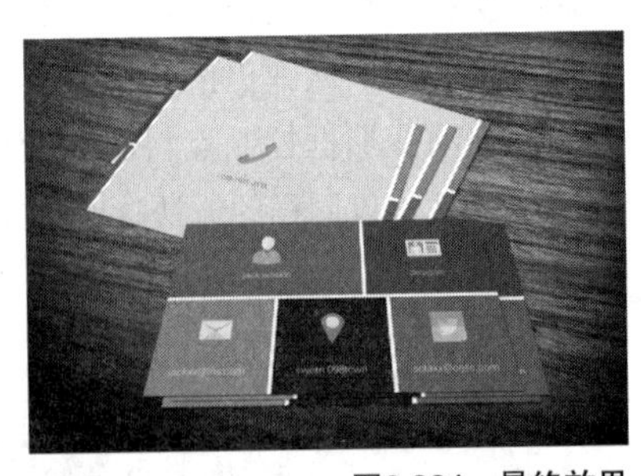

图2.324 最终效果

2.10.1 使用Illustrator制作网络时代名片正面效果

STEP 01 执行菜单栏中的“文件”|“新建”命

令，在弹出的对话框中设置“宽度”为90mm，“高度”为54mm，新建一个画布，如图2.325所示。

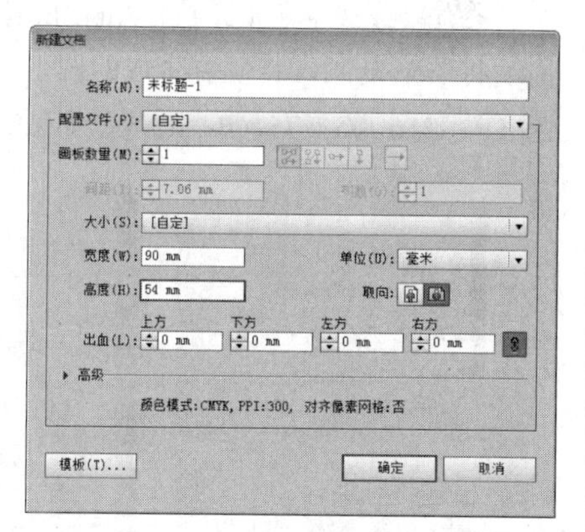

图2.325　新建文档

STEP 02 选择工具箱中的“矩形工具”，将“填色”更改为浅黄色（R：252，G：250，B：245），在画布中绘制一个与其大小相同的矩形，如图2.326所示。

图2.326　绘制图形

STEP 03 选择工具箱中的“矩形工具”，将“填色”更改为蓝色（R：76，G：134，B：198），在画布中上半部分位置绘制一个矩形，如图2.327所示。

图2.327　绘制图形

STEP 04 选中矩形，按住Alt+Shift组合键并向右侧拖动将图形复制，将复制生成的图形宽度缩小并将其颜色更改为红色（R：190，G：30，B：75），如图2.328所示。

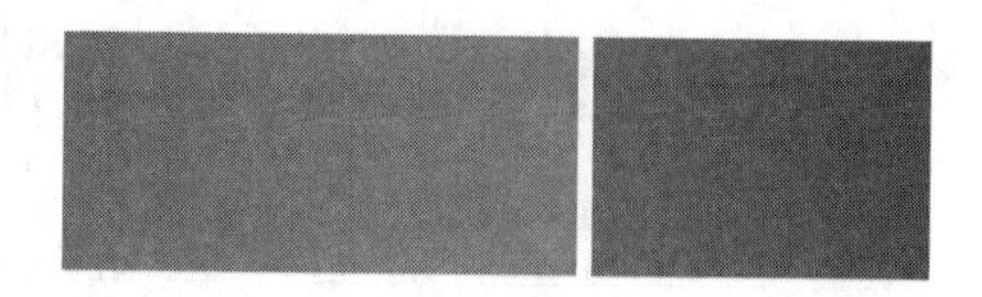

图2.328　复制并变换图形

STEP 05 以同样的方法绘制多个图形，并分别更改为不同颜色，如图2.329所示。

图2.329　绘制图形

STEP 06 执行菜单栏中的“文件”|“打开”命令，打开“图标.ai”文件，将打开的素材图像拖入画布中刚才绘制的图形位置，如图2.330所示。

图2.330　添加素材

STEP 07 选择工具箱中的“文字工具”T，在画板适当位置添加文字，这样就完成了效果制作，最终效果如图2.331所示。

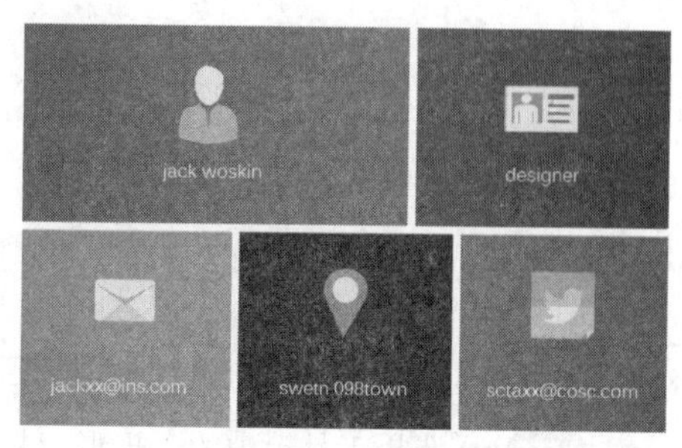

图2.331　最终效果

2.10.2 使用Illustrator制作网络时代名片背面效果

STEP 01 执行菜单栏中的“文件”|“新建”命令，在弹出的对话框中设置“宽度”为90mm，“高度”为54mm，新建一个画布，如图2.332所示。

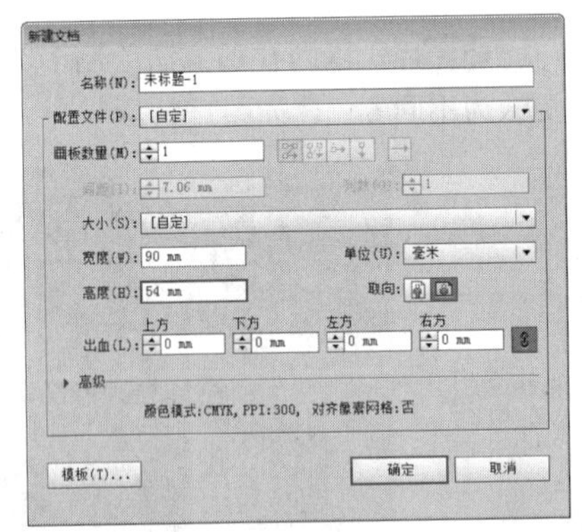

图2.332 新建文档

STEP 02 选择工具箱中的“矩形工具”，将“填色”更改为浅黄色（R：252，G：250，B：245），在画布中绘制一个与其大小相同的矩形，如图2.333所示。

图2.333 绘制图形

STEP 03 选择工具箱中的“矩形工具”，将“填色”更改为黄色（R：250，G：224，B：17），在画布中间位置绘制一个矩形，如图2.334所示。

图2.334 绘制图形

STEP 04 选择工具箱中的“矩形工具”，将“填色”更改为紫色（R：190，G：33，B：77），在画布左侧位置绘制一个矩形，如图2.335所示。

STEP 05 选中矩形，按住Alt+Shift组合键并向下拖动将图形复制，将复制生成的图形颜色更改为橙色（R：216，G：75，B：43），如图2.336所示。

图2.335 绘制矩形 图2.336 复制并更改颜色

STEP 06 同时选中两个矩形，按住Alt+Shift组合键并将其拖至图形右侧靠近边缘位置，并修改其颜色，如图2.337所示。

图2.337 复制图形并更改颜色

STEP 07 执行菜单栏中的“文件”|“打开”命令，打开“图标2.ai”文件，将打开的素材图像拖入画布中间靠上方位置，如图2.338所示。

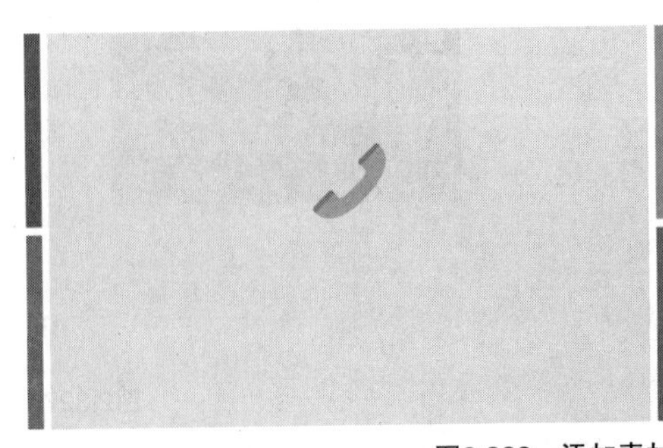

图2.338 添加素材

STEP 08 选择工具箱中的“文字工具”T，在画布适当位置添加文字，这样就完成了效果制作，最终效果如图2.339所示。

图2.339　最终效果

2.10.3 使用Photoshop制作网络时代名片立体效果

STEP 01 执行菜单栏中的“文件”|“打开”命令，打开“木纹.jpg”文件，如图2.340所示。

图2.340　打开素材

STEP 02 单击面板底部的“创建新图层”按钮，新建一个“图层1”图层，选中“图层1”图层，将其填充为深黄色（R：28，G：17，B：13），如图2.341所示。

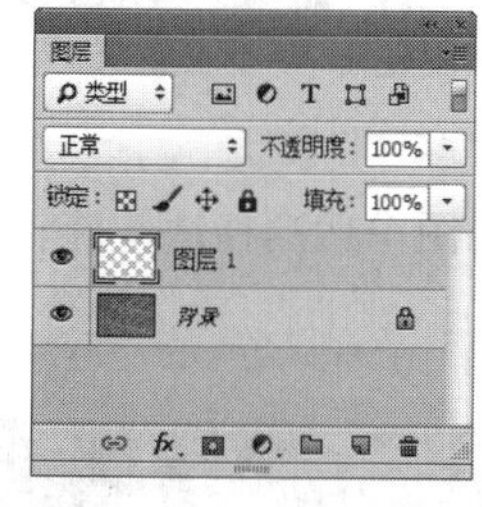

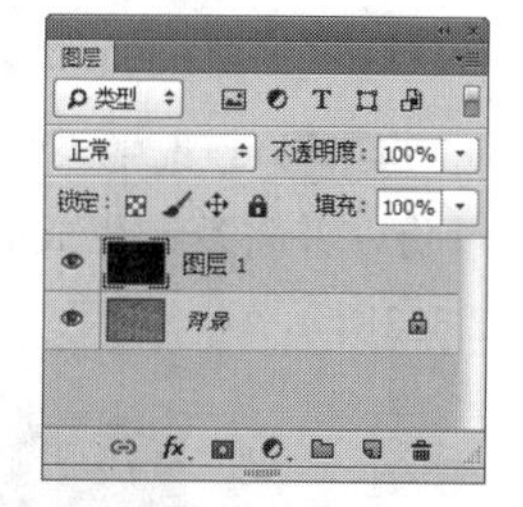

图2.341　新建图层并填充颜色

STEP 03 在“图层”面板中选中“图层1”图层，单击面板底部的“添加图层蒙版”按钮，为其图层添加图层蒙版，如图2.342所示。

STEP 04 选择工具箱中的“画笔工具”，在画布中单击鼠标右键，在弹出的面板中选择一种圆角笔触，将“大小”更改为400像素，“硬度”更改为0%，如图2.343所示。

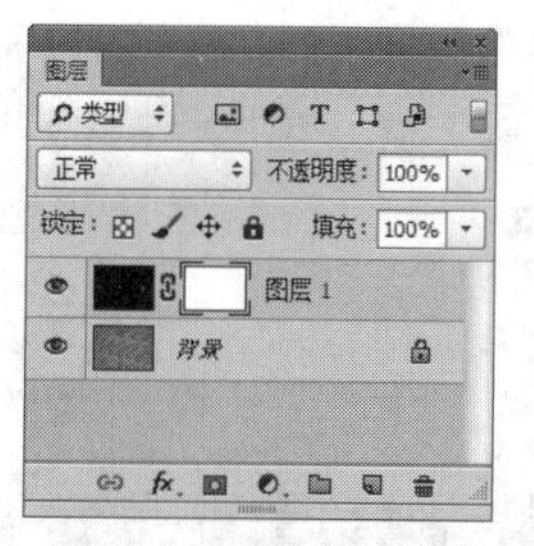

图2.342　添加图层蒙版

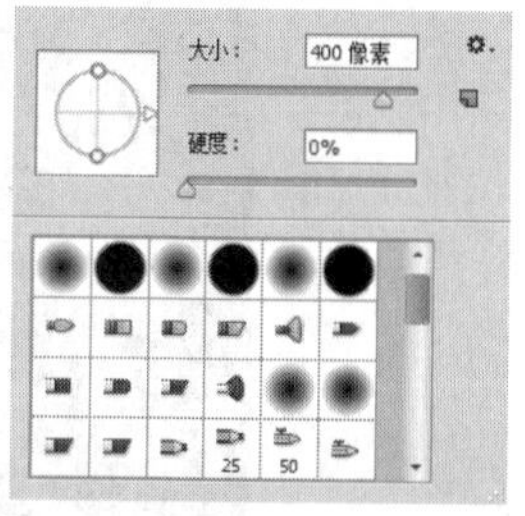

图2.343　设置笔触

STEP 05 将前景色更改为黑色，在图像上的部分区域涂抹以将其隐藏，如图2.344所示。

图2.344　隐藏图像

> **技巧与提示**
> 在隐藏图像的时候可以不断调整画笔大小及不透明度，这样经过隐藏后的加深效果更加自然。

STEP 06 在“图层”面板中选中“图层 1”图层，将其图层混合模式设置为正片叠底，如图2.345所示。

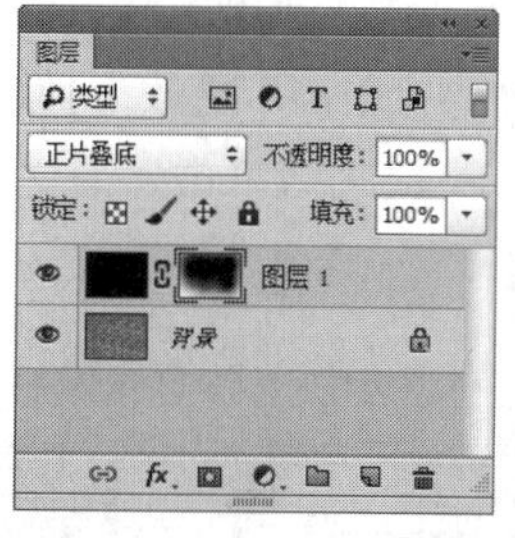

图2.345　设置图层混合模式

STEP 07 执行菜单栏中的“文件”|“打开”命令，打开“网络时代名片正面效果设计.ai”文件，将打开的素材拖入画布中并适当缩小，以同样的方法打开“印刷公司名片背面效果设计.ai”文件，分别将打开的名片图像拖入画布中并适当缩小，将其图层名称分别更改为“图层2”“图层3”，将“图层3”移至“图层2”图层下方，如图2.346所示。

图2.346　添加素材

STEP 08 选中“图层2”图层，按Ctrl+T组合键对其执行“自由变换”命令，当出现变形框以后单击鼠标右键，从弹出的快捷菜单中选择“扭曲”命令，拖动变形框控制点将图像变形，完成之后按Enter键确认，以同样的方法选中“图层3”图层，将图像变形，如图2.347所示。

图2.347　将图像变形

STEP 09 在“图层”面板中选中“图层2”图层，单击面板底部的“添加图层样式”fx按钮，在菜单中选择“投影”命令，在弹出的对话框中将“不透明度”更改为50%，“距离”更改为4像素，“大小”更改为4像素，完成之后单击“确定”按钮，如图2.348所示。

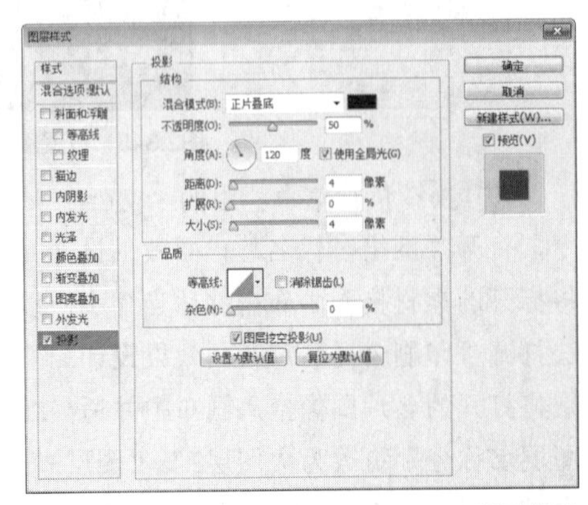

图2.348　设置投影

STEP 10 在“图层2”图层上单击鼠标右键，从弹出的快捷菜单中选择“拷贝图层样式”命令，在“图层3”图层上单击鼠标右键，从弹出的快捷菜单中选择“粘贴图层样式”命令，如图2.349所示。

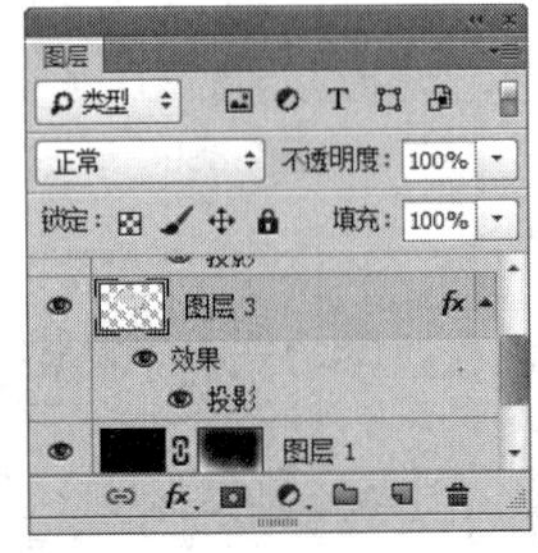

图2.349　复制并粘贴图层样式

STEP 11 在“图层”面板中选中“图层3”图层，将其拖至面板底部的“创建新图层”按钮上，复制出一个“图层3 拷贝”图层，如图2.350所示。

STEP 12 双击“图层3 拷贝”图层样式名称，在弹出的对话框中将“距离”更改为2像素，“大小”更改为2像素，再将图像向左下角方向稍微移动，如图2.351所示。

图2.350　复制图层　　图2.351　修改样式

STEP 13 选中“图层3 拷贝”图层，将其复制出一份，并将复制生成的图像适当移动并旋转，如图2.352所示。

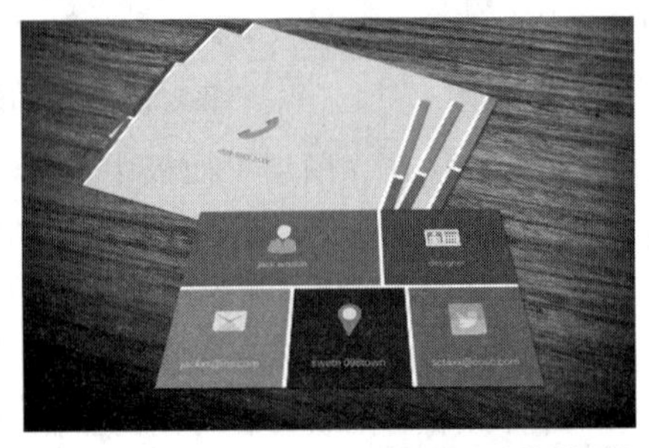

图2.352　移动图像

STEP 14 以同样的方法选中“图层2”图层，将其复制一个拷贝图层并更改图层样式。再复制一个拷贝图层，在画布中将图像适当移动，这样就完成了效果制作，最终效果如图2.353所示。

图2.353 最终效果

2.11 社交公司名片设计

素材位置	素材文件\第2章\社交公司名片
案例位置	案例文件\第2章\社交公司名片正面效果设计.ai、社交公司名片背面效果设计.ai、社交公司名片展示效果设计.psd
视频位置	多媒体教学\第2章\2.11 社交公司名片设计.avi
难易指数	★★☆☆☆

本例讲解社交公司名片设计制作，此款名片的正面十分简洁，整个文字信息直观明了，与十分直观的Logo图像组合成一个十分贴近公司文化的名片。在本例中依旧采用经典的原生木质图像，最终效果如图2.354所示。

图2.354 最终效果

2.11.1 使用Illustrator制作社交公司名片正面效果

STEP 01 执行菜单栏中的“文件”|“新建”命令，在弹出的对话框中设置“宽度”为90mm，“高度”为54mm，新建一个空白画布，如图2.355所示。

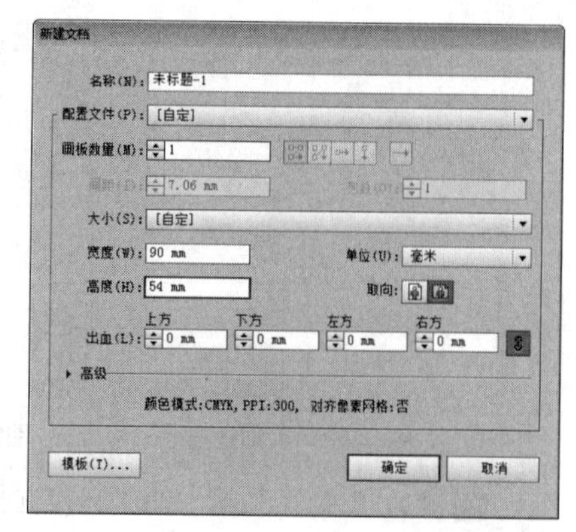

图2.355 新建文档

STEP 02 选择工具箱中的“圆角矩形工具”，将“填色”更改为浅蓝色（R：247，G：250，B：252），在画布中绘制一个与画布大小相同的圆角矩形，如图2.356所示。

图2.356 绘制图形

STEP 03 选择工具箱中的“圆角矩形工具”，将“填色”更改为蓝色（R：0，G：218，B：253），按住Shift键并在画板顶部绘制一个圆角矩形，如图2.357所示。

图2.357 绘制图形

STEP 04 选择工具箱中的“添加锚点工具”，在圆角矩形右下角位置单击添加锚点，如图2.358所示。

STEP 05 选择工具箱中的“转换锚点工具”，单击所添加的锚点，如图2.359所示。

图2.358　添加锚点　　图2.359 转换锚点

STEP 06 选择工具箱中的“直接选择工具”，选中经过转换的锚点拖动将图形变形，如图2.360所示。

图2.360　将图形变形

STEP 07 选择工具箱中的“椭圆工具”，将“填色”更改为白色，在经过变形的图形左上角位置绘制一个椭圆图形，如图2.361所示。

STEP 08 选中椭圆图形，按住Alt键向右下角方向拖动将其复制，再将复制生成的图形等比例缩小，如图2.362所示。

图2.361　绘制图形　图2.362　复制并变换图形

STEP 09 选择工具箱中的“文字工具”T，在画布适当位置添加文字，这样就完成了效果制作，最终效果如图2.363所示。

图2.363　添加文字及最终效果

2.11.2 使用Illustrator制作社交公司名片背面效果

STEP 01 执行菜单栏中的“文件”|“新建”命令，在弹出的对话框中设置“宽度”为90mm，“高度”为54mm，如图2.364所示。

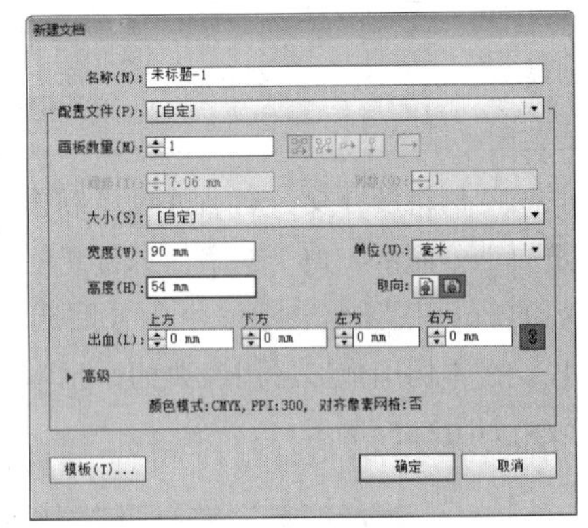

图2.364　新建文档

STEP 02 新建一个空白画布，选择工具箱中的“圆角矩形工具”，将“填色”更改为蓝色（R：0，G：218，B：253），在画布中绘制一个与画布大小相同的圆角矩形，如图2.365所示。

图2.365　绘制图形

STEP 03 以同样的方法绘制Logo图形，如图2.366所示。

图2.366 绘制图形

STEP 04 选择工具箱中的“文字工具”T，在画板适当位置添加文字，这样就完成了效果制作，最终效果如图2.367所示。

图2.367 最终效果

2.11.3 使用Photoshop制作社交公司名片立体效果

STEP 01 执行菜单栏中的“文件”|“打开”命令，打开“木板.jpg”文件，如图2.368所示。

图2.368 打开素材

STEP 02 在“图层”面板中选中“背景”图层，将其拖至面板底部的“创建新图层”按钮上，复制一个“背景 拷贝”图层，如图2.369所示。

STEP 03 选中“背景 拷贝”图层，将其图层混合模式更改为正片叠底，如图2.370所示。

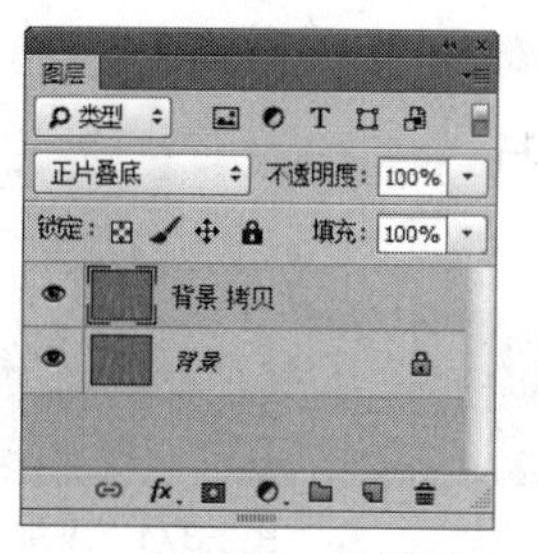

图2.369 复制图层 图2.370 设置图层混合模式

STEP 04 在“图层”面板中选中“图层1”图层，单击面板底部的“添加图层蒙版”按钮，为其图层添加图层蒙版，如图2.371所示。

STEP 05 选择工具箱中的“画笔工具”，在画布中单击鼠标右键，在弹出的面板中选择一种圆角笔触，将“大小”更改为250像素，“硬度”更改为0%，如图2.372所示。

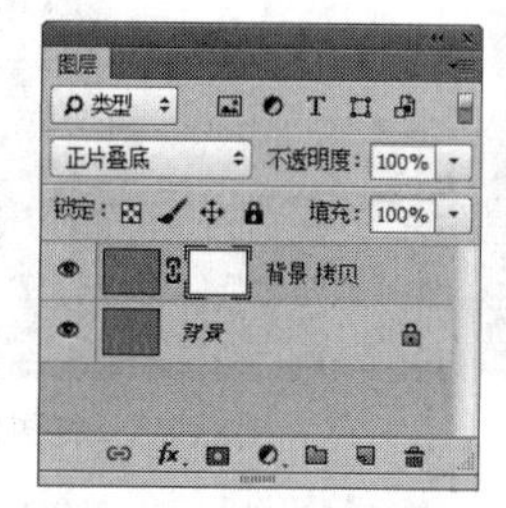

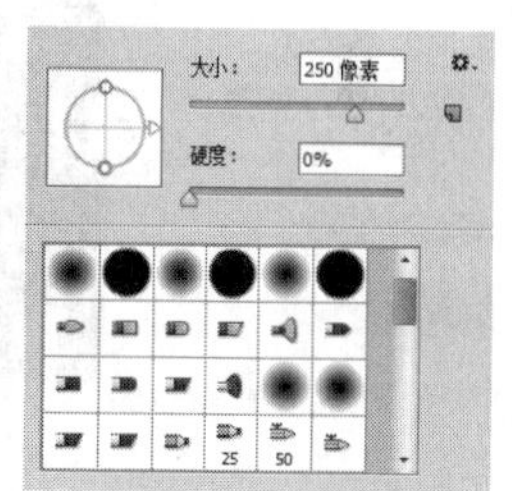

图2.371 添加图层蒙版 图2.372 设置笔触

STEP 06 将前景色更改为黑色，在其图像上的部分区域涂抹以将其隐藏，如图2.373所示。

图2.373 隐藏图像

STEP 07 执行菜单栏中的“文件”|“打开”命令，打开“社交公司名片正面效果设计.ai”文件，将打开的素材拖入画布中并适当缩小，以同样的方法打开“社交公司名片背面效果设计.ai”文件，分别将打开的名片图像拖入画布中并适当缩小，将其图层名称将分别更改为“图层1”“图层2”，将“图层2”移至“图层1”图层下方，如图2.374所示。

图2.374　添加素材

STEP 08 选中“图层1”图层，按Ctrl+T组合键对其执行“自由变换”命令，当出现变形框以后单击鼠标右键，从弹出的快捷菜单中选择“扭曲”命令，拖动变形框控制点将图像变形，完成之后按Enter键确认，以同样的方法选中“图层2”图层，将图像变形，如图2.375所示。

图2.375　将图像变形

STEP 09 在“图层”面板中选中“图层2”图层，单击面板底部的“添加图层样式” *fx* 按钮，在菜单中选择“投影”命令，在弹出的对话框中将“不透明度”更改为20%，“距离”更改为2像素，“大小”更改为3像素，完成之后单击“确定”按钮，如图2.376所示。

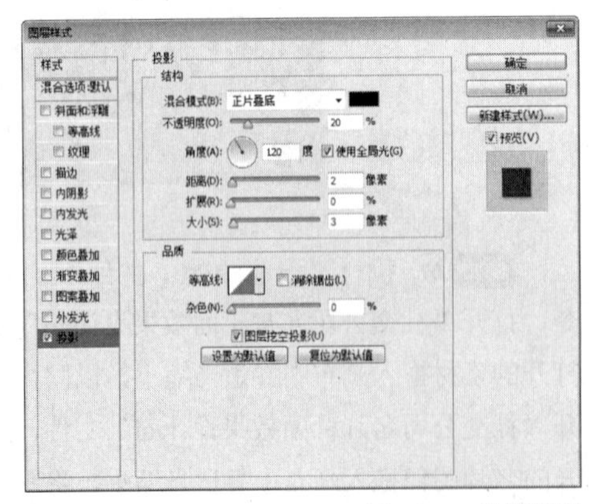

图2.376　设置投影

STEP 10 在“图层2”图层上单击鼠标右键，从弹出的快捷菜单中选择“拷贝图层样式”命令，在“图层1”图层上单击鼠标右键，从弹出的快捷菜单中选择“粘贴图层样式”命令，如图2.377所示。

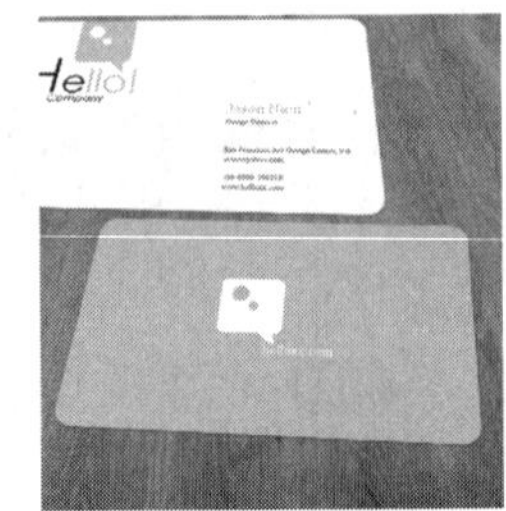

图2.377　复制并粘贴图层样式

STEP 11 在“图层”面板中选中“图层1”图层，将其拖至面板底部的“创建新图层”按钮上，复制出一个“图层1 拷贝”图层，如图2.378所示。

STEP 12 双击“图层1 拷贝”图层样式名称，在弹出的对话框中将“距离”更改为1像素，再将图像稍微移动，如图2.379所示。

图2.378　复制图层　　　图2.379　修改样式

STEP 13 选中“图层1 拷贝”图层，将其复制数份，并适当移动，如图2.380所示。

图2.380　移动图像

STEP 14 以同样的方法选中“图层2”图层，将其复制多分并适当移动，这样就完成了效果制作，最终效果如图2.381所示。

图2.381 复制移动图像及最终效果

2.12 本章小结

名片是一个人、一种职业的独立形象，是自我宣传的一种媒介。本章从名片设计的基础知识讲起，详细讲解了多种名片的制作方法和技巧。

2.13 课后习题

名片在现实生活中使用率相当高，鉴于它的重要性，本章有针对性地安排了一个综合名片的制作过程，作为课后习题以供练习，用于强化所学的知识，不断提升设计能力。

2.13.1 课后习题1——网络公司名片设计

素材位置	素材文件\第2章\网络公司名片设计
案例位置	案例文件\第2章\网络公司名片设计.ai、网络公司名片设计展示.psd
视频位置	多媒体教学\第2章\2.13.1 课后习题1——网络公司名片设计.avi
难易指数	★★☆☆☆

本例讲解的是网络公司名片设计制作，在制作开始之初就从名片定位开始，在配色及图形包括整个的布局都坚持简洁的原则，从而达到十分理想的视觉效果。最终效果如图2.382所示。

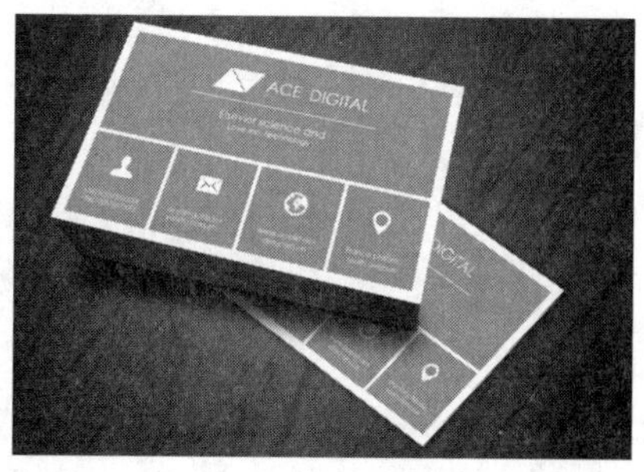

图2.382 最终效果

步骤分解如图2.383所示。

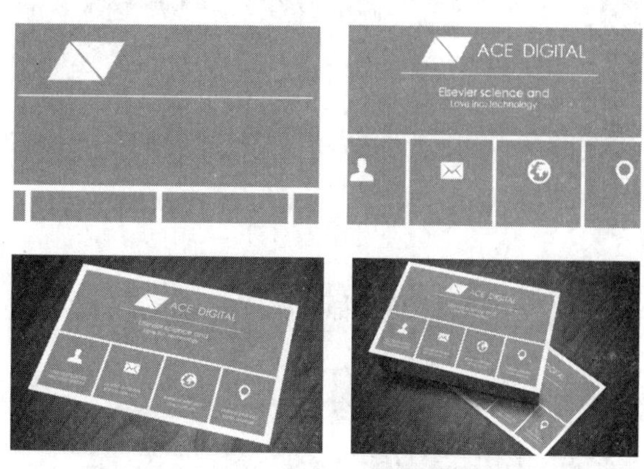

图2.383 步骤分解图

2.13.2 课后习题2——地产公司名片设计

素材位置	素材文件\第2章\地产公司名片设计
案例位置	案例文件\第2章\地产公司名片设计.ai、地产公司名片设计展示.psd
视频位置	多媒体教学\第2章\2.13.2 课后习题2——地产公司名片设计.avi
难易指数	★★☆☆☆

本例讲解的是地产公司名片设计制作，地产公司类的宣传、广告资料在设计制作方面以简洁、大气为主，所以此款名片在设计中采用了沉稳的颜色及简洁的文字信息摆放。最终效果如图2.384所示。

图2.384 最终效果

步骤分解如图2.385所示。

图2.385 步骤分解图

图2.385　步骤分解图（续）

2.13.3 课后习题3——数码公司名片设计

素材位置	素材文件\第2章\数码公司名片设计
案例位置	案例文件\第2章\数码公司名片设计正面.ai、数码公司名片设计背面.ai、数码公司名片设计展示.psd
视频位置	多媒体教学\第2章\2.13.3　课后习题3——数码公司名片设计.avi
难易指数	★★☆☆☆

本例讲解的是数码公司名片设计制作，由于是数码公司，所以在配色方面尽量采用带有科技感的色调，这样设计出的名片最终效果不凡。最终效果如图2.386所示。

图2.386　最终效果

步骤分解如图2.387所示。

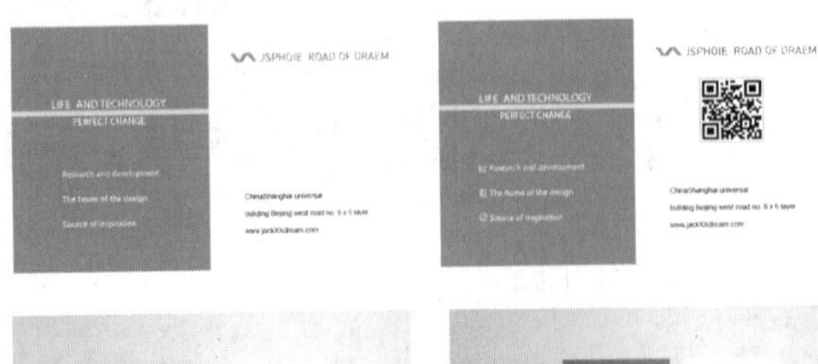

图2.387　步骤分解图

第3章

UI图标及界面设计

本章讲解UI图标及界面设计。在如今互联网时代，越来越多的智能设备丰富了人们的生活。智能设备通常通过触摸屏幕与使用者进行交互，此种方式在操作过程中具有极大的便利性，这和屏幕中的图标与界面是分不开的。在本章中从图标与界面的使用角度进行设计与制作，通过绘制与应用对应的图标与功能图像提升了交互界面的美观与使用性，整体的制作比较简单，重点在于对图标及界面本身定位的把握，比如漂亮的外观、较强的可识别性等。通过本章的学习可以熟练掌握UI图标与界面的设计与制作。

课堂学习目标

- 了解UI设计单位及图像格式
- 了解UI设计准则
- 了解UI设计与团队的使用关系
- 了解智能手机操作系统
- 学习UI设计的配色
- 掌握UI图标及界面的设计技巧

3.1 UI设计相关知识

3.1.1 认识UI设计

UI（User Interface）即用户界面，UI设计是指对软件的人机交互、操作逻辑、界面美观的整体设计。它是系统和用户之间进行交互和信息交换的媒介，它实现了信息的内部形式与人们可以接受形式之间的转换。好的UI设计不仅让软件变得有个性有品位，还让软件的操作变得舒适、简单、自由，充分体现软件的定位和特点。如今人们所提起的UI设计大体由以下3个部分组成。

1. 图形界面设计（Graphical User Interface）

图形界面设计是指采用图形方式显示的用户操作界面。图形界面对于用户来说在视觉效果上感觉十分明显。它通过图形界面向用户展示了功能、模块和媒体等信息。

在国内，通常人们提起的视觉设计师，就是指设置图形界面的设计师，或者指相关的其他从事设计行业的人员。一般从事此类行业的设计师大多经过专业的美术培训，有一定的专业背景。

2. 交互设计（Interaction Design）

交互设计在于定义与人造物的行为方式（人工制品在特定场景下的反应方式）相关的界面。

交互设计的出发点在于研究人在和人造物交流过程中人的心理模式和行为模式，并在此研究基础上设计出可提供的交互方式以满足人对使用人造物的需求。交互设计是设计方法，而界面设计是交互设计的自然结果。同时界面设计不一定由显意识交互设计驱动，然而界面设计必然自然包含交互设计（人和物是如何进行交流的）。

交互设计师首先进行用户及潜在用户的研究，然后设计人造物的行为，并从有用、可用及易用性等方面来评估人造物的设计质量。

3. 用户研究（user study）

同软件开发测试一样，UI设计中也会有用户测试，工作的主要内容是测试交互设计的合理性以及图形设计的美观性，一款应用软件在经过交互设计、图形界面设计等工作之后、再通过最终的用户测试才可以上线。此项的工作尤为重要。通过测试，可以发现应用软件中某个地方的不足，或者其不合理性。

3.1.2 常用单位解析

在UI设计中，单位的应用非常关键。下面将介绍常用单位的使用。

1. 英寸

长度单位，从电脑的屏幕到电视机再到各类多媒体设备的屏幕大小通常指屏幕对角的长度。而手持移动设备和手机等屏幕也沿用了这个概念。

2. 分辨率

屏幕物理像素的总和，用屏幕宽乘以屏幕高的像素数来表示，比如笔记本电脑的1366像素×768像素，液晶电视的1200像素×1080像素，手机的480像素×800像素和640像素×960像素等。

3. 网点密度

屏幕物理面积内所包含的像素数，以DPI（每英寸像素点数或像素/英寸）为单位来计量，DPI越高，显示的画面质量就越精细。在手机UI设计时，DPI要与手机相匹配，因为低分辨率的手机无法满足高DPI图片对手机硬件的要求，显示效果十分糟糕，所以在设计过程中就涉及一个全新的名词——屏幕密度。

4. 屏幕密度（Screen Densities）

以搭载Android操作系统的手机为例，屏幕密度分别如下。

- iDPI（低密度）：120 像素/英寸；
- mDPI（中密度）：160 像素/英寸；
- hDPI（高密度）：240 像素/英寸；
- xhDPI（超高密度）：320 像素/英寸。

与Android系统手机相比，苹果iPhone 手机对密度版本的数量要求没有那么多，因为目前iPhone 界面仅两种设计尺寸——960像素×640像素和640像素×1136像素，而网点密度（DPI）采用mDPI（即

160像素/英寸）就可以满足设计要求。

3.1.3 常用图像格式

界面设计常用的格式主要有以下几种。

• JPEG：JPEG格式是一种位图文件格式，JPEG的简称是JPG。JPEG几乎不同于当前使用的任何一种数字压缩方法，它无法重建原始图像。由于JPEG优异的品质和杰出的表现，因此应用非常广泛，特别是在网络和光盘读物上。目前各类浏览器均支持JPEG这种图像格式，因为JPEG格式的文件尺寸较小，下载速度快，使得Web页有可能以较短的下载时间提供大量美观的图像，所以JPEG格式也就顺理成章地成为网络上最受欢迎的图像格式，但是不支持透明背景。

• GIF：GIF(Graphics Interchange Format)的原意是“图像互换格式”，是CompuServe公司在 1987年开发的图像文件格式。GIF文件的数据是一种基于LZW算法的连续色调的无损压缩格式。其压缩率一般约为50%，它不属于任何应用程序。目前几乎所有相关软件都支持它，公共领域有大量的软件在使用GIF图像文件。GIF图像文件的数据是经过压缩的，而且是采用了可变长度等压缩算法。GIF格式的另一个特点是其在一个GIF文件中可以存多幅彩色图像，如果把存于一个文件中的多幅图像数据逐幅读出并显示到屏幕上，就可构成一种最简单的动画，GIF格式自1987年由CompuServe公司引入后，因其体积小而成像相对清晰，特别适合于初期慢速的互联网，而从此大受欢迎。GIF文件支持透明背景显示，可以以动态形式存在，制作动态图像时会用到这种格式。

• PNG：可移植网络图形格式（Portable Network Graphic Format，PNG）名称来源于非官方的“PNG’s Not GIF”，是一种位图文件（bitmap file）存储格式，读成“ping”。PNG图像文件存储格式试图替代GIF和TIFF文件格式，同时增加一些GIF文件格式所不具备的特性。PNG用来存储灰度图像时，灰度图像的深度可多达16位，在存储彩色图像时彩色图像的深度可多达48位，并且还可存储多达16位的α通道数据。PNG使用从LZ77派生的无损数据压缩算法，一般应用于Java程序、网页或S60程序中，原因是它压缩比高，生成文件容量小。它是一种在网页设计中常的格式并且支持透明样式显示，相同图像相比其他两种格式体积稍大，图3.1所示为3种不同格式的显示效果。

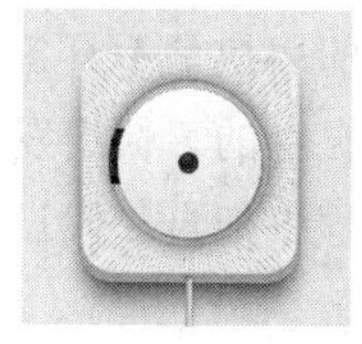
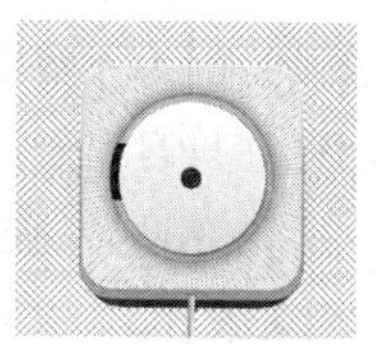

图3.1 不同格式的显示效果

3.1.4 UI设计准则

UI设计是一个系统化整套的设计工程，看似简单，其实不然，在这套“设计工程”中一定要按照设计原则进行设计，UI的设计原则主要有以下几点。

1. 简易性

在整个UI设计的过程中一定要注意设计的简易性，界面的设计一定要简洁、易用且好用，让用户便于使用，便于了解，并能最大程度地减少选择性的错误。

2. 一致性

一款成功的应用应该拥有一个优秀的界面，同时也是所有优秀界面所具备共同的特点，应用界面的应用必须清晰一致，风格与实际应用内容相同，所以在整个设计过程中应保持一致性。

3. 提升用户的熟知度

用户在第一时间内接触到界面时必须是之前所接触到或者已掌握的知识，新的应用绝对不会超过一般常识，比如无论是拟物化的写实图标设计还是扁平化的界面都要以用户所掌握的知识为基准。

4. 可控性

可控性在设计过程中起到了先决性的一点，在设计之初就要考虑到用户想要做什么、需要做什么，而此时在设计中就要加入相应的操控提示。

5. 记忆负担最小化

一定要科学分配应用中的功能说明，力求操作最简化，从人脑的思维模式出发，不要打破传统的思维方式，不要给用户增加思维负担。

6. 从用户的角度考虑

想用户所想，思用户所思，研究用户的行为，考虑他们会如何去做。因为大多数的用户是不具备专业知识的，他们往往只习惯于从自身的习惯出发进行思考和操作，所以在设计的过程中把自己假设为用户，以切身体会去设计。

7. 顺序性

一款功能的应用应该在功能上按一定规律进行排列，一方面可以让用户在极短的时间内找到自己所需要的功能，而另一方面可以拥有直观的简洁易用的感受。

8. 安全性

无论任何应用，对于用户在进行自由选择操作时，他所做出的这些动作都应该是可逆的，比如在用户作出一个不恰当或者错误操作的时候应当显示警示信息。

9. 灵活性

快速高效率及整体满意度在用户看来都是人性化的体验，在设计过程中需要尽可能考虑到特殊用户群体的操作体验，比如肢体残疾人、色盲、语言障碍者等，这一点可以在iOS操作系统上得到最直观的感受。

3.1.5 UI设计与团队合作关系

UI设计与产品团队合作流程关系如下。

1. 团队成员

- 产品经理

产品经理要对用户需求进行分析调研，针对不同的需求进行产品卖点规划，然后将规划的结果陈述给公司上级，以此来取得项目所要用到的各类资源（人力、物力和财力等）。

- 产品设计师

产品设计师应侧重功能设计，考虑技术可行性，比如在设计一款多动端播放器时是否在播放的过程中添加动画提示甚至一些更复杂的功能，而这些功能的添加都是经过深思熟虑的。

- 用户体验工程师

用户体验工程师需要了解更多商业层面的内容。其工作通常与产品设计师相辅相成，从产品的商业价值的角度出发，以用户的切身体验实际感觉出发，对产品与用户交互方面的环节进行设计方面的改良。

- 图形界面设计师

图形界面设计师为应用设计一款能适应用户需求的界面，一款应用设计得是否成功与图形界面也有着分不开的关系。图形界面设计师常用软件有Photoshop、Illustrator及Fireworks等。

2. UI设计与项目流程步骤

产品定位→产品风格→产品控件→方案制订→方案提交→方案选定。

3.1.6 智能手机操作系统简介

现在主流的智能手机操作系统主要有Android、iOS和Windows Phone这3类，这3类系统都有各自的特点。

Android（安卓）系统是一个基于开放源代码的Linux平台衍生而来的操作系统。Android最初是由一家小型的公司创建的，后来被谷歌所收购，它也是当下最为流行的一款智能手机操作系统。其显著特点在于它是一款基于开放源代码的操作系统，这句话可以理解为它相比其他操作系统具有超强的可扩展性，图3.2所示为装载Android操作系统的手机。

图3.2　装载Android操作系统的手机

iOS：该系统是由苹果公司MAC机器装载的OS X系统发展而来的一款智能操作系统，目前最新版本为7.0。此款操作系统是苹果公司独家开发并且只使用于自家的iPhone、iPod Touch、iPad等设备上。相比其他智能手机操作系统，iOS智能手机操作系统的流畅性、完美的优化及安全等特性是其他操作系统无法比拟的；同时配合苹果公司出色的工业设计，其一直以来都以高端、上档次为代名词。不过由于它是采用封闭源代码开发，所以在拓展性上要略显逊色。图3.3所示为苹果公司生产装载iOS智能操作系统的设备。

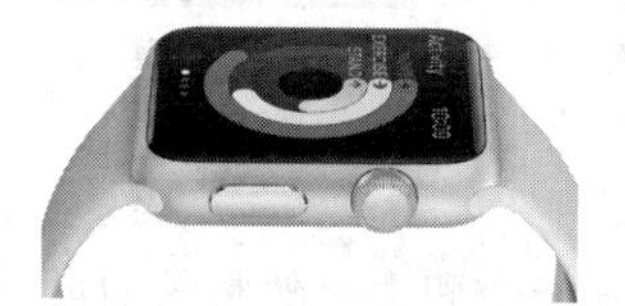

图3.3 装载iOS智能操作系统的设备

Windows Phone（WP）：微软发布的一款移动操作系统，由于它是一款十分年轻的操作系统，所以Windows Phone相比较其他操作系统而言具有桌面定制、图标拖拽、滑动控制等一系列前卫的操作体验。由于该系统初入智能手机市场，所以在市场份额上暂无法与安卓及iOS相比，但是正是因为年轻，所以此款操作系统有很多新奇的功能及操作，同时也是因为源自微软，在与PC端的Windows操作系统互通性上占有很大的优势。图3.4所示为装载Windows Phone的几款智能手机。

图3.4 装载Windows Phone的几款智能手机

3.1.7 UI设计配色秘籍

无论在任何设计领域，颜色的搭配永远都是至关重要的，优秀的配色不仅带给用户完美的体验，更能让使用者的心情舒畅，提升整个应用的价值。下面是几种常见的配色对用户的心情影响。

1. 百搭黑白灰

提起黑白灰这3种色彩，人们总是觉得在任何地方都离不开它们，它们也是最常见到的色彩。黑白灰既能作为任何色彩百搭的辅助色，同时又能作为主色调。通过对一些流行应用的观察，它们的主色调大多离不开这3种颜色。白色具有洁白、纯真、清洁的感受；而黑色则能带给人一种深沉、神秘、压抑的感受；灰色则具有中庸、平凡、中立和高雅的感觉。所以说在搭配方面这3种颜色几乎是万能的百搭色，同时最强的可识别性也是黑白灰配色里的一大特点，图3.5所示为黑白灰配色效果展示。

图3.5 黑白灰配色效果展示

2. 甜美温暖橙

橙色是一种界于红色和黄色之间的一种色彩。它不同于大红色过于刺眼又比黄色更加富有视觉冲击感。在设计过程中这种色彩既可以大面积使用，同样可以作为搭配色用来点缀。在搭配时可以和黄色、红色、白色等搭配，如果和绿色搭配则给人一种清新甜美的感觉，在大面积的橙色中稍添加绿色可以起到画龙点睛的效果，这样可以避免了只使用一种橙色而引起的视觉疲劳。图3.6所示为甜美温暖橙配色效果展示。

图3.6　甜美温暖橙配色效果展示

3. 气质冷艳蓝

蓝色给人的第一感觉就是舒适，没有过多的刺激感，给人一种非常直观的清新、静谧、冷静的感觉，同时蓝色也很容易和别的色彩搭配。在界面设计过程中可以把蓝色设计得相对“大牌”，也可以用得趋于“小清新”。假如在配色的过程中找不出别的颜色搭配，此时选用蓝色总是相对安全的。在搭配时可以和黄色、红色、白色、黑色等搭配。蓝色是冷色系里最典型的代表，而红色、黄色、橙色则是暖色系里最典型的代表，这两种冷暖色系在对比之下会更加具有跳跃感，这样会带来一种强烈的兴奋感，很容易感染用户的情绪；蓝色和白色的搭配会显得更清新素雅，极具品质感；蓝色和黑色的搭配类似于红色和黑色搭配，能产生一种极强的时尚感，能瞬间让人眼前一亮，通常在做一些质感类图形图标设计时用到较多。图3.7所示为气质冷艳蓝配色效果展示。

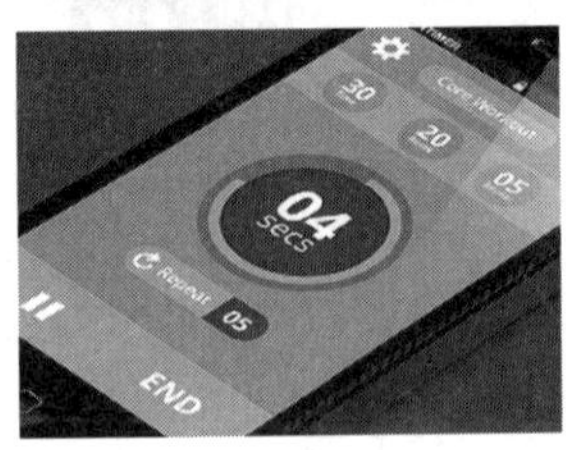

图3.7　气质冷艳蓝配色效果展示

4. 清新自然绿

和蓝色一样，绿色是一个和大自然相关的灵活色彩，它与不同的颜色进行搭配会带给人不同的心理感受。柠檬绿代表了一种潮流，橄榄绿则显得十分平和贴近，而淡绿色可以给人一种清爽的春天的感觉。紫色和绿色是奇妙的搭配，紫色神秘又成熟，绿色则代表希望和清新，所以它们是一种非常奇妙的颜色搭配。图3.8所示为清新自然绿配色效果展示。

图3.8　清新自然绿配色效果展示

5. 热情狂热红

大红色在界面设计中是一种不常见的颜色，一般作为点缀色使用，有警告、强调、警示等作用，但是如果使用过度的话容易造成视觉疲劳。红色和黄色搭配是中国比较传统的喜庆场合用色搭配。这种艳丽浓重的色彩向来会让我们想到节日庆典，因此喜庆感会更强。而红色和白色搭配相对会让人感觉更干净整洁，也容易体现出应用的品质感；红色和黑色的搭配比较常见，会带给人一种强烈的时尚气质感，比如大红和纯黑搭配能带给人一种炫酷的感觉；红色和橙色的搭配则让人感觉一种甜美的感觉。图3.9所示为热情狂热红配色效果展示。

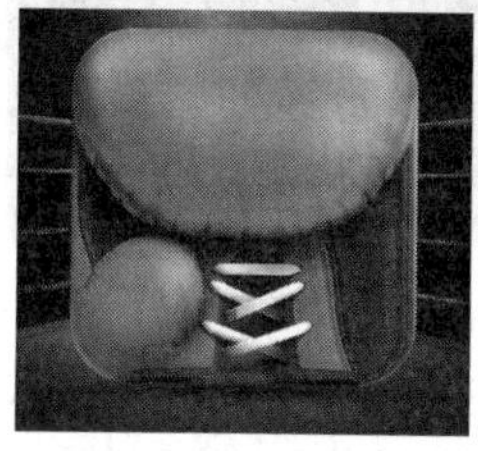

图3.9 热情狂热红配色效果展示

6. 靓丽醒目黄

黄色是亮度最高的颜色，灿烂明亮，多用于大面积配色中的点睛色，它没有红色那么抢眼和俗气，却可以更加柔和地让人产生刺激感。在进行配色的过程中，黄色应该和白色、黑色、白色或蓝色进行搭配，黄色和黑色、白色的对比较强，容易形成较高层次的对比，突出主题；而与黄色、蓝色、紫色搭配，除强烈的对比刺激眼球外，还能够有较强的轻快时尚感；在日常店铺装修中，设计各种促销活动的页面最多是使用黄色和红色进行搭配，这样能带来欢快和明亮的感觉，并且活跃度较高。图3.10所示为靓丽醒目黄配色效果展示。

图3.10 靓丽醒目黄配色效果展示

3.1.8 设计色彩学

我们生活在一个充满着色彩的世界，色彩一直刺激我们的视觉器官，而色彩也往往是作品给人的第一印象。

1. 色彩与生活

在认识色彩前要先建立一种观念，就是如果要了解色彩、认识色彩，便要用心去感受生活，留意生活中的色彩，否则容易变成一个视颜色而不见的“色盲”。就如同人体的其他感官一样，色彩就活像是我们的味觉，对于同样的食材用了不同的调味料而有了不同的味道，成功的作品“好吃”，失败的往往叫人难以下咽，而色彩对生理与心理都有重大的影响，如图3.11所示。

图3.11 色彩与生活

2. 色彩意象

当我们看到色彩时，除了会感觉其物理方面的影响，心里也会立即产生感觉，这种感觉我们一般难以用言语形容，我们称为印象，也就是色彩意象。下面就是色彩意象的具体说明。

- 红色的色彩意象

由于红色容易引起人们注意，所以在各种媒体中也被广泛利用。除了具有较佳的警示效果之外，红色更被用来传达有活力、积极、热诚、温暖和前进等含义的企业形象与精神，另外红色也常用来作为警告、危险、禁止和防火等标示用色，人们在一些场合或物品上，看到红色标示时经常可以不必仔细看内容，就能了解警告危险之意。在工业安全用色中，红色是警告、危险、禁止和防火等警示的指定色。常见红色为大红、桃红、砖红和玫瑰红。常见的用红色设计的APP如图3.12所示。

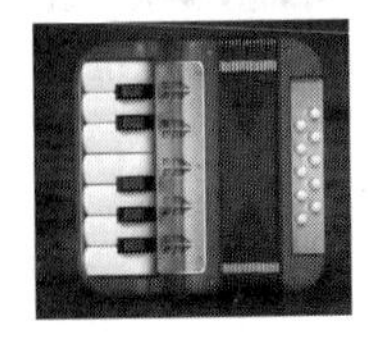
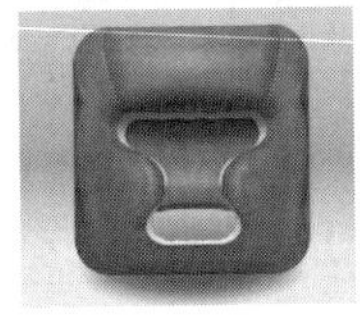

图3.12　常见红色APP

• 橙色的色彩意象

橙色可视度高，在工业安全用色中，橙色是一种警戒色，比如用于火车头、登山服装、背包和救生衣等、由于橙色非常明亮刺眼，有时会使人有负面的印象，这种状况尤其容易发生在服饰的运用上，所以在运用橙色时，要注意选择搭配的色彩和表现方式，才能把橙色明亮活泼具有口感的特性发挥出来。常见橙色为鲜橙、橘橙和朱橙。常见橙色设计的APP如图3.13所示。

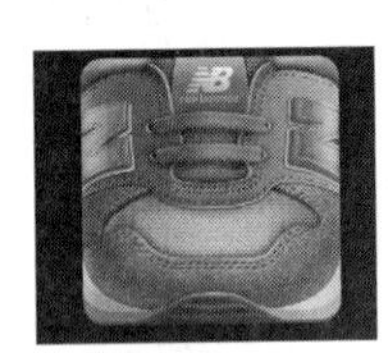

图3.13　常见橙色APP

• 黄色的色彩意象

黄色的可视度高，在工业安全用色中，橙色也是一种警告危险色，常用来警告危险或提醒注意，如交通信号灯上的黄灯、工程用的大型机器、学生用雨衣和雨鞋等都使用黄色。常见黄色为大黄、柠檬黄、柳丁黄和米黄。常见的用黄色设计的APP如图3.14所示。

图3.14　常见黄色APP

• 绿色的色彩意象

在商业设计中，绿色可以传达清爽、理想、希望、生长的意象，符合了服务业和卫生保健业的诉求。在工厂中为了避免操作时眼睛疲劳，许多工程机械涂装也是采用绿色，一般的医疗机构场所，也常采用绿色作为空间色彩规划并用于标示医疗用品。常见绿色为大绿、翠绿、橄榄绿和墨绿。常见的用绿色设计的APP如图3.15所示。

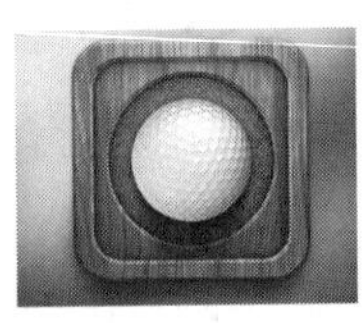

图3.15　常见绿色APP

• 蓝色的色彩意象

蓝色有沉稳的特性，它具有理智、准确的意象。在商业设计中，在强调科技感的商品或企业形象时，大多选用蓝色作为标准色、企业色，如电脑、汽车、影印机、摄影器材等。另外蓝色也代表忧郁，这是受了西方文化的影响，这个意象也运用在文学作品或感性诉求的商业设计中。常见蓝色为大蓝、天蓝、水蓝和深蓝。常见的用蓝色设计的APP如图3.16所示。

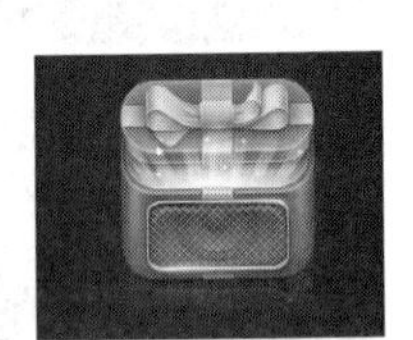

图3.16　常见蓝色APP

• 紫色的色彩意象

由于紫色具有强烈的女性化性格，在商业设计用色中，紫色也受到相当的限制，除了和女性有关的商品或企业形象之外，其他类别设计不经常采用紫色为主色。常见紫色为大紫、贵族紫、葡萄酒紫和深紫。常见的用紫色设计的APP如图3.17所示。

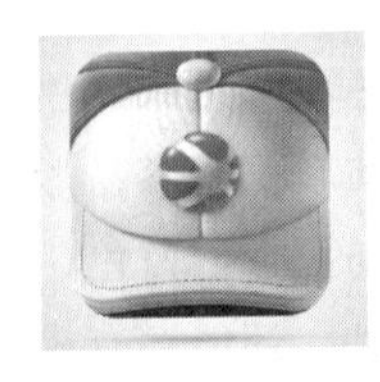

图3.17　常见紫色APP

• 褐色的色彩意象

在商业设计上，褐色通常用来表现原始材料的质感，如麻、木材、竹片和软木等，或用来传达某些饮品原料的色泽或味感，如咖啡、茶和麦类等，或强调格调古典优雅的企业或商品形象。常见褐色为茶色、可可色、麦芽色和原木色。常见的用褐色设计的APP如图3.18所示。

图3.18 常见褐色APP

• 白色的色彩意象

在商业设计中，白色具有高级、科技的意象。白色通常需要和其他色彩搭配使用，纯白色会带给人寒冷、严峻的感觉，所以在使用白色时都会加一些其他的色彩，如象牙白、米白、乳白或苹果白。在生活用品和服饰用色上，白色是永远流行的主要色，可以和任何颜色作搭配。常见的使用白色设计的APP如图3.19所示。

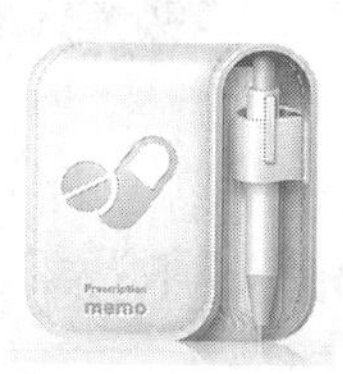

图3.19 常见的使用白色的APP

• 黑色的色彩意象

在商业设计中，黑色具有高贵、稳重和科技的意象，许多科技产品的用色如电视、跑车、摄影机、音响和仪器的色彩大多采用黑色。在其他方面，黑色因其庄严的意象，也常用在一些特殊场合的空间设计，生活用品和服饰设计大多利用黑色来塑造高贵的形象。黑色也是一种永远流行的主要颜色，适合和许多色彩作搭配。常见的用黑色设计的APP如图3.20所示。

图3.20 常见黑色APP

• 灰色的色彩意象

在商业设计中，灰色具有柔和、高雅的意象，而且属于中间性格，男女皆能接受，所以灰色也是永远流行的主要颜色。在许多高科技产品设计中，尤其是和金属材料有关的，几乎都采用灰色来传达高级、科技的形象。在使用灰色时，大多利用不同的层次变化组合或他配其他色彩，才不会过于沉闷而有呆板、僵硬的感觉。常见灰色为大灰、老鼠灰、蓝灰和深灰。灰色UI界面如图3.21所示。

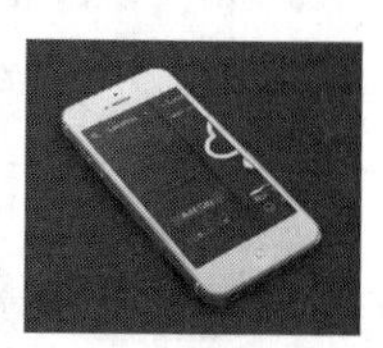

图3.21 常见灰色APP

3.2 糖果进度条设计

素材位置	无
案例位置	案例文件\第3章\糖果进度条.psd
视频位置	多媒体教学\第3章3.2 糖果进度条设计.avi
难易指数	★★☆☆☆

本例讲解糖果进度条制作，糖果进度条的制作以体现糖果元素为主。在本例中以粉红色的进度条与绿色系背景组合给人一种清新甜美的感觉，最终效果如图3.22所示。

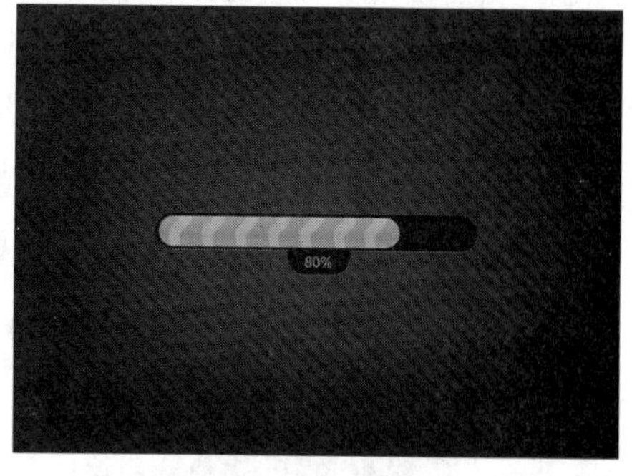

图3.22 最终效果

3.2.1 使用Photoshop制作渐变背景

STEP 01 执行菜单栏中的“文件”|“新建”命令，在弹出的对话框中设置“宽度”为700像素，“高度”为500像素，“分辨率”为72像素/英寸，新建一个空白画布，如图3.23所示。

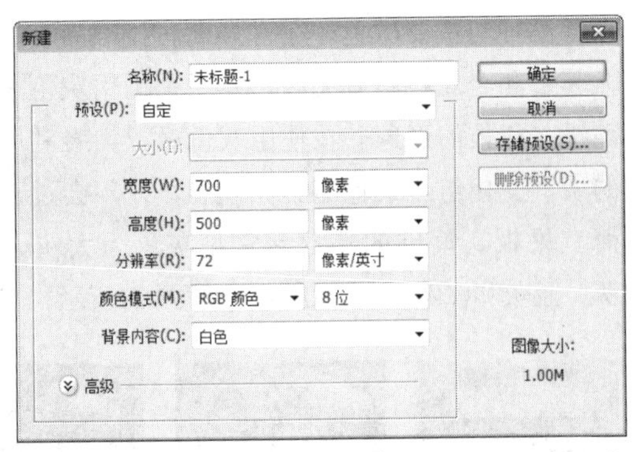

图3.23 新建画布

STEP 02 将画布填充为绿色（R：44，G：66，B：28），新建一个空白画布，如图3.24所示。

图3.24 填充颜色

STEP 03 在“图层”面板中，单击面板底部的“创建新的填充或调整图层”按钮，在弹出的快捷菜单中选中“纯色”命令，在弹出的对话框中将颜色更改为深绿色（R：16，G：22，B：12），完成之后单击“确定”按钮，如图3.25所示。

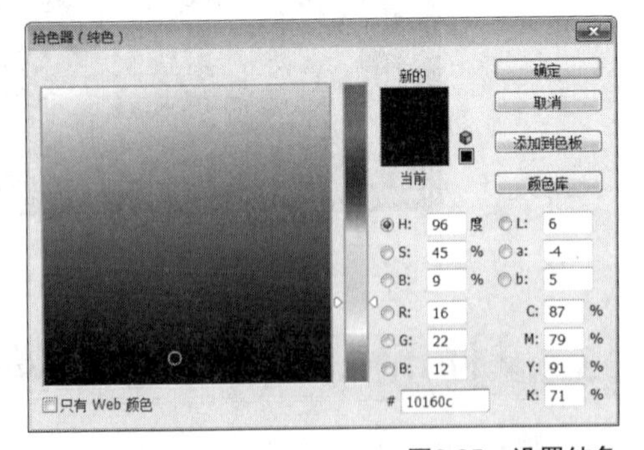

图3.25 设置纯色

STEP 04 选择工具箱中的“画笔工具”，在画布中单击鼠标右键，在弹出的面板中选择一种圆角笔触，将“大小”更改为350像素，“硬度”更改为0%，如图3.26所示。

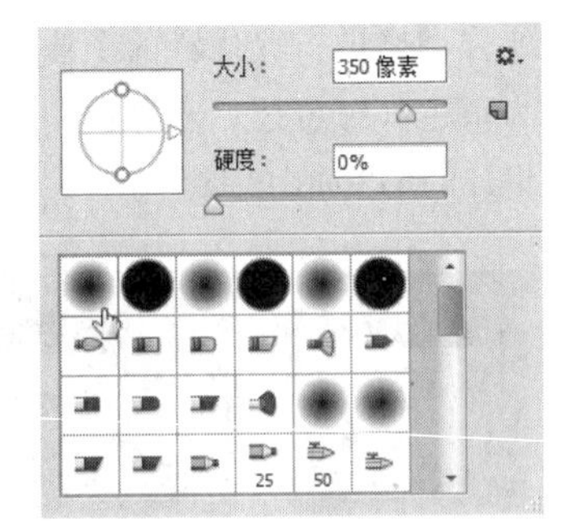

图3.26 设置笔触

STEP 05 在选项栏中将“不透明度”更改为30%，将前景色更改为黑色，选择图层蒙版缩览图，在画布中涂抹将部分图像隐藏，如图3.27所示。

图3.27 隐藏图像

3.2.2 定义图案并填充

STEP 01 执行菜单栏中的“文件”|“新建”命令，在弹出的对话框中设置“宽度”为4像素，“高度”为4像素，“分辨率”为72像素/英寸，“颜色模式”为RGB颜色，“背景内容”为透明，新建一个空白画布，如图3.28所示。

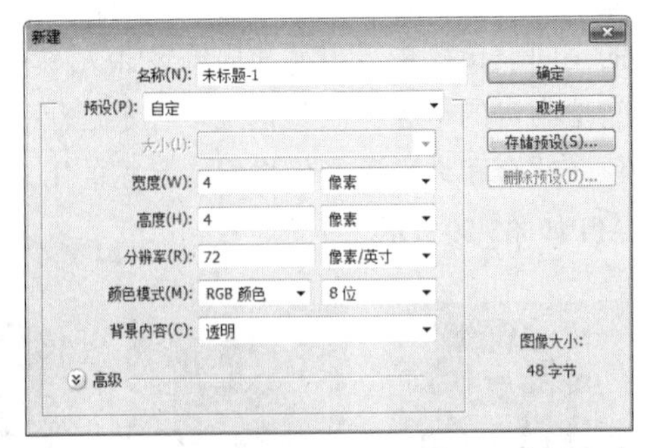

图3.28 新建画布

STEP 02 选择工具箱中的“缩放工具”，在画布中单击鼠标右键，从弹出的快捷菜单中选择“按屏幕大小缩放”命令，将当前画布放至最大，如图3.29所示。

图3.29 放大画布

技巧与提示

在画布中按住Alt键并滚动鼠标中间滚轮同样可以将当前画布放大或缩小。

STEP 03 选择工具箱中的“矩形工具”，在选项栏中将“填充”更改为白色，“描边”为无，按住Shift键并在画布左上角位置绘制一个矩形，此时将生成一个“矩形1”图层，如图3.30所示。

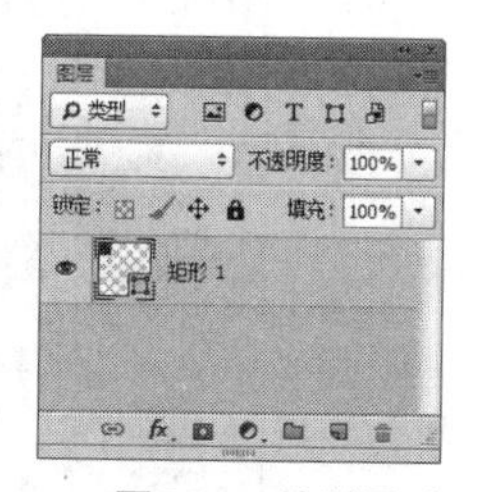

图3.30 绘制图形

STEP 04 选中“矩形1”图层，按住Alt键并在画布中向右下角方向拖动，将图形复制3份，此时将生成“矩形1 拷贝”“矩形1 拷贝2”“矩形1 拷贝3”图层，同时选中所有图层并按Ctrl+E组合键将其合并，如图3.31所示。

图3.31 复制并合并图层

STEP 05 执行菜单栏中的“编辑”|“定义图案”命令，在弹出的对话框中将“名称”更改为纹理，完成之后单击“确定”按钮，如图3.32所示。

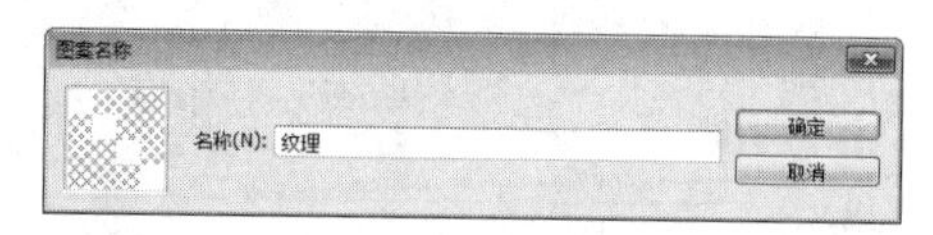

图3.32 定义图案

STEP 06 在第一个文档中单击面板底部的“创建新图层”按钮，新建一个“图层1”图层，如图3.33所示。

图3.33 新建图层

STEP 07 选中“图层1”，执行菜单栏中的“编辑”|“填充”命令，在弹出的对话框中选择“使用”为图案，单击“自定图案”后方的按钮，在弹出的面板中选择最底部刚才定义的“纹理”图案，完成之后单击“确定”按钮，如图3.34所示。

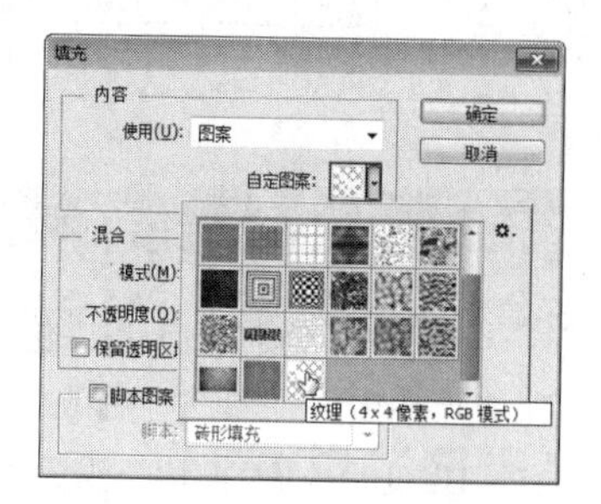

图3.34 设置填充

STEP 08 在“图层”面板中选中“图层 1”图层，将其图层混合模式设置为减去，“不透明度”更改为60%，如图3.35所示。

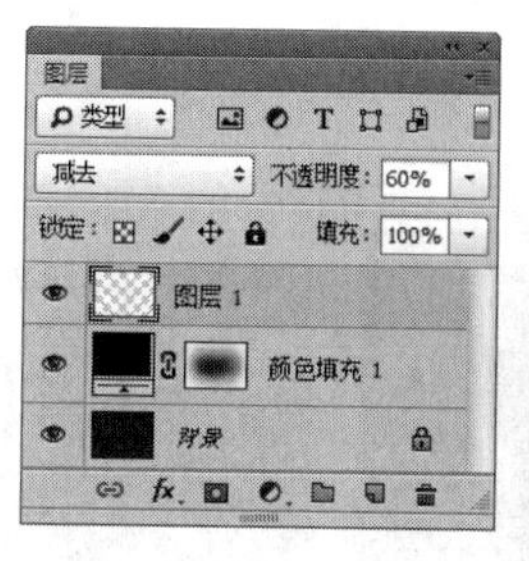

图3.35 设置图层混合模式

STEP 09 选择工具箱中的“椭圆工具”，在选项栏中将“填充”更改为绿色（R：68，G：96，B：0），“描边”为无，在画布中绘制一个椭圆图形，此时将生成一个“椭圆1”图层，如图3.36所示。

图3.36　绘制图形

STEP 10 选中“椭圆1”图层，执行菜单栏中的“滤镜”|“模糊”|“高斯模糊”命令，在弹出的对话框中将“半径”更改为80像素，设置完成之后单击“确定”按钮，如图3.37所示。

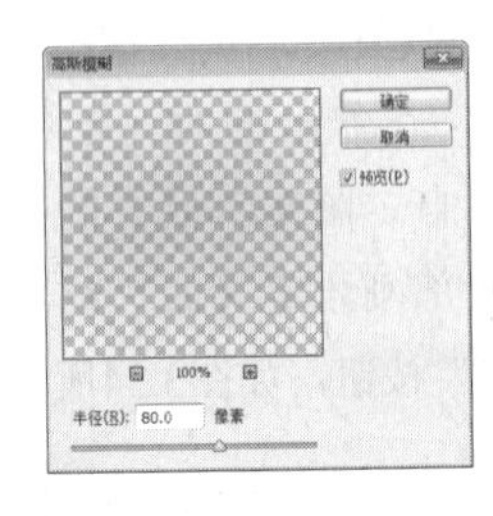

图3.37　设置高斯模糊

3.2.3 绘制进度条

STEP 01 选择工具箱中的“圆角矩形工具”，在选项栏中将“填充”更改为深绿色（R：17，G：25，B：10），“描边”为无，“半径”为50像素，在画布中绘制一个圆角矩形，此时将生成一个“圆角矩形1”图层，如图3.38所示。

STEP 02 在“图层”面板中选中“圆角矩形1”图层，将其拖至面板底部的“创建新图层”按钮上，复制出一个“圆角矩形1 拷贝”图层，如图3.39所示。

图3.38　绘制图形

图3.39　复制图层

STEP 03 选择工具箱中的“圆角矩形工具”，将“半径”更改为20像素，选中“圆角矩形1”图层，在刚才绘制的圆角矩形图形中间位置绘制一个圆角矩形，如图3.40所示。

图3.40　绘制图形

STEP 04 在“图层”面板中选中“圆角矩形1”图层，单击面板底部的“添加图层样式”按钮，在菜单中选择“内阴影”命令，在弹出的对话框中将“不透明度”更改为30%，取消“使用全局光”复选框，“角度”更改为90度，“距离”更改为5像素，“大小”更改为5像素，如图3.41所示。

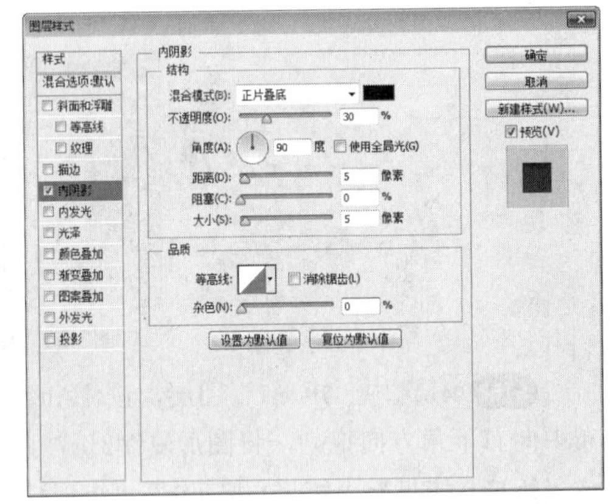

图3.41　设置内阴影

STEP 05 勾选“内发光”复选框，将“混合模式”更改为正常，“不透明度”更改为30%，“颜色”更改为黑色，“大小”更改为10像素，如图3.42所示。

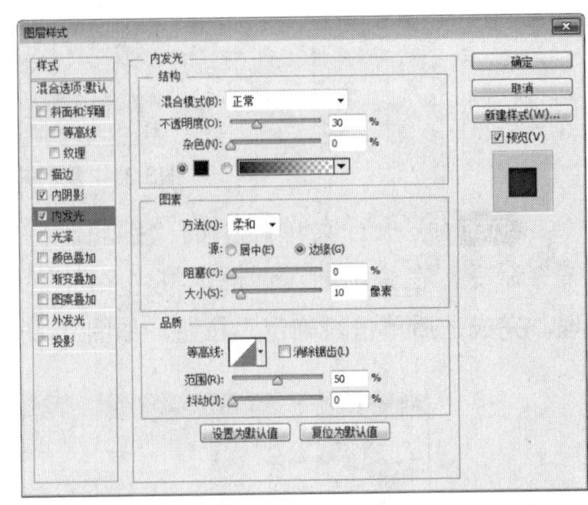

图3.42　设置内发光

STEP 06 勾选“投影”复选框，将“混合模式”更改为叠加，“颜色”更改为白色，取消“使用全局光”复选框，将“距离”更改为1像素，完成之后单击“确定”按钮，如图3.43所示。

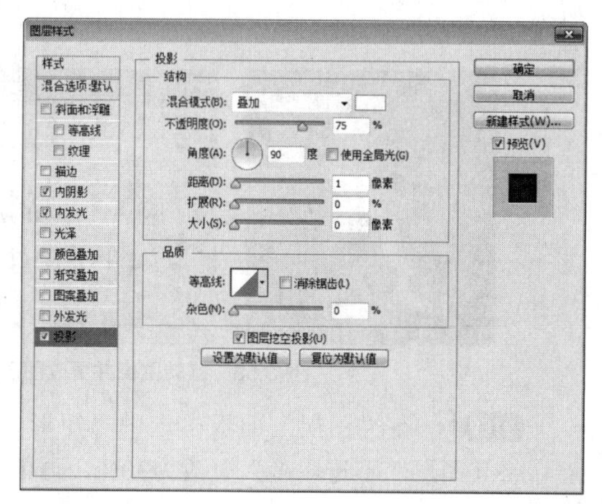

图3.43 设置投影

STEP 07 选中“圆角矩形 1 拷贝”图层，将其图形颜色更改为白色，再按Ctrl+T组合键对其执行“自由变换”命令，将图形缩小，完成之后按Enter键确认，如图3.44所示。

STEP 08 在“图层”面板中选中“圆角矩形 1 拷贝”图层，将其拖至面板底部的“创建新图层”按钮上，复制出一个“圆角矩形 1 拷贝2”图层，如图3.45所示。

图3.44 缩小图形　　图3.45 复制图层

STEP 09 在“图层”面板中选中“圆角矩形 1 拷贝”图层，单击面板底部的“添加图层样式” *fx* 按钮，在菜单中选择“斜面和浮雕”命令，在弹出的对话框中将“大小”更改为2像素，取消“使用全局光”复选框，“角度”更改为90度，“高光模式”更改为白色，“不透明度”更改为30%，“阴影模式”更改为正常，“颜色”更改为白色，“不透明度”更改为30%，如图3.46所示。

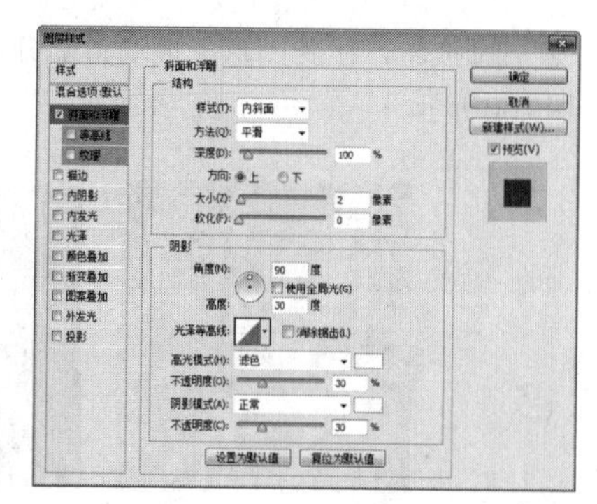

图3.46 设置斜面和浮雕

STEP 10 勾选“渐变叠加”复选框，将“渐变”更改为红色（R：245，G：82，B：124）到红色（R：255，G：132，B：168），完成之后单击“确定”按钮，如图3.47所示。

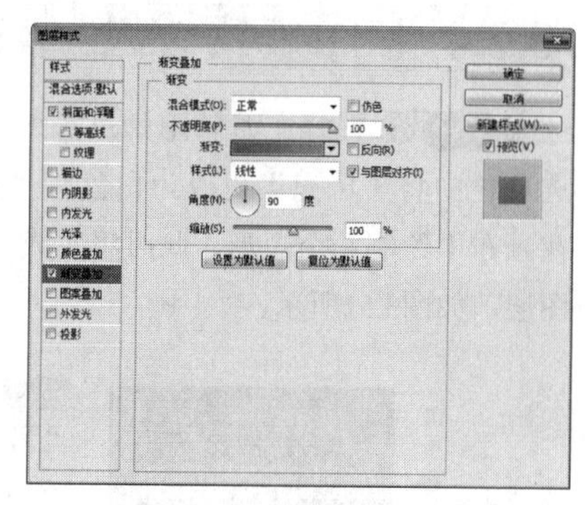

图3.47 设置渐变叠加

STEP 11 选中“圆角矩形 1 拷贝 2”图层，按Ctrl+T组合键对其执行“自由变换”命令，将图形等比例缩小一圈，完成之后按Enter键确认，如图3.48所示。

图3.48 缩小图像

技巧与提示

将图形缩小1~2像素即可，这样方便在后面制作高光。

STEP 12 在“图层”面板中选中“圆角矩形 1 拷贝 2”图层，将其图层“不透明度”更改为30%，单击面板底部的“添加图层蒙版”按钮，为其添加图层蒙版，如图3.49所示。

STEP 13 选择工具箱中的“渐变工具”，编辑黑色到白色的渐变，单击选项栏中的“线性渐变”按钮，在其图形上拖动将部分图形隐藏，如图3.50所示。

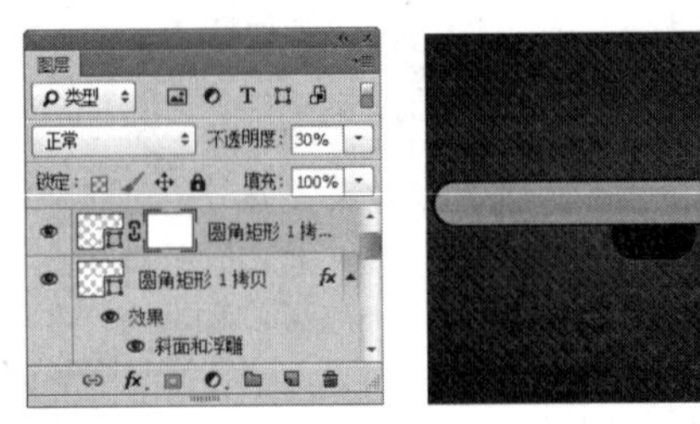

图3.49 添加图层蒙版　图3.50 设置渐变并隐藏图形

技巧与提示

适当缩小“圆角矩形 1 拷贝 2”图层中图形的高度，可以使高光效果更加明显。

3.2.4 制作条纹效果

STEP 01 选择工具箱中的“矩形工具”，在选项栏中将“填充”更改为白色，“描边”为无，在画布中绘制一个矩形，此时将生成一个“矩形1”图层，如图3.51所示。

图3.51　绘制图形

STEP 02 选中“矩形1”图层，执行菜单栏中的“滤镜”|“扭曲”|“波浪”命令，在弹出的对话框中将“生成器数”更改为5，“波长”中的“最小”更改为24，“最大”更改为67，“波幅”中的“最小”更改为5，“最大”更改为25，完成之后单击“确定”按钮，如图3.52所示。

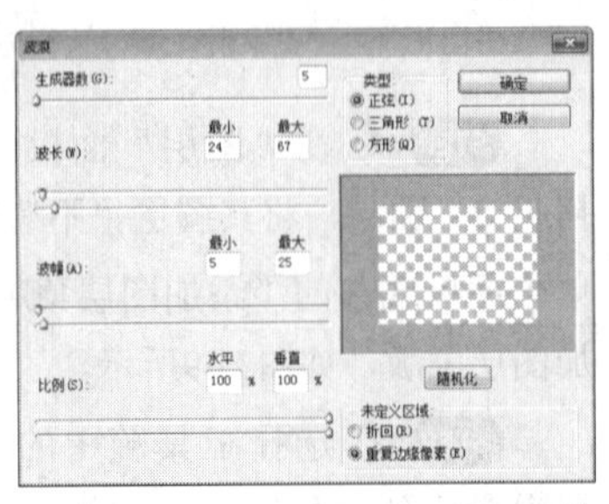

图3.52　设置波浪

STEP 03 选中“矩形 1”图层，按Ctrl+T组合键对其执行“自由变换”命令，将图像等比例缩小，将图形适当旋转，完成之后按Enter键确认，再将其移至“圆角矩形 1 拷贝 2”图层下方，如图3.53所示。

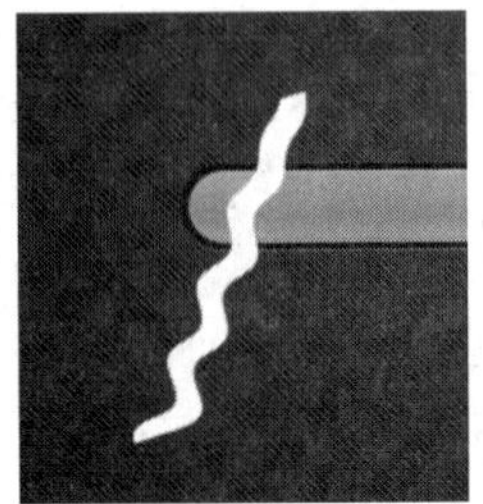

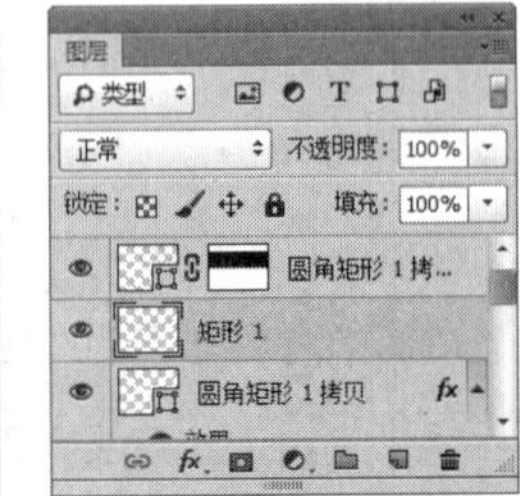

图3.53　旋转图像并更改图层顺序

STEP 04 在“图层”面板中选中“矩形1”图层，将其图层“不透明度”更改为30%，再单击面板底部的“添加图层蒙版”按钮，为其添加图层蒙版，如图3.54所示。

STEP 05 按住Ctrl键并单击“圆角矩形 1 拷贝”图层缩览图，将其载入选区，执行菜单栏中的“选择”|“反向”命令将选区反向，将选区填充为黑色将部分图像隐藏，完成之后按Ctrl+D组合键将选区取消，如图3.55所示。

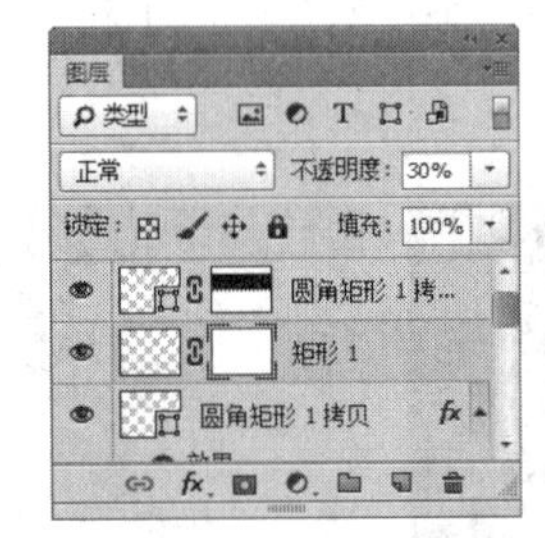

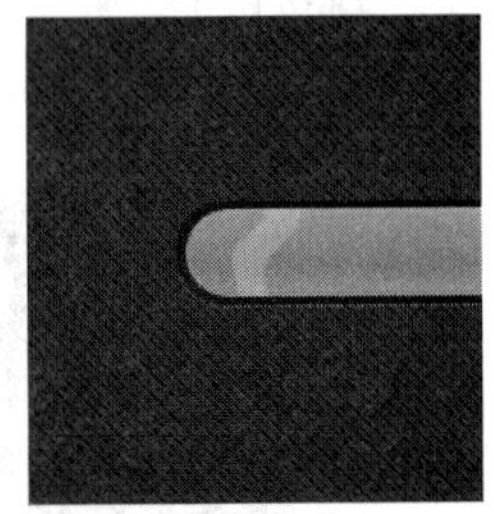

图3.54　添加图层蒙版　　图3.55　隐藏图像

STEP 06 选中“矩形1”图层，按住Alt+Shift组合键并向右侧拖动将图像复制多份，如图3.56所示。

图3.56　复制图像

STEP 07 选择工具箱中的“横排文字工具”T，在画布适当位置添加文字，这样就完成了效果制作，最终效果如图3.57所示。

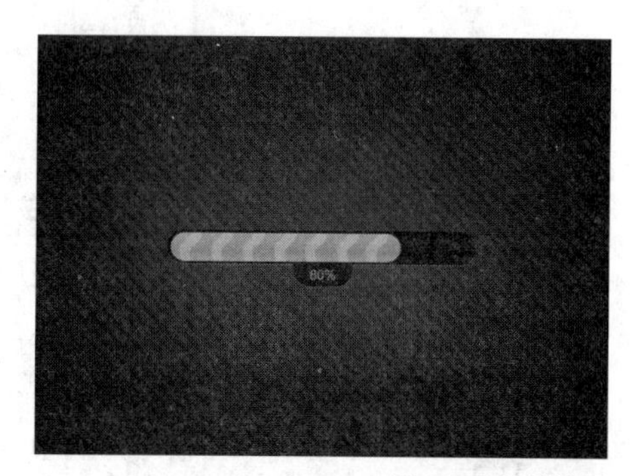

图3.57 最终效果

3.3 iOS相册图标设计

素材位置	无
案例位置	案例文件\第3章\iOS相册图标.psd
视频位置	多媒体教学\第3章\3.3 iOS相册图标设计.avi
难易指数	★★☆☆☆

本例讲解iOS相册图标制作。此款图标的制作十分简单，通过旋转复制将图形组合，同时更改图形所在图层混合模式使整个图标活灵活现。最终效果如图3.58所示。

图3.58 最终效果

3.3.1 使用Photoshop制作渐变背景

STEP 01 执行菜单栏中的“文件”|“新建”命令，在弹出的对话框中设置“宽度”为600像素，“高度”为500像素，“分辨率”为72像素/英寸，新建一个空白画布，如图3.59所示。

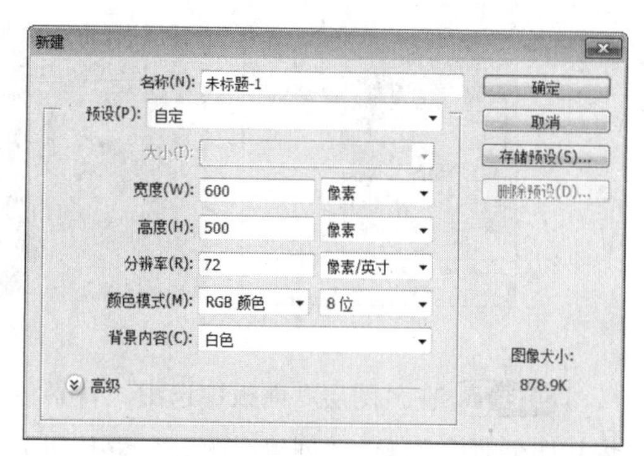

图3.59 新建画布

STEP 02 选择工具箱中的“渐变工具”，编辑淡绿色（R：137，G：220，B：194）到蓝色（R：24，G：90，B：146）的渐变，单击选项栏中的“径向渐变”按钮，在画布中从左下角向右上角方向拖动填充渐变，如图3.60所示。

图3.60 填充渐变

STEP 03 选择工具箱中的“画笔工具”，在画布中单击鼠标右键，在弹出的面板中选择一种圆角笔触，将“大小”更改为350像素，“硬度”更改为0%，如图3.61所示。

STEP 04 将前景色更改为蓝色（R：24，G：90，B：146），分别在画布左下角和右下角方向单击以添加颜色，如图3.62所示。

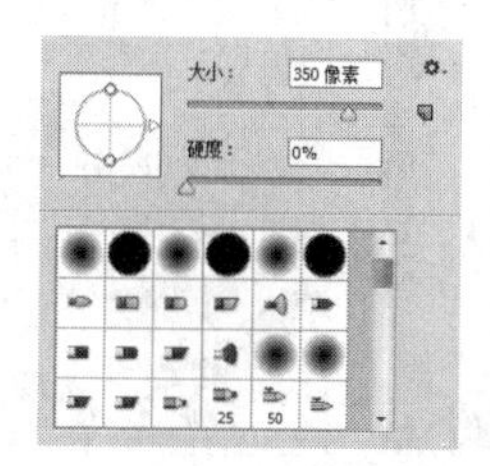

图3.61 设置笔触

图3.62 添加图像

STEP 05 执行菜单栏中的“滤镜”|“模糊”|“高斯模糊”命令，在弹出的对话框中将“半径”更改为100像素，完成之后单击“确定”按钮，如图3.63所示。

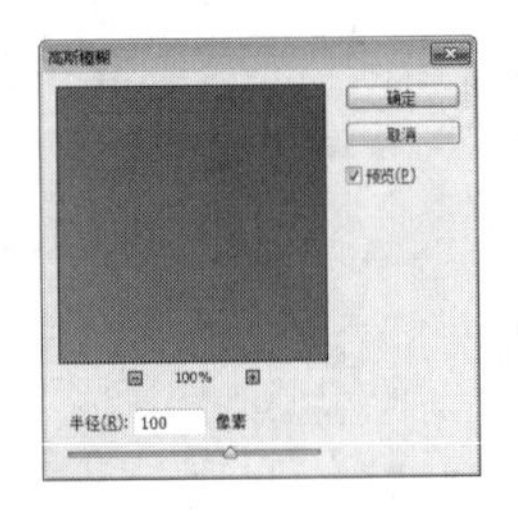

图3.63 设置高斯模糊

STEP 06 在“图层”面板中选中“背景”图层，将其拖至面板底部的“创建新图层”按钮上，复制出一个“背景 拷贝”图层，如图3.64所示。

STEP 07 选中“背景 拷贝”图层，将其图层混合模式更改为滤色，“不透明度”更改为35%，如图3.65所示。

图3.64 复制图层 图3.65 设置图层混合模式

3.3.2 绘制相册图形

STEP 01 选择工具箱中的“圆角矩形工具”，在选项栏中将“填充”更改为白色，“描边”为无，“半径”为70像素，按住Shift键并在画布中绘制一个圆角矩形，此时将生成一个“圆角矩形 1”图层，如图3.66所示。

图3.66 绘制图形

STEP 02 选择工具箱中的“圆角矩形工具”，在选项栏中将“填充”更改为粉色（R:251，G:177，B:209），“描边”为无，“半径”为70像素，并在画布中绘制一个圆角矩形，此时将生成一个“圆角矩形 2”图层，如图3.67所示。

图3.67 绘制图形

STEP 03 选中“圆角矩形 2”图层，将其图层“不透明度”更改为50%，如图3.68所示。

STEP 04 在“图层”面板中，选中“圆角矩形 2”图层，将其拖至面板底部的“创建新图层”按钮上，复制出一个“圆角矩形 2 拷贝”图层，如图3.69所示。

图3.68 更改图层不透明度 图3.69 复制图层

STEP 05 选中“圆角矩形 2 拷贝”图层，将其图形颜色更改为黄色（R：248，G：164，B：120），按Ctrl+T组合键对其执行“自由变换”命令，当出现变形框以后在选项栏中“旋转”后方文本框中输入45，将图形适当旋转，完成之后按Enter键确认，如图3.70所示。

图3.70 旋转图形

STEP 06 选中“圆角矩形 2 拷贝”图层，按Ctrl+Alt+Shift组合键的同时按6次T键继续复制图形，如图3.71所示。

STEP 07 选中复制生成的图层，将图形颜色更改为其他相似颜色，如图3.72所示。

图3.71 复制图形 图3.72 更改图形颜色

技巧与提示

旋转复制图形之后可以将图形适当移动使之中心点与图标中心点对齐。

STEP 08 在“图层”面板中，同时选中所有和“圆角矩形 2”相关图层，将其图层混合模式设置为正片叠底，“不透明度”更改为80%，这样就完成了效果制作，最终效果如图3.73所示。

图3.73 最终效果

3.4 音乐图标设计

素材位置	素材文件\第3章\音乐图标
案例位置	案例文件\第3章\音乐图标.psd
视频位置	多媒体教学\第3章\3.4 音乐图标设计.avi
难易指数	★★★☆☆

本例讲解音乐图标。此款图标的特征十分明显，凸起的音乐符号具有明显特点，底座图形还具有一定立体感，图标的整体可识别性十分出色。最终效果如图3.74所示。

图3.74 最终效果

3.4.1 使用Photoshop制作音乐背景

STEP 01 执行菜单栏中的“文件”|“新建”命令，在弹出的对话框中设置“宽度”为600像素，“高度”为500像素，“分辨率”为72像素/英寸，新建一个空白画布，如图3.75所示。

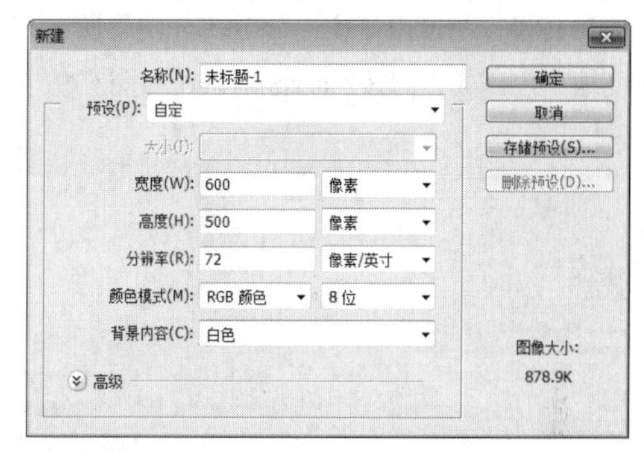

图3.75 新建画布

STEP 02 选择工具箱中的“渐变工具”，编辑淡黄色（R：230，G：228，B：220）到淡黄色（R：200，G：200，B：193），单击选项栏中的“径向渐变”按钮，在画布中拖动以填充渐变，如图3.76所示。

图3.76 填充渐变

STEP 03 选择工具箱中的“圆角矩形工具”，在选项栏中将“填充”更改为深黄色（R：155，G：95，B：64），“描边”为无，“半径”为50像素，在画布中绘制一个圆角矩形，此时将生成一个“圆角矩形1”图层，如图3.77所示。

STEP 04 在“图层”面板中，选中“圆角矩形1”图层，将其拖至面板底部的“创建新图层”按钮上，复制出“圆角矩形1 拷贝”及“圆角矩形1 拷贝2”图层，将复制生成的两个图层中的图形颜色更改为白色，如图3.78所示。

图3.77 绘制图形　　图3.78 复制图层

STEP 05 选中“圆角矩形1”图层，按Ctrl+T组合键对其执行“自由变换”命令，分别将图形高度和宽度缩小，完成之后按Enter键确认，如图3.79所示。

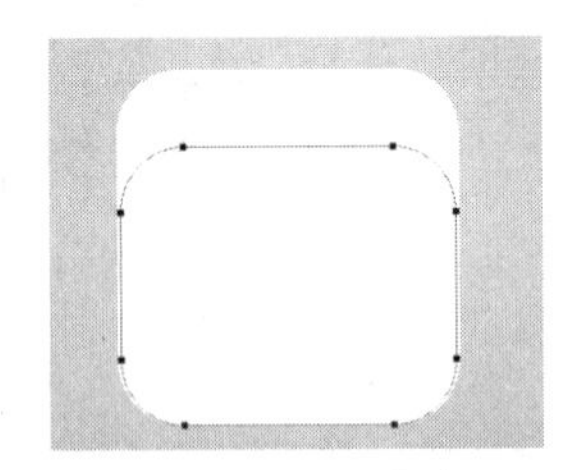

图3.79 变换图形

技巧与提示

在缩小图形宽度的时候注意把握尺度，适当缩小即可。

STEP 06 选中“圆角矩形1”图层，执行菜单栏中的“滤镜”|“模糊”|“动感模糊”命令，在弹出的对话框中将“角度”更改为90度，“距离”更改为50像素，设置完成之后单击“确定”按钮，如图3.80所示。

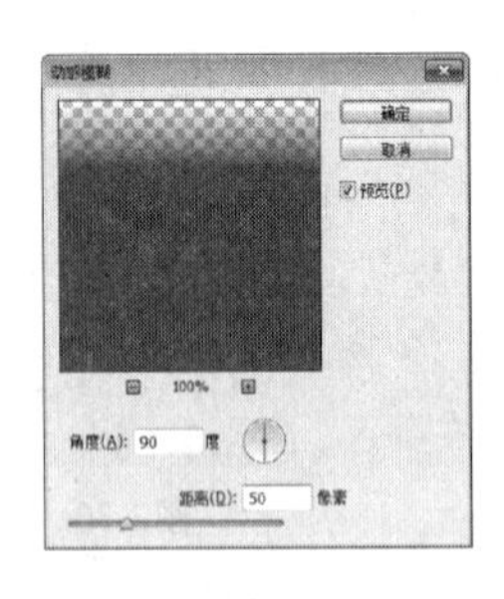

图3.80 设置动感模糊

STEP 07 在“图层”面板中选中“圆角矩形 1 拷贝”图层，单击面板底部的“添加图层样式” fx 按钮，在菜单中选择“斜面和浮雕”命令，在弹出的对话框中将“深度”更改为150%，“大小”更改为6像素，取消“使用全局光”复选框，“角度”更改为90，“高光模式”更改为正常，“颜色”更改为黄色（R：253，G：183，B：107），“不透明度”更改为100%，“阴影模式”的“颜色”更改为红色（R：160，G：36，B：10），“不透明度”更改为60%，如图3.81所示。

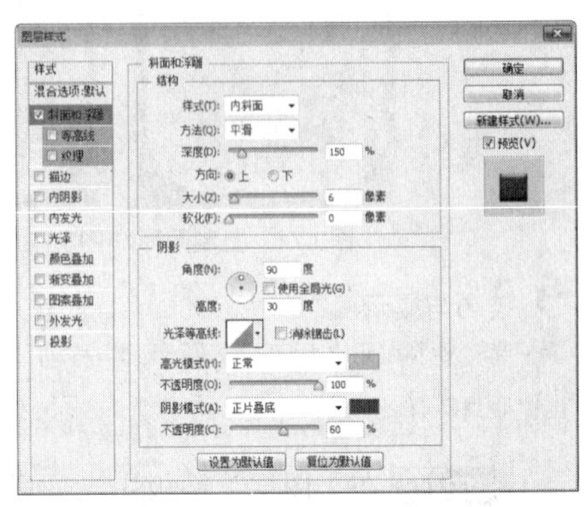

图3.81 设置斜面和浮雕

STEP 08 勾选“渐变叠加”复选框，将“渐变”更改为深黄色（R：226，G：90，B：13）到黄色（R：253，G：183，B：107），如图3.82所示。

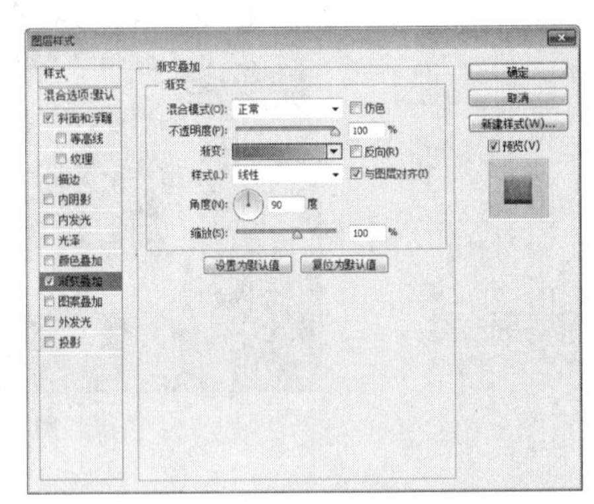

图3.82 设置渐变叠加

STEP 09 勾选“投影”复选框，将“不透明度”更改为50%，取消“使用全局光”复选框，“角度”更改为90度，“距离”更改为2像素，“大小”更改为5像素，完成之后单击“确定”按钮，如图3.83所示。

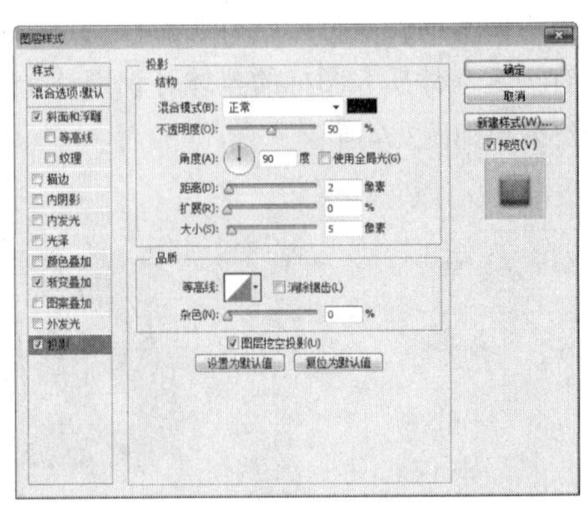

图3.83 设置投影

STEP 10 在“图层”面板中选中“圆角矩形1 拷贝2”图层，单击面板底部的“添加图层样式”fx按钮，在菜单中选择“渐变叠加”命令，在弹出的对话框中将“渐变”更改为红色（R：217，G：73，B：20）到黄色（R：246，G：147，B：64），完成之后单击“确定”按钮，如图3.84所示。

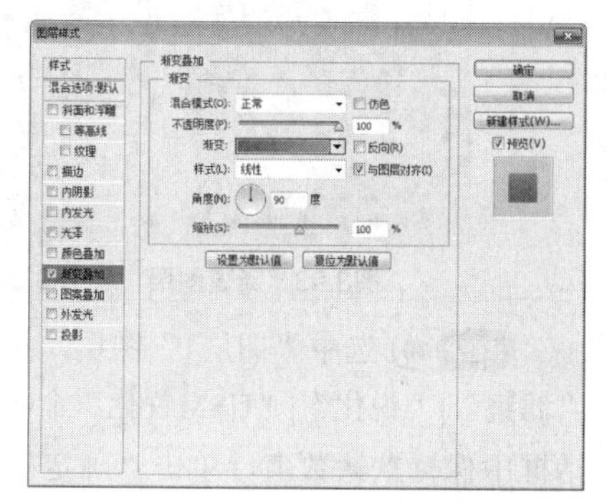

图3.84 设置渐变叠加

STEP 11 选中“圆角矩形 1 拷贝2”图层，按Ctrl+T组合键对其执行“自由变换”命令，将图形高度适当缩小，完成之后按Enter键确认，如图3.85所示。

图3.85 缩小图形高度

3.4.2 添加符号素材并处理

STEP 01 执行菜单栏中的“文件”|“打开”命令，打开“符号.psd”文件，将打开的素材拖入画布中图标位置并适当缩小，如图3.86所示。

STEP 02 在“图层”面板中，选中“符号”图层，将其拖至面板底部的“创建新图层”按钮上，复制出一个“符号 拷贝”图层，如图3.87所示。

图3.86 添加素材

图3.87 复制图层

STEP 03 在“图层”面板中选中“符号”图层，单击面板底部的“添加图层样式”fx按钮，在菜单中选择“外发光”命令，在弹出的对话框中将“不透明度”更改为50%，“颜色”更改为黄色（R：246，G：157，B：66），“大小”更改为12像素，如图3.88所示。

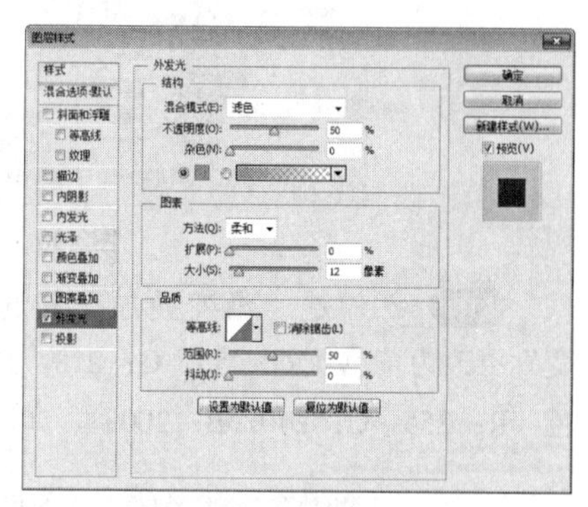

图3.88 设置外发光

STEP 04 勾选“投影”复选框，将“颜色”更改为深红色（R：174，G：60，B：26），取消“使用全局光”复选框，“角度”更改为90度，“距离”更改为5像素，“扩展”更改为10%，“大小”更改为10像素，完成之后单击“确定”按钮，如图3.89所示。

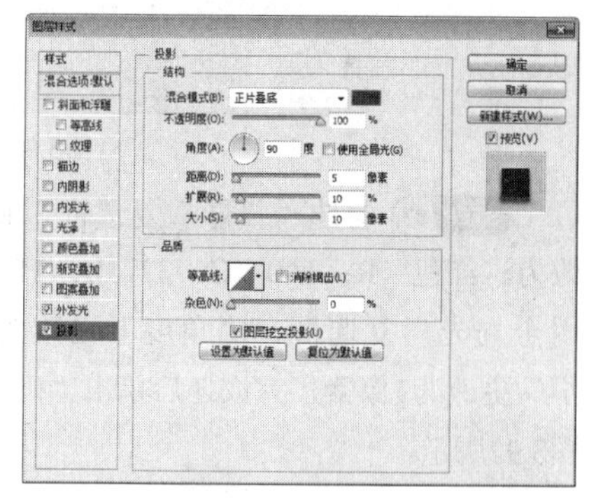

图3.89 设置投影

STEP 05 在“图层”面板中选中“符号 拷贝”图层，单击面板底部的“添加图层样式”fx按钮，在菜单中选择“斜面和浮雕”命令，在弹出的对话框中将“大小”更改为13像素，“软化”更改为1像素，取消“使用全局光”复选框，“角度”更改为90，“高光模式”更改为滤色，“颜色”更改为黄色（R：255，G：241，B：197），“不透明度”更改为60%，“阴影模式”中的“颜色”更改为橙色（R：253，G：131，B：70），“不透明度”更改为60%，如图3.90所示。

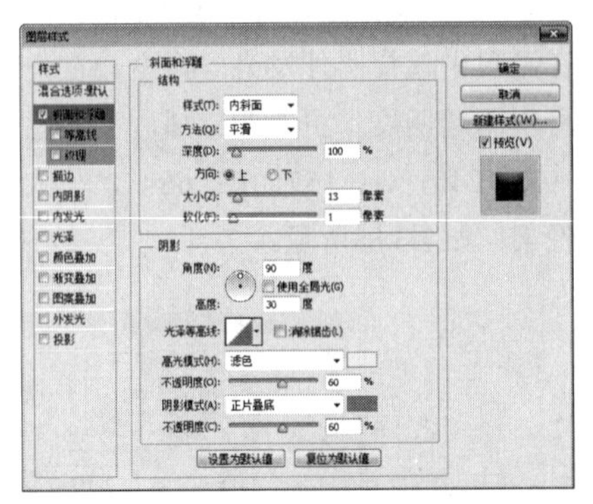

图3.90　设置斜面和浮雕

STEP 06 勾选“渐变叠加”复选框，将“渐变”更改为黄色（R：255，G：218，B：180）到黄色（R：255，G：240，B：200），如图3.91所示。

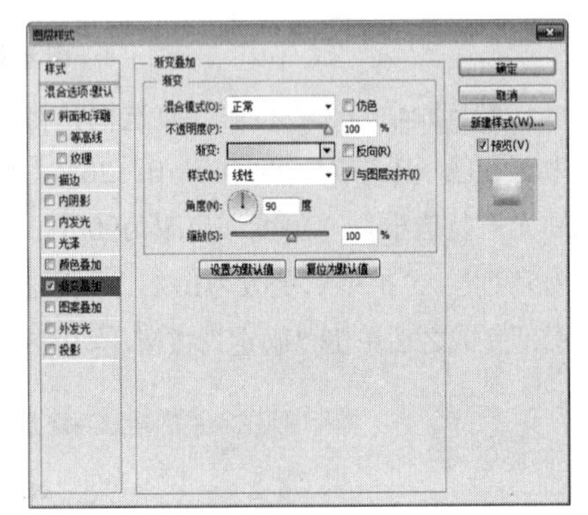

图3.91　设置渐变叠加

STEP 07 勾选“投影”复选框，将“颜色”更改为深红色（R：140，G：37，B：15），取消“使用全局光”复选框，“角度”更改为90度，“大小”更改为1像素，完成之后单击“确定”按钮，如图3.92所示。

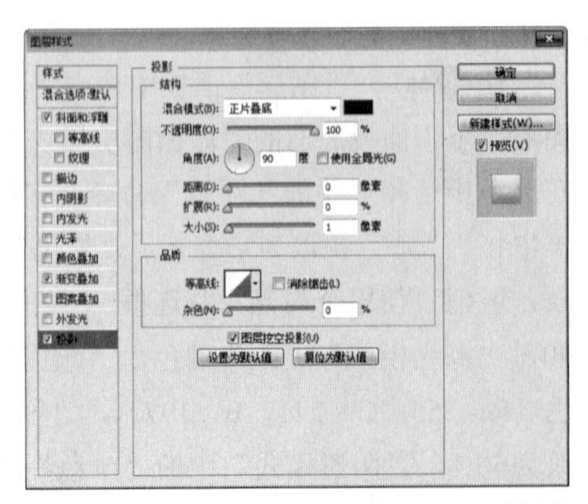

图3.92　设置投影

STEP 08 单击面板底部的“创建新图层”按钮，新建一个“图层1”图层，如图3.93所示。

STEP 09 选中“图层1”图层，按Ctrl+Alt+Shift+E组合键执行盖印可见图层命令，如图3.94所示。

图3.93　新建图层　　图3.94　盖印可见图层

STEP 10 选中“图层1”图层，执行菜单栏中的“滤镜”|“锐化”|“USM锐化”命令，在弹出的对话框中保持默认数值，单击“确定”按钮，这样就完成了效果制作，最终效果如图3.95所示。

图3.95　最终效果

3.5　邮箱图标设计

素材位置	素材文件\第3章\邮箱图标
案例位置	案例文件\第3章\邮箱图标.psd
视频位置	多媒体教学\第3章\3.5　邮箱图标设计.avi
难易指数	★★☆☆☆

本例讲解邮箱图标绘制。邮箱图标的主题特征较强，它需要很强的可识别性，在设计上采用蓝橙条纹的组合。最终效果如图3.96所示。

图3.96　最终效果

3.5.1 使用Photoshop绘制图形并添加样式

STEP 01 执行菜单栏中的“文件”|“打开”命令，打开“背景.jpg”文件，如图3.97所示。

图3.97 打开素材

STEP 02 选择工具箱中的“圆角矩形工具”，在选项栏中将“填充”更改为白色，“描边”为无，“半径”为40像素，按住Shift键并在画布中绘制一个圆角矩形，此时将生成一个“圆角矩形1”图层，如图3.98所示。

STEP 03 在“图层”面板中，选中“圆角矩形1”图层，将其拖至面板底部的“创建新图层”按钮上，复制出一个“圆角矩形1 拷贝”图层，并将“圆角矩形1 拷贝”图层暂时隐藏，如图3.99所示。

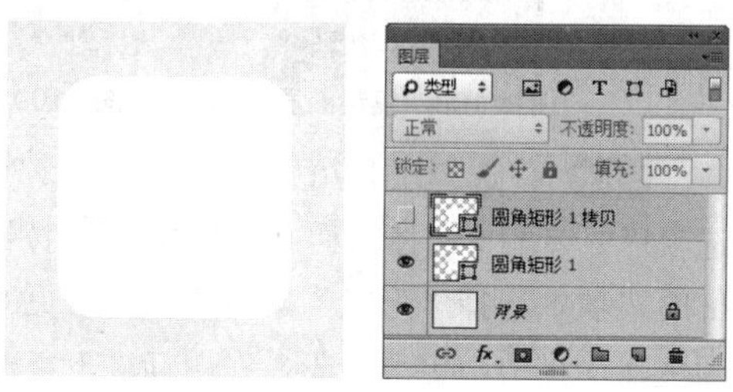

图3.98 绘制图形　　图3.99 复制图层

STEP 04 选择工具箱中的“矩形工具”，在选项栏中将“填充”更改为红色（R：255，G：100，B：100），“描边”为无，在圆角矩形上方绘制一个矩形，此时将生成一个“矩形1”图层，如图3.100所示。

图3.100 绘制图形

STEP 05 在“图层”面板中，选中“矩形1”图层，将其拖至面板底部的“创建新图层”按钮上，复制出一个“矩形1 拷贝”图层，将“矩形1 拷贝”图层中图形颜色更改为蓝色（R：83，G：172，B：255），如图3.101所示。

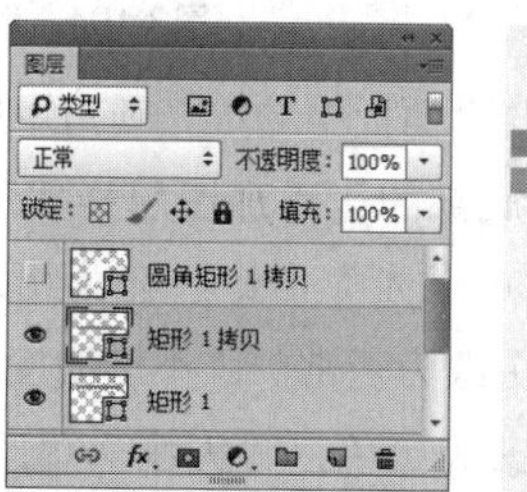

图3.101 复制图层并修改颜色

STEP 06 同时选中“矩形1 拷贝”及“矩形1”图层，按住Alt+Shift组合键并在画布中向下拖动将图形复制多份，如图3.102所示。

图3.102 复制图形

STEP 07 同时选中所有“矩形1”相关图层并执行菜单栏中的“图层”|“创建剪贴蒙版”命令，为当前图层创建剪贴蒙版将部分图形隐藏，再按Ctrl+T组合键对其执行“自由变换”命令，将图形适当旋转，完成之后按Enter键确认，如图3.103所示。

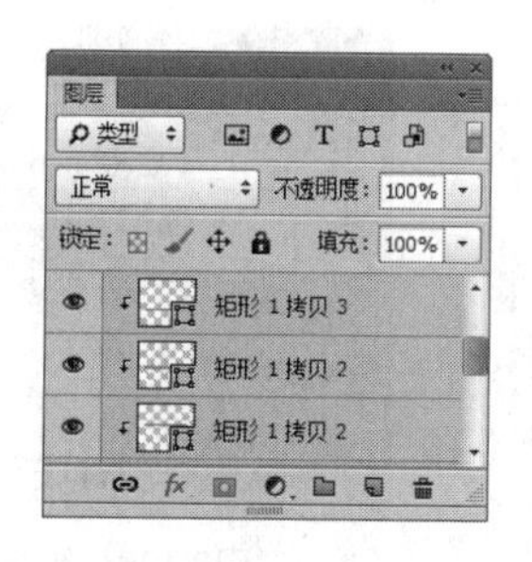

图3.103 创建剪贴蒙版

STEP 08 选中“圆角矩形 1 拷贝”图层，按Ctrl+T组合键对其执行“自由变换”命令，将图形等比例缩小，完成之后按Enter键确认，如图3.104所示。

图3.104　缩小图形

STEP 09 在“图层”面板中选中“圆角矩形 1 拷贝”图层，单击面板底部的“添加图层样式”fx按钮，在菜单中选择“内发光”命令，在弹出的对话框中将“混合模式”更改为正常，“不透明度”更改为30%，“颜色”更改为黑色，“大小”更改为5像素，完成之后单击“确定”按钮，如图3.105所示。

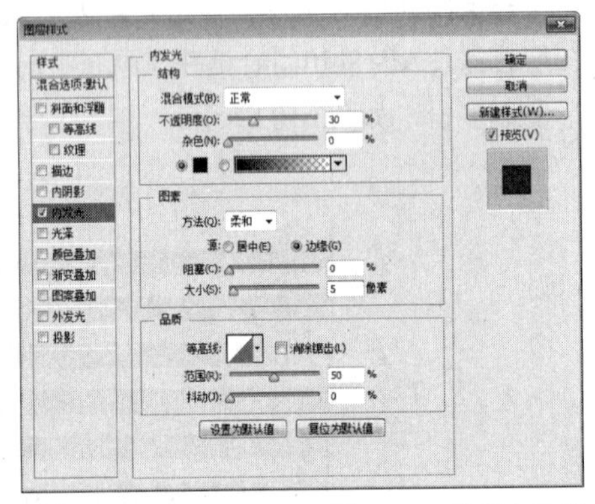

图3.105　设置内发光

STEP 10 选择工具箱中的“钢笔工具”，在选项栏中单击“选择工具模式”路径按钮，在弹出的选项中选择“形状”，将“填充”更改为浅蓝色（R：224，G：232，B：239），“描边”更改为无，在圆角矩形左侧位置绘制一个不规则图形，此时将生成一个“形状1”图层，如图3.106所示。

图3.106　绘制图形

STEP 11 选中“形状1”图层，执行菜单栏中的“图层”|“创建剪贴蒙版”命令，为当前图层创建剪贴蒙版将部分图形隐藏，如图3.107所示。

图3.107　创建剪贴蒙版

STEP 12 在“图层”面板中，选中“形状 1”图层，将其拖至面板底部的“创建新图层”按钮上，复制出一个“形状 1 拷贝”图层，如图3.108所示。

STEP 13 选中“形状 1 拷贝”图层，按Ctrl+T组合键对其执行“自由变换”命令，单击鼠标右键，从弹出的快捷菜单中选择“水平翻转”命令，完成之后按Enter键确认，将图形向右侧平移至与原图形相对位置，如图3.109所示。

图3.108　复制图层

图3.109　变换图形

STEP 14 选择工具箱中的“钢笔工具”，在选项栏中单击“选择工具模式”路径按钮，在弹出的选项中选择“形状”，将“填充”更改为任意颜色，“描边”更改为无，在图标靠下半部位置绘制出一个不规则图形，此时将生成一个“形状2”图层，如图3.110所示。

图3.110　绘制图形

STEP 15 选中“形状2”图层，执行菜单栏中的“图层”|“创建剪贴蒙版”命令，为当前图层创建剪贴蒙版将部分图形隐藏，如图3.111所示。

图3.111 创建剪贴蒙版

STEP 16 在“图层”面板中选中“形状 2”图层，单击面板底部的“添加图层样式” fx 按钮，在菜单中选择“描边”命令，在弹出的对话框中将“大小”更改为1像素，“填充类型”更改为渐变，“渐变”更改为白色到蓝色（R：180，G：203，B：223），如图3.112所示。

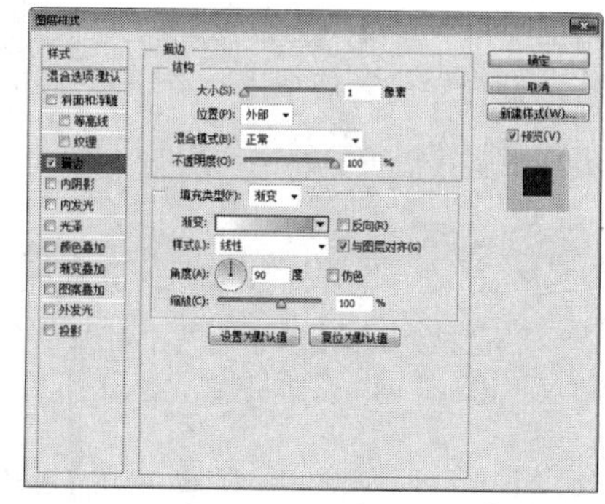

图3.112 设置描边

STEP 17 勾选“渐变叠加”复选框，将“渐变”更改为浅蓝色（R：210，G：220，B：230）到白色，完成之后单击“确定”按钮，如图3.113所示。

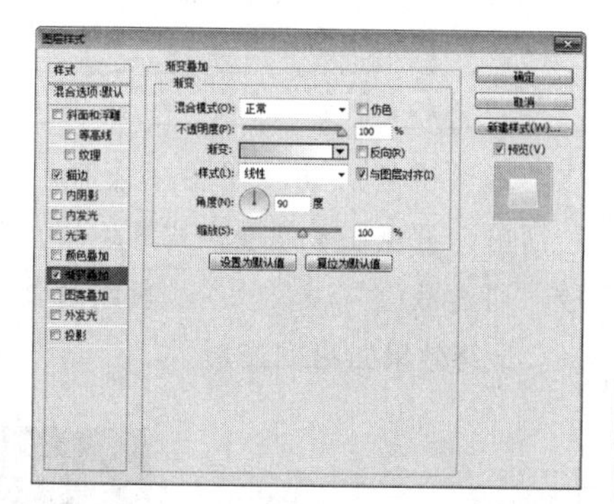

图3.113 设置渐变叠加

STEP 18 选择工具箱中的“圆角矩形工具”，在选项栏中将“填充”更改为白色，“描边”为无，“半径”为10像素，在图标上半部分位置绘制一个圆角矩形，此时将生成一个“圆角矩形2”图层，如图3.114所示。

STEP 19 选中“圆角矩形2”图层，按Ctrl+T组合键对其执行“自由变换”命令，当出现变形框以后在选项栏中的“旋转”后文本框中输入45，完成之后按Enter键确认，如图3.115所示。

图3.114 绘制圆角矩形　　图3.115 旋转图形

STEP 20 在“图层”面板中选中“圆角矩形2”图层，单击面板底部的“添加图层样式” fx 按钮，在菜单中选择“内阴影”命令，在弹出的对话框中将“混合模式”更改为正常，“颜色”更改为白色，取消“使用全局光”复选框，“角度”更改为-90度，“距离”更改为1像素，如图3.116所示。

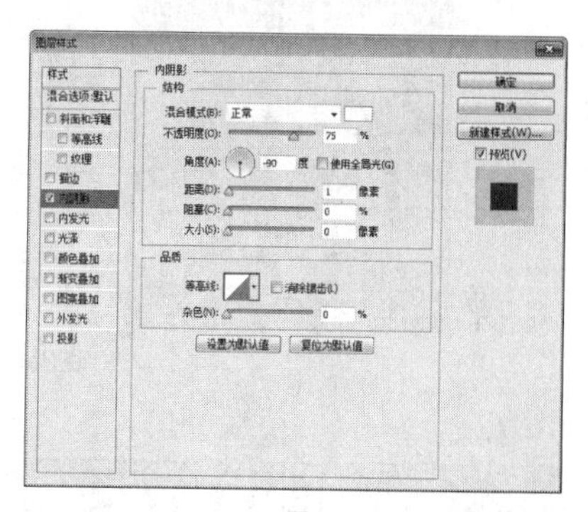

图3.116 设置内阴影

STEP 21 勾选“渐变叠加”复选框，将“渐变”更改为浅蓝色（R：233，G：240，B：246）到白色，如图3.117所示。

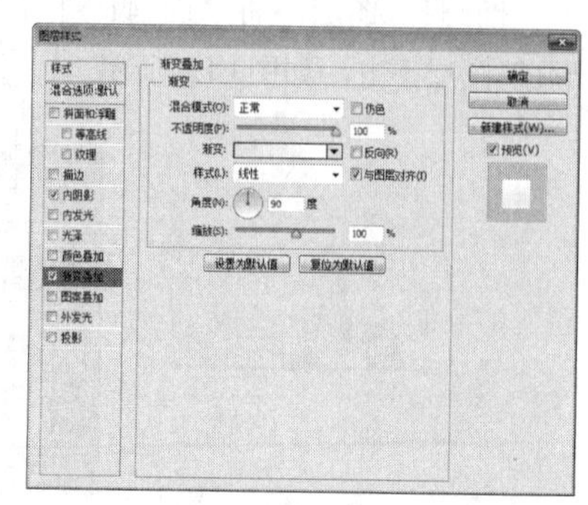

图3.117 设置渐变叠加

STEP 22 勾选“投影”复选框，将“不透明度”更改为50%，取消“使用全局光”复选框，“角度”更改为90度，“大小”更改为5像素，完成之后单击“确定”按钮，如图3.118所示。

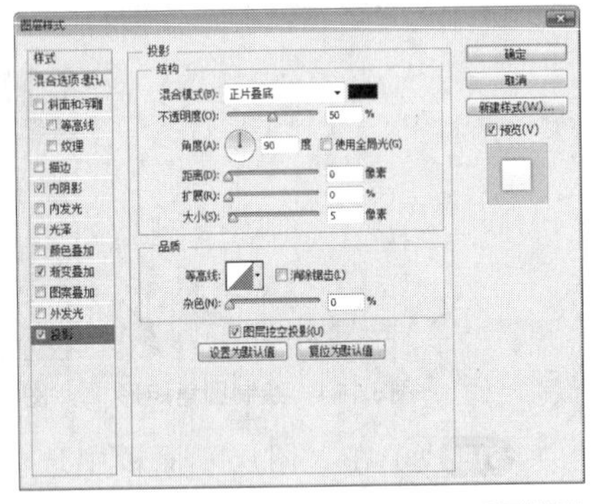

图3.118　设置投影

STEP 23 选中“圆角矩形2”图层，执行菜单栏中的“图层”|“创建剪贴蒙版”命令，为当前图层创建剪贴蒙版将部分图形隐藏，如图3.119所示。

图3.119　创建剪贴蒙版

3.5.2 制作阴影效果

STEP 01 选择工具箱中的“椭圆工具”，在选项栏中将“填充”更改为黑色，“描边”为无，在图标底部位置绘制一个椭圆图形，此时将生成一个“椭圆1”图层，将“椭圆1”图层移至“圆角矩形1”图层下方，如图3.120所示。

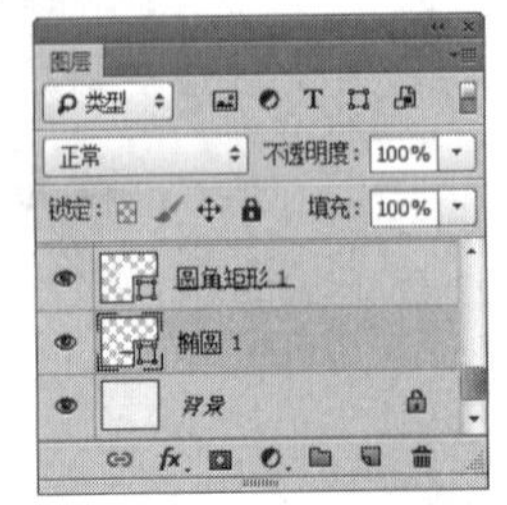

图3.120　绘制图形

STEP 02 选中“椭圆1”图层，执行菜单栏中的“滤镜”|“模糊”|“高斯模糊”命令，在弹出的对话框中将“半径”更改为3像素，完成之后单击“确定”按钮，如图3.121所示。

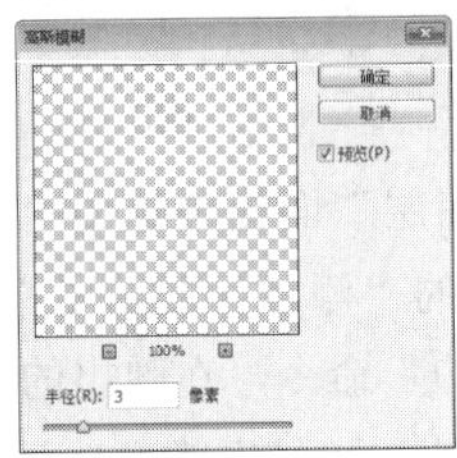

图3.121　设置高斯模糊

STEP 03 选中“椭圆1”图层，执行菜单栏中的“滤镜”|“模糊”|“动感模糊”命令，在弹出的对话框中将“角度”更改为0度，“距离”更改为30像素，设置完成之后单击“确定”按钮，这样就完成了效果制作，最终效果如图3.122所示。

图3.122　最终效果

3.6 启动旋钮设计

素材位置	无
案例位置	案例文件\第3章\启动旋钮.psd
视频位置	多媒体教学\第3章\3.6　启动旋钮设计.avi
难易指数	★★★☆☆

本例讲解启动旋钮图标绘制。本例的绘制比较简单，重点在于图层样式的运用及图形的组合摆放，通过橙色与深灰色的颜色组合体现出旋钮的特征。最终效果如图3.123所示。

图3.123　最终效果

3.6.1 使用Photoshop绘制旋钮主体

STEP 01 执行菜单栏中的“文件”|“新建”命令，在弹出的对话框中设置“宽度”为800像素，“高度”为600像素，“分辨率”为72像素/英寸，新建一个空白画布，如图3.124所示。

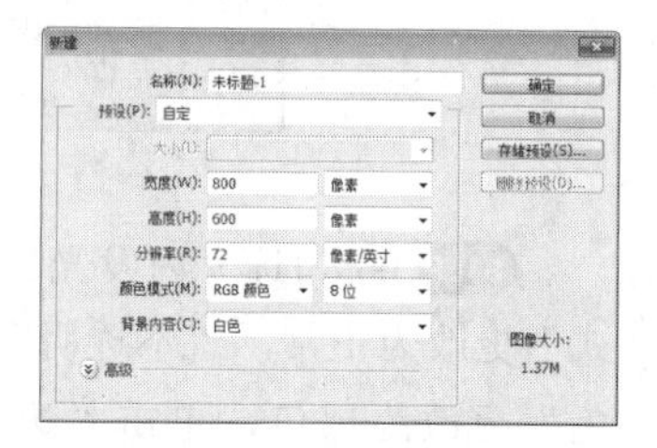

图3.124 新建画布

STEP 02 将其填充为深灰色（R：23，G：23，B：23）。

STEP 03 选择工具箱中的“圆角矩形工具”，在选项栏中将“填充”更改为蓝灰色（R：52，G：52，B：67），“描边”为无，“半径”为80像素，按住Shift键并在画布中绘制一个圆角矩形，此时将生成一个“圆角矩形1”图层，如图3.125所示。

图3.125 绘制图形

STEP 04 在“图层”面板中选中“圆角矩形1”图层，单击面板底部的“添加图层样式” 按钮，在菜单中选择“渐变叠加”命令，在弹出的对话框中将“混合模式”更改为叠加，“不透明度”更改为30%，“渐变”更改为黑色到白色，如图3.126所示。

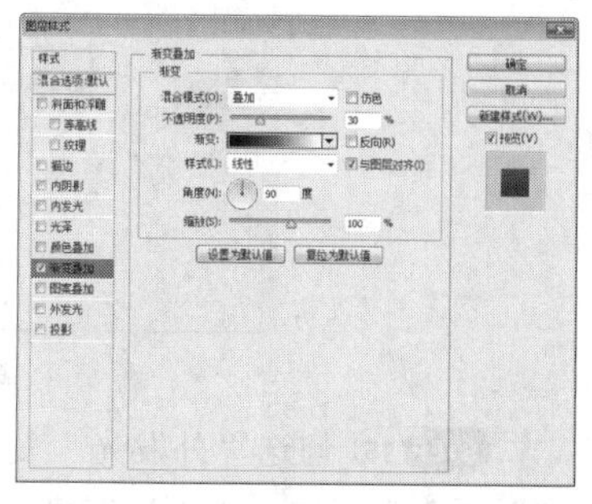

图3.126 设置渐变叠加

STEP 05 勾选“投影”复选框，取消“使用全局光”复选框，将“角度”更改为90度，“距离”更改为4像素，“扩展”更改为12%，“大小”更改为12像素，完成之后单击“确定”按钮，如图3.127所示。

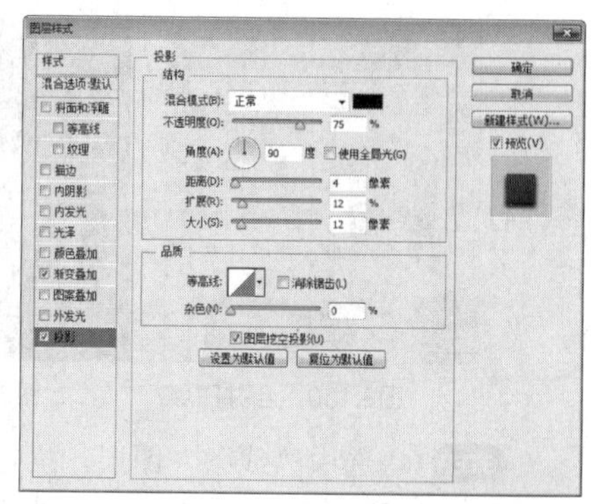

图3.127 设置投影

STEP 06 选择工具箱中的“直线工具”，在选项栏中将“填充”更改为灰色（R：30，G：30，B：39），“描边”为无，“粗细”更改为1像素，在画布靠顶部位置绘制一条水平线段，此时将生成一个“形状1”图层，如图3.128所示。

图3.128 绘制图形

STEP 07 选中“形状1”图层，将线段复制多份铺满整个画布，如图3.129所示。

图3.129 复制线段

STEP 08 同时选中所有和“形状1”相关的图层，按Ctrl+E组合键将其合并，将生成的图层名称更改为线条，如图3.130所示。

STEP 09 选中“线条”图层，按Ctrl+T组合键对其执行“自由变换”命令，当出现变形框以后在选项栏中“旋转”后方的文本框中输入45，完成之后按Enter键确认，如图3.131所示。

图3.130 合并图层　　图3.131 旋转图形

STEP 10 选中“线条”图层，执行菜单栏中的“图层”|“创建剪贴蒙版”命令，为当前图层创建剪贴蒙版将部分图形隐藏，如图3.132所示。

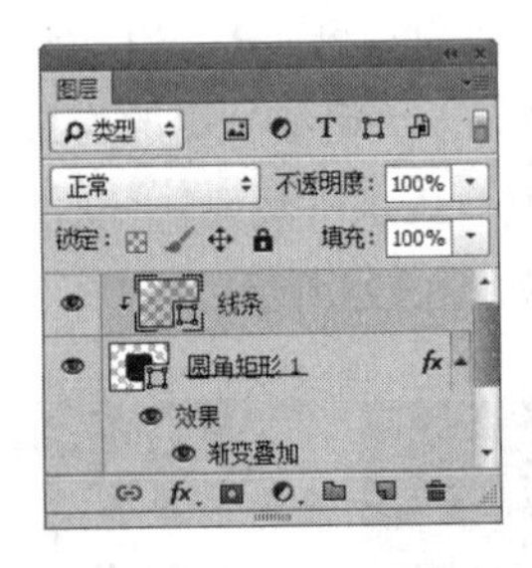

图3.132 创建剪贴蒙版

STEP 11 选择工具箱中的“椭圆工具”，在选项栏中将“填充”更改为橙色（R：255，G：90，B：0），“描边”为无，按住Shift键并在图标位置绘制一个正圆图形，此时将生成一个“椭圆1”图层，如图3.133所示。

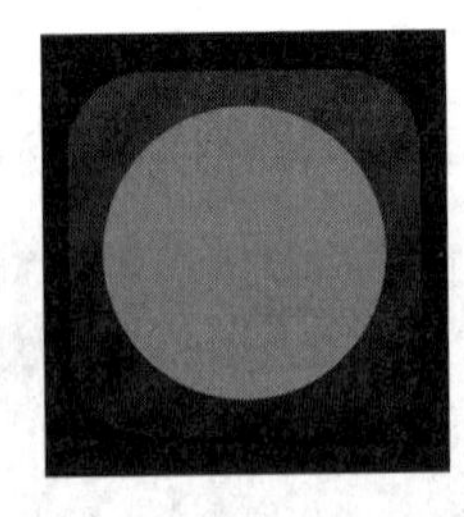

图3.133 绘制图形

STEP 12 在“图层”面板中选中“椭圆1”图层，单击面板底部的“添加图层样式”按钮，在菜单中选择“内阴影”命令，在弹出的对话框中将“阻塞”更改为26%，“大小”更改为76像素，如图3.134所示。

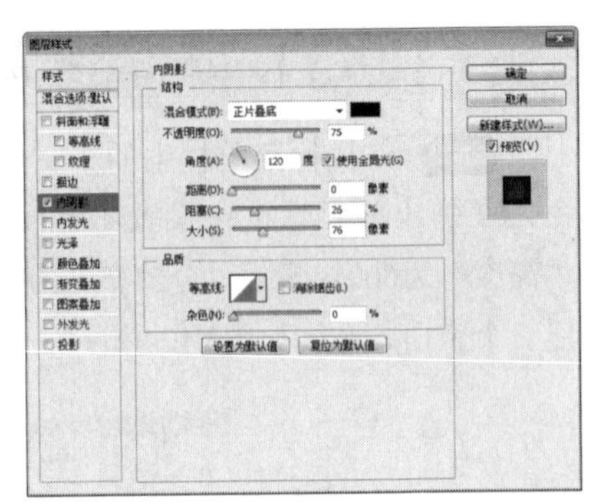

图3.134 设置内阴影

STEP 13 勾选“内发光”复选框，将“混合模式”更改为正常，“不透明度”更改为80%，“颜色”更改为黑色，单击“边缘”单选按钮，“大小”更改为38像素，如图3.135所示。

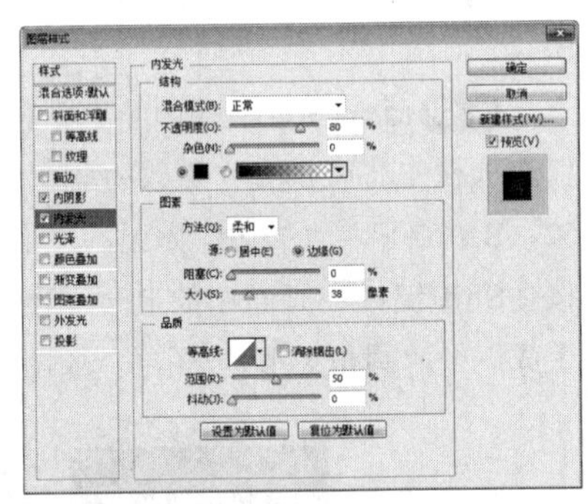

图3.135 设置内发光

STEP 14 勾选“渐变叠加”复选框，将“渐变”更改为黑色到黑色到深红色（R：224，G：47，B：8）再到深红色（R：224，G：47，B：8），将第2个黑色色标和第1个深红色色标位置更改为25%，“样式”更改为角度，“角度”更改为90度，如图3.136所示。

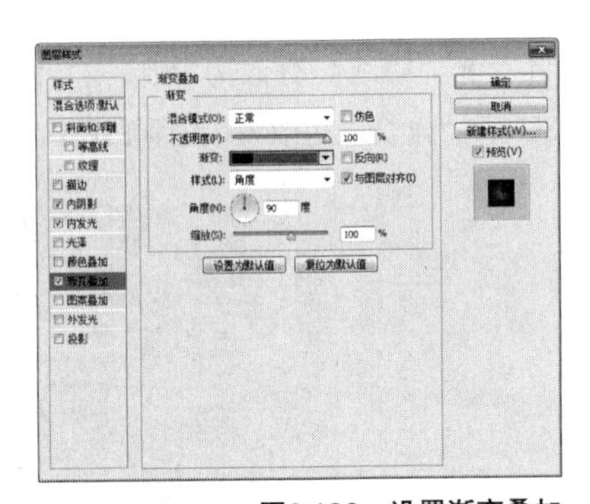

图3.136 设置渐变叠加

STEP 15 勾选“外发光”复选框，将“混合模式”更改为正常，“不透明度”更改为10%，“颜色”更改为深红色（R：224，G：40，B：0），如图3.137所示。

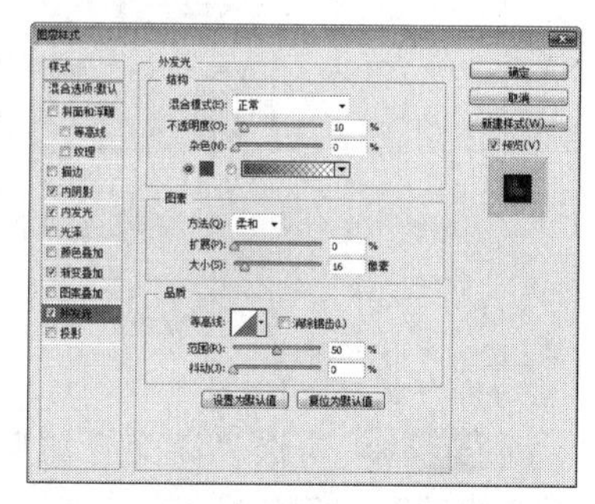

图3.137 设置外发光

STEP 16 选择工具箱中的“椭圆工具”，在选项栏中将“填充”更改为无，“描边”为黄色（R：255，G：156，B：0），“大小”更改为2点，按住Shift键并在刚才绘制的椭圆位置绘制一个正圆图形，此时将生成一个“椭圆2”图层，如图3.138所示。

图3.138 绘制图形

STEP 17 在“图层”面板中选中“椭圆2”图层，单击面板底部的“添加图层样式”按钮，在菜单中选择“渐变叠加”命令，在弹出的对话框中将“渐变”更改为灰色（R：120，G：120，B：120）到灰色（R：120，G：120，B：120）到黄色（R：240，G：145，B：73）再到黄色（R：240，G：145，B：73），将第2个灰色色标和第1个深红色色标位置更改为25%，如图3.139所示。

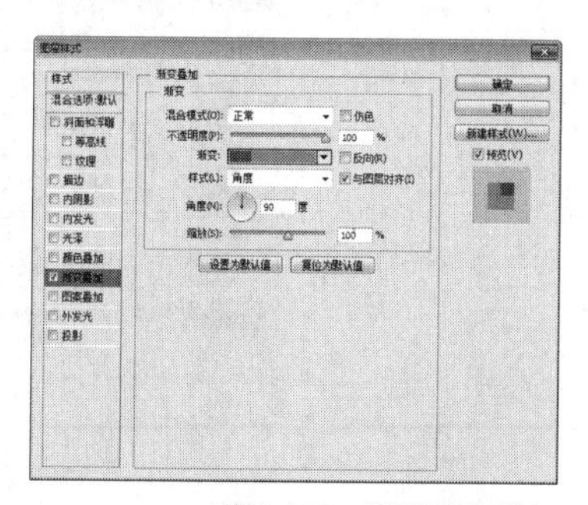

图3.139 设置渐变叠加

STEP 18 勾选“外发光”复选框，将“混合模式”更改为叠加，“不透明度”更改为85%，“颜色”更改为黄色（R：255，G：165，B：7），“大小”更改为3像素，如图3.140所示。

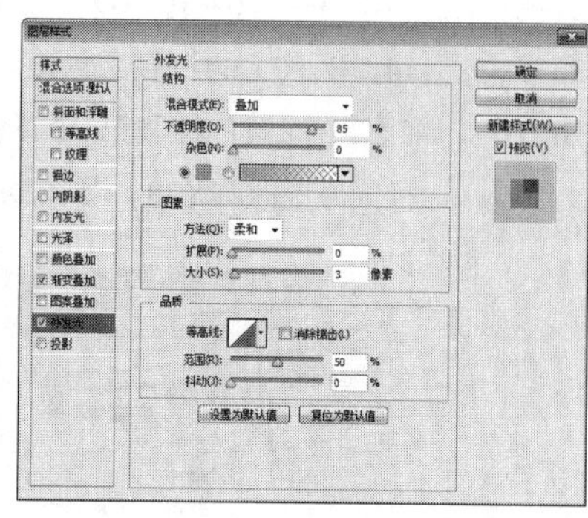

图3.140 设置外发光

STEP 19 勾选“投影”复选框，将“大小”更改为6像素，完成之后单击“确定”按钮，如图3.141所示。

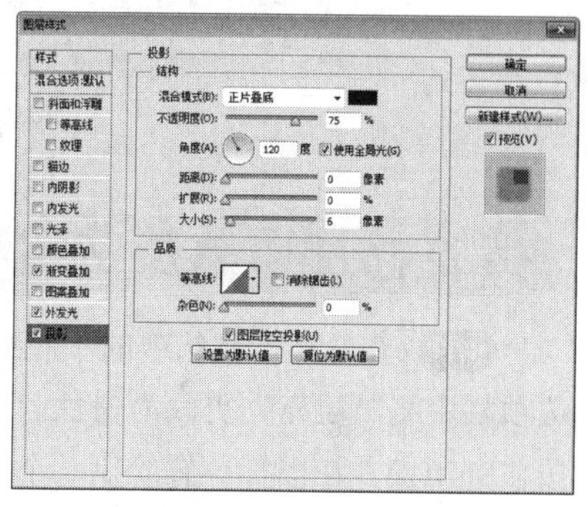

图3.141 设置投影

STEP 20 选择工具箱中的“矩形工具”，在选项栏中将“填充”更改为白色，“描边”为无，在图标上半部分位置绘制一个矩形，此时将生成一个“矩形1”图层。

STEP 21 选中“矩形1”图层，按Ctrl+T组合键对其执行“自由变换”命令，当出现变形框以后在选项栏中“旋转”后方的文本框中输入45，完成之后按Enter键确认，如图3.142所示。

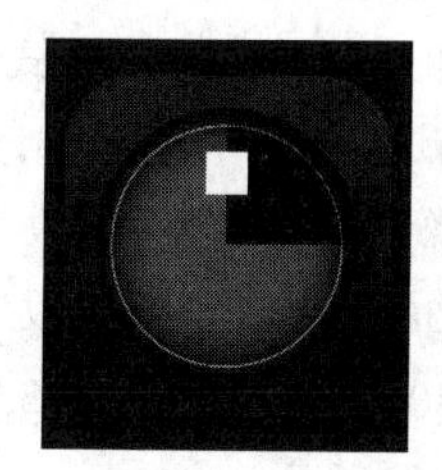

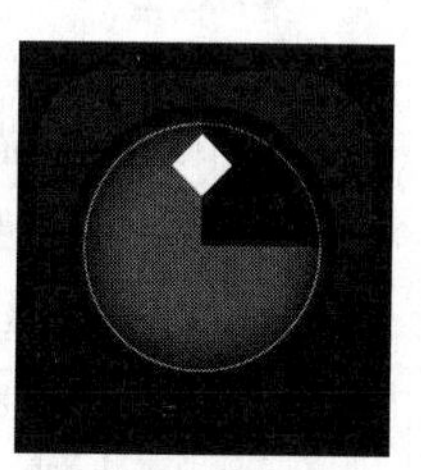

图3.142 绘制图形并旋转

STEP 22 在“图层”面板中选中“矩形1”图层，单击面板底部的“添加图层样式”**fx**按钮，在菜单中选择“渐变叠加”命令，在弹出的对话框中将“渐变”更改为深黄色（R：170，G：76，B：0）到深黄色（R：170，G：76，B：0），然后到黄色（R：255，G：114，B：0）再到黄色（R：255，G：114，B：0），将第2个深黄色标和第1个黄色色标位置更改为50%，“样式”更改为角度，如图3.143所示。

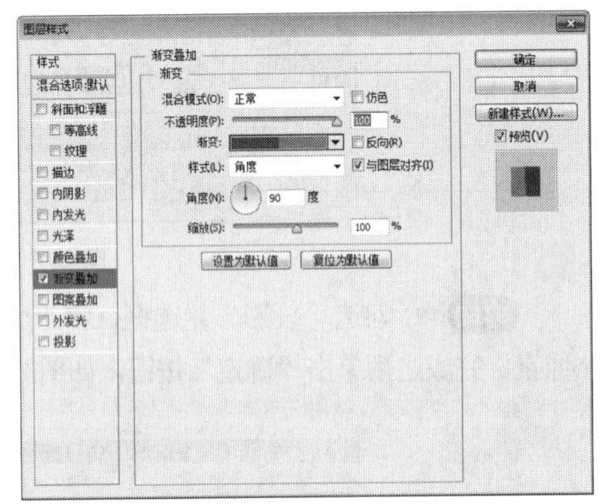

图3.143　设置渐变叠加

3.6.2 添加质感及文字

STEP 01 选择工具箱中的“椭圆工具”，在选项栏中将“填充”更改为白色，“描边”为无，按住Shift键并在图标位置绘制一个正圆图形，此时将生成一个“椭圆3”图层，如图3.144所示。

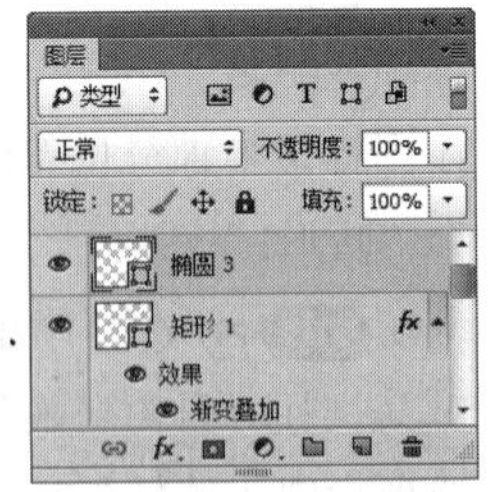

图3.144　绘制图形

STEP 02 在“图层”面板中选中“椭圆3”图层，单击面板底部的“添加图层样式”**fx**按钮，在菜单中选择“描边”命令，在弹出的对话框中将“大小”更改为2像素，“位置”更改为居中，“不透明度”更改为85%，“渐变”更改为灰色（R：80，G：80，B：80）到灰色（R：233，G：233，B：233），如图3.145所示。

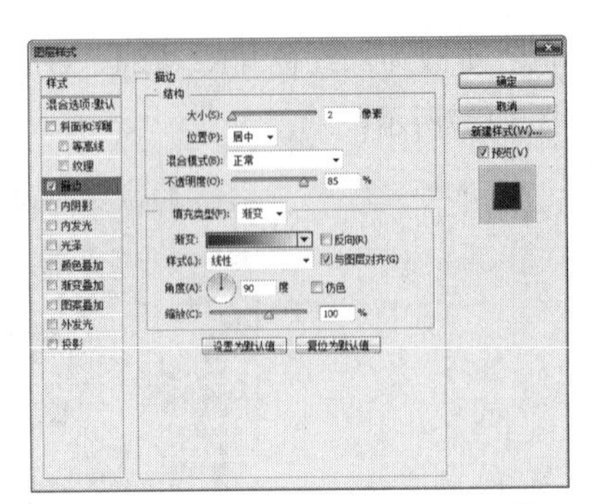

图3.145　设置描边

STEP 03 勾选“渐变叠加”复选框，将“渐变”更改为灰色到浅灰色渐变，“样式”更改为角度，“角度”更改为90度，如图3.146所示。

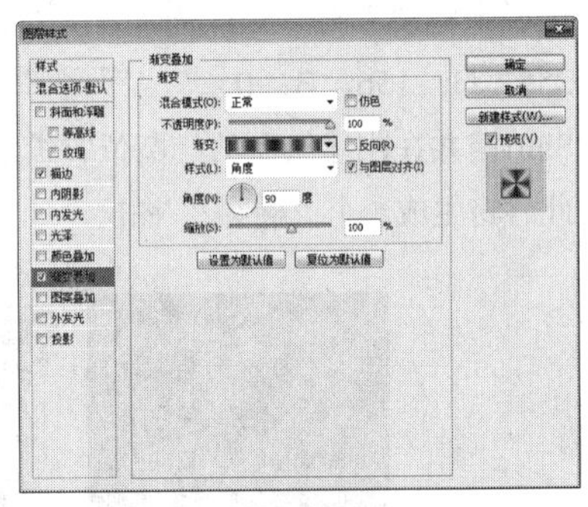

图3.146　设置渐变叠加

技巧与提示

在设置渐变色标的时候可以将色彩随意复制多份，以表现出提丝纹理效果即可。

STEP 04 勾选“投影”复选框，取消“使用全局光”复选框，将“角度”更改为90度，“距离”更改为5像素，“扩展”更改为7%，“大小”更改为15像素，完成之后单击“确定”按钮，如图3.147所示。

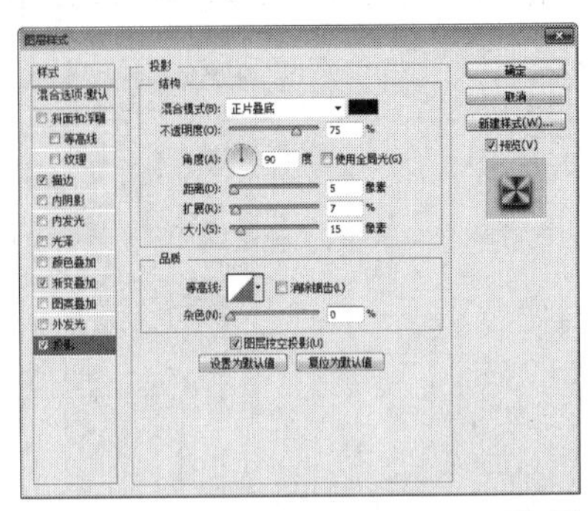

图3.147　设置投影

STEP 05 选择工具箱中的“椭圆工具”，在选项栏中将“填充”更改为灰色（R：18，G：18，B：18），“描边”为无，按住Shift键并在图标中心位置绘制一个正圆图形，此时将生成一个“椭圆4”图层，如图3.148所示。

STEP 06 在“图层”面板中选中“椭圆4”图层，将其拖至面板底部的“创建新图层”按钮上，复制出一个“椭圆4 拷贝”图层，如图3.149所示。

图3.148 绘制图形

图3.149 复制图层

STEP 07 选中“椭圆4”图层，将其图层“不透明度”更改为20%，再选中“椭圆4 拷贝”图层，将其图形稍微等比例缩小，如图3.150所示。

图3.150 更改图层不透明度并变换图形

STEP 08 选择工具箱中的“横排文字工具”T，在画布适当位置添加文字，如图3.151所示。

图3.151 添加文字

STEP 09 在“图层”面板中选中“STAR”图层，单击面板底部的“添加图层样式”fx按钮，在菜单中选择“渐变叠加”命令，在弹出的对话框中将“不透明度”更改为80%，“渐变”更改为黑色到透明到黑色，“角度”更改为0度，完成之后单击“确定”按钮，这样就完成了效果制作，最终效果如图3.152所示。

图3.152 最终效果

3.7 播放器图标设计

素材位置	素材文件\第3章\播放器图标
案例位置	案例文件\第3章\播放器图标.psd
视频位置	多媒体教学\第3章\3.7 播放器图标设计.avi
难易指数	★★★☆☆

本例讲解播放器图标。此款图标的特点十分明显，以富有唱片质感的外表与播放控件组合，在一定程度上表现出音乐的独特性。最终效果如图3.153所示。

图3.153 最终效果

3.7.1 使用Photoshop绘制主体图形

STEP 01 执行菜单栏中的“文件”|“新建”命令，在弹出的对话框中设置“宽度”为800像素，“高度”为600像素，“分辨率”为72像素/英寸，新建一个空白画布，如图3.154所示。

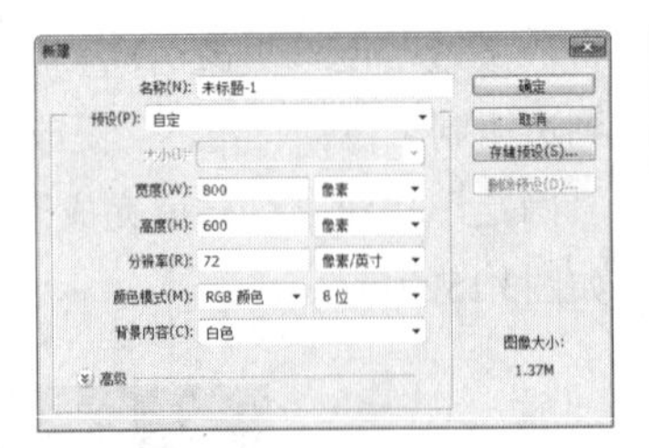

图3.154　新建画布

STEP 02 选择工具箱中的“渐变工具”，编辑蓝色（R：22，G：16，B：55）到紫色（R：55，G：30，B：97），单击选项栏中的“线性渐变”按钮，在画布中拖动以填充渐变，如图3.155所示。

图3.155　填充渐变

STEP 03 选择工具箱中的“椭圆工具”，在选项栏中将“填充”更改为紫色（R：88，G：73，B：140），“描边”为无，在画布适当位置绘制一个椭圆图形，此时将生成一个“椭圆1”图层，如图3.156所示。

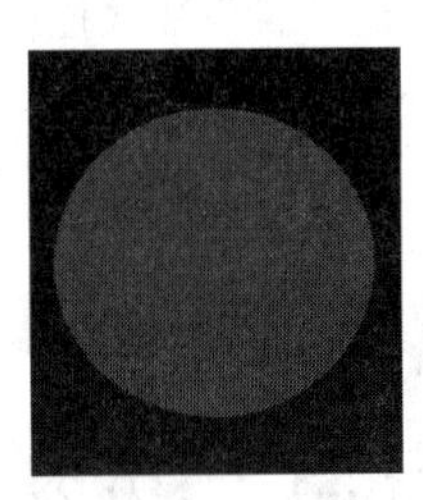

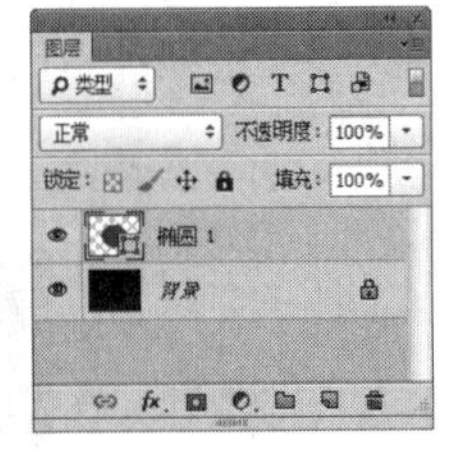

图3.156　绘制图形

STEP 04 选中“椭圆1”图层，执行菜单栏中的“滤镜”|“模糊”|“高斯模糊”命令，在弹出的对话框中将“半径”更改为80像素，完成之后单击“确定”按钮，如图3.157所示。

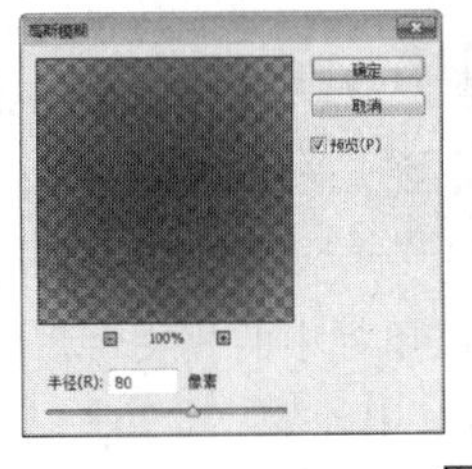

图3.157　设置高斯模糊

STEP 05 在“图层”面板中选中“椭圆1”图层，将其拖至面板底部的“创建新图层”按钮上，复制出一个“椭圆1 拷贝”图层，如图3.158所示。

STEP 06 选中“椭圆1 拷贝”图层，按Ctrl+T组合键对其执行“自由变换”命令，将图像缩小，完成之后按Enter键确认，如图3.159所示。

图3.158　复制图层　　图3.159　缩小图像

STEP 07 选择工具箱中的“圆角矩形工具”，在选项栏中将“填充”更改为白色，“描边”为无，“半径”为100像素，按住Shift键并在画布中绘制一个圆角矩形，此时将生成一个“圆角矩形1”图层，如图3.160所示。

图3.160　绘制图形

STEP 08 在“图层”面板中选中“圆角矩形1”图层，单击面板底部的“添加图层样式”按钮，在菜单中选择“斜面与浮雕”命令，在弹出的对话框中将“大小”更改为15像素，“软化”更改为15像素，取消“使用全局光”复选框，“角度”更改为90度，“阴影模式”更改为柔光，“颜色”更改为蓝色（R：8，G：13，B：50），“不透明度”更改为85%，如图3.161所示。

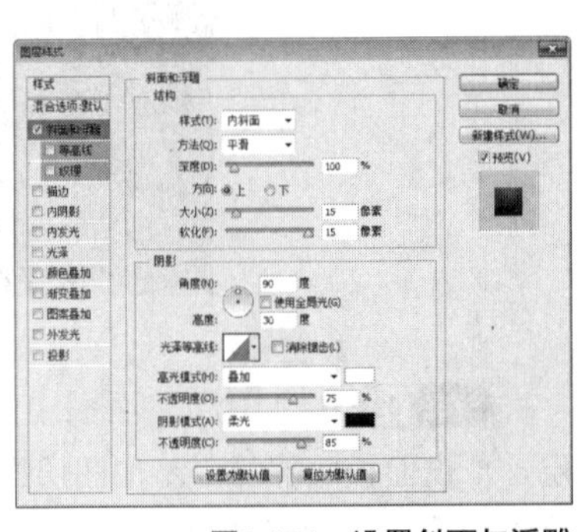

图3.161　设置斜面与浮雕

STEP 09 勾选“渐变叠加”复选框，将“渐变”更改为灰色（R：214，G：213，B：211）到灰色（R：240，G：240，B：240），完成之后单击“确定”按钮，如图3.162所示。

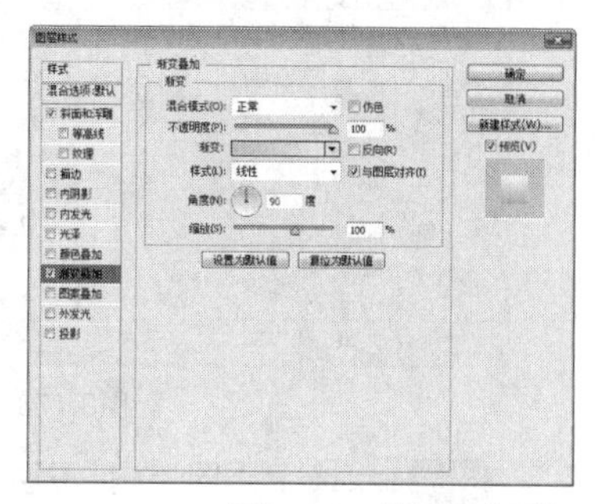

图3.162 设置渐变叠加

STEP 10 选择工具箱中的“椭圆工具”，在选项栏中将“填充”更改为白色，“描边”为无，按住Shift键并在画布靠左侧位置绘制一个正圆图形，此时将生成一个“椭圆2”图层，如图3.163所示。

STEP 11 在“图层”面板中，选中“椭圆2”图层，将其拖至面板底部的“创建新图层”按钮上，复制出“椭圆2 拷贝”及“椭圆2 拷贝2”图层，如图3.164所示。

图3.163 绘制图形

图3.164 复制图层

STEP 12 同时选中“椭圆2 拷贝2”及“椭圆2 拷贝”图层，将其隐藏，如图3.165所示。

STEP 13 在“椭圆2”图层名称上单击鼠标右键，从弹出的快捷菜单中选择“转换为智能对象”命令，如图3.166所示。

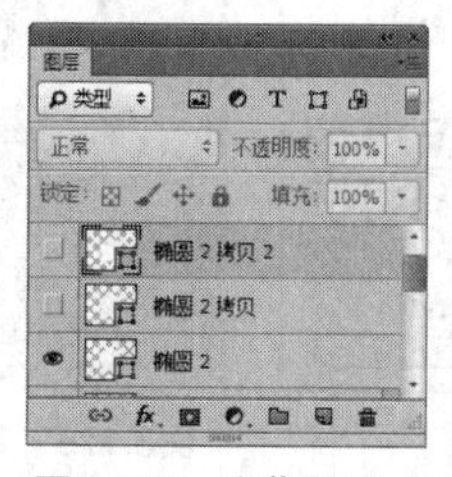

图3.165 隐藏图层

图3.166 转换为智能对象

STEP 14 选中“椭圆2”图层，执行菜单栏中的“滤镜”|“模糊”|“高斯模糊”命令，在弹出的对话框中将“半径”更改为2.0像素，完成之后单击“确定”按钮，如图3.167所示。

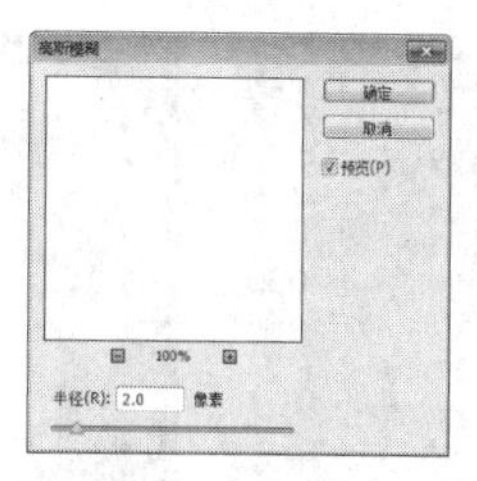

图3.167 设置高斯模糊

STEP 15 在“图层”面板中选中“椭圆2”图层，单击面板底部的“添加图层样式”fx按钮，在菜单中选择“渐变叠加”命令，在弹出的对话框中设置为灰色（R：206，G：206，B：206）到灰色（R：248，G：248，B：248），完成之后单击“确定”按钮，如图3.168所示。

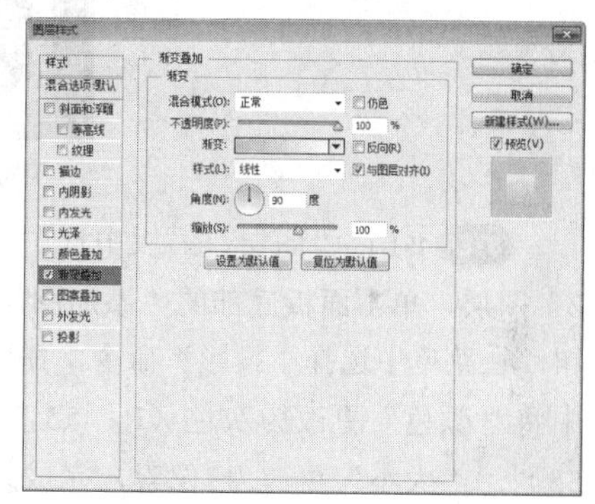

图3.168 设置渐变叠加

STEP 16 以同样的方法选中“椭圆2 拷贝”图层，将其转换为智能对象，再按Ctrl+T组合键对其执行“自由变换”命令，将图像等比例缩小，完成之后按Enter键确认，如图3.169所示。

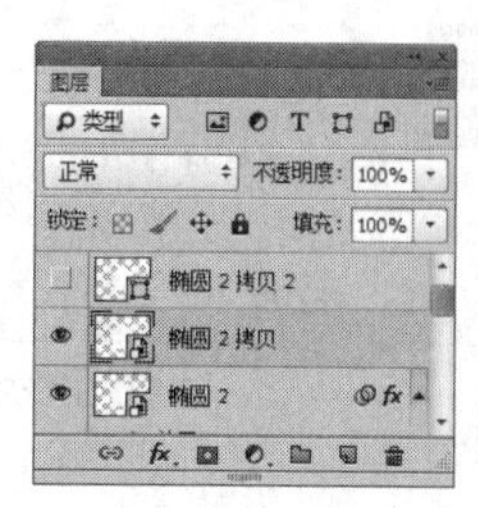

图3.169 转换为智能对象燕缩小

STEP 17 在“椭圆2”图层上单击鼠标右键，从弹出的快捷菜单中选择“拷贝图层样式”命令，在

“椭圆2 拷贝”图层上单击鼠标右键，从弹出的快捷菜单中选择“粘贴图层样式”命令，双击“椭圆2 拷贝”图层样式名称，将其“渐变”更改为白色到灰色（R：173，G：173，B：173），如图3.170所示。

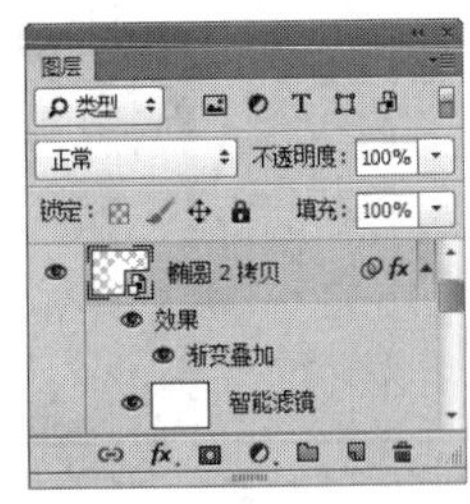

图3.170　粘贴图层样式并设置渐变颜色

STEP 18 选中“椭圆2 拷贝2”图层，将图形颜色更改为黑色，再按Ctrl+T组合键对其执行“自由变换”命令，将图像等比例缩小，完成之后按Enter键确认，如图3.171所示。

图3.171　变换图形

STEP 19 在“图层”面板中选中“椭圆2 拷贝2”图层，单击面板底部的“添加图层样式” fx 按钮，在菜单中选择“投影”命令，在弹出的对话框中将“颜色”更改为灰色（R：55，G：55，B：55），“大小”更改为8像素，完成之后单击“确定”按钮，如图3.172所示。

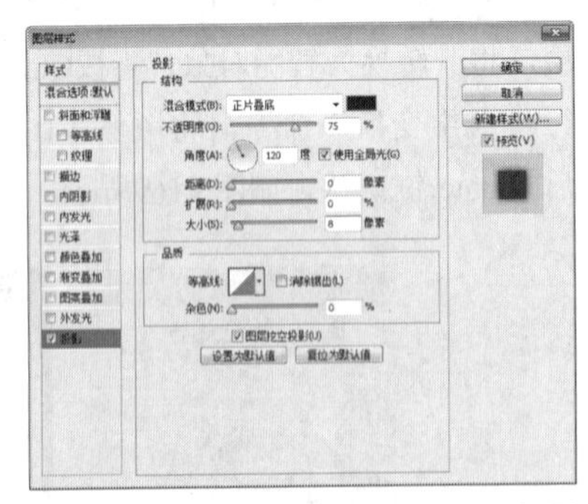

图3.172　设置投影

3.7.2 添加质感及文字

STEP 01 单击面板底部的“创建新图层” 按钮，新建一个“图层1”图层，选中“图层1”图层，将其填充浅蓝色（R：63，G：60，B：76），如图3.173所示。

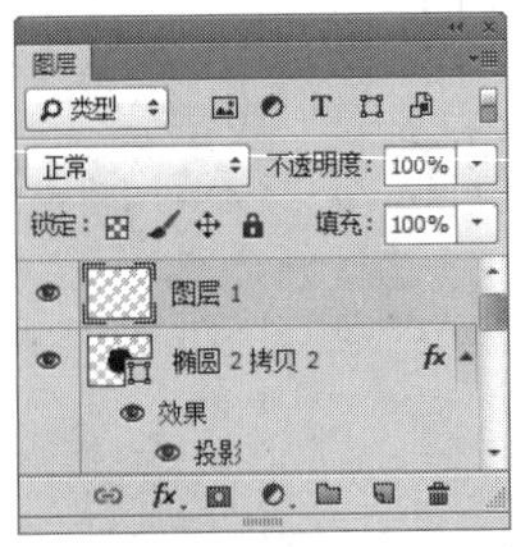

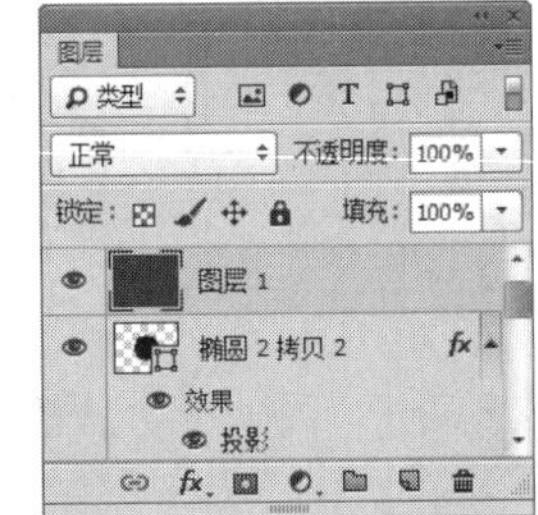

图3.173　新建画布并填充颜色

STEP 02 选中“图层1”图层，执行菜单栏中的“滤镜”|“杂色”|“添加杂色”命令，在弹出的对话框中单击“平均分布”单选按钮并勾选“单色”复选框，“数量”更改为80%，完成之后单击“确定”按钮，如图3.174所示。

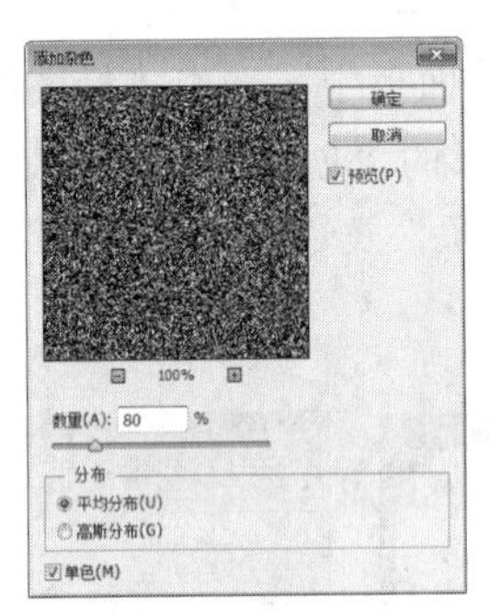

图3.174　设置添加杂色

STEP 03 选中“图层1”图层，执行菜单栏中的“滤镜”|“模糊”|“径向模糊”命令，在弹出的对话框中分别单击“旋转”及“最好”单选按钮，将“数量”更改为100，完成之后单击“确定”按钮，再按Ctrl+F组合键数次重复执行添加径向模糊效果，如图3.175所示。

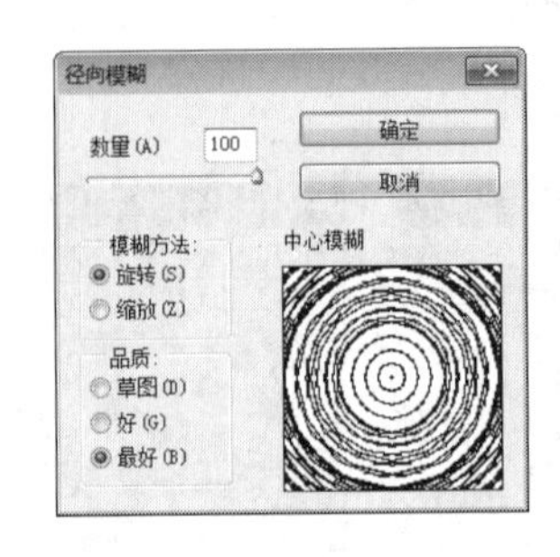

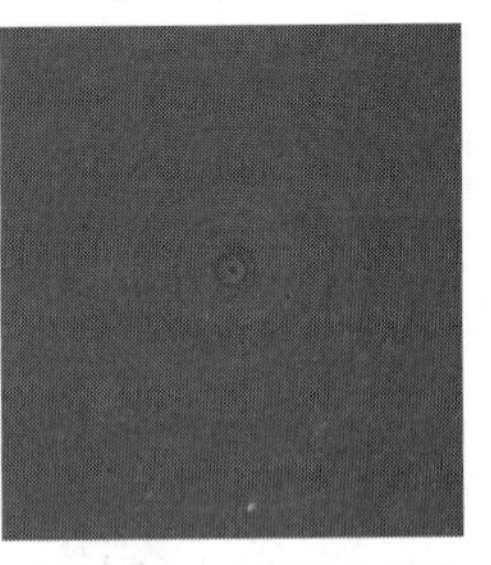

图3.175　设置径向模糊

STEP 04 选中“图层1”图层，执行菜单栏中的“图层”|“创建剪贴蒙版”命令，为当前图层创建剪贴蒙版将部分图像隐藏，按Ctrl+T组合键对其执行“自由变换”命令，将图像等比例缩小，完成之后按Enter键确认，如图3.176所示。

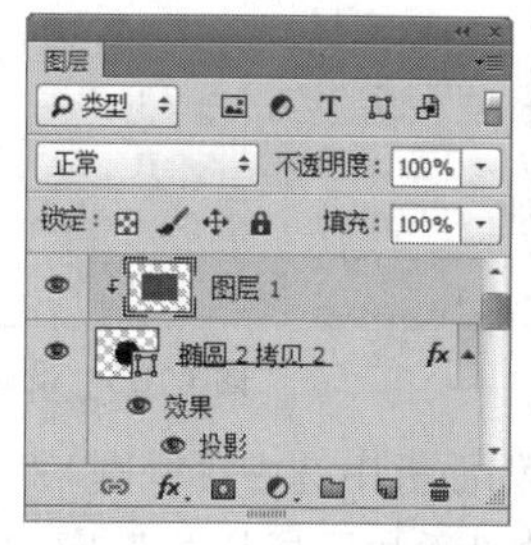

图3.176 创建剪贴蒙版并缩小图像

STEP 05 在“图层”面板中选中“图层1”图层，单击面板底部的“添加图层样式”fx按钮，在菜单中选择“渐变叠加”命令，在弹出的对话框中将“混合模式”更改为叠加，“渐变”更改为深紫色系渐变，“样式”更改为角度，完成之后单击“确定”按钮，如图3.177所示。

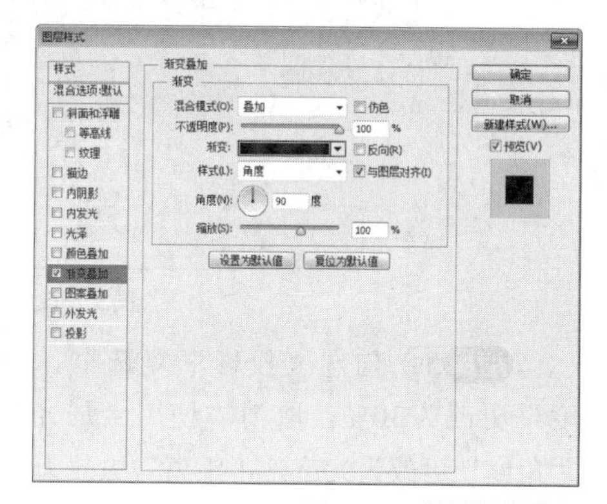

图3.177 设置渐变叠加

技巧与提示

在设置渐变的时候可以将色标复制多个，并分别调整色标的颜色深浅。

STEP 06 选择工具箱中的“椭圆工具”，在选项栏中将“填充”更改为红色（R：255，G：60，B：98），“描边”为无，按住Shift键并在图标位置绘制一个正圆图形，此时将生成一个“椭圆3”图层，如图3.178所示。

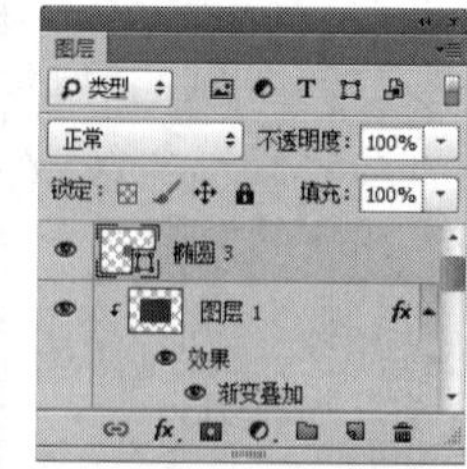

图3.178 绘制图形

STEP 07 在“图层”面板中选中“椭圆3”图层，单击面板底部的“添加图层样式”fx按钮，在菜单中选择“描边”命令，在弹出的对话框中将“大小”更改为8像素，“位置”更改为内部，“颜色”更改为灰色（R：33，G：36，B：44），如图3.179所示。

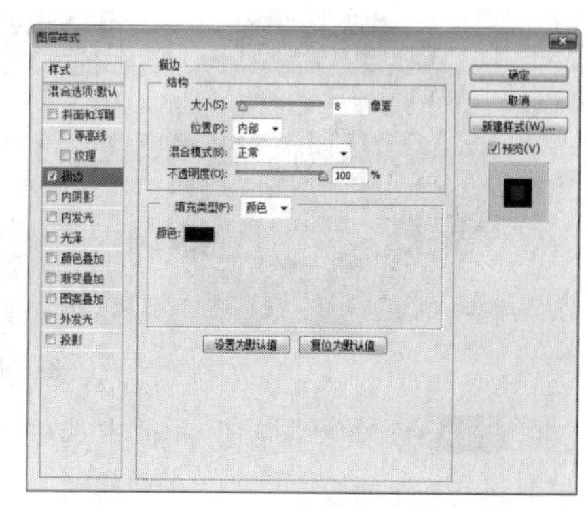

图3.179 设置描边

STEP 08 勾选“投影”复选框，将“不透明度”更改为30%，取消“使用全局光”复选框，“角度”更改为90度，“距离”更改为2像素，“大小”更改为5像素，完成之后单击“确定”按钮，如图3.180所示。

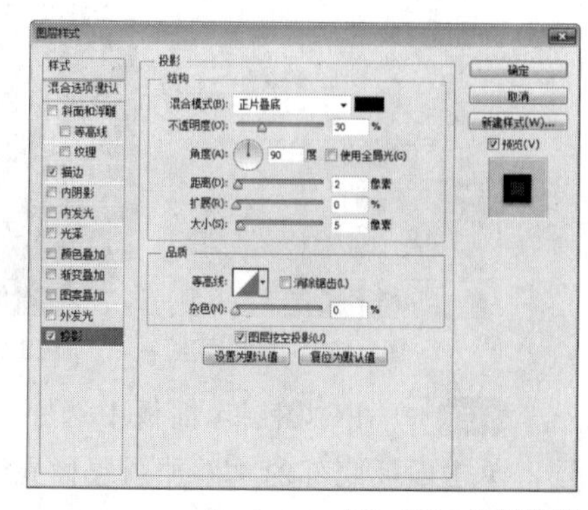

图3.180 设置投影

STEP 09 选择工具箱中的“横排文字工具”T，在椭圆路径上单击添加文字，如图3.181所示。

图3.181　添加文字

STEP 10 选择工具箱中的“椭圆工具”，在选项栏中将“填充”更改为灰色（R：57，G：57，B：57），“描边”为无，按住Shift键并在图标中心位置绘制一个正圆图形，此时将生成一个“椭圆4”图层，如图3.182所示。

图3.182　绘制图形

STEP 11 在“图层”面板中选中“椭圆4”图层，将其拖至面板底部的“创建新图层”按钮上，复制出一个“椭圆4 拷贝”图层，如图3.183所示。

STEP 12 选中“椭圆4 拷贝”图层，将图形颜色更改为白色，再按Ctrl+T组合键对其执行“自由变换”命令，将图形等比例缩小，完成之后按Enter键确认，如图3.184所示。

图3.183　复制图层　　　图3.184　缩小图形

STEP 13 在“图层”面板中选中“椭圆4”图层，单击面板底部的“添加图层样式”按钮，在菜单中选择“描边”命令，在弹出的对话框中将“大小”更改为1像素，“混合模式”更改为柔光，“不透明度”更改为50%，“颜色”更改为白色，完成之后单击“确定”按钮，如图3.185所示。

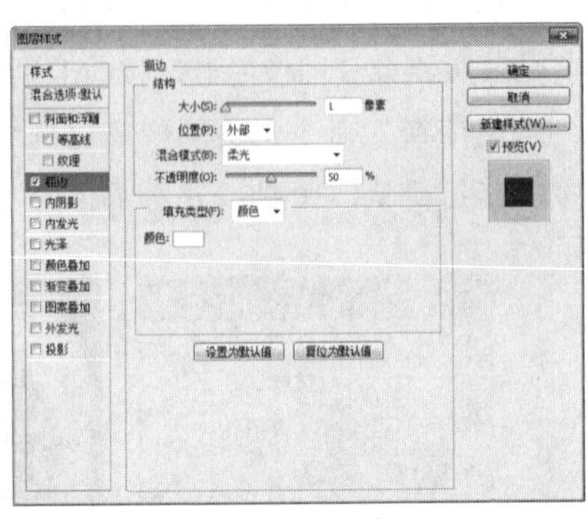

图3.185　设置描边

STEP 14 在“图层”面板中选中“椭圆4 拷贝”图层，单击面板底部的“添加图层样式”按钮，在菜单中选择“渐变叠加”命令，在弹出的对话框中将“渐变”更改为灰色（R：200，G：200，B：200）到白色，如图3.186所示。

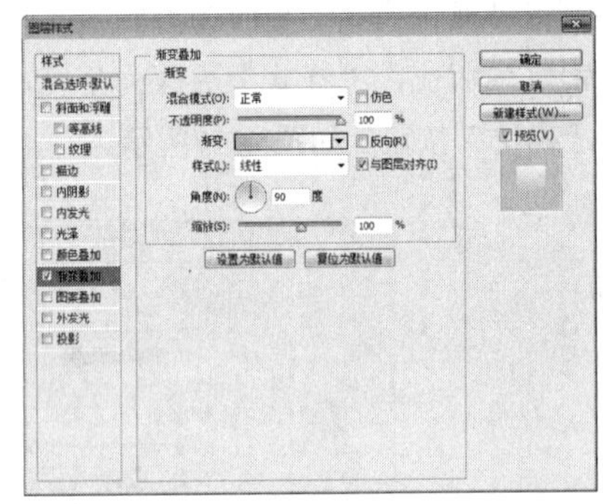

图3.186　设置渐变叠加

STEP 15 勾选“投影”复选框，将“不透明度”更改为30%，取消“使用全局光”复选框，“角度”更改为90度，“距离”更改为3像素，“大小”更改为2像素，完成之后单击“确定”按钮，如图3.187所示。

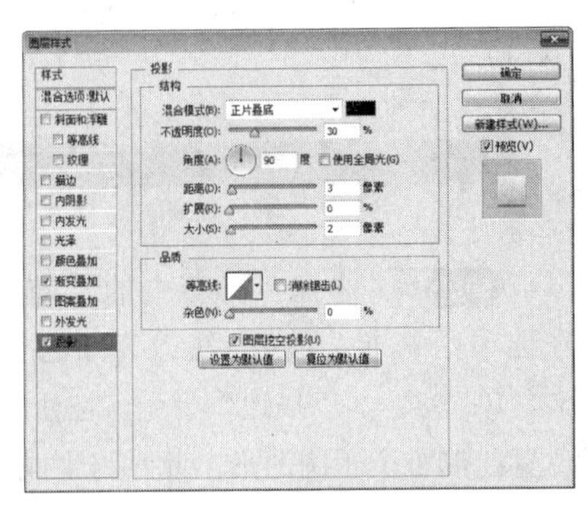

图3.187　设置投影

3.7.3 添加控件素材

STEP 01 执行菜单栏中的“文件”|“打开”命令，打开“控件.psd”文件，将打开的素材拖入画布中图标右上角位置并适当缩小，如图3.188所示。

图3.188 添加素材

STEP 02 在“图层”面板中选中“控件”图层，单击面板底部的“添加图层样式”fx按钮，在菜单中选择“投影”命令，在弹出的对话框中将“不透明度”更改为40%，“距离”更改为2像素，“大小”更改为2像素，完成之后单击“确定”按钮，如图3.189所示。

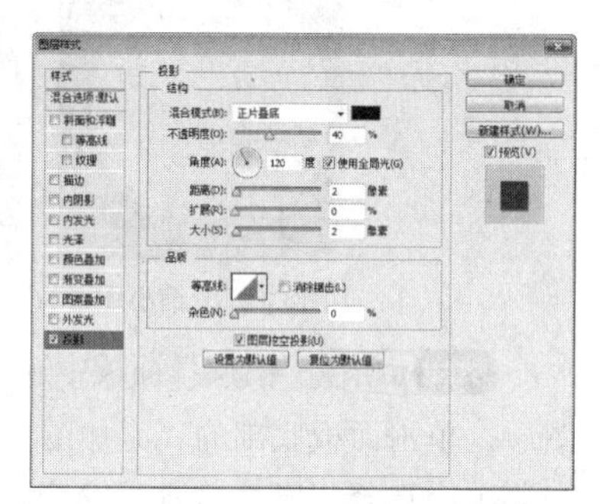

图3.189 设置投影

STEP 03 选择工具箱中的“椭圆工具”，在选项栏中将“填充”更改为黑色，“描边”为无，在图标底部绘制一个椭圆图形，此时将生成一个“椭圆4”图层，将“椭圆5”移至“椭圆1 拷贝”图层上方，如图3.190所示。

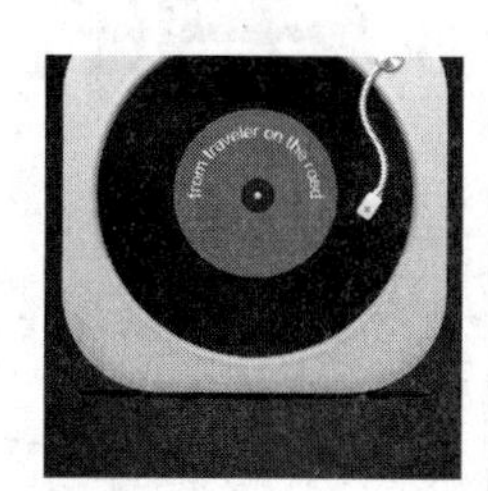

图3.190 绘制图形

STEP 04 选中“椭圆5”图层，执行菜单栏中的“滤镜”|“模糊”|“高斯模糊”命令，在弹出的对话框中将“半径”更改为5.0像素，完成之后单击“确定”按钮，如图3.191所示。

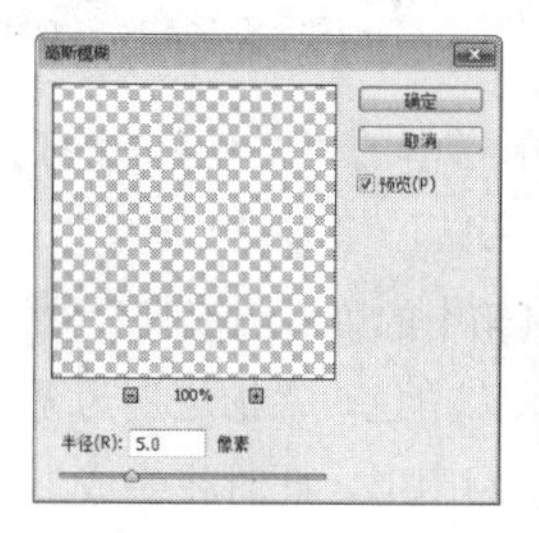

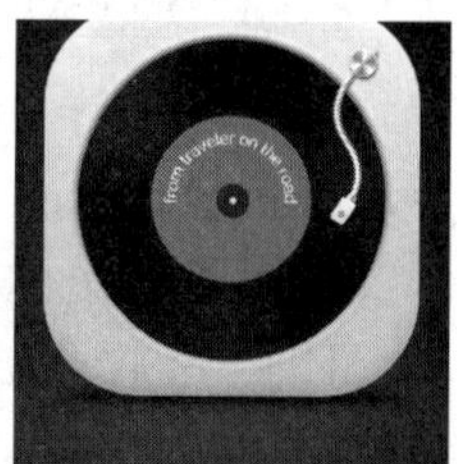

图3.191 设置高斯模糊

STEP 05 选中“椭圆5”图层，执行菜单栏中的“滤镜”|“模糊”|“动感模糊”命令，在弹出的对话框中将“角度”更改为0度，“距离”更改为100像素，设置完成之后单击“确定”按钮，这样就完成了效果制作，最终效果如图3.192所示。

图3.192 最终效果

3.8 进度旋钮设计

素材位置	素材文件\第3章\进度旋钮
案例位置	案例文件\第3章\进度旋钮.psd
视频位置	多媒体教学\第3章\3.8 进度旋钮设计.avi
难易指数	★★☆☆☆

本例讲解进度旋钮图标绘制。此款图标的绘制以体现出旋钮的质感为主，整个制作过程比较简单，在制作上尽量以大气简洁为主。最终效果如图3.193所示。

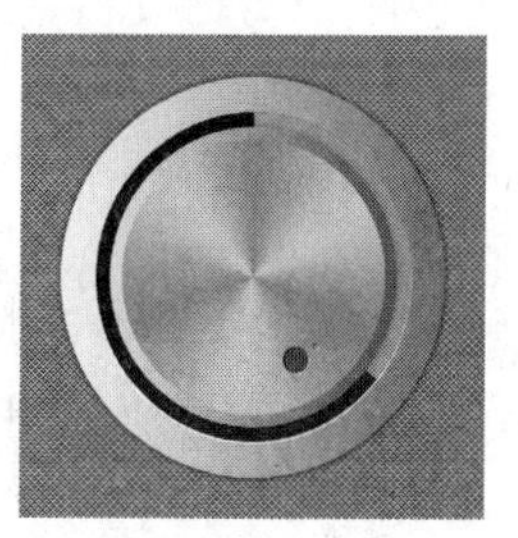

图3.193 最终效果

3.8.1 使用Photoshop绘制进度旋钮轮廓

STEP 01 执行菜单栏中的“文件”|“打开”命令，打开“背景.jpg”文件。

STEP 02 选择工具箱中的“椭圆工具”，在选项栏中将“填充”更改为白色，“描边”为无，在中按住Shift键绘制一个正圆图形，此时将生成一个“椭圆1”图层，选中“椭圆1”图层，将其拖至面板底部的“创建新图层”按钮上，复制“椭圆1 拷贝”及“椭圆1 拷贝2”生成两个新的图层，如图3.194所示。

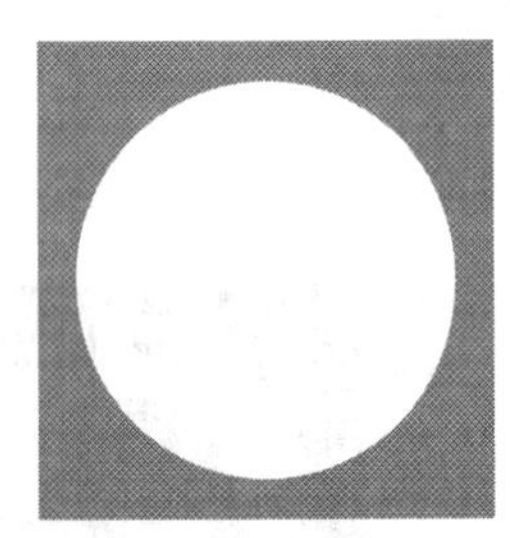

图3.194 绘制图形并复制图层

STEP 03 在“图层”面板中选中“椭圆1”图层，单击面板底部的“添加图层样式”按钮，在菜单中选择“渐变叠加”命令，在弹出的对话框中将“渐变”更改为灰色（R：246，G：246，B：246）到灰色（R：145，G：147，B：144），“角度”更改为0度，如图3.195所示。

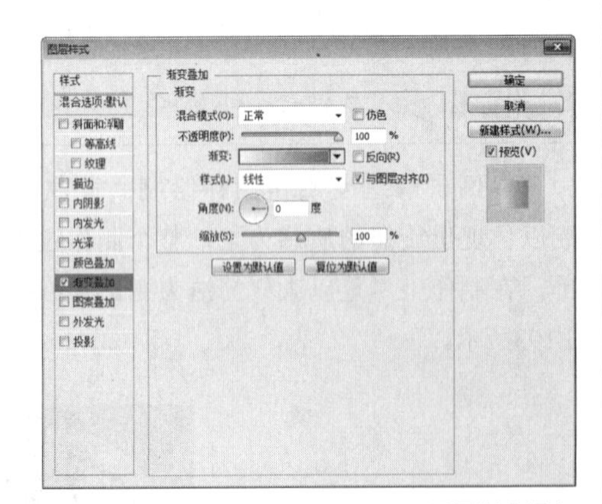

图3.195 设置渐变叠加

STEP 04 勾选“外发光”复选框，将“混合模式”更改为正常，“不透明度”更改为40%，“颜色”更改为黑色，“大小”更改为10像素，完成之后单击“确定”按钮，如图3.196所示。

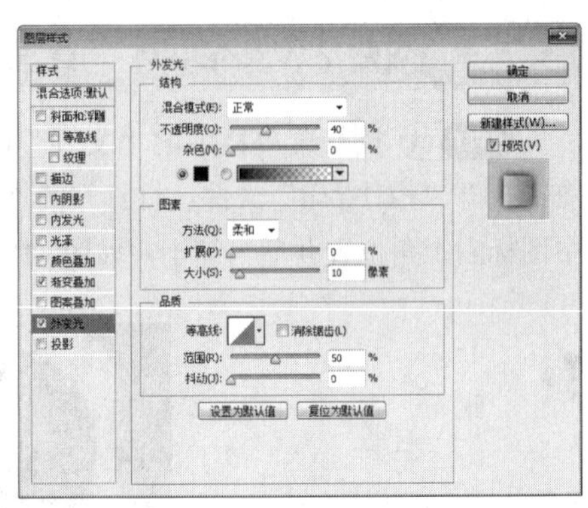

图3.196 设置外发光

STEP 05 选中“椭圆1 拷贝”图层，按Ctrl+T组合键对其执行“自由变换”命令，将图像等比例缩小，完成之后按Enter键确认，如图3.197所示。

STEP 06 在“图层”面板中选中“椭圆1 拷贝”图层，将其拖至面板底部的“创建新图层”按钮上，复制出一个“椭圆1 拷贝3”图层，如图3.198所示。

图3.197 缩小图形

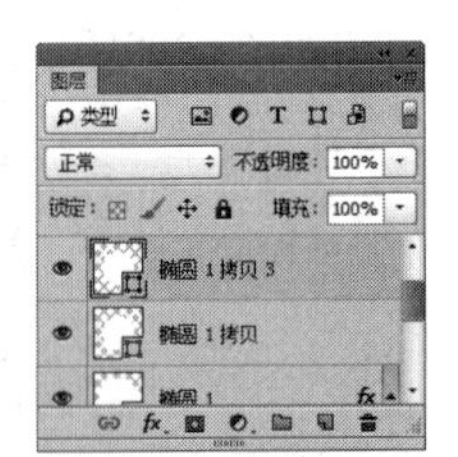

图3.198 复制图层

STEP 07 在“图层”面板中选中“椭圆1 拷贝”图层，单击面板底部的“添加图层样式”按钮，在菜单中选择“渐变叠加”命令，在弹出的对话框中将“渐变”更改为灰色（R：10，G：10，B：10）到灰色（R：50，G：50，B：50），“角度”更改为-50度，如图3.199所示。

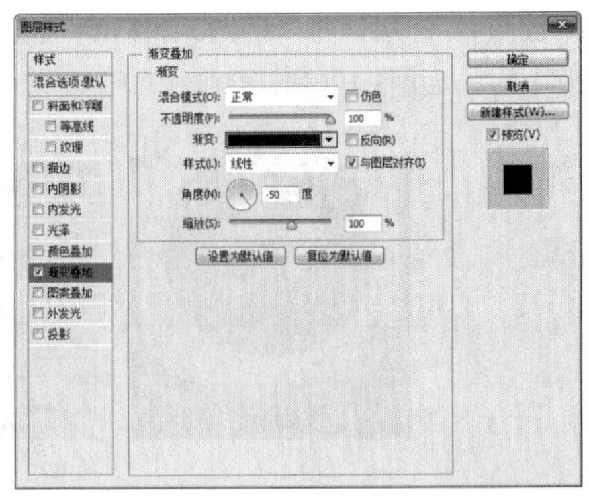

图3.199 设置渐变叠加

STEP 08 勾选“投影”复选框，将“颜色”更改为白色，取消“使用全局光”复选框，“角度”更改为90度，“距离”更改为2像素，“扩展”更改为100%，“大小”更改为1像素，完成之后单击“确定”按钮，如图3.200所示。

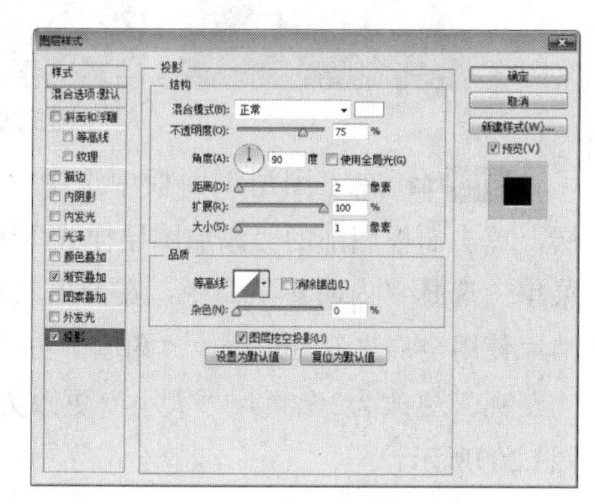

图3.200 设置投影

STEP 09 在“图层”面板中选中“椭圆1 拷贝3”图层，将其图形颜色更改为绿色（R：36，G：200，B：2），在其图层名称上单击鼠标右键，从弹出的快捷菜单中选择“栅格化图层”命令，如图3.201所示。

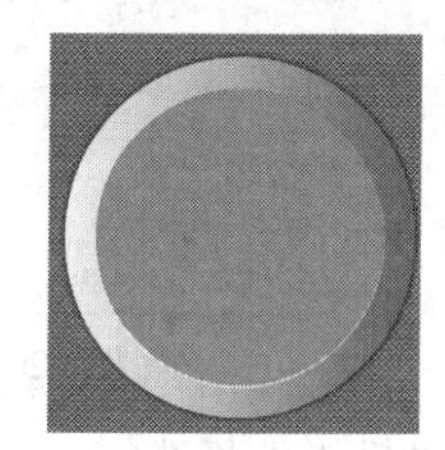
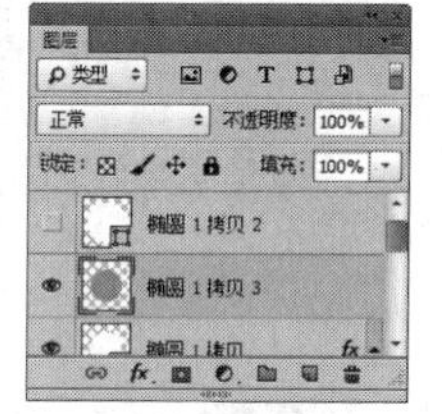

图3.201 更改图形颜色并栅格化图层

3.8.2 制作进度效果

STEP 01 选择工具箱中的“矩形选框工具”，在椭圆图像左半部分区域绘制一个矩形选区，选中“椭圆1 拷贝3”图层，按Delete键将选区中的图像删除，完成之后按Ctrl+D组合键将选区取消，如图3.202所示。

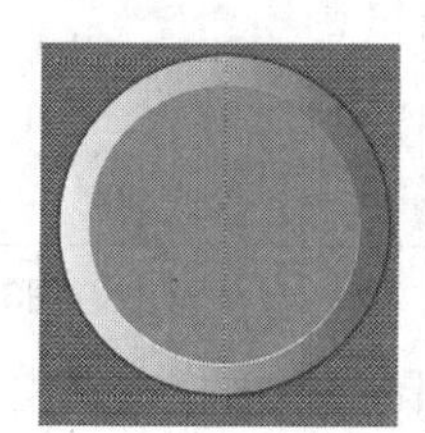
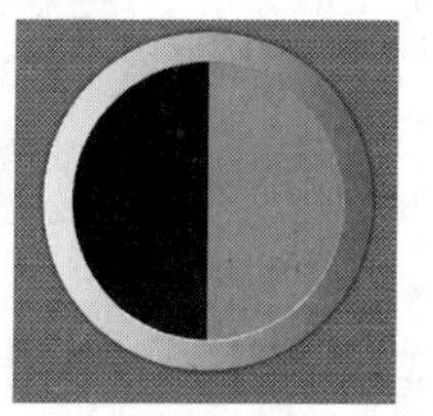

图3.202 绘制选区删除图像

STEP 02 选择工具箱中的“多边形套索工具”，在图像底部位置再次绘制一个不规则选区以选中部分图像并将其删除，如图3.203所示。

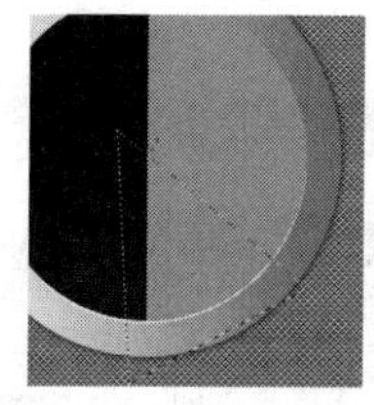
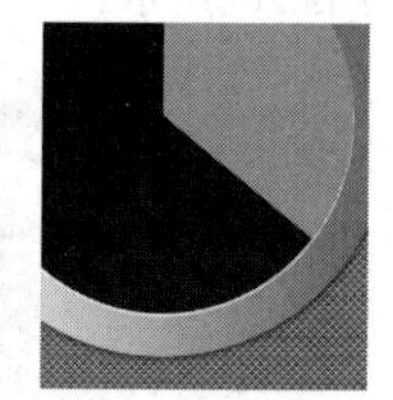

图3.203 绘制选区并删除图像

STEP 03 在“图层”面板中选中“椭圆1 拷贝3”图层，单击面板底部的“添加图层样式”按钮，在菜单中选择“外发光”命令，在弹出的对话框中将“混合模式”更改为柔光，“颜色”更改为绿色（R：36，G：200，B：2），“大小”更改为40像素，完成之后单击“确定”按钮，如图3.204所示。

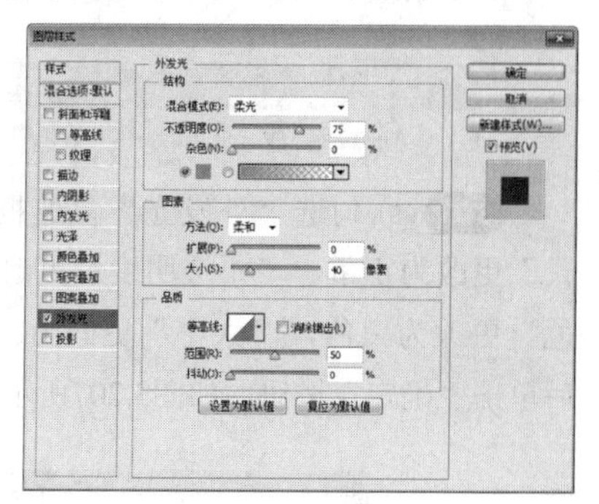

图3.204 设置外发光

STEP 04 在“图层”面板中选中“椭圆1 拷贝2”图层，将其等比例缩小，单击面板底部的“添加图层样式”按钮，在菜单中选择“描边”命令，在弹出的对话框中将“大小”更改为15像素，“渐变”更改为灰色（R：230，G：230，B：230）到灰色（R：115，G：122，B：128），“角度”更改为0度，如图3.205所示。

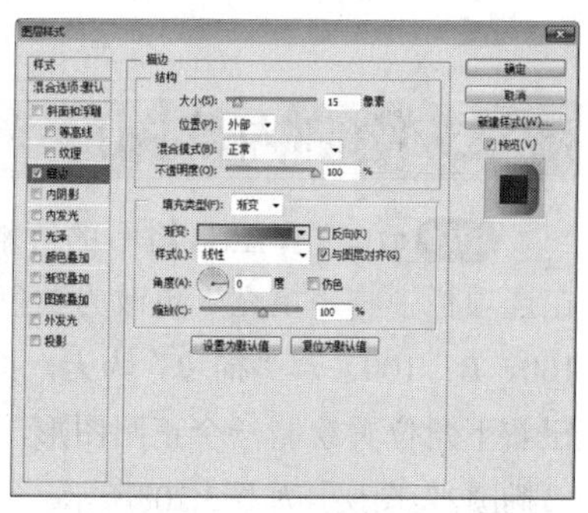

图3.205 设置描边

STEP 05 勾选“渐变叠加”复选框，将“渐变”更改为灰色系渐变，“样式”更改为角度，如图3.206所示。

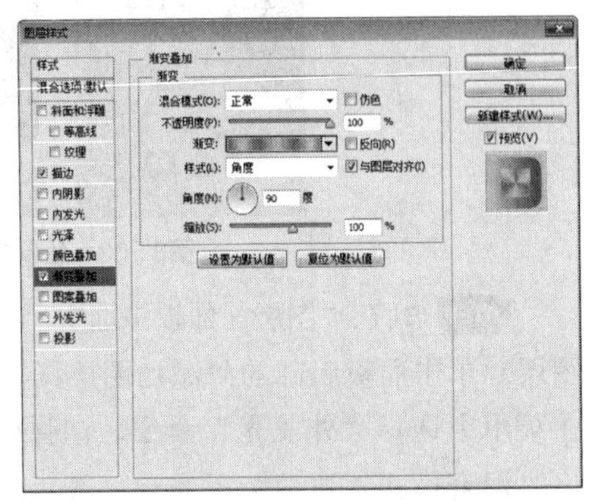

图3.206 设置渐变叠加

技巧与提示

在设置渐变的时候可以将色标复制多份。

STEP 06 勾选“外发光”复选框，将“混合模式”更改为正常，“不透明度”更改为100%，“颜色”更改为黑色，“大小”更改为25像素，完成之后单击“确定”按钮，如图3.207所示。

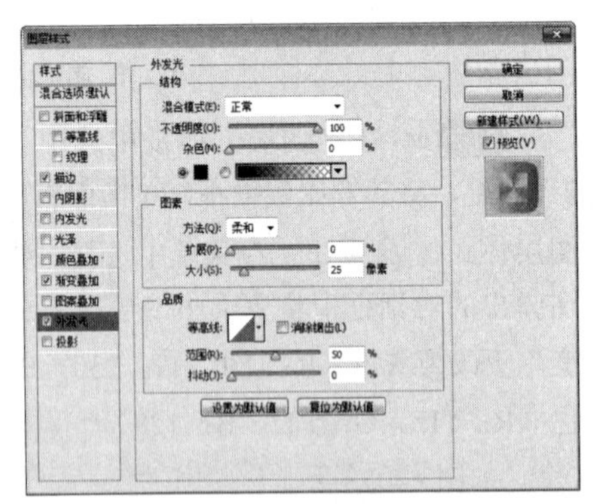

图3.207 设置外发光

3.8.3 绘制内部图形

STEP 01 选择工具箱中的“椭圆工具”，在选项栏中将“填充”更改为灰色（R：100，G：100，B：100），“描边”为无，按住Shift键并在旋钮右下角位置绘制一个正圆图形，此时将生成一个“椭圆2”图层，如图3.208所示。

图3.208 绘制图形

STEP 02 在“图层”面板中选中“椭圆2”图层，单击面板底部的“添加图层样式”按钮，在菜单中选择“内阴影”命令，在弹出的对话框中取消“使用全局光”复选框，“角度”更改为140度，“距离”更改为2像素，“大小”更改为2像素，如图3.209所示。

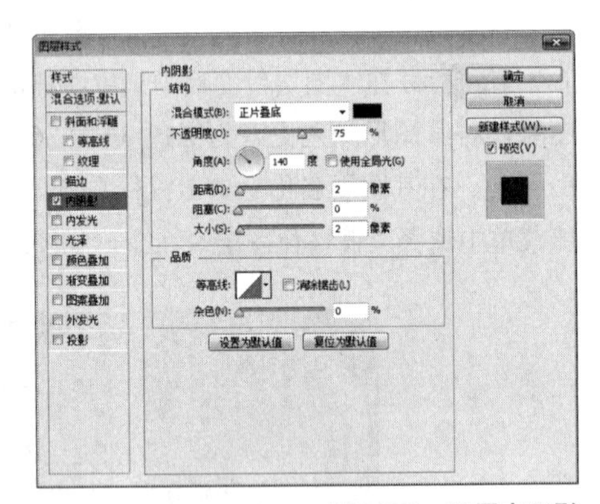

图3.209 设置内阴影

STEP 03 勾选“投影”复选框，将“颜色”更改为白色，“距离”更改为1像素，“扩展”更改为100%，完成之后单击“确定”按钮，如图3.210所示。

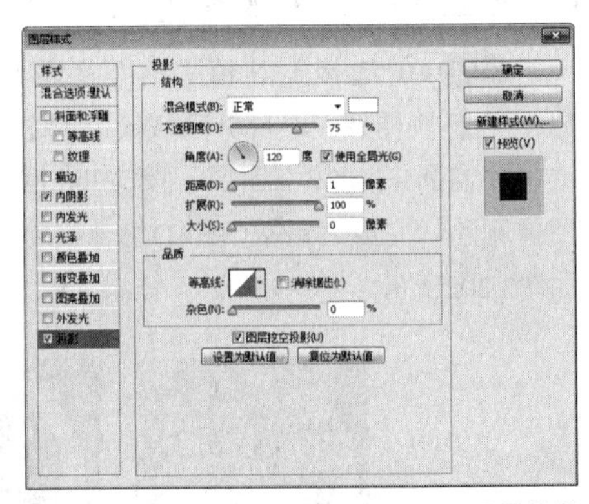

图3.210 设置投影

STEP 04 在“图层”面板中选中“椭圆2”图层，将其拖至面板底部的“创建新图层”按钮上，复制出一个“椭圆2 拷贝”图层，如图3.211所示。

图3.211　复制图层

STEP 05 选中“椭圆2 拷贝”图层，按Ctrl+T组合键对其执行“自由变换”命令，将图形等比例缩小，完成之后按Enter键确认，修改其填充颜色为绿色（R：36，G：200，B：2），这样就完成了效果制作，最终效果如图3.212所示。

图3.212　最终效果

3.9 时钟图标设计

素材位置	无
案例位置	案例文件\第3章\时钟图标.psd
视频位置	多媒体教学\第3章\3.9　时钟图标设计.avi
难易指数	★★☆☆☆

本例讲解时针图标。本例中的图标在绘制过程中以拟物手法为主，模拟出真实的时钟外观，同时简洁细腻的外观使整个图标的视觉效果相当舒适。最终效果如图3.213所示。

图3.213　最终效果

3.9.1 使用Photoshop绘制时钟主体

STEP 01 执行菜单栏中的“文件”|“新建”命令，在弹出的对话框中设置“宽度”为600像素，“高度”为500像素，“分辨率”为72像素/英寸，新建一个空白画布，如图3.214所示。

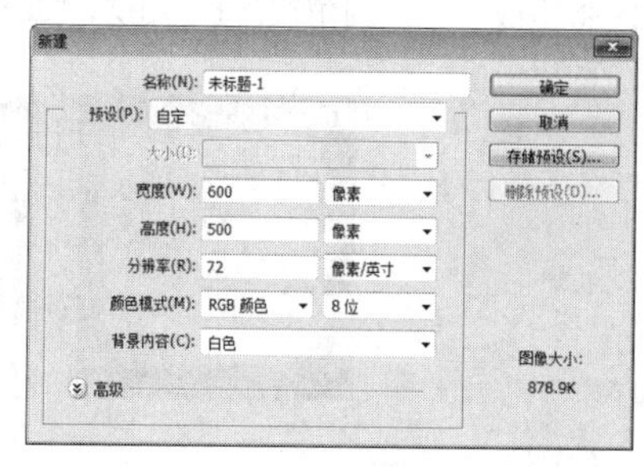

图3.214　新建画布

STEP 02 在“图层”面板中，单击面板底部的“创建新图层” 按钮，新建一个“图层1”图层，如图3.215所示。

STEP 03 选中“图层1”图层，将其填充为深灰色（R：160，G：160，B：160），如图3.216所示。

图3.215　新建图层

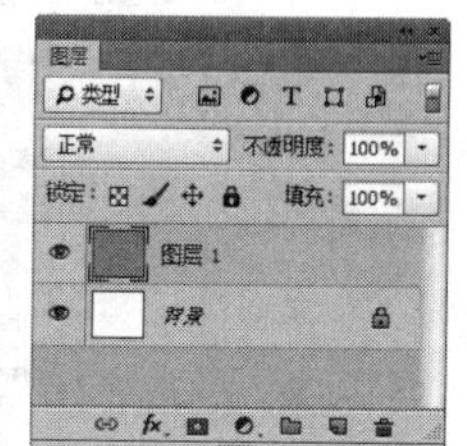

图3.216　填充颜色

STEP 04 在“图层”面板中选中“图层1”图层，单击面板底部的“添加图层样式” fx 按钮，在菜单中选择“内发光”命令，在弹出的对话框中将“混合模式”更改为正常，“不透明度”更改为15%，“杂色”更改为5%，“颜色”更改为黑色，“大小”更改为140像素，完成之后单击“确定”按钮，如图3.217所示。

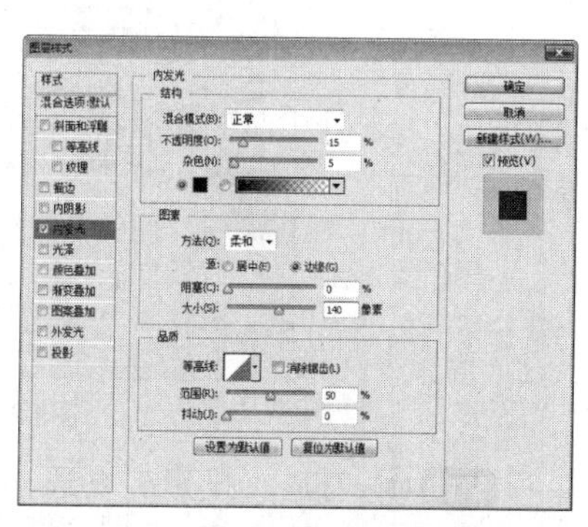

图3.217　设置内发光

STEP 05 选择工具箱中的“圆角矩形工具” ，

在选项栏中将“填充”更改为白色，“描边”为无，“半径”为80像素，在画布中绘制一个圆角矩形，此时将生成一个“圆角矩形1”图层，如图3.218所示。

图3.218 绘制图形

STEP 06 在“图层”面板中选中“圆角矩形 1”图层，单击面板底部的“添加图层样式” fx 按钮，在菜单中选择“斜面和浮雕”命令，在弹出的对话框中将“大小”更改为8像素，取消“使用全局光”复选框，“角度”更改为90，“阴影模式”中的“不透明度”更改为15%，如图3.219所示。

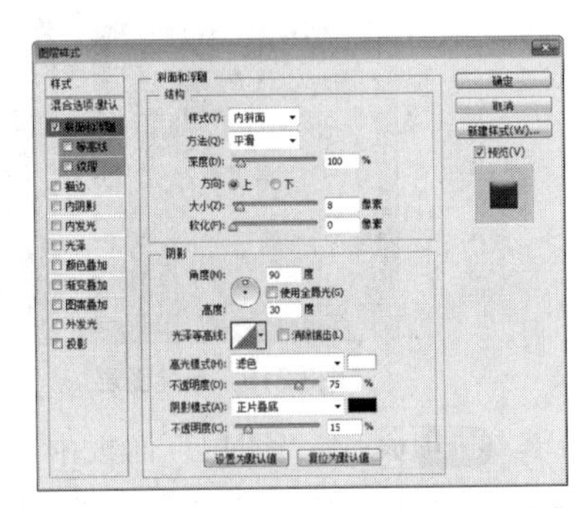

图3.219 设置斜面和浮雕

STEP 07 勾选“渐变叠加”复选框，将“渐变”更改为灰色（R：250，G：250，B：250）到灰色（R：232，G：232，B：232），如图3.220所示。

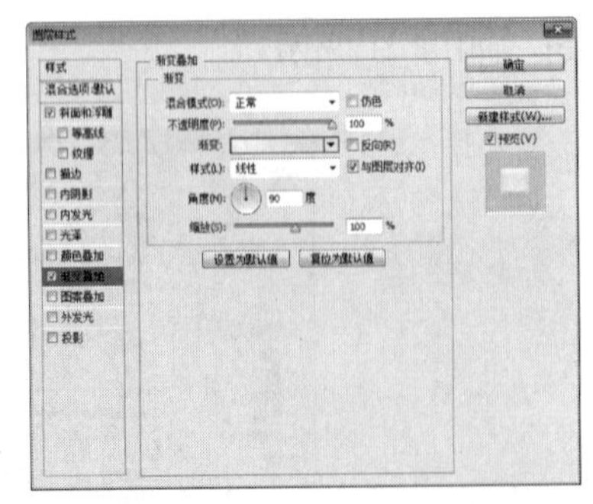

图3.220 设置渐变叠加

STEP 08 勾选“投影”复选框，将“不透明度”更改为20%，取消“使用全局光”复选框，“角度”更改为90度，“距离”更改为8像素，“大小”更改为13像素，完成之后单击“确定”按钮，如图3.221所示。

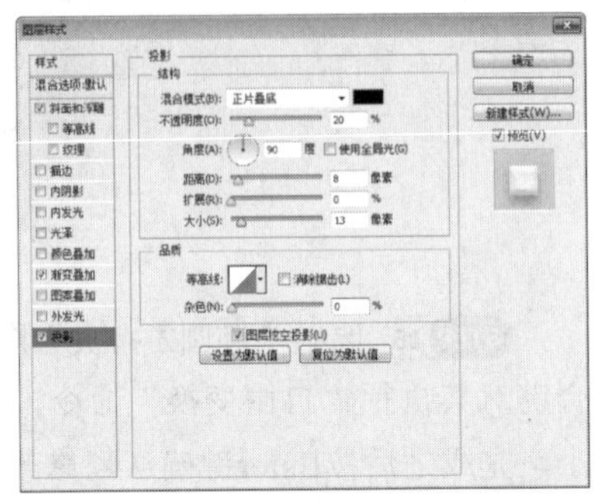

图3.221 设置投影

STEP 09 选择工具箱中的“椭圆工具”，在选项栏中将“填充”更改为白色，“描边”为无，按住Shift键并在圆角矩形位置绘制一个正圆图形，此时将生成一个“椭圆1”图层，如图3.222所示。

图3.222 绘制图形

STEP 10 在“图层”面板中选中“椭圆 1”图层，单击面板底部的“添加图层样式” fx 按钮，在菜单中选择“斜面和浮雕”命令，在弹出的对话框中将“大小”更改为5像素，取消“使用全局光”复选框，“角度”更改为90，“高光模式”更改为“正片叠底”，“颜色”更改为黑色，“不透明度”更改为20%，“阴影模式”中的“不透明度”更改为20%，如图3.223所示。

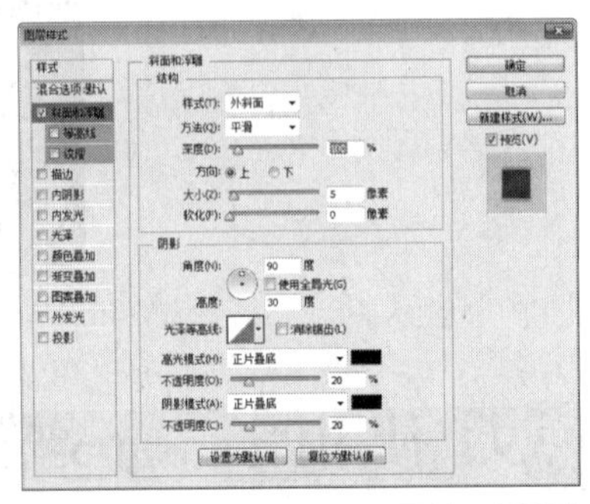

图3.223 设置斜面和浮雕

STEP 11 勾选“内发光”复选框，将“混合模式”更改为正常，“不透明度”更改为30%，“颜色”更改为黑色，“大小”更改为13像素，如图3.224所示。

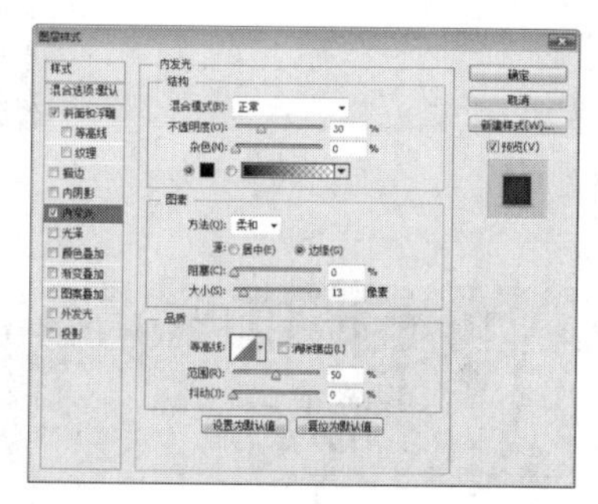

图3.224 设置内发光

STEP 12 勾选“渐变叠加”复选框，将“渐变”更改为灰色（R：60，G：60，B：60）到灰色（R：100，G：100，B：100），完成之后单击“确定”按钮，如图3.225所示。

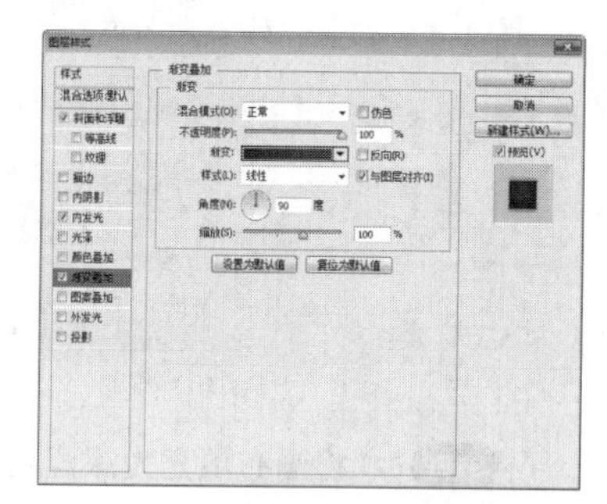

图3.225 设置渐变叠加

STEP 13 选择工具箱中的“椭圆工具”，在选项栏中将“填充”更改为白色，“描边”为无，按住Shift键并在图标中心位置绘制一个正圆图形，此时将生成一个“椭圆2”图层，如图3.226所示。

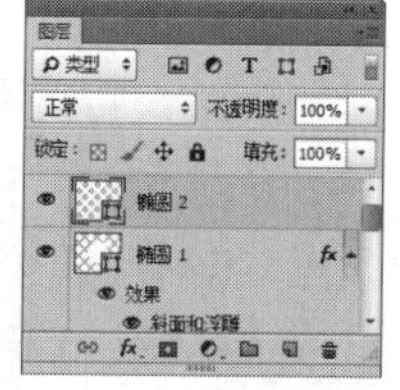

图3.226 绘制图形

STEP 14 在“图层”面板中选中“椭圆2”图层，将其拖至面板底部的“创建新图层”按钮上，复制出一个“椭圆2 拷贝”图层，如图3.227所示。

STEP 15 选中“椭圆2 拷贝”图层，将图形颜色更改为红色（R：198，G：94，B：87）再按Ctrl+T组合键对其执行“自由变换”命令，将图像等比例缩小，完成之后按Enter键确认，如图3.228所示。

图3.227 复制图层　图3.228 缩小图形

3.9.2 绘制表针效果

STEP 01 选择工具箱中的“圆角矩形工具”，在选项栏中将“填充”更改为白色，“描边”为无，“半径”为80像素，在图标中心位置绘制一个圆角矩形并适当旋转，此时将生成一个“圆角矩形2”图层，将“圆角矩形2”移至“椭圆2”图层下方，如图3.229所示。

图3.229 绘制图形

STEP 02 以同样的方法再次绘制两个圆角矩形，此时将生成“圆角矩形3”“圆角矩形4”两个新的图层，如图3.230所示。

图3.230 绘制图形

技巧与提示

注意将“圆角矩形4”图层中图形更改为与“椭圆2 拷贝”图层中图形相同的红色。

STEP 03 选中“圆角矩形4”图层，按Ctrl+T组合键对其执行“自由变换”命令，单击鼠标右键，从弹出的快捷菜单中选择“透视”命令，拖动变形框下方控制点将图形变形，完成之后按Enter键确认，如图3.231所示。

图3.231　将图形变形

STEP 04 同时选中所有和表针相关的图层按Ctrl+G组合键将图层编组，此时将生成一个“组1”组，如图3.232所示。

图3.232　将图层编组

STEP 05 在“图层”面板中选中“组1”组，单击面板底部的“添加图层样式” fx 按钮，在菜单中选择“投影”命令，在弹出的对话框中将“不透明度”更改为30%，这样就完成了效果制作，最终效果如图3.233所示。

图3.233　添加投影及最终效果

3.10 游戏图标设计

素材位置	无
案例位置	案例文件\第3章\游戏图标.psd
视频位置	多媒体教学\第3章\3.10　游戏图标设计.avi
难易指数	★★☆☆☆

本例讲解游戏图标制作。本例制作的是一款简洁小游戏APP图标，整个制作过程比较简单，在制作过程中以形象的图形对比方法将图形完美地结合组合成一款简单出色的图标，最终效果如图3.234所示。

图3.234　最终效果

3.10.1 使用Photoshop绘制圆角矩形

STEP 01 执行菜单栏中的“文件”|“新建”命令，在弹出的对话框中设置“宽度”为600像素，“高度”为500像素，“分辨率”为72像素/英寸，新建一个空白画布，如图3.235所示。

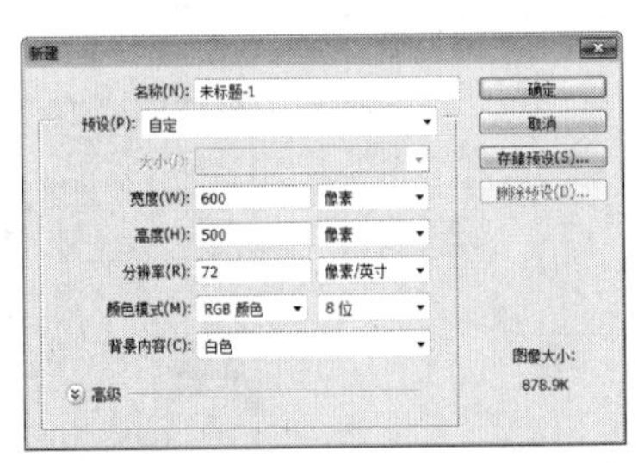

图3.235　新建画布

STEP 02 将画布填充为深蓝灰色（R：190，G：193，B：198）。

STEP 03 选择工具箱中的“圆角矩形工具”，在选项栏中将“填充”更改为白色，“描边”为无，“半径”为60像素，按住Shift键并在画布中间位置绘制一个圆角矩形，此时将生成一个“圆角矩形 1”图层，如图3.236所示。

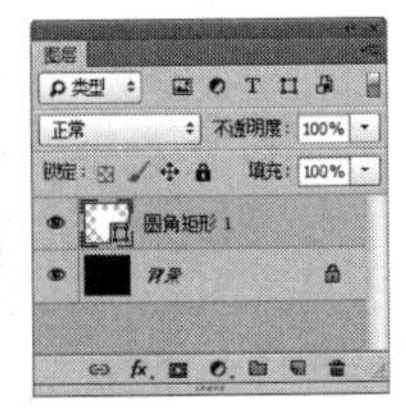

图3.236　绘制图形

STEP 04 在“图层”面板中选中“圆角矩形 1”图层，单击面板底部的“添加图层样式” fx 按钮，在菜单中选择“渐变叠加”命令，在弹出的对话框中将“渐变”更改为灰色（R：233，G：236，B：240）到浅灰色（R：254，G：254，B：254），如

图3.237所示。

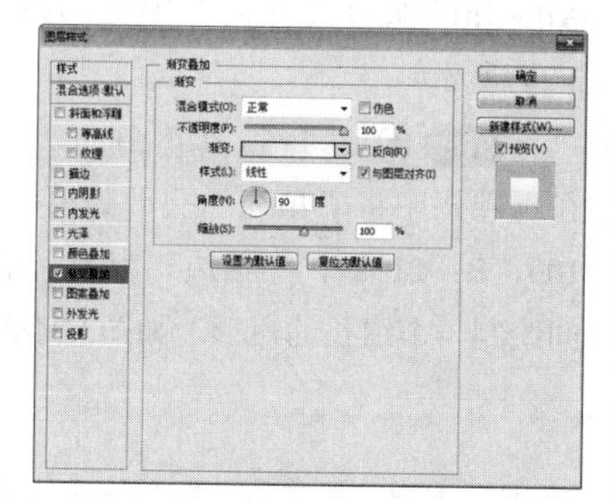

图3.237 设置渐变叠加

STEP 05 勾选“投影”复选框，将“不透明度”更改为10%，取消“使用全局光”复选框，“角度”更改为90度，“距离”更改为5像素，“大小”更改为20像素，如图3.238所示。

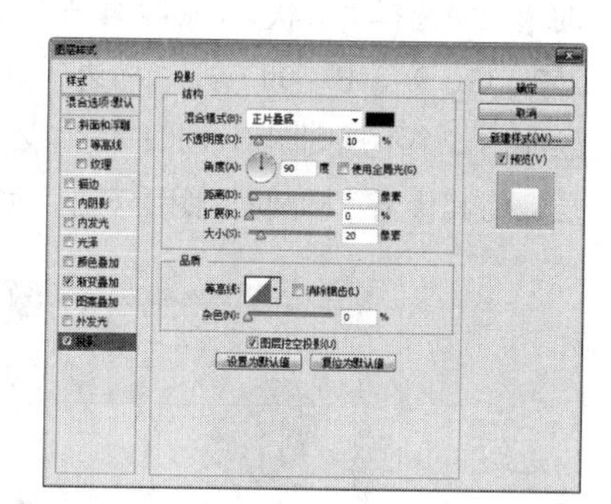

图3.238 设置投影

3.10.2 绘制图标内容

STEP 01 选择工具箱中的“椭圆工具”，在选项栏中将“填充”更改为白色，“描边”为无，按住Shift键并在画布中绘制一个椭圆图形，此时将生成一个“椭圆1”图层，如图3.239所示。

图3.239 绘制图形

STEP 02 在“图层”面板中选中“椭圆 1”图层，单击面板底部的“添加图层样式”fx按钮，在菜单中选择“斜面和浮雕”命令，在弹出的对话框中将“大小”更改为16像素，“软化”更改为10像素，取消“使用全局光”复选框，“角度”更改为90，“阴影模式”中的“不透明度”更改为5%，如图3.240所示。

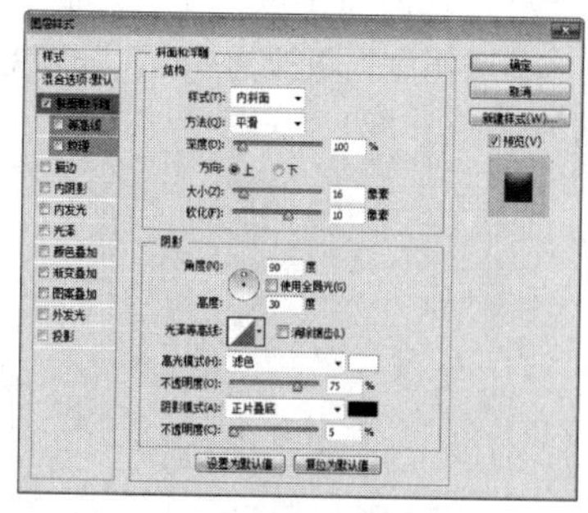

图3.240 设置斜面和浮雕

STEP 03 勾选“渐变叠加”复选框，将“渐变”更改为灰色（R：228，G：228，B：228）到灰色（R：248，G：252，B：254），如图3.241所示。

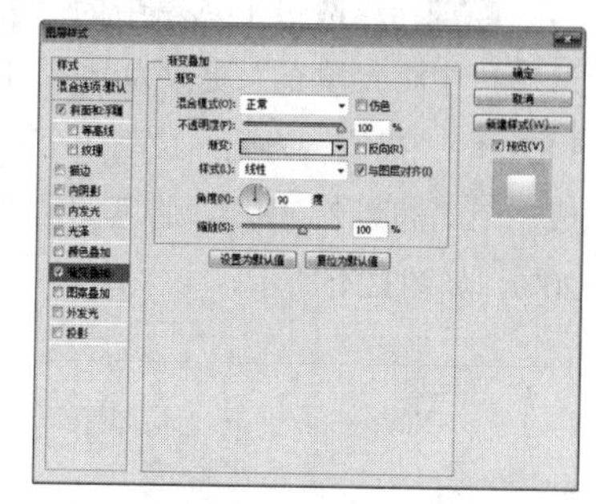

图3.241 设置渐变叠加

STEP 04 勾选“投影”复选框，将“不透明度”更改为15%，取消“使用全局光”复选框，“角度”更改为90度，“距离”更改为5像素，“大小”更改为8像素，完成之后单击“确定”按钮，如图3.242所示。

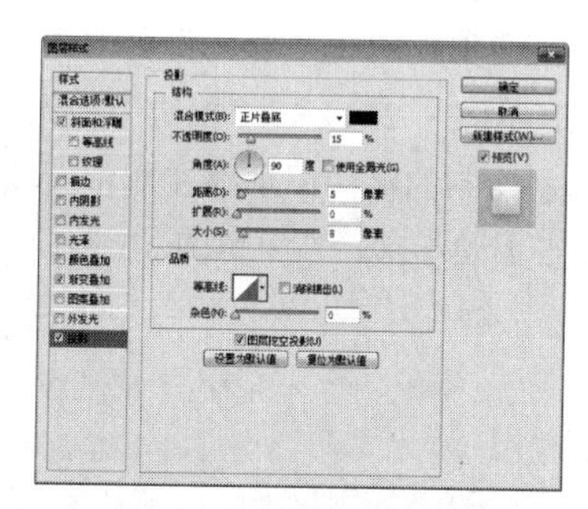

图3.242 设置投影

STEP 05 选择工具箱中的“钢笔工具”，在选项栏中单击“选择工具模式” 路径 按钮，在弹出的选项中选择“形状”，将“填充”更改为灰色（R：128，G：128，B：140），“描边”更改为无，在刚才绘制的图形上方位置绘制出一个不规则图形，此时将生成一个“形状 1”图层，将其图层“不透明度”更改为20%，如图3.243所示。

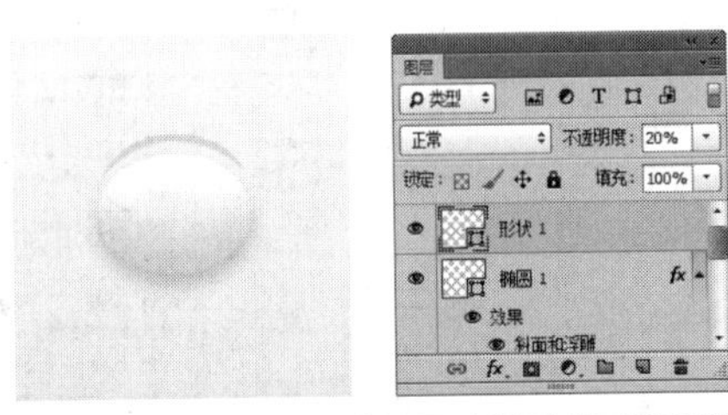

图3.243　绘制图形并更改不透明度

STEP 06 选中“形状 1”图层，在画布中按住Alt+Shift组合键并向上拖动将图形复制两份，再将图形适当缩小，如图3.244所示。

STEP 07 选择工具箱中的“椭圆工具”，在选项栏中将“填充”更改为（R：128，G：128，B：140），“描边”为无，绘制一个椭圆图形，此时将生成一个“椭圆 2”图层，将其图层“不透明度”更改为20%，如图3.245所示。

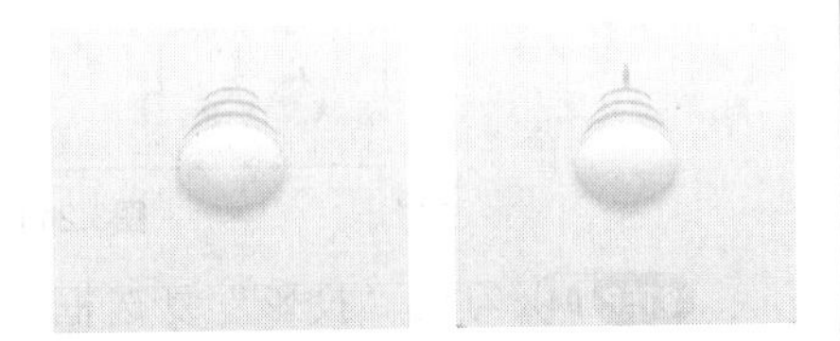

图3.244　复制及变换图形　图3.245　绘制图形

技巧与提示

在绘制椭圆图形的时候需要注意图层的前后顺序。

STEP 08 选择工具箱中的“椭圆工具”，在选项栏中将“填充”更改为蓝色（R：102，G：103，B：211），“描边”为无，按住Shift键并在刚才绘制的椭圆图形靠左侧位置绘制一个正圆图形，此时将生成一个“椭圆 3”图层，如图3.246所示。

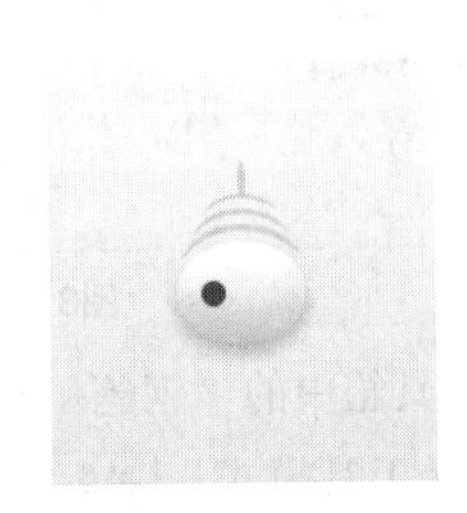

图3.246　绘制图形

STEP 09 选中“椭圆 3”图层，在画布中按住Alt+Shift组合键并向右侧拖动将图形复制，如图3.247所示。

STEP 10 选择工具箱中的“矩形工具”，在选项栏中将“填充”更改为蓝色（R：102，G：103，B：211），“描边”为无，在两个椭圆图形之间绘制一个细长的矩形，如图3.248所示。

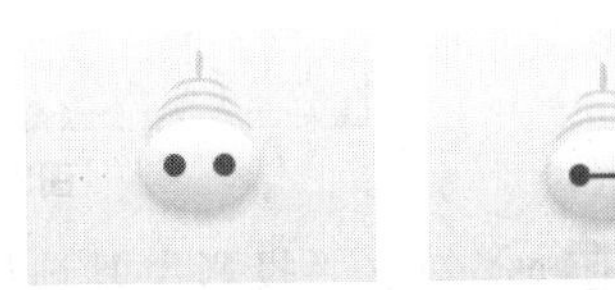

图3.247　复制图形　图3.248　绘制图形

STEP 11 选择工具箱中的“钢笔工具”，在选项栏中单击“选择工具模式” 路径 按钮，在弹出的选项中选择“形状”，将“填充”更改为红色（R：252，G：98，B：99），“描边”更改为无，在位置绘制出一个不规则图形，此时将生成一个“形状 2”图层，将其移至“椭圆 1”图层下方，如图3.249所示。

图3.249　绘制图形

STEP 12 在“图层”面板中，选中“形状 2”图层，将其拖至面板底部的“创建新图层”按钮上，复制出一个“形状 2 拷贝”图层，将“形状 2 拷贝”图层中图形颜色更改为蓝色（R：73，G：120，B：253），如图3.250所示。

STEP 13 在“图层”面板中，同时选中“形状 2”及“形状 2 拷贝”图层，单击鼠标右键，从弹出的快捷菜单中选择“栅格化图层”命令，如图3.251所示。

图3.250　复制图层　图3.251　栅格化图层

STEP 14 选中“形状 2 拷贝”图层，按Ctrl+T组合键对其执行“自由变换”命令，单击鼠标右键，从弹出的快捷菜单中选择“水平翻转”命令，完成之后按Enter键确认，将图像转向右侧，如图3.252所示。

STEP 15 同时选中“形状 2 拷贝”及“形状 2”图层，按Ctrl+G组合键将其编组，此时将生成一个“组 1”组，如图3.253所示。

图3.252 变换图像　　图3.253 将图层编组

3.10.3 添加光晕效果

STEP 01 单击面板底部的“创建新图层”按钮，新建一个“图层1”图层，如图3.254所示。

STEP 02 选择工具箱中的“画笔工具”，在画布中单击鼠标右键，在弹出的面板中选择一种圆角笔触，将“大小”更改为180像素，“硬度”更改为0%，如图3.255所示。

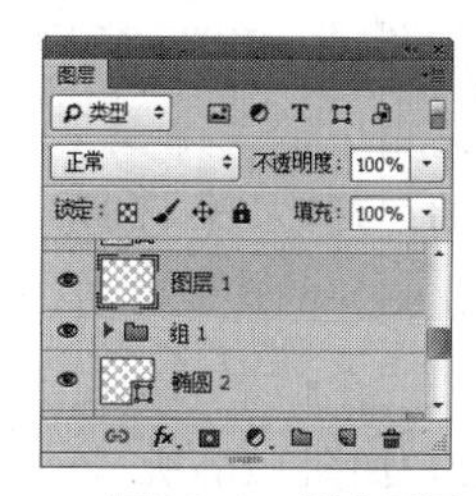

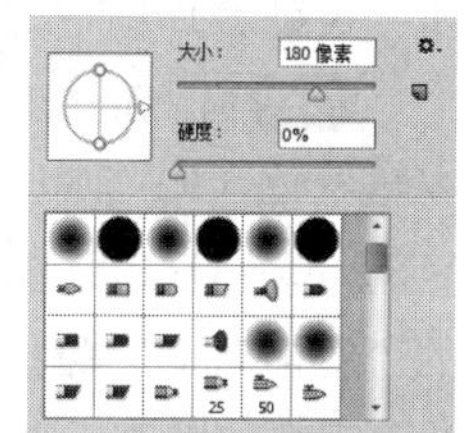

图3.254 新建图层　　图3.255 新建图层

STEP 03 将前景色更改为黄色（R：250，G：243，B：207），选中“图层 1”图层，在翅膀图像底部位置单击以添加颜色，如图3.256所示。

图3.256 添加颜色

STEP 04 选中“图层 1”图层，将其图层混合模式更改为叠加，再执行菜单栏中的“图层”|“创建剪贴蒙版”命令，为当前图层创建剪贴蒙版将部分图像隐藏，如图3.257所示。

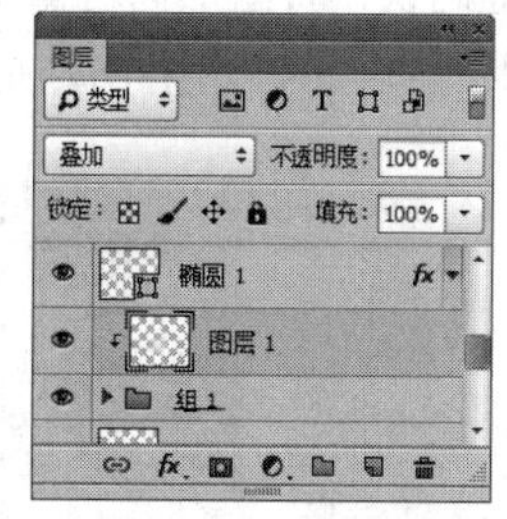

图3.257 设置混合模式并创建剪贴蒙版

STEP 05 选择工具箱中的“钢笔工具”，在选项栏中单击“选择工具模式”路径按钮，在弹出的选项中选择“形状”，将“填充”更改为无，“描边”更改为白色，“大小”更改为2点，在适当位置绘制出一个弧形线段，此时将生成一个“形状 3”图层，将其图层“不透明度”更改为60%，如图3.258所示。

图3.258 绘制图形并更改不透明度

STEP 06 选择工具箱中的“椭圆工具”，在选项栏中将“填充”更改为白色，“描边”为无，按住Shift键并在刚才绘制的弧形线段图形左上角位置绘制一个正圆图形，此时将生成一个“椭圆 4”图层，将其图层“不透明度”更改为90%，如图3.259所示。

图3.259 绘制图形

STEP 07 在“图层”面板中，同时选中“椭圆

4”及“形状 3”图层，将其拖至面板底部的“创建新图层”按钮上，复制出一个“拷贝”图层，按Ctrl+T组合键对其执行“自由变换”命令，单击鼠标右键，从弹出的快捷菜单中选择“水平翻转”命令，完成之后按Enter键确认，将图形向右侧平移，这样就完成了效果制作，最终效果如图3.260所示。

图3.260 最终效果

3.11 空调控件设计

素材位置	素材文件\第3章\空调控件
案例位置	案例文件\第3章\空调控件.psd
视频位置	多媒体教学\第3章\3.11 空调控件设计.avi
难易指数	★★★☆☆

本例讲解空调控件图标绘制。本例以拟物的手法结合实际的空调遥控器图像进行绘制，整体的难度一般，但在细节方面需要多加留意，最终效果如图3.261所示。

图3.261 最终效果

3.11.1 使用Photoshop绘制矩形并添加样式

STEP 01 执行菜单栏中的“文件”|“新建”命令，在弹出的对话框中设置“宽度”为600像素，“高度”为500像素，“分辨率”为72像素/英寸，新建一个空白画布，如图3.262所示。

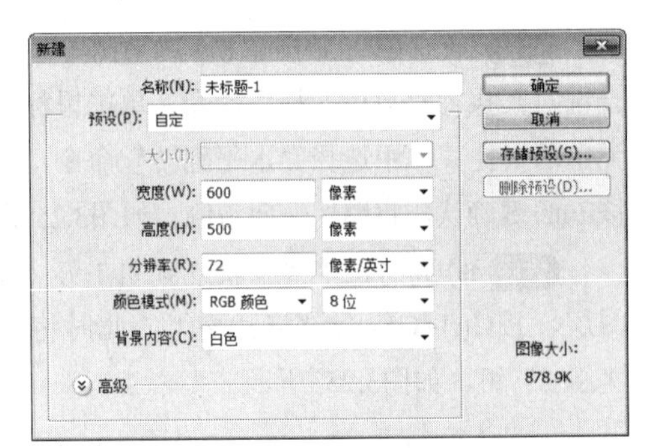

图3.262 新建画布

STEP 02 执行菜单栏中的“滤镜”|“杂色”|“添加杂色”命令，在弹出的对话框中单击“平均分布”单选按钮并勾选“单色”复选框，将“数量”更改为3%，完成之后单击“确定”按钮，如图3.263所示。

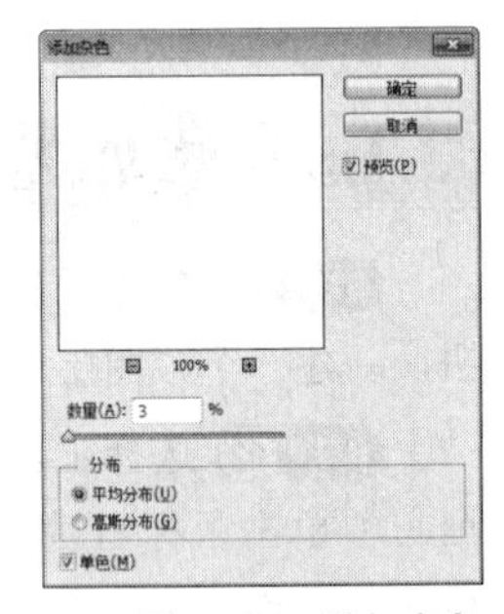

图3.263 添加杂色

STEP 03 单击面板底部的“创建新图层”按钮，新建一个“图层1”图层，如图3.264所示。

STEP 04 选择工具箱中的“渐变工具”，编辑灰色（R：210，G：197，B：207）到深紫色（R：85，G：68，B：93）的渐变，单击选项栏中的“径向渐变”按钮，在画布中从左上角向右下角方向拖动以填充渐变，如图3.265所示。

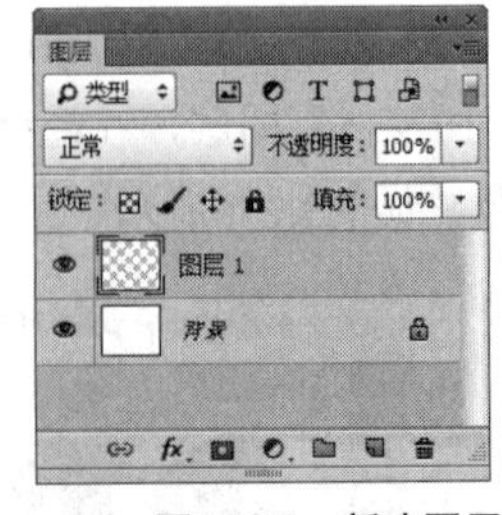

图3.264 新建图层

图3.265 填充渐变

STEP 05 在“图层”面板中选中“图层1”图层，将其图层混合模式设置为“正片叠底”，如图3.266所示。

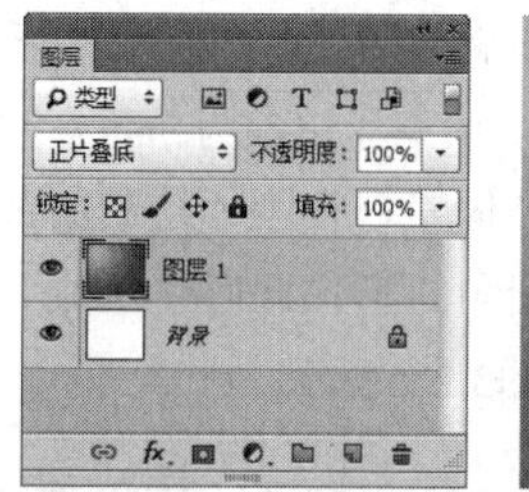

图3.266 设置图层混合模式

STEP 06 选择工具箱中的“圆角矩形工具”，在选项栏中将“填充”更改为白色，“描边”为无，“半径”为80像素，在画布中绘制一个圆角矩形，此时将生成一个“圆角矩形1”图层，如图3.267所示。

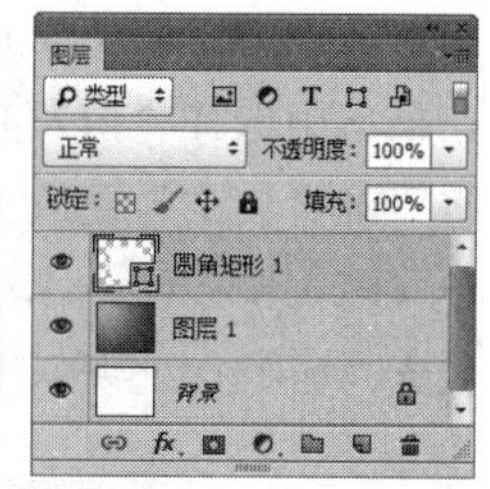

图3.267 绘制图形

STEP 07 在“图层”面板中，选中“圆角矩形1”图层，单击面板底部的“添加图层样式”fx按钮，在菜单中选择“斜面和浮雕”命令，在弹出的对话框中将“大小”更改为20像素，取消“使用全局光”复选框，“角度”更改为90，“阴影模式”中的“颜色”更改为紫色（R：115，G：90，B：136），如图3.268所示。

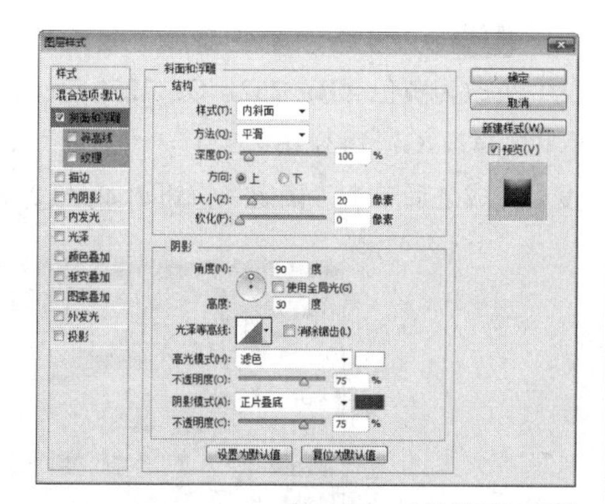

图3.268 设置斜面和浮雕

STEP 08 勾选“渐变叠加”复选框，将“渐变”更改为灰色（R：220，G：220，B：218）到浅绿色（R：248，G：250，B：240），如图3.269所示。

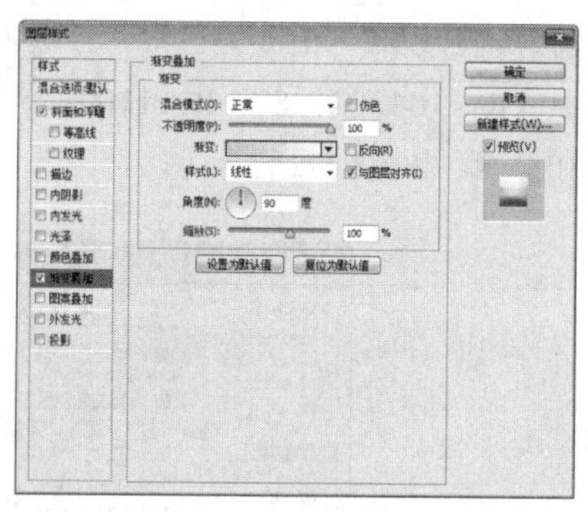

图3.269 设置渐变叠加

STEP 09 勾选“投影”复选框，将“颜色”更改为深紫色（R：37，G：20，B：50），“距离”更改为10像素，“大小”更改为20像素，完成之后单击“确定”按钮，如图3.270所示。

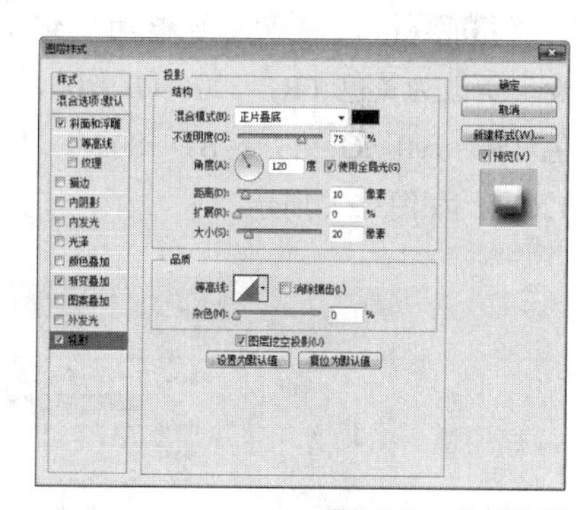

图3.270 设置投影

3.11.2 绘制显示屏效果

STEP 01 选择工具箱中的“圆角矩形工具”，在选项栏中将“填充”更改为白色，“描边”为无，“半径”为20像素，在图标位置再次绘制一个圆角矩形，此时将生成一个“圆角矩形2”图层，如图3.271所示。

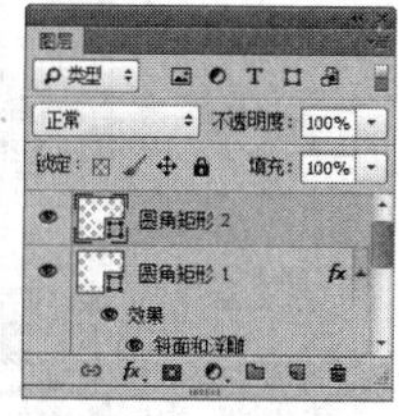

图3.271 绘制图形

STEP 02 在“图层”面板中选中“圆角矩形2”图层，单击面板底部的“添加图层样式”fx按钮，在菜单中选择“内发光”命令，在弹出的对话框中将“混合模式”更改为正常，“颜色”更改为深紫色（R：104，G：87，B：110），“大小”更改为10像素，如图3.272所示。

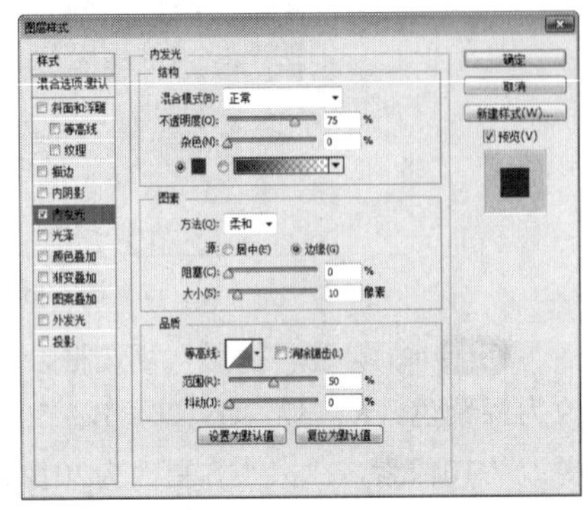

图3.272 设置内发光

STEP 03 勾选“渐变叠加”复选框，将“渐变”更改为黄色（R：220，G：205，B：183）到灰色（R：190，G：174，B：180），“角度”更改为120度，如图3.273所示。

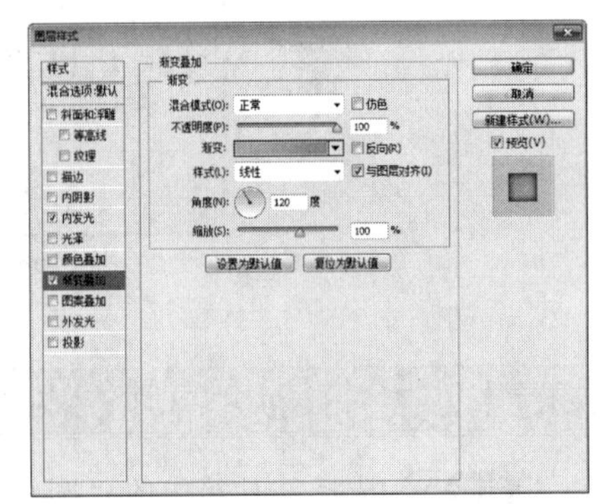

图3.273 设置渐变叠加

STEP 04 勾选“投影”复选框，将“颜色”更改为白色，“距离”更改为2像素，“大小”更改为2像素，完成之后单击“确定”按钮，如图3.274所示。

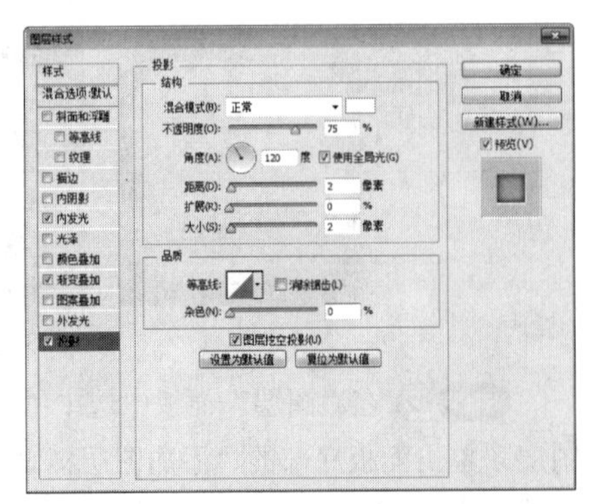

图3.274 设置投影

STEP 05 选择工具箱中的“圆角矩形工具”，在选项栏中将“填充”更改为白色，“描边”为无，“半径”为15像素，在刚才绘制的圆角矩形位置再次绘制一个圆角矩形，此时将生成一个“圆角矩形3”图层，如图3.275所示。

图3.275 绘制图形

STEP 06 在“图层”面板中选中“圆角矩形3”图层，单击面板底部的“添加图层样式”fx按钮，在菜单中选择“内发光”命令，在弹出的对话框中将“混合模式”更改为正常，“颜色”更改为深黄色（R：160，G：64，B：30），“大小”更改为13像素，如图3.276所示。

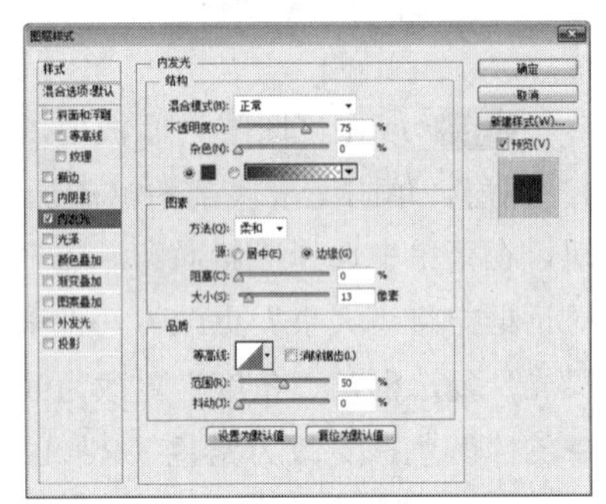

图3.276 设置内发光

STEP 07 勾选“渐变叠加”复选框，将“渐变”更改为黄色（R：252，G：225，B：0）到黄色（R：247，G：143，B：37），“角度”更改为120度，完成之后单击“确定”按钮，如图3.277所示。

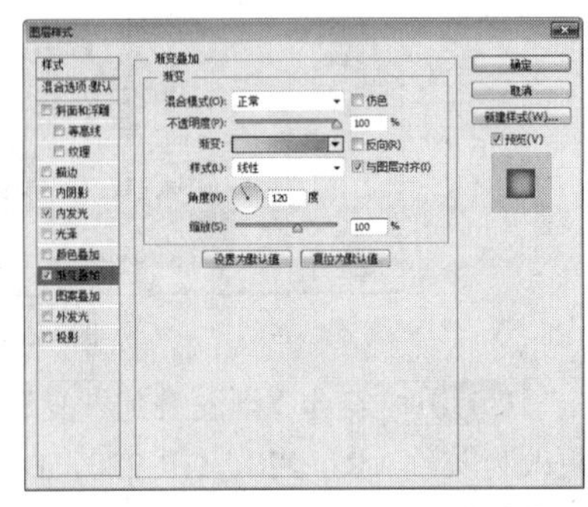

图3.277 设置渐变叠加

STEP 08 选择工具箱中的“直线工具”，在选项栏中将“填充”更改为黄色（R：212，G：122，B：23），“描边”为无，“粗细”更改为1像素，按住Shift键并在刚才绘制的圆角矩形位置绘制一条水平线段，以同样的方法再绘制一条稍短的垂直线段，如图3.278所示。

图3.278 绘制图形

3.11.3 添加图标素材

STEP 01 执行菜单栏中的“文件”|“打开”命令，打开“图标.psd”文件，将打开的素材拖入画布中左上角位置并适当缩小，如图3.279所示。

STEP 02 选择工具箱中的“横排文字工具”T，在画布右侧位置添加文字，如图3.280所示。

图3.279 添加素材 图3.280 添加文字

STEP 03 在“图层”面板中选中“图标”图层，单击面板底部的“添加图层样式”fx按钮，在菜单中选择“投影”命令，在弹出的对话框中将“不透明度”更改为50%，“距离”更改为2像素，“大小”更改为2像素，完成之后单击“确定”按钮，如图3.281所示。

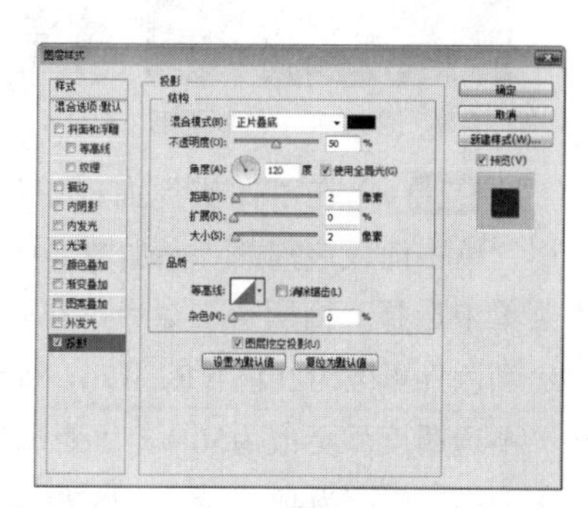

图3.281 设置投影

STEP 04 在“图标”图层上单击鼠标右键，从弹出的快捷菜单中选择“拷贝图层样式”命令，在“26 C”图层上单击鼠标右键，从弹出的快捷菜单中选择“粘贴图层样式”命令，如图3.282所示。

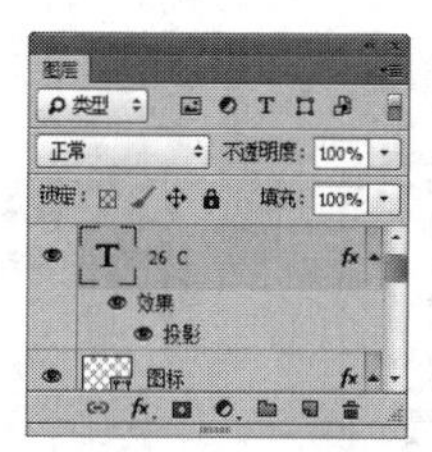

图3.282 复制并粘贴图层样式

STEP 05 选择工具箱中的“椭圆工具”，在选项栏中将“填充”更改为黄色（R：244，G：190，B：158），“描边”为无，按住Shift键并在图标右上角位置绘制一个正圆图形，此时将生成一个“椭圆1”图层，如图3.283所示。

STEP 06 在“图层”面板中选中“椭圆1”图层，将其拖至面板底部的“创建新图层”按钮上，复制出一个“椭圆1 拷贝”图层，如图3.284所示。

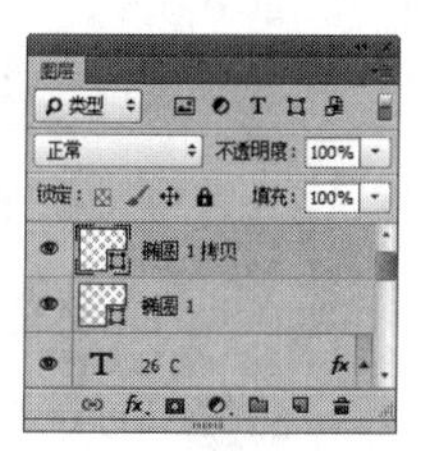

图3.283 绘制图形 图3.284 复制图层

STEP 07 在“图层”面板中选中“椭圆1”图层，单击面板底部的“添加图层样式”fx按钮，在菜单中选择“内发光”命令，在弹出的对话框中将“混合模式”更改为正常，“颜色”更改为浅红色（R：234，G：138，B：102），“大小”更改为10像素，如图3.285所示。

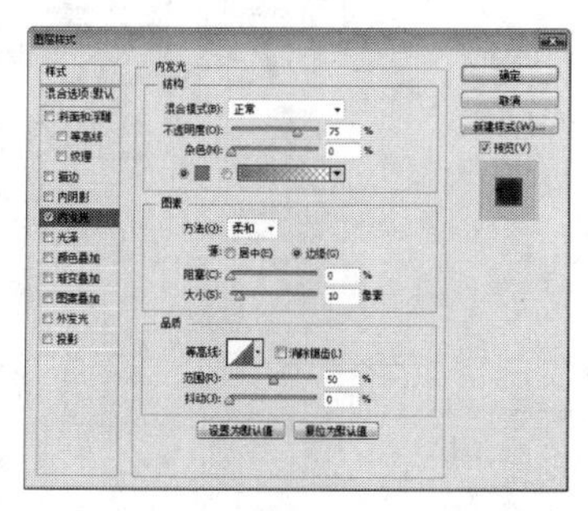

图3.285 设置内发光

STEP 08 勾选“投影”复选框，将“颜色”更改为白色，“距离”更改为2像素，“大小”更改为2像素，完成之后单击“确定”按钮，如图3.286所示。

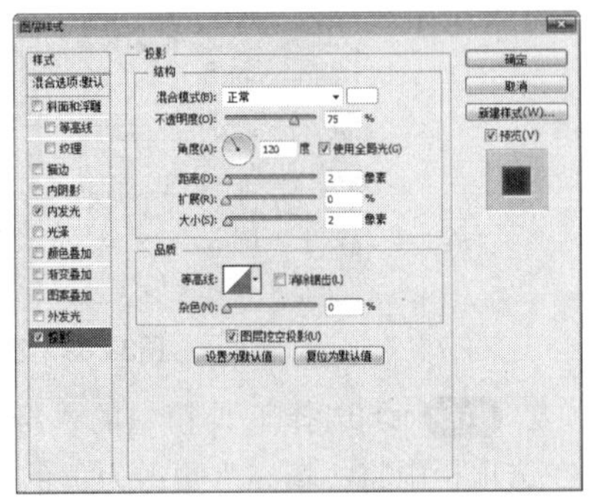

图3.286 设置投影

STEP 09 选中“椭圆 1 拷贝”图层，按Ctrl+T组合键对其执行“自由变换”命令，将图形等比例缩小，完成之后按Enter键确认，如图3.287所示。

图3.287 缩小图形

STEP 10 在“图层”面板中选中“椭圆1 拷贝”图层，单击面板底部的“添加图层样式”fx按钮，在菜单中选择“渐变叠加”命令，在弹出的对话框中将“渐变”更改为白色到黄色（R：255，G：137，B：45）到红色（R：255，G：26，B：20），“样式”更改为径向，如图3.288所示。

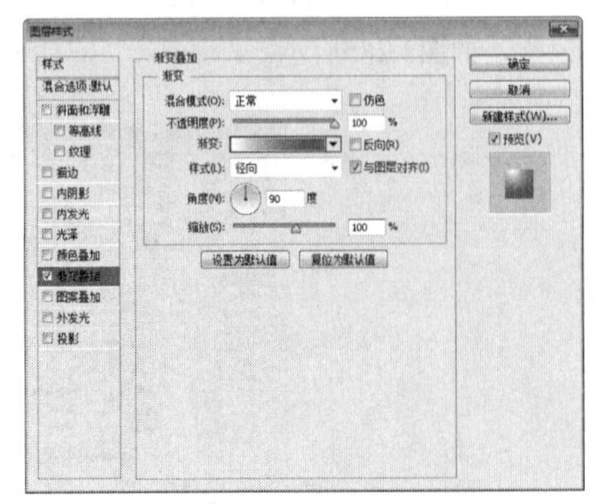

图3.288 设置渐变叠加

STEP 11 勾选“投影”复选框，将“颜色”更改为红色（R：180，G：20，B：15），“距离”更改为1像素，“大小”更改为2像素，完成之后单击“确定”按钮，如图3.289所示。

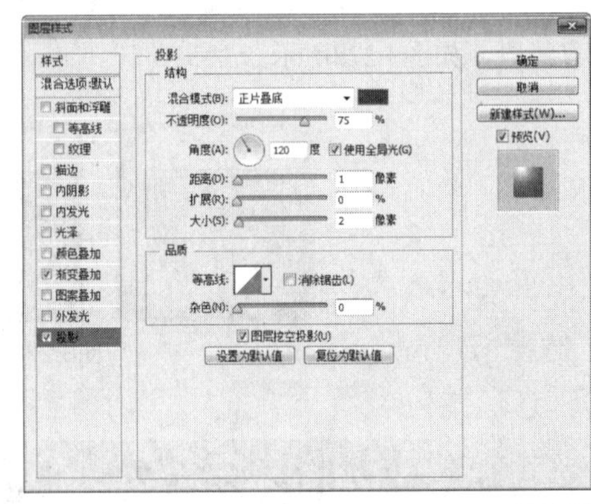

图3.289 设置投影

3.11.4 绘制立体按钮

STEP 01 选择工具箱中的“椭圆工具”，在选项栏中将“填充”更改为黄色（R：255，G：163，B：93），“描边”为无，按住Shift键并在图标左下角位置绘制一个正圆图形，此时将生成一个“椭圆2”图层，如图3.290所示。

STEP 02 在“图层”面板中选中“椭圆2”图层，将其拖至面板底部的“创建新图层”按钮上，复制出一个“椭圆2 拷贝”图层，如图3.291所示。

图3.290 绘制图形　　图3.291 复制图层

STEP 03 在“图层”面板中选中“椭圆2”图层，单击面板底部的“添加图层样式”fx按钮，在菜单中选择“内阴影”命令，在弹出的对话框中将“颜色”更改为红色（R：176，G：50，B：26），“不透明度”更改为50%，“距离”更改为4像素，“大小”更改为4像素，如图3.292所示。

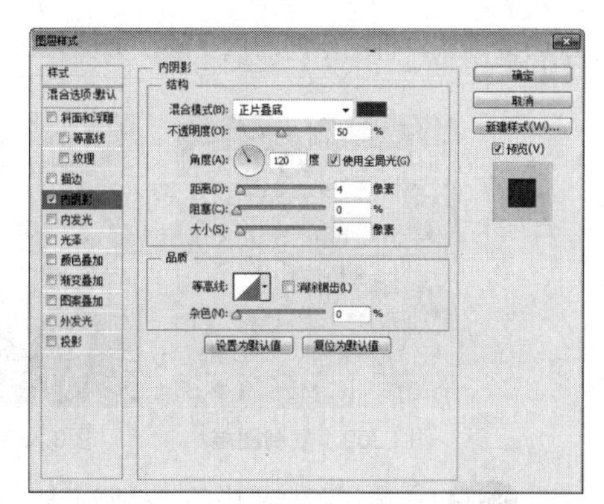

图3.292 设置内阴影

STEP 04 勾选“投影”复选框，将“颜色”更改为白色，“距离”更改为2像素，“大小”更改为4像素，完成之后单击“确定”按钮，如图3.293所示。

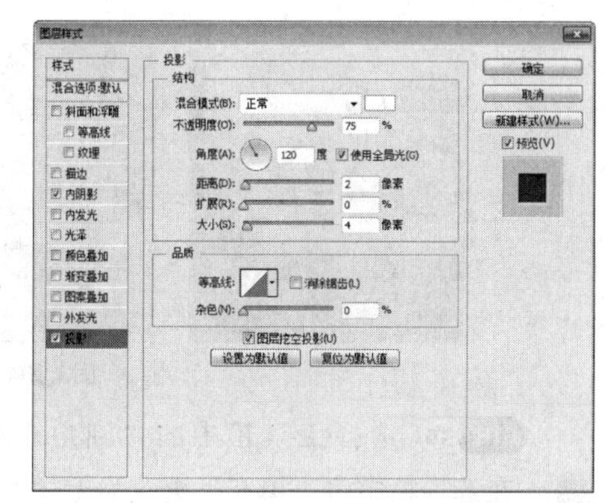

图3.293 设置投影

STEP 05 选中“椭圆 2 拷贝”图层，按Ctrl+T组合键对其执行“自由变换”命令，将图形等比例缩小，完成之后按Enter键确认，如图3.294所示。

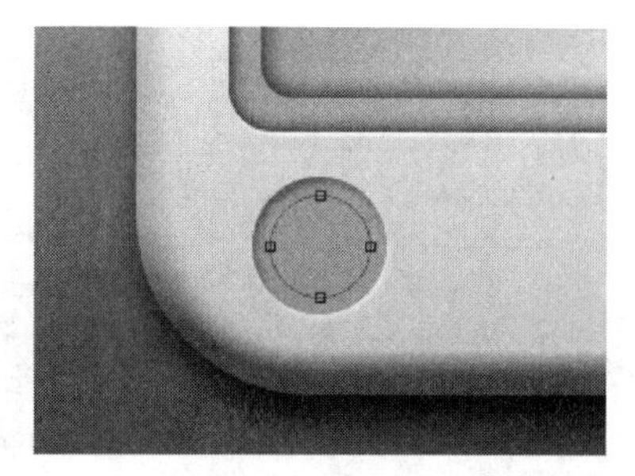

图3.294 缩小图形

STEP 06 在“图层”面板中选中“椭圆 2 拷贝”图层，单击面板底部的“添加图层样式” fx 按钮，在菜单中选择“斜面和浮雕”命令，在弹出的对话框中将“大小”更改为8像素，“阴影模式”中的“不透明度”更改为20%，如图3.295所示。

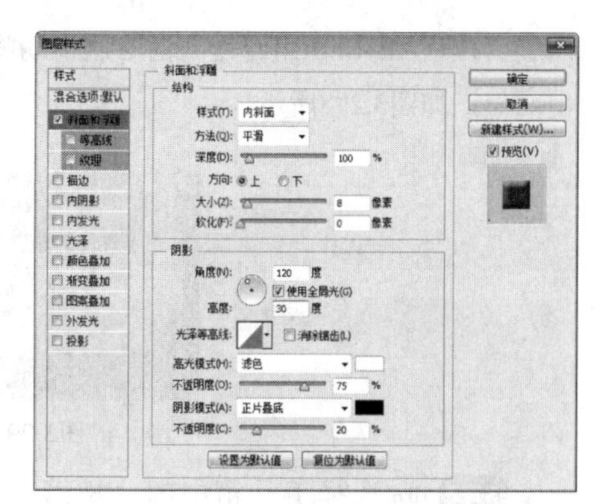

图3.295 设置斜面和浮雕

STEP 07 勾选“渐变叠加”复选框，将“渐变”更改为灰色（R：224，G：223，B：220）到灰色（R：244，G：245，B：237），“角度”更改为120度，如图3.296所示。

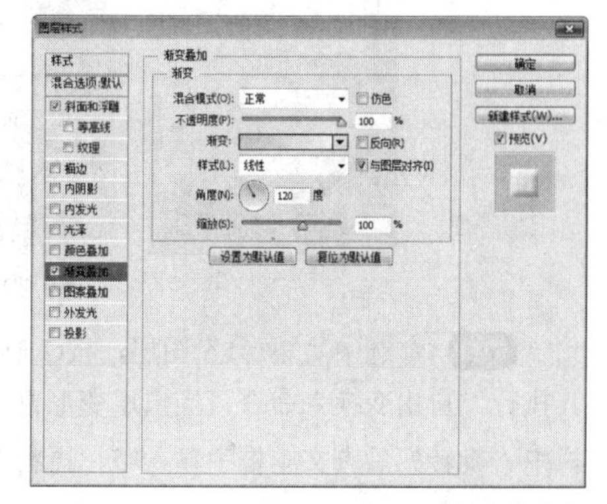

图3.296 设置渐变叠加

STEP 08 勾选“投影”复选框，将“颜色”更改为深红色（R：155，G：56，B：5），“距离”更改为4像素，“大小”更改为4像素，完成之后单击“确定”按钮，如图3.297所示。

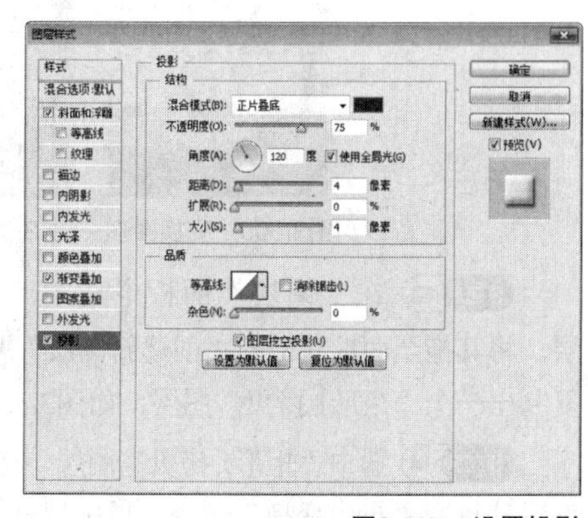

图3.297 设置投影

STEP 09 同时选中“椭圆 2”及“椭圆 2 拷贝”

图层，按住Alt+Shift组合键并向右侧拖动将图形复制出两份，如图3.298所示。

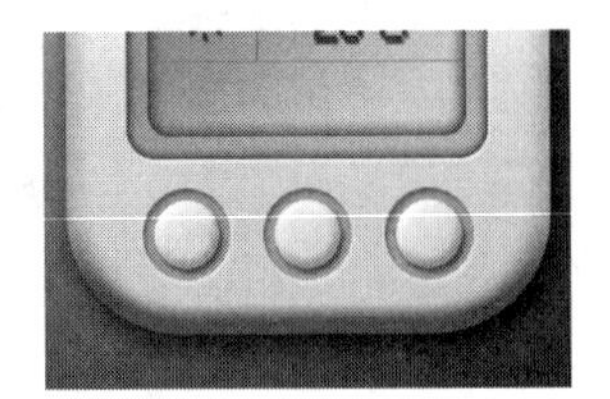

图3.298 复制图形

STEP 10 选择工具箱中的“矩形工具”，在选项栏中将“填充”更改为灰色（R：204，G：190，B：195），“描边”为无，在左侧椭圆图形位置绘制一个矩形，此时将生成一个“矩形1”图层，如图3.299所示。

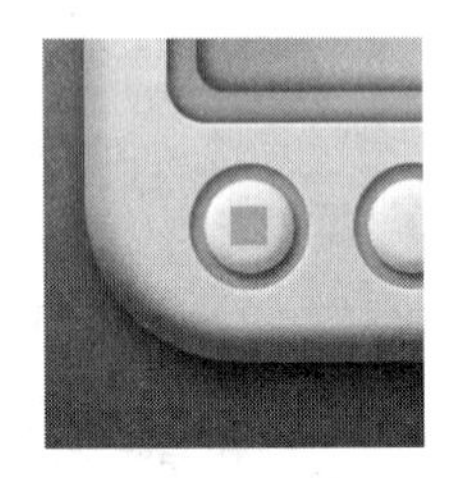

图3.299 绘制图形

STEP 11 选中“矩形1”图层，按Ctrl+T组合键对其执行“自由变换”命令，当出现变形框以后在选项栏中“旋转”后方文本框中输入45，再将图形宽度缩小，完成之后按Enter键确认，如图3.300所示。

STEP 12 选择工具箱中的“直接选择工具”，选中图形顶部锚点按Delete键将其删除，如图3.301所示。

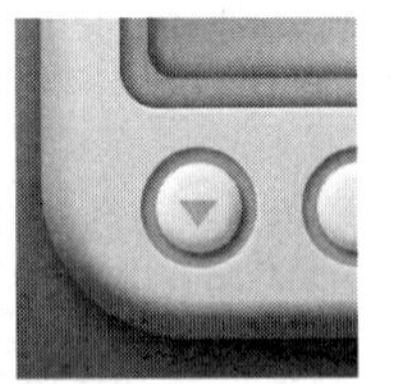

图3.300 变换图形 图3.301 删除锚点

STEP 13 在“图层”面板中选中“矩形1”图层，将其拖至面板底部的“创建新图层”按钮上，复制出一个“矩形1 拷贝”图层，如图3.302所示。

STEP 14 选中“矩形1 拷贝”图层，按Ctrl+T组合键对其执行“自由变换”命令，单击鼠标右键，从弹出的快捷菜单中选择“垂直翻转”命令，完成之后按Enter键确认，将图形向右侧平移，如图3.303所示。

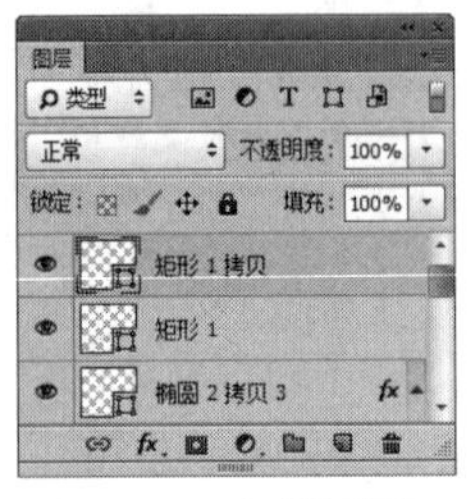

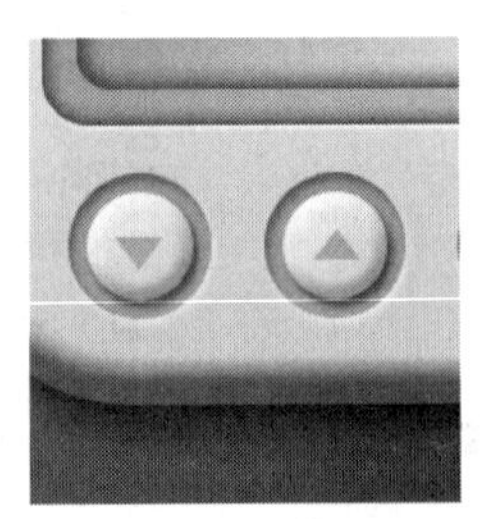

图3.302 复制图层 图3.303 变换图形

STEP 15 选择工具箱中的“椭圆工具”，在选项栏中将“填充”更改为无，“描边”为灰色（R：204，G：190，B：195），“大小”更改为3点，按住Shift键并在右侧椭圆图形位置绘制一个正圆图形，此时将生成一个“椭圆3”图层，如图3.304所示。

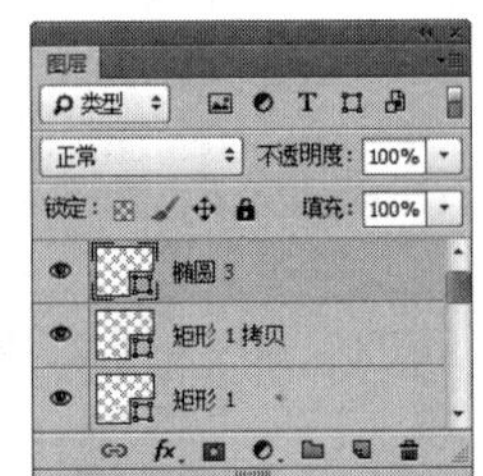

图3.304 绘制图形

STEP 16 选择工具箱中的“圆角矩形工具”，在选项栏中将“填充”更改为无，“描边”为灰色（R：204，G：190，B：195），“大小”为3点，“半径”为5像素，在刚才绘制的圆角矩形上半部分位置绘制一个圆角矩形，此时将生成一个“圆角矩形4”图层，如图3.305所示。

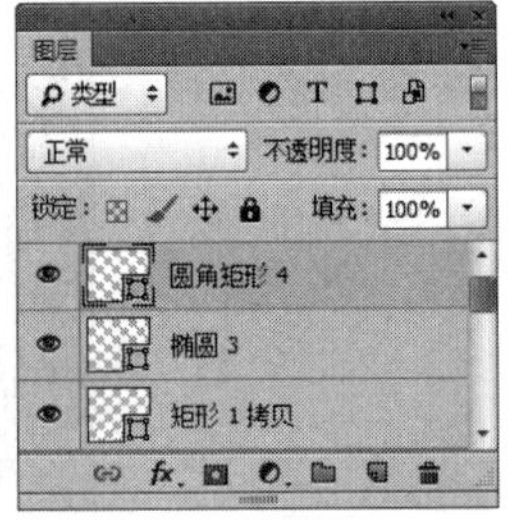

图3.305 绘制图形

STEP 17 在“图层”面板中选中“椭圆3”图层，单击面板底部的“添加图层蒙版”按钮，为其图层添加图层蒙版，如图3.306所示。

STEP 18 按住Ctrl键单击“圆角矩形4”图层缩览图将其载入选区，如图3.307所示。

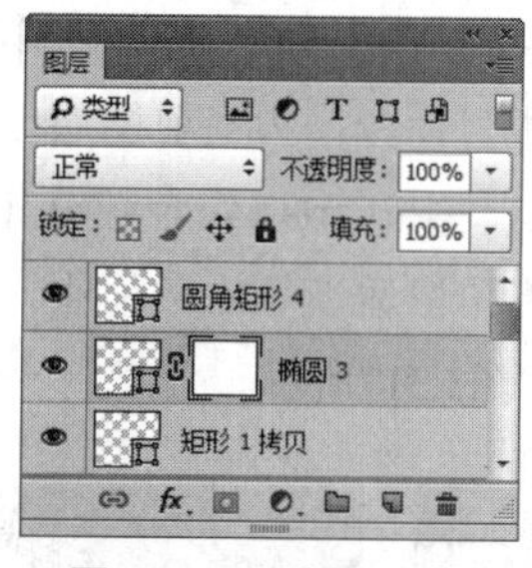

图3.306 添加图层蒙版

图3.307 载入选区

STEP 19 执行菜单栏中的“选择”|“修改”|“扩展”命令，在弹出的对话框中将“扩展量”更改为3像素，完成之后单击“确定”按钮，如图3.308所示。

STEP 20 将选区填充为黑色将部分图形隐藏，完成之后按Ctrl+D组合键将选区取消，这样就完成了效果制作，最终效果如图3.309所示。

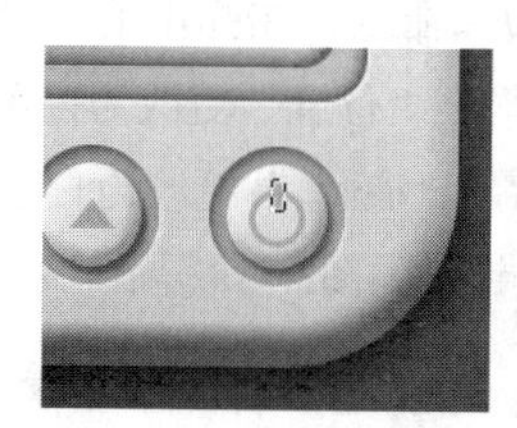

图3.308 扩展选区

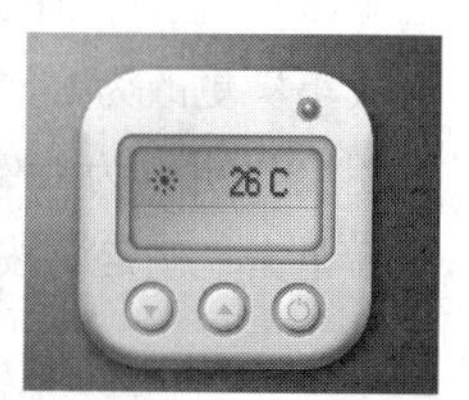

图3.309 最终效果

3.12 个人社交信息界面设计

素材位置	素材文件\第3章\个人社交信息界面
案例位置	案例文件\第3章\个人社交信息界面.psd
视频位置	多媒体教学\第3章\3.12 个人社交信息界面设计.avi
难易指数	★★☆☆☆

本例讲解的是一款简洁的个人信息社交界面，整体的布局简洁，在配色上将不同的信息很好地区分，制作过程比较简单，最终效果如图3.310所示。

图3.310 最终效果

3.12.1 使用Photoshop制作背景并绘制图形

STEP 01 执行菜单栏中的“文件”|“新建”命令，在弹出的对话框中设置“宽度”为500像素，“高度”为500像素，“分辨率”为72像素/英寸，新建一个空白画布，如图3.311所示。

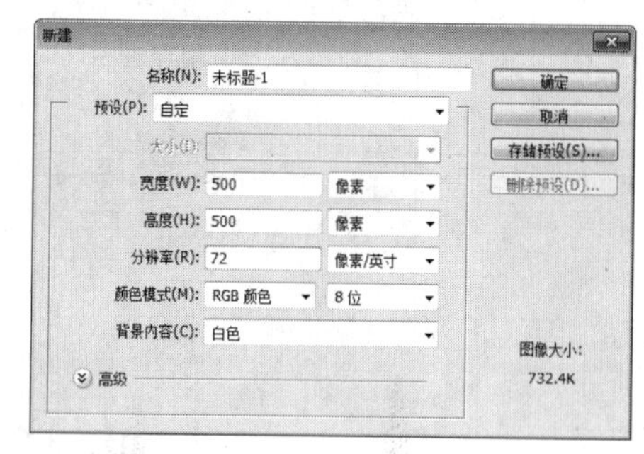

图3.311 新建画布

STEP 02 选择工具箱中的“渐变工具”，编辑蓝色（R：52，G：28，B：108）到蓝色（R：38，G：54，B：90）的渐变，单击选项栏中的“线性渐变”按钮，在画布中从左至右拖动以填充渐变，如图3.312所示。

图3.312 填充渐变

STEP 03 选择工具箱中的“矩形工具”，在选项栏中将“填充”更改为白色，“描边”为无，在画布中绘制一个矩形，此时将生成一个“矩形 1”图层，如图3.313所示。

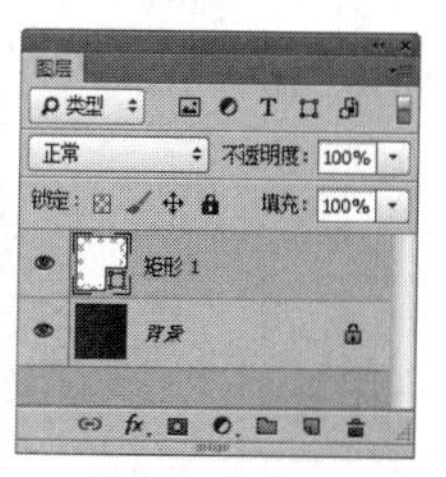

图3.313 绘制图形

STEP 04 在“图层”面板中选中“矩形 1”图

层，单击面板底部的“添加图层样式”fx按钮，在菜单中选择“渐变叠加”命令，在弹出的对话框中将“渐变”更改为蓝色（R：5，G：111，B：202）到蓝色（R：70，G：166，B：240），“样式”更改为线性，“角度”更改为0度，完成之后单击“确定”按钮，如图3.314所示。

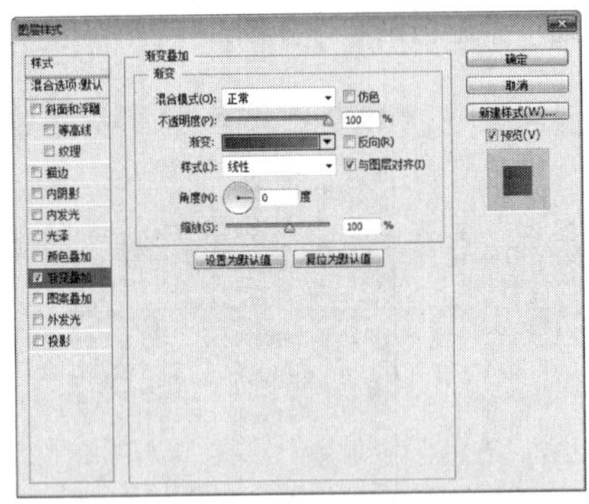

图3.314　设置渐变叠加

STEP 05 选择工具箱中的“椭圆工具”，在选项栏中将“填充”更改为白色，“描边”为无，按住Shift键并在矩形顶部位置绘制一个正圆图形，此时将生成一个“椭圆 1”图层，如图3.315所示。

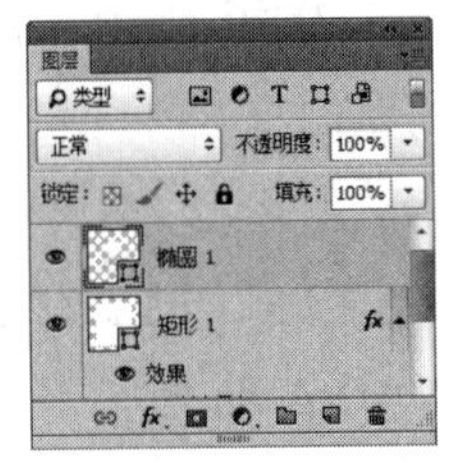

图3.315　绘制图形

3.12.2 添加头像及其他内容

STEP 01 执行菜单栏中的“文件”|“打开”命令，打开“头像.jpg”文件，将打开的素材拖入画布中并适当缩小，其图层名称将更改为“图层 1”，如图3.316所示。

图3.316　添加素材

STEP 02 选中“图层 1”图层，执行菜单栏中的“图层”|“创建剪贴蒙版”命令，为当前图层创建剪贴蒙版将部分图像隐藏，再按Ctrl+T组合键对其执行“自由变换”命令，将图像适当等比例缩小，完成之后按Enter键确认，如图3.317所示。

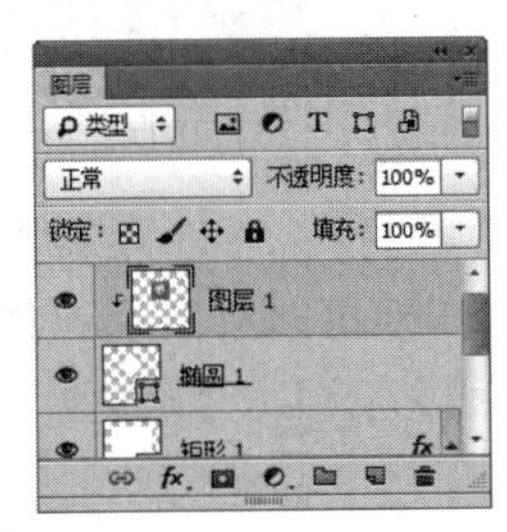

图3.317　创建剪贴蒙版

STEP 03 在“图层”面板中，选中“椭圆 1”图层，单击面板底部的“添加图层样式”fx按钮，在菜单中选择“描边”命令，在弹出的对话框中将“大小”更改为4像素，“位置”更改为内部，“不透明度”更改为80%，“颜色”更改为白色，完成之后单击“确定”按钮，如图3.318所示。

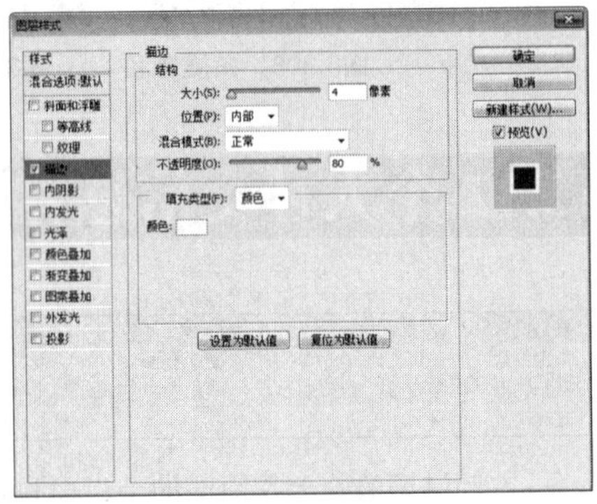

图3.318　设置描边

STEP 04 选择工具箱中的“直线工具”，在选项栏中将“填充”更改为白色，“描边”为无，“粗细”更改为1像素，按住Shift键并在头像左下角位置绘制一条垂直线段，此时将生成一个“形状1”图层，将其图层“不透明度”更改为30%，如图3.319所示。

图3.319　绘制图形并更改不透明度

STEP 05 选中“形状1”图层，在画布中按住Alt+Shift组合键并向右侧拖动将图形复制，如图3.320所示。

图3.320 复制图形

STEP 06 选择工具箱中的“圆角矩形工具”▢，在选项栏中将“填充”更改为蓝色（R：0，G：136，B：255），“描边”为无，“半径”为50像素，在矩形左下角位置绘制一个圆角矩形，如图3.321所示。

STEP 07 选中圆角矩形，在画布中按住Alt+Shift组合键并向右侧拖动将图形复制，将复制生成的图形颜色更改为红色（R：242，G：108，B：80），如图3.322所示。

图3.321 绘制图形

图3.322 复制图形

STEP 08 选择工具箱中的“横排文字工具”T，在画布适当位置添加文字，这样就完成了效果制作，最终效果如图3.323所示。

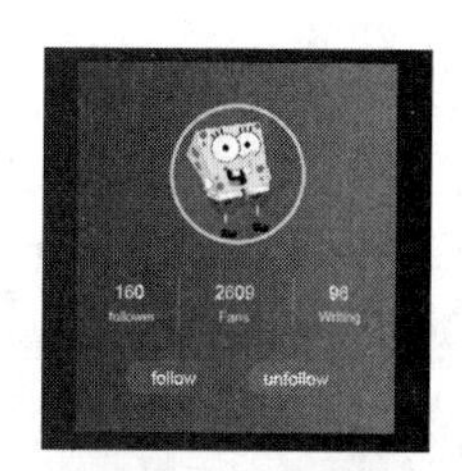

图3.323 添加文字及最终效果

3.13 会员登录界面设计

素材位置	素材文件\第3章\会员登录界面
案例位置	案例文件\第3章\会员登录界面.psd
视频位置	多媒体教学\第3章\3.13 会员登录界面设计.avi
难易指数	★★☆☆☆

本例讲解会员登录界面制作，本例在制作过程中采用紫色背景与淡色界面相组合，整个界面的外观十分简洁、舒适，深色调的背景可以很好地突出界面的美观，最终效果如图3.324所示。

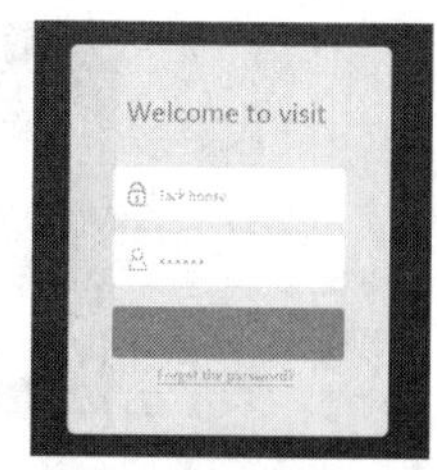

图3.324 最终效果

3.13.1 使用Photoshop制作背景并绘制图形

STEP 01 执行菜单栏中的“文件”|“新建”命令，在弹出的对话框中设置“宽度”为500像素，“高度”为500像素，“分辨率”为72像素/英寸，新建一个空白画布，如图3.325所示。

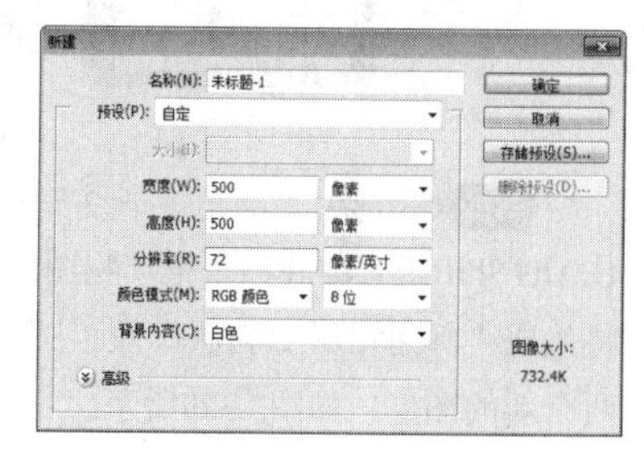

图3.325 新建画布

STEP 02 选择工具箱中的“渐变工具”▣，编辑紫色（R：108，G：67，B：175）到紫色（R：107，G：50，B：153）的渐变，单击选项栏中的“线性渐变”▣按钮，在画布中从上至下拖动以填充渐变，如图3.326所示。

图3.326 填充渐变

STEP 03 选择工具箱中的“圆角矩形工具”

，在选项栏中将“填充”更改为灰色（R：242，G：237，B：244），“描边”为无，“半径”为10像素，在画布中绘制一个圆角矩形，此时将生成一个“圆角矩形 1”图层，如图3.327所示。

图3.327　绘制图形

STEP 04 选择工具箱中的“圆角矩形工具”，在选项栏中将“填充”更改为白色，“描边”为无，“半径”为5像素，在刚才绘制的圆角矩形位置再次绘制一个圆角矩形，此时将生成一个“圆角矩形 2”图层，如图3.328所示。

图3.328　绘制图形

STEP 05 选中“圆角矩形 2”图层，在画布中按住Alt+Shift组合键并向下拖动将图形复制两份，此时将生成“圆角矩形 2 拷贝”及“圆角矩形 2 拷贝2”两个新的图层，如图3.329所示。

STEP 06 选中“圆角矩形 2 拷贝 2”图层，将其图形颜色更改为蓝色（R：137，G：163，B：255），如图3.330所示。

图3.329　复制图形

图3.330　更改颜色

3.13.2 添加素材及文字

STEP 01 执行菜单栏中的“文件”|“打开”命令，打开“图标.psd”文件，将打开的素材拖入画布中并适当缩小，如图3.331所示。

STEP 02 选择工具箱中的“横排文字工具” T，在适当位置添加文字，如图3.332所示。

图3.331　添加素材

图3.332　添加文字

STEP 03 选择工具箱中的“直线工具”，在选项栏中将“填充”更改为灰色（R：187，G：187，B：187），“描边”为无，“粗细”更改为1像素，按住Shift键并在刚才绘制的椭圆图形上绘制一条垂直线段，此时将生成一个“形状1”图层，如图3.333所示。

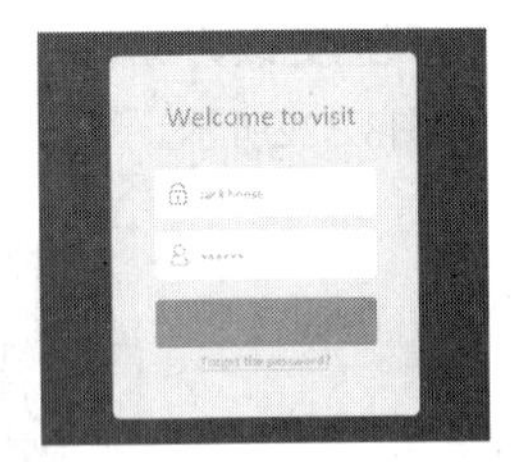

图3.333　最终效果

3.14 社交应用登录界面设计

素材位置	无
案例位置	案例文件\第3章\社交应用登录界面.psd
视频位置	多媒体教学\第3章\3.14　社交应用登录界面设计.avi
难易指数	★★☆☆☆

本例讲解社交应用登录界面，此款界面在制作过程中为图形添加模拟打孔办公纸效果，整个界面区别于传统登录界面，给人眼前一亮的视觉感觉，同时整个界面与应用的主题比较相符合，最终效果如图3.334所示。

图3.334 最终效果

3.14.1 使用Photoshop制作背景并绘制图形

STEP 01 执行菜单栏中的“文件”|“新建”命令，在弹出的对话框中设置“宽度”为600像素，“高度”为450像素，“分辨率”为72像素/英寸，新建一个空白画布，如图3.335所示。

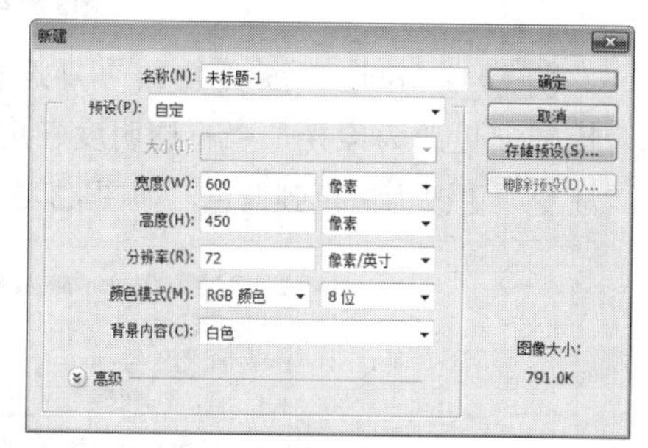

图3.335 新建画布

STEP 02 选择工具箱中的“渐变工具”，编辑蓝色（R：36，G：70，B：135）到浅紫色（R：145，G：134，B：160）再到蓝色（R：63，G：68，B：126）的渐变，单击选项栏中的“线性渐变”按钮，在画布中从上向下拖动以填充渐变，如图3.336所示。

图3.336 填充渐变

STEP 03 选择工具箱中的“圆角矩形工具”，在选项栏中将“填充”更改为浅灰色（R：248，G：248，B：248），“描边”为无，“半径”为5像素，在画布中绘制一个圆角矩形，此时将生成一个“圆角矩形 1”图层，如图3.337所示。

STEP 04 在“图层”面板中选中“圆角矩形 1”图层，将其拖至面板底部的“创建新图层”按钮上，复制出一个“圆角矩形 1 拷贝”图层，如图3.338所示。

图3.337 绘制图形

图3.338 复制图层

STEP 05 在“图层”面板中选中“圆角矩形 1 拷贝”图层，单击面板底部的“添加图层样式”按钮，在菜单中选择“斜面和浮雕”命令，在弹出的对话框中将“大小”更改为1像素，取消“使用全局光”复选框，“角度”更改为90，“阴影模式”中的“不透明度”更改为15%，完成之后单击“确定”按钮，如图3.339所示。

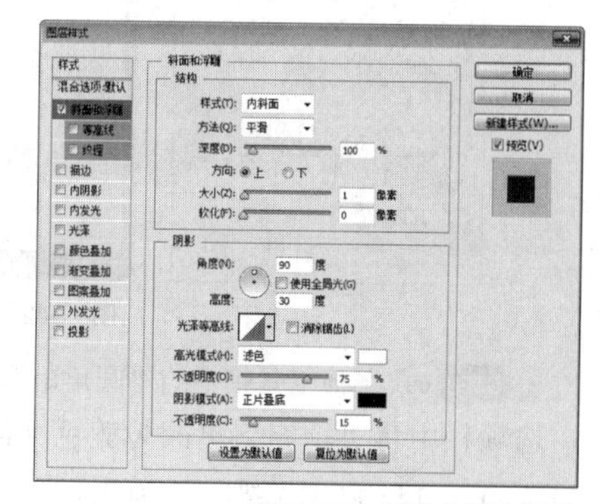

图3.339 设置斜面和浮雕

STEP 06 选中“圆角矩形 1”图层，将“填充”更改为黑色，按Ctrl+T组合键对其执行“自由变换”命令，将图形高度缩小，再单击鼠标右键，从弹出的快捷菜单中选择“透视”命令，拖动变形框控制点将图形变形，完成之后按Enter键确认，如图3.340所示。

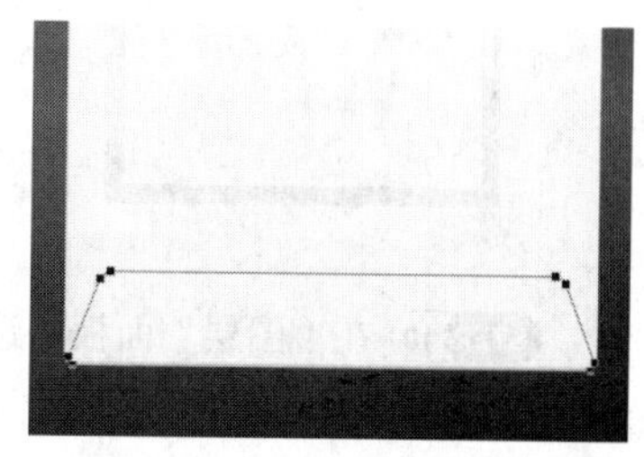

图3.340 缩小图形

STEP 07 选中“圆角矩形 1”图层，执行菜单栏中的“滤镜”|“模糊”|“高斯模糊”命令，在弹出的对话框中将“半径”更改为5像素，完成之后单击“确定”按钮，如图3.341所示。

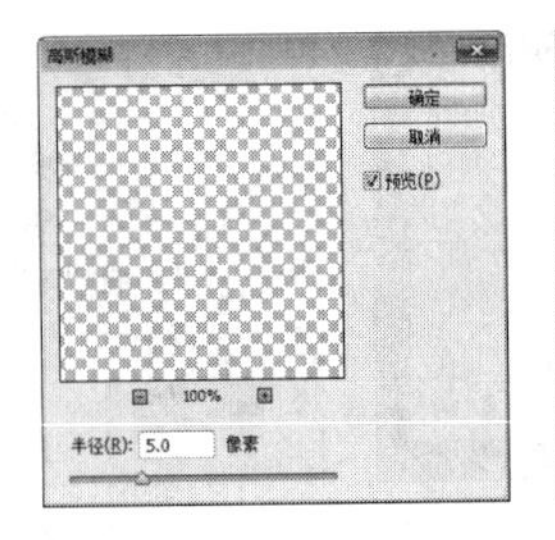

图3.341　设置高斯模糊

STEP 08 选中“圆角矩形 1”图层，执行菜单栏中的“滤镜”|“模糊”|“动感模糊”命令，在弹出的对话框中将“角度”更改为90度，“距离”更改为30像素，设置完成之后单击“确定”按钮，再将其图层“不透明度”更改为50%，如图3.342所示。

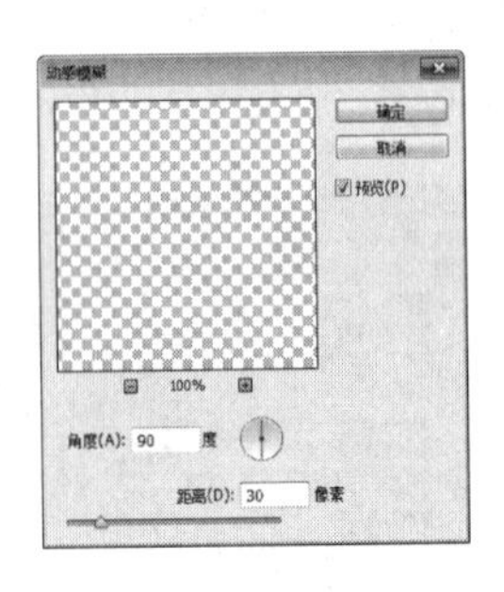

图3.342　设置动感模糊

STEP 09 选择工具箱中的“圆角矩形工具”，在选项栏中将“填充”更改为蓝色（R：97，G：118，B：158），“描边”为无，“半径”为2像素，在图形靠顶部位置绘制一个圆角矩形，此时将生成一个“圆角矩形 2”图层，如图3.343所示。

图3.343　绘制图形

STEP 10 在“图层”面板中选中“圆角矩形 2”图层，单击面板底部的“添加图层样式”按钮，在菜单中选择“内阴影”命令，在弹出的对话框中将“混合模式”更改为正常，“颜色”更改为白色，取消“使用全局光”复选框，“角度”更改为90度，“距离”更改为2像素，“大小”更改为1像素，如图3.344所示。

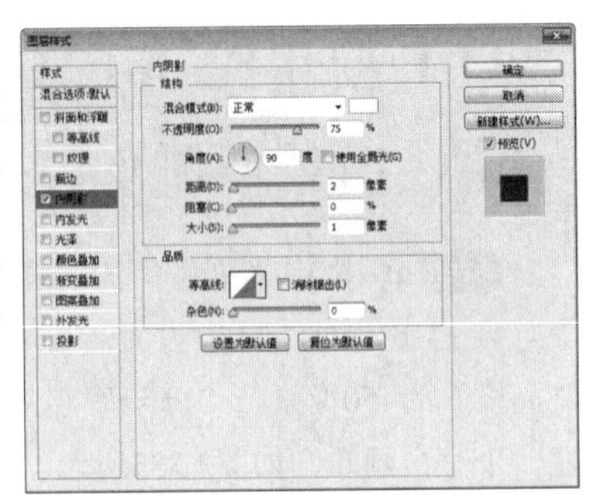

图3.344　设置内阴影

STEP 11 勾选“渐变叠加”复选框，将“混合模式”更改为柔光，“不透明度”更改为30%，“渐变”更改为黑色到白色，如图3.345所示。

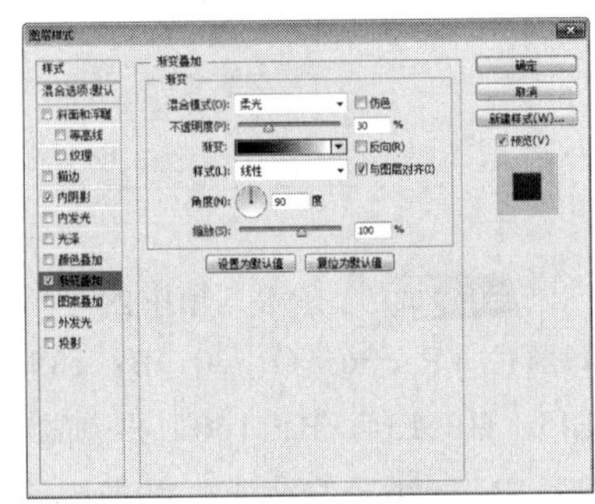

图3.345　设置渐变叠加

STEP 12 勾选“投影”复选框，将“不透明度”更改为20%，取消“使用全局光”复选框，“角度”更改为90度，“距离”更改为2像素，“大小”更改为2像素，完成之后单击“确定”按钮，如图3.346所示。

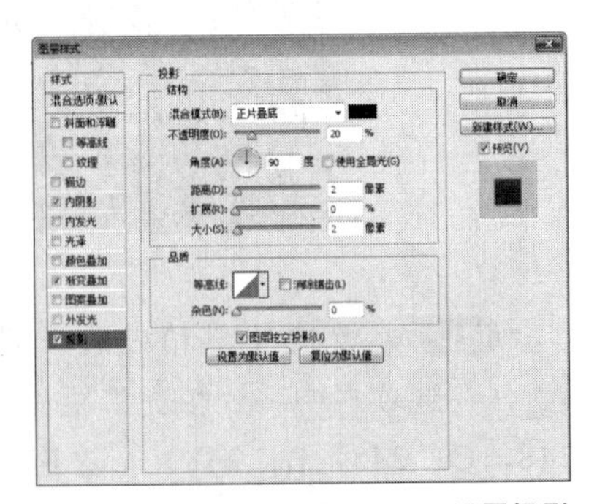

图3.346　设置投影

3.14.2 添加文字

STEP 01 选择工具箱中的“横排文字工具”T，在圆角矩形左侧位置添加文字，如图3.347所示。

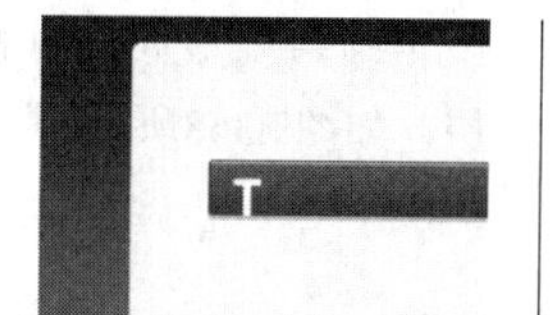

图3.347 添加文字

STEP 02 在“图层”面板中选中“T”图层，单击面板底部的“添加图层样式”fx按钮，在菜单中选择“渐变叠加”命令，在弹出的对话框中将“渐变”更改为蓝色（R：182，G：190，B：210）到灰色（R：228，G：232，B：240），完成之后单击“确定”按钮，如图3.348所示。

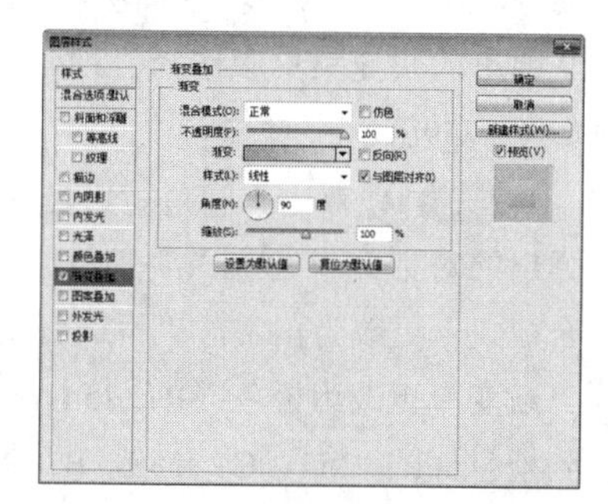

图3.348 设置渐变叠加

STEP 03 选择工具箱中的“直线工具”，在选项栏中将“填充”更改为蓝色（R：76，G：90，B：116），“描边”为无，“粗细”更改为1像素，按住Shift键并在文字右侧位置绘制一条与下方圆角矩形相同高度的线段，此时将生成一个“形状1”图层，如图3.349所示。

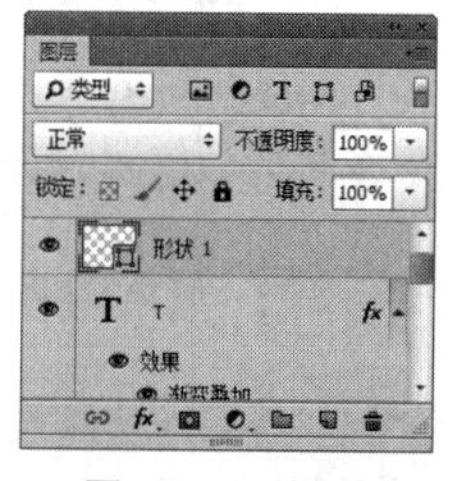

图3.349 绘制图形

STEP 04 在“图层”面板中选中“形状 1”图层，单击面板底部的“添加图层样式”fx按钮，在菜单中选择“投影”命令，在弹出的对话框中将“混合模式”更改为正常，“颜色”更改为白色，“不透明度”更改为25%，取消“使用全局光”复选框，将“角度”更改为0度，“距离”更改为1，完成之后单击“确定”按钮，如图3.350所示。

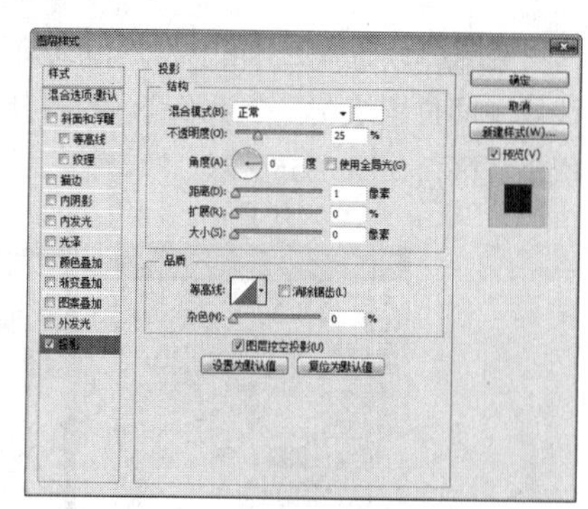

图3.350 设置投影

STEP 05 在“图层”面板中选中“形状 1”图层，单击面板底部的“添加图层蒙版”按钮，为其添加图层蒙版，如图3.351所示。

STEP 06 选择工具箱中的“渐变工具”，编辑黑色到白色的渐变，单击选项栏中的“线性渐变”按钮，在其图形上拖动将部分图形隐藏，如图3.352所示。

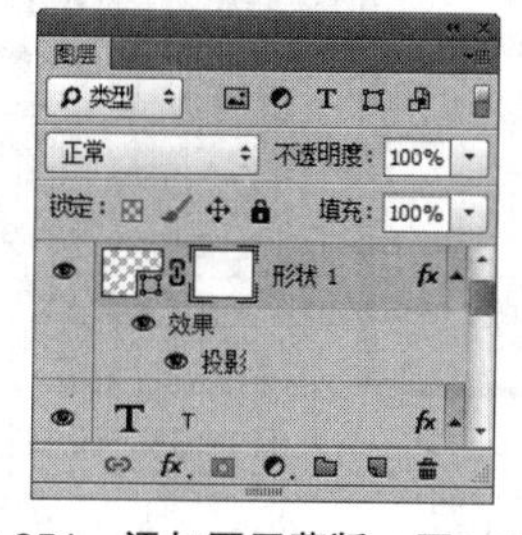

图3.351 添加图层蒙版　图3.352 设置渐变并隐藏图形

STEP 07 选择工具箱中的“直线工具”，在选项栏中将“填充”更改为灰色（R：220，G：220，B：220），“描边”为无，“粗细”更改为1像素，在适当位置绘制一条水平线段，此时将生成一个“形状2”图层，如图3.353所示。

图3.353 绘制图形

STEP 08 在“图层”面板中选中“形状 2”图层，单击面板底部的“添加图层蒙版”按钮，为其图层添加图层蒙版，如图3.354所示。

STEP 09 选择工具箱中的“矩形选框工具”，在线段中间位置绘制一个矩形选区，将其填充为黑色，取消选区，如图3.355所示。

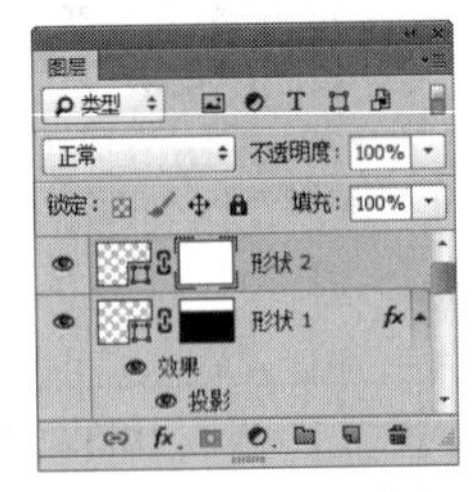
图3.354 添加图层蒙版

图3.355 隐藏图形

STEP 10 选择工具箱中的“圆角矩形工具”，在选项栏中将“填充”更改为无，“描边”为灰色（R：194，G：194，B：194），“半径”为5像素，在刚才绘制的线段下方绘制一个圆角矩形，此时将生成一个“圆角矩形 3”图层，如图3.356所示。

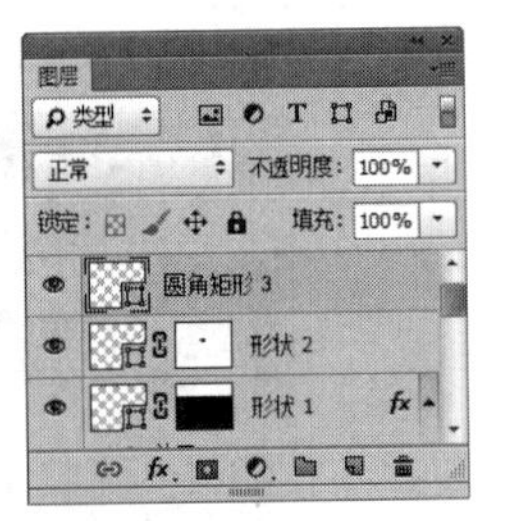
图3.356 绘制圆角矩形

STEP 11 选择工具箱中的“直线工具”，在选项栏中将“填充”更改为灰色（R：194，G：194，B：194），“描边”为无，“粗细”更改为1像素，在刚才绘制的圆角矩形中间位置绘制一条水平线段，如图3.357所示。

图3.357 绘制线条

STEP 12 选择工具箱中的“圆角矩形工具”，在选项栏中将“填充”更改为白色，“描边”为橙色（R：237，G：120，B：53），“半径”更改为5像素在刚才绘制的圆角矩形下方位置再次绘制一个圆角矩形，此时将生成一个“圆角矩形4”图层，如图3.358所示。

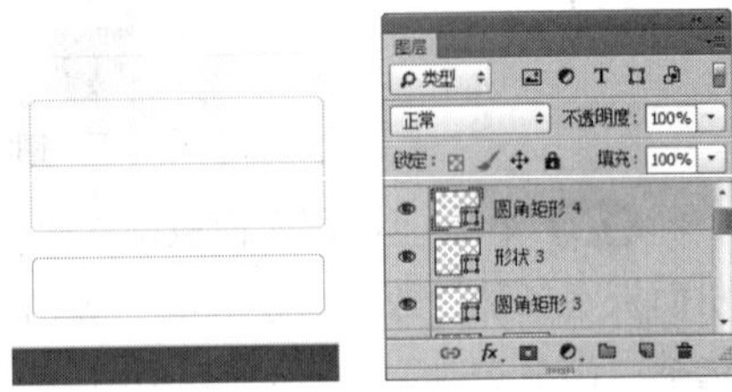
图3.358 绘制圆角矩形

STEP 13 在“圆角矩形 2”图层名称上单击鼠标右键，从弹出的快捷菜单中选择“拷贝图层样式”命令，在“圆角矩形 4”图层名称上单击鼠标右键，从弹出的快捷菜单中选择“粘贴图层样式”命令，如图3.359所示。

STEP 14 双击“圆角矩形4”图层样式名称，在弹出的对话框中选中“渐变叠加”复选框，将“混合模式”更改为正常，“不透明度”更改为100%，“渐变”更改为橙色（R：254，G：122，B：56）到橙色（R：254，G：158，B：93），完成之后单击“确定”按钮，如图3.360所示。

图3.359 粘贴图层样式

图3.360 修改图层样式

STEP 15 选择工具箱中的“横排文字工具”，在界面适当位置添加文字，如图3.361所示。

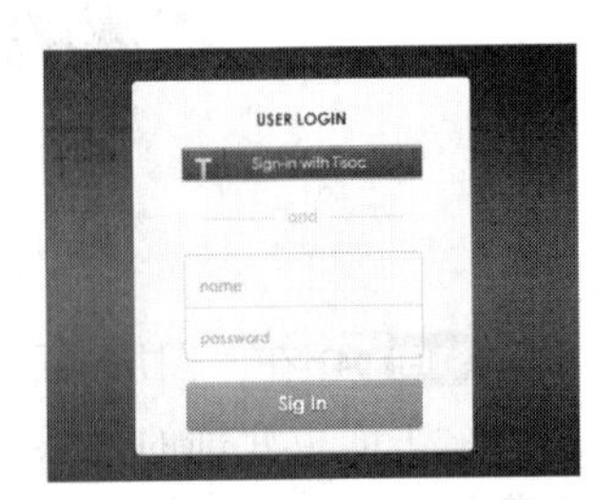

图3.361 添加文字

STEP 16 在“图层”面板中选中“Sig In”图层，单击面板底部的“添加图层样式”按钮，在菜单中选择“投影”命令，在弹出的对话框中将

“不透明度”更改为50%，取消“使用全局光”复选框，将“角度”更改为90度，“距离”更改为1像素，“大小”更改为1像素，完成之后单击“确定”按钮，如图3.362所示。

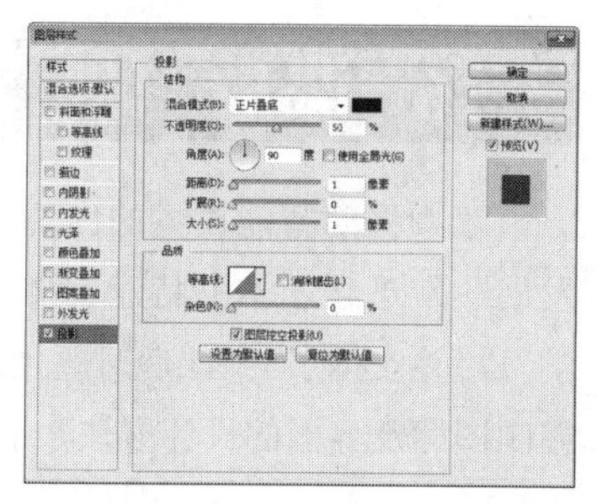

图3.362　设置投影

STEP 17 在“Sig In”图层名称上单击鼠标右键，从弹出的快捷菜单中选择“拷贝图层样式”命令，在“Sign-in with Tisoc”图层名称上单击鼠标右键，从弹出的快捷菜单中选择“粘贴图层样式”命令，如图3.363所示。

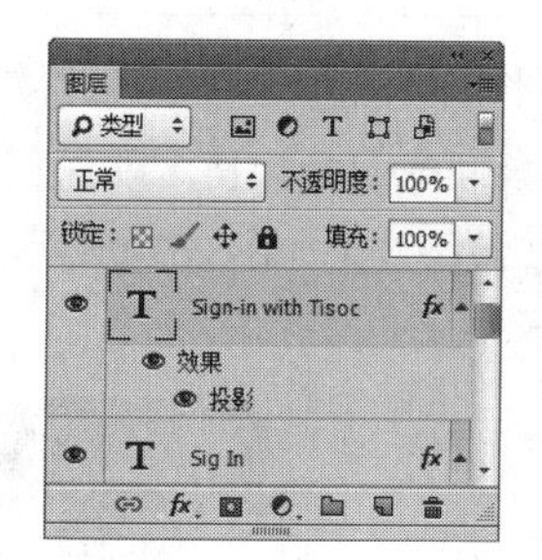

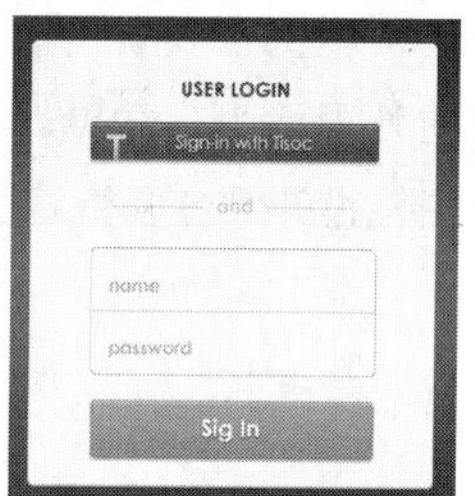

图3.363　复制并粘贴图层样式

3.14.3 制作细节图像

STEP 01 选择工具箱中的“直排文字工具”↓T，在界面左侧边缘位置按住键盘上的“。”字符添加压痕效果，如图3.364所示。

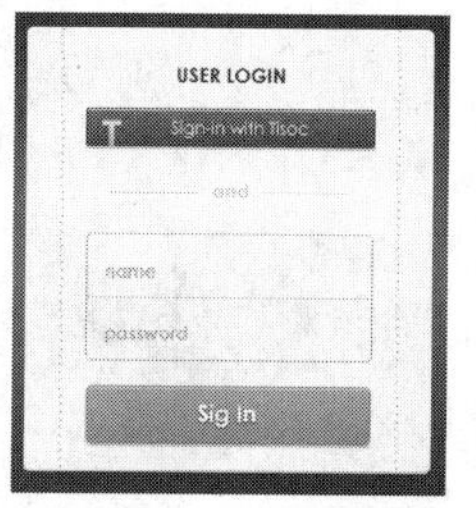

图3.364　添加字符

STEP 02 在“画笔”面板中选择一个圆角笔触，将“大小”更改为10像素，“硬度”更改为100%，“间距”更改为200%，如图3.365所示。

STEP 03 勾选“平滑”复选框，如图3.366所示。

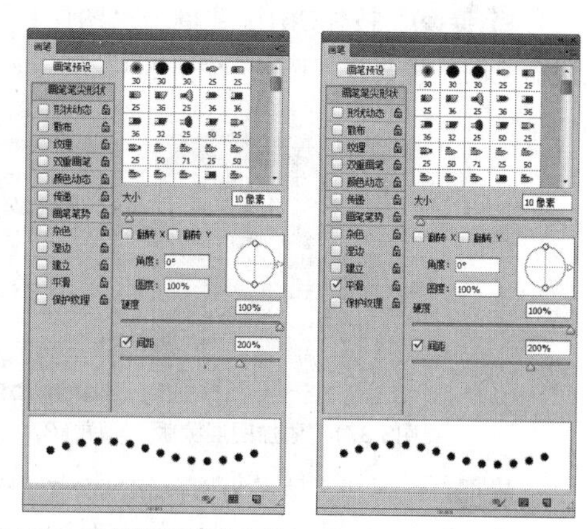

图3.365　设置画笔笔尖形状　　图3.366　勾选平滑

STEP 04 单击面板底部的“创建新图层”按钮，新建一个“图层1”图层，如图3.367所示。

STEP 05 将前景色更改为黑色，选中“图层1”图层，按住Shift键并在界面左侧左上角向下拖动以添加图像，如图3.368所示。

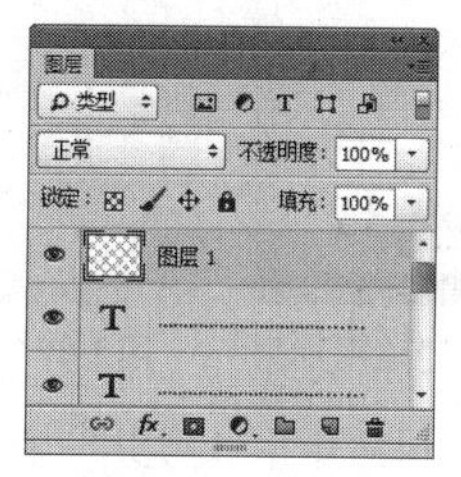

图3.367　新建图层　　图3.368　添加图像

STEP 06 选中“图层1”图层，在画布中按住Alt+Shift组合键并向右侧拖动至界面右侧边缘位置将图像复制，此时将生成一个“图层1 拷贝”图层，如图3.369所示。

STEP 07 同时选中“图层1”及“图层1 拷贝”图层，按Ctrl+E组合键将其合并，此时将生成一个“图层1 拷贝”图层，如图3.370所示。

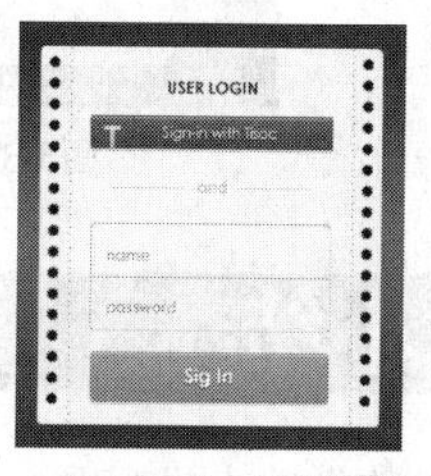

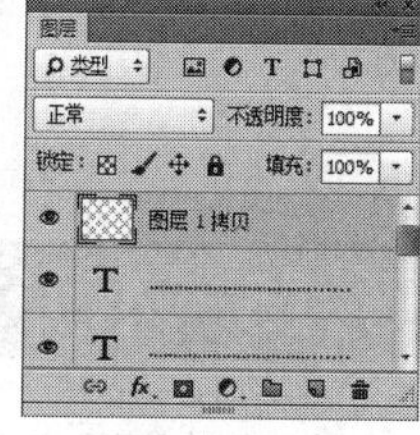

图3.369　复制图像　　图3.370　合并图层

STEP 08 在“图层”面板中选中“圆角矩形 1拷贝”图层，单击面板底部的“添加图层蒙版”按钮，为其添加图层蒙版，如图3.371所示。

STEP 09 按住Ctrl键并单击“图层1 拷贝”图层缩览图，将其载入选区，如图3.372所示。

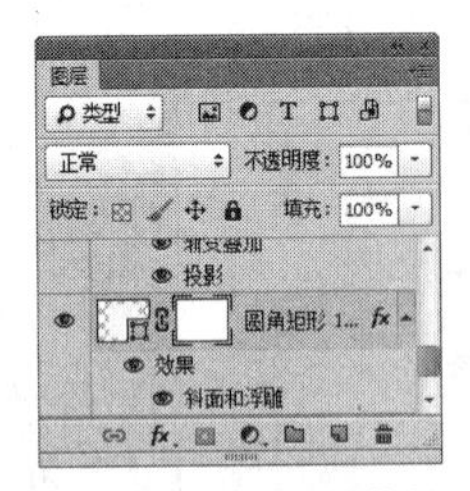

图3.371 添加图层蒙版

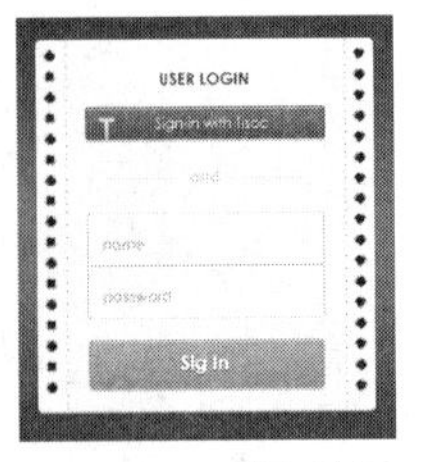

图3.372 载入选区

STEP 10 将选区填充为黑色将部分图形隐藏，完成之后按Ctrl+D组合键将选区取消，如图3.373所示。

STEP 11 在“图层”面板中选中“圆角矩形 1拷贝”图层，在其图层名称上单击鼠标右键，从弹出的快捷菜单中选择“栅格化图层”命令，如图3.374所示。

图3.373 隐藏图形果

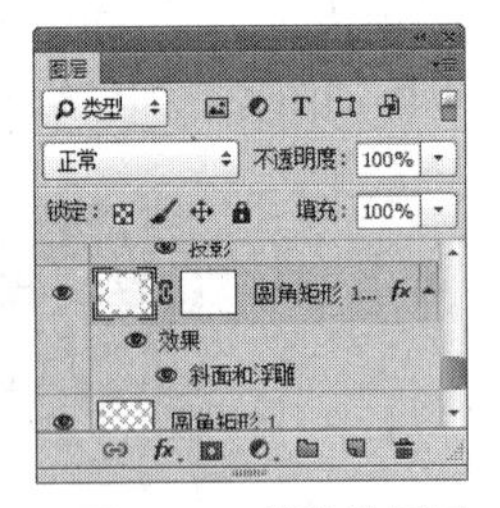

图3.374 栅格化图层

STEP 12 选中“圆角矩形 1拷贝”图层，执行菜单栏中的“滤镜”|“锐化”|“USM”锐化命令，在弹出的对话框中将“数量”更改为80%，“半径”更改为20像素，完成之后单击“确定”按钮，这样就完成了效果制作，最终效果如图3.375所示。

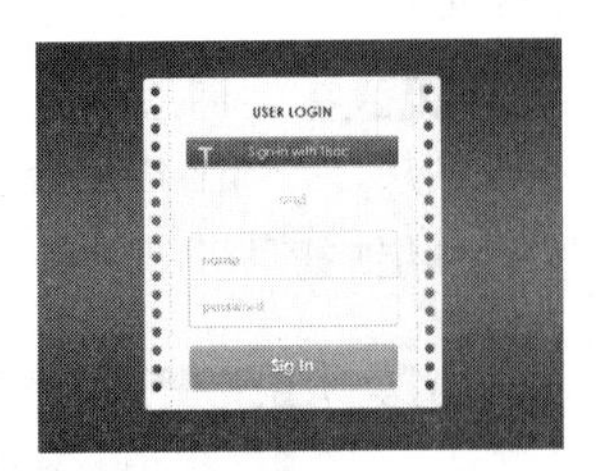

图3.375 最终效果

3.15 本章小结

UI设计则是指对软件的人机交互、操作逻辑、界面美观的整体设计。好的UI设计不仅是让软件变得有个性有品位，还要让软件的操作变得舒适、简单、自由、充分体现软件的定位和特点。本章通过13个精选案例，讲解UI图标及界面的设计技巧。

3.16 课后习题

随着移动智能设备的出现，UI作为新生的设计发展非常迅猛，本书特意安排了一章内容，供读者学习，并安排了5个课后习题供读者练习，以快速掌握UI图标及界面的设计方法。

3.16.1 课后习题1——扁平相机图标

素材位置	无
案例位置	案例文件\第3章\扁平相机图标.psd
视频位置	多媒体教学\第3章\3.16.1 课后习题1——扁平相机图标.avi
难易指数	★★☆☆☆

本例主要讲解扁平相机图标的制作，此款图标的外观清爽、简洁，彩虹条的装饰使这款深色系的图标设计漂亮且沉稳。最终效果如图3.376所示。

图3.376 最终效果

步骤分解如图3.377所示。

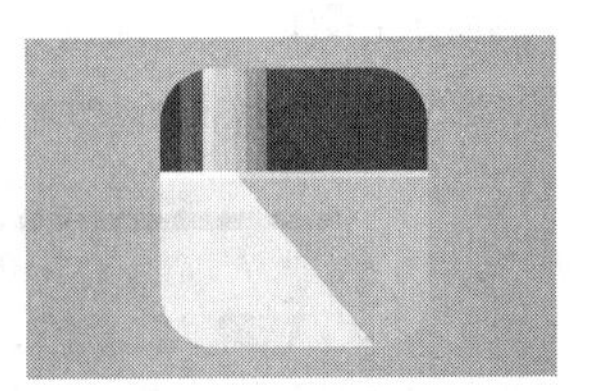

图3.377 步骤分解图

3.16.2 课后习题2——钢琴图标

素材位置	无
案例位置	案例文件\第3章\钢琴图标.psd
视频位置	多媒体教学\第3章\3.16.2 课后习题2——钢琴图标.avi
难易指数	★★★★☆

本例讲解钢琴图标的制作，本例中的图标以真实模拟的手法展示一款十分出色的钢琴图标，此款图标可以用作移动设备上的音乐图标或者APP相关应用，它具有相当真实的外观和可识别性。最终效果如图3.378所示。

图3.378 最终效果

步骤分解如图3.379所示。

图3.379 步骤分解图

3.16.3 课后习题3——木质登录界面

素材位置	素材文件\第3章\木质登录界面设计
案例位置	案例文件\第3章\木质登录界面设计.psd
视频位置	多媒体教学\第3章\3.16.3 课后习题3——木质登录界面.avi
难易指数	★★★☆☆

本例主要讲解木质登录界面的制作，此款界面采用真实的木质图像作为主视觉界面，同时搭配所绘制的纸质登录框图形为用户展现一个原色、木质的登录界面，同时利用定义图案方法制作的真实挂绳效果，不失为界面的一大亮点。最终效果如图3.380所示。

图3.380 最终效果

步骤分解如图3.381所示。

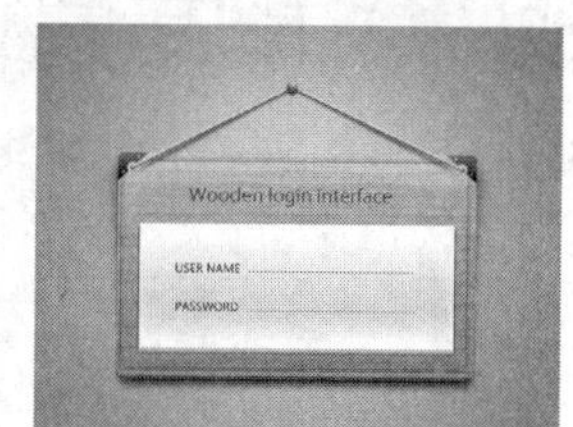

图3.381 步骤分解图

3.16.4 课后习题4——日历和天气图标

素材位置	无
案例位置	案例文件\第3章\日历和天气图标.psd
视频位置	多媒体教学\第3章\3.16.4　课后习题4——日历和天气图标.avi
难易指数	★★☆☆☆

本例主要讲解日历和天气图标的制作，丰富的色彩是这两个图标的最大特点，同时在日历制作上采用写实的翻页效果和彩虹装饰的日历效果，使整个图标的色彩十分丰富。最终效果如图3.382所示。

图3.382　最终效果

步骤分解如图3.383所示。

图3.383　步骤分解图

3.16.5 课后习题5——概念手机界面

素材位置	素材文件\第3章\概念手机界面
案例位置	案例文件\第3章\概念手机界面.psd
视频位置	多媒体教学\第3章\3.16.5　课后习题5——概念手机界面.avi
难易指数	★★★☆☆

本例主要讲解概念手机界面的制作，本例的制作过程看似简单，却需要一定的思考能力。由于是概念类手机界面，在绘制的过程中就要强调它的特性，比如绘制的界面需要适应更窄的手机边框，另外神秘紫色系的颜色搭配等都能很好地表达这款界面的定位。最终效果如图3.384所示。

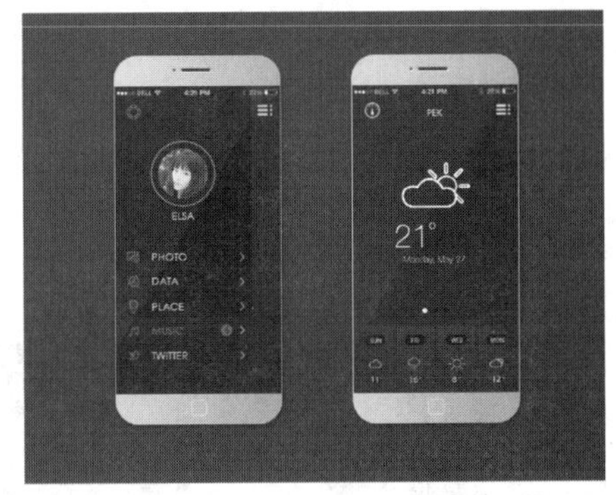

图3.384　最终效果

步骤分解如图3.385所示。

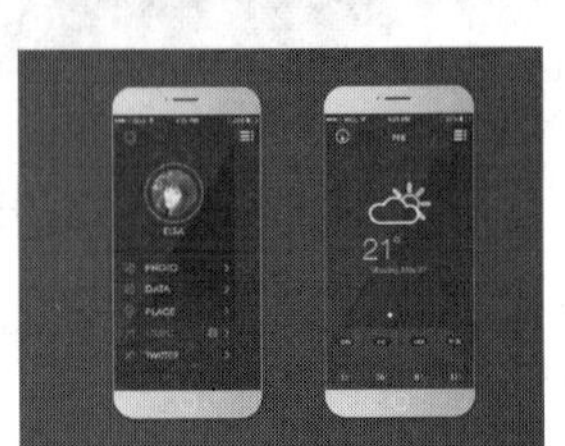

图3.385　步骤分解图

第4章

艺术POP广告设计

本章讲解艺术POP设计。POP是指商业销售中的一种店头促销工具，其形式多样，以摆设在店头的展示物为主，比如吊牌、小海报和贴纸等，其主要商业用途是刺激和引导消费并活跃卖场气氛，有效地吸引顾客的眼球而唤起购买欲。整个制作的重点在于体现卖点，以直接有效的方式快速传递信息，通过本章的学习可以掌握艺术POP设计的原则与重点。

教学目标

- 了解POP广告的功能和分类
- 了解POP广告的表现形式
- 掌握POP广告的设计方法和技巧

4.1 POP广告相关知识

4.1.1 POP广告的功能

POP广告起源于美国的超级市场和自助商店里的店头广告。POP广告在商业宣传中占有非常重要的地位，其主要功能表现在以下几点。

1. 新产品宣传

POP广告一般用来宣传新产品，大部分的POP广告都属于新产品宣传广告。当有新的产品问世，商家为了抢占市场将新产品推出去，在销售场所使用POP广告进行促销宣传。此时使用POP广告再合适不过，POP广告简单、直接、迅速、经济，可以直观地表现商品信息，吸引消费者并刺激其消费欲望，是最为有效的广告宣传手段之一。

2. 假日促销

POP广告以其快捷、直观的特点成为假日促销广告的首选。利用有效的时间和空间，最大限度地即时宣传商品信息，POP广告能瞬间营造出一种欢乐的节日节气，为节假日销售旺季起到了推波助澜的作用。

3. 扮演营业员角色

POP广告有“无声的售货员”和“最忠实的推销员”的美名。POP在店面中陈列，与消费者面对面，并将商品的信息直接传递给消费者。当消费者面对诸多商品选择迷茫时，POP则像一个无声的售货员，不断地向消费者传递商品信息，使消费者从中得到启示并做出购买决定。

4. 渲染销售氛围

一般POP广告设计色彩比较鲜艳，颜色冲突感强烈，外观设计灵活多样，既起到美化环境的作用，还可以吸引消费者的注意，再加上幽默的画面和生动的广告宣传语句，例如现在网上流行的超市大妈货品摆放，可以创造出强烈的销售气氛，给消费者营造良好的购物环境，从而激发消费者的购买欲望，达到销售商品的目的。

5. 引起顾客注意

大家知道，顾客在逛商场时有很多的消费并不是事先计划的，而是被外在环境等因素影响后做出的临时性决定。虽然现在大众传媒也很发达，但当消费者步入商店后，可能已经忘记了这些广告内容，而此时POP广告的现场效果优势便显示出来，通过这些可以唤起消费者的潜在意识，增强对产品的认识，引起顾客注意并进店消费。

6. 吸引顾客驻足

POP广告可以凭借其新颖的图案、绚丽的色彩、独特的构思和多变的造型等形式引起顾客注意，使其驻足停留，进而对广告中的商品产生兴趣。

7. 提升企业知名度

POP广告除了宣传商品之外，还可以起到树立和提升企业形象的作用，POP广告中的设计元素可以与企业视觉识别系统保持一致，将企业标识、标准色和图案等放在POP广告中，在宣传商品的同时，还可以塑造富有特色的企业形象，从而一举两得。不同POP广告效果如图4.1所示。

图4.1　不同POP广告效果

图4.1 不同POP广告效果（续）

4.1.2 POP广告的分类

POP广告是在一般广告形式的基础上发展起来的一种新型的商业广告形式。与一般的广告相比，其特点主要体现在广告展示和陈列的方式、地点和时间这几个方面。POP广告的种类很多，分类方法也不尽相同。

1. 按时间长短分类

POP广告在使用过程中的时间性及周期性很强。按照不同的使用时间，可把POP广告分为3大类型，即长期型、中期型和短期型。

- 长期型。长期型POP广告是指使用周期在一个季度以上。主要包括招牌POP广告、柜台POP广告有企业形象POP广告等，表现形式有奖杯、奖牌、灯箱、霓虹灯、装饰以及手提袋等。由于时间因素，这类广告一般制作比较精美，由一个企业或商场经营者来针对企业形象和产品形象进行设计宣传。
- 中期型。中期型POP广告是指使用周期在一个季度左右。一般针对季节性商品设计的POP广告，如服装、风扇、冰箱、空调等，是会随季节变化而更换的商品广告，因为这些商品一般为一个季度的展示销售，所以POP广告也要随着这些产品的下架而进行更换。表现形式有海报、招贴、传单等。中期型POP广告由于时间的原因，可以在设计和制作费用上稍做调整，档次也可以适当比长期型低一些。
- 短期型。短期型POP广告是指周期在一个季度以内，有时可能只是一周，甚至一天或几个小时。短期型POP广告属于促销性质的广告，一般在节假日促销时使用，随着节日的离去，该促销广告也就没有存在的价值了。当然这类广告有时也会用在大减价、大甩卖商品时，销售完商品之后广告也就撤换了。表现形式如节日促销海报、短促展架、大折扣招牌等。设计和制作上投资可以少些，当然效果可能也会简单、粗糙一些。

2. 按位置分类

按位置分类，POP广告分为室外POP广告和室内POP广告两大系统。室内和窗外POP广告如图4.2所示。

- 室外POP广告。指商店门前及周边的POP广告，包括商店招牌、门面装饰、橱窗布置、商品陈列、招贴、条幅、海报、传单广告以及广告牌、霞虹灯、灯箱等。
- 室内POP广告。指商店内部的各种广告，包括空中悬挂广告、柜台广告、货架陈列广告、模特广告、模特广告、室内电子和灯箱广告等。POP广告主要是刺激消费者的现场消费，因为销售现场的广告有助于唤起消费者以前对商品的记忆，也有助于营造现场的销售气氛，刺激消费者的购买欲望。

图4.2 室内和窗外POP广告

4.1.3 POP广告主要表现形式

POP广告是现在广告中常用的一种，特别是在一些超市、商场、购物中心随处可以见到POP广告，可以说POP广告是商家现场宣传促销最直接、最重要的手段。POP广告因其特殊的展示及陈列方式不同，其表现形式也非常多样。

1. 置于店头

置于店头的POP广告叫做店头POP广告，是店铺的品牌构成部分，如招牌、看板、海报、店招、立场招牌、吉祥物实物、高空气球、广告伞等。店头POP

广告一般非常直观，常常以商品实物或象征物来特传达商店的个性特色。店头POP广告效果如图4.3所示。

图4.3 店头POP广告效果

2. 悬挂在空中

悬挂在空中的POP广告叫做悬挂POP广告。在商场或商店上部空间将POP广告悬挂起来，在各类POP广告中使用量最大、使用率最高。商场作为营业场所，墙面和地面需要对商品的陈列和顾客的流动进行有效的考虑和利用，而上部空间则不会对陈列和行人造成影响，可以充分利用，所以悬挂POP可以充分利用这些空间优势，360度全方位展示商品广告，更容易引起人们注目。最典型的悬挂式POP广告分为吊旗式和吊挂物两种，吊旗式是吊挂起的POP，吊挂物则相比吊旗更加具有立体感。悬挂POP广告效果如图4.4所示。

图4.4 悬挂POP广告效果

3. 放置在地面

放置在地面的POP广告也叫做地面POP广告。利用商场地面的空间，将POP广告放置在商场门口、商场内、外空间的地面、通道或通往商场的街道上。为了吸引顾客的注意力，一般该类广告体积较大且高度较高，以超过人的高度为益，表现形式有商品陈列台、立体形象板、电子显示屏、灯箱、易拉宝、商品资料台等。放置在地面上的POP广告效果如图4.5所示。

图4.5 放置在地面上的POP广告效果

4. 粘贴在壁面上

粘贴在墙壁上的POP广告也叫做壁面POP广告。利用墙壁、柜台、隔断、门窗、货架立面、柱子表面等壁面将POP广告粘贴在立面上，既美化壁面起到装饰效果，还可以渲染气氛起到广告功能。其表现形式有粘贴海报、招贴画、告示牌、贴纸、挂旗和壁面镶板等。粘贴在壁面上的POP广告如图4.6所示。

图4.6 粘贴在壁面上的POP广告

5. 利用柜台、货架展示

利用柜台、货架展示即是柜台式POP广告。我们知道，柜台主要用来陈列商品，在满足商品陈列功能后，可以利用柜台、货架的空隙，设置一些小型的POP广告，如展示卡片、标价卡、封条、DM单、商品宣传册、广告牌、台卡、商品模型、货架卡、柜台篮子和小吉祥物等，使顾客近距离查看商品信息。柜台、货架展示POP广告效果如图4.7所示。

图4.7 柜台、货架展示POP广告效果

6. 利用专卖指引展示

在商场中行走，经常会看到各种箭头标志、指示牌等，利用这些元素在无形中也能起到POP广告的作用，这些指示性的标志具有引导作用，指引顾客跟随箭头所指方向行走，进而吸引顾客到达一定的位置。表现形式有商品销售区域划分指示、商品位置指示和导购图示等。指引展示POP广告效果如图4.8所示。

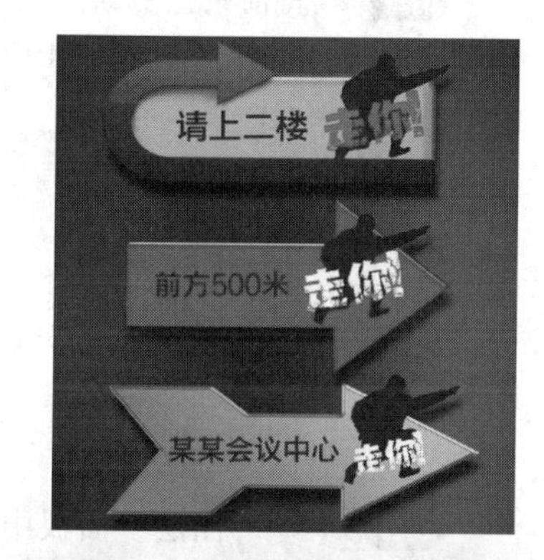

图4.8 指引展示POP广告效果

7. 利用视觉和听觉

利用视觉和听觉展示POP广告其实就是视听POP广告。在店内视野较为开阔的地方放置彩色显示器，不间断播放商品广告、店面形象广告、商品信息介绍等视听内容，或利用广播系统传达语音商品信息，以动态画面和听觉效果来引导顾客购买商品。

4.2 沙滩风情POP设计

素材位置	素材文件\第4章\沙滩风情POP
案例位置	案例文件\第4章\沙滩风情POP背景处理.psd、沙滩风情POP设计.ai
视频位置	多媒体教学\第4章\4.2 沙滩风情POP设计.avi
难易指数	★★☆☆☆

本例讲解沙滩风情POP设计，此款广告背景的色调柔和，以蓝天、大海及沙滩3种元素组合成一个完整的海滩风情背景。在颜色搭配上以协和、统一为主，添加多种沙滩元素图像，同时以热情的文字信息表现出色的沙滩风情POP广告，最终效果如图4.9所示。

图4.9 最终效果

4.2.1 使用Photoshop制作背景

STEP 01 执行菜单栏中的“文件”|“新建”命令，在弹出的对话框中设置“宽度”为7厘米，“高度”为8厘米，“分辨率”为300像素/英寸，新建一个空白画布，如图4.10所示。

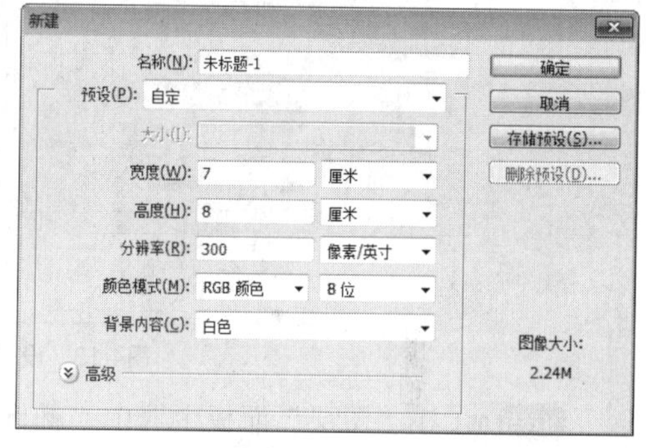

图4.10 新建画布

STEP 02 选择工具箱中的“渐变工具”，编辑蓝色（R：165，G：223，B：248）到白色，单击选项栏中的“线性渐变”按钮，在画布上从上至下拖动以填充渐变，如图4.11所示。

图4.11 填充渐变

STEP 03 选择工具箱中的“椭圆工具”，在选项栏中将“填充”更改为白色，“描边”为无，按住Shift键并在画布顶部靠左侧位置绘制一个正圆图形，此时将生成一个“椭圆1”图层，如图4.12所示。

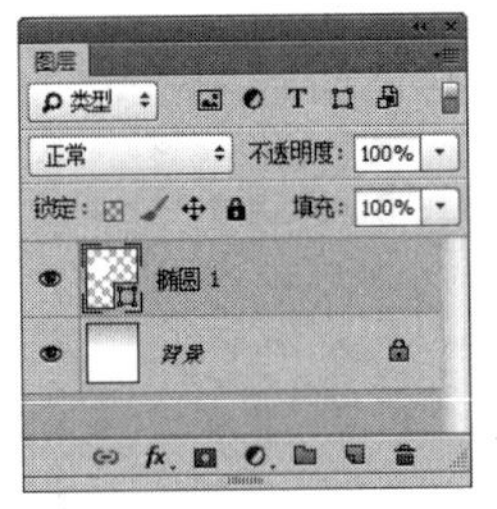

图4.12　绘制图形

STEP 04 在“图层”面板中选中“椭圆1”图层，单击面板底部的“添加图层样式”fx按钮，在菜单中选择“内发光”命令，在弹出的对话框中将“混合模式”更改为正常，“不透明度”更改为30%，“颜色”更改为白色，“大小”更改为60像素，完成之后单击“确定”按钮，如图4.13所示。

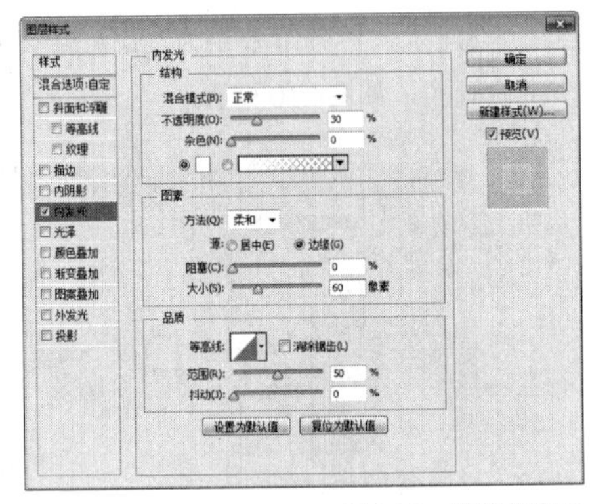

图4.13　设置内发光

STEP 05 在“图层”面板中选中“椭圆1”图层，将其图层“填充”更改为0%，如图4.14所示。

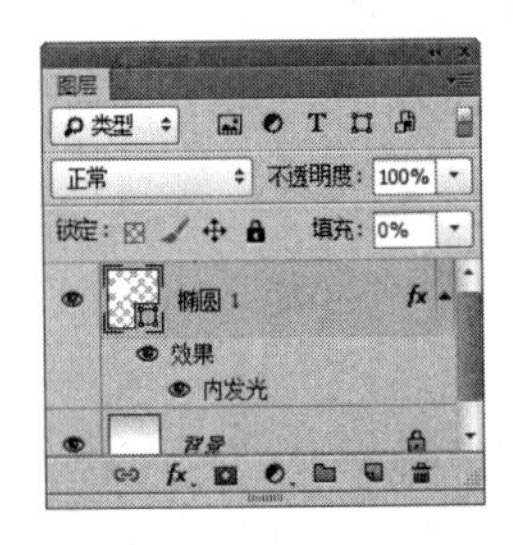

图4.14　更改填充

STEP 06 在“图层”面板中选中“椭圆1”图层，单击面板底部的“添加图层蒙版”按钮，为其图层添加图层蒙版，如图4.15所示。

STEP 07 选择工具箱中的“画笔工具”，在画布中单击鼠标右键，在弹出的面板中选择一种圆角笔触，将“大小”更改为250像素，“硬度”更改为0%，如图4.16所示。

图4.15　添加图层蒙版

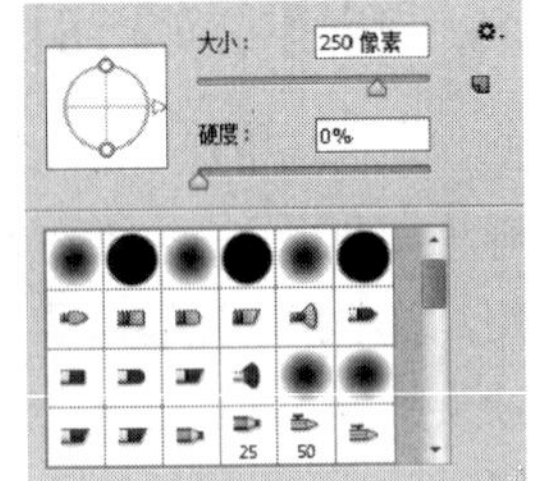

图4.16　设置笔触

STEP 08 将前景色更改为黑色，在图像上的部分区域涂抹以将其隐藏，如图4.17所示。

图4.17　隐藏图像

STEP 09 在“图层”面板中选中“椭圆1”图层，将其拖至面板底部的“创建新图层”按钮上，复制出一个“椭圆1 拷贝”图层，如图4.18所示。

STEP 10 选中“椭圆1 拷贝”图层，按Ctrl+T组合键对其执行“自由变换”命令，将图形等比例缩小，完成之后按Enter键确认，将其移至画布右上角位置，如图4.19所示。

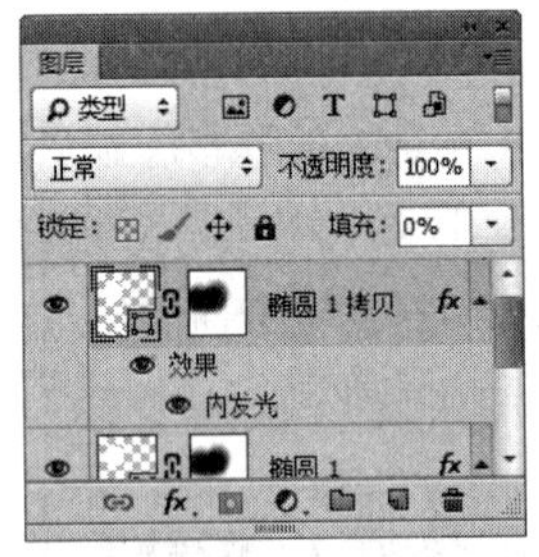

图4.18　复制图层　　图4.19　变换图形

STEP 11 以同样的方法将椭圆复制多份，并将部分图形缩小，将其中几个删除蒙版，如图4.20所示。

图4.20　复制并变换图形

STEP 12 执行菜单栏中的“文件”|“打开”命令，打开“海.jpg”“沙滩.jpg”文件，将打开的素材拖入画布中并适当缩小，其图层名称将自动更改为“图层1”“图层2”，如图4.21所示。

图4.21　添加素材

STEP 13 在“图层”面板中选中“图层 2”图层，单击面板底部的“添加图层蒙版”按钮，为该图层添加图层蒙版，如图4.22所示。

STEP 14 选择工具箱中的“画笔工具”，在画布中单击鼠标右键，在弹出的面板中选择一种圆角笔触，将“大小”更改为200像素，“硬度”更改为0%，如图4.23所示。

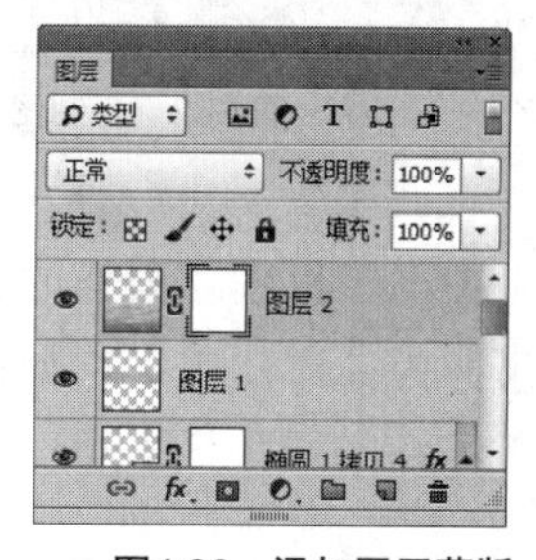

图4.22　添加图层蒙版

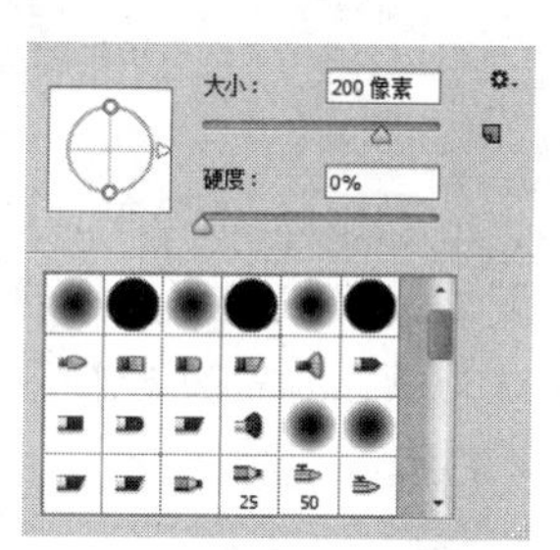

图4.23　设置笔触

STEP 15 将前景色更改为黑色，在图像上的部分区域涂抹以将其隐藏，如图4.24所示。

图4.24　隐藏图像

STEP 16 以同样的方法为“图层1”图层添加图层蒙版，并在画布中将部分图像隐藏，如图4.25所示。

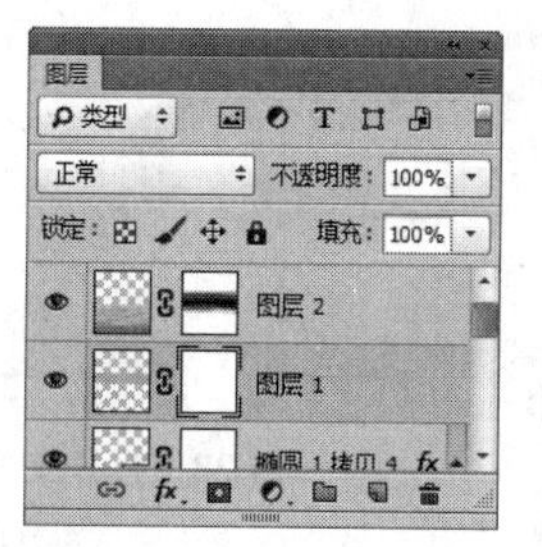

图4.25　添加图层蒙版并隐藏图像

STEP 17 选择工具箱中的“矩形工具”，在选项栏中将“填充”更改为浅黄色（R：255，G：247，B：235），“描边”为无，在画布中间位置绘制一个与其宽度相同的矩形，此时将生成一个“矩形1”图层，如图4.26所示。

图4.26　绘制图形

STEP 18 选中“矩形1”图层，执行菜单栏中的“滤镜”|“模糊”|“高斯模糊”命令，在弹出的对话框中将“半径”更改为30像素，完成之后单击“确定”按钮，如图4.27所示。

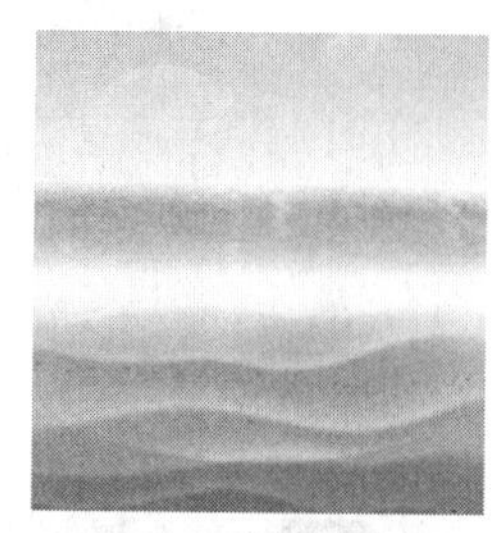

图4.27　设置高斯模糊

4.2.2 使用Illustrator添加素材并处理

STEP 01 执行菜单栏中的“文件”|“打开”命令，打开“沙滩风情POP设计.psd”和“素材.ai”文件，将打开的素材图像拖入画布中适当位置，如图4.28所示。

图4.28　打开及添加素材

技巧与提示

在打开"沙滩风情POP设计.psd"文件时，在弹出的对话框中单击"将图层拼命为单个图像保留文本外观"单选按钮，此时打开的背景将是一幅整体的背景图像；假如勾选"将图层转换为对象尽可能保留文本的可编辑性"单选按钮时，打开的背景可以保留在Photoshop中的分层效果，此时可以方便单独编辑背景。

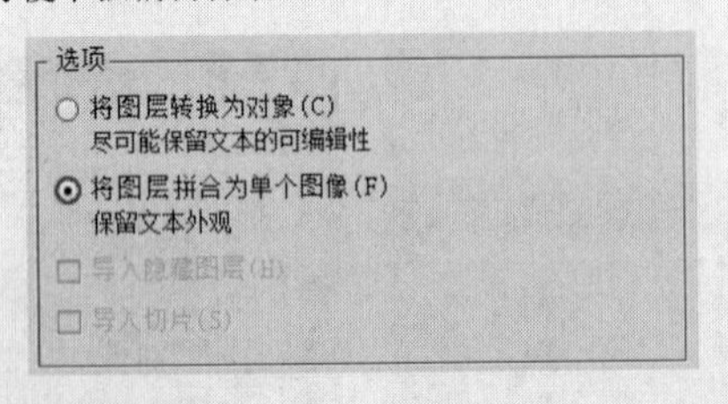

STEP 02 选中叶子图像，双击工具箱中的"镜像工具"图标，在弹出的对话框中单击"垂直"单选按钮，单击"复制"按钮，将图像复制，再选中复制生成的图像将其平移至画布右侧相对位置，如图4.29所示。

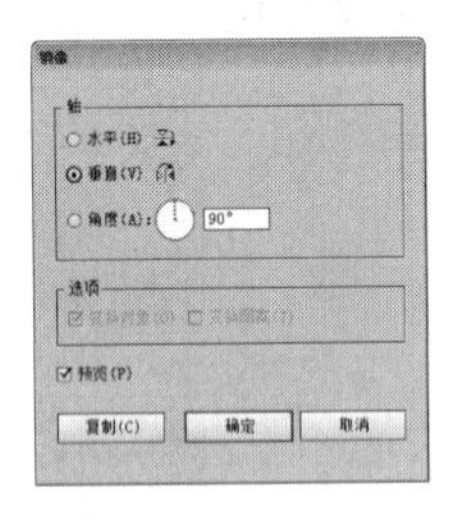

图4.29　复制图像

STEP 03 选择工具箱中的"椭圆工具"，将"填色"更改为深黄色（R：117，G：80，B：37），在眼镜图像左侧位置绘制一个椭圆图形，如图4.30所示。

图4.30　绘制图形

STEP 04 选中绘制的图形，执行菜单栏中的"效果"|"模糊"|"高斯模糊"命令，在弹出的对话框中将"半径"更改为6像素，完成之后单击"确定"按钮，如图4.31所示。

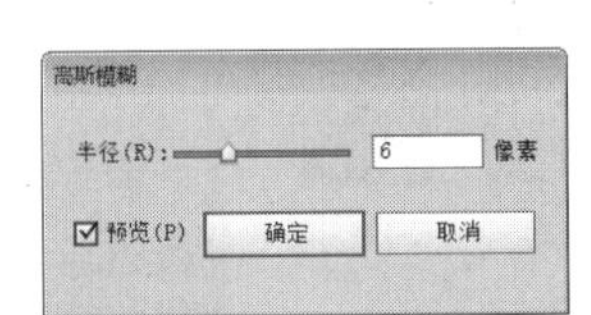

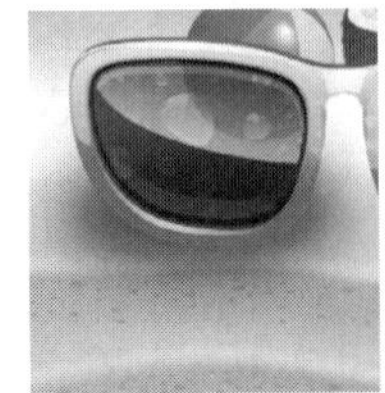

图4.31　设置高斯模糊

STEP 05 选中添加模糊效果的图像，按住Alt+Shift键并将其向右侧拖至眼镜右侧镜片下方，如图4.32所示。

图4.32　复制图像

STEP 06 选择工具箱中的"钢笔工具"，在鞋子位置绘制一个不规则图形，以刚才同样的方法为其添加高斯模糊效果并为其添加阴影，如图4.33所示。

图4.33　绘制图形添加阴影

4.2.3 添加文字效果

STEP 01 选择工具箱中的"文字工具"T，在画布适当位置添加文字，如图4.34所示。

STEP 02 选择工具箱中的"矩形工具"，将"填色"更改为任意颜色，绘制一个与画布相同大小的图形，如图4.35所示。

图4.34　添加文字

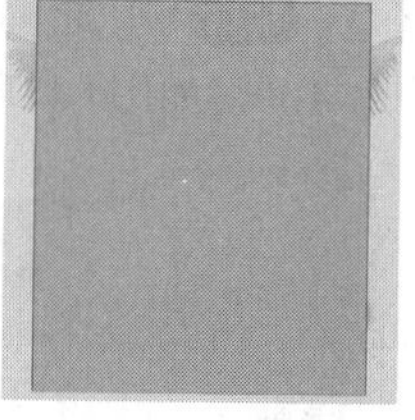

图4.35　绘制图形

STEP 03 同时选中所有对象，单击鼠标右键，从弹出的快捷菜单中选择“建立剪切蒙版”命令，将部分图像隐藏，这样就完成了效果制作，最终效果如图4.36所示。

图4.36　最终效果

4.3　美食POP设计

素材位置	素材文件\第4章\美食POP
案例位置	案例文件\第4章\美食POP背景处理.psd、美食POP设计.ai
视频位置	多媒体教学\第4章\4.3　美食POP设计.avi
难易指数	★★☆☆☆

本例讲解美食POP设计，本例以木质图像作为主要素材，通过将图像复制并变形打造一个具有立体空间视觉效果的背景，采用木质背景与高清新鲜食材图像相结合的版式布局，体现出美食的新鲜与品质，同时添加的彩旗装饰图像是整个POP的点睛之笔，最终效果如图4.37所示。

图4.37　最终效果

4.3.1　使用Photoshop制作背景

STEP 01 执行菜单栏中的“文件”|“新建”命令，在弹出的对话框中设置“宽度”为6厘米，“高度”为8厘米，“分辨率”为300像素/英寸，新建一个空白画布，如图4.38所示。

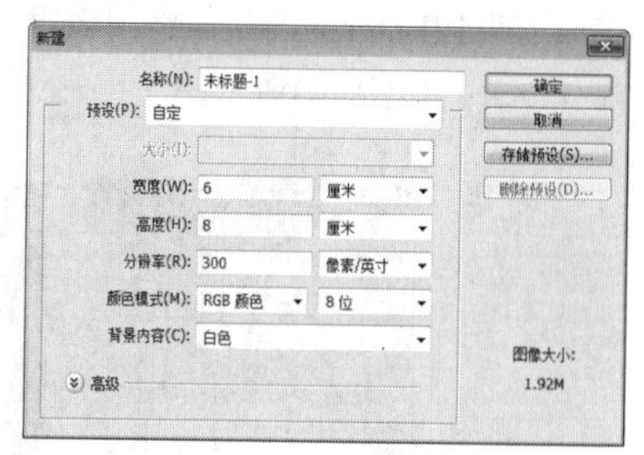

图4.38　新建画布

STEP 02 执行菜单栏中的“文件”|“打开”命令，打开“木板.jpg”文件，将打开的素材拖入画布中并适当缩小，其图层名称将更改为“图层1”，如图4.39所示。

图4.39　添加素材

STEP 03 在“图层”面板中选中“图层1”图层，将其拖至面板底部的“创建新图层”按钮上，复制出一个“图层1 拷贝”图层，如图4.40所示。

STEP 04 选中“图层1 拷贝”图层，按Ctrl+T组合键对其执行“自由变换”命令，单击鼠标右键，从弹出的快捷菜单中选择“透视”命令，将图像透视变形，完成之后按Enter键确认，将图像垂直移至画布下半部分位置，如图4.41所示。

图4.40　复制图层

图4.41　变换图像

STEP 05 在“图层”面板中选中“图层1 拷贝”图层，将其拖至面板底部的“创建新图层”按钮上，复制出一个“图层1 拷贝2”图层，如图4.42所示。

STEP 06 选中“图层1 拷贝2”图层，按Ctrl+T组合键对其执行“自由变换”命令，单击鼠标右键，从弹出的快捷菜单中选择“垂直翻转”命令，完成之后按Enter键确认，将图像垂直移至画布上半部分位置，如图4.43所示。

图4.42 复制图层

图4.43 变换图像

STEP 07 单击面板底部的“创建新图层”按钮，新建一个“图层2”图层，如图4.44所示。

STEP 08 选中“图层2”图层，按Ctrl+Alt+Shift+E组合键执行盖印可见图层命令，如图4.45所示。

图4.44 新建图层

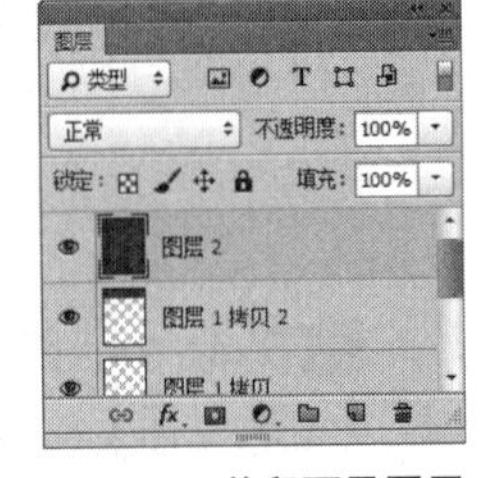

图4.45 盖印可见图层

STEP 09 在“图层”面板中选中“图层2”图层，单击面板底部的“创建新的填充或调整图层”按钮，在弹出快捷菜单中选中“色相/饱和度”命令，在弹出的面板中选择“红色”，将“明度”更改为+20，如图4.46所示。

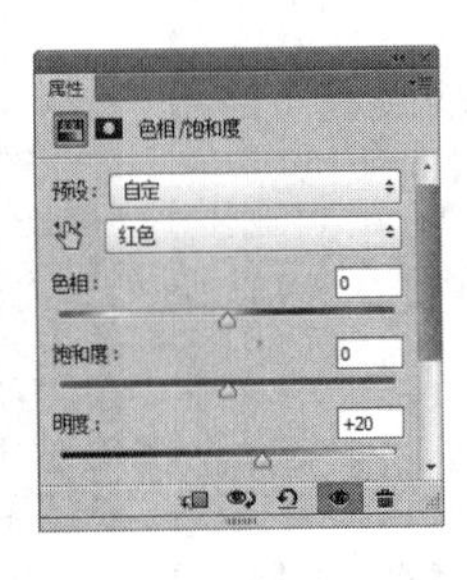

图4.46 调整明度

STEP 10 选择“黄色”，将“饱和度”更改为−100，如图4.47所示。

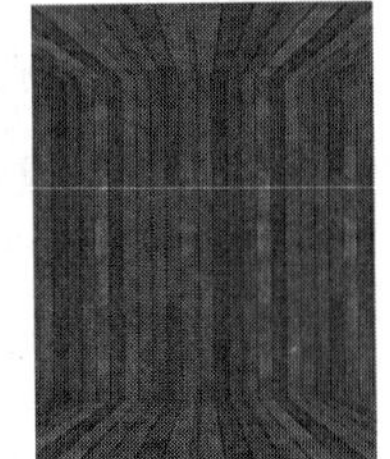

图4.47 调整饱和度

STEP 11 在“图层”面板中选中“图层2”图层，单击面板底部的“创建新的填充或调整图层”按钮，在弹出快捷菜单中选中“色阶”命令，在弹出的面板中将其数值更改为（20，1.13，185），如图4.48所示。

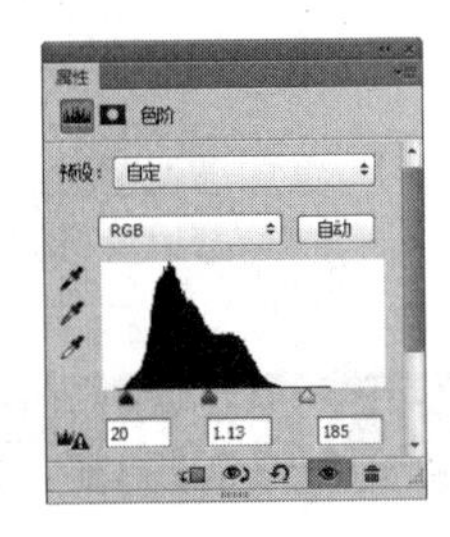

图4.48 调整色阶

STEP 12 在“图层”面板中选中“图层2”图层，单击面板底部的“创建新的填充或调整图层”按钮，在弹出快捷菜单中选中“曝光度”命令，在弹出的面板中将“曝光度”更改为+0.64，“灰度系数校正”更改为1.24，如图4.49所示。

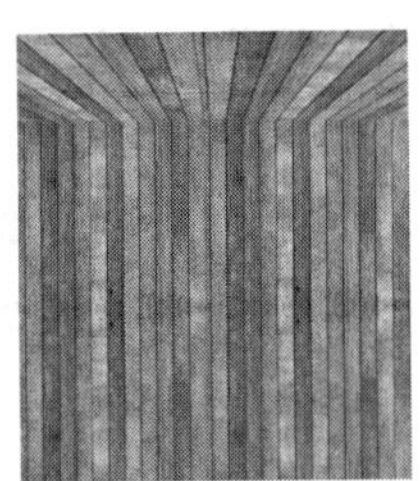

图4.49 调整曝光度

4.3.2 添加阴影

STEP 01 选择工具箱中的“矩形工具”，在选项栏中将“填充”更改为深褐色（R：26，G：14，B：6），“描边”为无，在画布靠上半部分位置绘制一个比画布宽的矩形，此时将生成一个“矩形1”图层，如图4.50所示。

图4.50　绘制图形

STEP 02 选中“矩形1”图层，执行菜单栏中的“滤镜”|“模糊”|“高斯模糊”命令，在弹出的对话框中将“半径”更改为55.0像素，完成之后单击“确定”按钮，如图4.51所示。

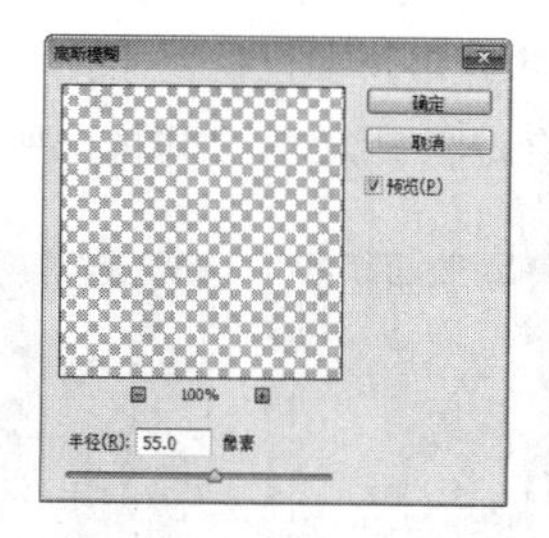

图4.51　设置高斯模糊

STEP 03 在“图层”面板中选中“矩形1”图层，将其图层混合模式设置为正片叠底，“不透明度”更改为80%，如图4.52所示。

图4.52　设置图层混合模式

STEP 04 在“图层”面板中选中“矩形1”图层，将其拖至面板底部的“创建新图层”按钮上，复制出一个“矩形1 拷贝”图层，将“矩形1 拷贝”图层“不透明度”更改为50%，如图4.53所示。

STEP 05 选中“矩形1 拷贝”图层，按Ctrl+T组合键对其执行“自由变换”命令，将图像高度缩小并向下稍微移动，完成之后按Enter键确认，如图4.54所示。

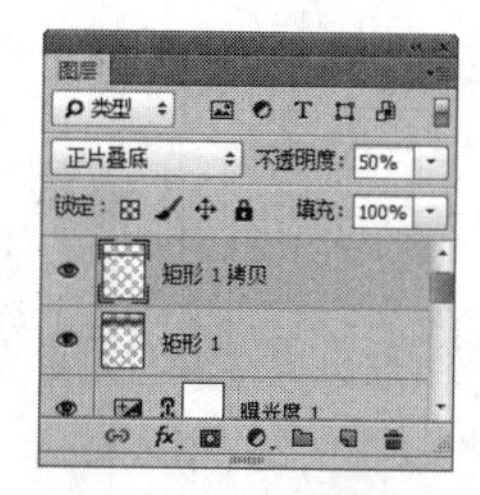

图4.53　复制图层　　图4.54　变换图像

STEP 06 在“图层”面板中同时选中“矩形1”及“矩形1 拷贝”图层，将其拖至面板底部的“创建新图层”按钮上，复制出一个拷贝图层，再按Ctrl+T组合键对其执行“自由变换”命令，单击鼠标右键，从弹出的快捷菜单中选择“垂直翻转”命令，将图像垂直翻转，完成之后按Enter键确认，如图4.55所示。

图4.55　复制图层变换图像

4.3.3 使用Illustrator绘制图形

STEP 01 执行菜单栏中的“文件”|“打开”命令，打开“美食POP设计.psd”文件，如图4.56所示。

STEP 02 选择工具箱中的“星形工具”，将“填色”更改为白色，在画布靠顶部位置绘制一个星形，如图4.57所示。

图4.56　打开素材　　图4.57　绘制图形

STEP 03 选中星形图形，执行菜单栏中的“效果”|“风格化”|“外发光”命令，在弹出的对话框中将“颜色”更改为白色，“模糊”更改为1mm，

完成之后单击“确定”按钮，如图4.58所示。

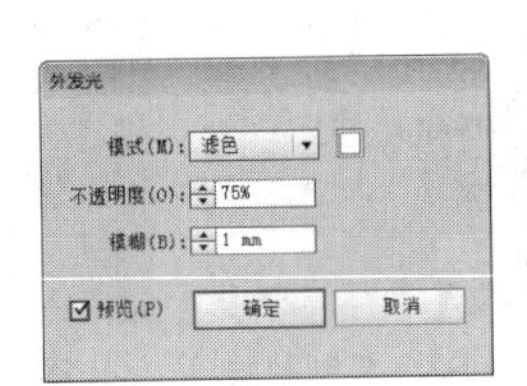

图4.58 设置外发光

STEP 04 选中星形并按住Alt键将其复制，再将复制生成的图形等比例缩小，如图4.59所示。

图4.59 复制并变换图形

STEP 05 分别将两个星形复制多份并放在适当位置，如图4.60所示。

图4.60 复制图形

STEP 06 选择工具箱中的“钢笔工具”，将“填色”更改为无，“描边”更改为灰色（R：186，G：186，B：186），在画布顶部位置绘制一条线段，如图4.61所示。

STEP 07 以同样的方法将“填色”更改为蓝色（R：15，G：168，B：209），在线段左侧位置绘制一个不规则图形，如图4.62所示。

图4.61 绘制图形 图4.62 绘制不规则图形

STEP 08 以同样的方法绘制多个相似图形，并分别更改为不同的颜色，比如黄色（R：255，G：190，B：6）、橙色（R：255，G：103，B：0）等，如图4.63所示。

STEP 09 执行菜单栏中的“文件”|“打开”命令，打开“灯.psd”文件，将打开的素材图像拖入画布中左上角位置并适当缩小，如图4.64所示。

图4.63 绘制图形 图4.64 添加素材

STEP 10 选中灯图像，按住Alt键将其复制数份并分别放在刚才绘制的旗帜图形旁边位置，并将部分图像适当缩小，如图4.65所示。

STEP 11 同时选中除星形和背景之外的所有图形及图像并按Ctrl+G组合键将其编组，如图4.66所示。

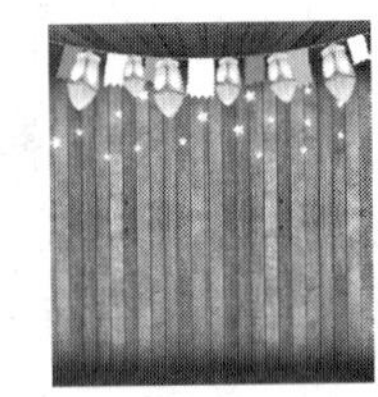

图4.65 复制并变换图像 图4.66 编组

STEP 12 选中经过编组的对象，执行菜单栏中的“效果”|“风格化”|“投影”命令，在弹出的对话框中将“不透明度”更改为25%，“X位移”更改为2.47mm，“Y位移”更改为2.47mm，“模糊”更改为1.76mm，完成之后单击“确定”按钮，如图4.67所示。

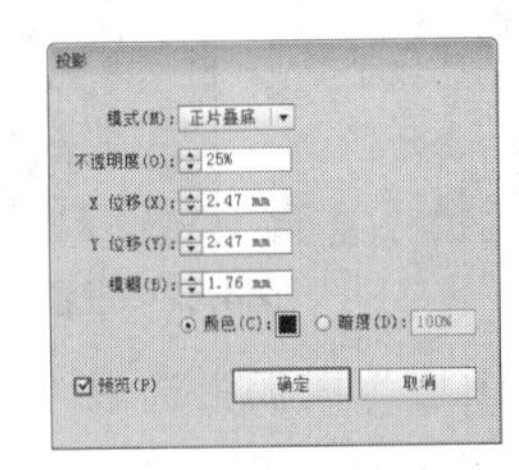

图4.67 设置投影

4.3.4 添加食品素材

STEP 01 执行菜单栏中的“文件”|“打开”命令，打开“生菜.psd”“沙拉.psd”“番茄.psd”文件，将打开的素材图像拖入画布中适当位置，同时

选中添加的所有素材图像，按Ctrl+G组合键将其编组，如图4.68所示。

STEP 02 选中经过编组的图像，执行菜单栏中的“应用‘投影’”命令，如图4.69所示。

图4.68　添加素材并编组

图4.69　添加投影

> **技巧与提示**
> 按Ctrl+Shift+E组合键可以直接应用上一次效果，按Ctrl+Shift+Alt+E组合键可以打开上一次的效果对话框。

STEP 03 选择工具箱中的“矩形工具”，将“填色”更改为白色，在背景中间位置绘制一个矩形，如图4.70所示。

STEP 04 选择工具箱中的“自由变换工具”，将矩形斜切变形，再适当旋转，如图4.71所示。

图4.70　绘制图形

图4.71　将图形变形

> **技巧与提示**
> 将图形变形之后需要注意图形的顺序。

STEP 05 选择工具箱中的“星形工具”，将“填色”更改为无，“描边”更改为白色，“粗细”更改为4pt，在适当位置绘制一个星形，如图4.72所示。

STEP 06 选择工具箱中的“椭圆工具”，“描边”更改为无，按住Shift键并在刚才绘制的星形旁边位置绘制一个正圆图形，选择工具箱中的“渐变工具”，将渐变更改为紫色（R：190，G：0，B：74）到紫色（R：155，G：18，B：60），在图形上拖动以填充径向渐变，如图4.73所示。

图4.72　绘制星形

图4.73　填充圆形

> **技巧与提示**
> 在绘制图形之后需要注意图形的前后顺序。

4.3.5 添加装饰文字

STEP 01 选择工具箱中的“文字工具”T，在画布适当位置添加文字，如图4.74所示。

STEP 02 选择工具箱中的“钢笔工具”，在椭圆图形左上角位置绘制一个不规则图形，如图4.75所示。

图4.74　添加文字

图4.75　绘制图形

STEP 03 选中绘制的图形，双击工具箱中的“镜像工具”图标，在弹出的对话框中单击“垂直”单选按钮，单击“复制”按钮，将图像复制，再选中复制生成的图像并将其移至适当位置，如图4.76所示。

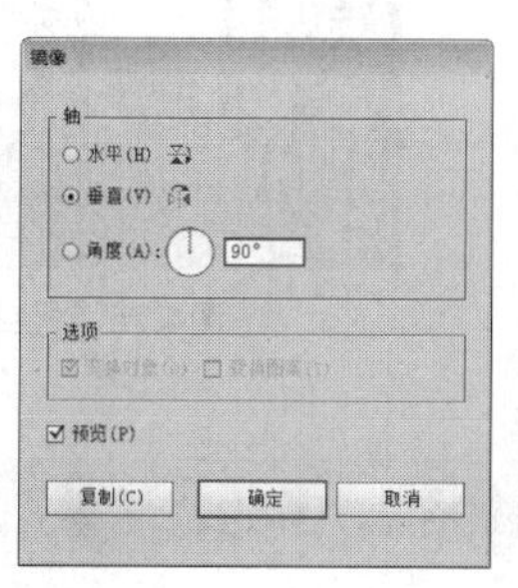

图4.76　复制图形

STEP 04 选择工具箱中的“矩形工具”，将“填色”更改为任意颜色，绘制一个与画布相同大小的矩形，如图4.77所示。

STEP 05 同时选中所有对象，单击鼠标右键，从弹出的快捷菜单中选择“建立剪切蒙版”命令，将部分图像隐藏，这样就完成了效果制作，最终效果如图4.78所示。

图4.77 绘制图形

图4.78 最终效果

4.4 手机POP设计

素材位置	素材文件\第4章\手机POP
案例位置	案例文件\第4章\手机POP特效处理.psd、手机POP设计.ai
视频位置	多媒体教学\第4章\4.4 手机POP设计.avi
难易指数	★★☆☆☆

本例讲解手机POP制作，本例的制作思路十分开放，通过多重思维定义了背景的背景风格，制作过程稍有些复杂。在色彩应用上需要多加留意，整个背景应当体现出手机的特点为主，以双色对比的文字信息与华丽多彩的背景组合成一幅出色的手机POP效果，最终效果如图4.79所示。

图4.79 最终效果

4.4.1 使用Photoshop制作背景

STEP 01 执行菜单栏中的“文件”|“新建”命令，在弹出的对话框中设置“宽度”为6.5厘米，“高度”为8厘米，“分辨率”为300像素/英寸，新建一个空白画布，如图4.80所示。

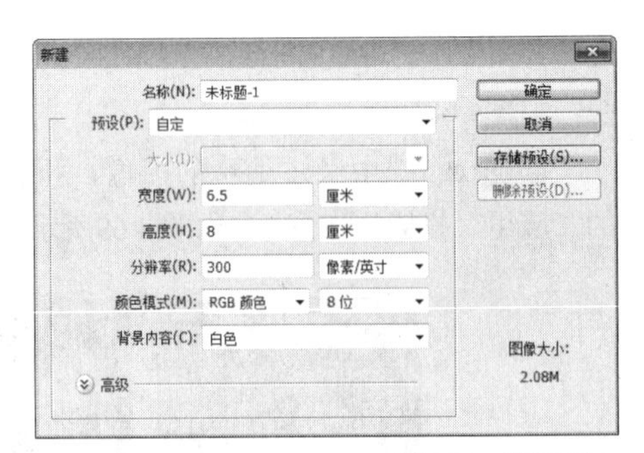

图4.80 新建画布

STEP 02 将画布填充为深蓝色（R：1，G：1，B：3），单击面板底部的“创建新图层”按钮，新建一个“图层1”图层，如图4.81所示。

STEP 03 选择工具箱中的“画笔工具”，在画布中单击鼠标右键，在弹出的面板中选择一种圆角笔触，将“大小”更改为500像素，“硬度”更改为0%，如图4.82所示。

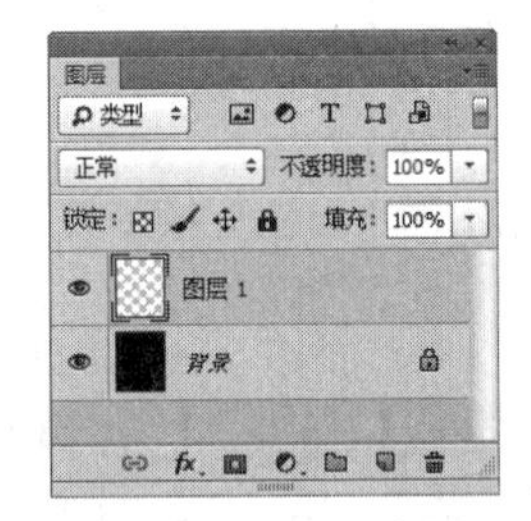

图4.81 新建图层

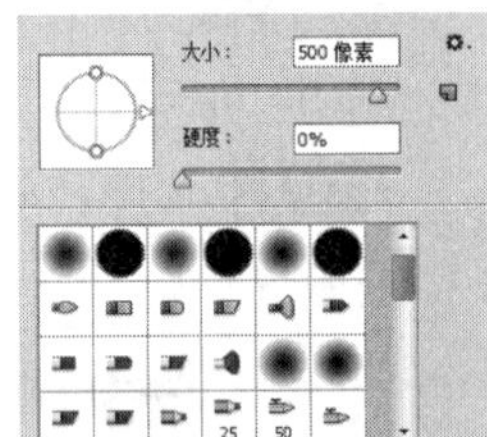

图4.82 设置笔触

STEP 04 将前景色分别更改为蓝色（R：2，G：62，B：124）和深绿色（R：34，G：54，B：17），在画布适当位置单击以添加颜色，如图4.83所示。

图4.83 添加颜色

> **技巧与提示**
>
> 在添加颜色的时候可以按键盘上的X键切换前景色和背景色。

STEP 05 选择工具箱中的“矩形工具”，在选项栏中将“填充”更改为白色，“描边”为无，在画布中绘制一个矩形，此时将生成一个“矩形1”图层，如图4.84所示。

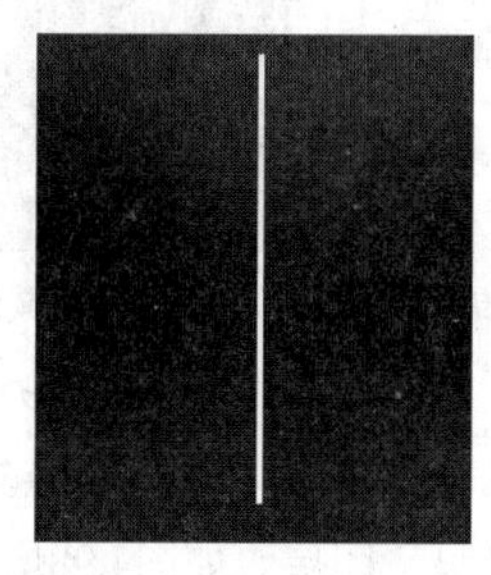
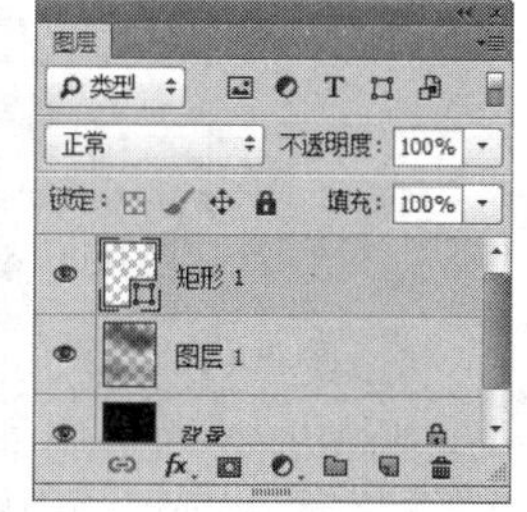

图4.84 绘制图形

STEP 06 选中“矩形1”图层，执行菜单栏中的“滤镜”|“风格化”|“风”命令，在弹出的对话框中单击“风”及“从右”单选按钮，完成之后单击“确定”按钮，如图4.85所示。

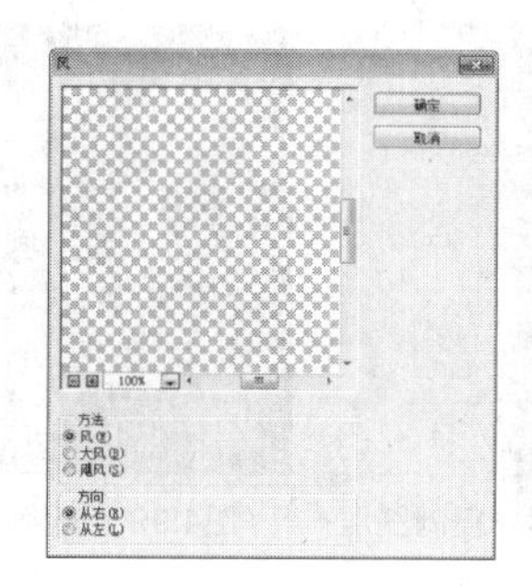

图4.85 设置风

STEP 07 选中“矩形1”图层，按Ctrl+F组合键数次重复添加风效果，如图4.86所示。

图4.86 重复添加风效果

技巧与提示

按Ctrl+F组合键可以重复添加风效果，按Ctrl+Alt+F组合键可以打开上次使用的滤镜命令对话框。

STEP 08 选择工具箱中的“矩形选框工具”，在图像右侧位置绘制选区以选中部分图像，按Delete键将其删除，完成之后按Ctrl+D组合键将选区取消，如图4.87所示。

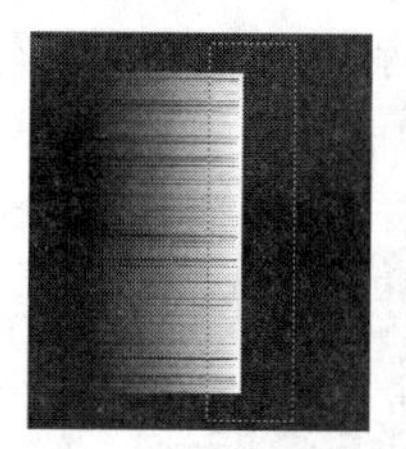
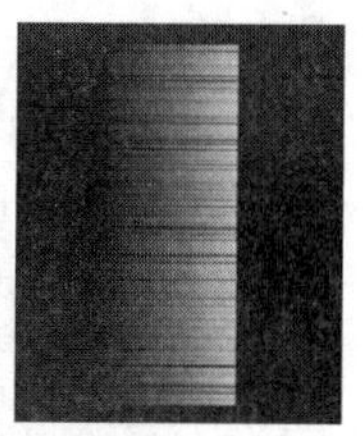

图4.87 绘制选区并删除图像

STEP 09 在“图层”面板中选中“矩形1”图层，将其拖至面板底部的“创建新图层”按钮上，复制出一个“矩形1 拷贝”图层，如图4.88所示。

STEP 10 选中“矩形1 拷贝”图层，按Ctrl+T组合键对其执行“自由变换”命令，单击鼠标右键，从弹出的快捷菜单中选择“水平翻转”命令，完成之后按Enter键确认，将图像向右侧平移，如图4.89所示。

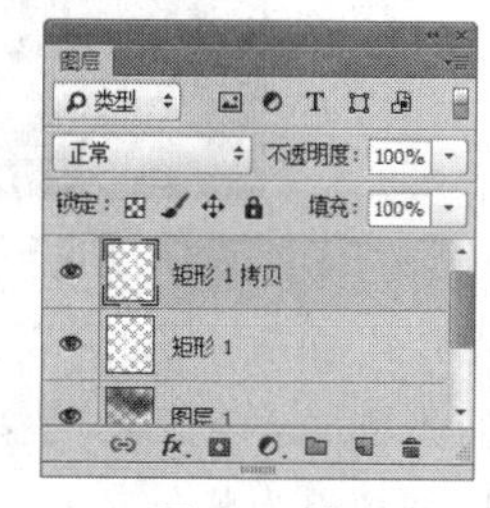

图4.88 复制图层　　图4.89 变换图像

STEP 11 选中“矩形1 拷贝”图层，按Ctrl+E组合键向下合并图层，此时将生成一个“矩形1”图层，如图4.90所示。

STEP 12 选中“矩形1”图层，按Ctrl+T组合键对其执行“自由变换”命令，分别缩小图像高度、增加图像宽度并适当旋转，完成之后按Enter键确认，如图4.91所示。

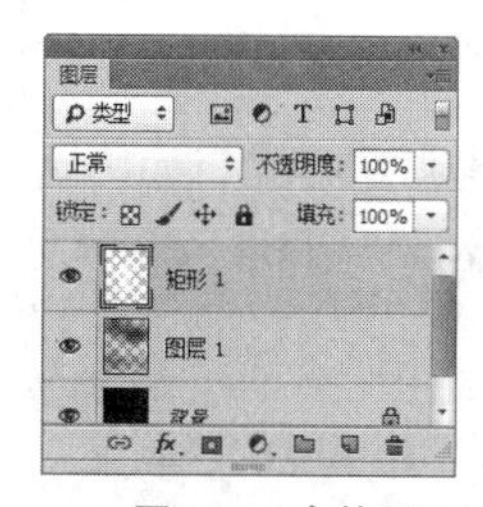

图4.90 合并图层　　图4.91 变换图像

STEP 13 在“图层”面板中选中“矩形1”图层，单击面板底部的“添加图层蒙版”按钮，为其图层添加图层蒙版，如图4.92所示。

STEP 14 选择工具箱中的“画笔工具”，在画布中单击鼠标右键，在弹出的面板中选择一种圆角笔触，将“大小”更改为300像素，“硬度”更改为0%，如图4.93所示。

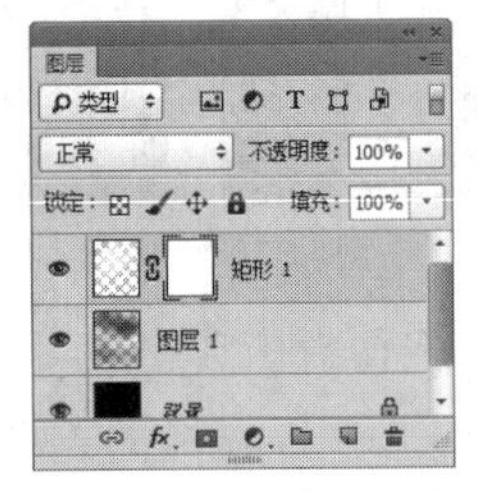

图4.92　添加图层蒙版

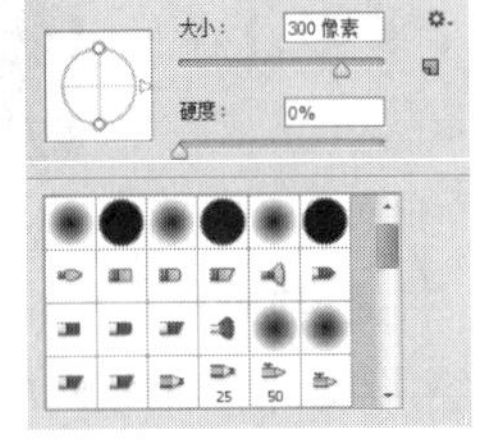

图4.93　设置笔触

STEP 15 将前景色更改为黑色，在其图像上的部分区域涂抹以将其隐藏，如图4.94所示。

图4.94　隐藏图像

STEP 16 在“图层”面板中选中“矩形1”图层，单击面板上方的“锁定透明像素”按钮，将透明像素锁定，将图像填充为紫色（R：205，G：35，B：93），如图4.95所示。

图4.95　锁定透明像素并填充颜色

技巧与提示

由于为图层添加图层蒙版之后，默认情况下选中的是图层蒙版缩览图，所以在为当前图层中图像填充颜色时需要单击当前图层缩览图。

STEP 17 选择工具箱中的“画笔工具”，在画布中单击鼠标右键，在弹出的面板中选择一种圆角笔触，将“大小”更改为250像素，“硬度”更改为0%，如图4.96所示。

STEP 18 将前景色更改为蓝色（R：62，G：154，B：248），单击“矩形1”图层缩览图，在其图像右上角区域单击数次以更改颜色，如图4.97所示。

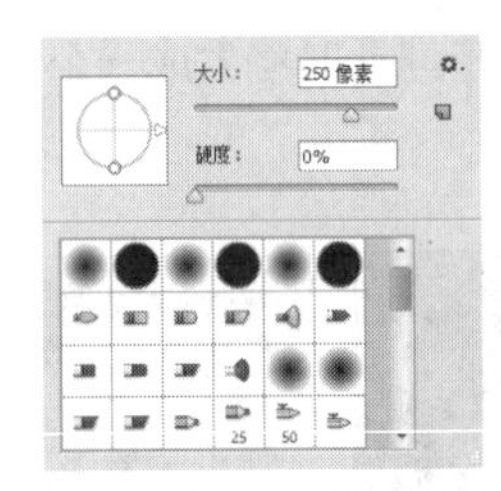

图4.96　设置笔触

图4.97　填充颜色

STEP 19 在“图层”面板中选中“矩形1”图层，将其拖至面板底部的“创建新图层”按钮上，复制一个“矩形1 拷贝”图层，如图4.98所示。

STEP 20 选中“矩形1 拷贝”图层，按Ctrl+T组合键对其执行“自由变换”命令，单击鼠标右键，从弹出的快捷菜单中选择“旋转180度”命令，完成之后按Enter键确认，如图4.99所示。

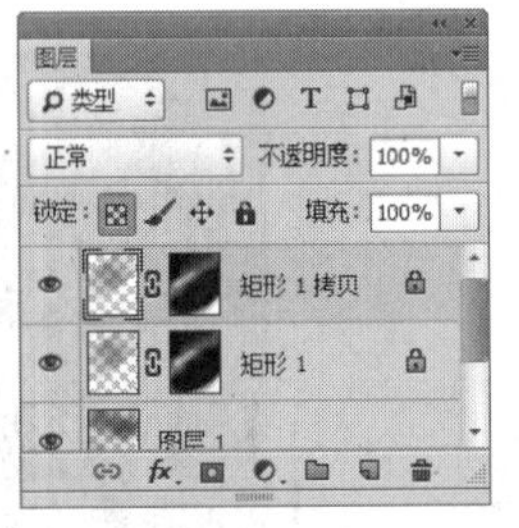

图4.98　复制图层

图4.99　变换图像

4.4.2 添加素材并处理

STEP 01 执行菜单栏中的“文件”|“打开”命令，打开“手机.psd”文件，将打开的素材拖入画布中并适当缩小，如图4.100所示。

图4.100　添加素材

STEP 02 在“图层”面板中，单击面板底部的“创建新的填充或调整图层”按钮，在弹出快捷菜单中选中“色阶”命令，在弹出的面板中单击面板底部的“此调整影响下面的所有图层”按钮，再将数值更改为（20，1.45，207），如图4.101所示。

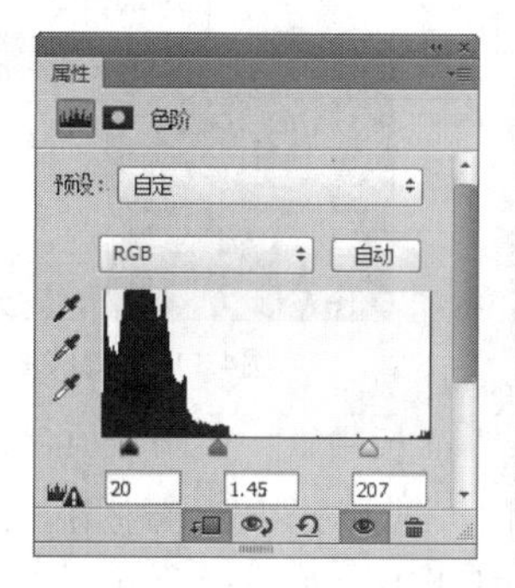

图4.101 调整色阶

STEP 03 执行菜单栏中的“文件”|“打开”命令，打开“花纹.psd”文件，将打开的素材拖入画布中手机底部位置并适当缩小，将其移至“手机”图层下方，如图4.102所示。

图4.102 添加素材

STEP 04 在“图层”面板中选中“花纹”图层，将其拖至面板底部的“创建新图层”按钮上，复制出一个“花纹 拷贝”图层，如图4.103所示。

STEP 05 选中“花纹 拷贝”图层，按Ctrl+T组合键对其执行“自由变换”命令，将图形适当旋转，完成之后按Enter键确认，如图4.104所示。

图4.103 复制图层　　图4.104 旋转图形

STEP 06 同时选中“花纹 拷贝”及“花纹”图层，按Ctrl+E组合键将其合并，将生成的图层名称更改为“花纹”，如图4.105所示。

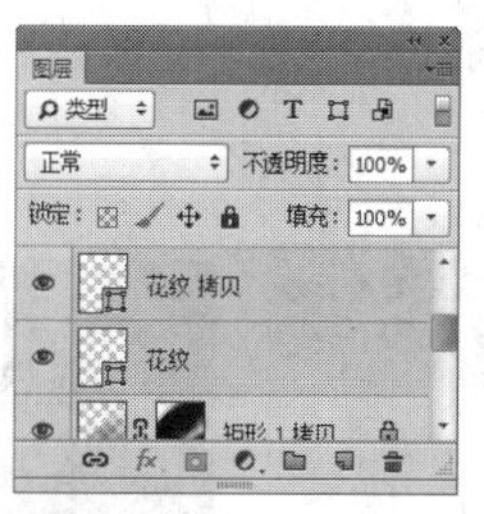

图4.105 合并图层

STEP 07 在“图层”面板中选中“花纹”图层，单击面板底部的“添加图层样式”fx按钮，在菜单中选择“外发光”命令，在弹出的对话框中将“颜色”更改为蓝色（R：0，G：150，B：255），“大小”更改为6像素，完成之后单击“确定”按钮，如图4.106所示。

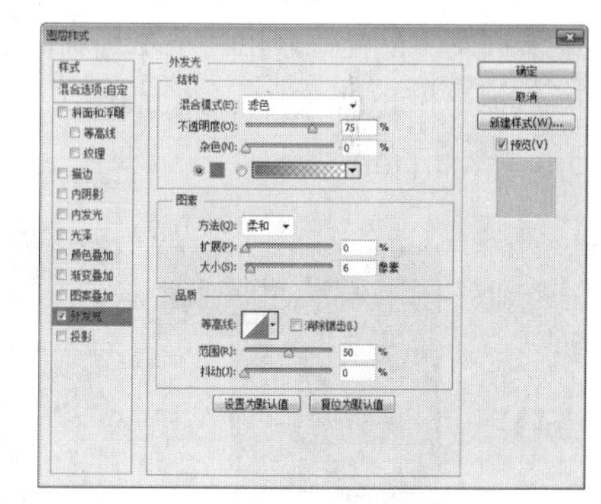

图4.106 设置外发光

STEP 08 在“图层”面板中选中“花纹”图层，将其图层“填充”更改为0%，如图4.107所示。

图4.107 更改填充

STEP 09 在“图层”面板中选中“花纹”图层，将其拖至面板底部的“创建新图层”按钮上，复制出一个“花纹 拷贝”图层，如图4.108所示。

STEP 10 选中“花纹 拷贝”图层，双击其图层样式名称，在弹出的对话框中将“颜色”更改为紫色（R：220，G：4，B：147），在画布中按Ctrl+T组合键对其执行“自由变换”命令，将图形适当旋转，再将其移至手机左上角位置，完成之后按Enter键确认，如图4.109所示。

图4.108　复制图层　　图4.109　变换图形

STEP 11 选择工具箱中的“钢笔工具”，在选项栏中单击“选择工具模式”路径按钮，在弹出的选项中选择“形状”，将“填充”更改为紫色（R：220，G：4，B：147），“描边”更改为无，在手机左侧位置绘制出一个不规则图形，此时将生成一个“形状1”图层，将其移至“手机”图层下方，如图4.110所示。

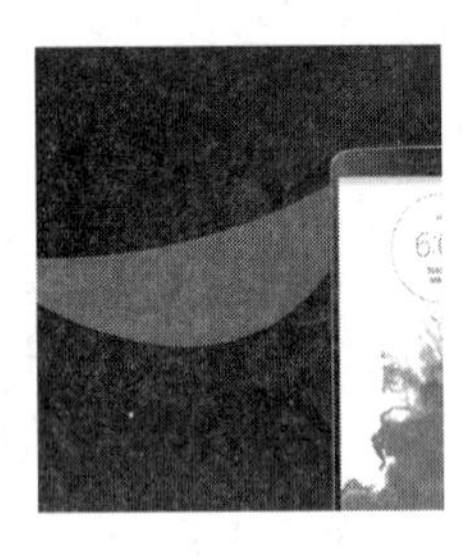
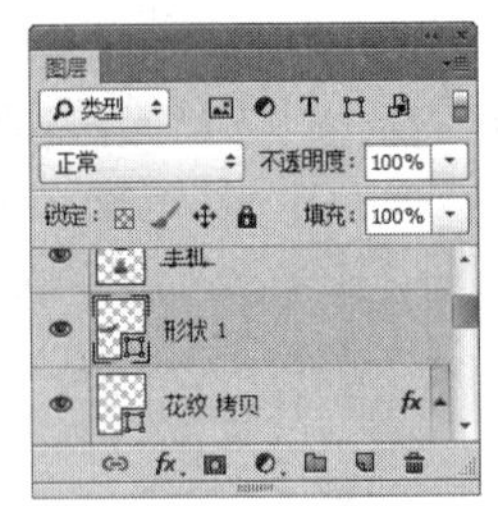

图4.110　绘制图形

STEP 12 在“图层”面板中选中“形状 1”图层，单击面板底部的“添加图层蒙版”按钮，为其图层添加图层蒙版，如图4.111所示。

STEP 13 选择工具箱中的“画笔工具”，在画布中单击鼠标右键，在弹出的面板中选择一种圆角笔触，将“大小”更改为180像素，“硬度”更改为0%，如图4.112所示。

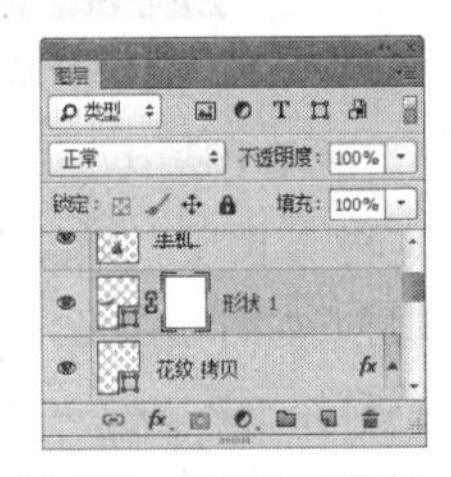
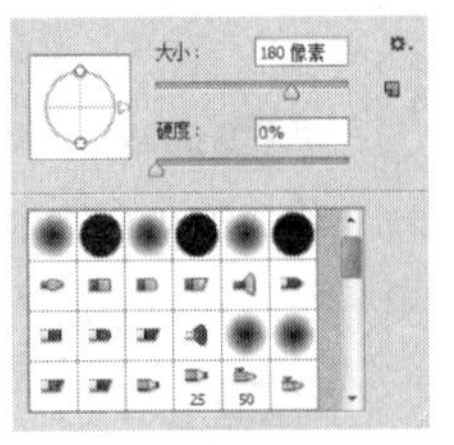

图4.111　添加图层蒙版　　图4.112　设置笔触

STEP 14 将前景色更改为黑色，在图形上的部分区域涂抹以将其隐藏，如图4.113所示。

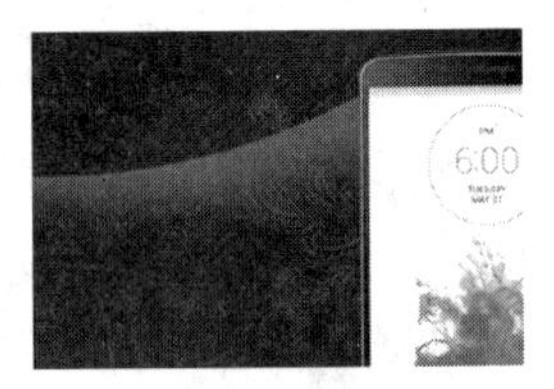

图4.113　隐藏图像

STEP 15 在“图层”面板中选中“形状 1”图层，将其拖至面板底部的“创建新图层”按钮上，复制出一个“形状1 拷贝”图层，如图4.114所示。

STEP 16 选中“形状1 拷贝”图层，将其图形颜色更改为蓝色（R：0，G：150，B：255），再将其移至手机图像右侧位置，按Ctrl+T组合键对其执行“自由变换”命令，单击鼠标右键，从弹出的快捷菜单中选择“旋转180度”命令，完成之后按Enter键确认，如图4.115所示。

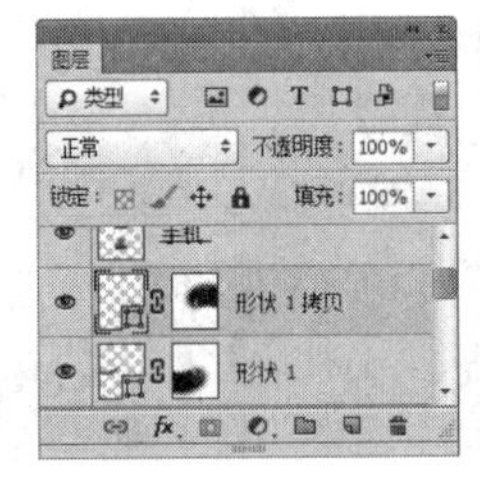

图4.114　复制图层　　图4.115　变换图形

STEP 17 在“图层”面板中选中“花纹 拷贝”图层，单击面板底部的“添加图层蒙版”按钮，为该图层添加图层蒙版，如图4.116所示。

STEP 18 选择工具箱中的“多边形套索工具”，在“花纹 拷贝”图层中图形左上角位置绘制一个不规则选区以选中部分图形，如图4.117所示。

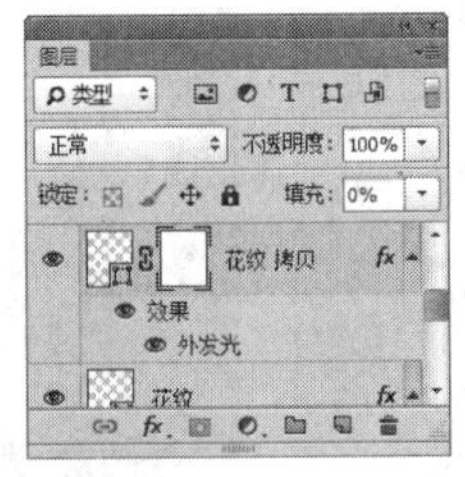
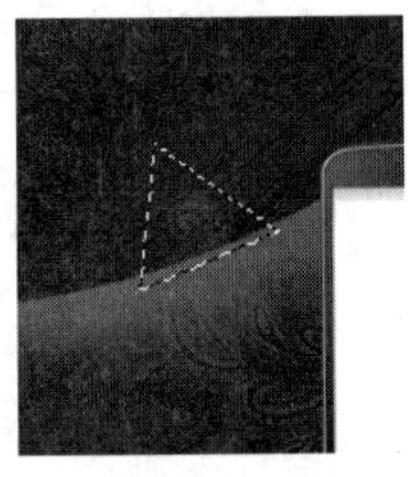

图4.116　添加图层蒙版　　图4.117　绘制选区

STEP 19 将选区填充为黑色将部分图形隐藏，完成之后按Ctrl+D组合键将选区取消，如图4.118所示。

STEP 20 以同样的方法选中“花纹”图层为其添加图层蒙版，并以同样的方法绘制选区隐藏部分图形，如图4.119所示。

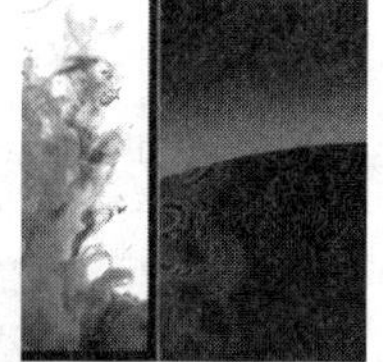

图4.118 隐藏图形 图4.119 隐藏图形

4.4.3 添加特效

STEP 01 选择工具箱中的“画笔工具”，在画布中单击鼠标右键，在弹出的面板中单击右上角图标，在弹出的菜单中选择“载入画笔”命令，在弹出的对话框中选择“喷溅.abr”文件，完成之后单击“载入”按钮，在面板底部选择载入的笔触，如图4.120所示。

STEP 02 单击面板底部的“创建新图层”按钮，新建一个“图层2”图层，如图4.121所示。

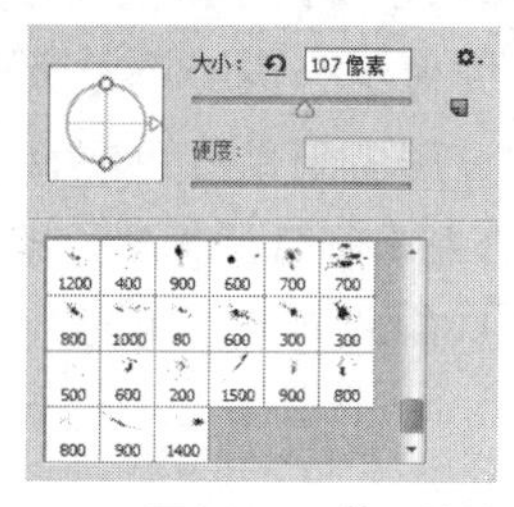

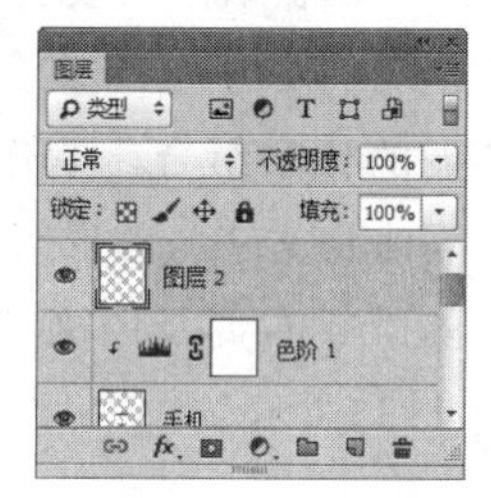

图4.120 载入笔触 图4.121 新建图层

STEP 03 将前景色更改为红色（R：255，G：0，B：67），选中“图层2”图层，在画布中手机图像左下角位置单击数次以添加喷溅图像，如图4.122所示。

图4.122 添加喷溅效果

技巧与提示

在添加喷溅效果的时候可以不断地选择载入的其他几个相似笔触，这样添加的喷溅效果更加自然。

STEP 04 单击面板底部的“创建新图层”按钮，新建一个“图层3”图层，如图4.123所示。

STEP 05 将前景色更改为蓝色（R：0，G：145，B：255），沿手机屏幕右侧蓝色部分向外侧单击数次以添加颜色，如图4.124所示。

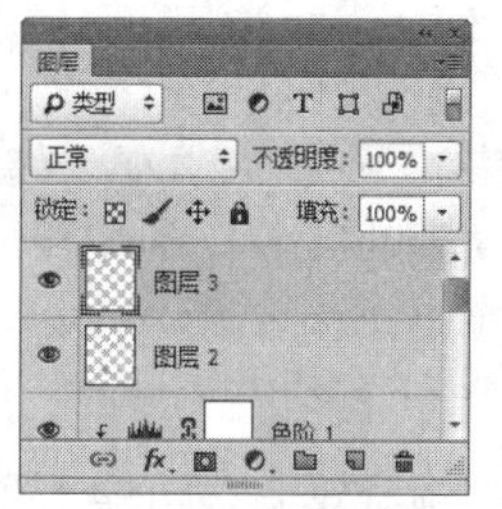

图4.123 新建图层 图4.124 添加图像

STEP 06 执行菜单栏中的“文件”|“打开”命令，打开“人物.psd”文件，将打开的素材拖入画布中手机图像上方位置并适当缩小，如图4.125所示。

图4.125 添加素材

STEP 07 在“图层”面板中选中“人物”图层，将其拖至面板底部的“创建新图层”按钮上，复制出一个“人物 拷贝”图层，如图4.126所示。

STEP 08 选中“人物 拷贝”图层，将其图层混合模式更改为正片叠底，如图所1.127示。

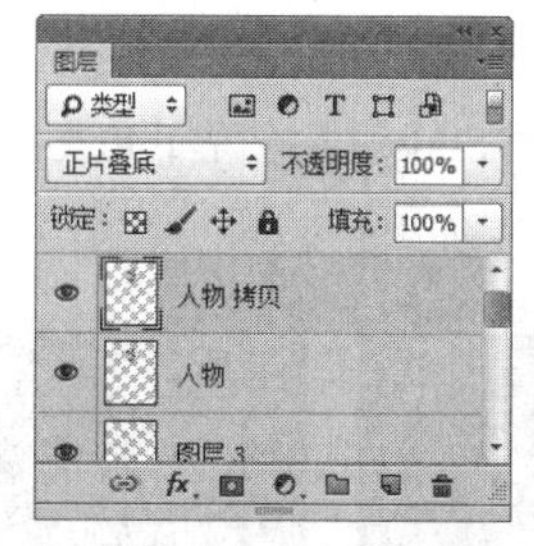

图4.126 复制图层 图4.127 设置图层混合模式

STEP 09 选中“人物 拷贝”图层，按Ctrl+E组合键向下合并图层，此时将生成一个“人物”图层，选中“人物”图层，如图4.128所示。

STEP 10 单击面板底部的“创建新图层”按钮，新建一个“图层4”图层，如图4.129所示。

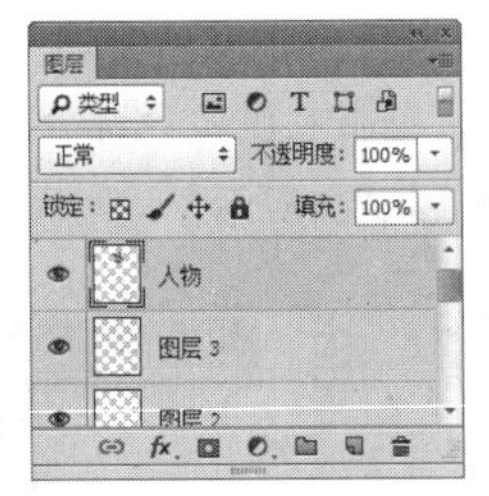

图4.128　合并图层　　图4.129　新建图层

STEP 11 选择工具箱中的“画笔工具”，将前景色更改为白色，选中“图层4”图层，在人物图像部分位置单击以添加喷溅效果，如图4.130所示。

图4.130　添加图像

4.4.4 使用Illustrator添加说明文字

STEP 01 执行菜单栏中的“文件”|“打开”命令，打开“手机POP设计.psd”文件，选择工具箱中的“文字工具” T，在画布适当位置添加文字，如图4.131所示。

STEP 02 选择工具箱中的“椭圆工具”，将“填色”更改为无，“描边”更改为白色，“粗细”更改为0.25pt，按住Shift键并在左下角文字左侧位置绘制一个正圆图形，如图4.132所示。

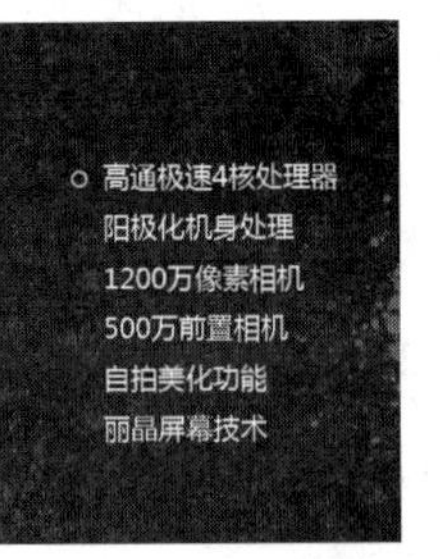

图4.131　添加文字　　图4.132　绘制图形

STEP 03 选中椭圆图形，按住Alt+Shift组合键并向下拖动将其复制数份，如图4.133所示。

STEP 04 执行菜单栏中的“文件”|“打开”命令，打开“手机2.psd”文件，将打开的素材图像拖入画布中靠右下角位置，这样就完成了效果制作，最终效果如图4.134所示。

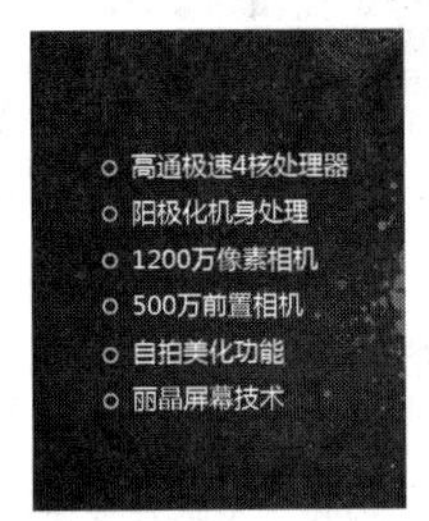

图4.133　复制图形　图4.134　添加素材及最终效果

4.5 美食套餐POP设计

素材位置	素材文件\第4章\美食套餐POP
案例位置	案例文件\第4章\美食套餐POP处理.psd、美食套餐POP设计.ai
视频位置	多媒体教学\第4章\4.5 美食套餐POP设计.avi
难易指数	★★☆☆☆

本例讲解美食套餐POP设计，本例以暖黄色调作为背景颜色与美食图像组合成一个整体十分谐调的背景组合，制作过程中采用红色醒目字体，同时将文字与图形组合制作醒目的标签，整个POP的版式布局及图文信息简洁完美，最终效果如图4.135所示。

图4.135　最终效果

4.5.1 使用Photoshop制作渐变背景

STEP 01 执行菜单栏中的“文件”|“新建”命令，在弹出的对话框中设置“宽度”为6厘米，“高

度”为8厘米，“分辨率”为300像素/英寸，新建一个空白画布，如图4.136所示。

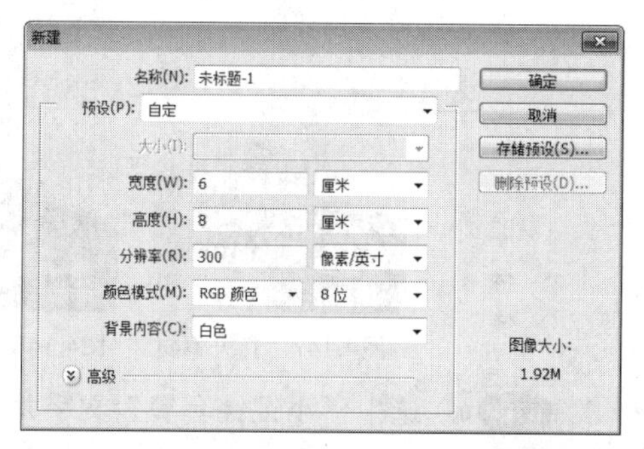

图4.136 新建画布

STEP 02 选择工具箱中的“渐变工具”，编辑黄色（R：230，G：210，B：157）到黄色（R：253，G：245，B：225）的渐变，单击选项栏中的“线性渐变”按钮，在画布中从左上角向右下角拖动以填充渐变，如图4.137所示。

图4.137 填充渐变

STEP 03 选择工具箱中的“直线工具”，在选项栏中将“填充”更改为黑色，“描边”为无，“粗细”更改为1像素，按住Shift键并在画布顶部位置绘制一条比大于画布宽度的水平线段，此时将生成一个“形状1”图层，如图4.138所示。

图4.138 绘制图形

STEP 04 选中“形状1”图层，按住Alt+Shift组合键并向下拖动将其复制多份并铺满整个画布，如图4.139所示。

STEP 05 同时选中除“背景”之外所有图层，按Ctrl+E组合键将其合并，将其图层名称更改为线条，再按Ctrl+T组合键对其执行“自由变换”命令，将图形适当旋转，完成之后按Enter键确认，如图4.140所示。

图4.139 复制图形 图4.140 旋转图形

STEP 06 在“图层”面板中选中“线条”图层，将其图层混合模式设置为柔光，如图4.141所示。

图4.141 设置图层混合模式

4.5.2 添加美食素材

STEP 01 执行菜单栏中的“文件”|“打开”命令，打开“美食.jpg”文件，将打开的素材拖入画布靠底部位置并适当缩小，该图层的名称将更改为“图层1”，如图4.142所示。

图4.142 添加素材

STEP 02 在“图层”面板中选中“图层1”图层，单击面板底部的“添加图层蒙版”按钮，为该图层添加图层蒙版，如图4.143所示。

STEP 03 选择工具箱中的“画笔工具”，在画布中单击鼠标右键，在弹出的面板中选择一种圆角笔触，将“大小”更改为150像素，“硬度”更改为0%，如图4.144所示。

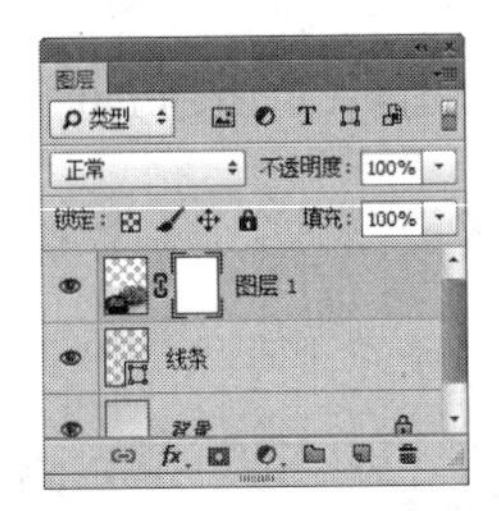

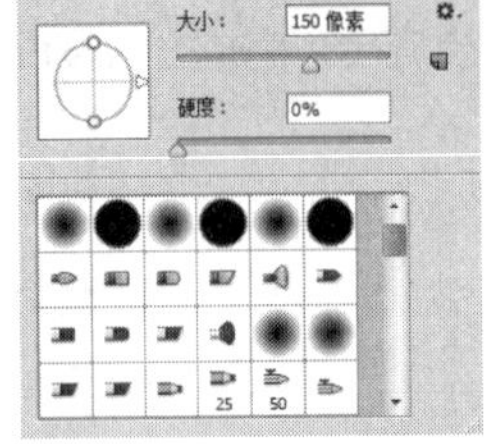

图4.143　添加图层蒙版　　图4.144　设置笔触

STEP 04 将前景色更改为黑色，在图像上的部分区域涂抹以将其隐藏，如图4.145所示。

图4.145　隐藏图像

STEP 05 在“图层”面板中，单击面板底部的“创建新的填充或调整图层”按钮，在弹出快捷菜单中选中“曲线”命令，在弹出的面板中拖动曲线以提高图像亮度，如图4.146所示。

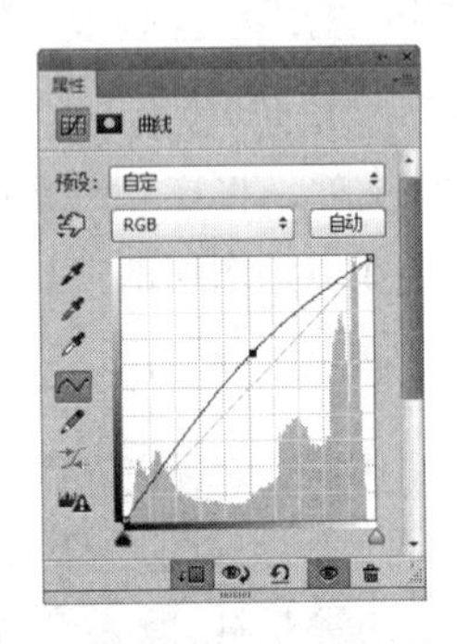

图4.146　调整曲线

4.5.3 使用Illustrator添加文字和装饰

STEP 01 执行菜单栏中的“文件”|“打开”命令，打开“美食套餐POP设计.psd”文件，如图4.147所示。

STEP 02 选择工具箱中的“文字工具”T，在画板适当位置添加文字，如图4.148所示。

图4.147　打开素材　　图4.148　添加文字

STEP 03 选中“小馄饨套餐”文字并按Ctrl+C组合键将其复制，再按Ctrl+F组合键将其粘贴至原前方，再单击鼠标右键，从弹出的快捷菜单中选择“选择”|“下方的下一个对象”命令，将其“描边”更改为黄色（R：255，G：248，B：225），“粗细”更改为3pt，如图4.149所示。

图4.149　添加描边

STEP 04 选择工具箱中的“星形工具”，单击鼠标，在弹出的对话框中将“半径1”更改为0.7cm，“半径2”更改为0.6cm，“角点数”更改为18，完成之后单击“确定”按钮，如图4.150所示。

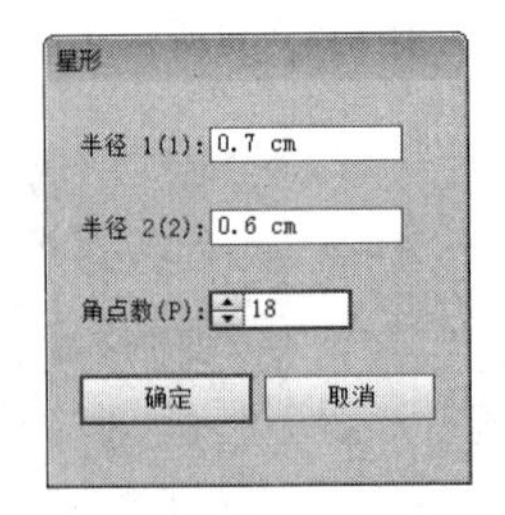

图4.150　设置星形

STEP 05 选中图形，选择工具箱中的“渐变工具”，在“渐变”面板中，将“渐变”更改为橙色（R：236，G：107，B：70）到灰橙（R：232，G：52，B：30），在图形上拖动以填充渐变，如图4.151所示。

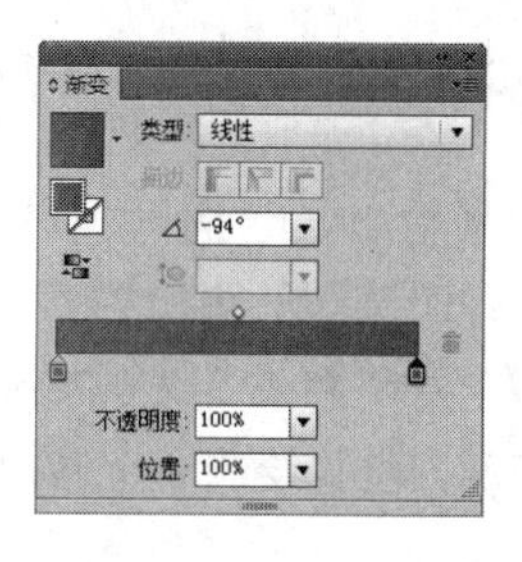

图4.151 设置渐变

STEP 06 选中星形并按Ctrl+C组合键将其复制，再按Ctrl+F组合键将其粘贴至原前方，将“填色”更改为无，“描边”更改为白色，“大小”更改为0.25pt，再将图形等比例缩小，如图4.152所示。

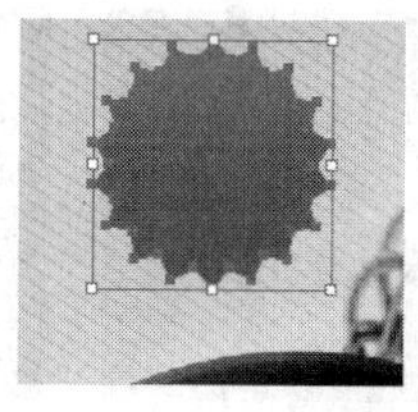

图4.152 粘贴图形并变换图形

STEP 07 选择工具箱中的“椭圆工具”，将“填色”更改为白色，在刚才绘制的多边形位置绘制一个椭圆图形，如图4.153所示。

图4.153 绘制图形

STEP 08 选中图形，选择工具箱中的“渐变工具”，在“渐变”面板中，将“渐变”更改为白色到透明，在图形上以拖动填充渐变，再将图形“不透明度”更改为50%，如图4.154所示。

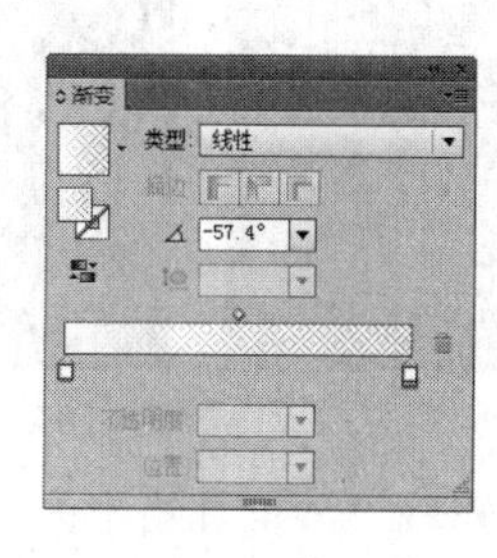

图4.154 填充渐变

STEP 09 选择工具箱中的“文字工具”，在刚才绘制的图形位置添加文字，这样就完成了效果制作，最终效果如图4.155所示。

图4.155 最终效果

4.6 节日折扣POP设计

素材位置	案例文件\第4章\节日折扣
案例位置	案例文件\第4章\节日折扣POP设计.psd、节日折扣POP背景处理.ai
视频位置	多媒体教学\第4章\4.6 节日折扣POP设计.avi
难易指数	★★☆☆☆

本例讲解节日折扣POP设计，本例中的背景效果十分漂亮，制作过程比较简单，重点在于“混合”命令的灵活使用，在制作过程中需要以特效图像为主题，同时将文字信息与其合理组合完成整个效果制作，最终效果如图4.156所示。

图4.156 最终效果

4.6.1 使用Illustrator制作渐变背景

STEP 01 执行菜单栏中的“文件”|“新建”命令，在弹出的对话框中设置“宽度”为6厘米，“高度”为8厘米，新建一个空白画布，选择工具箱中的“矩形工具”，绘制一个与画布相同大小的矩形，如图4.157所示。

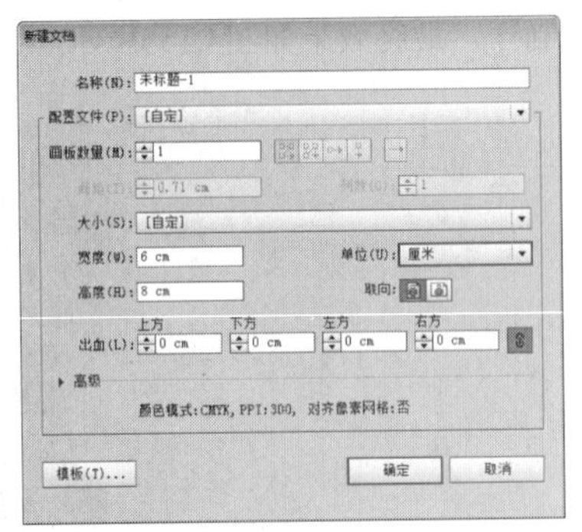

图4.157　新建文档

STEP 02 选中图形，选择工具箱中的“渐变工具”，在“渐变”面板中将“渐变”更改为红色（R：117，G：23，B：70）到紫色（R：40，G：0，B：52），在图形上拖动以填充渐变，如图4.158所示。

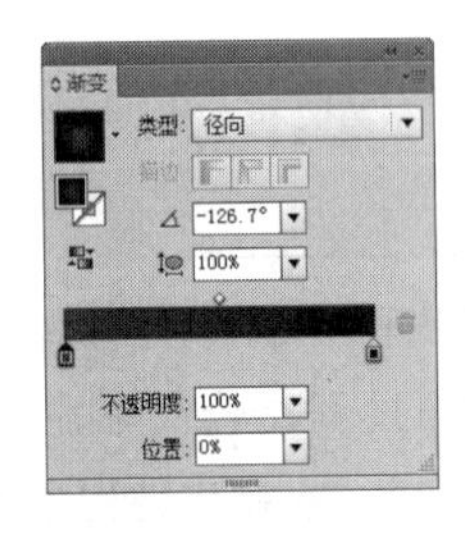

图4.158　绘制图形

STEP 03 选择工具箱中的“椭圆工具”，将“填色”更改为浅紫色（R：186，G：102，B：145），在画布靠下方位置绘制一个椭圆图形，如图4.159所示。

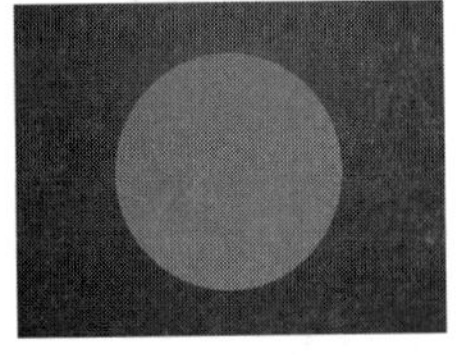

图4.159　绘制图形

STEP 04 选中绘制的图形，执行菜单栏中的“效果”|“模糊”|“高斯模糊”命令，在弹出的对话框中将“半径”更改为90像素，完成之后单击“确定”按钮，如图4.160所示。

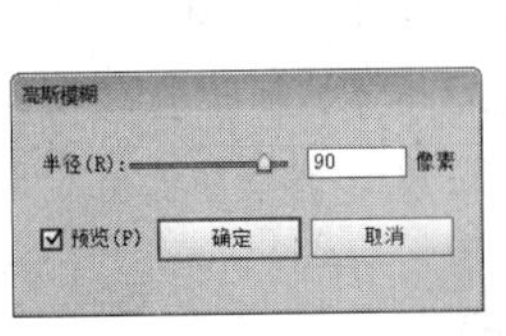

图4.160　设置高斯模糊

4.6.2 绘制线条图形

STEP 01 选择工具箱中的“椭圆工具”，将“填色”更改为无，“描边”更改为紫色（R：190，G：0，B：102），“粗细”为0.25pt。按住Shift键并在画布上半部分位置绘制一个椭圆图形，如图4.161所示。

STEP 02 选中椭圆图形并按Ctrl+C组合键将其复制，再按Ctrl+F组合键将其粘贴至原前方，再将复制生成的图形等比例缩小并向右侧平移，如图4.162所示。

图4.161　绘制图形　　图4.162　复制并变换图形

STEP 03 执行菜单栏中的“对象”|“混合”|“混合选项”命令，在弹出的对话框中将“间距”更改为20，完成之后单击“确定”按钮，如图4.163所示。

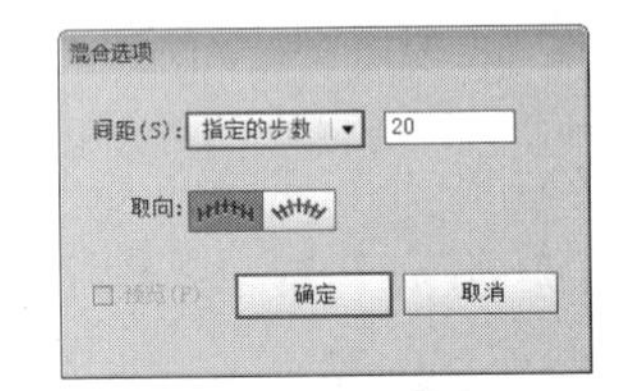

图4.163　设置混合选项

STEP 04 同时选中两个椭圆图形，执行菜单栏中的“对象”|“混合”|“建立”命令，如图4.164所示。

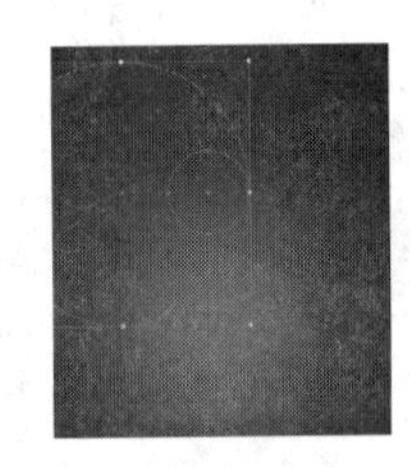

图4.164　混合图形

STEP 05 选中图形，双击工具箱中的“镜像工具”图标，在弹出的对话框中单击“垂直”单选按钮，单击“复制”按钮，将图像复制，再选中复制生成的图像移至右侧相对位置，如图4.165所示。

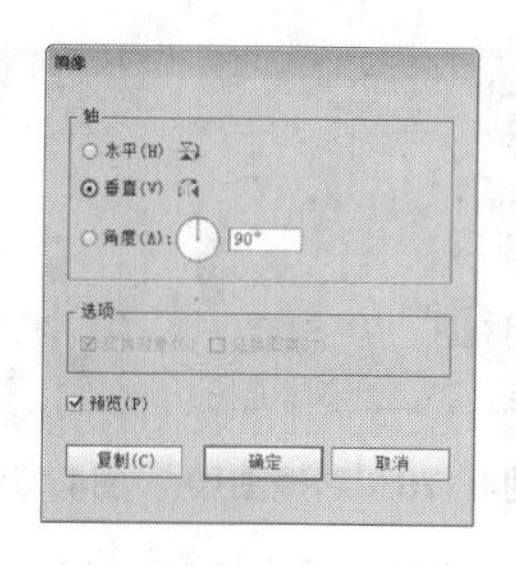
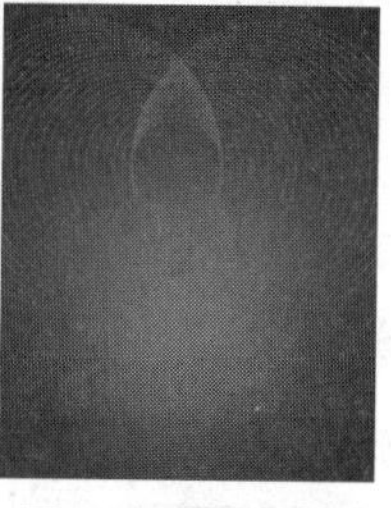

图4.165 设置镜像

STEP 06 选中右侧图形，双击工具箱中的“旋转工具”图标，在弹出的对话框中将“角度”更改为-90度，单击“复制”按钮，如图4.166所示。

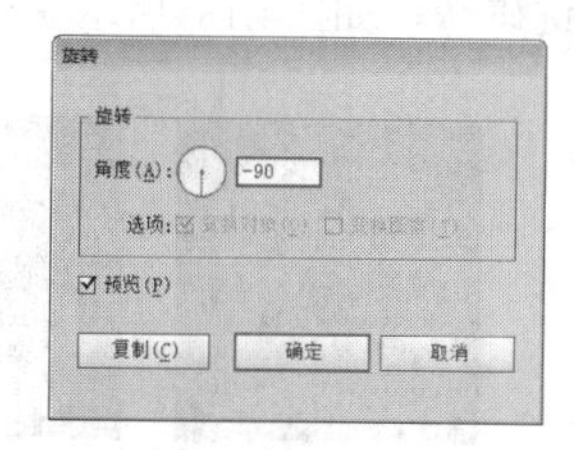
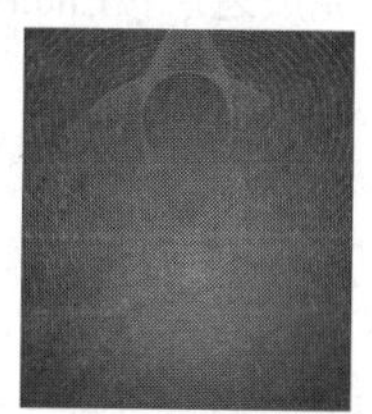

图4.166 设置旋转

STEP 07 同时选中3个图形，在“透明度”面板中，将其混合模式更改为变亮，“不透明度”更改为50%，如图4.167所示。

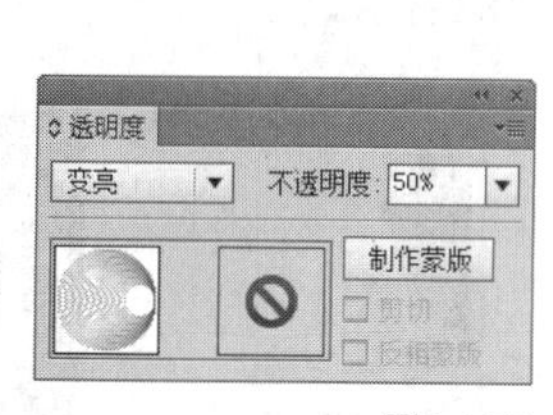

图4.167 设置图层混合模式

STEP 08 选中矩形，按Ctrl+C组合键将其复制，再按Ctrl+F组合键将其粘贴至原前方，再单击鼠标右键，从弹出的快捷菜单中选择“排列”|“置于顶层”命令，如图4.168所示。

STEP 09 同时选中所有对象，单击鼠标右键，从弹出的快捷菜单中选择“建立剪切蒙版”命令，将部分图像隐藏，如图4.169所示。

图4.168 复制并粘贴图形 图4.169 建立剪切蒙版

4.6.3 使用Photoshop绘制圆形效果

STEP 01 执行菜单栏中的“文件”|“打开”命令，打开“节日折扣POP设计.ai”文件，如图4.170所示。

STEP 02 执行菜单栏中的“图层”|“新建”|“图层背景”命令，如图4.171所示。

图4.170 打开素材 图4.171 新建图层背景

STEP 03 选择工具箱中的“椭圆工具”，在选项栏中将“填充”更改为黄色（R：220，G：200，B：98），“描边”为无，按住Shift键并在画布靠左侧位置绘制一个正圆图形，此时将生成一个“椭圆1”图层，如图4.172所示。

图4.172 绘制图形

STEP 04 在“图层”面板中选中“椭圆1”图层，单击面板底部的“添加图层样式”fx按钮，在菜单中选择“内发光”命令，在弹出的对话框中将“混合模式”更改为正常，“不透明度”更改为100%，“颜色”更改为黄色（R：88，G：65，B：33），“大小”更改为100像素，完成之后单击“确定”按钮，如图4.173所示。

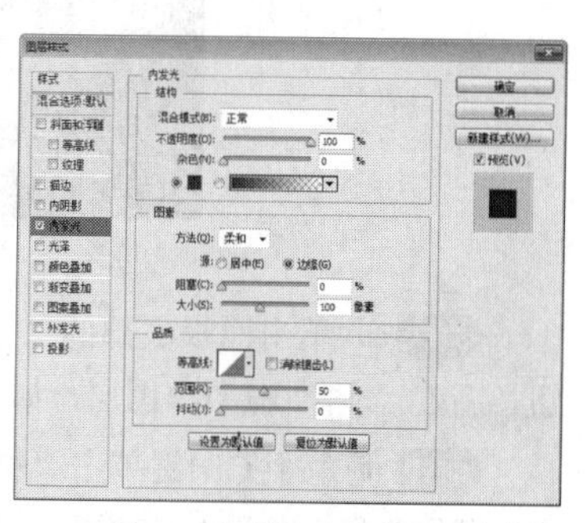

图4.173 设置内发光

STEP 05 在"图层"面板中的"椭圆1"图层样式名称上单击鼠标右键并从弹出的快捷菜单中选择"创建图层"命令，此时将生成""椭圆 1"的内发光"新的图层，如图4.174所示。

图4.174　创建图层

STEP 06 在"图层"面板中选中"'椭圆 1'的内发光"图层，单击面板底部的"添加图层蒙版"按钮，为其图层添加图层蒙版，如图4.175所示。

STEP 07 选择工具箱中的"画笔工具"，在画布中单击鼠标右键，在弹出的面板中选择一种圆角笔触，将"大小"更改为240像素，"硬度"更改为0%，如图4.176所示。

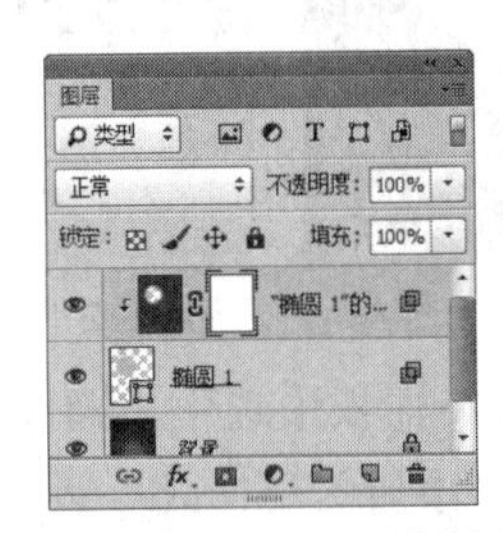

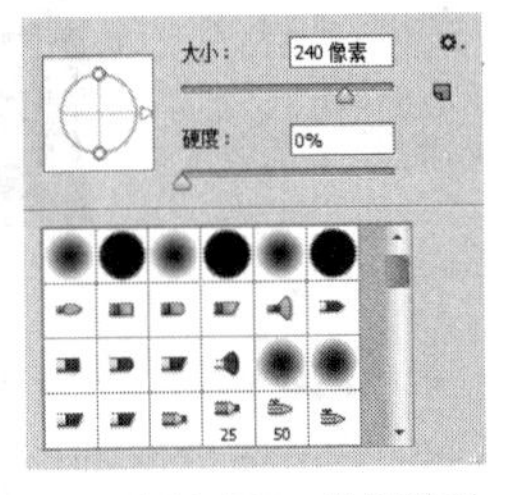

图4.175　添加图层蒙版　　图4.176　设置笔触

STEP 08 将前景色更改为黑色，在图像上的部分区域涂抹以将部分图像隐藏，如图4.177所示。

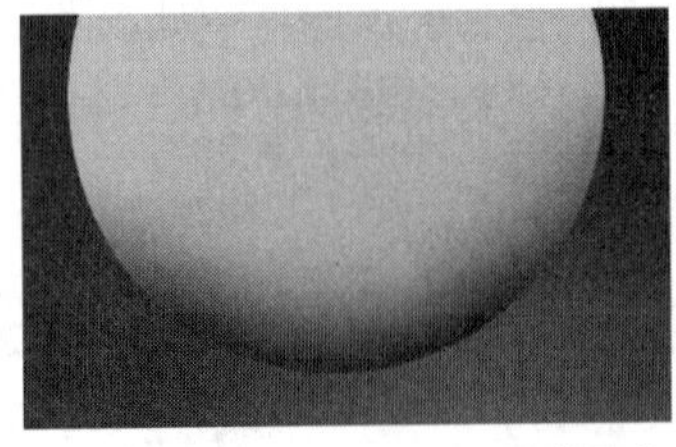

图4.177　隐藏图像

STEP 09 单击面板底部的"创建新图层"按钮，新建一个"图层1"图层，如图4.178所示。

STEP 10 按住Ctrl键单击"椭圆1"图层缩览图将其载入选区，如图4.179所示。

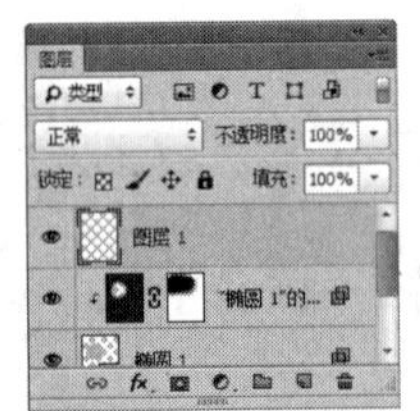

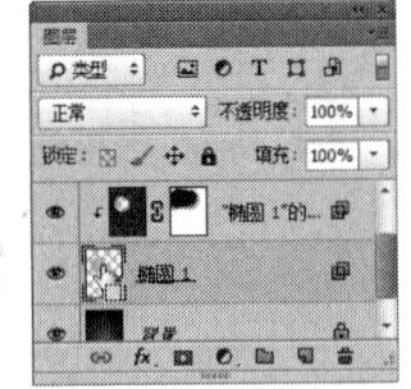

图4.178　新建图层　图4.179　载入选区

STEP 11 选中"图层1"图层，将其填充为深黄色（R：158，G：117，B：38），如图4.180所示。

STEP 12 选中"图层1"图层，按Ctrl+T组合键对其执行"自由变换"命令，将图像等比例缩小，完成之后按Enter键确认，如图4.181所示。

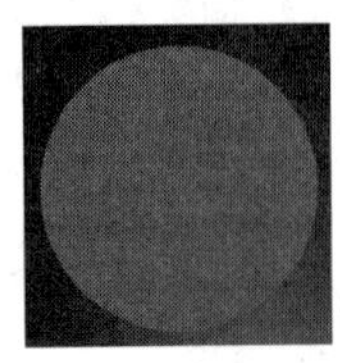

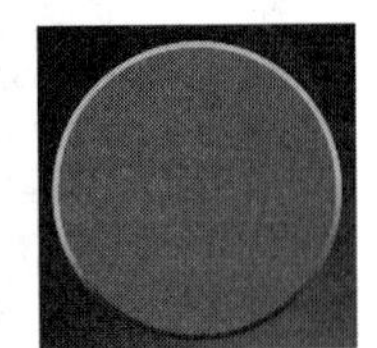

图4.180　填充颜色　图4.181　缩小图像

STEP 13 选中"图层 1"图层，执行菜单栏中的"滤镜"|"模糊"|"高斯模糊"命令，在弹出的对话框中将"半径"更改为5像素，完成之后单击"确定"按钮，如图4.182所示。

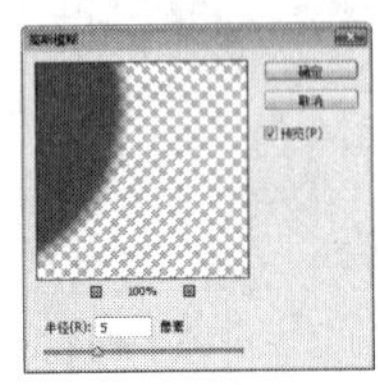

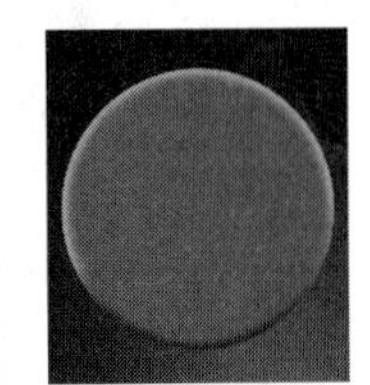

图4.182　设置高斯模糊

STEP 14 在"图层"面板中选中"图层 1"图层，单击面板底部的"添加图层蒙版"按钮，为该图层添加图层蒙版，如图4.183所示。

STEP 15 选择工具箱中的"画笔工具"，在画布中单击鼠标右键，在弹出的面板中选择一种圆角笔触，将"大小"更改为150像素，"硬度"更改为0%，如图4.184所示。

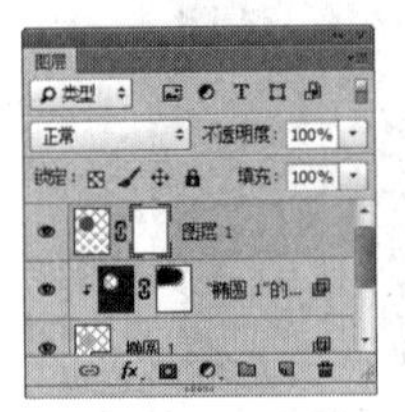

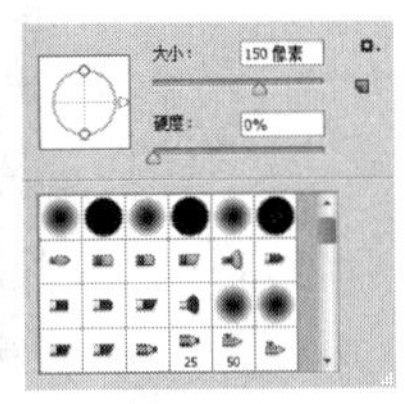

图4.183　添加图层蒙版　图4.184　设置笔触

STEP 16 将前景色更改为黑色，在图像上的部分区域涂抹以将其隐藏，如图4.185所示。

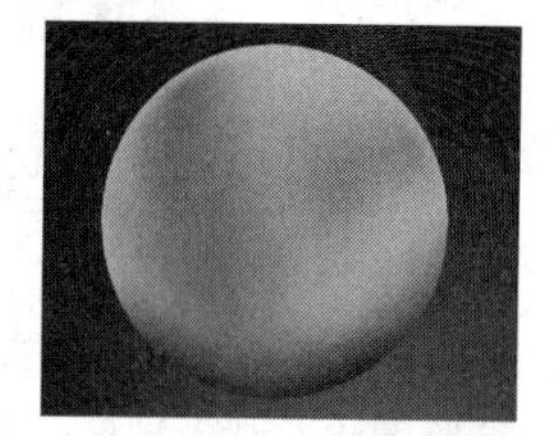

图4.185 隐藏图像

STEP 17 选择工具箱中的“钢笔工具”，在选项栏中单击“选择工具模式” 路径 按钮，在弹出的选项中选择“形状”，将“填充”更改为白色，“描边”更改为无，在椭圆左侧位置绘制出一个不规则图形，此时将生成一个“形状1”图层，如图4.186所示。

图4.186 绘制图形

STEP 18 选中“形状1”图层，执行菜单栏中的“滤镜”|“模糊”|“高斯模糊”命令，在弹出的对话框中将“半径”更改为10像素，完成之后单击“确定”按钮，如图4.187所示。

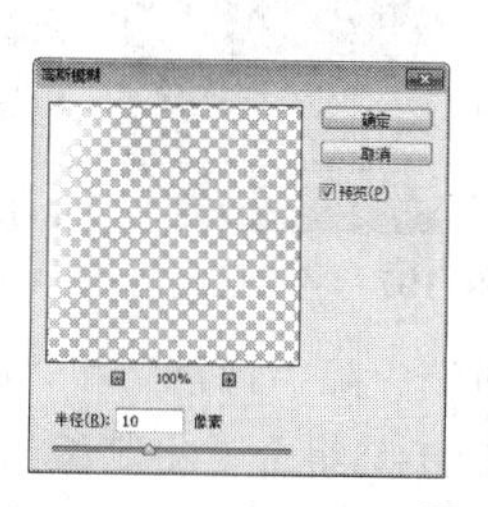

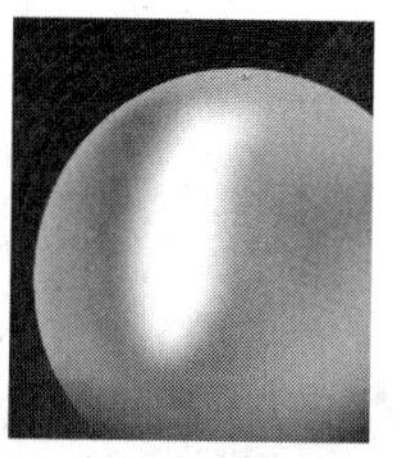

图4.187 设置高斯模糊

技巧与提示

模糊的数值越大则立体感会相对越弱，所以一定要根据实际的立体圆形图像，把握模糊的数值。

STEP 19 在“图层”面板中选中“形状1”图层，单击面板底部的“添加图层蒙版”按钮，为其图层添加图层蒙版，如图4.188所示。

STEP 20 选择工具箱中的“画笔工具”，在画布中单击鼠标右键，在弹出的面板中选择一种圆角笔触，将“大小”更改为200像素，“硬度”更改为0%，如图4.189所示。

图4.188 添加图层蒙版

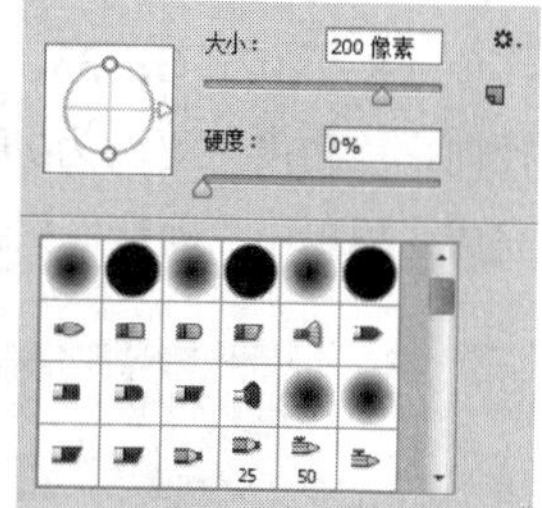

图4.189 设置笔触

STEP 21 将前景色更改为黑色，在图像上的部分区域涂抹以将其隐藏，如图4.190所示。

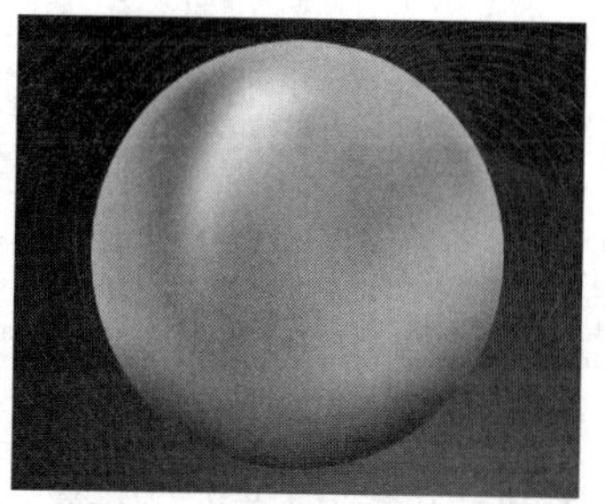

图4.190 隐藏图像

技巧与提示

在隐藏图像的时候需要留意高光与阴影的关系，尽量表现出立体圆形的特征。

4.6.4 复制图形并艺术处理

STEP 01 在“图层”面板中选中“椭圆1”图层，将其拖至面板底部的“创建新图层”按钮上，复制出一个“椭圆1 拷贝”图层，将“椭圆1”图层中的图形向右侧平移，如图4.191所示。

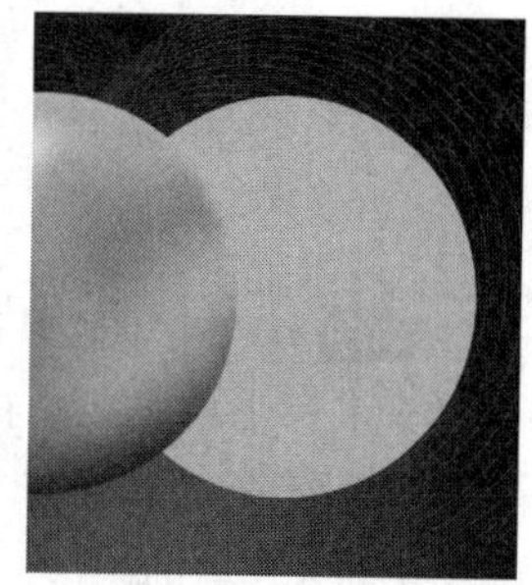

图4.191 复制图层并移动图形

STEP 02 在“图层”面板中选中“椭圆1”图层，单击面板底部的“添加图层样式” fx 按钮，在菜单中选择“渐变叠加”命令，在弹出的对话框中将“渐变”更改为紫色（R：247，G：93，B：155）到红色（R：107，G：33，B：48），“样式”更改为径向，“角度”更改为0度，“缩放”更改为118%，完成之后单击“确定”按钮，如图4.192所示。

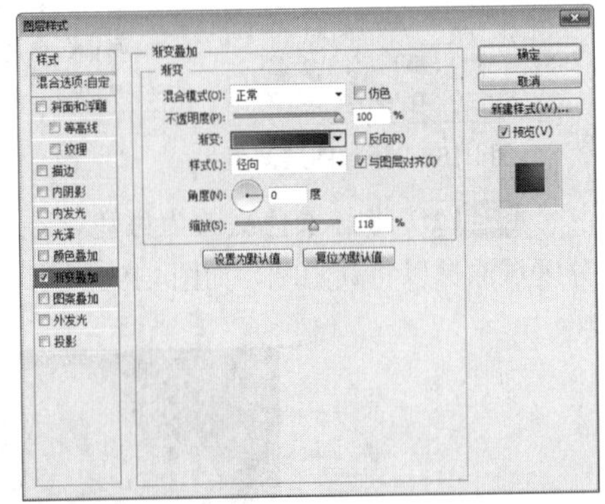

图4.192　设置渐变叠加

STEP 03 在“图层”面板中选中“椭圆1 拷贝”图层，单击面板底部的“添加图层样式” fx 按钮，在菜单中选择“投影”命令，在弹出的对话框中将“不透明度”更改为30%，取消“使用全局光”复选框，将“角度”更改为180度，“大小”更改为30像素，完成之后单击“确定”按钮，如图4.193所示。

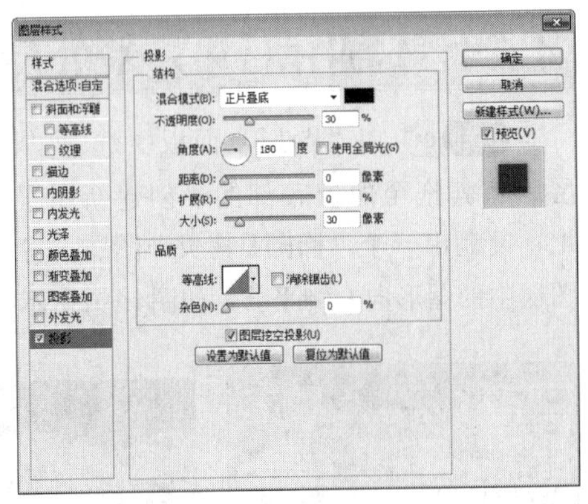

图4.193　设置投影

STEP 04 在“图层”面板中的“椭圆1 拷贝”图层样式名称上单击鼠标右键并从弹出的快捷菜单中选择“创建图层”命令，此时将生成“‘椭圆1 拷贝’的投影”新的图层，如图4.194所示。

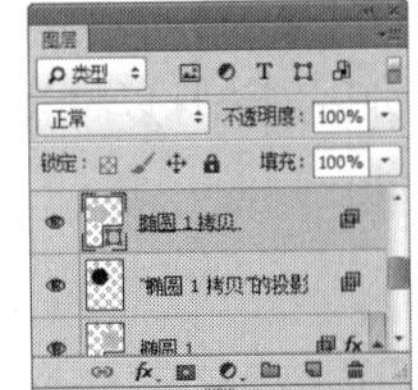

图4.194　创建图层

STEP 05 按住Ctrl键并单击“椭圆1 拷贝”图层缩览图将其载入选区，如图4.195所示。

STEP 06 按住Ctrl+Shift组合键并单击“椭圆1”图层缩览图将其添加至选区，如图4.196所示。

图4.195　载入选区

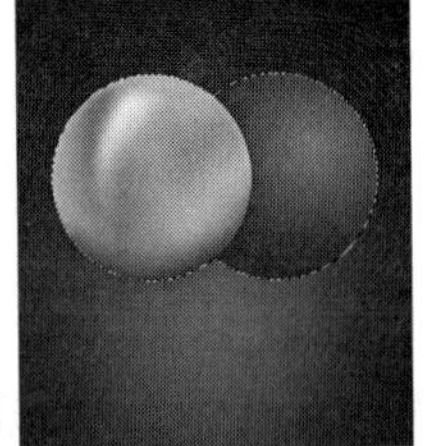

图4.196　添加选区

STEP 07 按Ctrl+Shift+I组合键执行菜单栏中的“选择”|“反向”命令，将选区反向，如图4.197所示。

STEP 08 选中“‘椭圆 1 拷贝’的投影”图层，按Delete键将选区中的图像删除，完成之后按Ctrl+D组合键将选区取消，如图4.198所示。

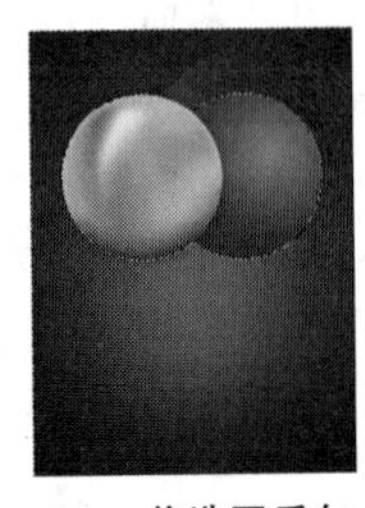

图4.197　将选区反向

图4.198　删除图像

STEP 09 同时选中除“背景”和“椭圆1”之外的所有图层，按Ctrl+G组合键将其编组，此时将生成一个“组1”组，如图4.199所示。

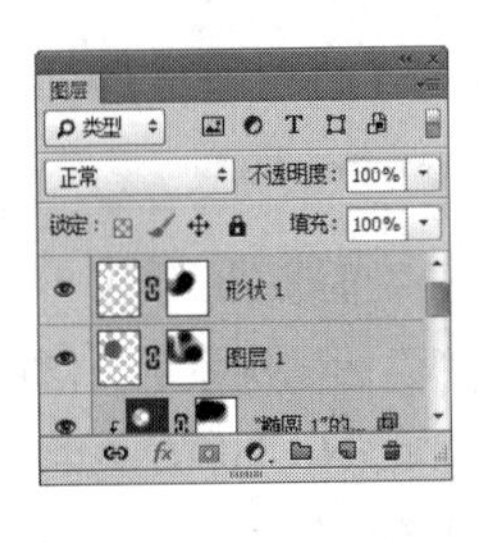

图4.199　将图层编组

STEP 10 选中“组1”组，将其复制1份，此时将生成一个“组1 拷贝”组，如图4.200所示。

STEP 11 选中“组1”组，按Ctrl+E组合键将其合并，此时将生成一个“组1”图层，按Ctrl+T组合键对其执行“自由变换”命令，将图像等比例缩小，完成之后按Enter键确认，在画布中将其向左上角方向稍微移动，如图4.201所示。

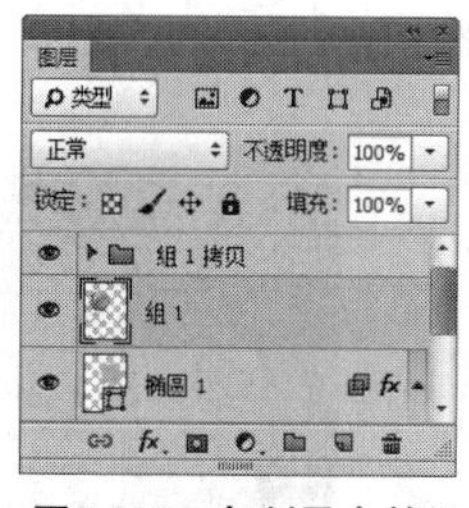

图4.200 复制及合并组　图4.201 变换图像

STEP 12 选中“组1”图层，执行菜单栏中的“滤镜”|“模糊”|“高斯模糊”命令，在弹出的对话框中将“半径”更改为3.0像素，完成之后单击“确定”按钮，再将其图层“不透明度”更改为50%，如图4.202所示。

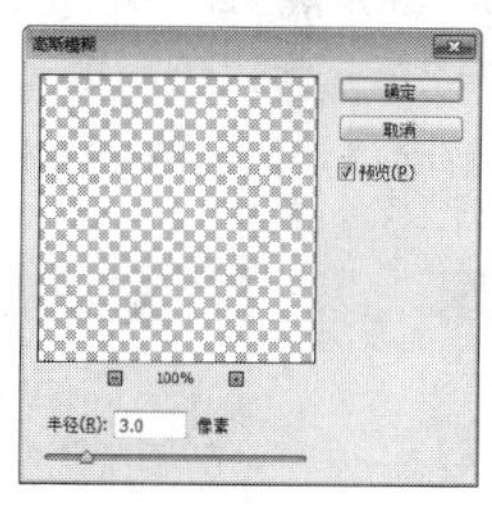

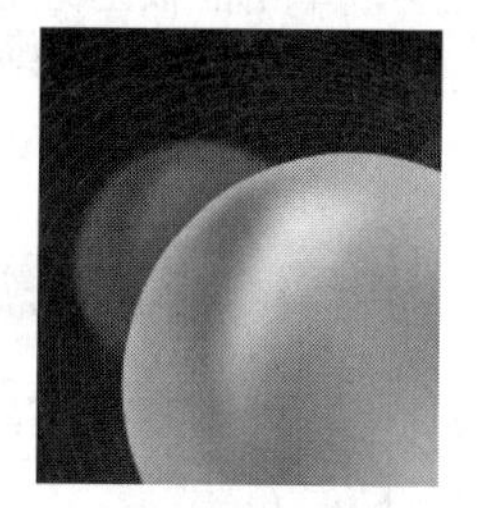

图4.202 设置高斯模糊

STEP 13 按住Ctrl键单击“椭圆1拷贝”图层缩览图将其载入选区，如图4.203所示。

STEP 14 执行菜单栏中的“选择”|“修改”|“羽化”命令，在弹出的对话框中将“半径”更改为20像素，完成之后单击“确定”按钮，如图4.204所示。

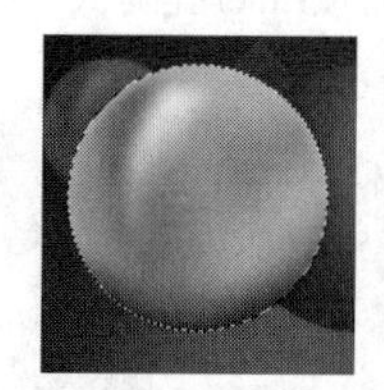
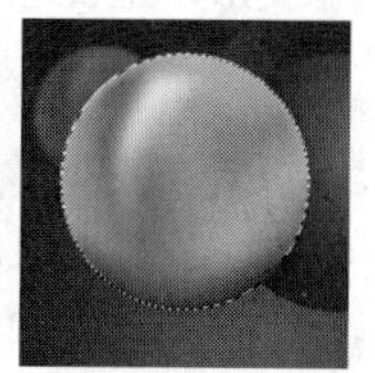

图4.203 载入选区　图4.204 羽化选区

STEP 15 选中“组1”图层，按Delete键将选区中多余图像删除，完成之后按Ctrl+D组合键将选区取消，如图4.205所示。

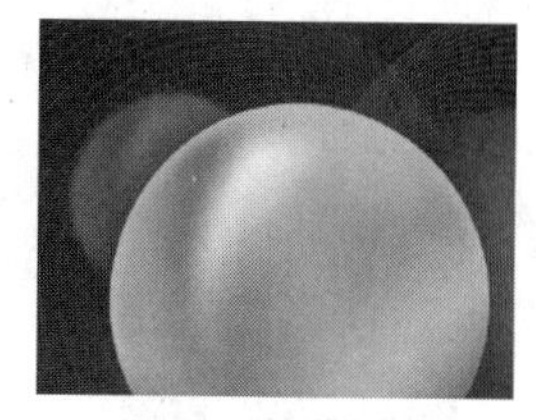

图4.205 隐藏图像

STEP 16 在“图层”面板中选中“椭圆1”图层，将其拖至面板底部的“创建新图层”按钮上，复制出一个“椭圆1 拷贝2”图层，如图4.206所示。

STEP 17 在“图层”面板中选中“椭圆1”图层，在其图层名称上单击鼠标右键，从弹出的快捷菜单中选择“栅格化图层样式”命令，如图4.207所示。

图4.206 复制图层　图4.207 栅格化图层样式

STEP 18 以同样的方法选中“椭圆1”图层，将图像等比例缩小并向右上角方向移动，如图4.208所示。

STEP 19 以同样的方法为图像添加高斯模糊效果并更改不透明度后隐藏部分图像，如图4.209所示。

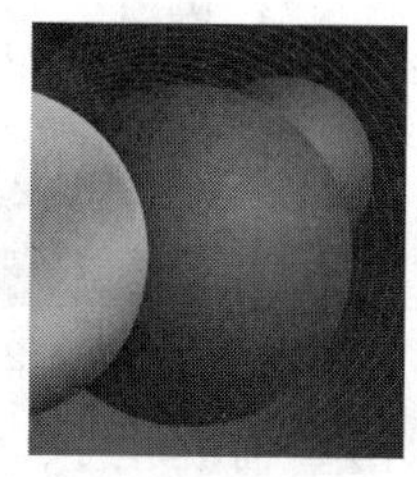
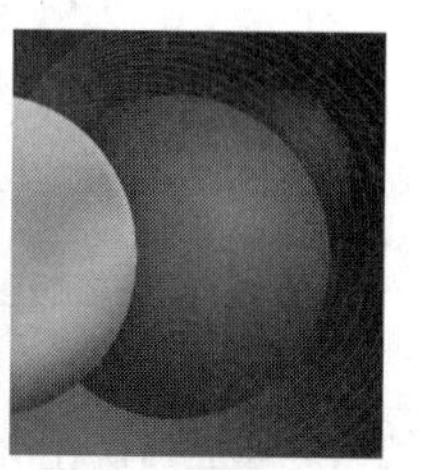

图4.208 变换图像　图4.209 添加特效并隐藏图像

4.6.5 添加提包素材和文字

STEP 01 执行菜单栏中的“文件”|“打开”命令，打开“包包.psd”文件，将打开的素材拖入画布

中靠底部位置并适当缩小，如图4.210所示。

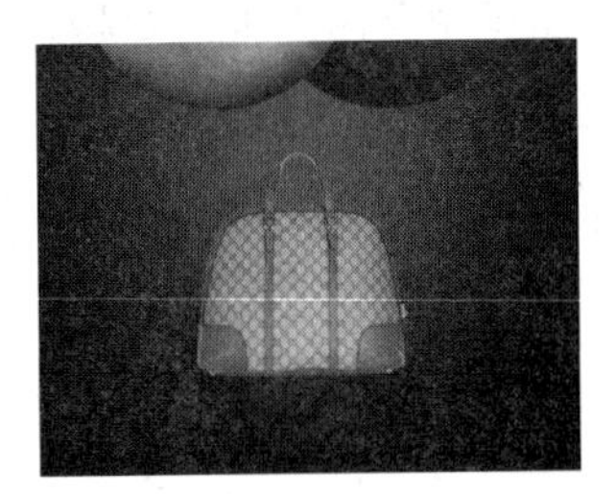

图4.210　添加素材

STEP 02 选择工具箱中的“椭圆工具”，在选项栏中将“填充”更改为紫色（R：134，G：33，B：87），“描边”为无，在提包图像底部位置绘制一个椭圆图形，此时将生成一个“椭圆2”图层，将其移至“包包”图层下方，如图4.211所示。

图4.211　绘制图形

STEP 03 选中“椭圆2”图层，按Ctrl+Alt+F组合键打开“高斯模糊”命令对话框，在弹出的对话框中将“半径”更改为5像素，完成之后单击“确定”按钮，如图4.212所示。

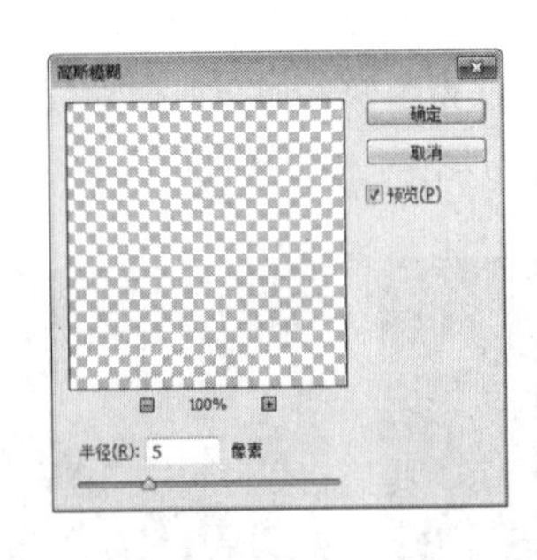

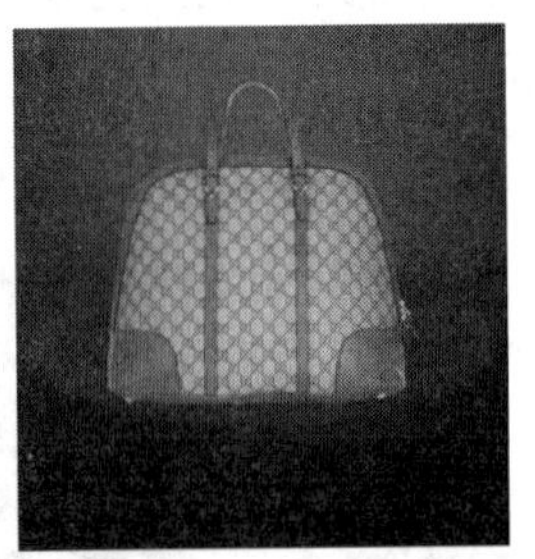

图4.212　设置高斯模糊

STEP 04 在“图层”面板中选中“椭圆 2”图层，单击面板底部的“添加图层蒙版”按钮，为其图层添加图层蒙版，如图4.213所示。

STEP 05 选择工具箱中的“画笔工具”，在画布中单击鼠标右键，在弹出的面板中选择一种圆角笔触，将“大小”更改为200像素，“硬度”更改为0%，如图4.214所示。

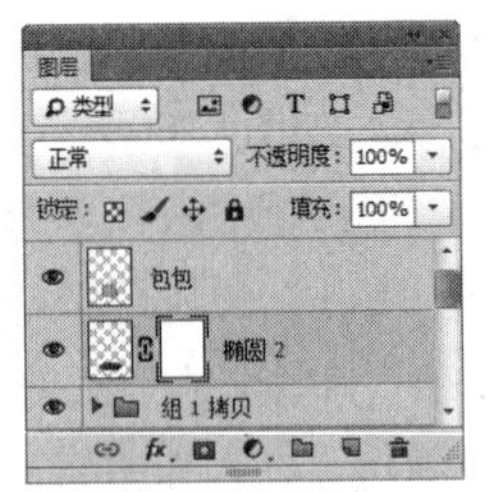

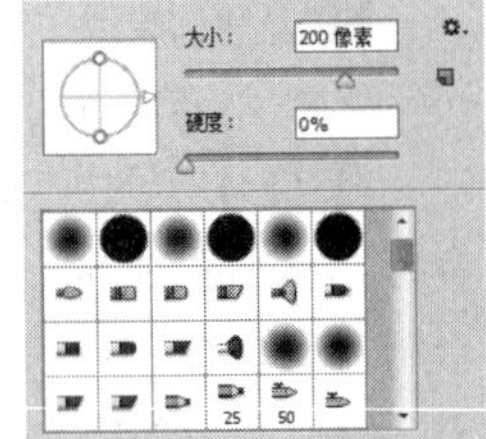

图4.213　添加图层蒙版　　图4.214　设置笔触

STEP 06 将前景色更改为黑色，在图像上的部分区域涂抹以将其隐藏，如图4.215所示。

图4.215　隐藏图像

STEP 07 在“图层”面板中选中“包包”图层，将其拖至面板底部的“创建新图层”按钮上，复制出一个“包包 拷贝”图层，如图4.216所示。

STEP 08 在“图层”面板中选中“包包”图层，单击面板上方的“锁定透明像素”按钮，将透明像素锁定，将图像填充为黑色，填充完成之后再次单击此按钮将其解除锁定，如图4.217所示。

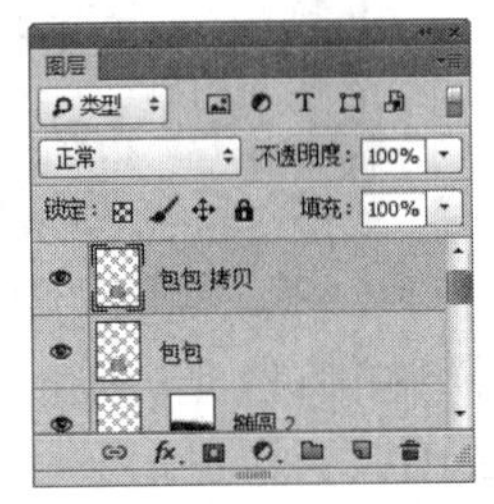

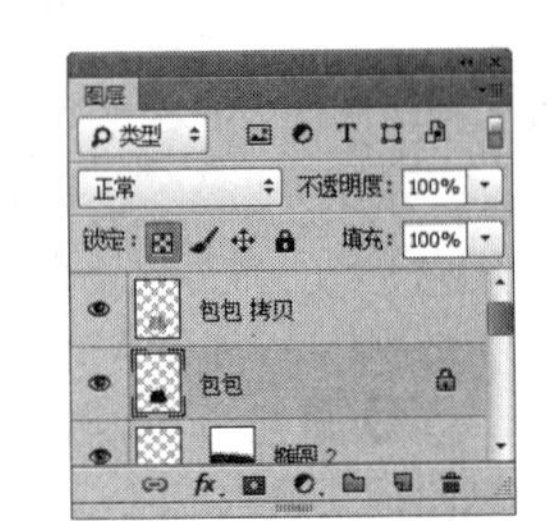

图4.216　复制图层　图4.217　锁定透明像素并填充颜色

STEP 09 选中“包包”图层，按Ctrl+T组合键对其执行“自由变换”命令，单击鼠标右键，从弹出的快捷菜单中选择“扭曲”命令，拖动变形框控制点将图像变形，完成之后按Enter键确认，如图4.218所示。

图4.218　将图像变形

STEP 10 选中“包包”图层，按Ctrl+Alt+F组合键打开“高斯模糊”命令对话框，在弹出的对话框中将“半径”更改为3像素，完成之后单击“确定”按钮，再将其图层“不透明度”更改为40%，如图4.219所示。

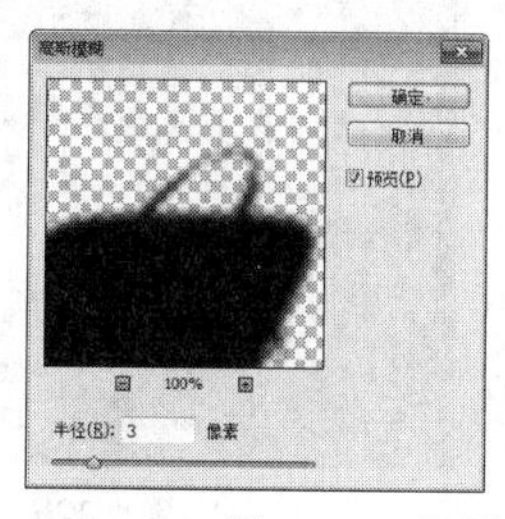

图4.219 设置高斯模糊并更改不透明度

STEP 11 选择工具箱中的“椭圆工具”，在选项栏中将“填充”更改为黑色，“描边”为无，在提包底部位置绘制一个椭圆图形，此时将生成一个“椭圆3”图层，将其移至“包包 拷贝”图层下方，如图4.220所示。

图4.220 绘制图形

STEP 12 选中“椭圆3”图层，按Ctrl+F组合键为其添加高斯模糊效果，再将其图层“不透明度”更改为50%，如图4.221所示。

图4.221 添加高斯模糊并更改不透明度

STEP 13 在“图层”面板中选中“包包 拷贝”图层，单击面板底部的“添加图层样式”fx按钮，在菜单中选择“渐变叠加”命令，在弹出的对话框中将“混合模式”更改为柔光，完成之后单击“确定”按钮，如图4.222所示。

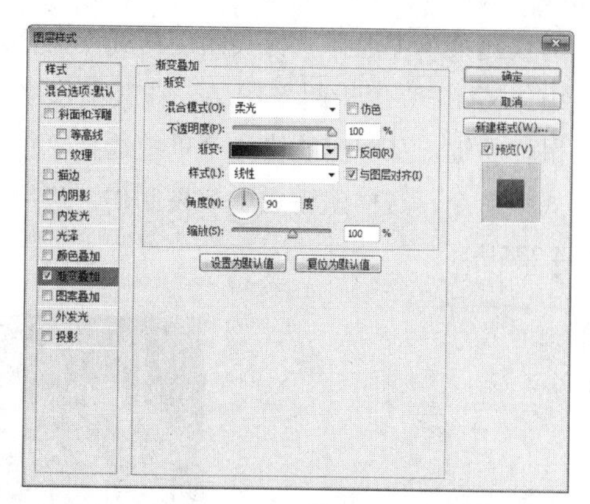

图4.222 设置渐变叠加

STEP 14 选择工具箱中的“横排文字工具”T，在画布适当位置添加文字，如图4.223所示。

图4.223 添加文字

STEP 15 在“图层”面板中选中“7”图层，单击面板底部的“添加图层样式”fx按钮，在菜单中选择“投影”命令，在弹出的对话框中将“不透明度”更改为50%，取消“使用全局光”复选框，将“角度”更改为90度，“距离”更改为3像素，“大小”更改为3像素，完成之后单击“确定”按钮，如图4.224所示。

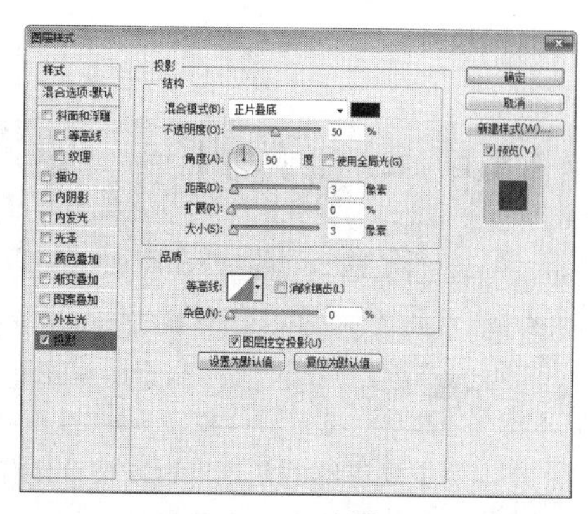

图4.224 设置投影

STEP 16 在“7”图层上单击鼠标右键，从弹出的快捷菜单中选择“拷贝图层样式”命令，同时选中“SALE”“折起”图层，在其图层名称上单击鼠标右键，从弹出的快捷菜单中选择“粘贴图层样式”命令，这样就完成了效果制作，最终效果如图4.225所示。

图4.225　最终效果

4.7 本章小结

本章通过5个精选POP设计，再现POP的制作过程，详细讲解了POP制作的方法和技巧，为读者快速掌握POP设计精髓奠定基础。

4.8 课后习题

POP广告形式几乎随处可见，如超级市场、百货公司、图书中心、餐厅、快餐店、流行服饰店等场所，可见该设计的重要性。本章安排了3个POP练习，供读者课下练习使用，以更好地掌握POP广告设计的技巧。

4.8.1 课后习题1——地产POP设计

素材位置	素材文件\第4章\地产POP设计
案例位置	案例文件\第4章\地产POP背景处理.psd、地产POP设计.ai
视频位置	多媒体教学\第4章\4.8.1　课后习题1——地产POP设计.avi
难易指数	★★☆☆☆

本例主要讲解的是地产POP设计制作，在设计的过程中考虑到楼盘的定位及针对性，利用绘制拟物化的图形方法彰显广告的特征。最终效果如图4.226所示。

图4.226　最终效果

步骤分解如图4.227所示。

图4.227　步骤分解图

4.8.2 课后习题2——通信POP设计

素材位置	素材文件\第4章\通信POP设计
案例位置	案例文件\第4章\通信POP背景处理.psd、通信POP设计.ai
视频位置	多媒体教学\第4章\4.8.2　课后习题2——通信POP设计.avi
难易指数	★★☆☆☆

本例主要讲解的是通信POP设计制作，本款设计的视觉效果简洁并且十分突出，从立体化的素材图像到立体的图形颜色都表达了图形的一种特征。

最终效果如图4.228所示。

图4.228 最终效果

步骤分解如图4.229所示。

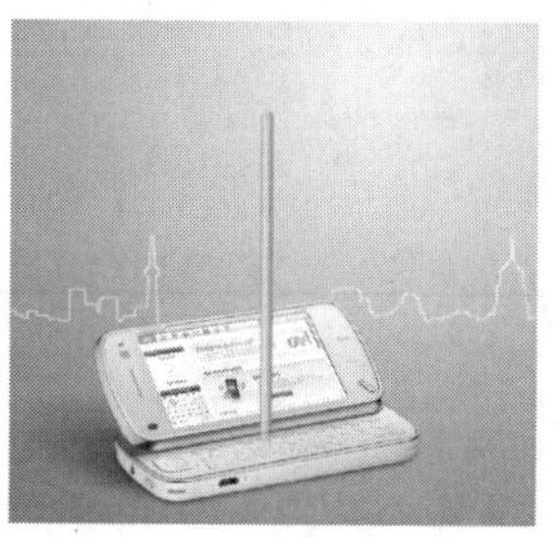

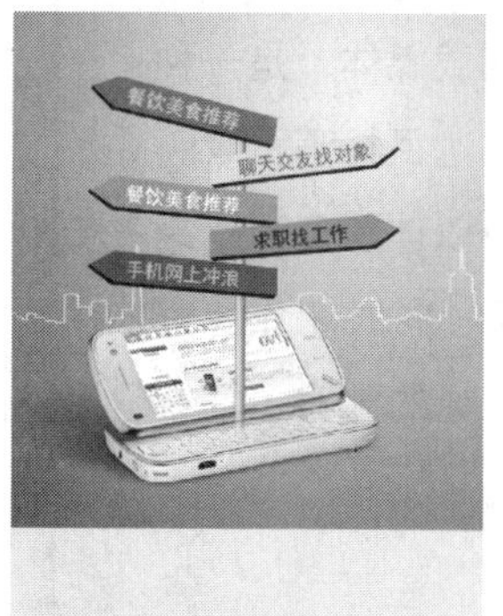

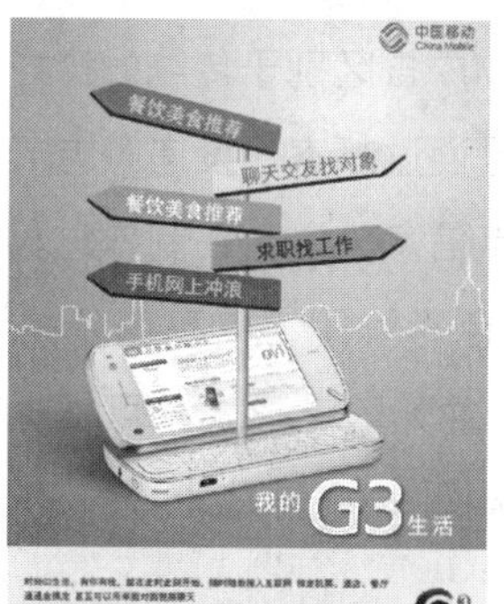

图4.229 步骤分解图

4.8.3 课后习题3——蛋糕POP设计

素材位置	素材文件\第4章\蛋糕POP设计
案例位置	案例文件\第4章\蛋糕POP背景处理.psd、蛋糕POP设计.ai
视频位置	多媒体教学\第4章\4.8.3 课后习题3——蛋糕POP设计.avi
难易指数	★★☆☆☆

本例主要讲解的是蛋糕POP设计制作，在制作之初就从蛋糕本身出发，采用了比较符合蛋糕的复古背景，并且在颜色上进行搭配，有视觉冲击力的主体文字则是更加强调了这是一款蛋糕促销广告。最终效果如图4.230所示。

图4.230 最终效果

步骤分解如图4.231所示。

图4.231 步骤分解图

第5章 DM广告设计

本章讲解DM广告制作。DM广告区别于传统的广告刊载媒体，是一种新型广告发布载体，最大优点是通过邮寄、投递等方式直达目标消费者。整体的内容制作以体现传递重点信息为主，在制作过程中以体现产品本身及卖点的特点为中心，整体的色彩鲜明，信息简单易读。同时制作要有新颖、有创意，DM本身的设计并无固定形式，可根据实际的内容灵活掌握。通过本章的学习可以熟练掌握DM广告设计。

要点索引

- 了解DM广告的表现形式
- 了解DM广告的分类和优点
- 学习DM广告的设计要点
- 掌握DM广告的设计方法和技巧

5.1 DM广告相关知识

5.1.1 DM广告的概念

Direct Mail advertising（DM）直译为“直接邮寄广告”，意为快讯商品广告。DM曾被叫做“邮送广告”“直邮广告”“小报广告”等，通常由8开或16开广告纸正反面彩色印刷而成，一般采取邮寄、定点派发、选择性派送等形式。直接地说，就是将宣传品邮递到消费者住处或公司等地方，是直接送到消费者手里的宣传广告。厚一些的DM有书刊、黄页，薄一些的有传单、优惠券等。美国直邮及直销协会（DM/MA）对DM的定义是：对广告主所选定的对象，将印刷品用邮寄的方法传达广告主所要传达的信息的一种手段。

DM除了用邮寄或定点派发以外，还可以借助其他媒体进行传送，例如电视、电话、传真、电子邮件、柜台散发、来函索取、随商品包装发出等。DM与其他媒介的最大区别在于：DM可以直接将广告信息传送给真正的受众，而其他广告媒体形式只能将广告信息笼统地传递给所有受众，而不管受众是否是广告信息的真正受众。

DM广告有狭义和广义之分，狭义的DM广告是指：将直邮限定为附有收件人名称和地址的邮件或是仅指装订成册的广告宣传画册；广义上的DM广告是指：通过直接投递服务，将特定的信息直接发给目标对象的各种形式广告，称为直接邮寄广告或直投广告，包括广告单页等，如大家熟悉的街头巷尾、商场超市散布的传单和各种优惠券等。最关键的一点，DM广告不能出售，不能收取订户发行费，只能免费赠送。精彩DM广告效果如图5.1所示。

图5.1 精彩DM广告效果

5.1.2 DM广告的表现形式

常见的DM广告表现形式有销售函件、图表、商品目录、商品说明书、小册子、名片、订货单、日历、明信片、贺年卡、挂历、宣传册、折价券、传单、请柬、销售手册和公司指南等。免费杂志是近几年DM广告中发展得比较快的媒介，目前主要分布在既具备消费实力又有足够高素质人群的大中型城市中。DM广告的表现形式效果如图5.2所示。

图5.2 DM广告的表现形式效果

5.1.3 DM广告的分类

DM广告按内容和形式分，可以分为优惠券、商品目录和海报3种。DM广告的分类效果如图5.3所示。

- 优惠券。优惠券是商家开展促销活动时为吸引消费者而印刷的一种折价券，上面附有优惠的条件信息，例如销售折扣、消费满多少会赠多少等。
- 商品目录。商家将所销售的商品图片以清单的形式罗列，详细地介绍商品的一些重点信息，供消费者选购。

• 海报招贴。商家通过设计师，精心设计并印刷出宣传企业形象、商品等信息的精美海报招贴。

图5.3　DM广告的分类效果

DM广告按传递方式，可以分为附带夹页、信件寄送、随定期服务信函寄送和雇佣人员派送4种。DM广告的不同效果如图5.4所示。

• 附带夹页。企业与报社、杂志社或当地邮局合作，将企业广告作为报刊的附带夹页，随报刊投递到读者手中。这种方式已为不少企业所采用，在日常订阅的报纸杂志中已经非常多见。

• 信件寄送。可以根据一些顾客信息，将DM以信件寄送的方式，直接邮递到顾客手中、多适用于大宗商品买卖。例如对于大宗商品买卖，特别是从厂家到零售商，或从批发商到零售商，可用顾客名录进行寄送。又如杂志社或出版社针对目标客户寄送征订单。

• 随定期服务信函寄送。如许多商业银行针对信用卡客人，每月随对账单寄送相应广告，这也是现今非常常见的一种方式。

• 雇佣人员派送。企业雇佣人员，按要求直接向潜在的目标顾客住所或单位派送DM广告。例如大型超市针对周边小区居民，定期雇人派送优惠商品目录；房地产销售商雇人派送宣传资料；小区会所请物业人员派送宣传信函等。

图5.4　DM广告的不同效果

5.1.4 DM广告的优点

DM广告与其他媒介相比，有其自己的独特优点，具体的优点包括以下8点。

• 具有强大的目标群体性。由于DM广告不同于其他传统广告媒体，它可以直接将广告信息传递给真正的受众，所以可以有针对性地选择目标对象，一对一地直接发送，可以减少信息传递过程中的客观缺失，使广告效果达到最大化，有的放矢，减少浪费。

• 具有强大的专业性。DM是对事先选定的对象直接实施广告，故而广告主在付诸实际行动之前可以参照人口统计因素和地理区域因素选择受传对象，以最大限度地保证广告信息为受传对象所接受，摆脱中间商的控制，使广告接受者容易产生其他传统媒体无法比拟的优越感，并使其更自主关注产品。

• 较长的保存性。DM广告送达后，在接收者做出最后决定之前，可以反复翻阅直邮广告信息，并以此作为参照物来详尽了解产品的各项性能指标，直到最后做出购买决定。

• 具有较强的灵活性。可以根据自身具体情况来任意选择版面大小，并自行确定广告信息的长短及选择全色或单色的印刷形式，可以自主选择广告时间、区域，以更加适应善变的市场，从而不会引起同类产品的直接竞争，这样有利于中小型企业避开与大企业的正面交锋，潜心发展壮大企业。

• 具有隐蔽性。DM 广告是一种比较低调的非轰动性广告，不易引起竞争对手的察觉和重视。

• 内容自由，形式不拘。想说就说，不为篇幅所累，广告主不再被“手心手背都是肉，厚此不忍，薄彼为难”所困扰，可以尽情赞誉商品，让消费者全方位了解产品，有利于第一时间吸引消费者的注意。

• 较强的互动性。广告主可以根据市场的变化，随行就市，对广告活动进行调控，信息反馈及时、直接，有利于买卖双方双向沟通，随行就市，灵活变通。

• DM广告效果客观可测。广告主可根据这个效果重新调配广告费和调整广告计划，广告主在发出直邮广告之后，可以借助产品销售数量的增减变化情况及变化幅度，来了解广告信息传出之后所产生的效果。

5.1.5 DM广告的设计要点

DM是一种有效的广告形式，是指采用排版印刷技术制作，以图文作为传播载体的视觉媒体广告。其传播方式独特，针对性强，有着其他媒体不可比拟的优越性。这类广告一般采用宣传单页或杂志、报纸、手册等形式出现，是进行广告传播的有效手段。在进行广告传播的过程中，对于DM能否起到真正的广告作用，DM广告设计技法的表现是相当重要的。

好的DM设计并非盲目而定。在设计DM时，如果事先围绕它的优点考虑更多一点，将对提高DM的广告效果大有帮助。DM的设计制作方法大致有如下几点。

• 爱美之心，人皆有之。DM设计与创意要新颖别致，印刷要精致美观，内容设计要让人不舍得丢弃，确保其有吸引力和保存价值。设计师要透彻了解商品，熟知消费者的心理习惯和规律，知己知彼才能够百战不殆。

• 主题口号一定要响亮，要能吸引消费者的注意。好的标题是成功的一半，好的标题不仅能给人耳目一新的感觉，还会产生较强的诱惑力，引发读者的好奇心，吸引他们不由自主地看下去，使DM广告的广告效果最大化。

• 设计制作DM广告时要充分考虑其折叠方式、尺寸大小。实际重量，以便于邮寄。一般有画面的选铜版纸；文字信息类的选新闻纸（以按报纸的风格）。对于选新闻纸的一般规格最好是报纸的一个整版面积，至少也要一个半版；对于彩页类，一般不能小于B5纸，太小了不行，一些二折、三折页更不要夹带，因为读者拿报纸时很容易将它们抖掉。

• 随报投递应根据目标消费者的接触习惯，选择合适的报纸。如针对男性就可选择新闻和财经类报刊，如参考消息、环球时报、中国经营报和当地的晚报等。

• 设计师可以在DM广告的折叠方法上玩一些小花样，例如借鉴中国传统折纸艺术，让人耳目一新，但切记要使接受邮寄者能够方便地拆阅。

• 在为DM广告配图时，多选择与所传递信息有强烈关联的图案，以促使读者多记忆广告内容。

• 在设计制作DM广告时，设计者需要充分考虑到色彩的魅力，合理运用色彩可以达到更好的宣传作用，给受众群体留下深刻印象。

• 好的DM广告还需要纵深拓展，形成系列，借助一些有效的广告技巧来提高所设计的DM效果，以积累广告资源。

5.2 手机DM单广告设计

素材位置	素材文件\第5章\手机DM单
案例位置	案例文件\第5章\制作手机DM.psd、手机DM单广告设计.ai
视频位置	多媒体教学\第5章\5.2 手机DM单广告设计.avi
难易指数	★★★☆☆

本例讲解手机DM制作，本例的制作过程稍有些烦琐，整个构图及视觉效果以体现手机之美为原则，在素材的选用上尽量选择与主题相符的图像，同时在特效图像的绘制过程中注意颜色的搭配，最终效果如图5.5所示。

图5.5 最终效果

5.2.1 使用Photoshop制作背景

STEP 01 执行菜单栏中的“文件”|“新建”命令，在弹出的对话框中设置“宽度”为8厘米，“高度”为5厘米，“分辨率”为300像素/英寸，新建一个空白画布，如图5.6所示。

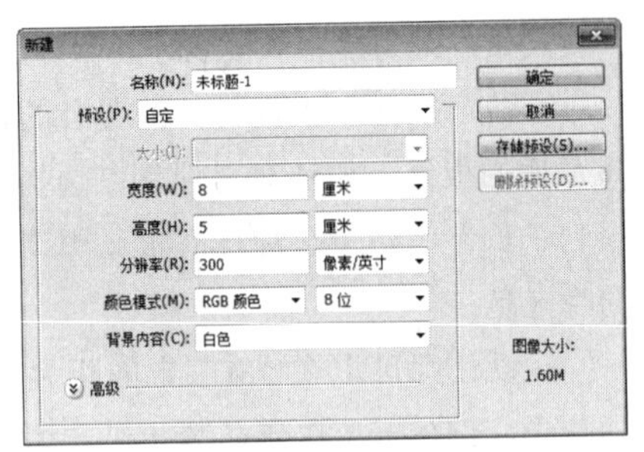

图5.6　新建画布

STEP 02 执行菜单栏中的“文件”|“打开”命令，打开“背景.jpg”文件，将打开的素材拖入画布中并适当缩小，其图层名称将自动更改为“图层1”，如图5.7所示。

图5.7　添加素材

STEP 03 在“图层”面板中选中“图层1”图层，将其拖至面板底部的“创建新图层”按钮上，复制出一个“图层1 拷贝”图层，将“图层1 拷贝”图层混合模式更改为正片叠底，如图5.8所示。

图5.8　复制图层并设置图层混合模式

STEP 04 在“图层”面板中选中“图层1 拷贝”图层，单击面板底部的“添加图层蒙版”按钮，为其图层添加图层蒙版，如图5.9所示。

STEP 05 选择工具箱中的“画笔工具”，在画布中单击鼠标右键，在弹出的面板中选择一种圆角笔触，将“大小”更改为300像素，“硬度”更改为0%，在选项栏中将“不透明度”更改为30%，如图5.10所示。

图5.9　添加图层蒙版

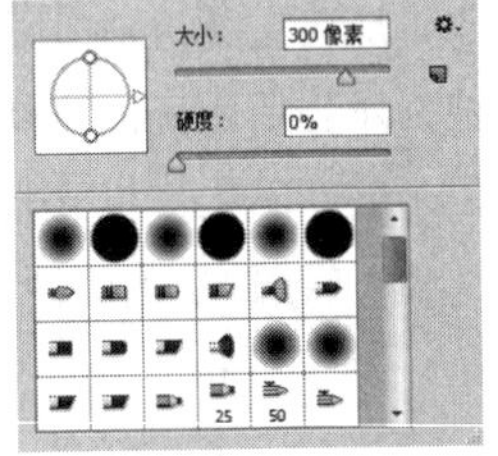

图5.10　设置笔触

STEP 06 将前景色更改为黑色，在图像上的部分区域涂抹以将其隐藏，如图5.11所示。

图5.11　隐藏图像

技巧与提示

在隐藏图像的时候适当更改画笔的笔触大小，这样经过隐藏后的图像整体对比度更强，同时更加富有立体感。

STEP 07 单击面板底部的“创建新图层”按钮，新建一个“图层2”图层，如图5.12所示。

STEP 08 选中“图层2”图层，按Ctrl+Alt+Shift+E组合键执行盖印可见图层命令，如图5.13所示。

图5.12　新建图层

图5.13　盖印可见图层

STEP 09 选择工具箱中的“钢笔工具”，在沿图像中的山丘图像位置绘制一个封闭路径以选中山丘图像，如图5.14所示。

图5.14　绘制路径

STEP 10 按Ctrl+Enter组合键将刚才所绘制的封闭路径转换成选区，如图5.15所示。

图5.15 转换选区

5.2.2 添加素材并处理

STEP 01 选中“图层2”图层，执行菜单栏中的“图层”|“新建”|“通过剪切的图层”命令，此时将生成一个“图层3”图层，如图5.16所示。

STEP 02 执行菜单栏中的“文件”|“打开”命令，打开“手机.psd”文件，将打开的素材拖入画布中靠右侧位置并适当缩小，将“手机”图层移至“图层3”下方，如图5.17所示。

图5.16 通过剪切的图层　图5.17 添加素材

STEP 03 在“图层”面板中，选中“手机”图层，将其拖至面板底部的“创建新图层”按钮上，复制出一个“手机 拷贝”图层，如图5.18所示。

STEP 04 选中“手机 拷贝”图层，将其图层混合模式更改为正片叠底，如图5.19所示。

图5.18 复制图层　图5.19 设置图层混合模式

STEP 05 同时选中“手机 拷贝”及“手机”图层，按Ctrl+E组合键将其合并，此时将生成一个“手机 拷贝”图层，选中“手机拷贝”图层，将其拖至面板底部的“创建新图层”按钮上，复制出一个“手机 拷贝2”图层，如图5.20所示。

STEP 06 选中“手机 拷贝”图层，将其图层混合模式更改为滤色，如图5.21所示。

图5.20 合并及复制图层　图5.21 设置图层混合模式

STEP 07 同时选中“手机 拷贝 2”及“手机 拷贝”图层，按Ctrl+E组合键将其合并，将生成的图层名称更改为“手机”，如图5.22所示。

图5.22 合并图层

STEP 08 选中“手机”图层，执行菜单栏中的“图像”|“调整”|“曲线”命令，在弹出的对话框中调整曲线以增强图像亮度，如图5.23所示。

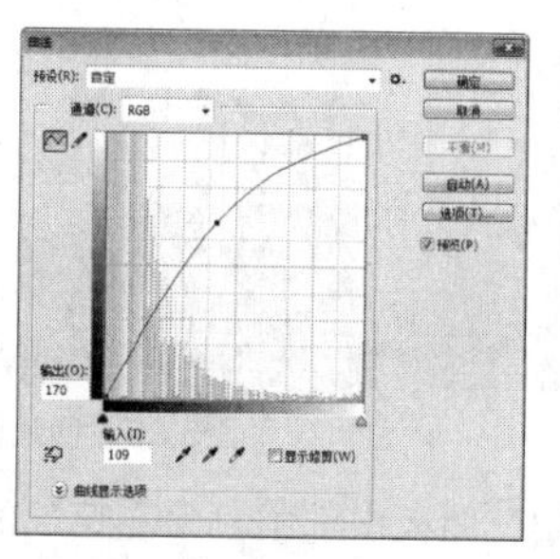

图5.23 调整曲线

STEP 09 执行菜单栏中的“文件”|“打开”命令，打开“花草.psd”文件，将打开的素材拖入画布中并适当缩小。将“花草”组中的“花草2”图层移至“手机”图层下方，如图5.24所示。

图5.24　添加素材

STEP 10 在“图层”面板中选中“花草”图层，单击面板底部的“添加图层样式” fx 按钮，在菜单中选择“投影”命令，在弹出的对话框中将“不透明度”更改为50%，“距离”更改为12像素，“大小”更改为5像素，完成之后单击“确定”按钮，如图5.25所示。

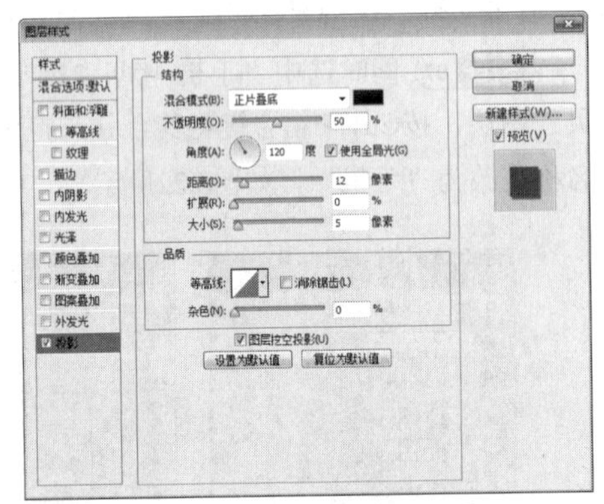

图5.25　设置投影

STEP 11 在“花草”图层名称上单击鼠标右键，从弹出的快捷菜单中选择“创建图层”命令，此时将生成一个“‘花草’的投影”图层，如图5.26所示。

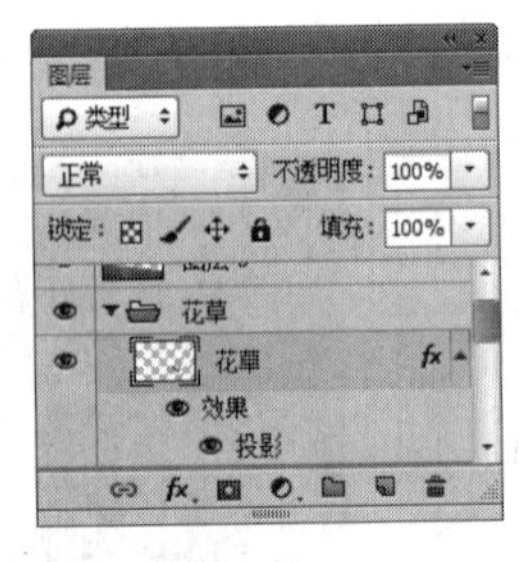

图5.26　创建图层

STEP 12 在“图层”面板中选中“‘花草’的投影”图层，单击面板底部的“添加图层蒙版” 按钮，为该图层添加图层蒙版，如图5.27所示。

STEP 13 选择工具箱中的“画笔工具” ，在画布中单击鼠标右键，在弹出的面板中选择一种圆角笔触，将“大小”更改为100像素，“硬度”更改为0%，如图5.28所示。

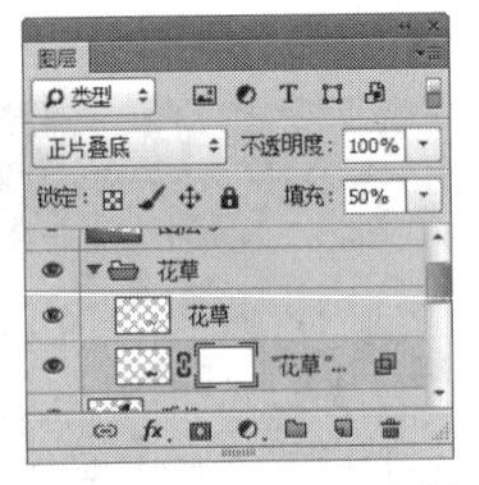

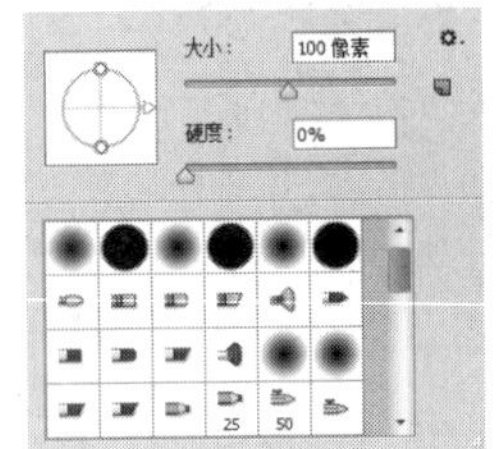

图5.27　添加图层蒙版　　　图5.28　设置笔触

STEP 14 将前景色更改为黑色，在图像上的部分区域涂抹以将其隐藏，如图5.29所示。

图5.29　隐藏图像

STEP 15 在“画笔”面板中选中“草”笔触，将“大小”更改为55像素，“间距”更改为30%，如图5.30所示。

STEP 16 勾选“形状动态”复选框，将“大小抖动”更改为100%，“角度抖动”更改为5%，如图5.31所示。

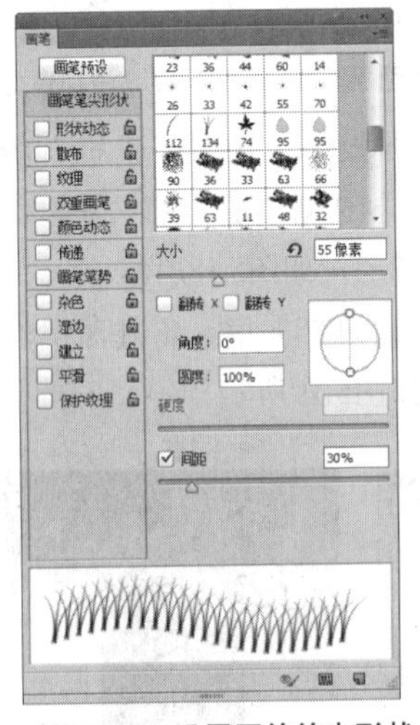

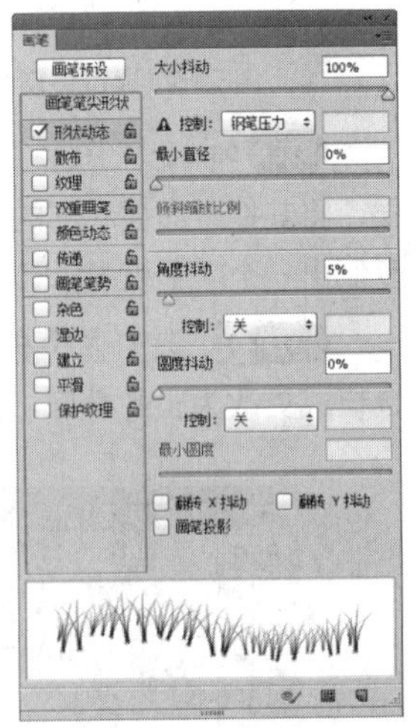

图5.30　设置画笔笔尖形状　　　图5.31　设置形状动态

STEP 17 勾选“颜色动态”复选框，将“前景/背景抖动”更改为100%，如图5.32所示。

STEP 18 勾选“平滑”复选框，如图5.33所示。

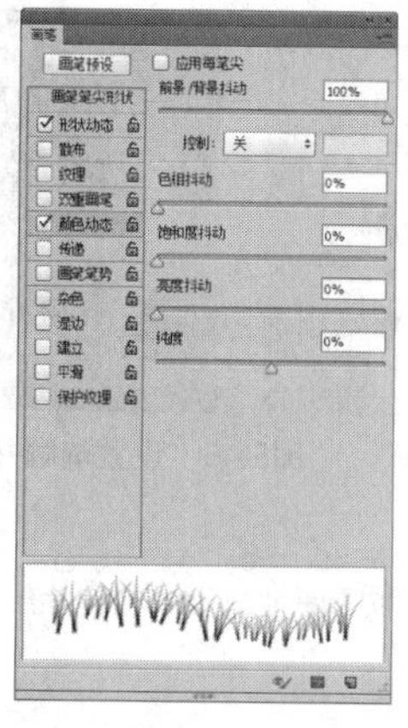
图5.32 设置颜色动态

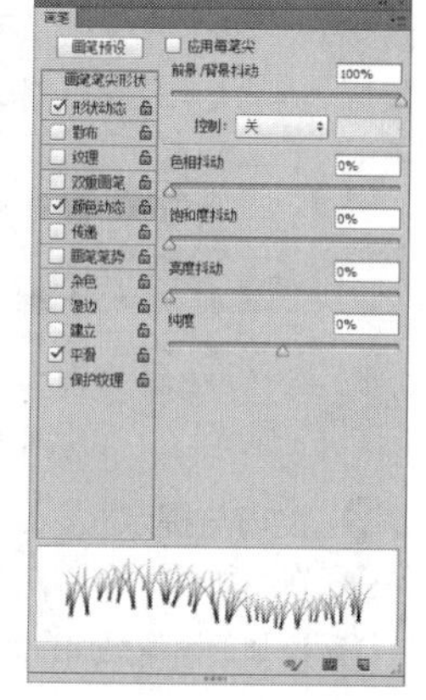
图5.33 勾选平滑

STEP 19 单击面板底部的“创建新图层”按钮，在“图层3”图层下方新建一个“图层4”图层，如图5.34所示。

STEP 20 将前景色更改为绿色（R：132，G：167，B：54），背景色更改为稍深的绿色（R：36，G：85，B：7），选中“图层4”图层，在手机底部位置涂抹以添加图像，如图5.35所示。

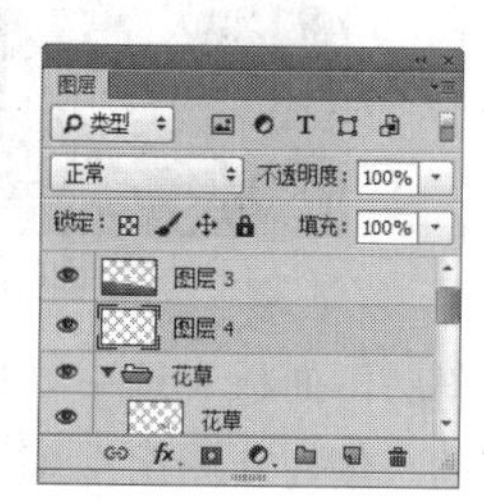
图5.34 新建图层

图5.35 添加图像

STEP 21 在“图层”面板中选中“图层4”图层，单击面板底部的“添加图层样式”按钮，在菜单中选择“投影”命令，在弹出的对话框中将“不透明度”更改为20%，“距离”更改为1像素，“大小”更改为1像素，完成之后单击“确定”按钮，如图5.36所示。

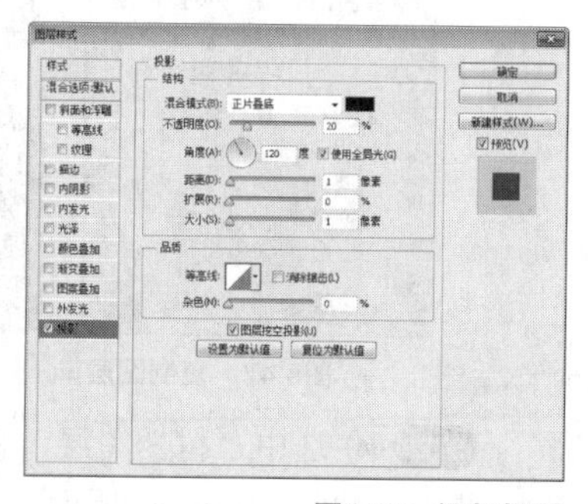
图5.36 添加投影

5.2.3 绘制光线效果

STEP 01 新建一个图层——图层5，选择工具箱中的“钢笔工具”，围绕手机图像绘制一条弯曲路径，如图5.37所示。

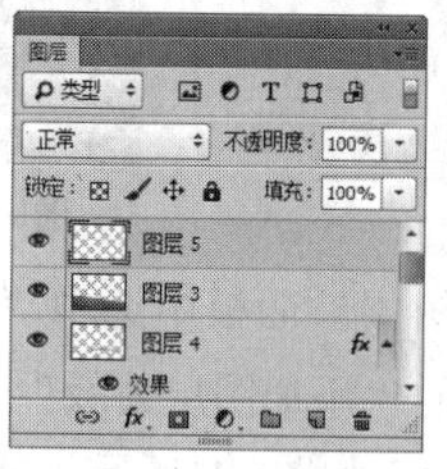

图5.37 新建图层并绘制路径

STEP 02 将前景色更改为白色，选中“图层5”图层，在“路径”面板中选中“工作路径”，在其名称上单击鼠标右键，从弹出的快捷菜单中选择“描边路径”命令，在弹出的对话框中选择“工具”为画笔，确认勾选“描边路径”命令，完成之后单击“确定”按钮，如图5.38所示。

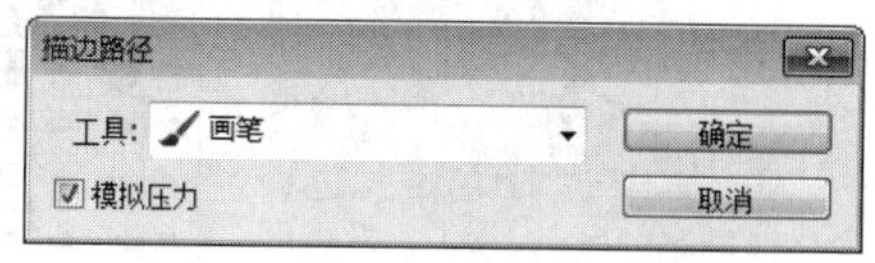

图5.38 设置描边路径

STEP 03 在“图层”面板中选中“图层5”图层，单击面板底部的“添加图层样式”按钮，在菜单中选择“渐变叠加”命令，在弹出的对话框中将“混合模式”更改为滤色，“渐变”更改为青色（R：0，G：248，B：248）到紫色（R：216，G：90，B：240）到黄色（R：255，G：210，B：0），完成之后单击“确定”按钮，如图5.39所示。

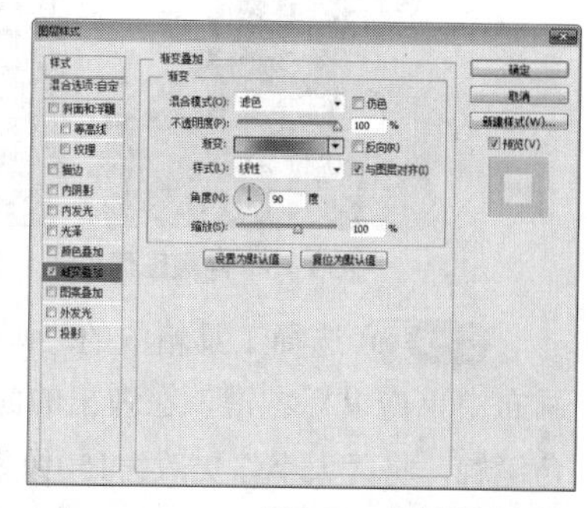
图5.39 设置渐变叠加

STEP 04 在“图层”面板中选中“图层 5”图

层，将其图层“填充”更改为0%，如图5.40所示。

图5.40 更改填充

STEP 05 在“图层”面板中选中“图层 5”图层，单击面板底部的“添加图层蒙版”按钮，为该图层添加图层蒙版，如图5.41所示。

STEP 06 选择工具箱中的“画笔工具”，在画布中单击鼠标右键，在弹出的面板中选择一种圆角笔触，将“大小”更改为50像素，“硬度”更改为0%，如图5.42所示。

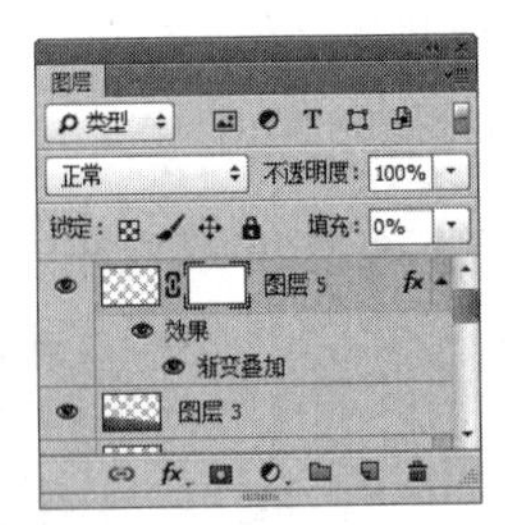
图5.41 添加图层蒙版

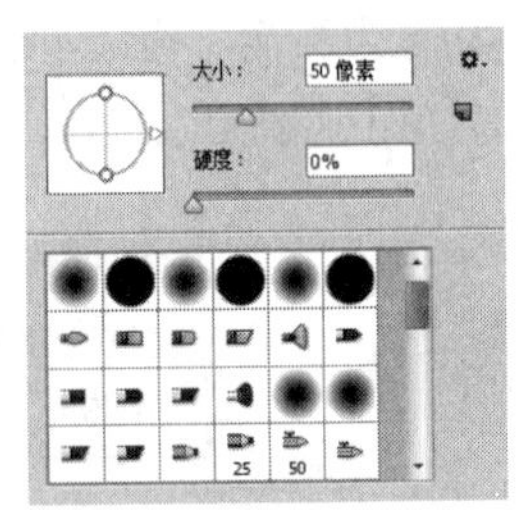
图5.42 设置笔触

STEP 07 将前景色更改为黑色，在图像上的部分区域涂抹以将其隐藏，如图5.43所示。

STEP 08 单击面板底部的“创建新图层”按钮，新建一个“图层6”图层，如图5.44所示。

图5.43 隐藏图像

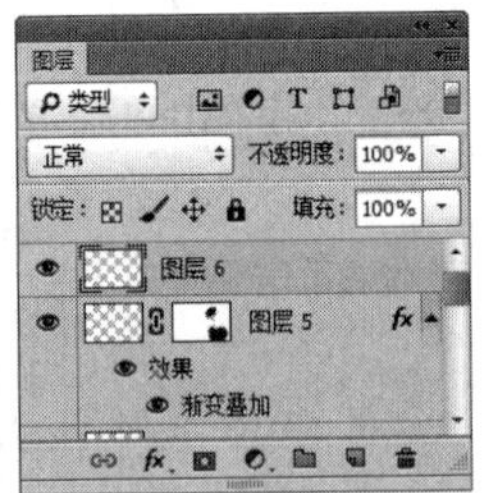
图5.44 新建图层

STEP 09 选择工具箱中的“画笔工具”，在画布中单击鼠标右键，在弹出的面板中选择一种圆角笔触，将“大小”更改为150像素，将前景色更改为白色，在刚才绘制的彩色图像适当位置单击以添加图像，如图5.45所示。

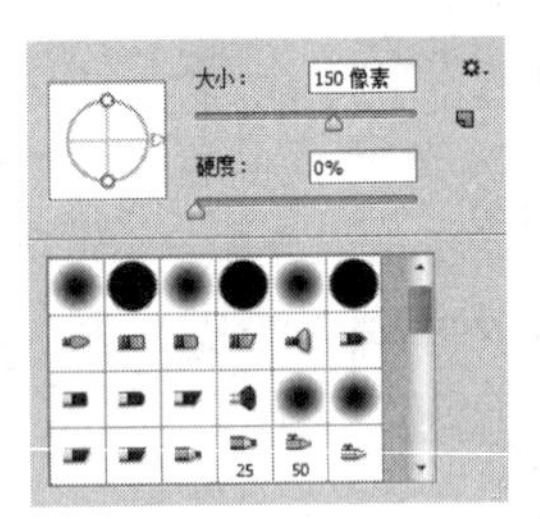

图5.45 设置笔触并添加图像

技巧与提示

在添加图像的时候可以不断地更改画笔的笔触大小，这样所添加的图像更加自然。

5.2.4 添加素材并制作光晕

STEP 01 执行菜单栏中的“文件”|“打开”命令，打开“树.psd”文件，将打开的素材拖入画布中并适当缩小，如图5.46所示。

图5.46 添加素材

STEP 02 在“图层”面板中选中“树”图层，将其拖至面板底部的“创建新图层”按钮上，复制出一个“树 拷贝”图层，如图5.47所示。

STEP 03 在“图层”面板中选中“树”图层，单击面板上方的“锁定透明像素”按钮，将透明像素锁定，将图像填充为深绿色（R：20，G：38，B：13），填充完成之后再次单击此按钮将其解除锁定，再将其适当变形，如图5.48所示。

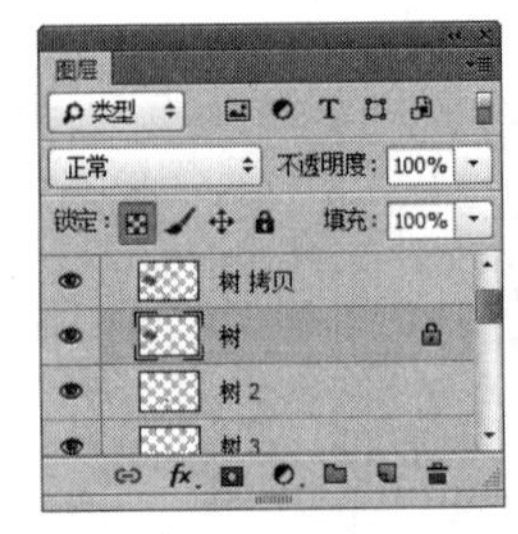
图5.47 复制图层

图5.48 填充颜色

STEP 04 选中“树”图层，将其图层“不透明度”更改为40%，如图5.49所示。

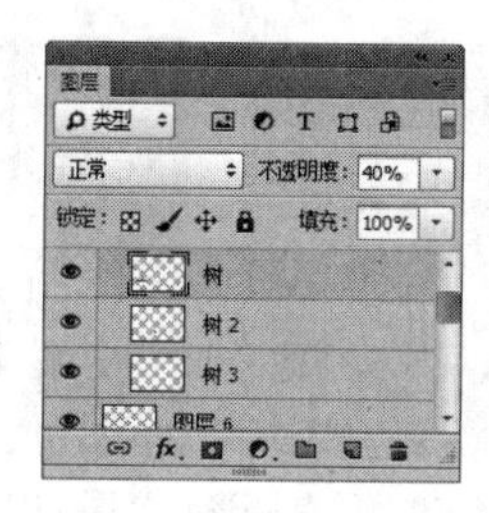

图5.49 更改不透明度

STEP 05 以同样的方法分别选中其他两个树图层将其复制并制作相同的投影效果，如图5.50所示。

图5.50 添加投影

STEP 06 执行菜单栏中的“文件”|“打开”命令，打开“热气球.psd”文件，将打开的素材拖入画布中适当位置并缩小，如图5.51所示。

图5.51 添加素材

STEP 07 在“图层”面板中选中“热气球”图层，将其拖至面板底部的“创建新图层”按钮上，复制出两个图层，如图5.52所示。

STEP 08 选中“热气球 拷贝”图层，将图像向右侧移动，再按Ctrl+T组合键对其执行“自由变换”命令，将图像等比例缩小，完成之后按Enter键确认，以同样的方法选中“热气球 拷贝 2”图层，将图像等比例缩小，如图5.53所示。

图5.52 复制图层 图5.53 变换图像

STEP 09 在“图层”面板中选中“热气球 拷贝”图层，单击面板底部的“创建新的填充或调整图层”按钮，在弹出快捷菜单中选中“色相/饱和度”命令，在弹出的面板中单击面板底部的“此调整影响下面的所有图层”按钮，将“色相”更改为+37，“饱和度”更改为+17，如图5.54所示。

图5.54 调整色相/饱和度

STEP 10 单击面板底部的“创建新图层”按钮，新建一个“图层7”图层，选中“图层7”图层并将其填充为黑色，如图5.55所示。

图5.55 新建图层并填充颜色

STEP 11 选中“图层7”图层，执行菜单栏中的“滤镜”|“渲染”|“镜头光晕”命令，在弹出的对话框中单击“50-300毫米变焦”单选按钮，将“亮度”更改为100%，完成之后单击“确定”按钮，如图5.56所示。

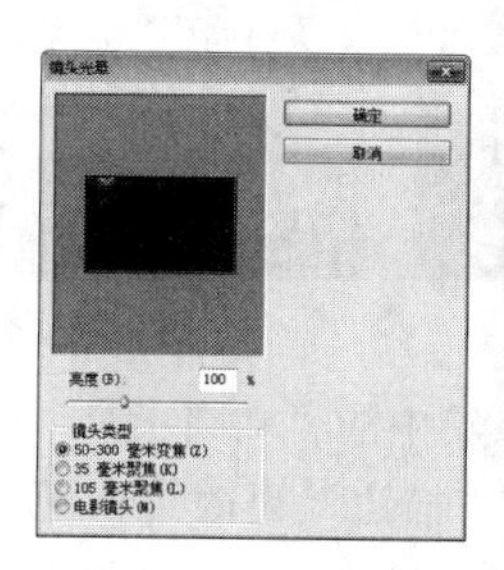

图5.56 设置镜头光晕

STEP 12 在“图层”面板中选中“图层7”图层，将该图层混合模式设置为滤色，如图5.57所示。

图5.57　设置图层混合模式

5.2.5 使用Illustrator添加艺术文字

STEP 01 执行菜单栏中的“文件”|“打开”命令，打开“制作手机DM单.psd”文件。

STEP 02 选择工具箱中的“文字工具” T，在适当位置添加文字，如图5.58所示。

图5.58　添加文字

STEP 03 选中“精致·彩色”文字，将其“描边”更改为黄色（R：255，G：182，B：0），“粗细”更改为0.5pt，如图5.59所示。

图5.59　添加描边

STEP 04 选择工具箱中的“椭圆工具”，将“填色”更改为无，“描边”更改为白色，“粗细”更改为0.25pt，在左下角文字左侧位置按住Shift键绘制一个正圆图形，如图5.60所示。

STEP 05 选中椭圆图形，按住Alt+Shift组合键并向下拖动将其复制数份，如图5.61所示。

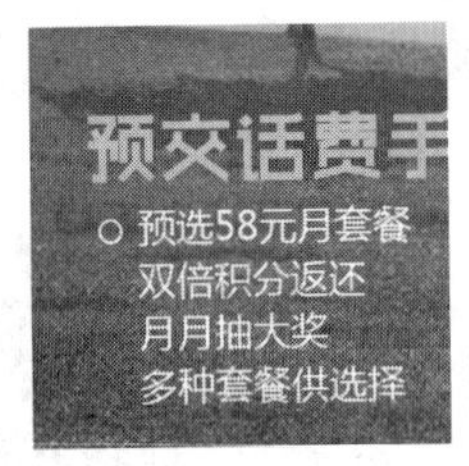

图5.60　绘制圆形　　图5.61　复制图形

STEP 06 选中“精彩心机 欢乐时刻”文字，单击鼠标右键，从弹出的快捷菜单中选择“创建轮廓”命令，如图5.62所示。

图5.62　创建轮廓

STEP 07 选中图形，选择工具箱中的“渐变工具”，在“渐变”面板中将“渐变”更改为绿色（R：104，G：255，B：63）到绿色（R：45，G：80，B：0），在文字上拖动以添加渐变，如图5.63所示。

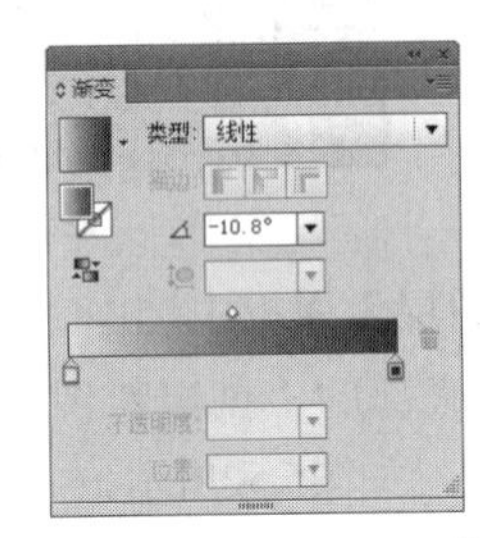

图5.63　设置并添加渐变

STEP 08 选中“精致·彩色”文字，将其“描边”更改为白色，“粗细”更改为0.1pt，如图5.64所示。

图5.64　添加描边

STEP 09 选择工具箱中的“星形工具”，在右下角文字左侧位置绘制一个星形，如图5.65所示。

图5.65 绘制图形

STEP 10 选中星形将其复制多份并适当缩放，这样就完成了效果制作，最终效果如图5.66所示。

图5.66 复制图形及最终效果

5.3 活动DM单广告设计

素材位置	素材文件\第5章\活动DM单
案例位置	案例文件\第5章\活动DM单广告设计.psd、制作活动DM单.ai
视频位置	多媒体教学\第5章\5.3 活动DM单广告设计.avi
难易指数	★★☆☆☆

本例讲解活动DM制作，活动DM单的制作重点在于突出醒目的宣传，本例在制作过程中以弧形放射图像作为主题元素，整个背景相当炫目，最终效果如图5.67所示。

图5.67 最终效果

5.3.1 使用Photoshop新建画布并制作特效

STEP 01 执行菜单栏中的“文件”|“新建”命令，在弹出的对话框中设置“宽度”为10厘米，“高度”为6厘米，“分辨率”为300像素/英寸，新建一个空白画布，如图5.68所示。

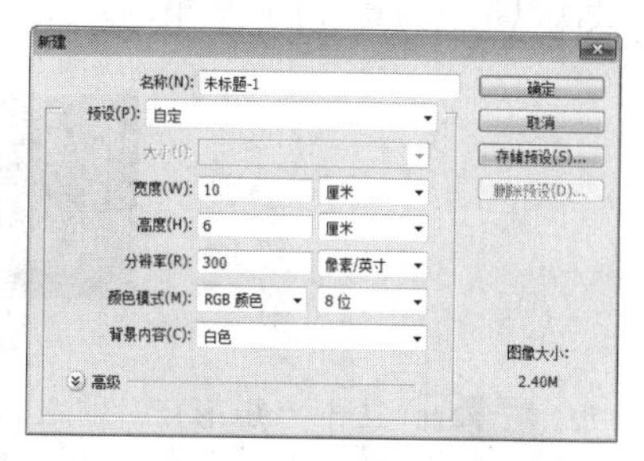

图5.68 新建画布

STEP 02 选择工具箱中的“渐变工具”，编辑紫色（R：44，G：14，B：124）到紫色（R：30，G：10，B：85）的渐变，单击选项栏中的“径向渐变”按钮，在画布中从上至下拖动为其填充渐变，如图5.69所示。

图5.69 填充渐变

STEP 03 选择工具箱中的“矩形工具”，在选项栏中将“填充”更改为白色，“描边”为无，在画布中绘制一个矩形，此时将生成一个“矩形1”图层，如图5.70所示。

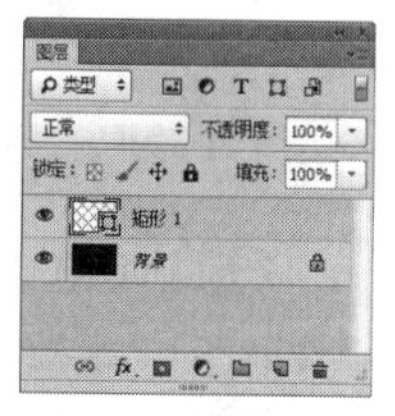

图5.70 绘制图形

STEP 04 选中“矩形1”图层，执行菜单栏中的“滤镜”|“风格化”|“风”命令，在弹出的对话框中分别单击“风”及“从右”单选按钮，完成之后单击“确定”按钮，如图5.71所示。

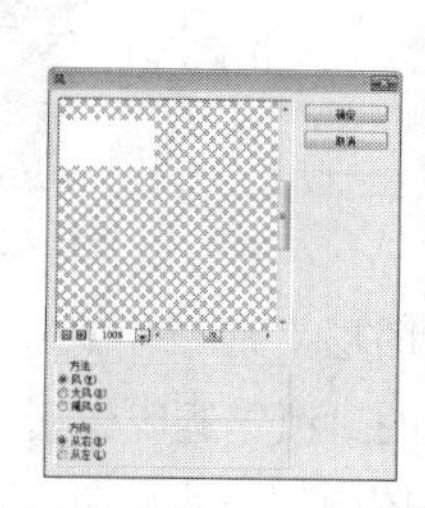

图5.71 设置高斯模糊

STEP 05 选中“矩形1”图层，按Ctrl+F组合键数次以重复为其添加风效果，如图5.72所示。

图5.72　添加风效果

STEP 06 选中“矩形1”图层，按Ctrl+T组合键对其执行“自由变换”命令，单击鼠标右键，从弹出的快捷菜单中选择“透视”命令，拖动变形框左侧控制点将图像变形，完成之后按Enter键确认，如图5.73所示。

STEP 07 以同样的方法再按Ctrl+T组合键对其执行“自由变换”命令，单击鼠标右键，从弹出的快捷菜单中选择“变形”命令，当出现变形框以后在选项栏中单击“变形”后方的 自定 按钮，在弹出的选项中选择“扇形”，将“弯曲”更改为-30，再单击鼠标右键，从弹出的快捷菜单中选择“自由变换”命令，将图像适当旋转，完成之后按Enter键确认，如图5.74所示。

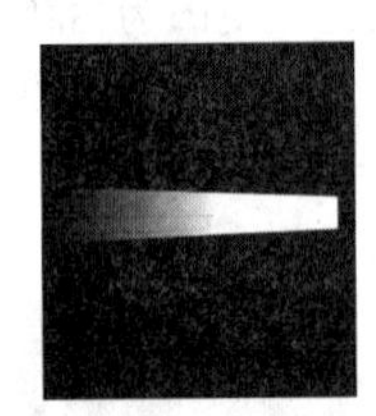

图5.73　将图像变形　图5.74　应用扇形

STEP 08 选中“矩形1”图层，执行菜单栏中的“滤镜”|“模糊”|“高斯模糊”命令，在弹出的对话框中将“半径”更改为1像素，完成之后单击“确定”按钮，如图5.75所示。

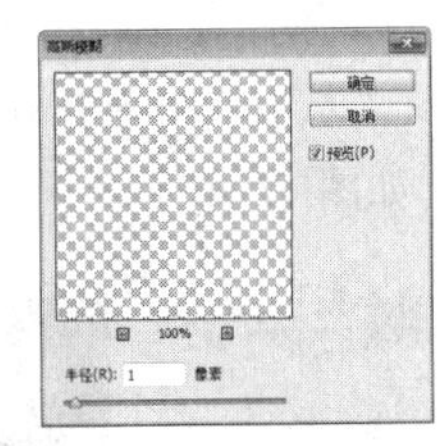

图5.75　设置高斯模糊

STEP 09 在“图层”面板中选中“矩形1”图层，单击面板上方的“锁定透明像素” 按钮，将透明像素锁定，将图像填充为紫色（R：154，G：0，B：234），填充完成之后再次单击此按钮将其解除锁定，如图5.76所示。

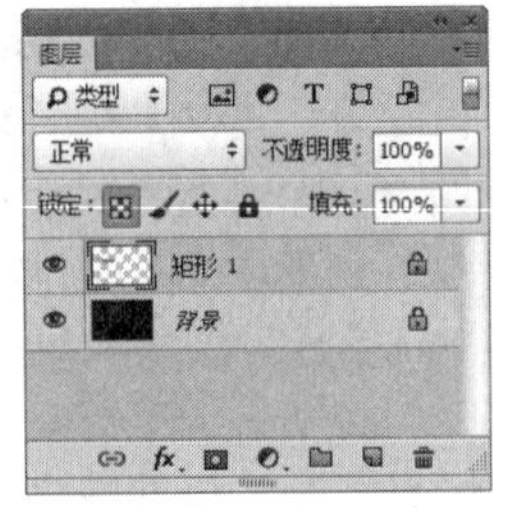

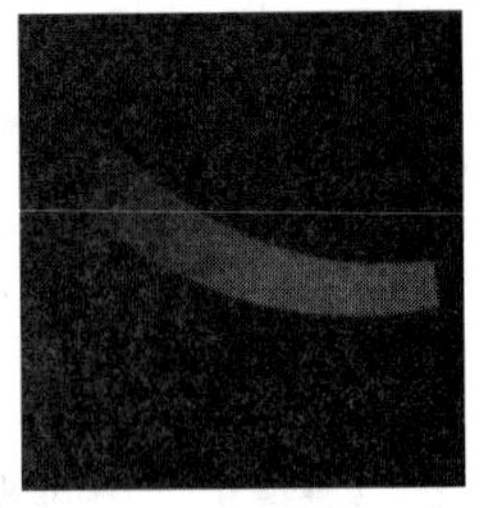

图5.76　锁定透明像素并填充颜色

STEP 10 在“图层”面板中选中“矩形1”图层，将其拖至面板底部的“创建新图层” 按钮上，复制出一个“矩形1 拷贝”图层，如图5.77所示。

STEP 11 选中“矩形1 拷贝”图层，按Ctrl+T组合键对其执行“自由变换”命令，单击鼠标右键，从弹出的快捷菜单中选择“斜切”命令，拖动变形框左侧变形框，完成之后按Enter键确认，如图5.78所示。

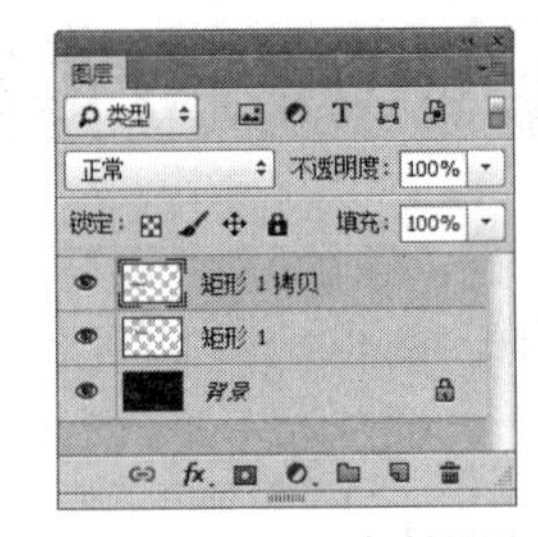

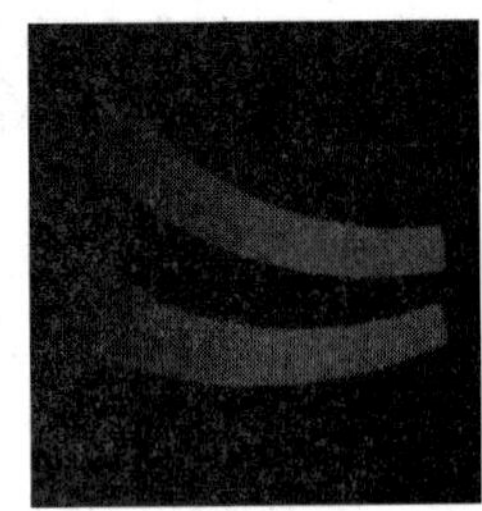

图5.77　复制图层　图5.78　变换图像

STEP 12 在“图层”面板中选中“矩形1 拷贝”图层，将其拖至面板底部的“创建新图层” 按钮上，复制出一个“矩形1 拷贝2”图层，如图5.79所示。

STEP 13 以同样的方法选中“矩形1 拷贝2”图层，将图像变形并移动，如图5.80所示。

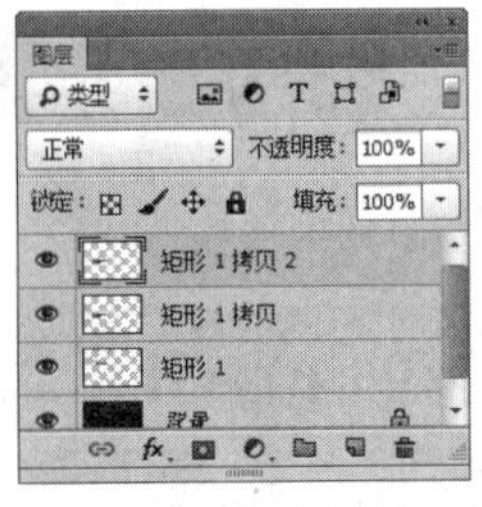

图5.79　复制图层　图5.80　变换图像

STEP 14 分别选中几个图层将其适当旋转并移动，如图5.81所示。

STEP 15 按Ctrl+G组合键将图层编组，此时将生成一个“组1”组，如图5.82所示。

图5.81 旋转及移动图像

图5.82 将图层编组

STEP 16 在“图层”面板中选中“组1”组，将其拖至面板底部的“创建新图层”按钮上，复制出一个“组1 拷贝”组，如图5.83所示。

STEP 17 选中“组1 拷贝”图层，按Ctrl+T组合键对其执行“自由变换”命令，单击鼠标右键，从弹出的快捷菜单中选择“水平翻转”命令，完成之后按Enter键确认，将图像向右侧平移至与原图像相对位置，如图5.84所示。

图5.83 复制组

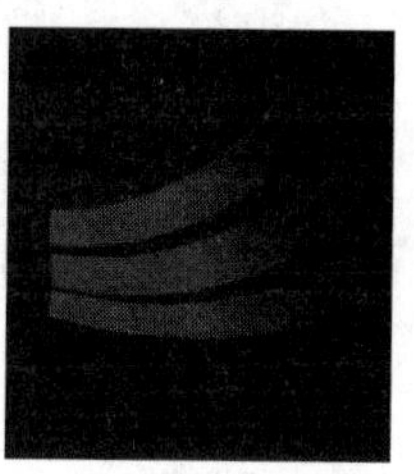

图5.84 变换图像

5.3.2 细化装饰部分

STEP 01 选择工具箱中的“钢笔工具”，沿左侧图像边缘位置绘制一条弧形路径，如图5.85所示。

图5.85 绘制路径

STEP 02 单击面板底部的“创建新图层”按钮，新建一个“图层1”图层，如图5.86所示。

STEP 03 选择工具箱中的“画笔工具”，在画布中单击鼠标右键，在弹出的面板中选择一种圆角笔触，将“大小”更改为3像素，“硬度”更改为100%，如图5.87所示。

图5.86 新建图层

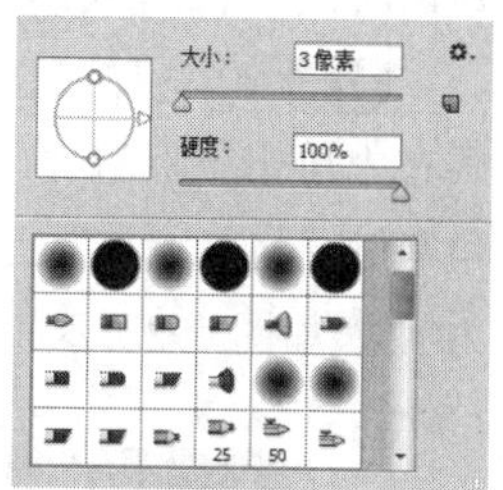

图5.87 设置笔触

STEP 04 选中“图层1”图层，将前景色更改为白色，在“路径”面板中路径名称上单击鼠标右键，从弹出的快捷菜单中选择“描边路径”命令，在弹出的对话框中选择“工具”为画笔，确认勾选“模拟压力”复选框，完成之后单击“确定”按钮，如图5.88所示。

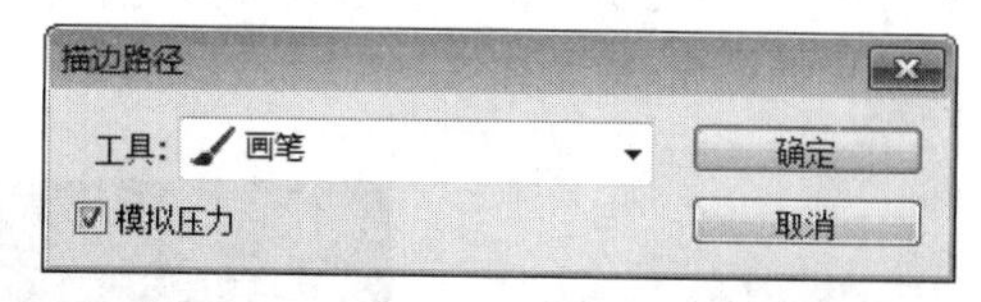

图5.88 设置描边路径

技巧与提示

模拟压力可以模拟出真实笔触绘制的效果。

STEP 05 在“图层”面板中选中“图层1”图层，将其图层混合模式设置为叠加，如图5.89所示。

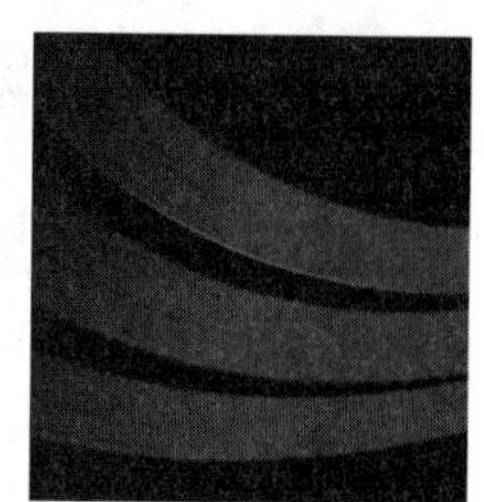

图5.89 设置图层混合模式

STEP 06 选中“图层1”图层，将其复制数份并移至刚才绘制的图像部分位置，如图5.90所示。

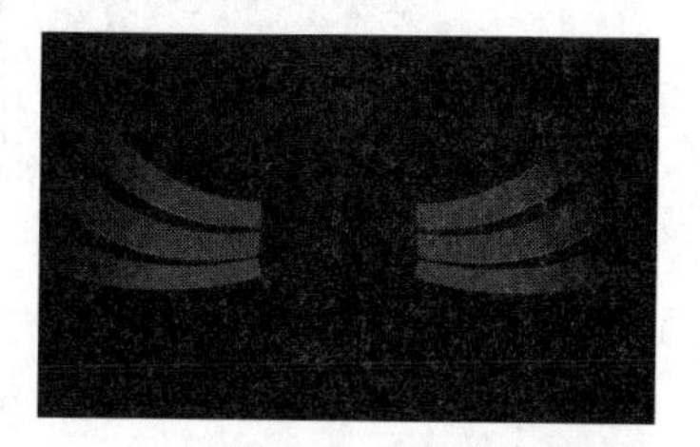

图5.90 复制并变换图像

STEP 07 单击面板底部的“创建新图层”按钮，新建一个“图层2”图层，如图5.91所示。

STEP 08 选择工具箱中的“画笔工具”，在画布中单击鼠标右键，在弹出的面板中选择一种圆角笔触，将“大小”更改为250像素，“硬度”更改为0%，如图5.92所示。

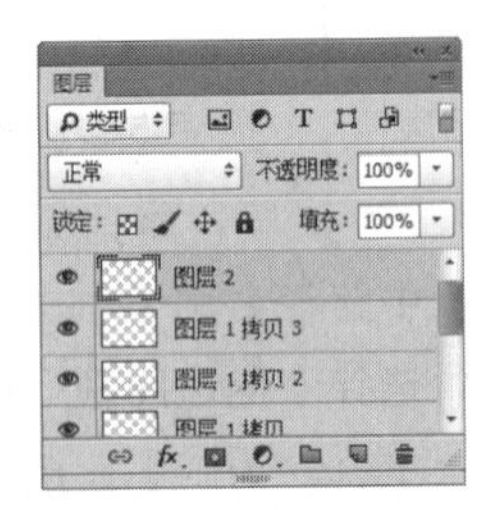

图5.91 新建图层

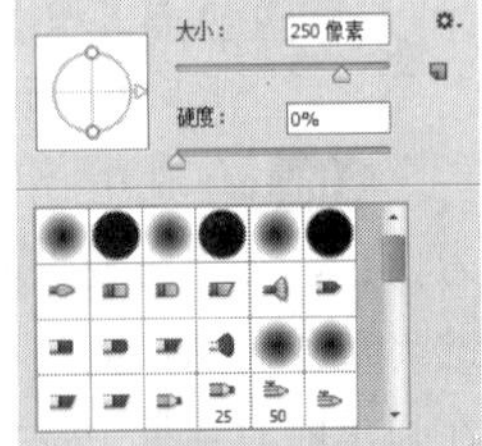

图5.92 设置笔触

STEP 09 将前景色分别更改为蓝色（R：133，G：255，B：254）和白色，在画布适当位置单击以添加图像，如图5.93所示。

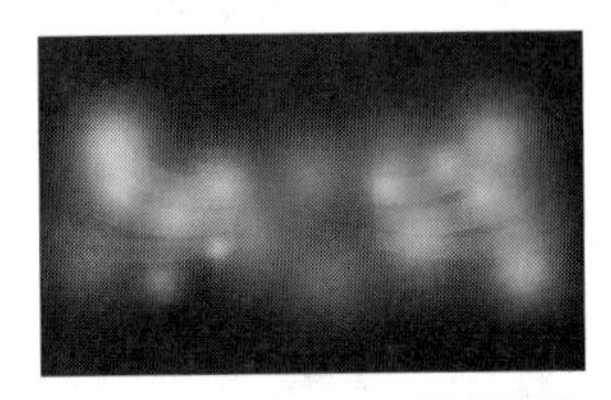

图5.93 添加图像

技巧与提示

在添加图像的过程中可以不断地按X键更改前景色及背景色，同时更改画笔的大小和不透明度，这样添加的图像效果更加自然。

STEP 10 在“图层”面板中，选中“图层2”图层，将图层混合模式设置为“叠加”，如图5.94所示。

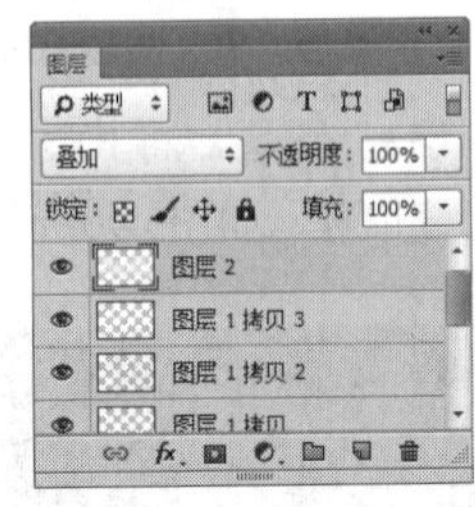

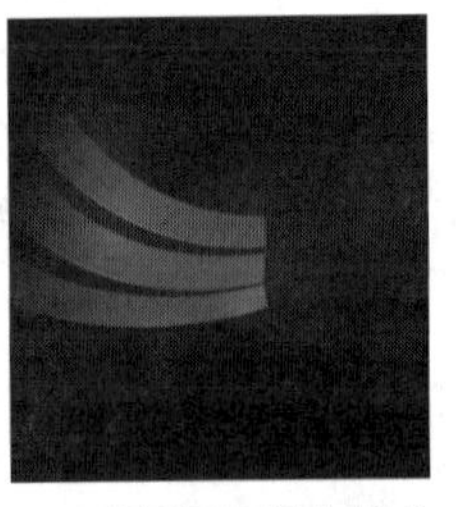

图5.94 设置图层混合模式

STEP 11 单击面板底部的“创建新图层”按钮，新建一个“图层3”图层，将其填充为黑色，如图5.95所示。

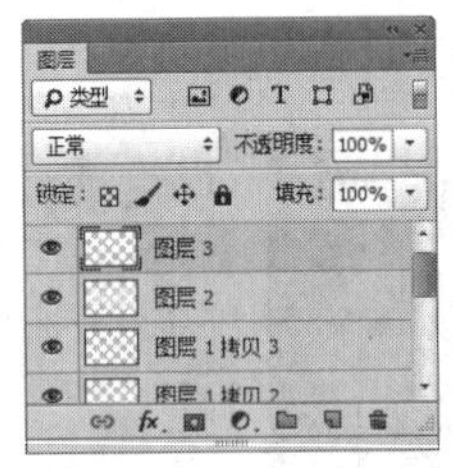

图5.95 新建图层并填充颜色

STEP 12 选中“图层3”图层，执行菜单栏中的“滤镜”|“渲染”|“镜头光晕”命令，在弹出的对话框中单击“50-300毫米变焦”单选按钮，“亮度”更改为80%，完成之后单击“确定”按钮，如图5.96所示。

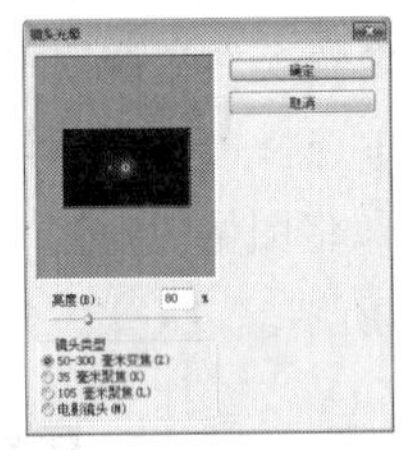

图5.96 设置镜头光晕

STEP 13 在“图层”面板中选中“图层1”图层，将其图层混合模式设置为“滤色”，如图5.97所示。

STEP 14 选中“图层3”图层，按Ctrl+T组合键对其执行“自由变换”命令，将图像等比例缩小并移至左侧图像位置，完成之后按Enter键确认，如图5.98所示。

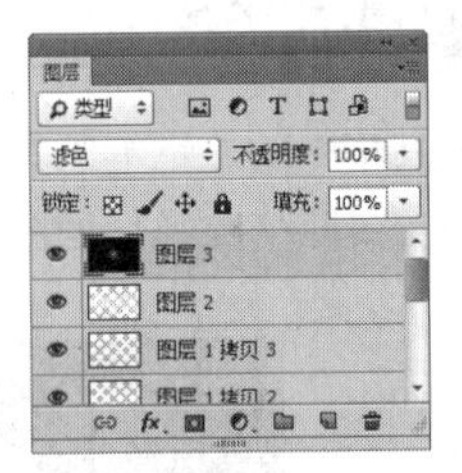

图5.97 设置图层混合模式

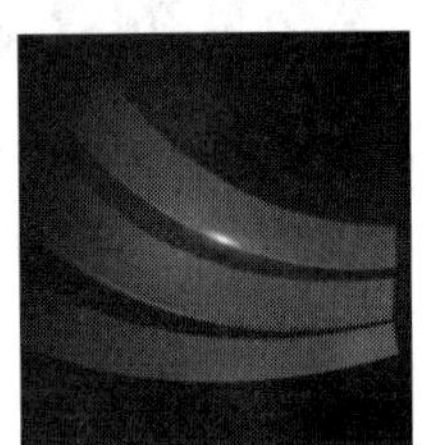

图5.98 变换图像

STEP 15 选中“图层1”图层，按住Alt键将其复制数份并将部分图像适当缩小移动，这样就完成了效果制作，如图5.99所示。

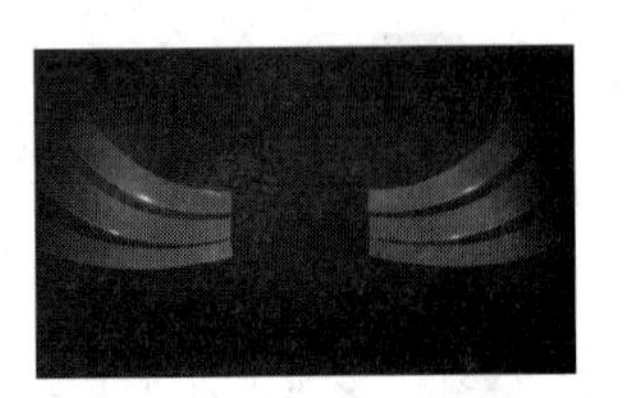

图5.99 变换图像

5.3.3 使用Illustrator绘制图形并添加素材

STEP 01 执行菜单栏中的“文件”|“打开”命令，打开“制作活动DM单.psd”文件，如图5.100所示。

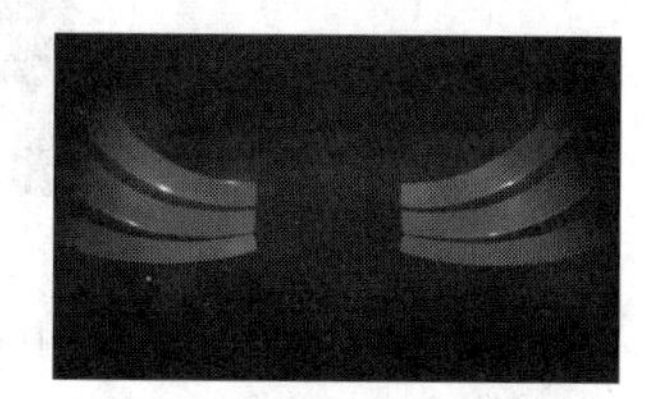

图5.100 打开素材

STEP 02 选择工具箱中的“星形工具”，在背景中间位置绘制一个星形，如图5.101所示。

STEP 03 选择工具箱中的“自由变换工具”，在左侧出现的图标中单击最下方的扭曲图标，拖动控制点将图形扭曲变形，如图5.102所示。

图5.101 绘制图形 图5.102 将图形扭曲

STEP 04 选择工具箱中的“钢笔工具”，将“填色”更改为黄色（R：224，G：180，B：54），在星形图形位置以中心为起点绘制三角形图形以添加星形阴影效果，如图5.103所示。

图5.103 绘制图形

STEP 05 同时选中所有和星形相关的图形，按Ctrl+G组合键将其编组，如图5.104所示。

STEP 06 选中星形图形按Ctrl+C组合键将其复制，再按Ctrl+F组合键将其粘贴至当前图形上方，再单击鼠标右键，从弹出的快捷菜单中选择“选择”|“下方的下一个对象”命令，再按住Alt+Shift组合键将图形等比例放大，如图5.105所示。

图5.104 将图形编组 图5.105 复制并粘贴图形

STEP 07 选中下方的星形，将其描边更改为白色，“粗细”更改为1pt，如图5.106所示。

图5.106 添加描边

STEP 08 选中下方星形，执行菜单栏中的“效果”|“风格化”|“外发光”命令，在弹出的对话框中将“模式”更改为滤色，“颜色”更改为黄色（R：225，G：242，B：0），完成之后单击“确定”按钮，如图5.107所示。

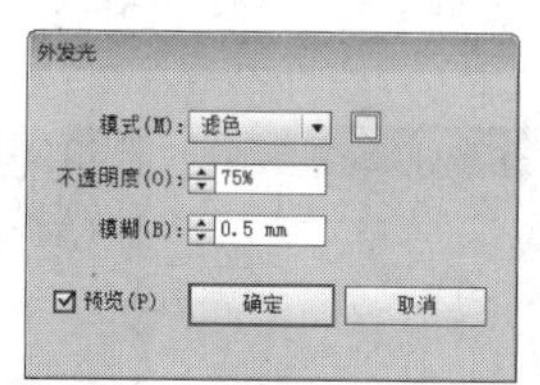

图5.107 设置外发光

STEP 09 选择工具箱中的“文字工具”T，在画板适当位置添加文字（字体分别为蒙纳简超刚黑和方正综艺简体），如图5.108所示。

图5.108 添加文字

STEP 10 同时选中所有文字，单击鼠标右键，从弹出的快捷菜单中选择“创建轮廓”命令，如图5.109所示。

STEP 11 选择工具箱中的“自由变换工具”，在左侧出现的图标中单击最下方的扭曲图标，拖动控制点将图形扭曲变形，如图5.110所示。

图5.109 创建轮廓 图5.110 将文字变形

STEP 12 分别选中3段文字，按住Alt键并向上稍微拖动将其复制，如图5.111所示。

图5.111 复制文字

STEP 13 选择工具箱中的“渐变工具”，在“渐变”面板中将“渐变”更改为白色到灰色（R：148，G：148，B：148），选中“出发吧”文字，在其上方拖动以填充渐变，如图5.112所示。

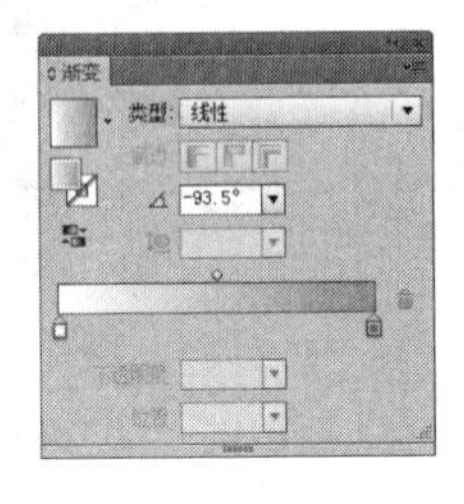

图5.112 添加渐变

STEP 14 以同样的方法选中其他两段文字，为其添加渐变，如图5.113所示。

STEP 15 选择工具箱中的“椭圆工具”，将“填色”更改为黑色，在文字绘制一个椭圆图形，将其移至文字下方，如图5.114所示。

图5.113 填充渐变 图5.114 绘制图形

STEP 16 选中绘制的图形，执行菜单栏中的“效果”|“模糊”|“高斯模糊”命令，在弹出的对话框中将“半径”更改为25像素，完成之后单击“确定”按钮，如图5.115所示。

图5.115 设置高斯模糊

STEP 17 执行菜单栏中的“文件”|“打开”命令，打开“素材.psd”文件，将打开的素材图像拖入画板中适当位置，如图5.116所示。

图5.116 添加素材

技巧与提示

添加素材之后需要注意将素材图像移至文字及星形下方。

STEP 18 选中添加的素材图像，将其复制数份并移动，如图5.117所示。

图5.117 复制并变换图像

5.3.4 使用Photoshop绘制三角形装饰

STEP 01 执行菜单栏中的“文件”|“打开”命令，打开“制作活动DM单.ai”文件，如图5.118所示。

图5.118 打开素材

STEP 02 执行菜单栏中的“图层”|“新建”|“图层背景”命令，将“图层1”转换为“背景”图层。

STEP 03 选择工具箱中的“矩形工具”，在选项栏中将“填充”更改为无，“描边”为白色，“大小”为2点，按住Shift键并在靠左下角位置绘制一个矩形，此时将生成一个“矩形1”图层，如图5.119所示。

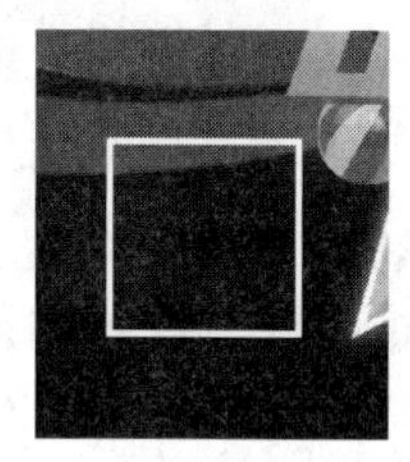

图5.119 绘制图形

STEP 04 选择工具箱中的“删除锚点工具”，单击矩形左上角锚点将其删除，如图5.120所示。

STEP 05 选择工具箱中的“直接选择工具”，拖动图形锚点将其变形，如图5.121所示。

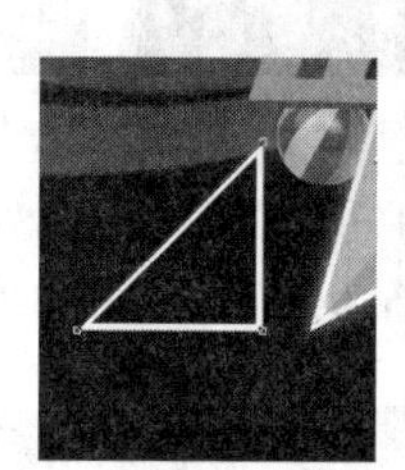

图5.120 删除锚点 图5.121 拖动锚点

STEP 06 在“图层”面板中选中“矩形1”图层，单击面板底部的“添加图层样式”fx按钮，在菜单中选择“渐变叠加”命令，在弹出的对话框中将“渐变”更改为蓝色（R：32，G：83，B：147）到蓝色（R：0，G：156，B：255），“角度”更改为37度，完成之后单击“确定”按钮，如图5.122所示。

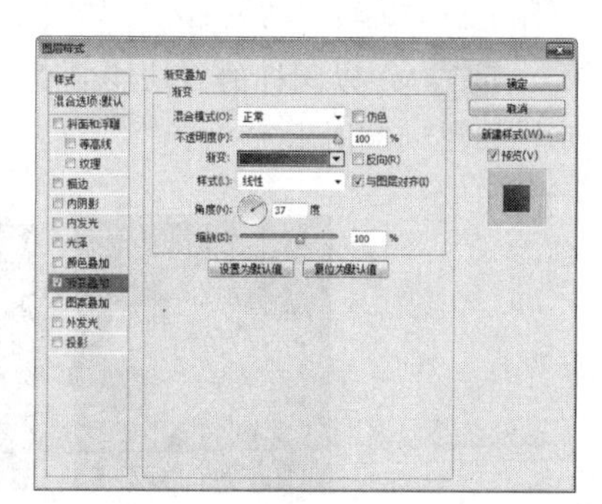

图5.122 设置渐变叠加

STEP 07 在“图层”面板中，选中“矩形1”图层，将其拖至面板底部的“创建新图层”按钮上，复制出一个“矩形1 拷贝”图层，双击“矩形1 拷贝”图层样式名称，在弹出的对话框中将“渐变”更改为紫色（R：108，G：32，B：147）到紫色（R：168，G：0，B：255），如图5.123所示。

STEP 08 选择工具箱中的“直接选择工具”，拖动图形锚点将其变形，如图5.124所示。

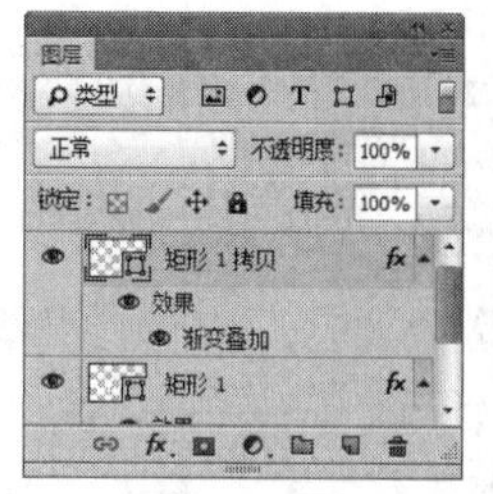

图5.123 复制图层 图5.124 变换图形

STEP 09 选择工具箱中的“圆角矩形工具”，在选项栏中将“填充”更改为黄色（R：255，G：228，B：44），“描边”为无，“半径”为10像素，在画布靠左下角位置绘制一个圆角矩形，此时将生成一个“圆角矩形1”图层，如图5.125所示。

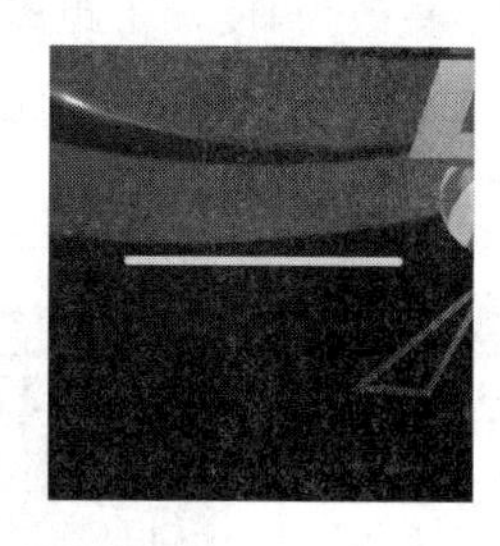

图5.125 绘制图形

STEP 10 选中“圆角矩形1”图层，按Ctrl+T组合键对其执行“自由变换”命令，单击鼠标右键，从弹出的快捷菜单中选择“透视”命令，拖动变形框控制点将图形变形，再将其适当旋转及移动，完成之后按Enter键确认，如图5.126所示。

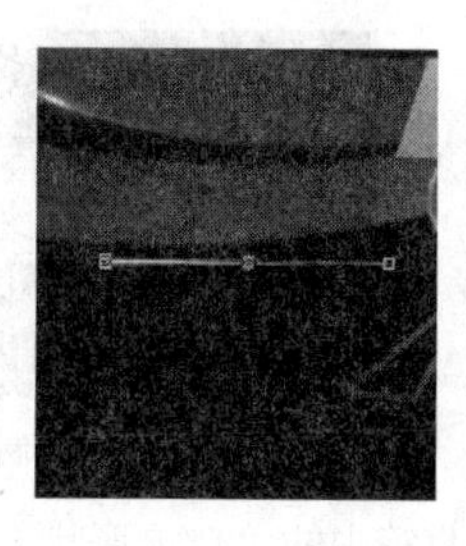

图5.126 将图形变形

5.3.5 添加形状特效

STEP 01 在“图层”面板中选中“圆角矩形1”图层，单击面板底部的“添加图层样式” fx 按钮，在菜单中选择“外发光”命令，在弹出的对话框中将“混合模式”更改为正常，“不透明度”更改为100%，“颜色”更改为黄色（R：255，G：234，B：0），“大小”更改为10像素，完成之后单击“确定”按钮，如图5.127所示。

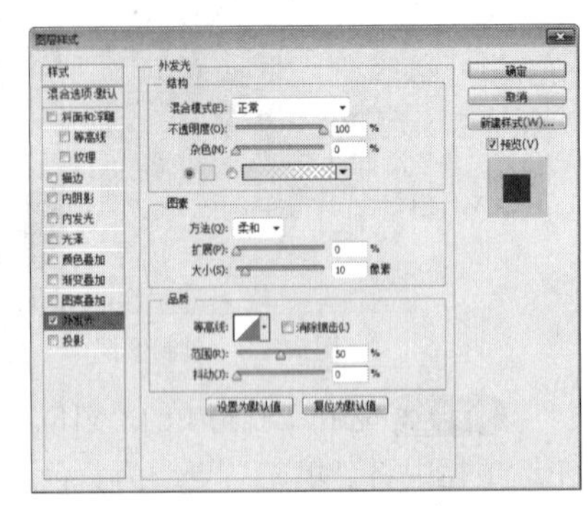

图5.127 设置外发光

STEP 02 选中“圆角矩形1”图层，执行菜单栏中的“滤镜”|“模糊”|“动感模糊”命令，在弹出的对话框中将“角度”更改为4度，“距离”更改为20像素，设置完成之后单击“确定”按钮，如图5.128所示。

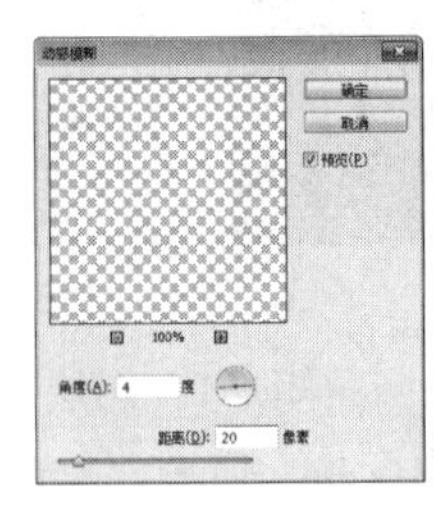
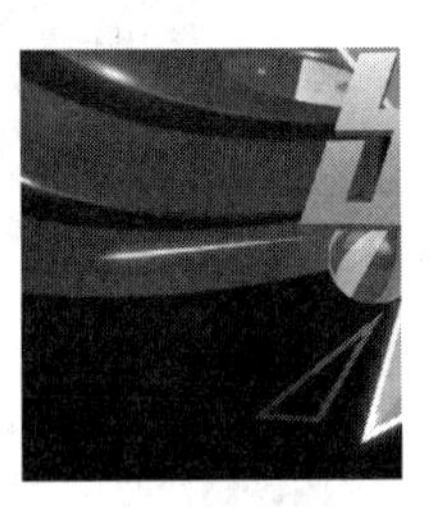

图5.128 设置动感模糊

STEP 03 选中“圆角矩形1”图层，按住Alt键将其复制多份，并适当旋转，如图5.129所示。

图5.129 复制并变换图像

STEP 04 选择工具箱中的“自定形状工具”，在画布中单击鼠标右键，在弹出的面板中选择“艺术纹理”|“艺术效果10”形状，如图5.130所示。

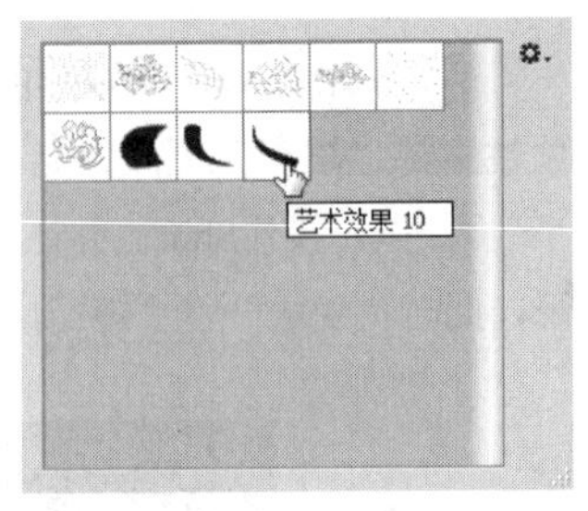

图5.130 设置形状

STEP 05 将“填充”更改为白色，“描边”为无，在画布靠左下角位置绘制一个图形，此时将生成一个“形状1”图层，如图5.131所示。

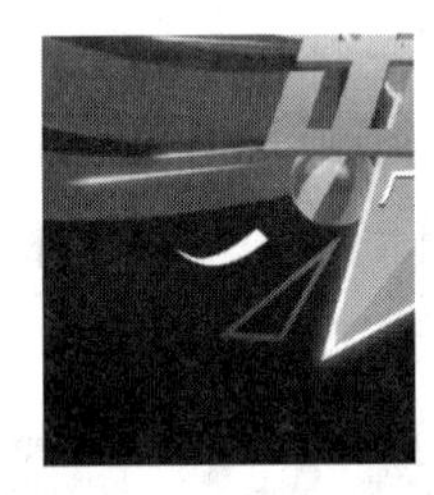

图5.131 绘制图形

STEP 06 在“图层”面板中选中“形状1”图层，将其图层混合模式设置为叠加，如图5.132所示。

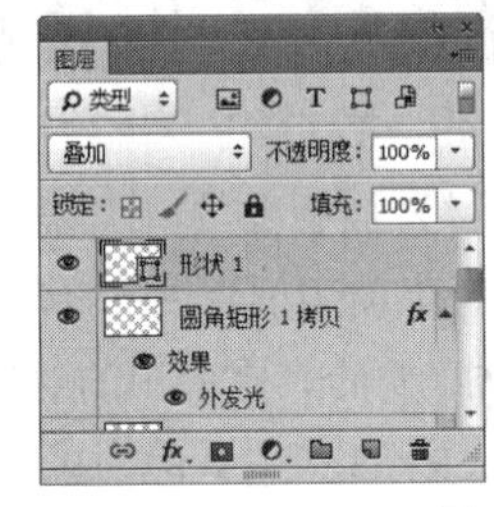

图5.132 设置图层混合模式

STEP 07 选中“形状1”图层，按住Alt键将图形复制多份并旋转移动及缩小，如图5.133所示。

STEP 08 以同样的方法绘制更多形状并变换图形，如图5.134所示。

图5.133 复制并变换图形

图5.134 绘制图形

5.3.6 绘制图形

STEP 01 选择工具箱中的“矩形工具”，在选项栏中将“填充”更改为白色，“描边”为无，在画布左上角位置绘制一个矩形，此时将生成一个“矩形2”图层，如图5.135所示。

图5.135 绘制图形

STEP 02 选中“矩形2”图层，执行菜单栏中的“滤镜”|“模糊”|“动感模糊”命令，在弹出的对话框中将“角度”更改为90度，“距离”更改为60像素，设置完成之后单击“确定”按钮，如图5.136所示。

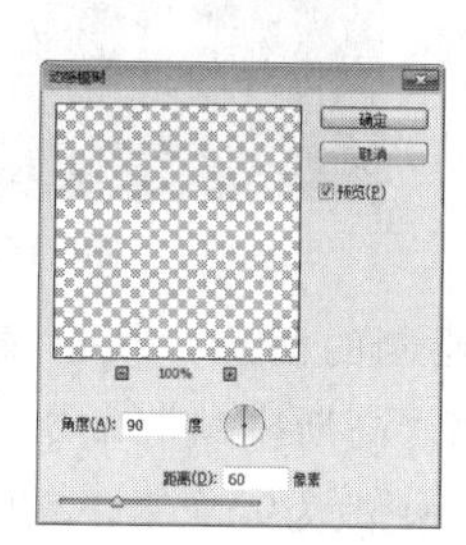

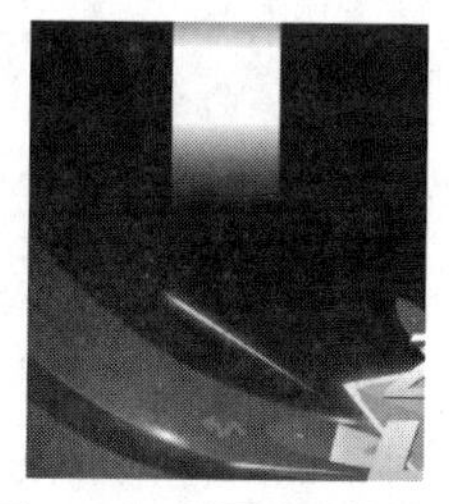

图5.136 设置动感模糊

STEP 03 选中“矩形2”图层，按Ctrl+T组合键对其执行“自由变换”命令，单击鼠标右键，从弹出的快捷菜单中选择“透视”命令，拖动变形框控制点将图形变形，完成之后按Enter键确认，再将其向上稍微移动，如图5.137所示。

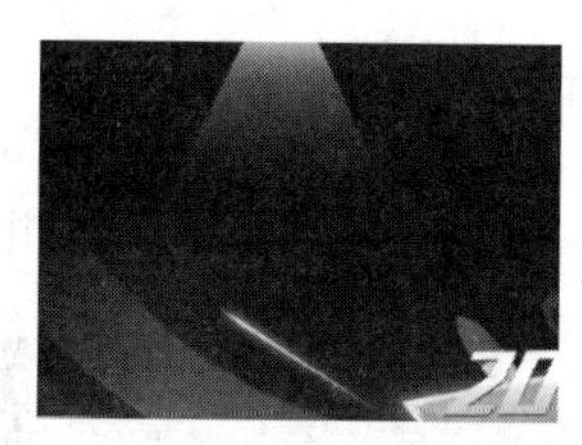

图5.137 将图形变形

STEP 04 选中“矩形2”图层，执行菜单栏中的“滤镜”|“模糊”|“高斯模糊”命令，在弹出的对话框中将“半径”更改为5.0像素，完成之后单击“确定”按钮，如图5.138所示。

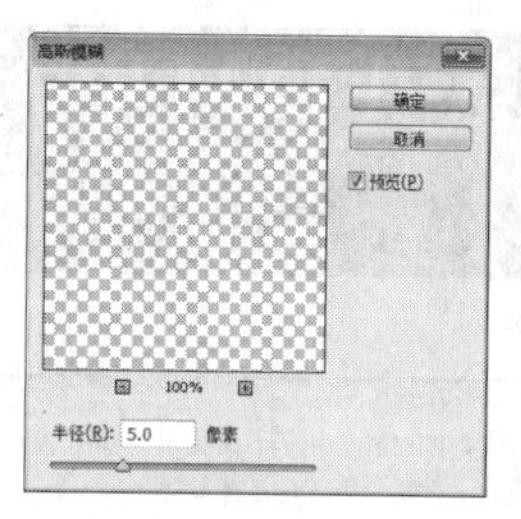

图5.138 设置高斯模糊

STEP 05 选中“矩形2”图层，按住Alt+Shift组合键并向右侧拖动将图像复制两份，如图5.139所示。

图5.139 复制图像

STEP 06 单击面板底部的“创建新图层”按钮，新建一个“图层1”图层，如图5.140所示。

STEP 07 选中“图层1”图层，按Ctrl+Alt+Shift+E组合键执行盖印可见图层命令，如图5.141所示。

图5.140 新建图层　　图5.141 盖印可见图层

STEP 08 在“图层”面板中选中“图层1”图层，将其图层混合模式设置为叠加，“不透明度”更改为50%，这样就完成了效果制作，最终效果如图5.142所示。

图5.142 最终效果

5.4 知识竞赛DM单广告设计

素材位置	素材文件\第5章\知识竞赛DM单
案例位置	案例文件\第5章\知识竞赛DM单广告设计.psd、制作知识竞赛DM单.ai
视频位置	多媒体教学\第5章\5.4 知识竞赛DM单广告设计.avi
难易指数	★★☆☆☆

本例讲解知识竞赛DM制作，此款DM单的背景在制作过程中采用科技蓝与放射光芒组合，整个背景整洁却带有视觉冲击感，而纱质图像的添加为背景的底部增添了装饰效果，制作重点在于对图形变形的把握，将图形的变形与文字的排版完美的结合，最终效果如图5.143所示。

图5.143　最终效果

5.4.1 使用Illustrator制作背景

STEP 01 执行菜单栏中的“文件”|“新建”命令，在弹出的对话框中设置“宽度”为80mm，“高度”为50mm，新建一个空白画布，如图5.144所示。

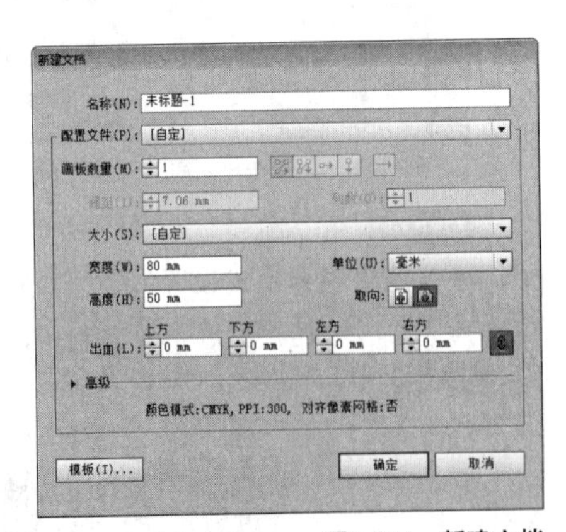

图5.144　新建文档

STEP 02 选择工具箱中的“矩形工具”，将“填色”更改为白色，在画布中绘制一个与其大小相同的矩形。

STEP 03 选中绘制的矩形，选择工具箱中的“渐变工具”，将渐变颜色更改为蓝色（R：0，G：174，B：230）到蓝色（R：0，G：62，B：145），“类型”更改为径向，为绘制的矩形填充渐变，如图5.145所示。

图5.145　填充渐变

STEP 04 选择工具箱中的“椭圆工具”，将“填色”更改为浅蓝色（R：70，G：190，B：240），在画布中间位置绘制一个椭圆图形，如图5.146所示。

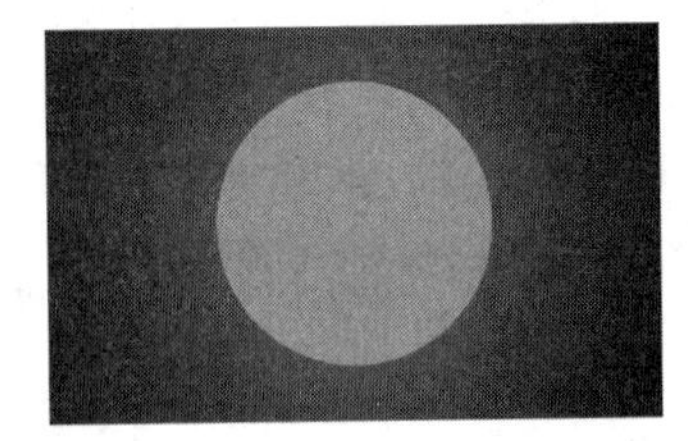

图5.146　绘制图形

STEP 05 选中绘制的图形，执行菜单栏中的“效果”|“模糊”|“高斯模糊”命令，在弹出的对话框中将“半径”更改为90像素，完成之后单击“确定”按钮，如图5.147所示。

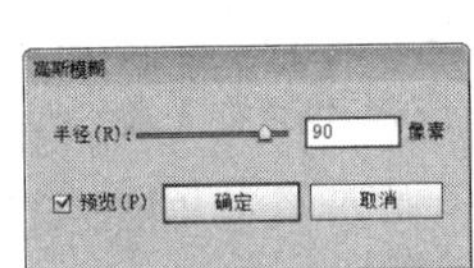

图5.147　设置高斯模糊

STEP 06 选中图形，按Ctrl+C组合键将其复制，再按Ctrl+F组合键将其粘贴至前方，再将其颜色更改为白色后等比例缩小，如图5.148所示。

图5.148　复制并粘贴图像

STEP 07 选择工具箱中的“矩形工具”，将“填色”更改为白色，在画布中绘制一个矩形，如图5.149所示。

STEP 08 选择工具箱中的“自由变换工具”，拖动控制点将图形变形，如图5.150所示。

图5.149 绘制图形 图5.150 将图形变形

STEP 09 选择工具箱中的“旋转工具”，按住Alt键在图形底部中间位置单击，在弹出的对话框中将“角度”更改为20度，完成之后单击“复制”按钮，如图5.151所示。

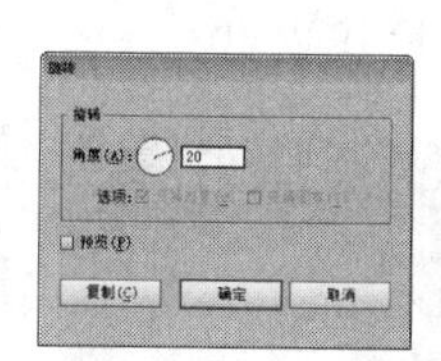

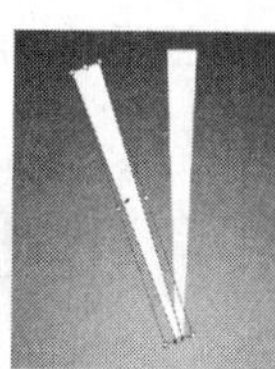

图5.151 复制图形

STEP 10 按Ctrl+D组合键数次执行“多重复制”命令，将图形复制多份，如图5.152所示。

STEP 11 同时选中所有图形，按Ctrl+G组合键将其编组，再将图形适当旋转，如图5.153所示。

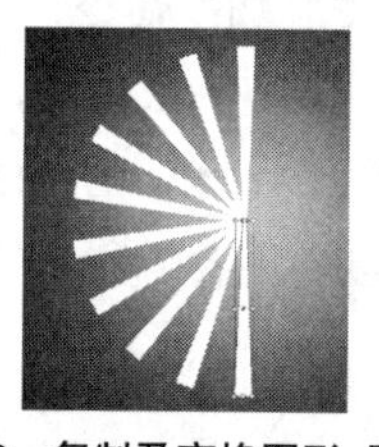

图5.152 复制及变换图形 图5.153 将图形编组并旋转

STEP 12 选中图形，选择工具箱中的“自由变换工具”，在左侧出现的图标中选择“透视扭曲”命令，拖动控制点将图形变形，如图5.154所示。

图5.154 将图形变形

STEP 13 选中图形，选择工具箱中的“渐变工具”，在“渐变”面板中将“渐变”更改为白色到透明，在图形上拖动以填充径向渐变，如图5.155所示。

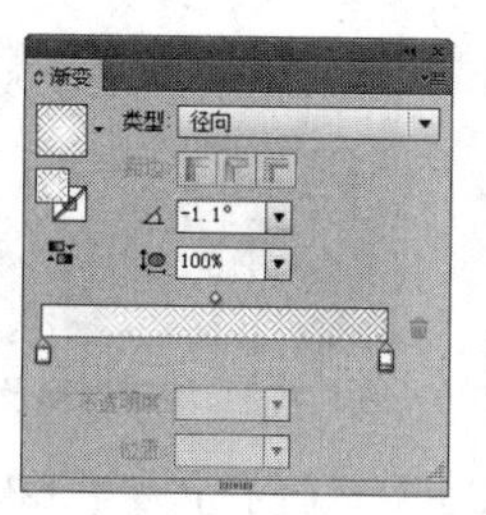

图5.155 设置渐变并填充

STEP 14 选择工具箱中的“钢笔工具”，将“填色”更改为无，“描边”更改为蓝色（R：154，G：220，B：240），在画布底部位置绘制一条弯曲线段，如图5.156所示。

图5.156 绘制图形

STEP 15 选中线段，按住Alt键向下拖动将其复制，选择工具箱中的“直接选择工具”，选中下方线段拖动锚点将其变形，如图5.157所示。

图5.157 复制并变换线段

STEP 16 执行菜单栏中的“对象”|“混合”|“混合选项”命令，在弹出的对话框中将“间距”更改为指定的步数，数值更改为30，完成之后单击“确定”按钮，如图5.158所示。

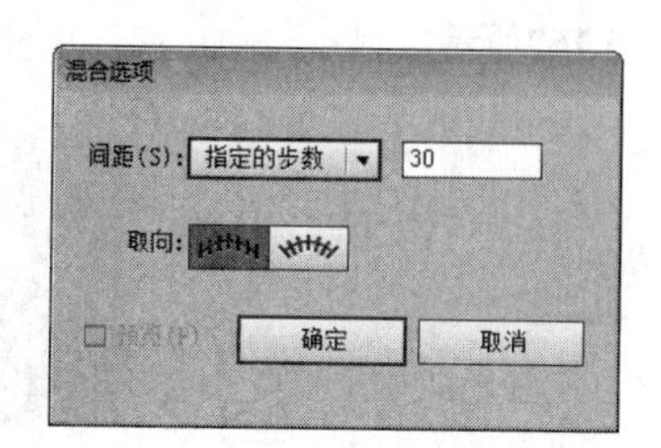

图5.158 设置混合选项

STEP 17 执行菜单栏中的“对象”|“混合”|“建立”命令，将图形适当旋转，再将其“不透明度”更改为30%，这样就完成了效果制作，如图5.159所示。

图5.159　旋转图形及最终效果

STEP 18 按Ctrl+C组合键将最下方矩形复制，再按Ctrl+F组合键将其粘贴至原图形上方，如图5.160所示。

图5.160　复制并粘贴图形

STEP 19 同时选中所有对象，单击鼠标右键，从弹出的快捷菜单中选择“建立剪切蒙版”命令，将部分图像隐藏，如图5.161所示。

图5.161　建立剪切蒙版

5.4.2 使用Photoshop绘制图形并添加文字

STEP 01 执行菜单栏中的“文件”|“打开”命令，打开“制作知识竞赛DM单.ai”文件，如图5.162所示。

图5.162　添加素材

STEP 02 选择工具箱中的“矩形工具”，在选项栏中将“填充”更改为红色（R：243，G：160，B：166），“描边”为无，在画布中绘制一个矩形，此时将生成一个“矩形1”图层，如图5.163所示。

图5.163　绘制图形

STEP 03 选择工具箱中的“直接选择工具”，拖动图形锚点将其变形，如图5.164所示。

STEP 04 在“图层”面板中选中“矩形1”图层，将其拖至面板底部的“创建新图层”按钮上，复制出“矩形1 拷贝”及“矩形1 拷贝2”两个新的图层，如图5.165所示。

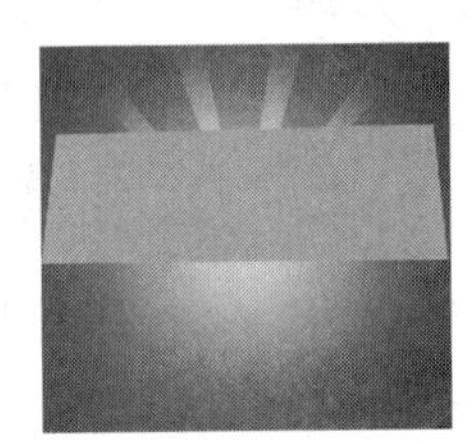

图5.164　将图形变形　　图5.165　复制图层

STEP 05 在“图层”面板中选中“矩形1 拷贝2”图层，单击面板底部的“添加图层样式”按钮，在菜单中选择“渐变叠加”命令，在弹出的对话框中将“渐变”更改为蓝色（R：45，G：160，B：220）到蓝色（R：22，G：42，B：136），“样式”更改为径向，“角度”更改为0度，完成之后单击“确定”按钮，如图5.166所示。

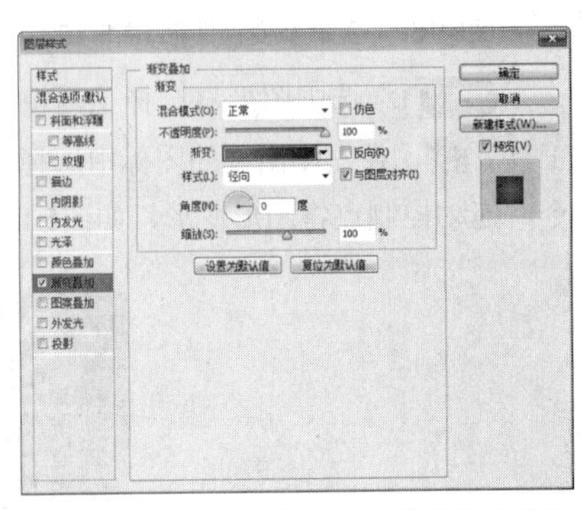

图5.166　设置渐变叠加

STEP 06 选中“矩形1 拷贝”图层，将图形颜色更改为黄色（R：247，G：237，B：113），选择工具箱中的“直接选择工具”，以刚才同样的方法拖动复制生成的拷贝图层中的图形锚点将其变形，如图5.167所示。

图5.167 将图形变形

STEP 07 选择工具箱中的“钢笔工具”，在选项栏中单击“选择工具模式” 路径 按钮，在弹出的选项中选择“形状”，将“填充”更改为蓝色（R：40，G：126，B：192），“描边”更改为无，在刚才绘制的图形下方位置绘制一个不规则图形，此时将生成一个“形状1”图层，将“形状1”图层移至“图层1”图层上方，如图5.168所示。

图5.168 绘制图形

STEP 08 以同样的方法将“填充”更改为蓝色（R：20，G：50，B：140），再次绘制一个图形，此时将生成一个“形状2”图层，将其移至“形状1”图层上方，如图5.169所示。

STEP 09 在“图层”面板中选中“形状2”图层，在其图层名称上单击鼠标右键，从弹出的快捷菜单中选择“栅格化图层”命令，如图5.170所示。

图5.169 绘制图形

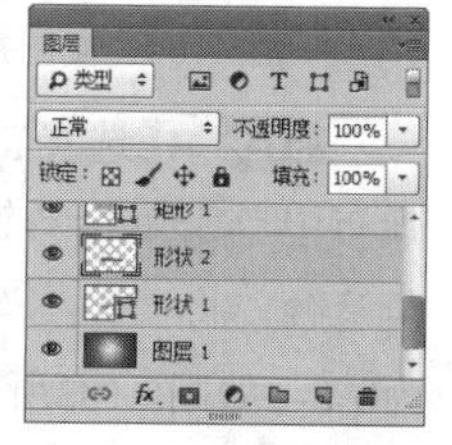

图5.170 栅格化图层

STEP 10 在“图层”面板中选中“形状 2”图层，单击面板上方的“锁定透明像素”按钮，将透明像素锁定，如图5.171所示。

STEP 11 选择工具箱中的“画笔工具”，在画布中单击鼠标右键，在弹出的面板中选择一种圆角笔触，将“大小”更改为150像素，“硬度”更改为0%，如图5.172所示。

图5.171 锁定透明像素

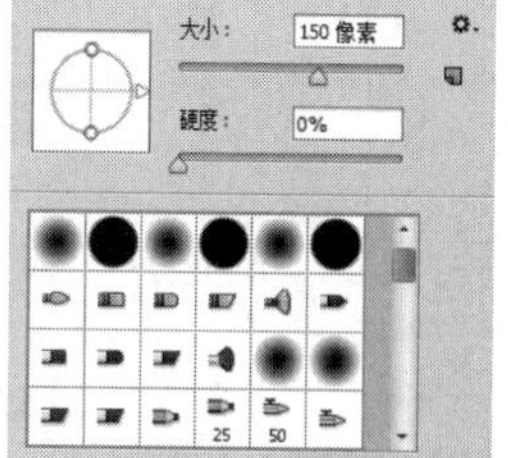

图5.172 设置笔触

STEP 12 将前景色更改为蓝色（R：40，G：126，B：192），在图像上左右两端位置单击更改部分图形颜色，如图5.173所示。

STEP 13 选择工具箱中的“钢笔工具”，在选项栏中单击“选择工具模式” 路径 按钮，在弹出的选项中选择“形状”，将“填充”更改为蓝色R：40，G：126，B：192），“描边”更改为无，在刚才绘制的图形下方位置再次绘制一个不规则图形，此时将生成一个“形状3”图层，如图5.174所示。

图5.173 更改颜色

图5.174 绘制图形

STEP 14 选择工具箱中的“横排文字工具”，在画布适当位置添加文字，如图5.175所示。

图5.175 添加文字

STEP 15 在“图层”面板中选中“全民普及科学与技术”图层，单击面板底部的“添加图层样式”按钮，在菜单中选择“投影”命令，在弹出的对话框中将“颜色”更改为蓝色（R：0，G：

100，B：173），将“距离”更改为2像素，“扩展”更改为50%，“大小”更改为2像素，完成之后单击“确定”按钮，如图5.176所示。

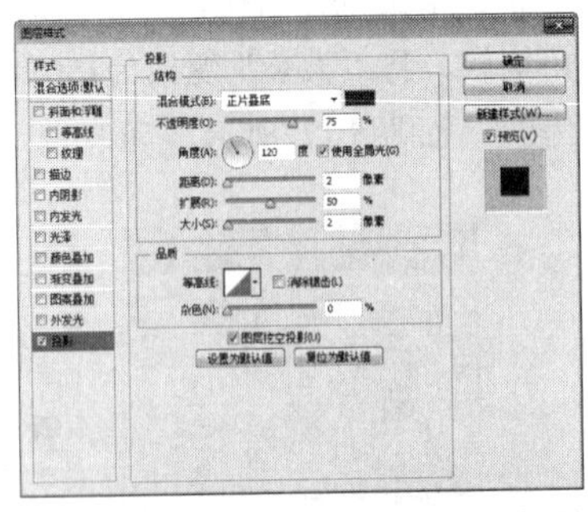

图5.176　设置投影

STEP 16 在“全民普及科学与技术”图层上单击鼠标右键，从弹出的快捷菜单中选择“拷贝图层样式”命令，同时选中其他几个文字图层，在其图层名称上单击鼠标右键，从弹出的快捷菜单中选择“粘贴图层样式”命令，如图5.177所示。

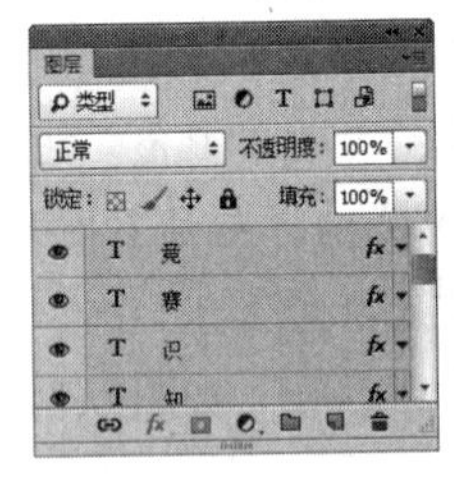

图5.177　复制并粘贴图层样式

STEP 17 双击“科”图层样式名称，在弹出的对话框中将“距离”更改为4像素，“大小”更改为4像素，完成之后单击“确定”按钮，如图5.178所示。

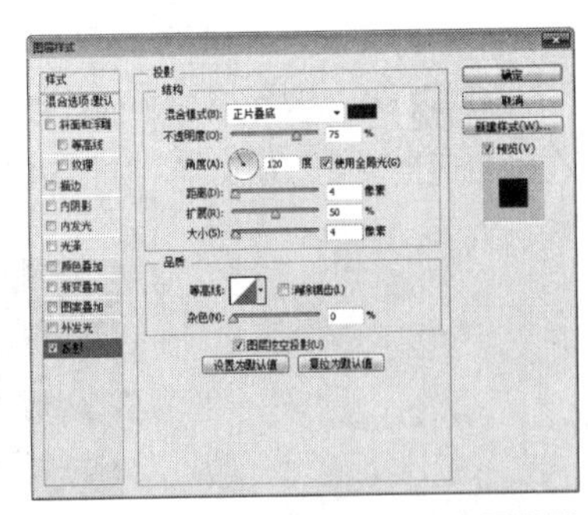

图5.178　设置投影

STEP 18 在“科”图层上单击鼠标右键，从弹出的快捷菜单中选择“拷贝图层样式”命令，同时选中“技”“知”“识”“赛”和“竞”图层，在其图层名称上单击鼠标右键，从弹出的快捷菜单中选择“粘贴图层样式”命令，如图5.179所示。

图5.179　复制并粘贴图层样式

5.4.3 添加装饰效果

STEP 01 执行菜单栏中的“文件”|“打开”命令，打开“光芒.psd”文件，将打开的素材拖入画布中间位置并适当缩小，如图5.180所示。

图5.180　添加素材

STEP 02 选中“光芒”图层，将其复制多份并适当旋转，如图5.181所示。

STEP 03 在“图层”面板中选中“光芒”图层，单击面板底部的“添加图层蒙版”按钮，为该图层添加图层蒙版，如图5.182所示。

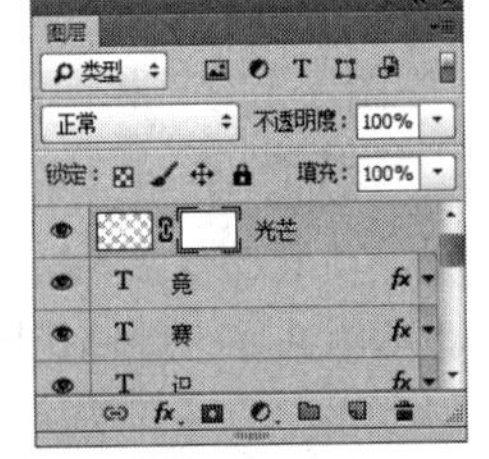

图5.181　复制并变换图像　　图5.182　添加图层蒙版

STEP 04 选择工具箱中的“画笔工具”，在画布中单击鼠标右键，在弹出的面板中选择一种圆角笔触，将“大小”更改为200像素，“硬度”更改为0%，如图5.183所示。

STEP 05 将前景色更改为黑色，在画布中图像边缘位置单击数次，将生硬的图像隐藏，如图5.184所示。

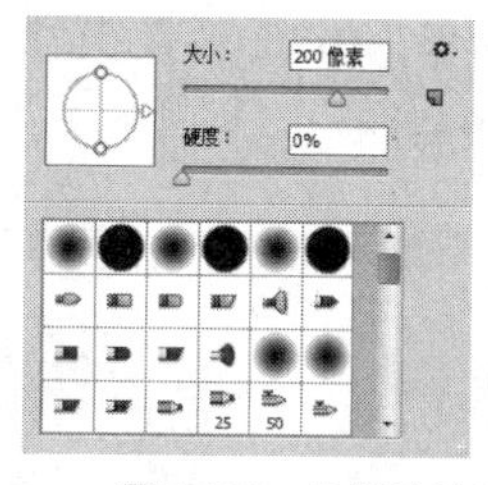

图5.183 设置笔触　　图5.184 隐藏图像

STEP 06 选中“光芒”图层并将其移至“图层1”图层上方，再将其图层混合模式更改为叠加，如图5.185所示。

图5.185 设置图层混合模式

STEP 07 单击面板底部的“创建新图层”按钮，新建一个“图层2”图层，将其填充为黑色，如图5.186所示。

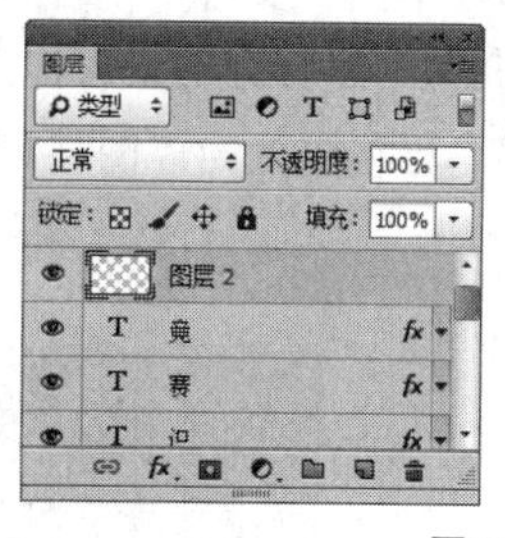

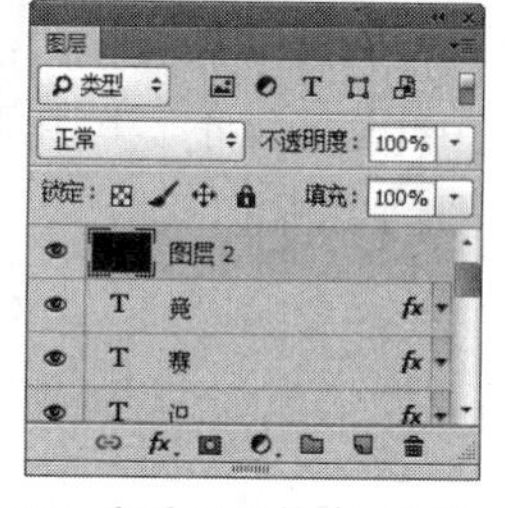

图5.186 新建图层并填充颜色

STEP 08 选中“图层2”图层，执行菜单栏中的“滤镜”|“渲染”|“镜头光晕”命令，在弹出的对话框中单击“50-300毫米变焦”单选按钮，将“亮度”更改为80%，完成之后单击“确定”按钮，如图5.187所示。

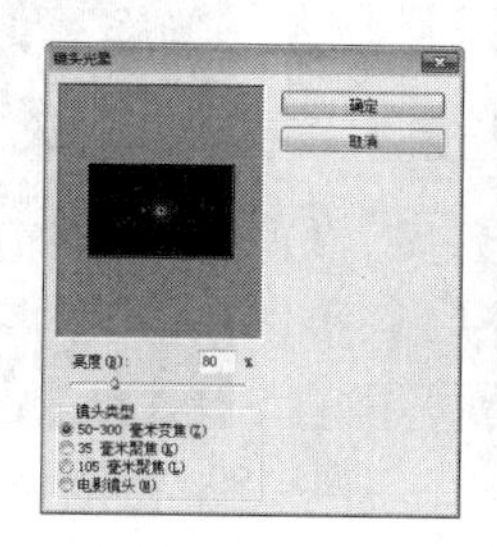

图5.187 设置镜头光晕

STEP 09 在“图层”面板中选中“图层2”图层，将其图层混合模式设置为滤色，在画布中将其等比例缩小并移至部分文字位置，如图5.188所示。

图5.188 设置图层混合模式

STEP 10 选中“图层2”图层，将其复制数份并放在适当位置，如图5.189所示。

图5.189 复制并变换图像

STEP 11 选择工具箱中的“钢笔工具”，在画布靠底部位置绘制一条长度稍大于画布的弯曲路径，如图5.190所示。

图5.190 绘制路径

STEP 12 单击面板底部的“创建新图层”按钮，新建一个“图层3”图层，如图5.191所示。

STEP 13 选择工具箱中的“画笔工具”，在画布中单击鼠标右键，在弹出的面板中选择一种圆角笔触，将“大小”更改为3像素，“硬度”更改为100%，如图5.192所示。

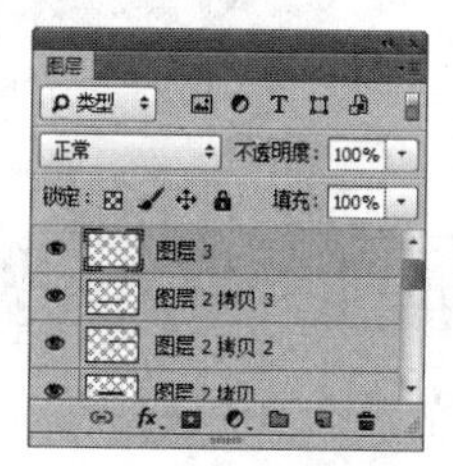

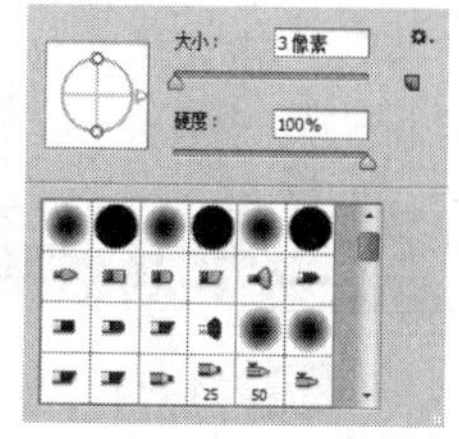

图5.191 新建图层　　图5.192 设置笔触

STEP 14 将前景色更改为白色，选中“图层3”图层，在“路径”面板中的路径名称上单击鼠标右键，从弹出的快捷菜单中选择“描边路径”命令，在弹出的对话框中选择“工具”为画笔，确认勾选“模拟压力”复选框，完成之后单击“确定”按钮，如图5.193所示。

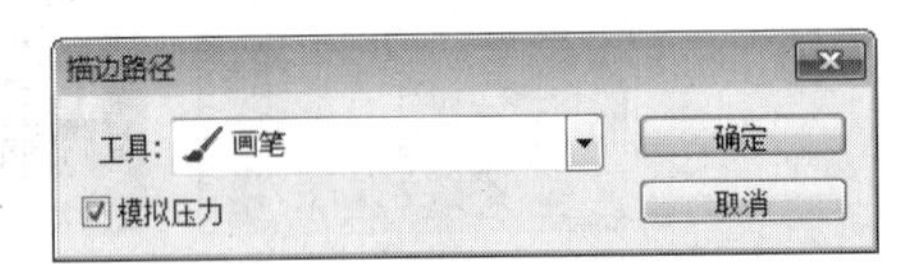

图5.193　设置描边路径

STEP 15 在“图层”面板中选中“图层3”图层，将其图层混合模式设置为叠加，这样就完成了效果制作，最终效果如图5.194所示。

图5.194　设置图层混合模式及最终效果

5.5 购物DM单广告设计

素材位置	素材文件\第5章\购物DM单
案例位置	案例文件\第5章\制作购物DM单.psd、购物DM单广告设计.ai
视频位置	多媒体教学\第5章\5.5　购物DM单广告设计.avi
难易指数	★★☆☆☆

本例讲解购物DM单制作，本例的制作重点在于花朵图像的绘制及文字的处理，整体采用主色调，添加的画布中花纹图像丰富了整体的视觉效果，同时注意文字的变形及版式布局，最终效果如图5.195所示。

图5.195　最终效果

5.5.1 使用Photoshop制作花纹背景

STEP 01 执行菜单栏中的“文件”|“新建”命令，在弹出的对话框中设置“宽度”为8厘米，“高度”为5厘米，“分辨率”为300像素/英寸，新建一个空白画布，如图5.196所示。

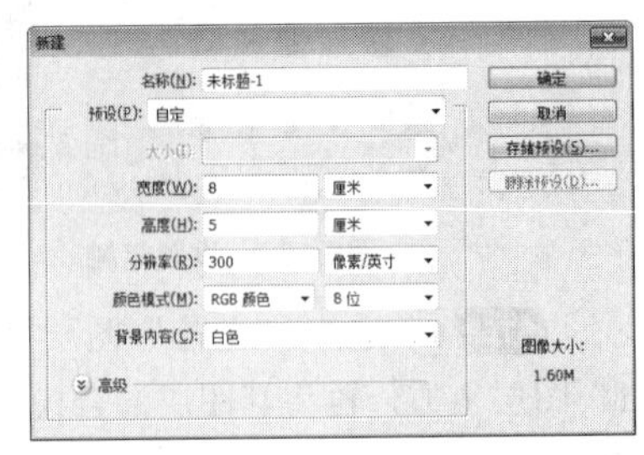

图5.196　新建画布

STEP 02 选择工具箱中的“渐变工具”，编辑紫色（R：178，G：0，B：244）到紫色（R：80，G：0，B：110）的渐变，单击选项栏中的“径向渐变”按钮，在画布中从中间向右下角方向拖动为其填充渐变，如图5.197所示。

图5.197　填充渐变

STEP 03 执行菜单栏中的“文件”|“打开”命令，打开“花纹.jpg”文件，将打开的素材拖入画布中并适当缩小，其图层名称将更改为“图层1”，如图5.198所示。

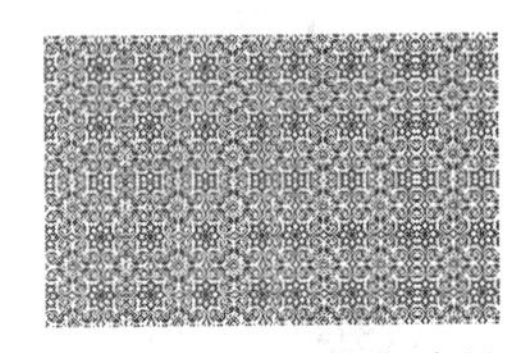

图5.198　添加素材

STEP 04 在“图层”面板中选中“图层 1”图层，将其图层混合模式设置为柔光，“不透明度”更改为30%，如图5.199所示。

图5.199　设置图层混合模式

STEP 05 选择工具箱中的“钢笔工具”，在选项栏中单击“选择工具模式”按钮，在弹出的选项中选择“形状”，将“填充”更改为紫色（R：156，G：30，B：200），“描边”为无，在画布靠左侧位置绘制一个不规则图形，此时将生成一个“形状1”图层，如图5.200所示。

图5.200 绘制图形

STEP 06 在“图层”面板中选中“形状1”图层，单击面板底部的“添加图层样式” fx 按钮，在菜单中选择“投影”命令，在弹出的对话框中取消“使用全局光”复选框，将“角度”更改为66度，“距离”更改为1像素，“大小”更改为0像素，完成之后单击“确定”按钮，如图5.201所示。

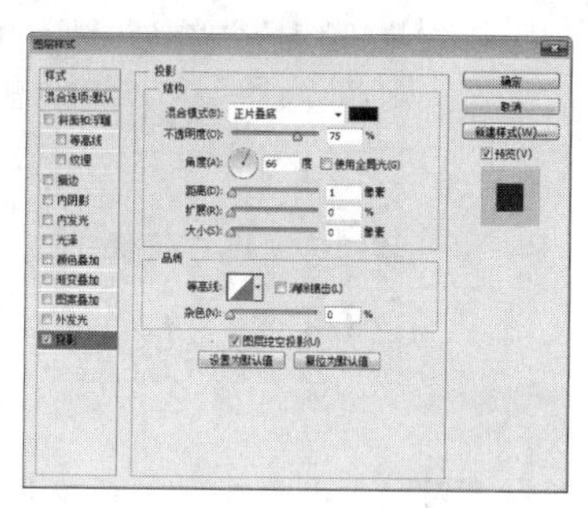

图5.201 设置投影

STEP 07 在“图层”面板中选中“形状1”图层，将其拖至面板底部的“创建新图层”按钮上，复制出一个“形状1 拷贝”图层，如图5.202所示。

STEP 08 选中“形状1 拷贝”图层，按Ctrl+T组合键对其执行“自由变换”命令，将图形适当旋转，完成之后按Enter键确认，双击其图层样式名称，在弹出的对话框中将“角度”更改为35度，如图5.203所示。

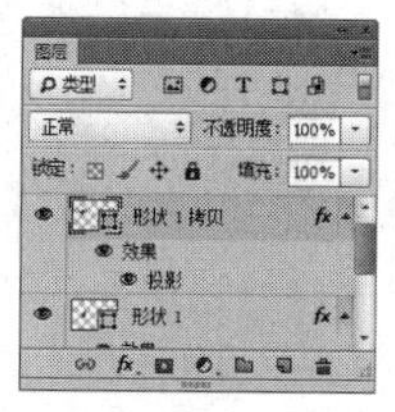

图5.202 复制图层 图5.203 变换图形

STEP 09 以同样的方法选中图形将其复制多份并适当旋转，如图5.204所示。

STEP 10 同时选中所有形状图层按Ctrl+G组合键将其编组，将生成的图层名称更改为“花”，如图5.205所示。

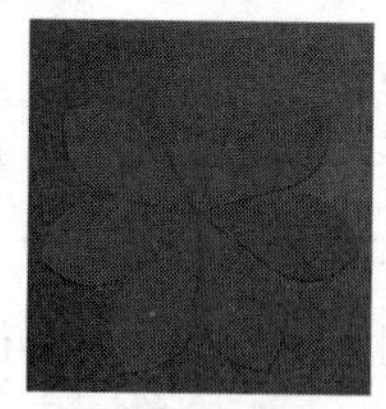

图5.204 复制图层并变换图形 图5.205 将图层编组

STEP 11 在“图层”面板中选中“花”组，将其拖至面板底部的“创建新图层”按钮上，复制出一个“花 拷贝”组，如图5.206所示。

STEP 12 选中“花 拷贝”组，按Ctrl+T组合键对其执行“自由变换”命令，将图像等比例缩小，再将其适当旋转，完成之后按Enter键确认，如图5.207所示。

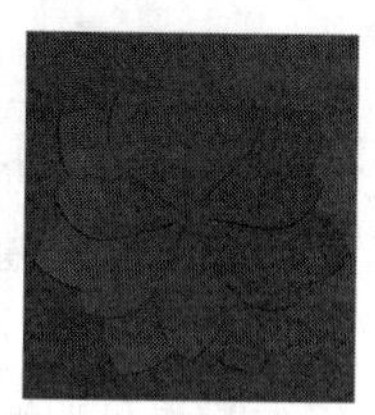

图5.206 复制组 图5.207 将图像变形

STEP 13 选择工具箱中的“椭圆工具”，在选项栏中将“填充”更改为紫色（R：228，G：0，B：255），“描边”为无，按住Shift键并在“花 拷贝”组下方位置绘制一个正圆图形，此时将生成一个“椭圆1”图层，将其移至“花 拷贝”组下方，如图5.208所示。

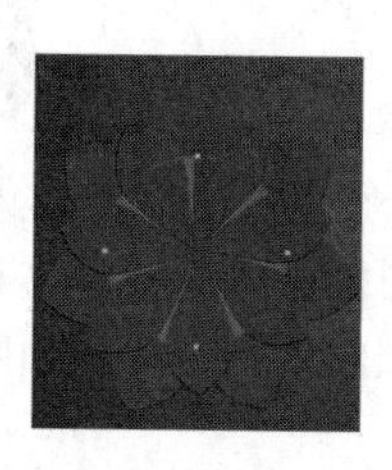

图5.208 绘制图形

STEP 14 选中“椭圆 1”图层，执行菜单栏中的“滤镜”|“模糊”|“高斯模糊”命令，在弹出的对话框中将“半径”更改为30像素，完成之后单击“确定”按钮，如图5.209所示。

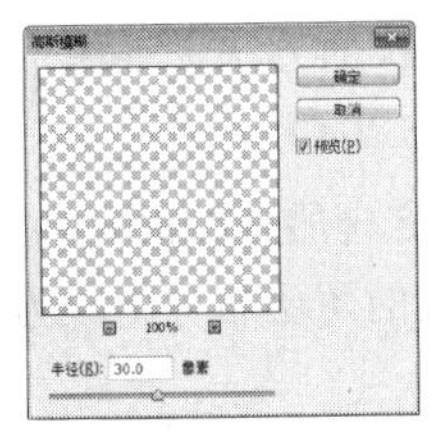
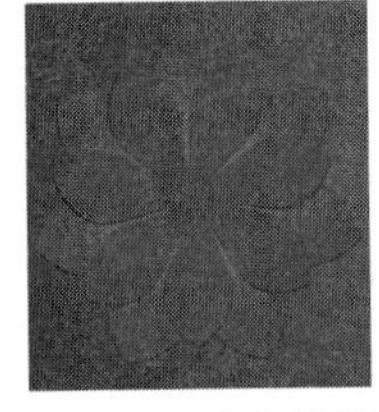

图5.209　设置高斯模糊

STEP 15 在“图层”面板中选中“花”组，将其拖至面板底部的“创建新图层” 按钮上，复制出一个“花 拷贝2”组，如图5.210所示。

STEP 16 以同样的方法选中“花 拷贝2”组将图像等比例缩小并旋转，如图5.211所示。

图5.210　复制组　　图5.211　变换图像

STEP 17 在“图层”面板中选中“椭圆1”图层，将其拖至面板底部的“创建新图层” 按钮上，复制出一个“椭圆1 拷贝2”图层，如图5.212所示。

STEP 18 选中“椭圆1 拷贝2”图层并将其移至“花 拷贝”组上方，再按Ctrl+T组合键对其执行“自由变换”命令，将图像等比例缩小，完成之后按Enter键确认，如图5.213所示。

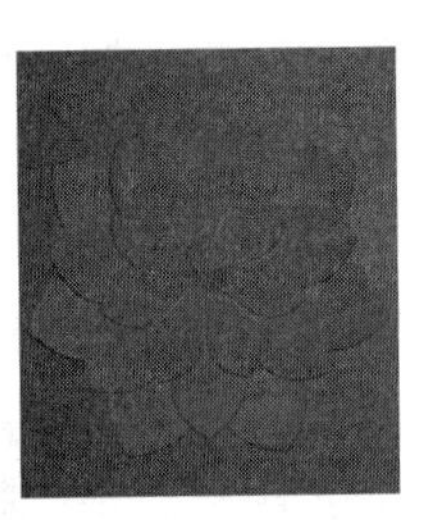

图5.212　复制图层　　图5.213　变换图像

STEP 19 以同样的方法选中“花”组及“椭圆1”图层将其复制出一份并变换，如图5.214所示。

图5.214　复制并变换图像

STEP 20 在“图层”面板中选中“组1”组，将其拖至面板底部的“创建新图层” 按钮上，复制出一个“组1 拷贝”组，如图5.215所示。

STEP 21 选中“组1 拷贝”组，将其图层混合模式更改为叠加，再同时选中“组1 拷贝”及“组 1”组，将其向左侧平移并使部分图像超出画布，如图5.216所示。

图5.215　复制组　　图5.216　移动图形

STEP 22 同时选中“组1 拷贝”组及“组1”组，按Ctrl+G组合键将其编组，此时将生成一个“组2”组，如图5.217所示。

图5.217　编组

STEP 23 在“图层”面板中选中“组2”组，单击面板底部的“添加图层样式” fx 按钮，在菜单中选择“投影”命令，在弹出的对话框中将颜色更改为紫色（R：96，G：7，B：130）“不透明度”更改为50%，取消“使用全局光”复选框，将“角度”更改为90度，“距离”更改为20像素，“大小”更改为40像素，完成之后单击“确定”按钮，如图5.218所示。

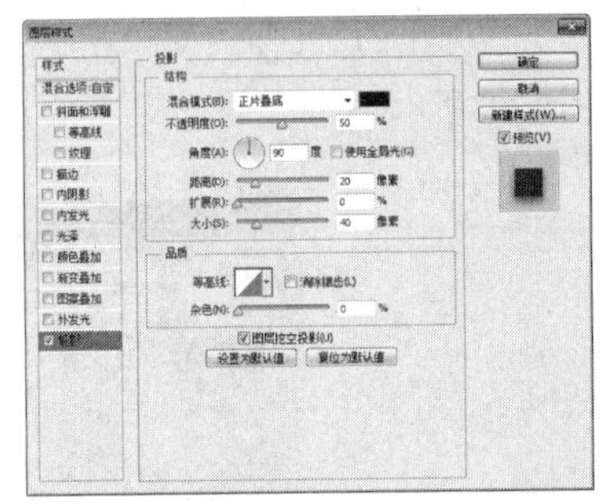

图5.218　设置投影

STEP 24 选择工具箱中的“椭圆工具”，在选项栏中将“填充”更改为紫色（R：228，G：0，B：255），“描边”为无，按住Shift键并在花朵图像中心位置绘制一个正圆图形，此时将生成一个“椭圆2”图层，如图5.219所示。

图5.219　绘制图形

STEP 25 选中“椭圆 2”图层，按Ctrl+Alt+F组合键，在弹出的对话框中将“半径”更改为30.0像素，完成之后单击“确定”按钮，如图5.220所示。

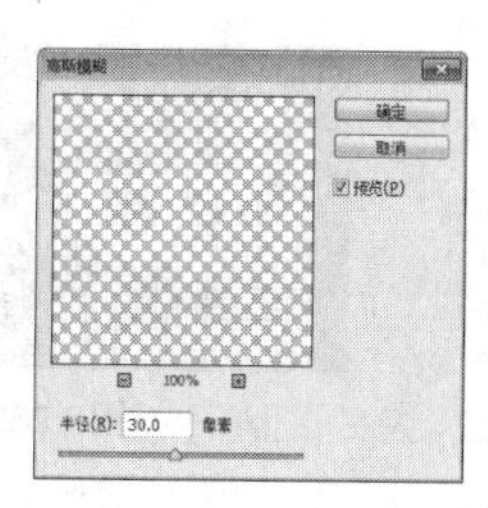

图5.220　设置高斯模糊

STEP 26 在“图层”面板中选中“椭圆 2”图层，将其图层混合模式设置为柔光，如图5.221所示。

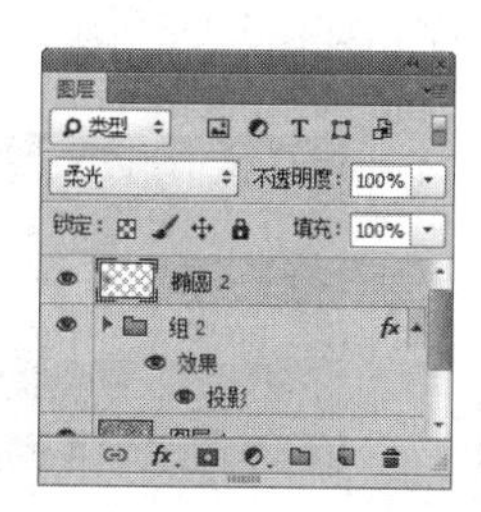

图5.221　设置图层混合模式

STEP 27 同时选中“椭圆2”及“组2”组，在画布中按住Alt+Shift组合键并将图像拖至右侧相对位置，这样就完成了效果制作，最终效果如图5.222所示。

图5.222　复制图像及最终效果

5.5.2 使用Illustrator添加艺术文字

STEP 01 执行菜单栏中的“文件”|“打开”命令，打开“制作购物DM单.psd”文件。

STEP 02 选择工具箱中的“文字工具”T，在画布适当位置添加文字，如图5.223所示。

图5.223　添加文字

STEP 03 同时选中所有文字，单击鼠标右键，从弹出的快捷菜单中选择“创建轮廓”命令，如图5.224所示。

图5.224　创建轮廓

STEP 04 选中画布中的部分文字，选择工具箱中的“自由变换工具”，分别拖动定界框顶部控制点将文字变形，如图5.225所示。

图5.225　将文字变形

STEP 05 选中所有文字，选择工具箱中的“渐变工具”，在“渐变”面板中将“渐变”更改为黄色（R：254，G：253，B：240）到黄色（R：230，G：185，B：24），在图形上拖动以添加渐变，如图5.226所示。

图5.226　添加渐变

STEP 06 选中所有文字，按Ctrl+G组合键将其

编组，执行菜单栏中的“效果”|“风格化”|“投影”命令，在弹出的对话框中将“模式”更改为正常，“X位移”更改为0.02cm，“Y位移”更改为0.03cm，“模糊”更改为0cm，“颜色”更改为黄色（R：255，G：224，B：0），完成之后单击“确定”按钮，如图5.227所示。

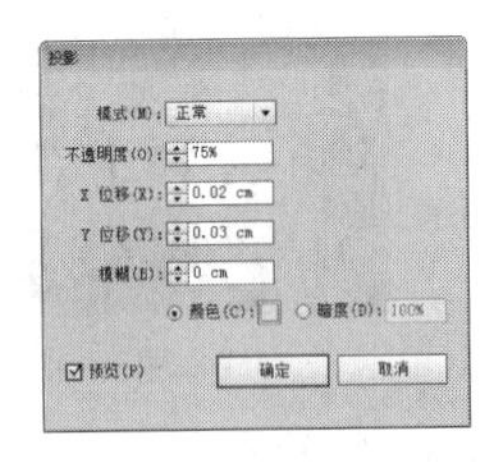

图5.227　设置投影

5.5.3 绘制装饰图形

STEP 01 选择工具箱中的“钢笔工具”，在文字左侧位置绘制一个不规则图形，如图5.228所示。

STEP 02 选中绘制的图形按Ctrl+Shift+E组合键为其添加投影效果，如图5.229所示。

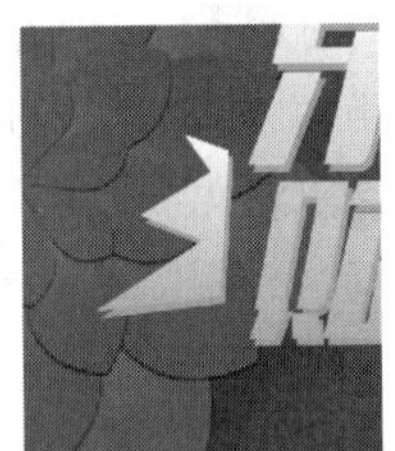

图5.228　绘制图形　图5.229　添加投影

STEP 03 选中刚才绘制的图形，双击工具箱中的“镜像工具”图标，在弹出的对话框中单击“垂直”单选按钮，单击“复制”按钮，将图像复制，再选中复制生成的图像移至文字右侧相对位置并适当旋转，如图5.230所示。

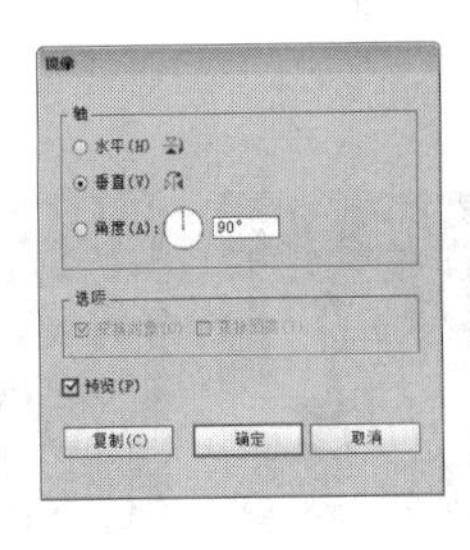
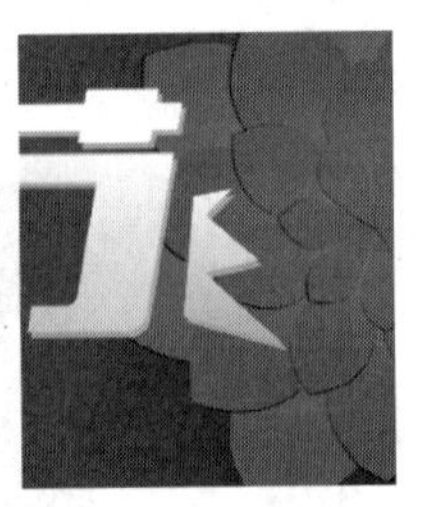

图5.230　设置镜像

STEP 04 同时选中所有文字及图形，按Ctrl+G组合键将其编组，执行菜单栏中的“效果”|“风格化”|“投影”命令，在弹出的对话框中将“模式”更改为正常，“X位移”更改为0.02cm，“Y位移”更改为0.03cm，“模糊”更改为0m，“颜色”更改为黄色（R：255，G：224，B：0），完成之后单击“确定”按钮，如图5.231所示。

图5.231　设置投影

STEP 05 执行菜单栏中的“文件”|“打开”命令，打开“人物.ai”“礼盒.ai”文件，将打开的素材图像拖入画布中适当位置，如图5.232所示。

图5.232　添加素材

技巧与提示

添加素材图像以后需要注意图像与文字间的前后顺序。

STEP 06 选择工具箱中的“文字工具”T，在画布适当位置添加文字，如图5.233所示。

图5.233　添加文字

STEP 07 选择工具箱中的“椭圆工具”，将“填色”更改为白色，在文字靠左上角位置绘制一个细长的椭圆图形，如图5.234所示。

图5.234　绘制图形

STEP 08 选中椭圆图形，双击工具箱中的“旋转工具”，在弹出的对话框中将“角度”更改为90度，单击“复制”按钮，将图形复制，如图5.235所示。

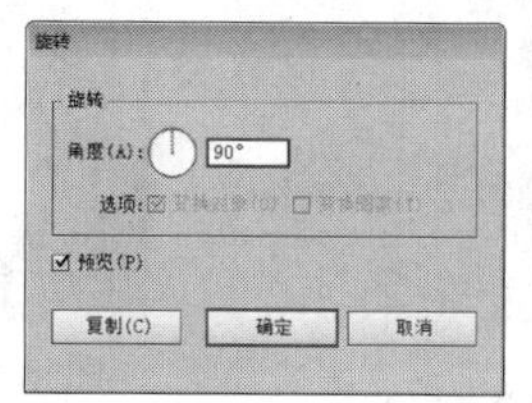

图5.235 设置旋转

STEP 09 同时选中两个椭圆图形并按Ctrl+G组合键将其编组，如图5.236所示。

STEP 10 选中经过编组的图形将其等比例缩小并适当旋转后移至文字部分位置以制作高光效果，如图5.237所示。

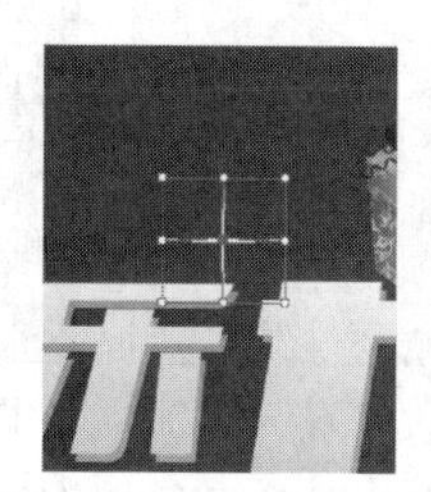

图5.236 将图形编组

图5.237 变换图形

STEP 11 选中制作的高光效果图像将其复制多份并分别移至文字其他位置，这样就完成了效果制作，最终效果如图5.238所示。

图5.238 最终效果

5.6 折扣DM单广告设计

素材位置	素材文件\第5章\折扣DM单
案例位置	案例文件\第5章\制作折扣DM单.ai、折扣DM单广告设计.psd
视频位置	多媒体教学\第5章\5.6 折扣DM单广告设计.avi
难易指数	★★☆☆☆

本例讲解折扣DM单制作，本例制作十分简单，以渐变的画布背景为基础，在画布上绘制动感的图形效果，整个实例简单但效果却相当不错，同时紫色与蓝色为主色调，整体给人一种时尚、神秘、大气的视觉感受，整个制作过程比较简单，重点留意特效图像的绘制，最终效果如图5.239所示。

图5.239 最终效果

5.6.1 使用Illustrator制作背景

STEP 01 执行菜单栏中的“文件”|“新建”命令，在弹出的对话框中设置“宽度”为80mm，“高度”为55mm，新建一个空白画布，如图5.240所示。

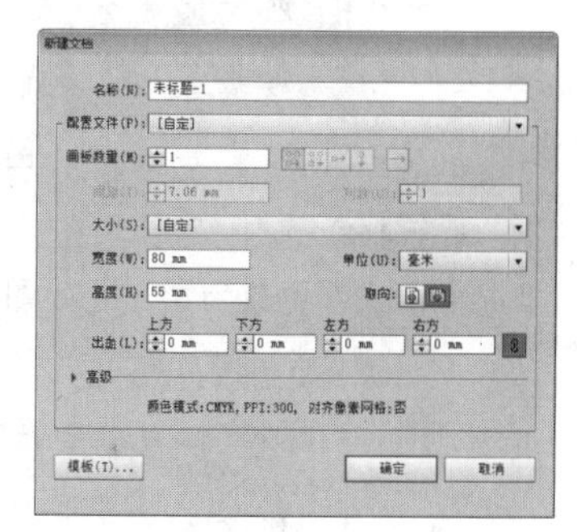

图5.240 新建文档

STEP 02 选择工具箱中的“矩形工具”，将“填色”更改为白色，在画布中绘制一个与其大小相同的矩形。

STEP 03 选中绘制的矩形，选择工具箱中的“渐变工具”，将渐变颜色更改为紫色（R：248，G：38，B：245）到紫色（R：114，G：6，B：145），“类型”更改为径向，在矩形上拖动以添加渐变，如图5.241所示。

图5.241 填充渐变

STEP 04 选择工具箱中的“矩形工具”，将

“填色”更改为白色，在画布靠左侧位置绘制一个矩形并适当旋转，如图5.242所示。

图5.242 绘制图形

STEP 05 选中绘制的矩形，选择工具箱中的“渐变工具”，将渐变颜色更改为透明到白色，在矩形上拖动以添加渐变，如图5.243所示。

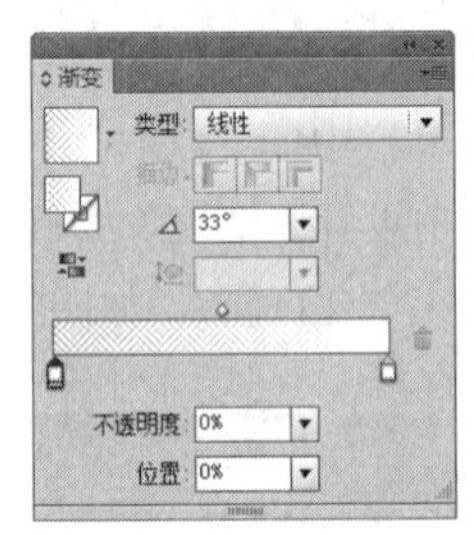

图5.243 设置并添加渐变

STEP 06 选中矩形，在“透明度”面板中将“混合模式”更改为柔光，如图5.244所示。

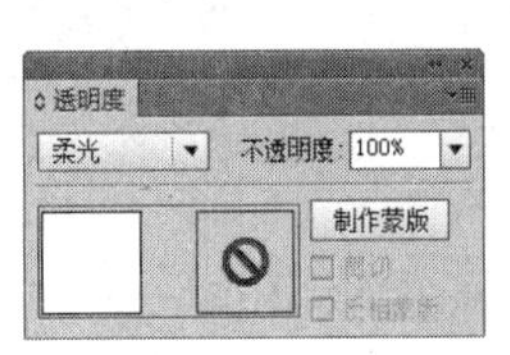

图5.244 设置混合模式

STEP 07 选中矩形按住Alt键将其复制数份并适当变换，如图5.245所示。

STEP 08 同时选中所有图形并按Ctrl+G组合键将其编组，如图5.246所示。

图5.245 复制并变换图形 图5.246 将图形编组

STEP 09 选中图形，双击工具箱中的“镜像工具”图标，在弹出的对话框中单击“垂直”单选按钮，单击“复制”按钮，将图像复制，再选中复制生成的图像并移至画布右侧相对位置，如图5.247所示。

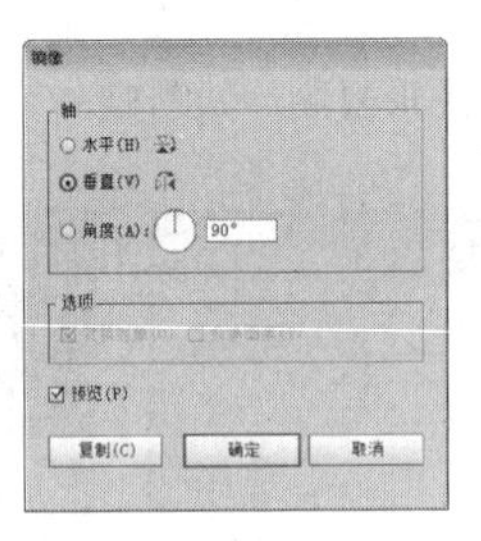

图5.247 设置镜像

STEP 10 选中图形，双击工具箱中的“镜像工具”图标，在弹出的对话框中单击“水平”单选按钮，单击“复制”按钮，将图像复制，再选中复制生成的图像并移至画布右侧相对位置，如图5.248所示。

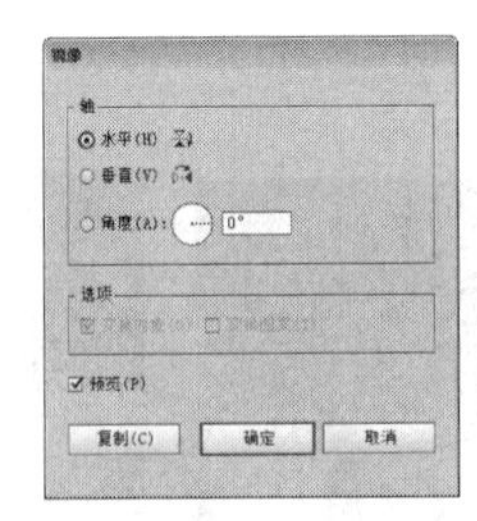

图5.248 变换图形

STEP 11 选中与画布大小相同的矩形，按Ctrl+C组合键将其复制，再按Ctrl+F组合键将其粘贴至前方，再单击鼠标右键，从弹出的快捷菜单中选择“置于顶层”命令，如图5.249所示。

图5.249 复制粘贴图形并更改顺序

STEP 12 同时选中所有对象，单击鼠标右键，从弹出的快捷菜单中选择“建立剪切蒙版”命令，将部分图像隐藏，这样就完成了效果制作，最终效果如图5.250所示。

图5.250 建立剪切蒙版及最终效果

5.6.2 使用Photoshop填充渐变

STEP 01 执行菜单栏中的“文件”|“打开”命令，打开“制作折扣DM单.ai”文件，如图5.251所示。

图5.251 打开素材

STEP 02 执行菜单栏中的“图层”|“新建”|“图层背景”命令，将“图层1”转换为“背景”图层。

STEP 03 选择工具箱中的“椭圆工具”，在选项栏中将“填充”更改为紫色（R：248，G：32，B：240），“描边”为无，按住Shift键并在画布靠左侧位置绘制一个正圆图形，此时将生成一个“椭圆1”图层，如图5.252所示。

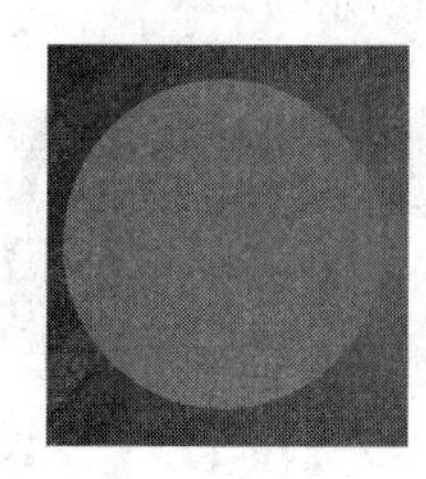

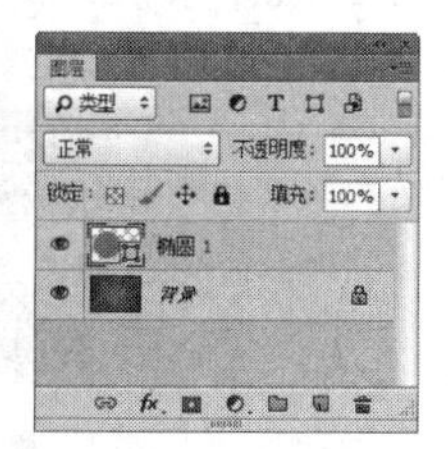

图5.252 绘制图形

STEP 04 在“图层”面板中，选中“椭圆1”图层，将其拖至面板底部的“创建新图层”按钮上，复制出一个“椭圆1 拷贝”图层，如图5.253所示。

STEP 05 选中“椭圆1 拷贝”图层，将图形颜色更改为白色，按Ctrl+T组合键对其执行“自由变换”命令，将图形等比例缩小，完成之后按Enter键确认，如图5.254所示。

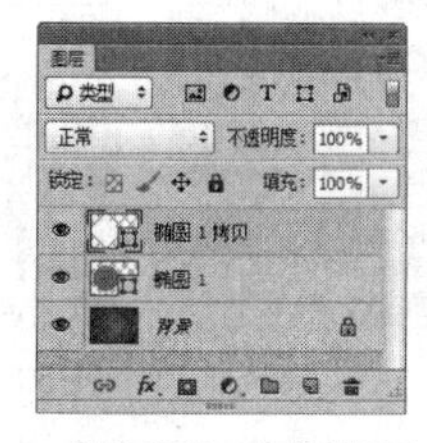

图5.253 复制图层　图5.254 缩小图形

STEP 06 选择工具箱中的“矩形工具”，在选项栏中将“填充”更改为白色，“描边”为无，在椭圆图形位置绘制一个大一些的矩形，此时将生成一个“矩形1”图层，如图5.255所示。

图5.255 绘制图形

STEP 07 选中“矩形1”图层，执行菜单栏中的“图层”|“创建剪贴蒙版”命令，为当前图层创建剪贴蒙版将部分图形隐藏，如图5.256所示。

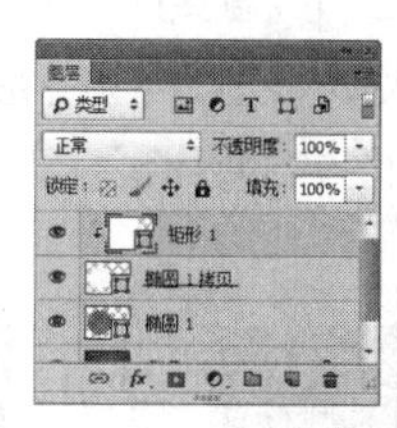

图5.256 创建剪贴蒙版

STEP 08 在“图层”面板中选中“矩形1”图层，单击面板底部的“添加图层样式”fx按钮，在菜单中选择“渐变叠加”命令，在弹出的对话框中将“渐变”更改为蓝色到紫色系渐变，完成之后单击“确定”按钮，如图5.257所示。

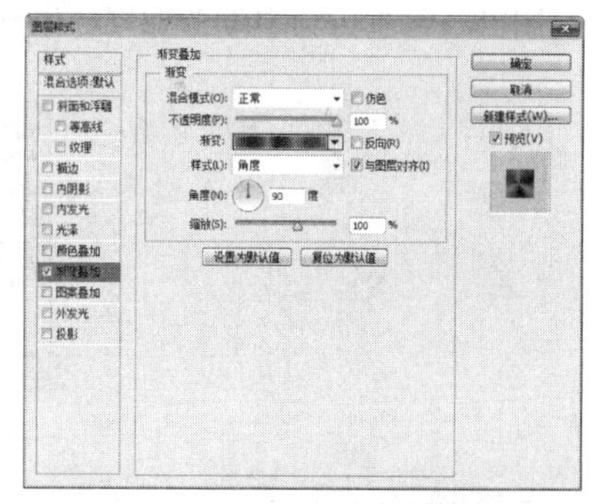

图5.257 设置渐变叠加

技巧与提示

在设置渐变的时候可以复制多个色标，这样添加的渐变效果更加丰富。

5.6.3 制作马赛克特效

STEP 01 选中“矩形1”图层，在其图层名称上单击鼠标右键，从弹出的快捷菜单中选择“转换为智能对象”命令，如图5.258所示。

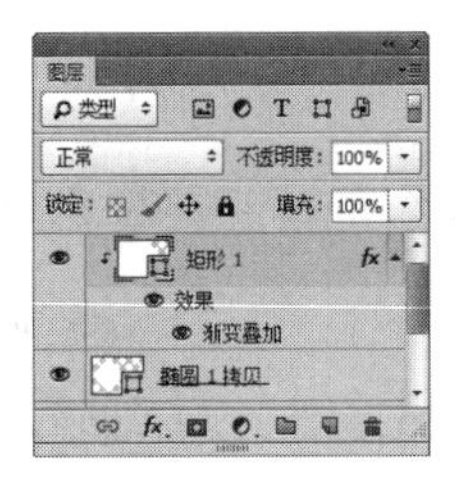

图5.258　转换为智能对象

STEP 02 选中“矩形1”图层，执行菜单栏中的“滤镜”|“像素化”|“马赛克”命令，在弹出的对话框中将“单元格大小”更改为30方形，完成之后单击“确定”按钮，如图5.259所示。

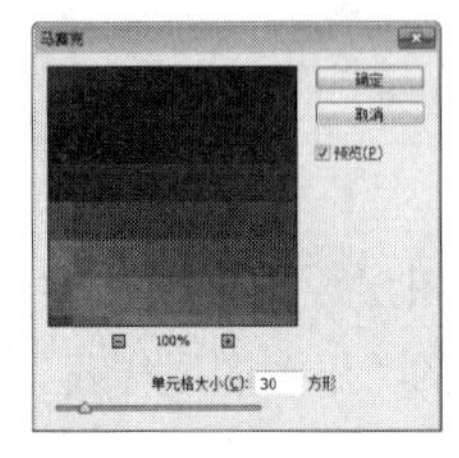
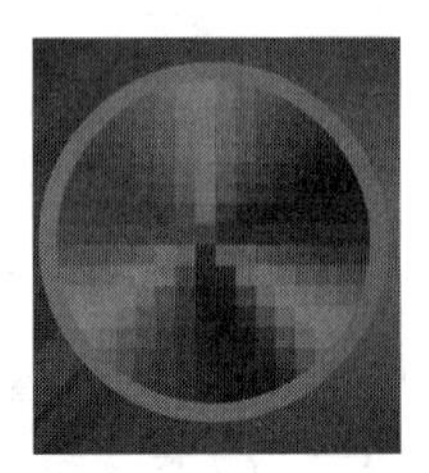

图5.259　设置马赛克

STEP 03 在“图层”面板中选中“矩形1”图层，将其拖至面板底部的“创建新图层”按钮上，复制出一个“矩形1 拷贝”图层，如图5.260所示。

图5.260　复制图层

STEP 04 选中“矩形1 拷贝”图层，执行菜单栏中的“滤镜”|“滤镜库”命令，在弹出的对话框中选中“风格化”|“照亮边缘”，将“边缘宽度”更改为1，“边缘亮度”更改为20，“平滑度”更改为1，完成之后单击“确定”按钮，如图5.261所示。

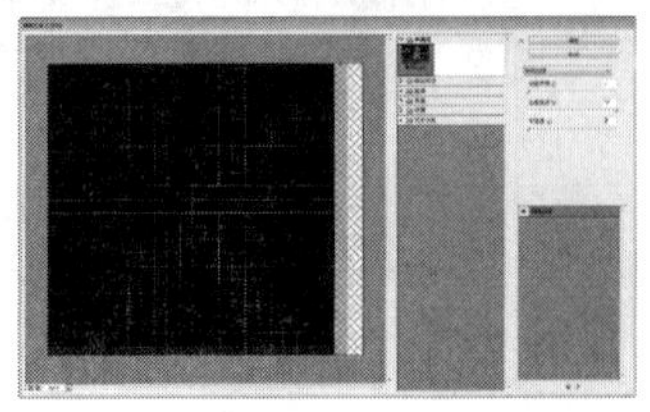

图5.261　设置照亮边缘

STEP 05 在“图层”面板中选中“矩形1 拷贝”图层，将其图层混合模式设置为线性减淡（添加），“不透明度”更改为50%，如图5.262所示。

图5.262　设置图层混合模式

STEP 06 在“图层”面板中选中“矩形1 拷贝”图层，将其拖至面板底部的“创建新图层”按钮上，复制出一个“矩形1 拷贝 2”图层，如图5.263所示。

STEP 07 在“图层”面板中选中“矩形1 拷贝 2”图层，将其图层混合模式设置为减去，“不透明度”更改为50%，在画布中将图形向下及向右各移动1像素，如图5.264所示。

图5.263　复制图层　　图5.264　移动图形

STEP 08 同时选中“矩形 1 拷贝 2”“矩形 1 拷贝”“矩形1”及“椭圆1 拷贝”图层，按Ctrl+G组合键将其编组，此时将生成一个“组1”组，如图5.265所示。

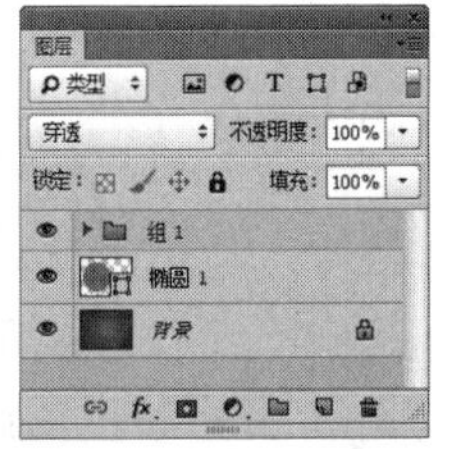

图5.265　将图层编组

STEP 09 在“图层”面板中选中“椭圆1”图层，单击面板底部的“添加图层样式”fx按钮，在菜单中选择“外发光”命令，在弹出的对话框中将“大小”更改为30像素，完成之后单击“确定”按钮，如图5.266所示。

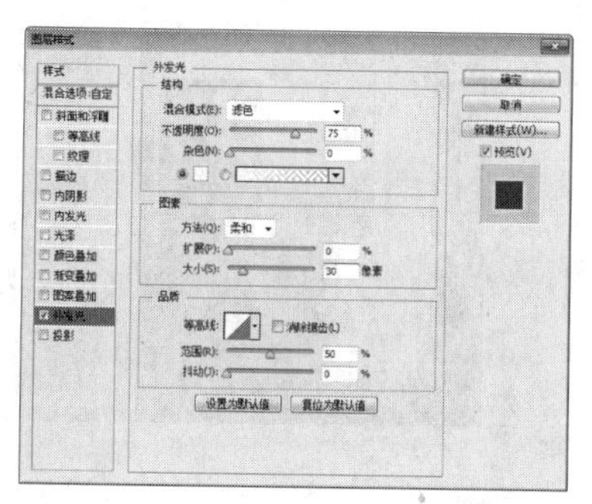

图5.266 设置外发光

STEP 10 在“椭圆 1”图层名称上单击鼠标右键，从弹出的快捷菜单中选择“拷贝图层样式”命令。在“组1”组名称上单击鼠标右键，从弹出的快捷菜单中选择“粘贴图层样式”命令，双击“组1”组名称，在弹出的对话框中将“不透明度”更改为50%，如图5.267所示。

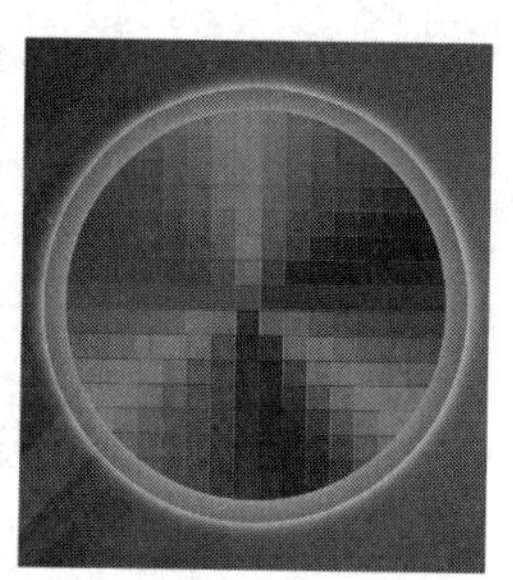

图5.267 复制并粘贴图层样式

5.6.4 添加文字和素材

STEP 01 选择工具箱中的“横排文字工具”T，在椭圆图形位置添加文字，如图5.268所示。

图5.268 添加文字

STEP 02 在“图层”面板中选中“周年庆”图层，单击面板底部的“添加图层样式”fx按钮，在菜单中选择“斜面和浮雕”命令，在弹出的对话框中将“大小”更改为1像素，如图5.269所示。

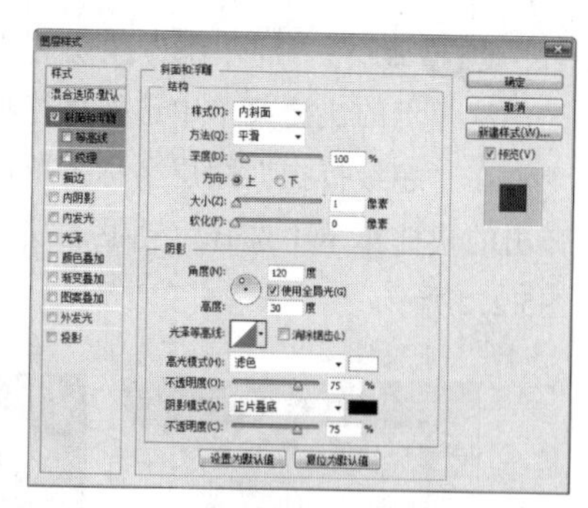

图5.269 设置斜面和浮雕

STEP 03 勾选“渐变叠加”复选框，将“渐变”更改为紫色到青色系渐变，“角度”更改为0度，如图5.270所示。

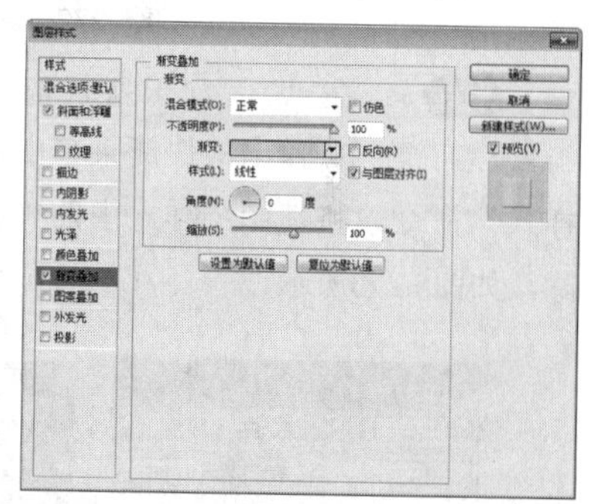

图5.270 设置渐变叠加

技巧与提示

在设置渐变叠加的时候可以根据实际的渐变效果随意移动色标。

STEP 04 勾选“投影”复选框，将“颜色”更改为深蓝色（R：34，G：63，B：80），“不透明度”更改为40%，“距离”更改为2像素，“大小”更改为2像素，完成之后单击“确定”按钮，如图5.271所示。

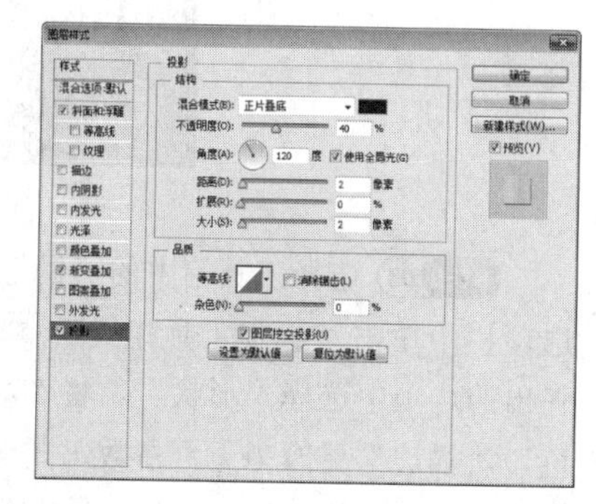

图5.271 设置投影

STEP 05 在“周年庆”图层名称上单击鼠标右键，从弹出的快捷菜单中选择“拷贝图层样式”命令，在“超级折扣”图层名称上单击鼠标右键，从弹出的快捷菜单中选择“粘贴图层样式”命令，如图5.272所示。

图5.272 复制并粘贴图层样式

STEP 06 在“7天欢乐疯狂购”图层名称上单击鼠标右键，从弹出的快捷菜单中选择“粘贴图层样式”命令，将其图层样式中的“斜面与浮雕”删除，如图5.273所示。

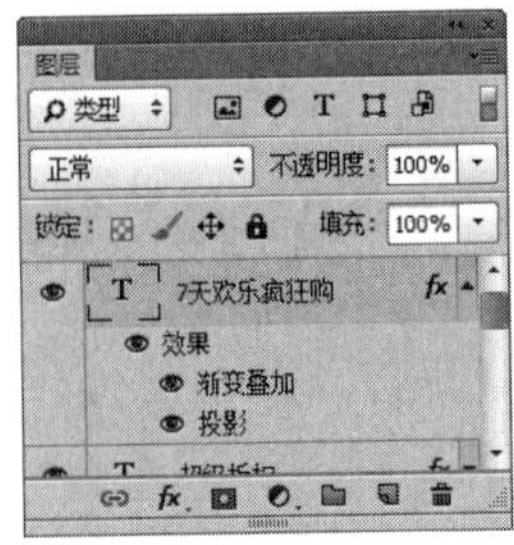

图5.273 粘贴及删除图层样式

STEP 07 执行菜单栏中的“文件”|“打开”命令，打开“数码.psd”文件，将打开的素材拖入画布中靠右下角位置并适当缩小，如图5.274所示。

图5.274 添加素材

STEP 08 选择工具箱中的“钢笔工具”，在选项栏中单击“选择工具模式” 路径 按钮，在弹出的选项中选择“形状”，将“填充”更改为黑色，“描边”更改为无，在数码图像底部位置绘制一个不规则图形，此时将生成一个“形状1”图层，并将其移至“数码”组下方，如图5.275所示。

图5.275 绘制图形

STEP 09 选中“形状1”图层，执行菜单栏中的“滤镜”|“模糊”|“高斯模糊”命令，在弹出的对话框中将“半径”更改为8像素，完成之后单击“确定”按钮，如图5.276所示。

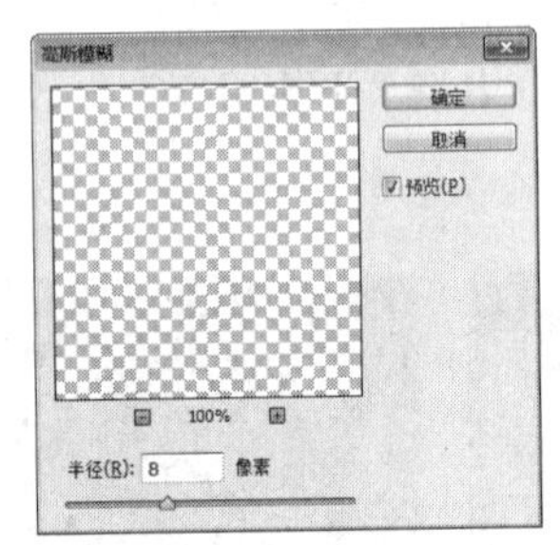

图5.276 设置高斯模糊

STEP 10 单击面板底部的“创建新图层”按钮，新建一个“图层1”图层，将“图层1”填充为黑色，如图5.277所示。

图5.277 新建图层并填充颜色

5.6.5 制作光晕效果

STEP 01 选中“图层1”图层，执行菜单栏中的“滤镜”|“渲染”|“镜头光晕”命令，在弹出的对话框中单击“50-300毫米变焦”单选按钮，将“亮度”更改为130%，完成之后单击“确定”按钮，如图5.278所示。

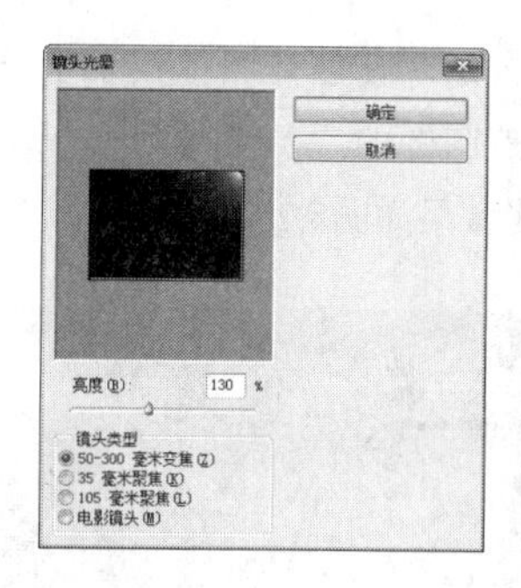

图5.278 设置镜头光晕

技巧与提示

在“镜头光晕”命令对话框中的预览区中单击可以更改光晕的位置。

STEP 02 在“图层”面板中选中“图层1”图层，将其图层混合模式设置为滤色，这样就完成了效果制作，最终效果如图5.279所示。

图5.279 最终效果

5.7 本章小结

Direct mail 是快讯商品广告，通常采取邮寄、定点派发、选择性派送到消费者住处等多种方式广为宣传，是超市最重要的促销方式之一。本章通过5个实例，详细讲解了DM单设计的方法。

5.8 课后习题

根据不同的形式，本章安排了3个课后习题以供练习，用于强化前面所学的知识，不断提升设计能力。

5.8.1 课后习题1——街舞三折页DM广告设计

素材位置	素材文件\第5章\街舞三折页DM广告设计
案例位置	案例文件\第5章\街舞三折页DM广告设计.ai、街舞三折页DM广告设计展示效果.psd
视频位置	视频位置：多媒体教学\第5章\5.8.1 课后习题1——街舞三折页DM广告设计.avi
难易指数	★★★☆☆

本例讲解的是街舞三折页DM广告设计制作，在设计中将配色与人物素材颜色进行搭配，将人物素材的造型与所要表达的主题内容相呼应，最后为其制作立体效果使整个三折页的效果十分完美。最终效果如图5.280所示。

图5.280 最终效果

步骤分解如图5.281所示。

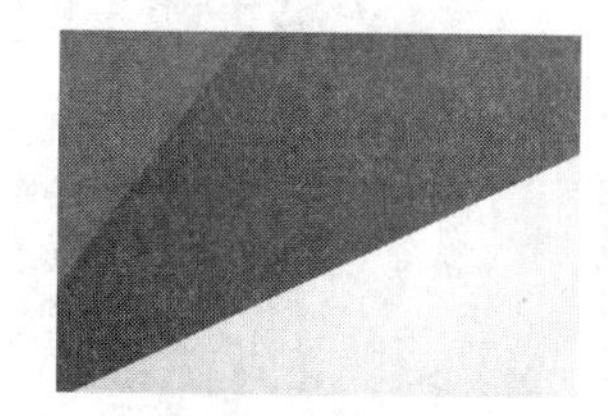

图5.281 步骤分解图

5.8.2 课后习题2——地产DM单页广告设计

素材位置	素材文件\第5章\地产DM单页广告设计
案例位置	案例文件\第5章\地产DM单页广告设计.ai、制作地产DM单页.psd
视频位置	多媒体教学\第5章\5.8.2 课后习题2——地产DM单页广告设计.avi
难易指数	★★☆☆☆

本例主要讲解的是地产DM单页广告设计制作，本广告利用Photoshop和Illustrator这两个软件制作而成，首先利用Photoshop打开广告所需的背景为其调色，然后在Illustrator中绘制图形并添加文字，整个制作过程简单，步骤明确，同时添加的第一人称视角图像，使整个广告视觉效果不凡，在配色中采用了深黄色及棕色系也和整个广告主题信息相呼应。最终效果如图5.282所示。

图5.282　最终效果

步骤分解如图5.283所示。

图5.283　步骤分解图

5.8.3 课后习题3——酒吧DM单广告设计

素材位置	素材文件\第5章\酒吧DM单广告设计
案例位置	案例文件\第5章\酒吧DM单广告设计.ai、制作酒吧DM单.psd
视频位置	多媒体教学\第5章\5.8.3　课后习题3——酒吧DM单广告设计.avi
难易指数	★★☆☆☆

本例主要讲解的是酒吧DM单广告设计制作，此款海报设计十分独特，没有摆放花哨的图形、图像，更没有丰富多彩的色彩搭配，而是采用了单纯的蓝色和白色相搭配的方法，使整体图像效果十分优雅舒适，而多个小圆点图像的添加更是为海报增添了一些活跃气氛。最终效果如图5.284所示。

图5.284　最终效果

步骤分解如图5.285所示。

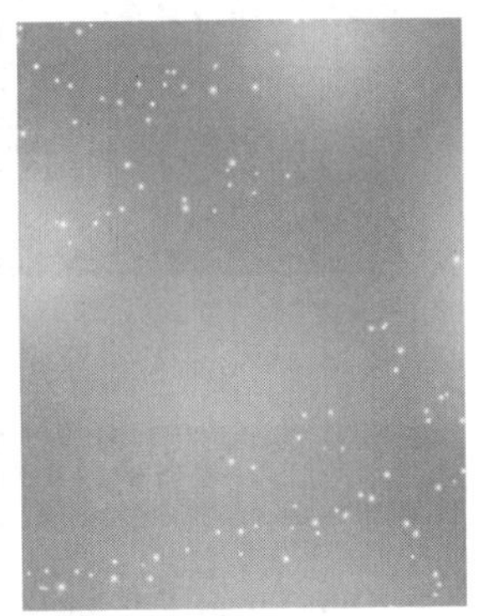

图5.285　步骤分解图

第6章

精美海报设计

本章讲解商业海报设计。海报设计是视觉传达的表现形式之一，是用于招揽顾客的张贴物，在大多数情况下张贴于人们易见的地方，所以其广告性色彩极其浓厚。在制作过程中以传播的重点为制作中心，使人们理解并接纳广告内容，同时提升海报主题知名度。通过本章的学习可以掌握海报的设计重点及制作技巧。

要点索引

- 了解海报的特点及功能
- 了解海报的设计原则及表现手法
- 学习海报的制作方法和技巧

6.1 海报设计相关知识

海报是一种视觉传达的表现形式，主要通过版面构成把人们在几秒钟之内吸引住，并使其获得瞬间的视觉刺激，要求设计师做到既准确到位，又要有独特的版面创意形式。而设计师的任务就是把构图、图片、文字、色彩、空间这一切要素完美结合，用恰当的形式把信息传达给人们。

海报即招贴，“招贴”按其字义解释：“招”是指引注意，“贴”是张贴，即“为招引注意而进行张贴”。它是指在公共场所以张贴或散发的形式发布的一种广告。在广告诞生的初期，就已经有了海报这种形式。在生活的各个空间，它的影子随处可见。海报的英文为“poster”，在牛津英语词典里意指展示于公共场所的告示（Placard displayed in a public place）。在英国伦敦国际教科书出版公司出版的广告词典里，poster意指张贴于纸板、墙、大木板或车辆上的印刷广告，或以其他方式展示的印刷广告，它是户外广告的主要形式，是广告的最古老形式之一。

海报属于户外广告，分布在街道、影剧院、展览会、商业闹区、车站、码头、公园等公共场所。海报的分类很详细，根据海报的宣传内容、宣传目的和宣传对象，海报大致可以划分为商业类、活动类、公益类和影视类宣传海报4大类。

海报作品的创作过程是根据设计作品的整体策划来明确设计目标，准确把握设计主题，然后收集海报设计作品所必需的各种资料，最终制作出具体海报内容。这其中的每个环节缺一不可，它们都是围绕在设计主题的前提下进行的。精彩海报设计效果展示如图6.1所示。

图6.1　精彩海报设计效果展示

图6.1　精彩海报设计效果展示（续）

6.1.1 海报的特点

海报是以图形、文字、色彩等诸多视觉元素为表现手段，迅速直观地传递政策、商业、文化等各类信息的一种视觉传媒。是“瞬间”的速看广告和街头艺术，所应用的范围主要是户外的公共场所，这一性质决定海报必须要有大尺寸的画面、艺术表现力丰富、视觉效果强烈的特点，使观看到的人能迅速准确地理解意图。图形、文字、色彩在海报中的效果如图6.2所示。

图6.2　图形、文字、色彩在海报中的效果

1. 画面大

海报不是捧在手上的设计而是要张贴在热闹场所，它受到周围环境和各种因素的干扰，所以必须以大画面及突出的形象和色彩展现在人们面前。其画面有全开、对开、长三开及特大画面（八张全开等）。

2. 艺术表现力丰富

就海报的整体而言，它包括了商业和非商业方面的各种广告。就每张海报而言，其针对性很强。商业中的商品海报以具有艺术表现力的摄影、造型写实的绘画和漫画形式表现较多，给观看者留下真实感人的印象和富有幽默情趣的感受。

非商业性的海报，其内容广泛、形式多样，艺术表现力丰富。特别是文化艺术类的海报画，根据广告主题可充分发挥想象力，尽情施展艺术手段。许多追求形式美的画家都积极投身到海报画的设计中，并且在设计中用自己的绘画语言，设计出风格各异、形式多样的海报画。不少现代派画家的作品就是以海报画的形式出现的。美术史上也曾留下了许多精彩的轶事和生动的画作。

3. 视觉效果强烈

为了使来去匆忙的人们留下印象，除了以上特点之外，海报设计还要充分体现定位设计的原理。以突出的商标、标志、标题、图形、对比强烈的色彩或大面积空白、简练的视觉流程，成为视觉焦点。如果就形式上区分广告与其他视觉艺术的不同，海报可以说更具广告的典型性。

6.1.2 海报的功能

优秀的海报设计不仅清楚地向受众传达了信息，而且在功能性与审美性上也具有其独特的风格。海报的主要功能有传播信息、利于企业竞争和刺激大众需求。独特风格的海报效果如图6.3所示。

图6.3 独特风格的海报效果

1. 传播信息

传播信息是海报最基本、最重要的功能，特别是商业海报，其传播信息的功能首先表现在对商品的性能、规格、质量、成分、特点、使用方法等进行说明。这些商品信息若不能有效地传递给潜在消费者，那么他们就不会有购买行为。海报作为一种有效的广告形式，可以充当传递商品信息的角色，使消费者和生产者都可以节约时间，并且可以高效地解决各种需求问题。

2. 利于企业竞争

竞争作为市场经济的一个重要特征，对于企业来说既是一种挑战，也是一种动力。现在，企业与企业之间的竞争主要表现在两个方面，其一是产品内在质量的竞争，其二就是广告宣传方面的竞争。随着科技水平的不断提高，产品与产品的内在质量差异性将越来越小，相对而言，各企业将越来越重视广告方面的竞争。海报作为广告宣传的一种有效媒体，可以用来树立企业的良好形象，提高产品的知名度，开拓市场，促进销售，利于竞争。

3. 刺激大众需求

有时消费者的某些需求是处于潜在状态之中的，如果企业不对其进行刺激，就不可能有消费者的购买行为，企业的产品就卖不出去。海报作为刺激潜在需求的有力武器，其作用不可忽视。

6.1.3 海报的设计原则

海报作为一种宣传的形式，绝不能以某种强制性的理性说教来对待读者，而应首先使读者感到愉悦，然后让读者经引导而接受海报宣传的意图。所以，现代海报都很注重设计原则。海报的设计原则有以下几个方面。精彩海报效果如图6.4所示。

图6.4 精彩海报效果

1. 真实性

海报设计首先要讲究真实，产品宣传要建立在可信的基础上，合理美化能收到好的效果。如果言过其实，甚至欺骗消费者，则会使人烦恼。

2. 引人注目性

海报广告能否吸引消费者的注意是个关键，合理的创意设计和艺术处理，使产品的功能或是其他方面能够突出，引起人们的注目，这样才可能会刺激消费者的购买欲。

3. 艺术性

在海报广告的画面处理上，依据传达商品信息的不同需要采用不同的表现手法，如对比法、夸张法、寓言法和比喻法等，让海报设计看上去更像是艺术品，美好的东西最容易让人们记住。

6.1.4 海报的表现手法

表现手法是设计师在艺术创作中所使用的设计手法，比如在诗歌和文章中表达思想感情时所使用的特殊的语句组织方式一样，它能够将一种概念或思想通过精美的构图、版式和色彩，传达给受众者，从而达到传达设计理念或中心思想的目的。

海报设计表现手法主要是通过将不同的图形按照一定的规则在平面上组合，然后营造出要表达的氛围，使受众者能从中体会到设计的理念，引起共鸣，从而起到宣传的目的。有时还会配合一些文字的叙述，以更好地将主题思想或设计理念传达给读者，表达手法其实就是一种设计的表达技巧。

1. 直接表现手法

这种手法最为常见，一般将实体产品直接放在画面中，突出新产品本身的特点，给人以逼真的现实感，使消费者对所宣传的产品产生一种真实感、亲切感和信任感。

图6.5所示为使用直接展示法制作的海报广告。

图6.5　直接展示法海报效果

2. 特征表现手法

这种手法主要表现产品的突出特点，就是与别的产品不同的特点，抓住与众不同的特点来加以艺术处理，使消费者能够在短时间内记住新产品的不同点，以此来刺激消费者购买的欲望。

图6.6所示为使用突出特征法而突出摄像机的“小巧”特征的海报广告。

图6.6　突出特征法海报效果

3. 对比表现手法

这种手法是一种在对立冲突中体现艺术美感的表现手法。它把产品中所描绘的事物的性质和特点放在鲜明的对照和直接对比中来表现，借此显彼，互比互衬，从对比所呈现的差别中，达到集中、简洁、曲折变化的表现。通过这种手法更鲜明地强调或提示产品的性能和特点，给消费者以深刻的视觉感受。

图6.7所示为使用对比衬托法制作的海报广告。

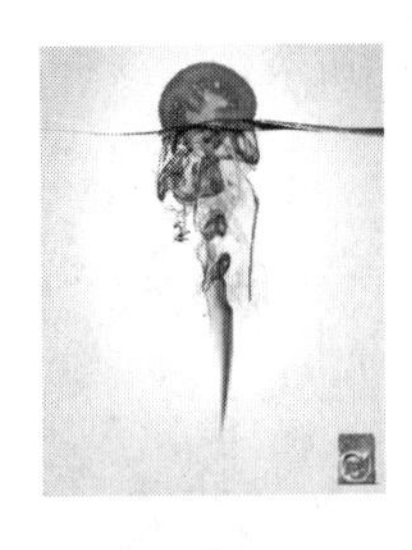

图6.7　对比衬托法海报效果

4. 夸张表现手法

这种手法也是设计中较常使用的手法之一，运用夸张的想象力，对产品的品质或特性的某个方面进行夸大，以加深或扩大这些特征的认识。按其表现的特征，夸张可以分为形态夸张和神情夸张两种类型。通过夸张手法的运用，为广告的艺术美注入了浓郁的感情色彩，使产品的个性鲜明、突出、动人。

图6.8所示为使用合理夸张法制作的海报广告。

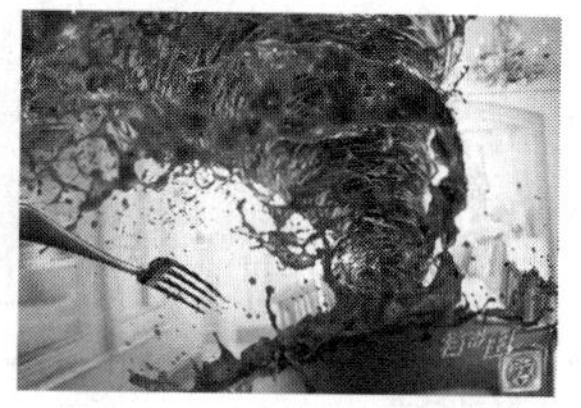

图6.8 合理夸张法海报效果

5. 联想表现手法

这种手法运用艺术的处理，让人们在看到画面的同时能产生丰富的联想，突破时空的界限，加深画面的意境。

图6.9所示为使用运用联想法制作的海报广告。

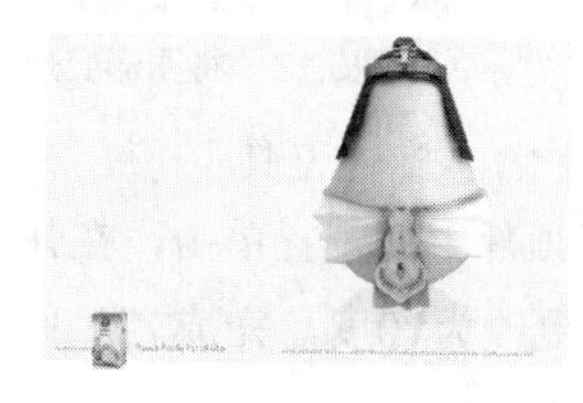

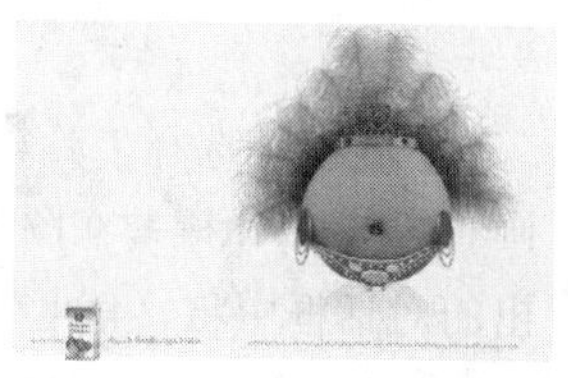

图6.9 运用联想法海报效果

6. 幽默表现手法

这种手法可以在设计的作品中巧妙地再现喜剧性特征，抓住生活现象中局部性的东西，或把人们的外貌和举止等某些可笑的特征表现出来，以营造出一种充满情趣、引人发笑而又耐人寻味的幽默意境。以别具一格的方式，发挥艺术感染力的作用。

图6.10所示为使用富于幽默法制作的海报广告。

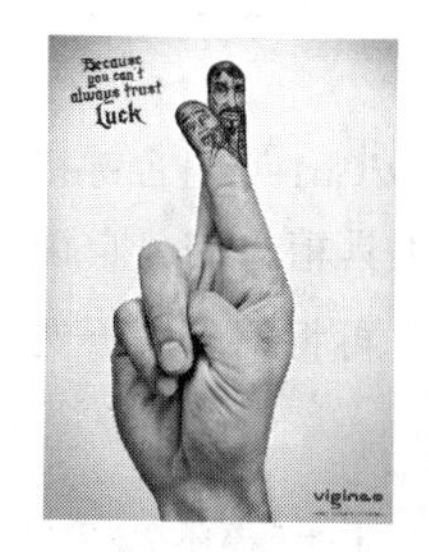

图6.10 富于幽默法海报效果

7. 抒情表现手法

这种手法将作品赋予感情色彩，让人们在审赏的同时产生感情的共鸣。有道是“晓之以情，动之以理！”说的就是这个意思。

图6.11所示为使用以情托物法制作的海报广告。

图6.11 以情托物法海报效果

8. 偶像表现手法

这种表现手法，运用了人们的崇拜、仰慕或效仿的天性，使之获得心理上的满足。借助名人的形象和知名度，来达到宣传诱发的作用，以此激发消费者的购买欲。

图6.12所示为选择偶像法制作出的海报广告。

图6.12 选择偶像法海报效果

6.2 汽车音乐海报设计

素材位置	素材文件\第6章\汽车音乐海报
案例位置	案例文件\第6章\汽车音乐海报背景设计.ai、汽车音乐海报设计.psd
视频位置	多媒体教学\第6章\6.2 汽车音乐海报设计.avi
难易指数	★★☆☆☆

本例讲解汽车音乐海报设计，本例的制作比较简单，以渐变图形作为背景，同时制作放射图形效果，以汽车和音乐两大元素为主题，通过添加大量

相关的素材图像将这两者结合以很好地体现出海报的主题，最终效果如图6.13所示。

图6.13　最终效果

6.2.1 使用Illustrator制作背景

STEP 01 执行菜单栏中的“文件”|“新建”命令，在弹出的对话框中设置“宽度”为7cm，“高度”为9cm，新建一个空白画布，如图6.14所示。

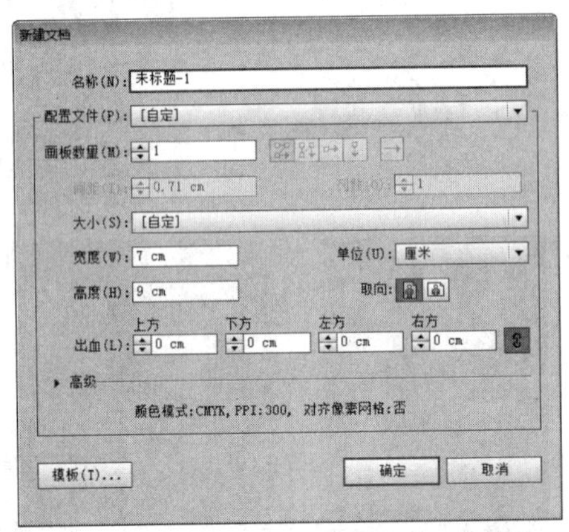

图6.14　新建文档

STEP 02 选择工具箱中的“矩形工具”，绘制一个与画布大小相同的矩形，选择工具箱中的“渐变工具”，在“渐变”面板中将“渐变”更改为橙色（R：248，G：220，B：175）到橙色（R：215，G：102，B：32），在矩形上从上至下拖动为其填充径向渐变，如图6.15所示。

STEP 03 选择工具箱中的“矩形工具”，将“填色”更改为白色，在画布中再次绘制一个矩形，如图6.16所示。

图6.15　填充渐变　图6.16　绘制矩形

STEP 04 选择工具箱中的“自由变换工具”，拖动控制点将图形变形，如图6.17所示。

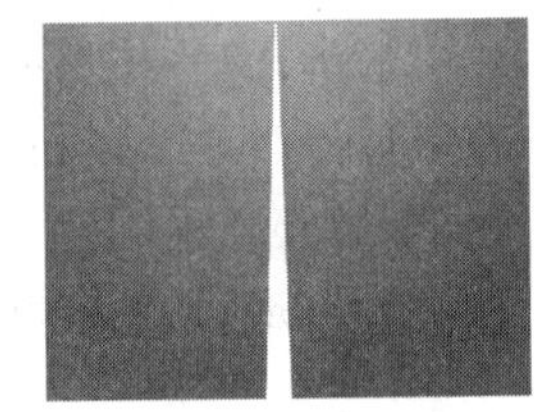

图6.17　将图形变形

STEP 05 选择工具箱中的“旋转工具”，在画布中按住Alt键并在图形顶部中间位置单击，在弹出的对话框中将“角度”更改为10度，完成之后单击“复制”按钮，如图6.18所示。

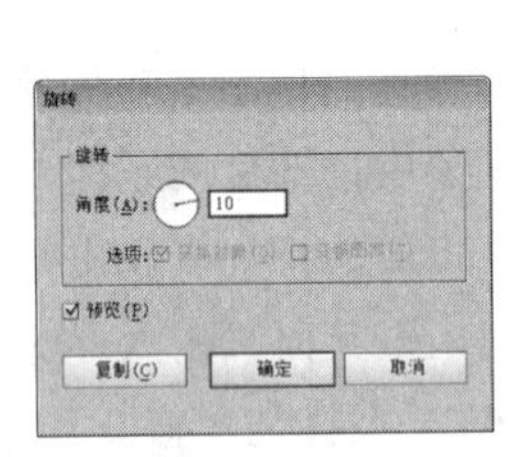

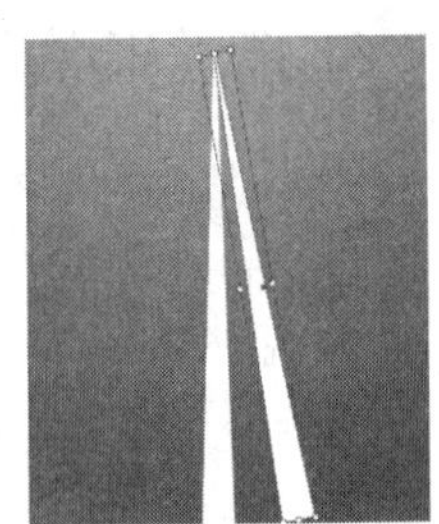

图6.18　复制图形

STEP 06 按Ctrl+D组合键数次将图形复制多份，并铺满整个画布，如图6.19所示。

STEP 07 同时选中所有图形，按Ctrl+G组合键将其编组，再选择工具箱中的选择工具箱中的“自由变换工具”，将图形透视变形，再将图形“不透明度”更改为15%，如图6.20所示。

图6.19　复制及变换图形　图6.20　更改不透明度

STEP 08 选中背景中矩形，按Ctrl+C组合键将其复制，再按Ctrl+F组合键将其粘贴至当前图形前方，再单击鼠标右键，从弹出的快捷菜单中选择“排列”|“置于顶层”命令，如图6.21所示。

STEP 09 同时选中所有图形，单击鼠标右键，从弹出的快捷菜单中选择“建立剪切蒙版”命令，将多余图形隐藏，如图6.22所示。

图6.21 复制并粘贴图形

图6.22 隐藏图形

STEP 10 选择工具箱中的“椭圆工具”，将“填色”更改为白色，在画布中心位置绘制一个椭圆图形，如图6.23所示。

STEP 11 选中椭圆图形，执行菜单栏中的“效果”|“模糊”|“高斯模糊”命令，在弹出的对话框中将“半径”更改为80像素，完成之后单击“确定”按钮，如图6.24所示。

图6.23 绘制图形

图6.24 添加高斯模糊及最终效果

6.2.2 使用Photoshop添加素材并绘制阴影

STEP 01 执行菜单栏中的“文件”|“打开”命令，打开“汽车音乐海报设计.ai”文件，如图6.25所示。

STEP 02 执行菜单栏中的“图层”|“新建”|“图层背景”命令，将普通图层转换为背景图层，如图6.26所示。

图6.25 打开素材

图6.26 转换图层背景

STEP 03 执行菜单栏中的“文件”|“打开”命令，打开“素材.psd”文件，将打开的素材拖入画布中靠左侧位置并适当缩小，如图6.27所示。

图6.27 添加素材

STEP 04 在“图层”面板中选中“素材”组中的“酒”图层，单击面板底部的“添加图层样式”fx按钮，在菜单中选择“投影”命令，在弹出的对话框中将“不透明度”更改为50%，取消“使用全局光”复选框，将“角度”更改为130度，“距离”更改为25像素，“大小”更改为20像素，完成之后单击“确定”按钮，如图6.28所示。

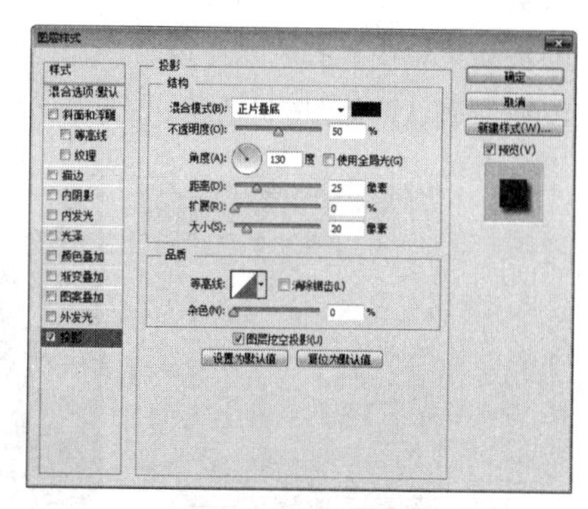

图6.28 添加投影

STEP 05 选择工具箱中的“钢笔工具”，在选项栏中单击“选择工具模式”路径按钮，在弹出的选项中选择“形状”，将“填充”更改为黑色，“描边”更改为无，在汽车底部位置绘制一个不规则图形，此时将生成一个“形状1”图层，将“形状1”图层移至“汽车”图层下方，如图6.29所示。

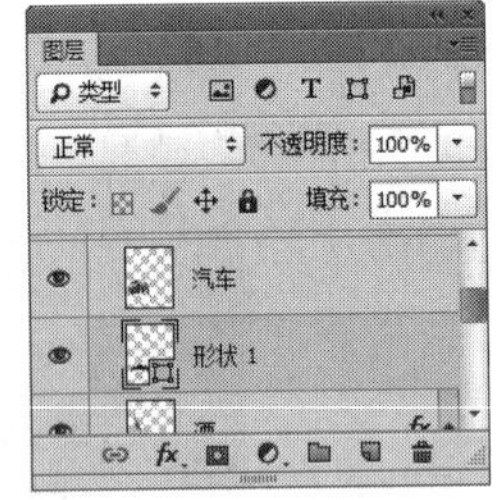

图6.29　绘制图形

STEP 06 选中“形状 1”图层，执行菜单栏中的“滤镜”|“模糊”|“高斯模糊”命令，在弹出的对话框中将“半径”更改为5像素，完成之后单击“确定”按钮，再将其图层“不透明度”更改为70%，如图6.30所示。

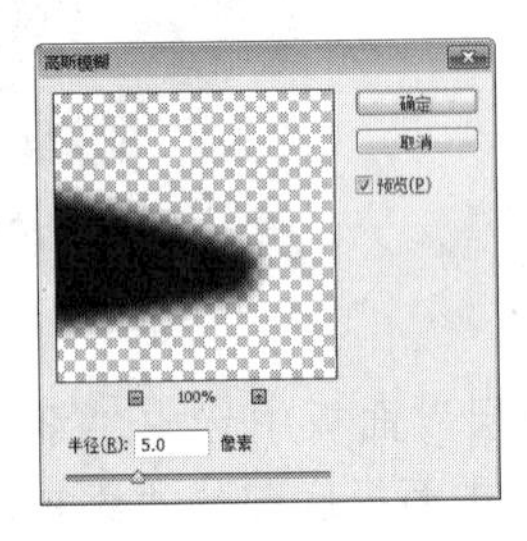

图6.30　设置高斯模糊

STEP 07 在“图层”面板中选中“素材”组，将其拖至面板底部的“创建新图层”按钮上，复制一个“素材 拷贝”组，如图6.31所示。

STEP 08 选中“素材”组，按Ctrl+T组合键对其执行“自由变换”命令，单击鼠标右键，从弹出的快捷菜单中选择“水平翻转”命令，完成之后按Enter键确认，如图6.32所示。

图6.31　复制组

图6.32　变换图像

6.2.3 添加水素材

STEP 01 执行菜单栏中的“文件”|“打开”命令，打开“水.psd”文件，将打开的素材拖入画布中并适当缩小，将其移至“背景”图层上方，如图6.33所示。

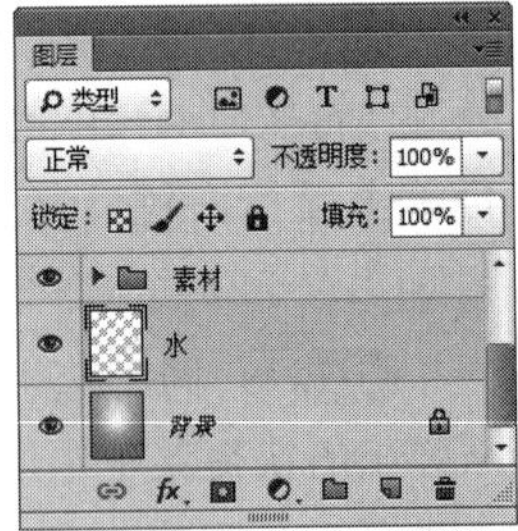

图6.33　添加素材

STEP 02 选中“水”图层，将其复制多份并适当更改其大小及图层顺序，如图6.34所示。

图6.34　复制并变换图像

STEP 03 在“图层”面板中选中“素材 拷贝”组中的“唱片”图层，单击面板底部的“添加图层样式”fx按钮，在菜单中选择“投影”命令，在弹出的对话框中将“不透明度”更改为50%，取消“使用全局光”复选框，将“角度”更改为90度，“距离”更改为6像素，“大小”更改为27像素，完成之后单击“确定”按钮，如图6.35所示。

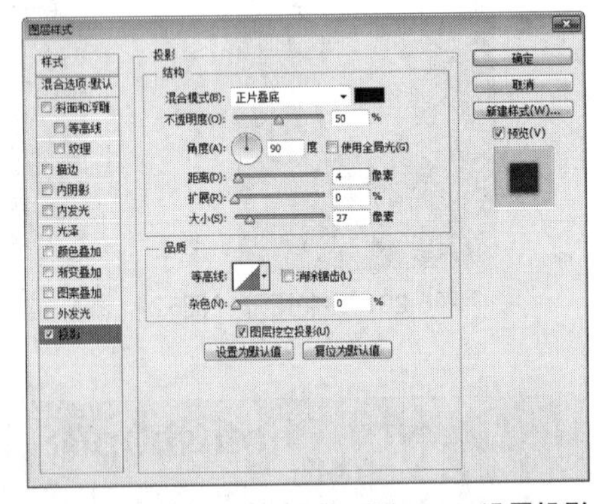

图6.35　设置投影

6.2.4 绘制图形并添加文字

STEP 01 选择工具箱中的“矩形工具”，在选项栏中将“填充”更改为白色，“描边”为无，在画布中间位置绘制一个矩形，此时将生成一个“矩形1”图层，如图6.36所示。

图6.36 绘制图形

STEP 02 选择工具箱中的选择工具箱中的“删除锚点工具”，单击矩形右下角锚点将其删除，如图6.37所示。

STEP 03 选择工具箱中的“直接选择工具”，选中底部锚点向右侧拖动，再将图形宽度适当缩小，如图6.38所示。

图6.37 删除锚点

图6.38 变换图形

STEP 04 在“图层”面板中选中“矩形1”图层，将其拖至面板底部的“创建新图层”按钮上，复制出一个“矩形1 拷贝”图层，如图6.39所示。

STEP 05 执行菜单栏中的“文件”|“打开”命令，打开“皮革.jpg”文件，将打开的素材拖入画布中并适当缩小，其图层名称将更改为“图层1”，将“图层1”移至“矩形1 拷贝”图层下方，如图6.40所示。

图6.39 复制图层

图6.40 添加素材

技巧与提示

将“图层1”移至“矩形1 拷贝”图层下方，需要将“矩形 1拷贝”图层暂时隐藏。

STEP 06 选中“图层1”图层，执行菜单栏中的“图层”|“创建剪贴蒙版”命令，为当前图层创建剪贴蒙版将部分图像隐藏，如图6.41所示。

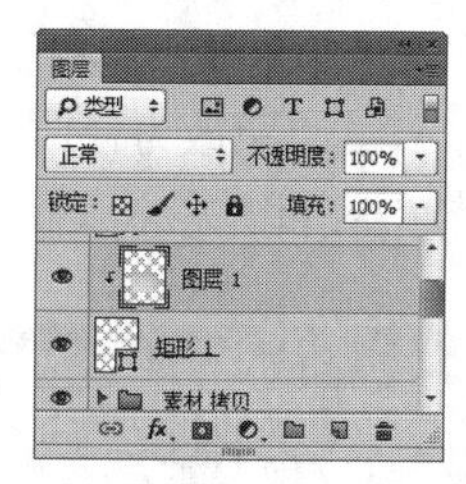

图6.41 创建剪贴蒙版

STEP 07 在“图层”面板中选中“图层1”图层，单击面板底部的“添加图层样式”按钮，在菜单中选择“斜面与浮雕”命令，在弹出的对话框中将“大小”更改为2像素，“软化”更改为2像素，取消“使用全局光”复选框，“角度”更改为90度，“高光模式”中的“不透明度”更改为30%，“阴影模式”中的“不透明度”更改为30%，如图6.42所示。

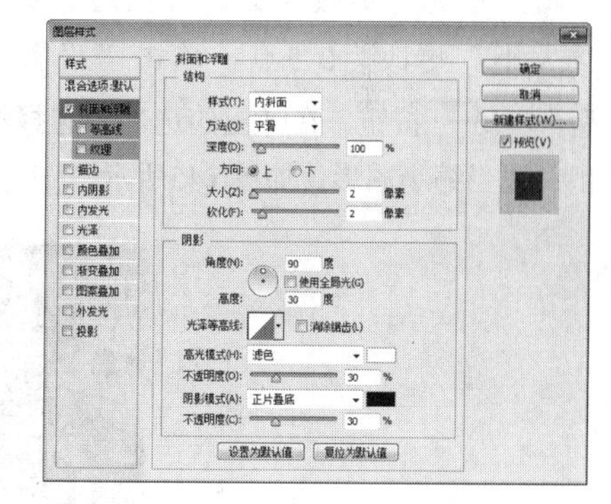

图6.42 设置斜面与浮雕

STEP 08 勾选“投影”复选框，取消“使用全局光”复选框，将“角度”更改为90度，“距离”更改为4像素，“大小”更改为20像素，如图6.43所示。

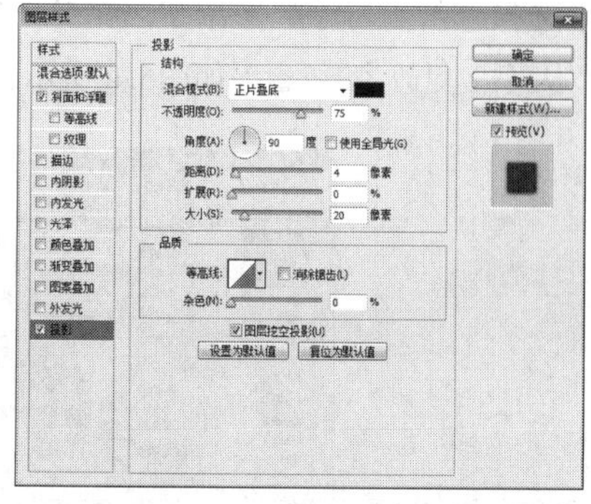

图6.43 设置投影

STEP 09 在“图层”面板中选中“图层1”图层，单击面板底部的“添加图层样式”按钮，在菜单中选择“渐变叠加”命令，在弹出的对话框中将“混合模式”更改为正片叠底，“渐变”更改为绿色（R：186，G：200，B：0）到绿色（R：30，G：77，B：27），“样式”更改为径向，完成之后单击“确定”按钮，如图6.44所示。

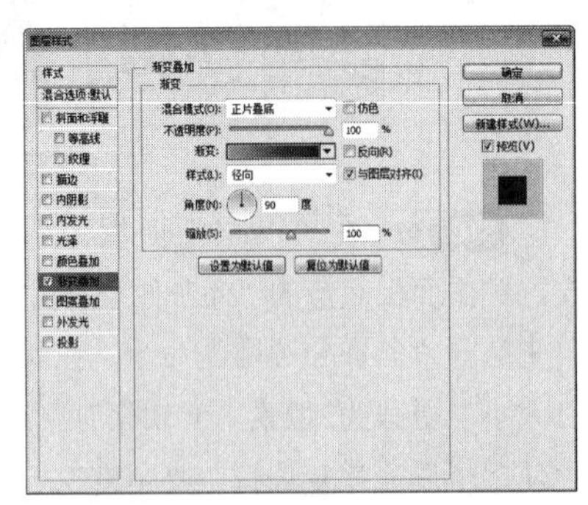

图6.44　设置渐变叠加

STEP 10 选中“矩形1 拷贝”图层，在选项栏中将“填充”更改为无，“描边”更改为白色，“大小”更改为0.5点，单击“设置形状描边类型”按钮，在弹出的选项中选择第2种描边类型，适当缩小图形，如图6.45所示。

图6.45　变换图形

STEP 11 在“图层”面板中选中“矩形1 拷贝”图层，将其图层“混合模式”更改为“叠加”，单击面板底部的“添加图层样式”fx按钮，在菜单中选择“斜面与浮雕”命令，在弹出的对话框中将“大小”更改为2像素，如图6.46所示。

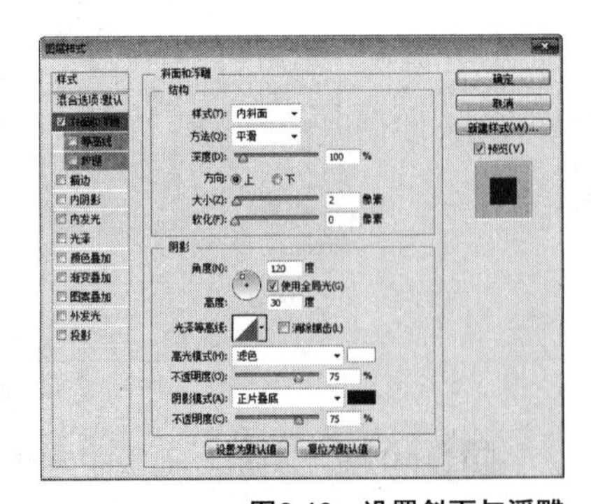

图6.46　设置斜面与浮雕

STEP 12 勾选“投影”复选框，将“不透明度”更改为50%，“距离”更改为1像素，“大小”更改为1像素，完成之后单击“确定”按钮，如图6.47所示。

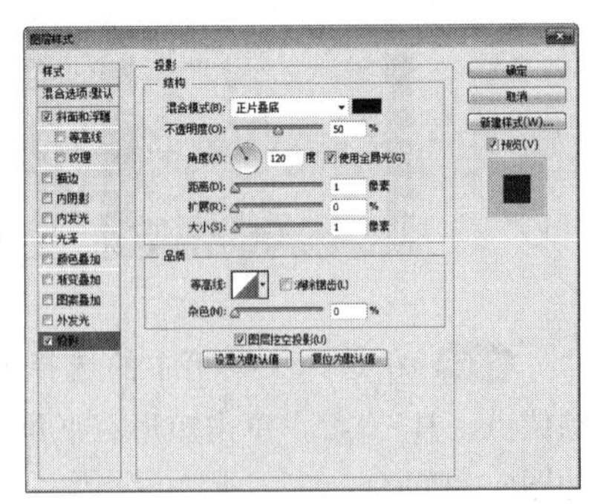

图6.47　设置投影

STEP 13 选择工具箱中的“圆角矩形工具”，在选项栏中将“填充”更改为红色（R：177，G：33，B：15），“描边”为无，“半径”为10像素，在画布中绘制一个圆角矩形，此时将生成一个“圆角矩形1”图层，如图6.48所示。

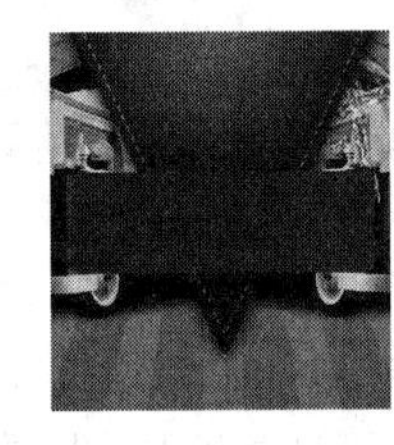

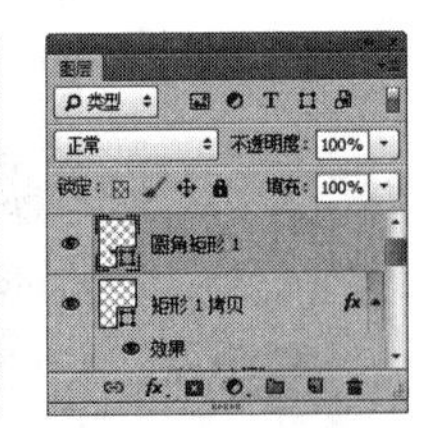

图6.48　绘制图形

STEP 14 在“图层”面板中选中“圆角矩形1”图层，单击面板底部的“添加图层样式”fx按钮，在菜单中选择“斜面和浮雕”命令，在弹出的对话框中将“大小”更改为4像素，取消“使用全局光”复选框，“角度”更改为90，“高光模式”中的“不透明度”更改为35%，“阴影模式”中的“不透明度”更改为35%，如图6.49所示。

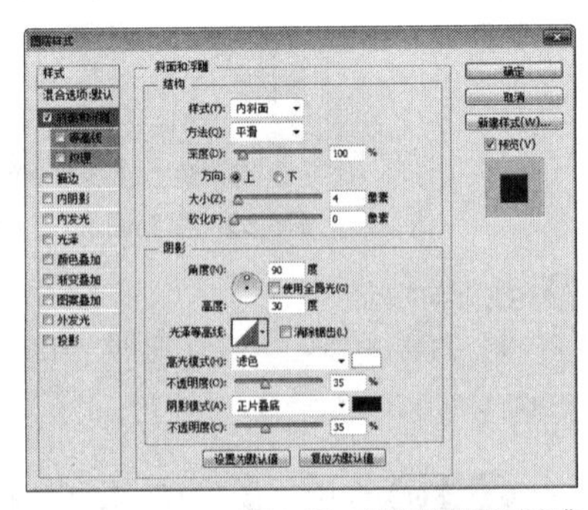

图6.49　设置斜面和浮雕

STEP 15 勾选“图案叠加”复选框，将“混合模式”更改为叠加，单击“图案”后方按钮，在弹出的面板中单击右上角⚙图标，在弹出的菜单中选择“彩色纸”，在弹出的对话框中单击“确定”按钮，在面板中选择“红色犊皮纸”，“缩放”更改为50%，如图6.50所示。

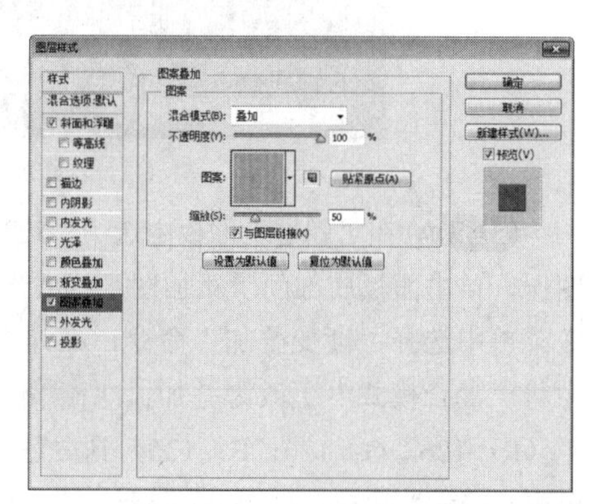

图6.50 设置图案叠加

STEP 16 勾选“投影”复选框，取消“使用全局光”，将“角度”更改为90度，“距离”更改为4像素，“大小”更改为4像素，完成之后单击“确定”按钮，如图6.51所示。

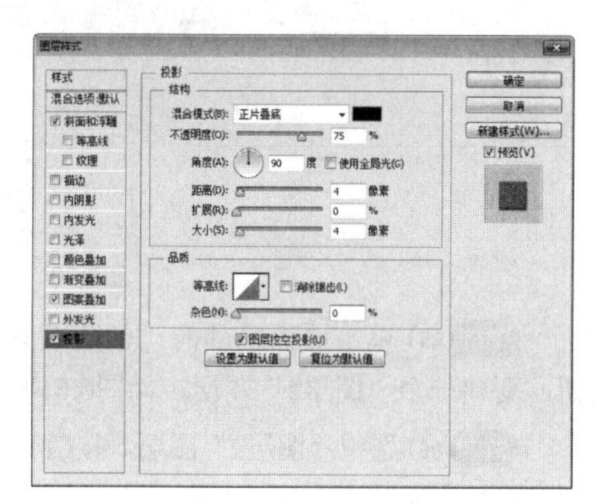

图6.51 设置投影

STEP 17 选择工具箱中的“横排文字工具”T，在画布适当位置添加文字，如图6.52所示。

图6.52 添加文字

STEP 18 在“图层”面板中选中“8”图层，单击面板底部的“添加图层样式”fx按钮，在菜单中选择“斜面与浮雕”命令，在弹出的对话框中将“大小”更改为2像素，取消“使用全局光”复选框，“角度”更改为90度，如图6.53所示。

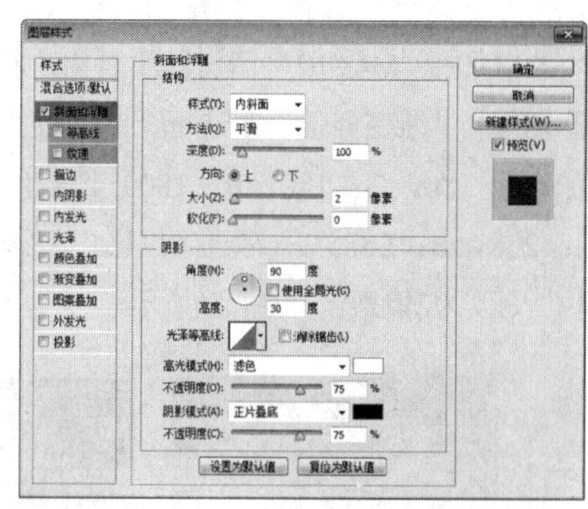

图6.53 设置斜面与浮雕

STEP 19 勾选“渐变叠加”复选框，将“渐变”更改为黄色（R：216，G：140，B：0）到黄色（R：255，G：210，B：76），如图6.54所示。

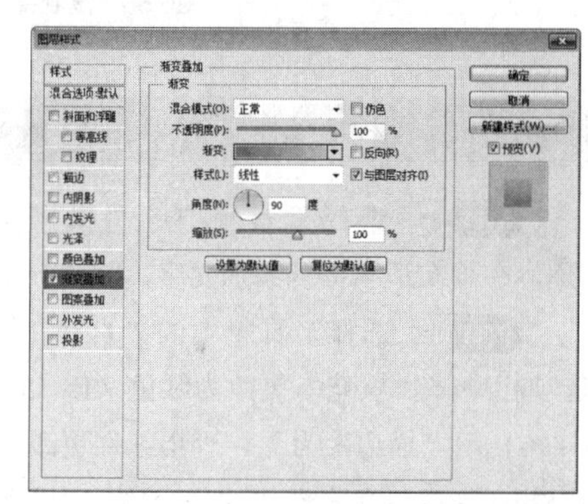

图6.54 设置渐变叠加

STEP 20 勾选“投影”复选框，取消“使用全局光”复选框，将“角度”更改为90度，“距离”更改为4像素，“大小”更改为4像素，完成之后单击“确定”按钮，如图6.55所示。

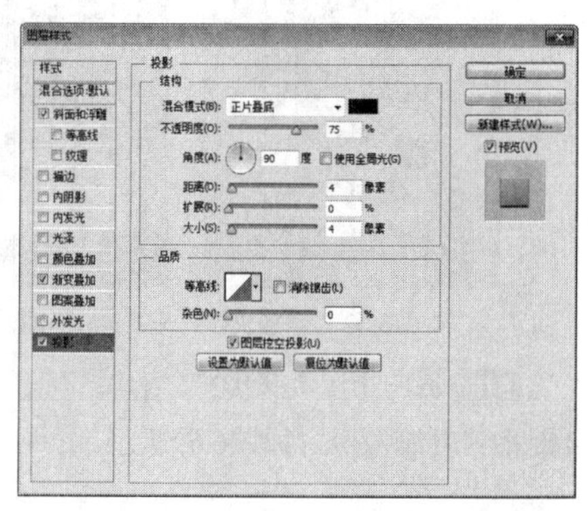

图6.55 设置投影

STEP 21 在“8”图层上单击鼠标右键，从弹出的快捷菜单中选择“拷贝图层样式”命令，在“SUMMER MUSIC”图层上单击鼠标右键，从弹出的快捷菜单中选择“粘贴图层样式”命令，双击“SUMMER MUSIC”图层样式名称，在弹出的对话框中选中“渐变叠加”复选框，将“渐变”更改为灰色（R：180，G：180，B：180）到灰色（R：238，G：238，B：238），勾选“投影”复选框，将“距离”更改为2像素，如图6.56所示。

图6.56 复制并粘贴图层样式

6.2.5 添加装饰文字并提升对比度

STEP 01 选择工具箱中的“横排文字工具”T，在画布适当位置添加文字，如图6.57所示。

STEP 02 选择工具箱中的“直线工具”╱，在选项栏中将“填充”更改为绿色（R：50，G：74，B：6），“描边”为无，“粗细”更改为3像素，按住Shift键并在刚才添加的部分文字中间位置绘制一条垂直线段将文字分割，此时将生成一个“形状2”图层，如图6.58所示。

图6.57 添加文字　　图6.58 绘制图形

STEP 03 选中“形状2”图层，按住Alt+Shift组合键将其复制数份，如图6.59所示。

图6.59 复制图形

STEP 04 在“图层”面板中选中“JUN 5 2019”图层，单击面板底部的“添加图层样式”fx按钮，在菜单中选择“渐变叠加”命令，在弹出的对话框中将“混合模式”更改为叠加，“渐变”更改为灰色（R：126，G：126，B：126）到白色，完成之后单击“确定”按钮，如图6.60所示。

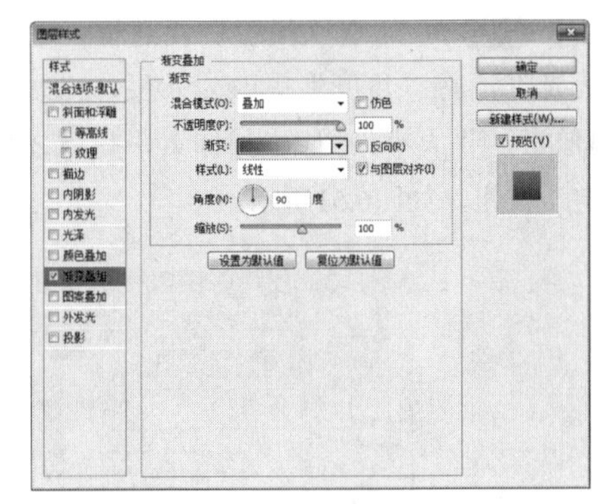

图6.60 设置渐变叠加

STEP 05 单击面板底部的“创建新图层”按钮，新建一个“图层2”图层，如图6.61所示。

STEP 06 选中“图层2”图层，按Ctrl+Alt+Shift+E组合键执行盖印可见图层命令，如图6.62所示。

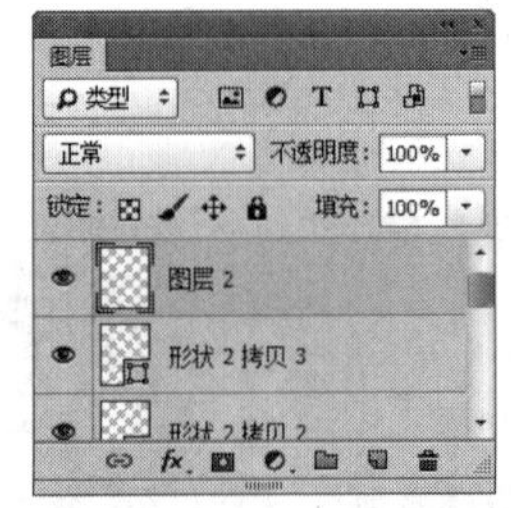

图6.61 新建图层　　图6.62 盖印可见图层

STEP 07 在“图层”面板中选中“图层 2”图层，将其图层混合模式设置为正片叠底，如图6.63所示。

图6.63　设置图层混合模式

STEP 08 在“图层”面板中选中“图层2”图层，单击面板底部的“添加图层蒙版”按钮，为其图层添加图层蒙版，如图6.64所示。

STEP 09 选择工具箱中的“画笔工具”，在画布中单击鼠标右键，在弹出的面板中选择一种圆角笔触，将“大小”更改为400像素，“硬度”更改为0%，如图6.65所示。

图6.64　添加图层蒙版

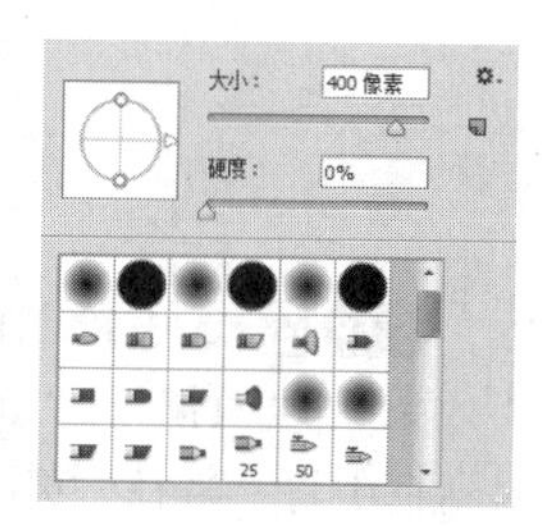

图6.65　设置笔触

STEP 10 将前景色更改为黑色，在其图像上的部分区域涂抹以将其隐藏，这样就完成了效果制作，最终效果如图6.66所示。

图6.66　隐藏图像及最终效果

技巧与提示

隐藏图像的目的是降低图像边缘亮度，增强整体对比度，在隐藏图像的时候可以适当调整画笔不透明度及大小，这样经过隐藏后的效果更加自然。

6.3　草莓音乐吧海报设计

素材位置	素材文件\第6章\草莓音乐吧海报
案例位置	案例文件\第6章\制作草莓音乐吧海报背景.ai、草莓音乐吧海报.psd
视频位置	多媒体教学\第6章\6.3　草莓音乐吧海报设计.avi
难易指数	★★☆☆☆

本例讲解草莓音乐吧海报的制作，本例的制作过程比较简单，重点在于掌握混合命令的使用，在制作过程中需要一定的发散思维能力，需要将整个素材完美结合，最终效果如图6.67所示。

图6.67　最终效果

6.3.1　使用Illustrator制作背景

STEP 01 执行菜单栏中的“文件”|“新建”命令，在弹出的对话框中设置“宽度”为75mm，“高度”为100mm，新建一个空白画布，如图6.68所示。

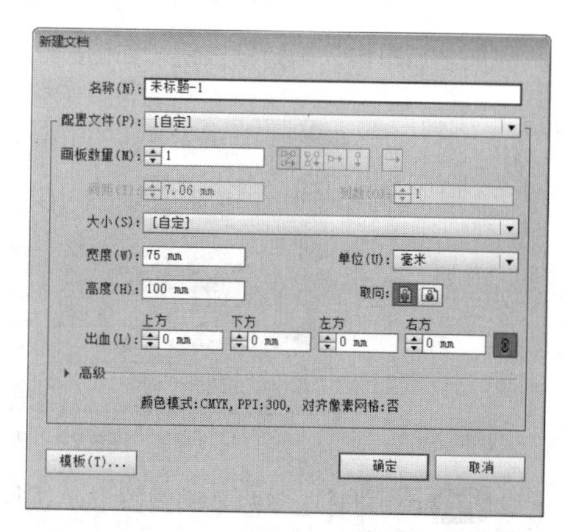

图6.68　新建文档

STEP 02 选择工具箱中的“矩形工具”，绘制一个与画布大小相同的矩形，在“渐变”面板中将“渐变”更改为褐色（R：210，G：133，B：120）到深褐色（R：66，G：32，B：26），如图6.69所示。

图6.69　填充渐变

STEP 03 选择工具箱中的“椭圆工具”，将“填色”更改为无，“描边”更改为深褐色（R：86，G：36，B：20），“粗细”为5pt，在画布中间位置绘制一个椭圆图形，如图6.70所示。

STEP 04 选中圆形，按Ctrl+C组合键将其复制，按Ctrl+F组合键将其粘贴至前方，再将图形等比例放大，如图6.71所示。

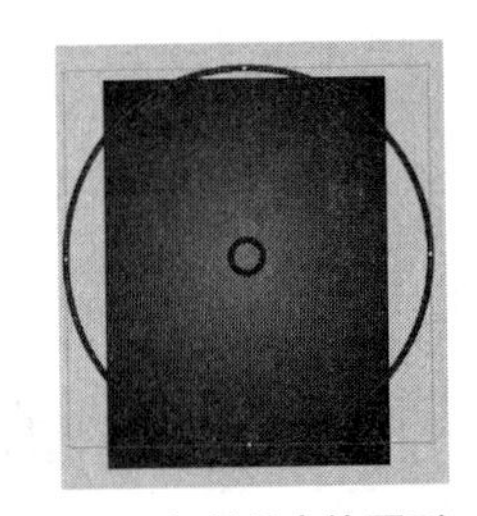

图6.70　绘制图形　图6.71　复制并变换图形

STEP 05 同时选中两个椭圆图形，执行菜单栏中的“对象”|“混合”|“混合选项”命令，在弹出的对话框中将“间距”更改为指定的步数，数值更改为8，完成之后单击“确定”按钮，如图6.72所示。

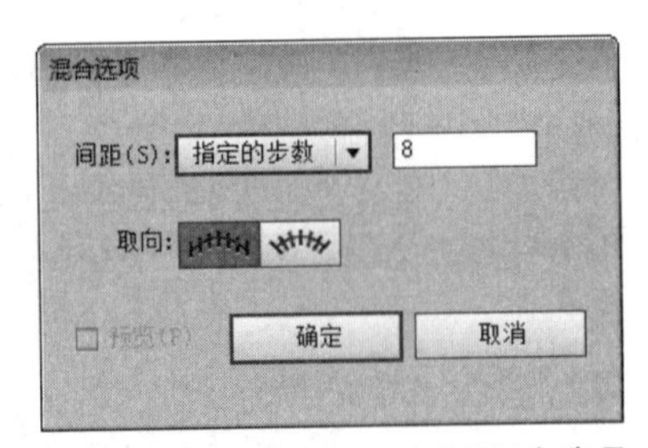

图6.72　设置混合选项

STEP 06 同时选中两个椭圆图形，执行菜单栏中的“对象”|“混合”|“建立”命令，如图6.73所示。

STEP 07 选中图形，将其“不透明度”更改为30%，如图6.74所示。

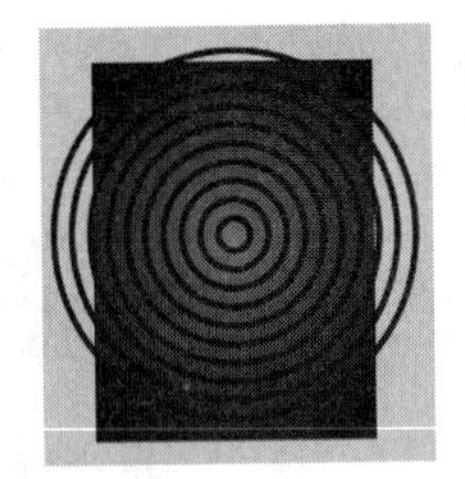

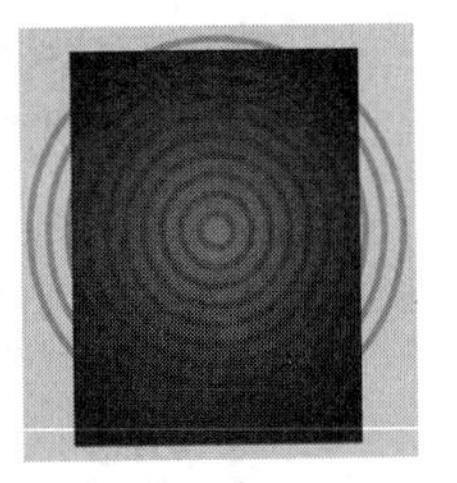

图6.73　建立混合　图6.74　更改不透明度

技巧与提示

按Ctrl+Alt+B组合键可快速执行“混合”|“建立”命令。

STEP 08 选择工具箱中的“椭圆工具”，将“填色”更改为白色，在背景中间位置绘制一个椭圆图形，如图6.75所示。

图6.75　绘制图形

STEP 09 选中绘制的图形，执行菜单栏中的“效果”|“模糊”|“高斯模糊”命令，在弹出的对话框中将“半径”更改为80像素，完成之后单击“确定”按钮，如图6.76所示。

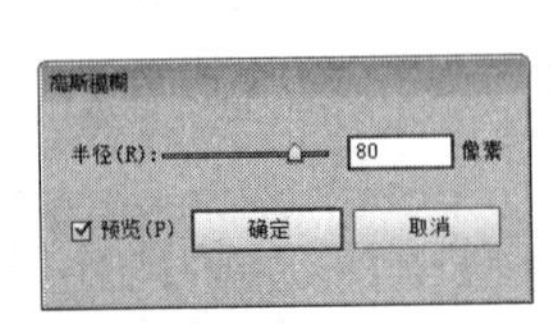

图6.76　设置高斯模糊

STEP 10 选中矩形，按Ctrl+C组合键将其复制，再按Ctrl+F组合键将其粘贴至原图形前方，再单击鼠标右键，从弹出的快捷菜单中选择“建立剪切蒙版”命令，这样就完成了效果制作，最终效果如图6.77所示。

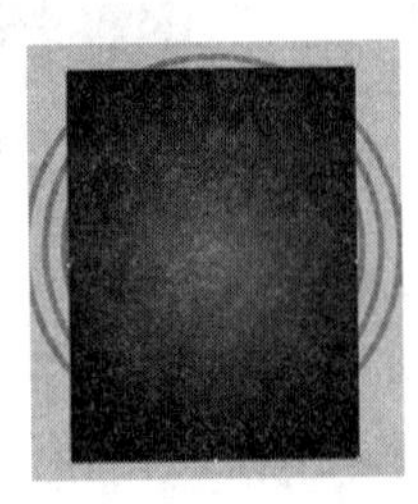

图6.77　隐藏图形及最终效果

6.3.2 使用Photoshop添加素材并添加样式

STEP 01 执行菜单栏中的“文件”|“打开”命令，打开“制作草莓音乐吧海报.ai”文件，如图6.78所示。

STEP 02 执行菜单栏中的“图层”|“新建”|“背景图层”命令，如图6.79所示。

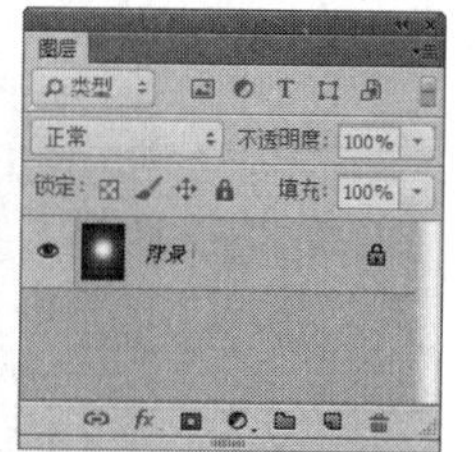

图6.78 打开素材　图6.79 转换背景图层

STEP 03 执行菜单栏中的“文件”|“打开”命令，打开“音箱.psd”文件，将打开的素材拖入画布中并适当缩小，如图6.80所示。

图6.80 添加素材

STEP 04 在“图层”面板中选中“音箱”图层，将其拖至面板底部的“创建新图层”按钮上，复制出一个“音箱 拷贝”图层，如图6.81所示。

STEP 05 选中“音箱 拷贝”图层，按Ctrl+T组合键对其执行“自由变换”命令，单击鼠标右键，从弹出的快捷菜单中选择“水平翻转”命令，完成之后按Enter键确认，将图像平移至右侧与原图像相对位置，如图6.82所示。

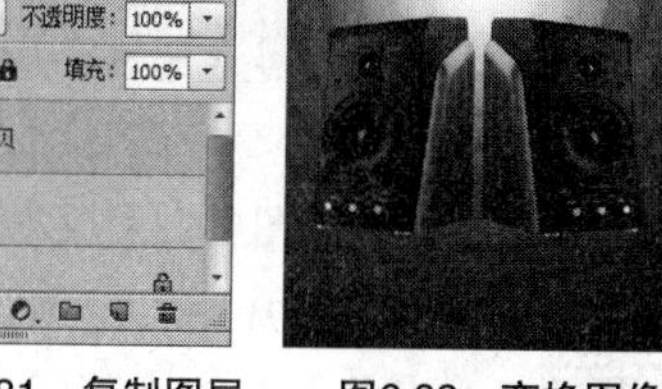

图6.81 复制图层　图6.82 变换图像

STEP 06 执行菜单栏中的“文件”|“打开”命令，打开“水.psd”“人物.psd”“香槟.psd”“气泡酒.psd”“酒杯.psd”文件，将打开的素材拖入画布中并适当缩小，如图6.83所示。

图6.83 添加素材

STEP 07 分别选中添加的个别素材将其复制并缩小、旋转及移动，如图6.84所示。

图6.84 变换图像

STEP 08 在“图层”面板中选中“水”图层，单击面板底部的“添加图层样式”fx按钮，在菜单中选择“渐变叠加”命令，在弹出的对话框中将“不透明度”更改为40%，“渐变”更改为红色（R：136，G：33，B：15）到透明再到红色（R：136，G：33，B：15），“角度”更改为-25度，完成之后单击“确定”按钮，如图6.85所示。

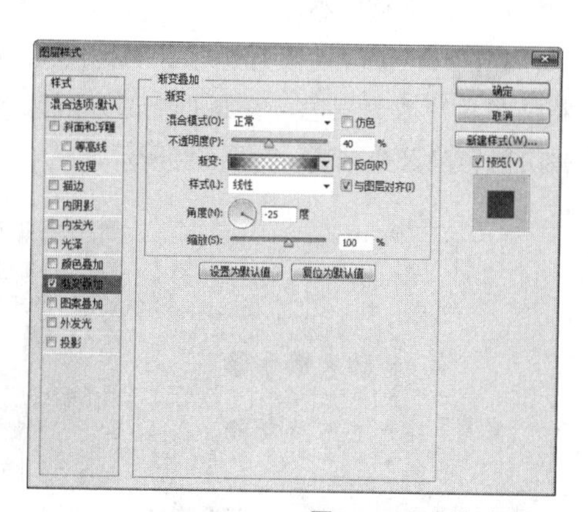

图6.85 设置渐变叠加

6.3.3 调整海报色彩

STEP 01 在“图层”面板中，单击面板底部的“创建新的填充或调整图层”按钮，在弹出快捷菜单中选中“纯色”命令，在弹出的对话框中将“颜色”更改为红色（R：142，G：34，B：16），完成之后单击“确定”按钮，如图6.86所示。

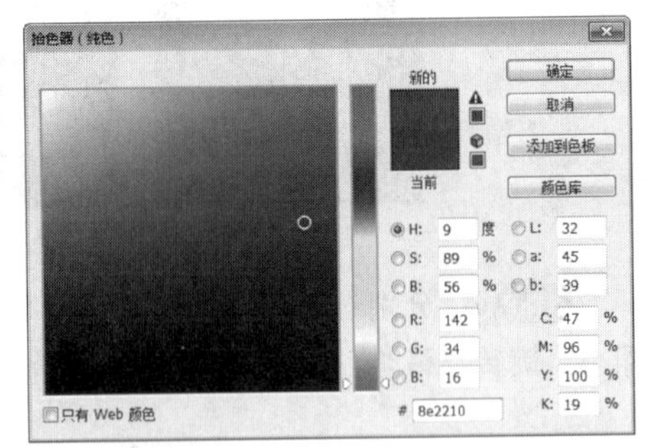

图6.86　更改颜色

STEP 02 在“图层”面板中选中“颜色填充 1”图层，将其图层混合模式设置为柔光，“不透明度”更改为50%，如图6.87所示。

图6.87　设置图层混合模式

STEP 03 选择工具箱中的“画笔工具”，在画布中单击鼠标右键，在弹出的面板中选择一种圆角笔触，将“大小”更改为250像素，“硬度”更改为0%，如图6.88所示。

STEP 04 单击“颜色填充 1”图层蒙版缩览图，将前景色更改为黑色，在画布中部分区域涂抹，将部分颜色隐藏或减淡，如图6.89所示。

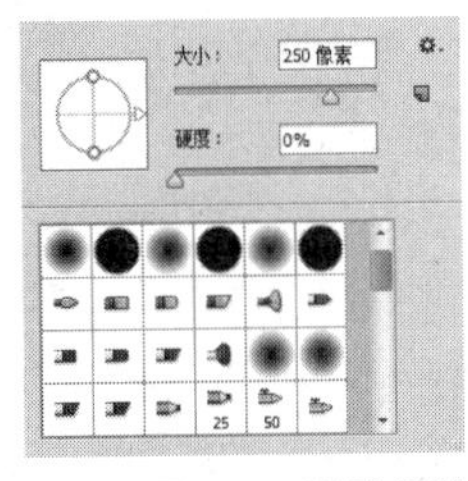

图6.88　设置笔触　　图6.89　隐藏图像

> **技巧与提示**
> 在隐藏图像的时候可以不断地更改画笔的大小和不透明度，这样经过隐藏后的图像效果更加自然。

STEP 05 选择工具箱中的“钢笔工具”，在选项栏中单击“选择工具模式” 路径 按钮，在弹出的选项中选择“形状”，将“填充”更改为黑色，“描边”更改为无，在音箱图像底部位置绘制出一个不规则图形，此时将生成一个“形状1”图层，并将“形状1”移至“音箱”图层下方，如图6.90所示。

图6.90　绘制图形

STEP 06 选中“形状 1”图层，执行菜单栏中的“滤镜”|“模糊”|“高斯模糊”命令，在弹出的对话框中将“半径”更改为4像素，完成之后单击“确定”按钮，如图6.91所示。

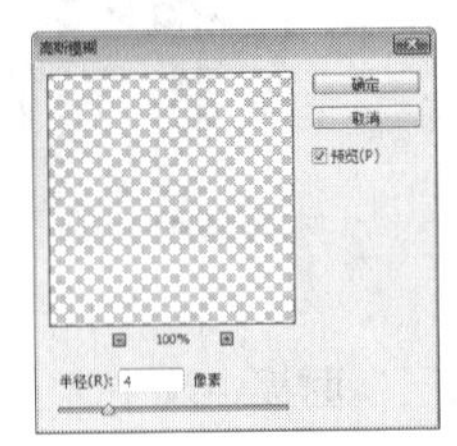

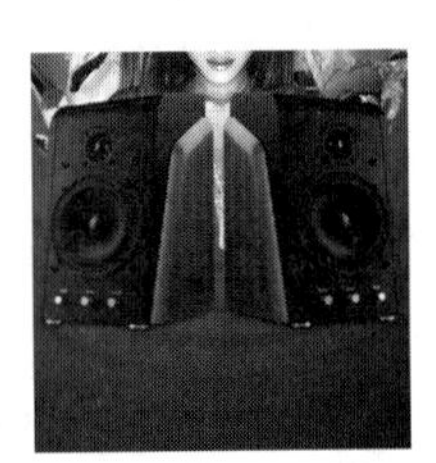

图6.91　设置高斯模糊

STEP 07 执行菜单栏中的“文件”|“打开”命令，打开“叶.psd”“草莓.psd”文件，将打开的素材拖入画布中并适当缩小及移动，如图6.92所示。

图6.92　添加素材

STEP 08 在“图层”面板中选中“叶”图层，单击面板底部的“添加图层样式” *fx* 按钮，在菜单中选择“渐变叠加”命令，在弹出的对话框中将“混合模式”更改为叠加，“渐变”更改为绿色（R：24，G：53，B：23）到绿色（R：188，G：214，B：115），“角度”更改为-40度，“缩放”更改为50%，完成之后单击“确定”按钮，如图6.93所示。

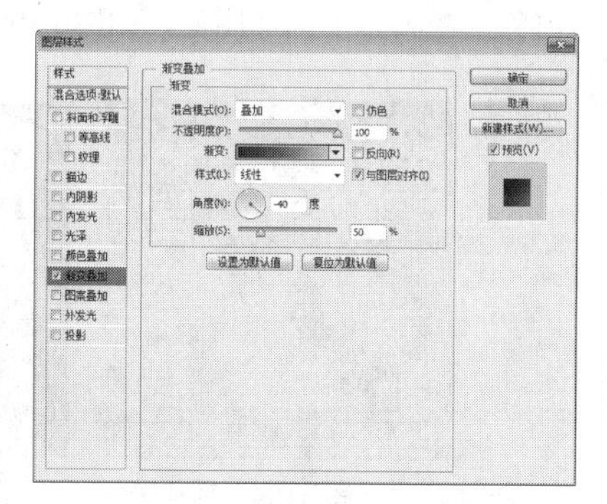

图6.93 设置渐变叠加

6.3.4 添加模糊及画笔特效

STEP 01 在“图层”面板中选中“叶”图层，将其拖至面板底部的“创建新图层”按钮上，复制出一个“叶 拷贝”图层，如图6.94所示。

STEP 02 在“图层”面板中选中“叶”图层，在其图层名称上单击鼠标右键，从弹出的快捷菜单中选择“栅格化图层样式”命令，如图6.95所示。

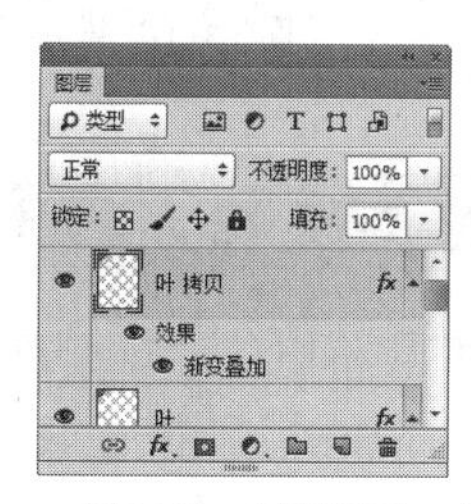

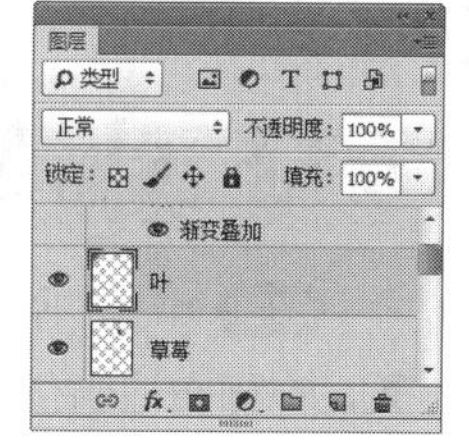

图6.94 复制图层　图6.95 栅格化图层样式

STEP 03 选中“叶”图层，执行菜单栏中的“滤镜”|“模糊”|“动感模糊”命令，在弹出的对话框中将“角度”更改为35度，“距离”更改为60像素，设置完成之后单击“确定”按钮，如图6.96所示。

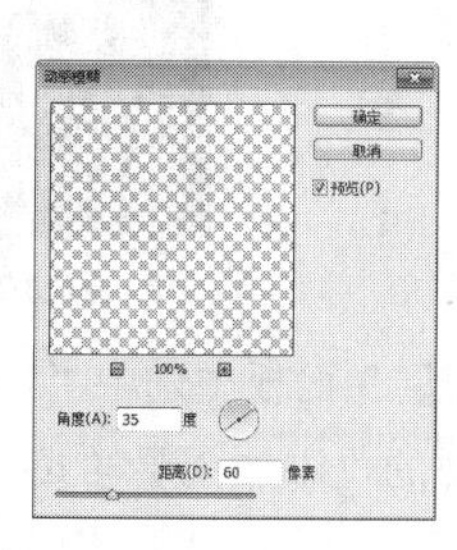

图6.96 设置动感模糊

STEP 04 同时选中“叶 拷贝”及“叶”图层，按住Alt+Shift组合键并向右侧拖动将图像复制，此时将生成两个“叶 拷贝2”图层，再按Ctrl+T组合键对其执行“自由变换”命令，单击鼠标右键，从弹出的快捷菜单中选择“水平翻转”命令，完成之后按Enter键确认，如图6.97所示。

图6.97 复制并变换图像

STEP 05 在“图层”面板中，同时选中复制生成的两个“叶 拷贝2”图层，将其拖至面板底部的“创建新图层”按钮上，复制出两个“叶拷贝3”图层。

STEP 06 以同样的方法将图像变换并向下移动，如图6.98所示。

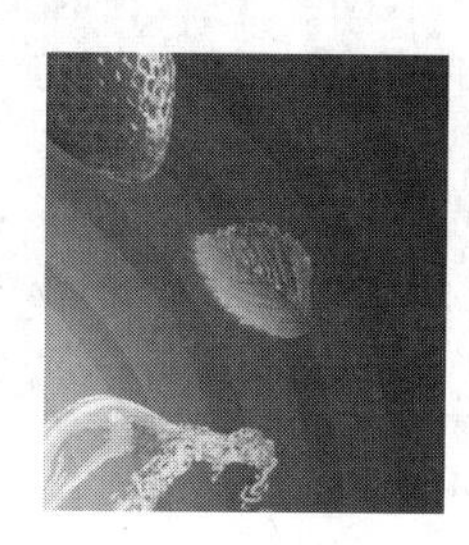

图6.98 复制并变换图像

STEP 07 选中下方的“叶 拷贝3”图层，执行菜单栏中的“滤镜”|“模糊”|“动感模糊”命令，在弹出的对话框中将“角度”更改为-50度，“距离”更改为30像素，设置完成之后单击“确定”按钮，再将图像向左上角方向稍微移动，如图6.99所示。

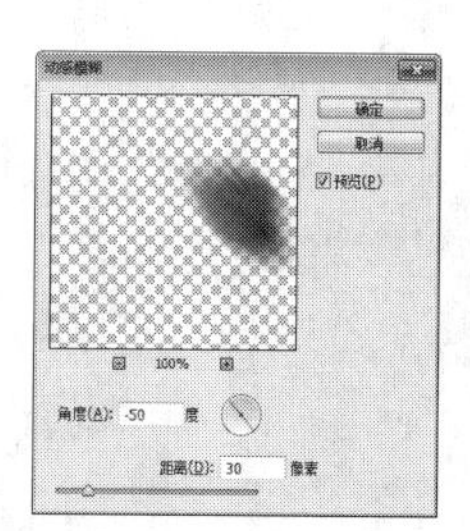

图6.99 设置动感模糊

STEP 08 以同样的方法选中叶子图像所在图层，将其复制数份并变换。

STEP 09 以同样的方法选中草莓图像，将其复制数份并变换，如图6.100所示。

图6.100 复制并变换图像

STEP 10 在“画笔”面板中选择一个圆角笔触，将“大小”更改为5像素，“硬度”更改为100%，“间距”更改为1000%，如图6.101所示。

STEP 11 勾选“形状动态”复选框，将“大小抖动”更改为100%，如图6.102所示。

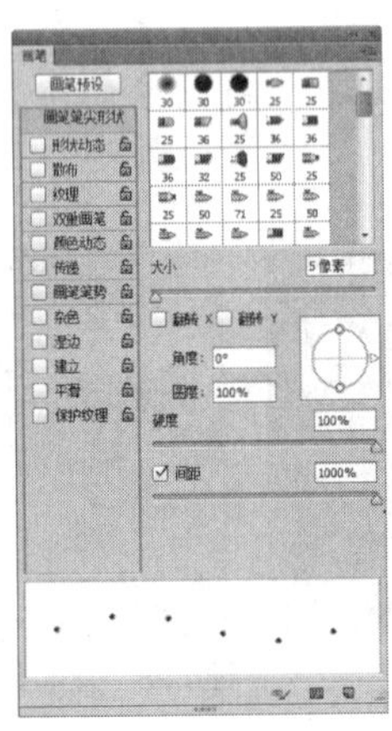
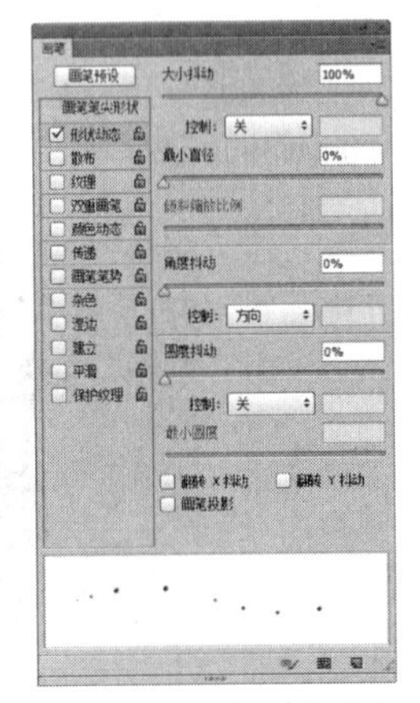

图6.101 设置画笔笔尖形状　图6.102 设置形状动态

STEP 12 勾选“散布”复选框，将“散布”更改为1000%，“数量抖动”更改为100%，并勾选“平滑”复选框，如图6.103所示。

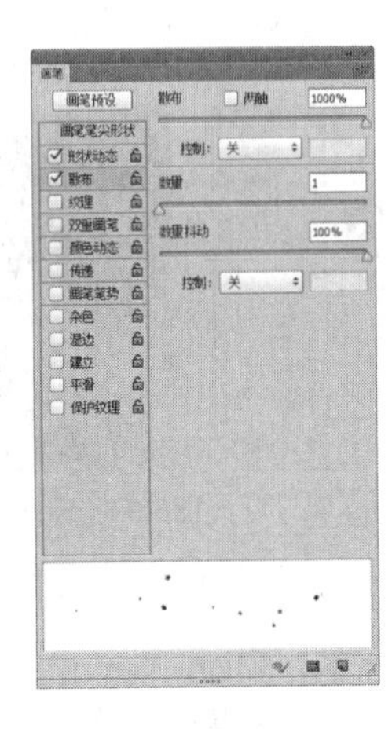
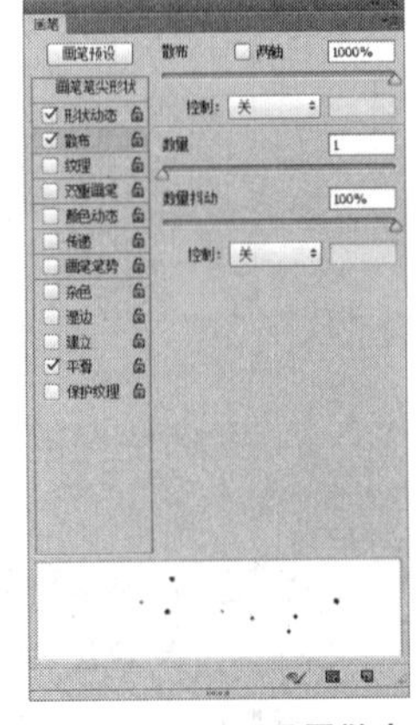

图6.103 设置散布

STEP 13 选中“背景”图层，单击面板底部的“创建新图层”按钮，在其上方新建一个“图层1”图层，如图6.104所示。

STEP 14 选中“图层1”图层，将前景色更改为白色，在画布中添加图像，如图6.105所示。

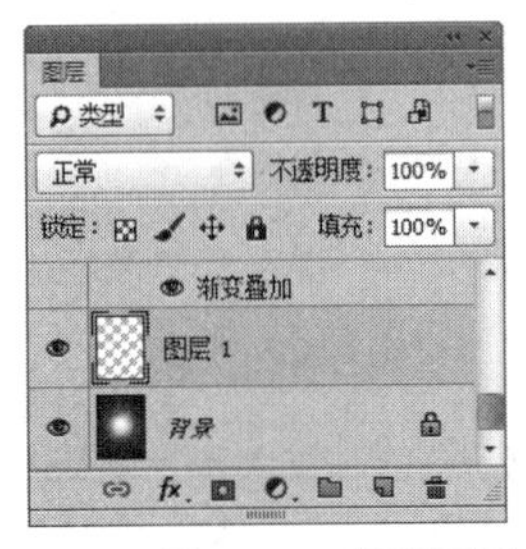

图6.104 新建图层　图6.105 添加图像

STEP 15 在“图层”面板中选中“图层 1”图层，将其图层混合模式设置为柔光，如图6.106所示。

图6.106 设置图层混合模式

6.3.5 添加文字效果

STEP 01 选择工具箱中的“横排文字工具”T，在画布适当位置添加文字，如图6.107所示。

图6.107 添加文字

STEP 02 在“图层”面板中选中“JUN 18 12”图层，单击面板底部的“添加图层样式”fx按钮，在菜单中选择“投影”命令，在弹出的对话框中取消“使用全局光”复选框，将“角度”更改为90度，“距离”更改为4像素，“大小”更改为4像素，完成之后单击“确定”按钮，如图6.108所示。

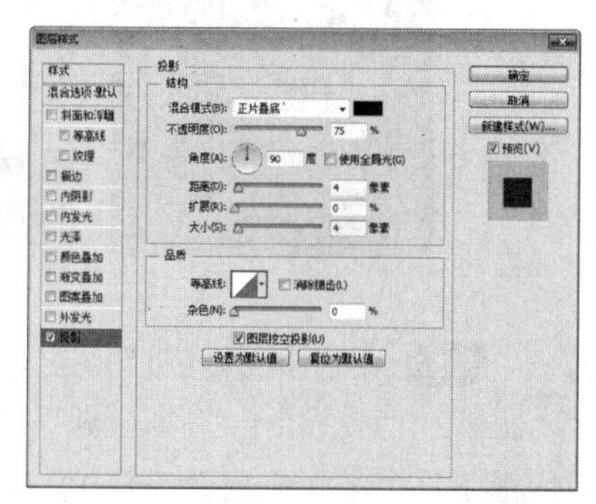

图6.108 设置投影

STEP 03 在“图层”面板中选中“IMAOE CLUB”图层，单击面板底部的“添加图层样式” fx 按钮，在菜单中选择“斜面和浮雕”命令，在弹出的对话框中将“大小”更改为2像素，取消“使用全局光”复选框，“角度”更改为90，“光泽等高线”更改为“等高线”|“高斯-反转”，如图6.109所示。

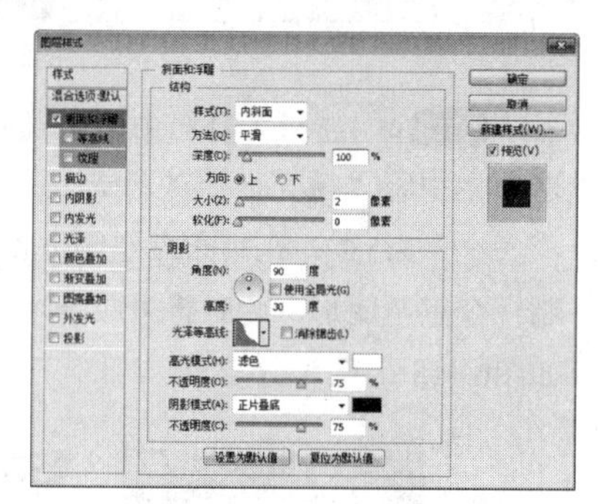

图6.109 设置斜面和浮雕

STEP 04 勾选“渐变叠加”复选框，将“渐变”更改为白色到灰色（R：140，G：138，B：150），如图6.110所示。

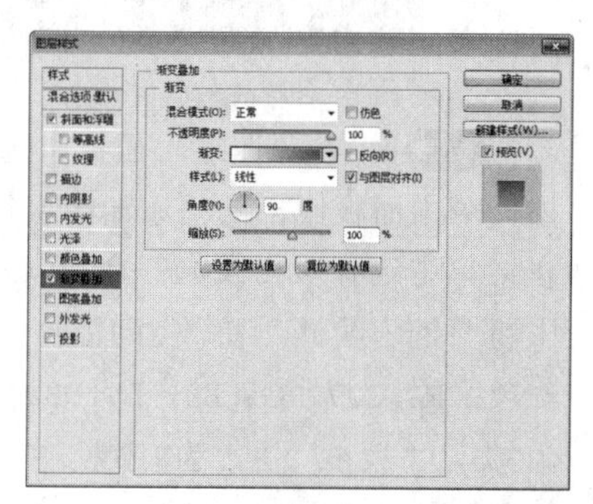

图6.110 设置渐变叠加

STEP 05 选择工具箱中的“直线工具” ／，在选项栏中将“填充”更改为白色，“描边”为无，“粗细”更改为2像素，在画布底部位置文字空隙位置按住Shift键绘制一条垂直线段，此时将生成一个“形状2”图层，如图6.111所示。

图6.111 绘制图形

STEP 06 选中“形状2”图层，按住Alt+Shift组合键将其复制数份并将文字隔开，这样就完成了效果制作，最终效果如图6.112所示。

图6.112 复制图形及最终效果

6.4 地产海报设计

素材位置	无
案例位置	案例文件\第6章\地产海报背景处理.psd、地产海报设计.psd
视频位置	多媒体教学\第6章\6.4 地产海报设计.avi
难易指数	★★☆☆☆

本例讲解地产海报设计，本例的制作比较简单，以渐变颜色为背景，添加的光晕装饰图像使整个海报有一个视觉焦点，制作过程虽简单但效果却很好，经过变形后的文字在视觉上更显眼，同时商业效应相当出色，最终效果如图6.113所示。

图6.113　最终效果

6.4.1 使用Photoshop制作海报背景

STEP 01 执行菜单栏中的“文件”|“新建”命令，在弹出的对话框中设置“宽度”7.5为厘米，“高度”为10厘米，“分辨率”为300像素/英寸，“颜色模式”为RGB颜色，新建一个空白画布，如图6.114所示。

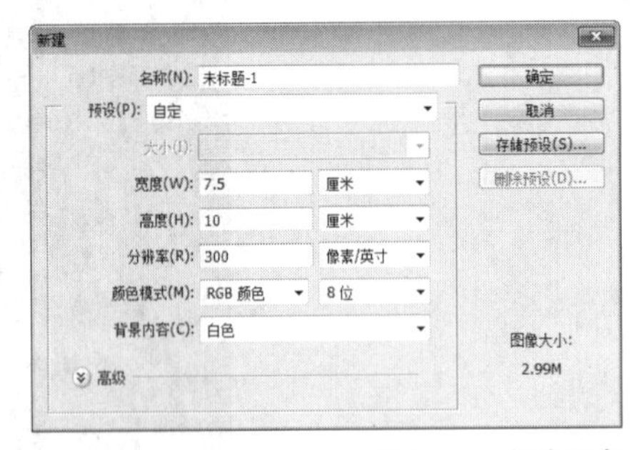

图6.114　新建画布

STEP 02 选择工具箱中的“渐变工具”，编辑从紫色（R：41，G：20，B：49）到深蓝色（R：12，G：18，B：44）的渐变，选择“线性渐变”，从上向下拖动，为画布填充渐变，如图6.115所示。

图6.115　填充渐变

STEP 03 选择工具箱中的“椭圆工具”，在选项栏中将“填充”更改为紫色（R：170，G：25，B：98），“描边”为无，在画布中间位置绘制一个椭圆图形，此时将生成一个“椭圆1”图层，如图6.116所示。

图6.116　绘制图形

STEP 04 选中“椭圆1”图层，执行菜单栏中的“滤镜”|“模糊”|“高斯模糊”命令，在弹出的对话框中将“半径”更改为150像素，完成之后单击“确定”按钮，如图6.117所示。

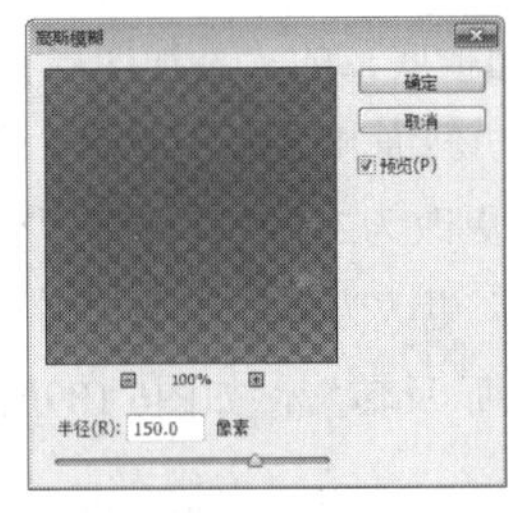

图6.117　设置高斯模糊

STEP 05 选择工具箱中的“椭圆工具”，在选项栏中将“填充”更改为无，“描边”为白色，“大小”为5点，在画布靠左侧位置按住Shift键并绘制一个正圆图形，此时将生成一个“椭圆2”图层，如图6.118所示。

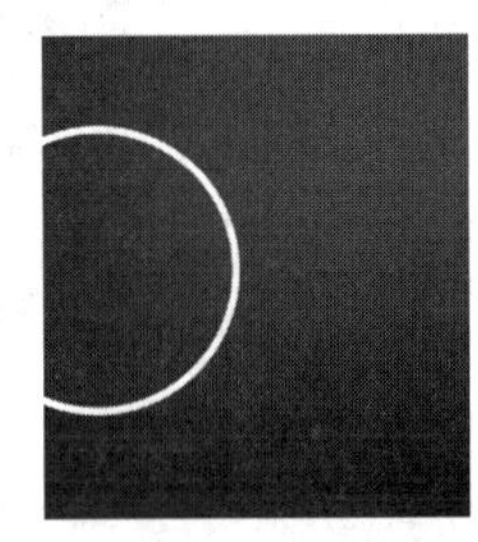

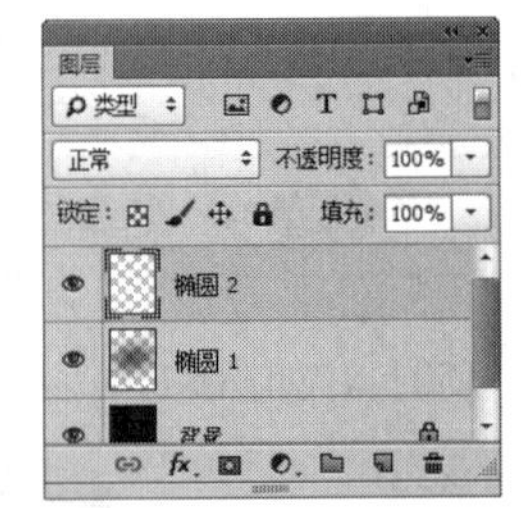

图6.118　绘制图形

STEP 06 在“图层”面板中选中“椭圆2”图层，单击面板底部的“添加图层样式”fx按钮，在菜单中选择“内发光”命令，在弹出的对话框中将“混合模式”更改为正常，“颜色”更改为红色（R：227，G：83，B：93），“阻塞”更改为3%，“大小”更改为8像素，完成之后单击“确定”按钮，如图6.119所示。

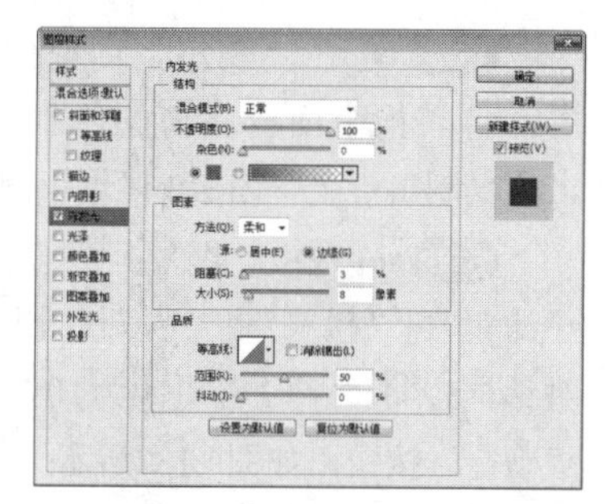

图6.119 设置内发光

STEP 07 选中“椭圆2”图层，执行菜单栏中的“滤镜”|“模糊”|“高斯模糊”命令，在弹出的对话框中将“半径”更改为2像素，完成之后单击“确定”按钮，如图6.120所示。

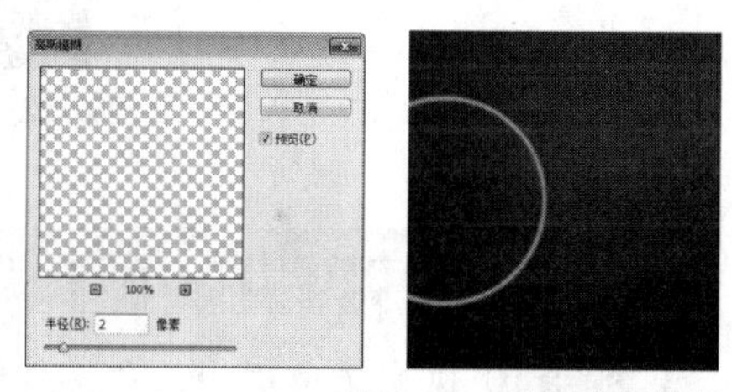

图6.120 设置高斯模糊

STEP 08 在“图层”面板中选中“椭圆2”图层，单击面板底部的“添加图层蒙版”按钮，为其图层添加图层蒙版，如图6.121所示。

STEP 09 选择工具箱中的“画笔工具”，在画布中单击鼠标右键，在弹出的面板中选择一种圆角笔触，将“大小”更改为250像素，“硬度”更改为0%，如图6.122所示。

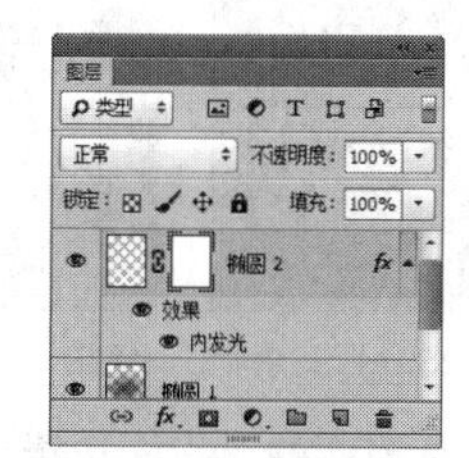

图6.121 添加图层蒙版

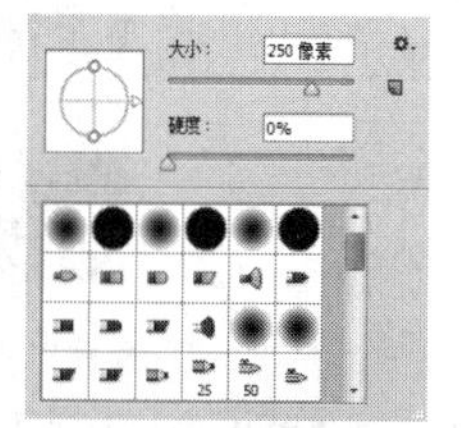

图6.122 设置笔触

STEP 10 将前景色更改为黑色，在其图像上的部分区域涂抹以将其隐藏，如图6.123所示。

图6.123 隐藏图像

STEP 11 单击面板底部的“创建新图层”按钮，新建一个“图层1”图层，将其填充为黑色，如图6.124所示。

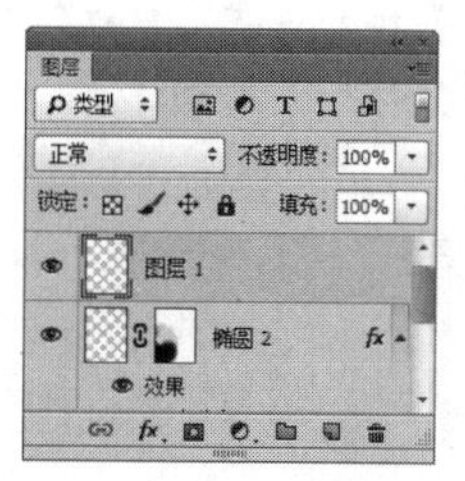

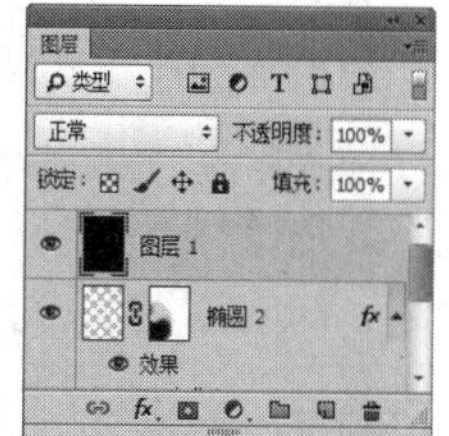

图6.124 新建图层并填充颜色

STEP 12 选中“图层1”图层，执行菜单栏中的“滤镜”|“渲染”|“镜头光晕”命令，在弹出的对话框中单击“50-300毫米变焦”单选按钮，将“亮度”更改为100%，完成之后单击“确定”按钮，如图6.125所示。

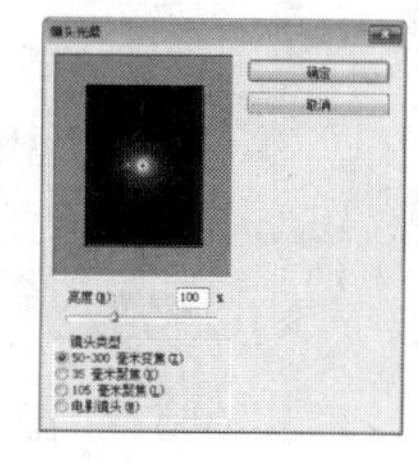

图6.125 设置镜头光晕

STEP 13 在“图层”面板中选中“图层1”图层，将其图层混合模式设置为滤色，按Ctrl+T组合键对其执行“自由变换”命令，将图像等比例缩小并移至刚才绘制的椭圆图像位置，完成之后按Enter键确认，如图6.126所示。

图6.126 设置图层混合模式

STEP 14 在“画笔”面板中选择一个圆角笔触，将“大小”更改为10像素，“硬度”更改为50%，“间距”更改为1000%，如图6.127所示。

STEP 15 勾选“形状动态”复选框，将“大小抖动”更改为100%，如图6.128所示。

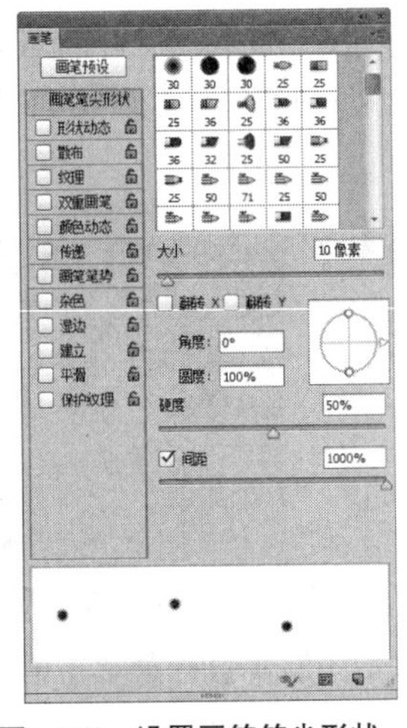

图6.127 设置画笔笔尖形状

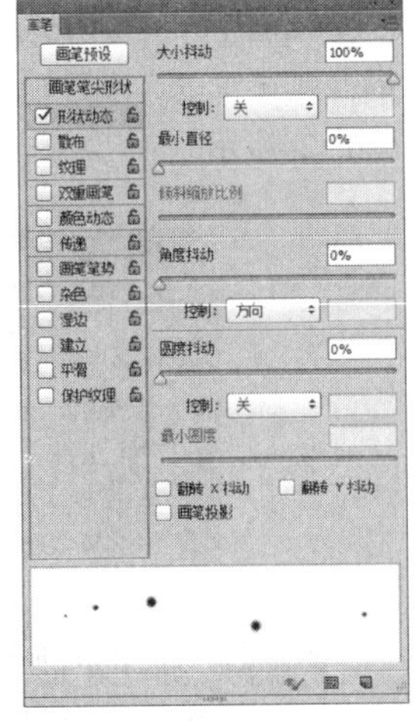

图6.128 设置形状动态

STEP 16 勾选“散布”复选框，将“散布”更改为1000%，并勾选“平滑”复选框，如图6.129所示。

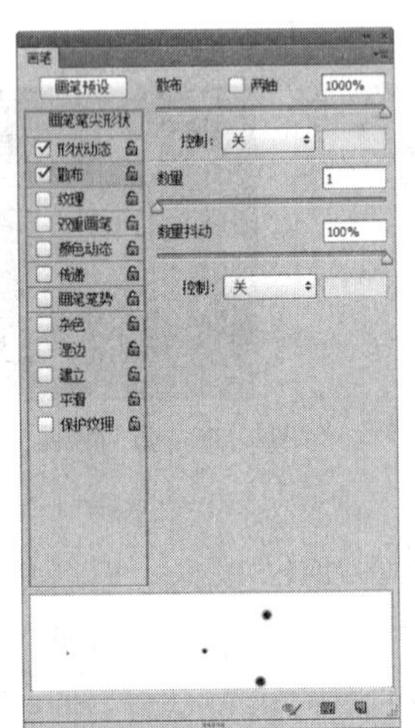

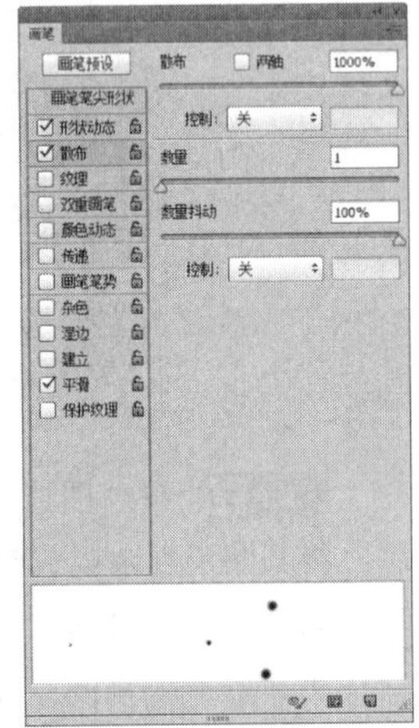

图6.129 设置散布并勾选平滑

STEP 17 单击面板底部的“创建新图层”按钮，新建一个“图层2”图层，如图6.130所示。

STEP 18 将前景色更改为白色，选中“图层2”图层，在画布中光晕位置涂抹以添加图像，如图6.131所示。

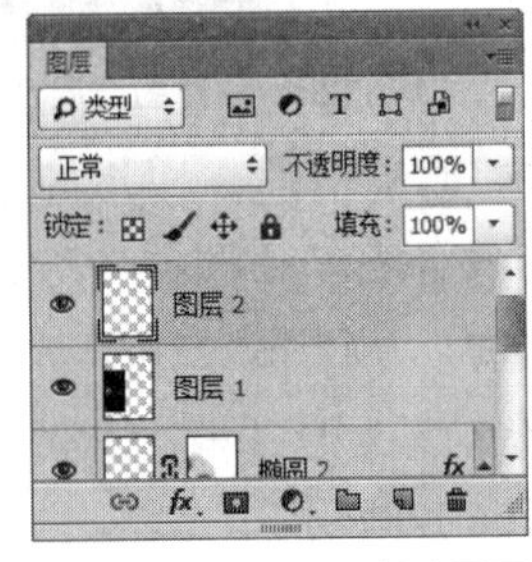

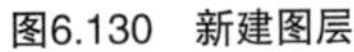

图6.130 新建图层

图6.131 添加图像

STEP 19 在“图层”面板中选中“图层2”图层，将其拖至面板底部的“创建新图层”按钮上，复制出一个“图层2 拷贝”图层。

STEP 20 选中“图层2”图层，执行菜单栏中的“滤镜”|“模糊”|“高斯模糊”命令，在弹出的对话框中将“半径”更改为10像素，完成之后单击“确定”按钮，如图6.132所示。

图6.132 添加高斯模糊

6.4.2 使用Illustrator绘制图形

STEP 01 执行菜单栏中的“文件”|“打开”命令，打开“地产海报背景处理.psd”文件，如图6.133所示。

STEP 02 选择工具箱中的“矩形工具”，将“填色”更改为白色，绘制一个与画布相同宽度的矩形，如图6.134所示。

图6.133 打开素材

图6.134 绘制图形

STEP 03 选择工具箱中的“直接选择工具”，拖动图形锚点将其变形，如图6.135所示。

图6.135 将图形变形

STEP 04 选择工具箱中的“渐变工具”，在

“渐变”面板中将“渐变”更改为紫色（R：33，G：9，B：45）到紫色（R：74，G：18，B：57），在图形上拖动为其填充渐变，如图6.136所示。

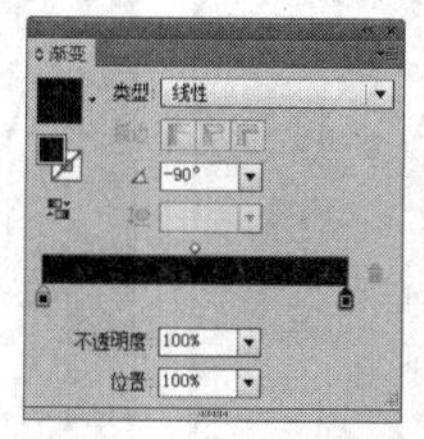

图6.136 设置并添加渐变

STEP 05 选中图形按Ctrl+C组合键将其复制，再按Ctrl+F组合键将其粘贴至前方，如图6.137所示。

STEP 06 在“渐变”面板中将“渐变”更改为紫色（R：162，G：0，B：72）到紫色（R：3，G：3，B：33）再到紫色（R：85，G：18，B：79），在矩形拖动为其填充渐变，如图6.138所示。

图6.137 复制并粘贴图形　图6.138 更改渐变

STEP 07 选中上方图形将其向上稍微移动，如图6.139所示。

STEP 08 选择工具箱中的“直接选择工具”，选中图形右下角锚点向下稍微拖动将图形变形，如图6.140所示。

图6.139 移动图形　图6.140 变换图形

STEP 09 选择工具箱中的“直线段工具”，将“描边”更改为白色，“大小”为0.25pt，在图形左侧边缘上绘制一条线段，如图6.141所示。

图6.141 绘制图形

STEP 10 选中线段，在“渐变”面板中将“渐变”更改为透明到白色再到透明的渐变，如图6.142所示。

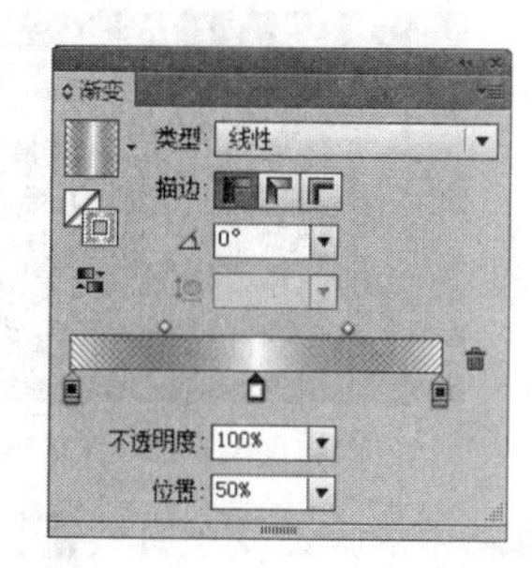

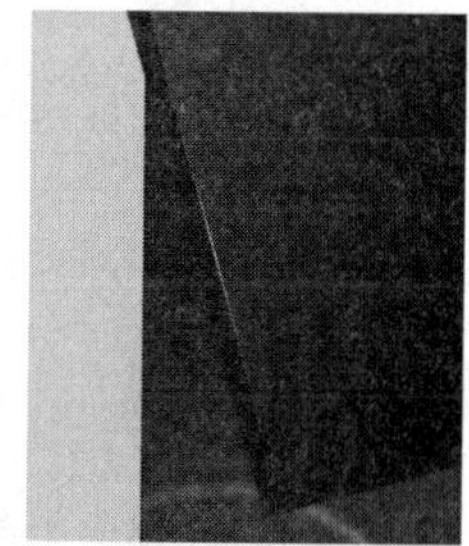

图6.142 添加渐变

STEP 11 选择工具箱中的“直线段工具”，在图形顶部位置绘制一条线段以添加高光图像，如图6.143所示。

图6.143 绘制线段添加高光

技巧与提示

在绘制第2个图形时，图形将自动添加与上一次绘制的图形的相同渐变。

6.4.3 添加艺术文字

STEP 01 选择工具箱中的“文字工具”，在画布适当位置添加文字，如图6.144所示。

STEP 02 在文字上单击鼠标右键，从弹出的快捷菜单中选择“创建轮廓”命令，如图6.145所示。

图6.144　添加文字　图6.145　创建轮廓

STEP 03 选择工具箱中的“自由变换工具”，在左侧出现的选项中单击“自由扭曲”图标，拖动变形框将文字变形，如图6.146所示。

图6.146　将文字变形

STEP 04 选择工具箱中的“渐变工具”，在“渐变”面板中将“渐变”更改为黄色（R：238，G：196，B：129）到黄色（R：255，G：253，B：232），在文字上拖动为其填充渐变，如图6.147所示。

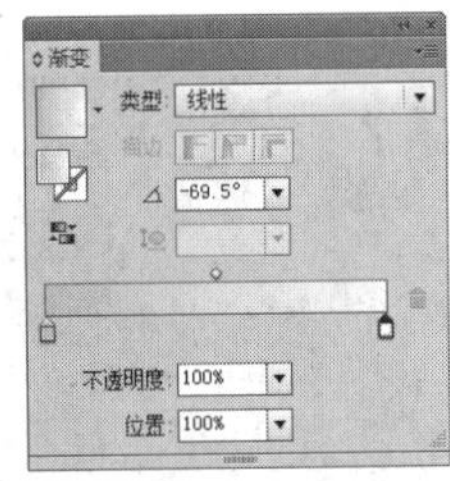

图6.147　设置并填充渐变

STEP 05 选择工具箱中的“文字工具”，在画板适当位置添加文字，以同样的方法为文字创建轮廓并将其变形，如图6.148所示。

图6.148　添加文字并将文字变形

STEP 06 选择工具箱中的“渐变工具”，在文字上拖动为其添加渐变，如图6.149所示。

STEP 07 同时选中两段文字并按Ctrl+G组合键将其编组，如图6.150所示。

图6.149　添加渐变　图6.150　将文字编组

STEP 08 选中文字，执行菜单栏中的“效果”|“风格化”|“投影”命令，在弹出的对话框中将“X位移”更改为-0.5mm，“Y位移”更改为0.5mm，完成之后单击“确定”按钮，如图6.151所示。

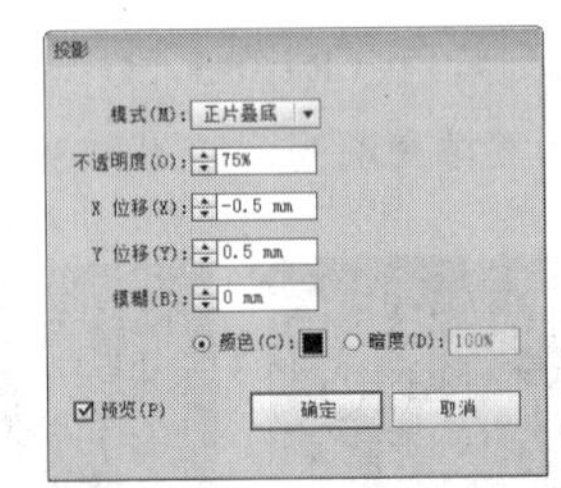

图6.151　添加投影

STEP 09 选择工具箱中的“矩形工具”，在画布靠右侧位置绘制一个矩形，如图6.152所示。

STEP 10 选择工具箱中的“直接选择工具”，拖动图形锚点将其变形，如图6.153所示。

图6.152　绘制图形　图6.153　将图形变形

STEP 11 选中图形，将其渐变颜色更改为紫色（R：10，G：4，B：36）到紫色（R：132，G：0，B：65），在图形上拖动以更改渐变，如图6.154所示。

STEP 12 选择工具箱中的“矩形工具”，将“填色”更改为黄色（R：250，G：208，B：150），在画布底部绘制一个矩形，如图6.155所示。

图6.154 更改渐变 图6.155 绘制图形

STEP 13 选择工具箱中的“文字工具”T，在画板适当位置添加文字，如图6.156所示。

STEP 14 选中“第三大道首期低价速抢”文字，以同样的方法将其变形，如图6.157所示。

图6.156 添加文字 图6.157 将文字变形

STEP 15 选择工具箱中的“矩形工具”，将“填色”更改为任意颜色，绘制一个与画布相同大小的矩形，如图6.158所示。

STEP 16 同时选中所有对象，单击鼠标右键，从弹出的快捷菜单中选择“建立剪切蒙版”命令，将部分图像隐藏，这样就完成了效果制作，最终效果如图6.159所示。

图6.158 绘制图形 图6.159 建立剪切蒙版及最终效果

6.5 饮料海报设计

素材位置	素材文件\第6章\饮料海报
案例位置	案例文件\第6章\制作饮料海报背景.ai、饮料海报设计.psd
视频位置	多媒体教学\第6章\6.5 饮料海报设计.avi
难易指数	★★☆☆☆

本例讲解饮料海报设计制作，此款海报的背景以突出渐变颜色为主，将两个区域的高光图像组合形成一种虚拟的立体感，在制作过程中应当留意为素材图像添加绿色渲染，这样可以更好地与背景相对应，最终效果如图6.160所示。

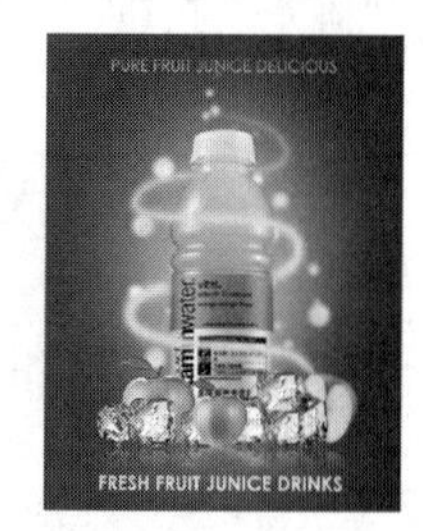

图6.160 最终效果

6.5.1 使用Illustrator制作背景

STEP 01 执行菜单栏中的“文件”|“新建”命令，在弹出的对话框中设置“宽度”为7cm，“高度”为9cm，新建一个空白画布，如图6.161所示。

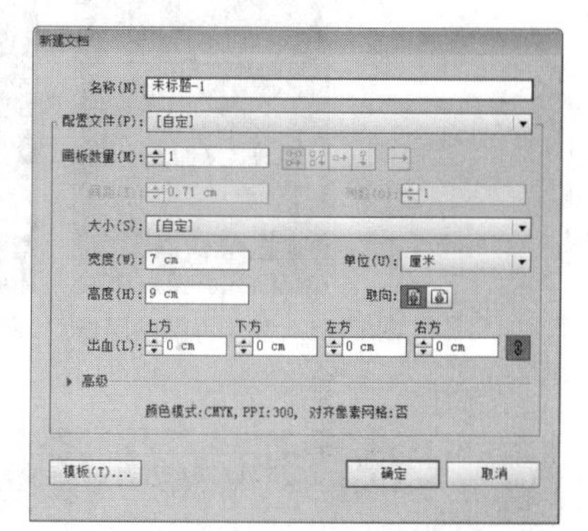

图6.161 新建文档

STEP 02 选择工具箱中的“矩形工具”，将“填色”更改为绿色（R：47，G：86，B：20），绘制一个与画布大小相同的矩形，如图6.162所示。

STEP 03 选择工具箱中的“椭圆工具”，将“填色”更改为绿色（R：85，G：146，B：50），在画布中间位置绘制一个椭圆图形，如图6.163所示。

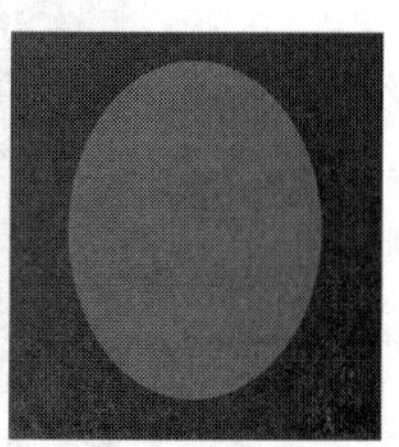

图6.162 绘制矩形 图6.163 绘制椭圆

STEP 04 选中绘制的图形，执行菜单栏中的“效果”|“模糊”|“高斯模糊”命令，在弹出的对话框中将“半径”更改为90像素，完成之后单击“确定”按钮，如图6.164所示。

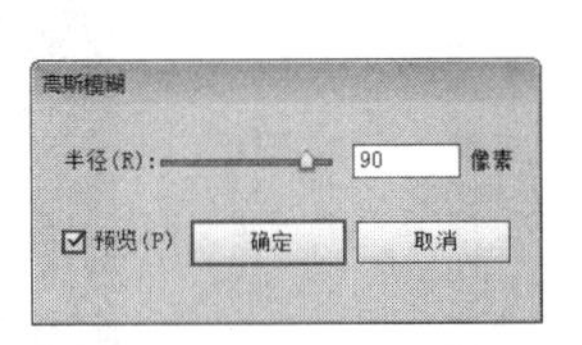

图6.164 设置高斯模糊

STEP 05 选中添加高斯模糊后的图像，按Ctrl+C组合键将其复制，再按Ctrl+F组合键将其粘贴至当前图像前方，如图6.165所示。

STEP 06 缩小上方图像高度，并移至画布靠底部位置，如图6.166所示。

图6.165 复制并粘贴图像

图6.166 变换图像

6.5.2 使用Photoshop添加素材并处理

STEP 01 执行菜单栏中的“文件”|“打开”命令，打开“饮料海报背景.ai”文件，其图层名称将更改为“图层1”，如图6.167所示。

STEP 02 选中“图层1”图层，执行菜单栏中的“图层”|“新建”|“图层背景”命令，如图6.168所示。

图6.167 打开素材

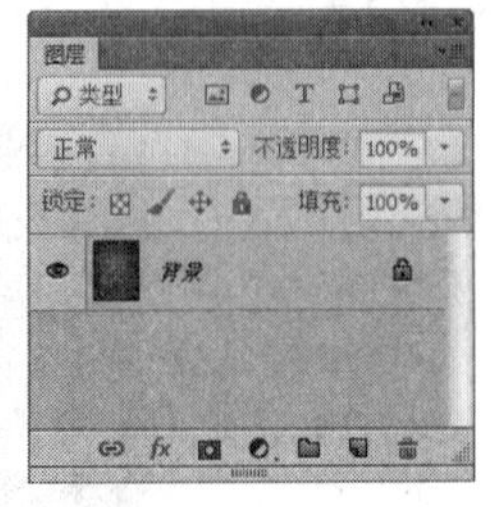

图6.168 转换图层背景

STEP 03 执行菜单栏中的“文件”|“打开”命令，打开“饮料.psd”文件，将打开的素材拖入画布中并适当缩小，如图6.169所示。

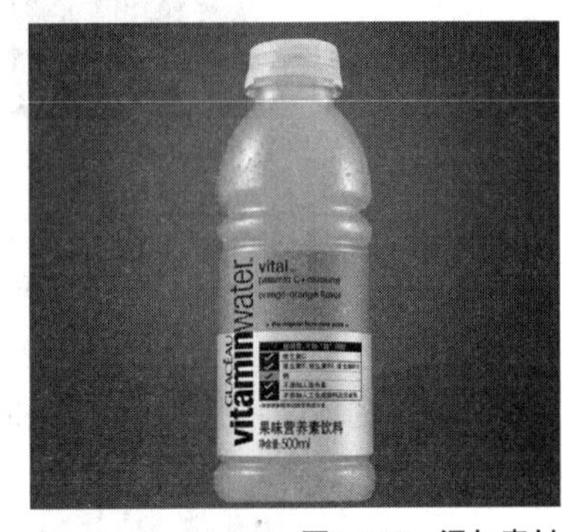

图6.169 添加素材

STEP 04 在“图层”面板中选中“饮料”图层，单击面板底部的“添加图层样式”fx按钮，在菜单中选择“渐变叠加”命令，在弹出的对话框中将“混合模式”更改为叠加，“渐变”更改为绿色（R：42，G：82，B：20）到绿色（R：87，G：160，B：44），完成之后单击“确定”按钮，如图6.170所示。

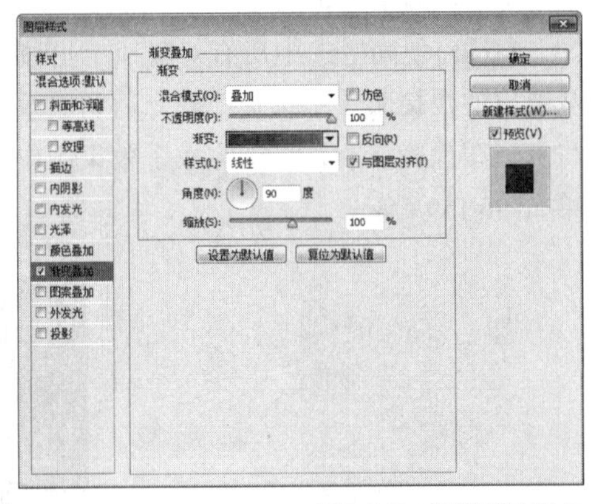

图6.170 设置渐变叠加

STEP 05 在“图层”面板中选中“饮料”图层，将其拖至面板底部的“创建新图层”按钮上，复制一个“饮料 拷贝”图层，选中“饮料 拷贝”图层，在其图层名称上单击鼠标右键，从弹出的快捷菜单中选择“栅格化图层样式”命令，如图6.171所示。

STEP 06 选中“饮料 拷贝”图层，按Ctrl+T组合键对其执行“自由变换”命令，单击鼠标右键，从弹出的快捷菜单中选择“垂直翻转”命令，完成之后按Enter键确认，将图像与原图像底部对齐，如图6.172所示。

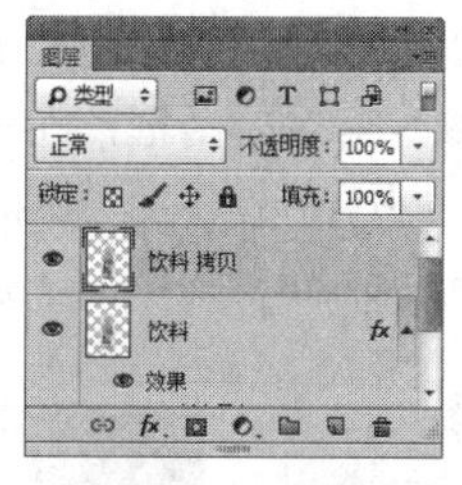

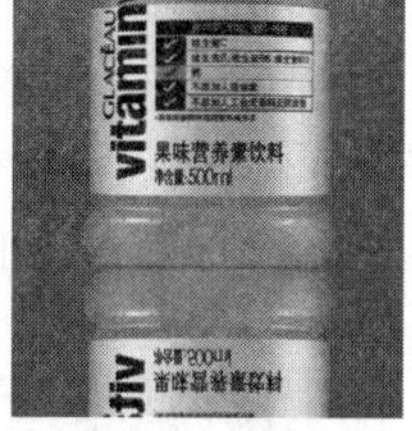

图6.171 复制图层 图6.172 变换图像

STEP 07 在“图层”面板中选中“饮料 拷贝”图层，单击面板底部的“添加图层蒙版”按钮，为其添加图层蒙版，如图6.173所示。

STEP 08 选择工具箱中的“渐变工具”，编辑黑色到白色的渐变，单击选项栏中的“线性渐变”按钮，在其图像上拖动将部分图像隐藏，如图6.174所示。

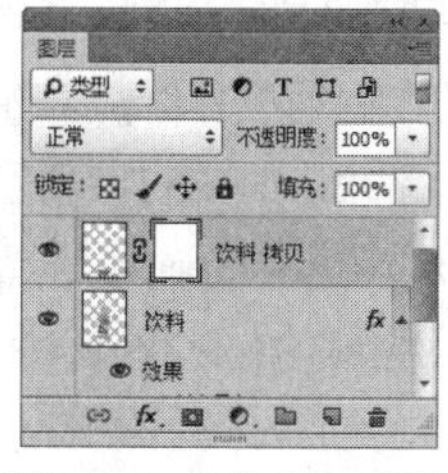

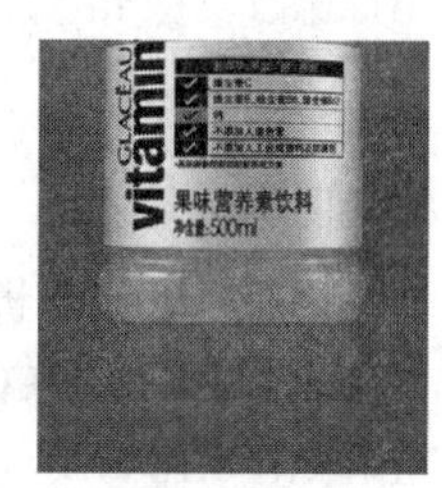

图6.173 添加图层蒙版 图6.174 设置渐变并隐藏图形

STEP 09 执行菜单栏中的“文件”|“打开”命令，打开“苹果和冰.psd”文件，将打开的素材拖入画布中饮料底部位置并适当缩小，如图6.175所示。

STEP 10 选中部分冰和苹果图像，按住Alt键将其复制数份并适当缩放，如图6.176所示。

图6.175 添加素材 图6.176 复制图像

STEP 11 同时选中所有和“冰”相关的图层，按Ctrl+G组合键将其编组，将生成的组名称更改为“冰”，如图6.177所示。

STEP 12 在“图层”面板中选中“冰”组，将其拖至面板底部的“创建新图层”按钮上，复制出一个“冰 拷贝”组，选中“冰 拷贝”组按Ctrl+E组合键将其合并，此时将生成一个“冰 拷贝”图层，如图6.178所示。

图6.177 将图层编组 图6.178 复制及合并组

STEP 13 在“图层”面板中选中“冰 拷贝”图层，单击面板上方的“锁定透明像素”按钮，将透明像素锁定，将图像填充为绿色（R：42，G：82，B：20），填充完成之后再次单击此按钮将其解除锁定，再将其图层混合模式更改为柔光，“不透明度”更改为80%，如图6.179所示。

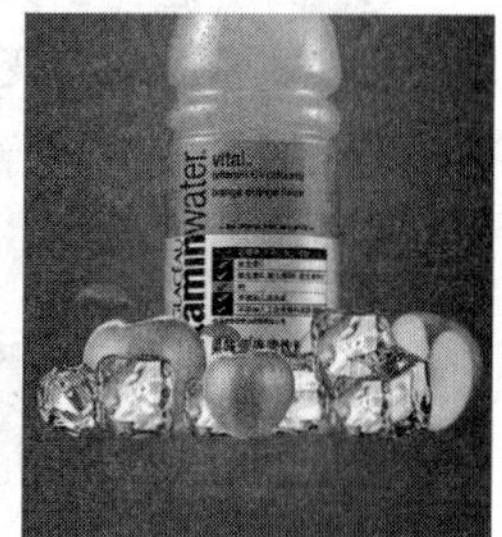

图6.179 锁定透明像素并填充颜色

STEP 14 同时选中除“背景”“饮料”及“饮料 拷贝”图层之外的所有图层，按Ctrl+G组合键将其编组，此时将生成一个“组1”组，如图6.180所示。

STEP 15 在“图层”面板中选中“组1”组，将其拖至面板底部的“创建新图层”按钮上，复制出一个“组1 拷贝”组，选中“组1”组，按Ctrl+E组合键将其合并，此时将生成一个“组1”图层，如图6.181所示。

图6.180 将图层编组 图6.181 复制及合并组

STEP 16 选中“组1”图层，按Ctrl+T组合键对其执行“自由变换”命令，单击鼠标右键，从弹出的快捷菜单中选择“垂直翻转”命令，完成之后按Enter键确认，将图像与原图像对齐，如图6.182所示。

STEP 17 在“图层”面板中选中“组1”图层，单击面板底部的“添加图层蒙版”按钮，为其添加图层蒙版，如图6.183所示。

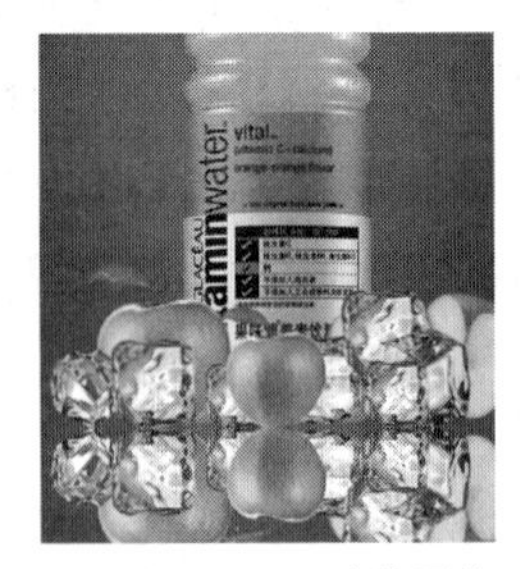

图6.182　变换图像

图6.183　添加图层蒙版

STEP 18 选择工具箱中的“渐变工具”，编辑黑色到白色的渐变，单击选项栏中的“线性渐变”按钮，在其图像上拖动将部分图像隐藏，如图6.184所示。

图6.184　隐藏图像制作倒影

STEP 19 选择工具箱中的“椭圆工具”，在选项栏中将“填充”更改为浅绿色（R：165，G：203，B：125），“描边”为无，在画布中饮料瓶位置绘制一个椭圆图形，此时将生成一个“椭圆1”图层，将其移至“背景”图层上方，如图6.185所示。

图6.185　绘制图形

STEP 20 选中“椭圆1”图层，按Ctrl+Alt+F组合键打开“高斯模糊”命令对话框，在弹出的对话框中将“半径”更改为100.0像素，完成之后单击“确定”按钮，如图6.186所示。

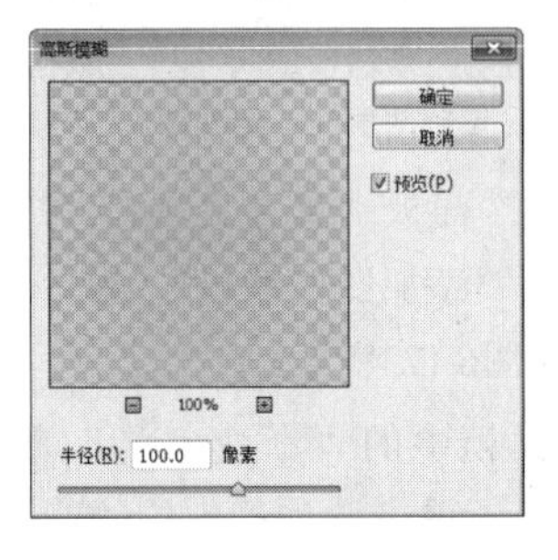

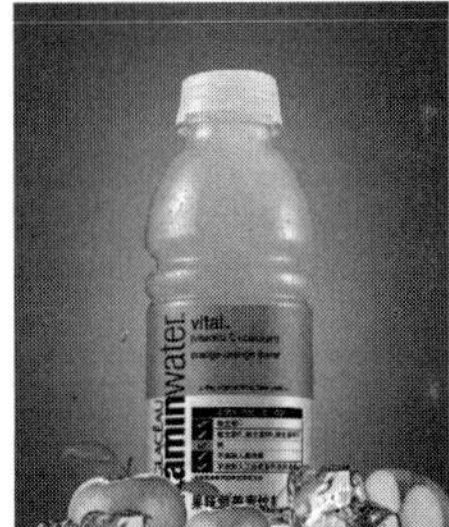

图6.186　设置高斯模糊

6.5.3 绘制光线特效

STEP 01 选择工具箱中的“钢笔工具”，沿着饮料图像位置绘制一条弯曲的路径，如图6.187所示。

STEP 02 在“图层”面板中，单击面板底部的“创建新图层”按钮，新建一个“图层1”图层，如图6.188所示。

图6.187　绘制路径

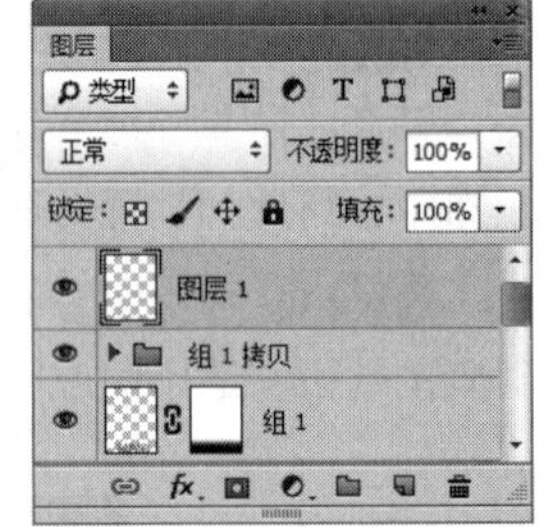

图6.188　新建图层

STEP 03 选择工具箱中的“画笔工具”，在画布中单击鼠标右键，在弹出的面板中选择一种圆角笔触，将“大小”更改为18像素，“硬度”更改为0%，如图6.189所示。

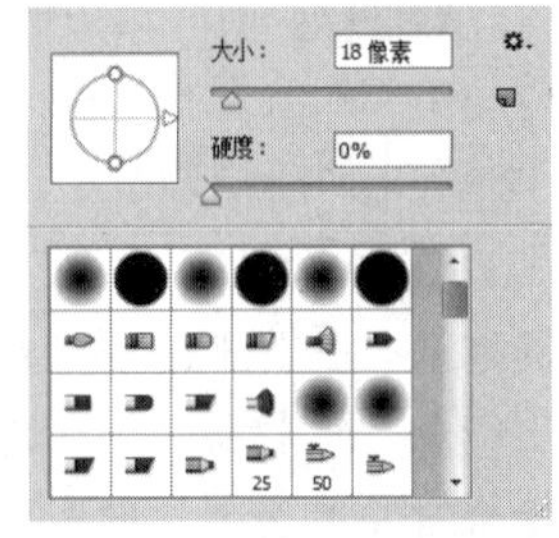

图6.189　设置笔触

STEP 04 选中“图层1”图层，将前景色更改为绿色（R：198，G：240，B：116），在“路径”面板中路径名称上单击鼠标右键，从快捷菜单中选择“描边路径”命令，在弹出的对话框中，勾选“模拟压力”复选框，设置完成之后单击“确定”按钮，如图6.190所示。

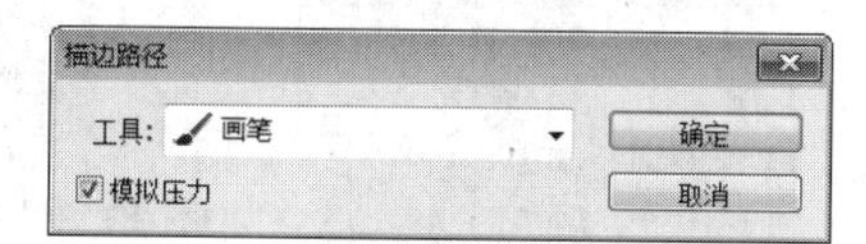

图6.190 设置描边路径

STEP 05 选中“图层1”图层，执行菜单栏中的“滤镜”|“模糊”|“高斯模糊”命令，在弹出的对话框中将“半径”更改为5像素，设置完成之后单击“确定”按钮，如图6.191所示。

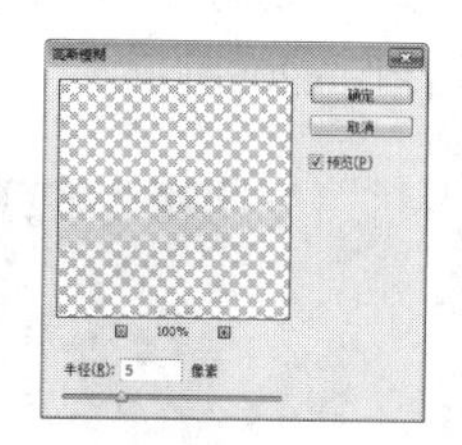

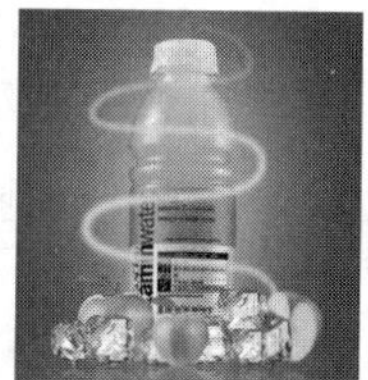

图6.191 设置高斯模糊

STEP 06 在“图层”面板中选中“图层1”图层，将其拖至面板底部的“创建新图层”按钮上，复制一个“图层1 拷贝”图层。

STEP 07 选中“图层1”图层，在画布中按Ctrl+Alt+F组合键打开“高斯模糊”命令对话框，在弹出的对话框中将“半径”更改为10像素，完成之后单击“确定”按钮，如图6.192所示。

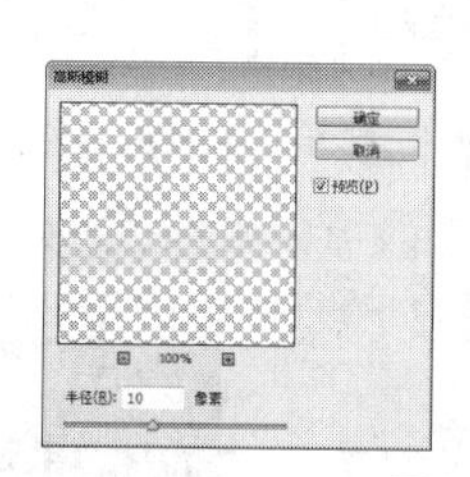

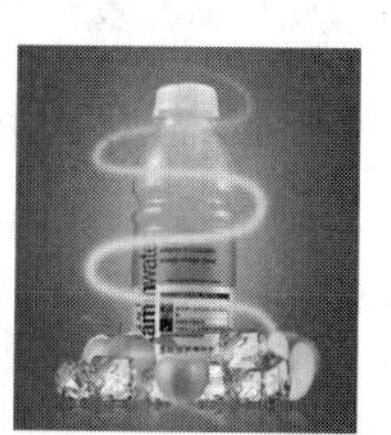

图6.192 设置高斯模糊

STEP 08 选中“图层1 拷贝”图层，按Ctrl+E组合键向下合并，此时将生成一个“图层1”图层，单击面板底部的“添加图层蒙版”按钮，为其添加图层蒙版，如图6.193所示。

STEP 09 选择工具箱中的“画笔工具”，在画布中单击鼠标右键，在弹出的面板中选择一种圆角笔触，将“大小”更改为100像素，“硬度”更改为0%，如图6.194所示。

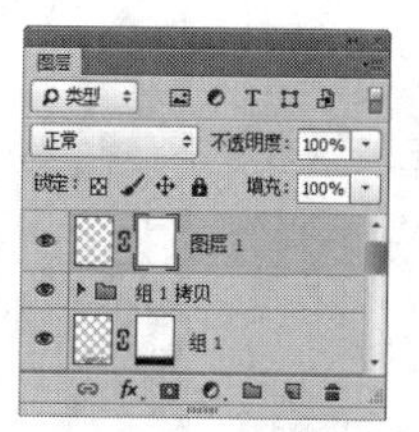

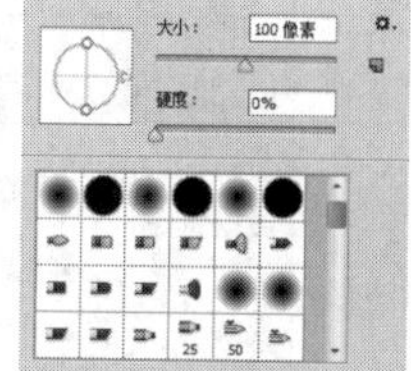

图6.193 合并图层　图6.194 设置画笔

STEP 10 将前景色更改为黑色，在其图像上的部分区域涂抹以将其隐藏，如图6.195所示。

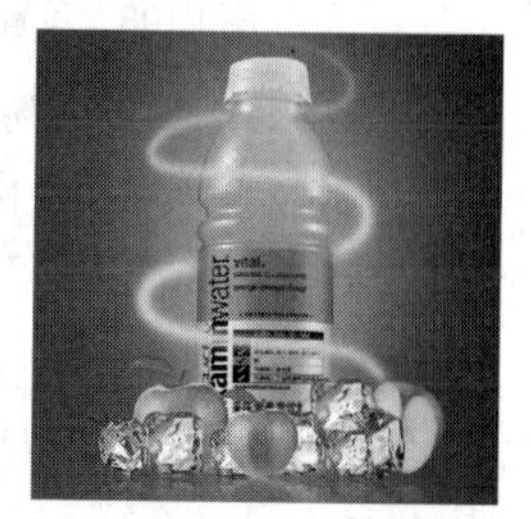

图6.195 隐藏图像

STEP 11 在“画笔”面板中，选择一个圆角笔触，将“大小”更改为20像素，“硬度”更改为100%，“间距”更改为300%，如图6.196所示。

STEP 12 勾选“形状动态”复选框，将“大小抖动”更改为85%，如图6.197所示。

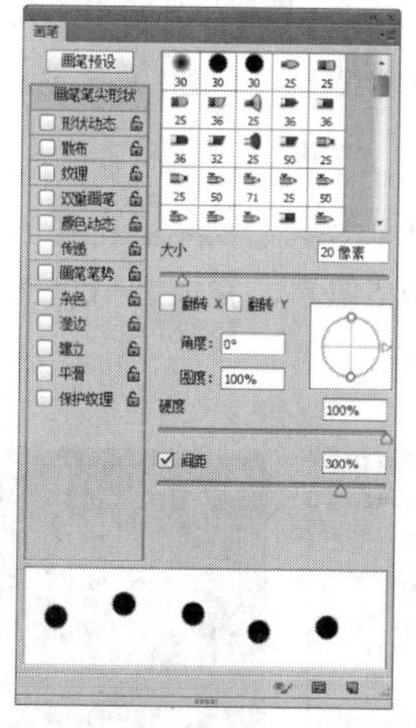

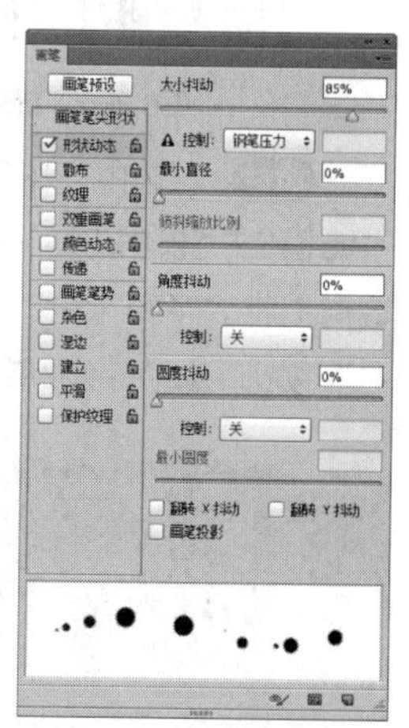

图6.196 设置画笔笔尖形状　图6.197 设置形状动态

STEP 13 勾选“散布”复选框，将“散布”更改为200%，将“数量抖动”更改为100%，如图6.198所示。

STEP 14 勾选“平滑”复选框，如图6.199所示。

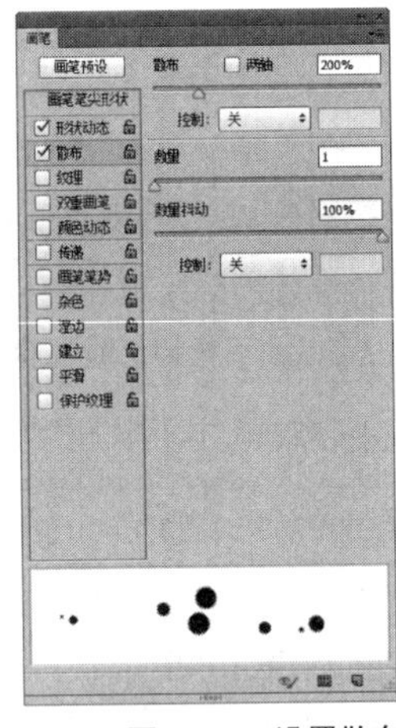

图6.198　设置散布

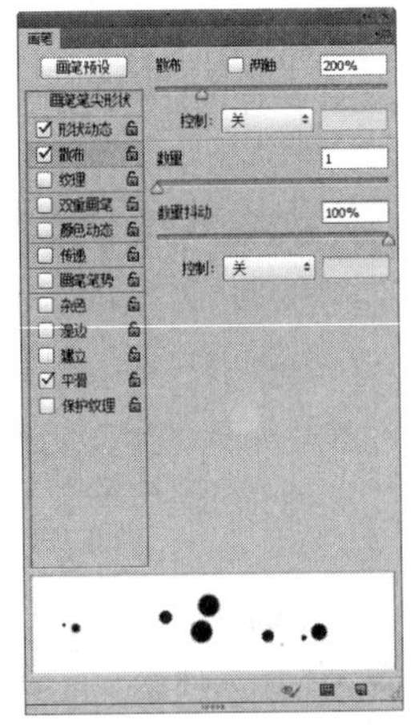

图6.199　勾选平滑

STEP 15 选中“椭圆1”图层，单击面板底部的“创建新图层”按钮，新建一个“图层2”图层，如图6.200所示。

STEP 16 将前景色更改为白色，选中“图层2”图层，在饮料图像位置涂抹以添加圆点图像，如图6.201所示。

图6.200　新建图层

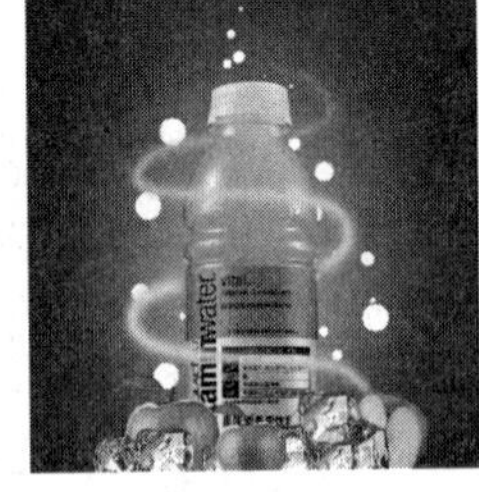

图6.201　添加图像

STEP 17 选中“图层 2”图层，执行菜单栏中的“滤镜”|“模糊”|“高斯模糊”命令，在弹出的对话框中将“半径”更改为5像素，完成之后单击“确定”按钮，如图6.202所示。

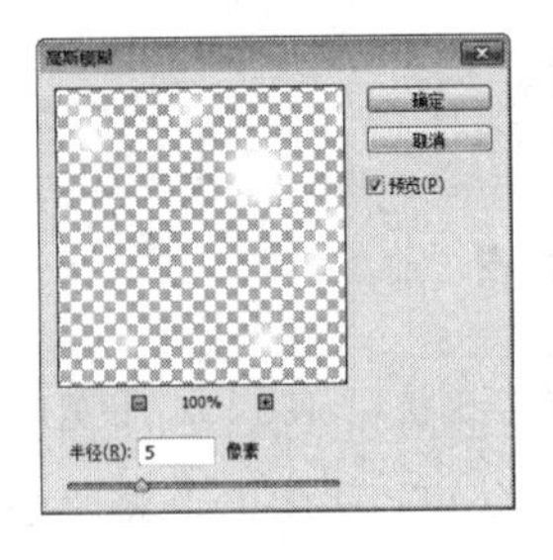

图6.202　设置高斯模糊

STEP 18 在“图层”面板中选中“图层2”图层，单击面板上方的“锁定透明像素”按钮，将透明像素锁定，如图6.203所示。

STEP 19 选择工具箱中的“画笔工具”，在画布中单击鼠标右键，在弹出的面板中选择一种圆角笔触，将“大小”更改为130像素，“硬度”更改为0%，如图6.204所示。

图6.203　锁定透明像素

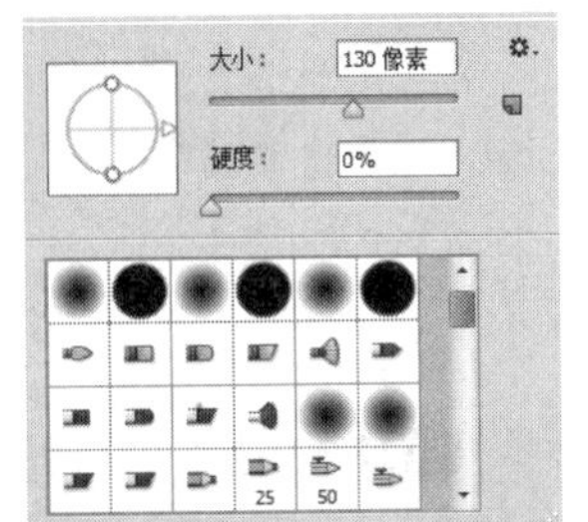

图6.204　设置笔触

STEP 20 将前景色更改为绿色（R：176，G：233，B：132），选中“图层2”图层，在该图像上单击以添加颜色，如图6.205所示。

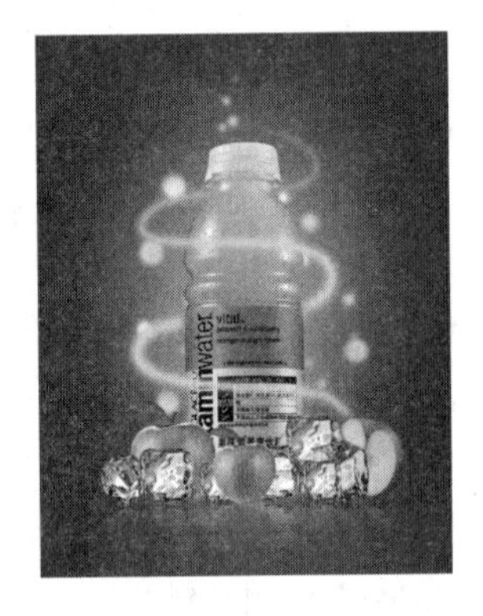

图6.205　更改部分图像颜色

6.5.4 添加文字并增强对比

STEP 01 选择工具箱中的“横排文字工具”T，在画布适当位置添加文字，如图6.206所示。

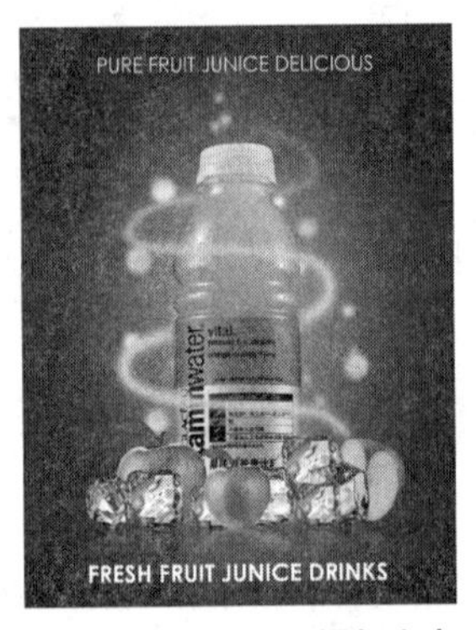

图6.206　添加文字

STEP 02 在“图层”面板中选中“PURE FRUIT JUNICE DELICIOUS”图层，单击面板底部的“添加图层样式”fx按钮，在菜单中选择“渐变叠加”命令，在弹出的对话框中将“渐变”更改为绿色（R：183，G：222，B：153）到绿色（R：130，G：175，B：96），完成之后单击“确定”按钮，如图6.207所示。

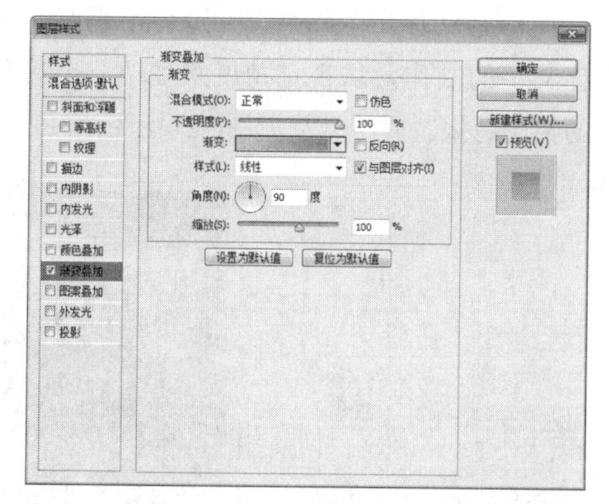

图6.207 设置渐变叠加

STEP 03 在“PURE FRUIT JUNICE DELICIOUS”图层上单击鼠标右键，从弹出的快捷菜单中选择“拷贝图层样式”命令，在“FRESH FRUIT JUNICE DRINKS”图层上单击鼠标右键，从弹出的快捷菜单中选择“粘贴图层样式”命令，双击“FRESH FRUIT JUNICE DRINKS”图层样式名称，在弹出的对话框中将“不透明度”更改为50%，如图6.208所示。

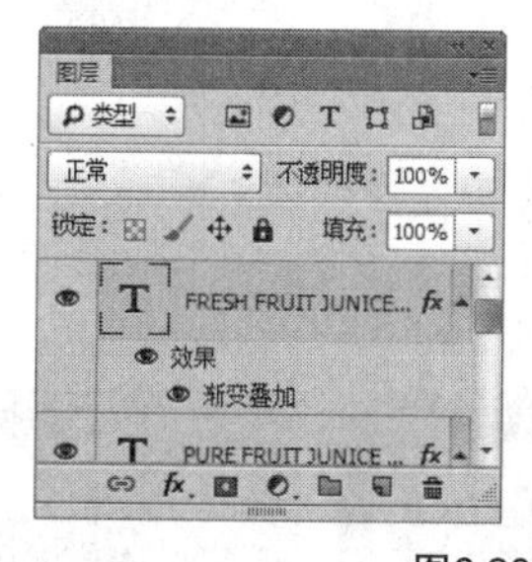

图6.208 复制并粘贴图层样式

STEP 04 单击面板底部的“创建新图层”按钮，新建一个“图层3”图层，如图6.209所示。

STEP 05 选中“图层3”图层，按Ctrl+Alt+Shift+E组合键执行盖印可见图层命令，如图6.210所示。

图6.209 新建图层　　图6.210 盖印可见图层

STEP 06 在“图层”面板中选中“图层3”图层，将其图层混合模式设置为叠加，“不透明度”更改为50%，这样就完成了效果制作，最终效果如图6.211所示。

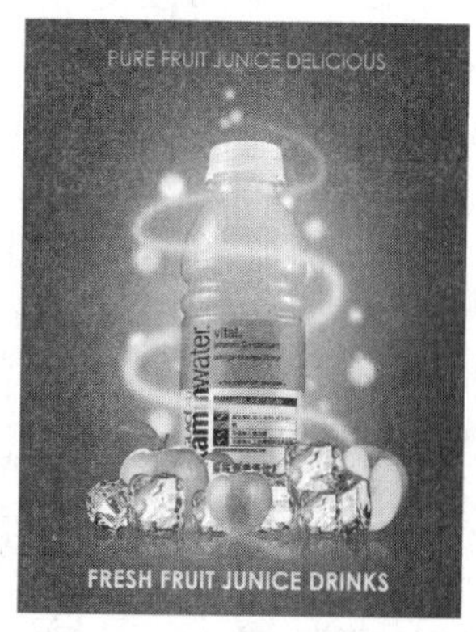

图6.211 最终效果

6.6 本章小结

海报是以图形、文字、色彩等诸多视觉元素为表现手段，迅速直观地传递政策、商业、文化等各类信息的一种视觉传媒。本章通过4个精选实例来讲解海报的制作过程，通过本章的学习可以掌握商业海报的设计技巧。

6.7 课后习题

海报设计是视觉传达的表现形式之一，通过版面的构成在第一时间内将人们的目光吸引，并使观看者获得瞬间的视觉刺激。本章安排了3个课后习题供读者练习，以巩固本章所学到的知识。

6.7.1 课后习题1——3G宣传海报设计

素材位置	素材文件\第6章\3G宣传海报设计
案例位置	案例文件\第6章\3G宣传海报设计.ai、3G宣传海报背景处理.psd
视频位置	多媒体教学\第6章\6.7.1　课后习题1——3G宣传海报设计.avi
难易指数	★★☆☆☆

本例主要讲解的是3G宣传海报设计制作，本广告的图形及色彩搭配十分舒适，将扭曲的图形搭配添加的素材，使整个广告十分谐调。最终效果如图6.212所示。

图6.212　最终效果

步骤分解如图6.213所示。

图6.213　步骤分解图

6.7.2 课后习题2——招聘海报设计

素材位置	素材文件\第6章\招聘海报设计
案例位置	案例文件\第6章\招聘海报设计.ai、招聘海报背景处理.psd
视频位置	多媒体教学\第6章\6.7.2　课后习题2——招聘海报设计.avi
难易指数	★★☆☆☆

本例讲解的是招聘海报设计制作。本例的制作过程稍显复杂，在整个设计过程中需要着重注意立体文字的制作，从视觉角度来呈现一个具有吸引力的招聘海报。最终效果如图6.214所示。

图6.214　最终效果

步骤分解如图6.215所示。

图6.215　步骤分解图

6.7.3 课后习题3——环保手机海报设计

素材位置	素材文件\第6章\环保手机海报设计
案例位置	案例文件\第6章\环保手机海报设计.ai、环保手机海报背景处理.psd
视频位置	多媒体教学\第6章\6.7.3 课后习题3——环保手机海报设计.avi
难易指数	★★☆☆☆

本例讲解的是环保手机海报设计制作，本例制作的过程始终遵循一种环保的原则，从素材图像的添加到整体的配色都围绕着产品本身的卖点进行设计。最终效果如图6.216所示。

图6.216 最终效果

步骤分解如图6.217所示。

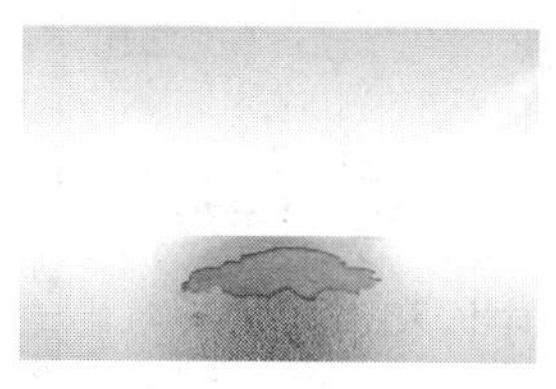

图6.217 步骤分解图

第7章

封面装帧设计

本章讲解封面装帧设计。封面装帧设计可以直接理解为书籍生产过程中的装潢设计艺术，它是将书籍的主题内容、思想在封面中以和谐、美观的样式完美体现，其设计原则在于有效而恰当地反映书籍的内容、特色和著作者的意图，设计的好坏在一定程度上影响人们的阅读欲望。本章通过数个实例的设计讲解封面装帧设计的思路。通过本章的学习可以透彻地了解封面装帧设计艺术，同时掌握设计的重点及原则。

要点索引

- 了解封面构成常用术语
- 了解文字的编排及应用
- 了解封面图片与色彩的应用
- 掌握封面装帧设计展开面的制作方法
- 掌握封面装帧立体效果的制作技巧

7.1 封面设计相关知识

封面设计是也叫做封面装帧设计，通过艺术形象设计的形式来反映产品的内容。封面设计通常是指对护封、封面和封底的设计，封面是书籍的外衣及脸面，封面设计就好比是给书籍穿上适合的“外衣”，一件好的装帧作品能给人以美感，或典雅端庄，或艳丽飘逸，或豪华精美…… 在琳琅满目的图书市场中，产品的装帧起到了一个无声的推销员作用，人们在购买书籍时，首先看到的就是书籍的封面，大多数时候可以说是封面把书籍推销给了读者。随着历史的前进和科学技术的发展，书籍作为人们的精神生活需要，它的审美价值日趋突出和重要，因为书籍封面的好坏可能会直接影响读者的购买欲望。

随着印刷技术的进步，我国机器印刷代替了雕版印刷，产生了以工业技术为基础的装订工艺，出现了平装本和精装本，由此产生了封面装帧方法在结构层次上的变化，封面、封底、扉页、版权页、护封、环衬、目录页和正页等成为新的封面设计的重要元素。封面设计的关键在于书的内容，因为它是为书籍内容服务的，在设计中会受到书籍内容的制约，封面设计还会受到开本的制约和设计方向的制约，例如中式翻页一般只能向右，西式翻页一般只能向左；封面设计要考虑书籍的整体形态，封面与封底、环衬、扉页、版式要内外协调，风格一致。

文字、图形和色彩是封面设计的三要素，设计者根据书的不同性质、用途和读者对象，把这三者有机地结合起来，从而表现出产品的丰富内涵，并以传递信息为目的，以美感的形式呈现给读者。

7.1.1 常用术语解析

书籍封面有很多组成部分，了解这些组成部分才能更好地设计封面，下面来讲解这些内容的专业名称及应用。

1. 封面

封面是指书刊外面的一层包装。封面也称为书封、封皮、外封等，又分封一、封二（属前封）、封三和封四（属后封）。有时特指印有书名、作者或编者、出版者名称等的第一面。

2. 封底

封底又称作封四，是书封的末页。一般图书在封底的右下方印统一书号和定价，期刊在封底印版权页，或用来印目录及其他非正文部分的文字、图片。封底与封面二者之间紧密关联，相互帮衬，相互补充，缺一不可。

3. 书封

书封也称作书衣、外封、皮子、封皮等（精装书称封壳），是包在书芯外面的，有保护书芯和装饰书籍的作用。书封分面（封面）与里（封里）和封一、封二（属前封）、封三、封四（属后封）。对于一般书籍，在封一印有书名及出版者名称，封四即封底印有定价或版权。书封通常用较厚的纸，但不能过厚以至于在折叠或压槽时开裂。

4. 勒口

书籍勒口是平装书的封面前口边大于书芯前口边宽约20～30mm，再将封面沿书芯前口切边向里折齐的一种装帧形式。封面或封底在开口处向内折的部分，并不是每本书都有勒口，但勒口可以加固开口处的边角，并丰富书封的内容。一是好看；二是封面不容易破损；三是一般在上面印上作者的照片、内容简介和书评等内容。

5. 书脊

书脊是指书刊封面、封底连接的部分，相当于书芯厚度，即书芯表面与书背的联结处。在印刷后加工，为了制成书刊的内芯，按正确的顺序配页、折页，组成书帖后形成平的书脊边。经闯齐、上胶或铁丝订，再加封面，形成书脊。骑马订的杂志没有书脊。书刊在书脊上通常印有书名、期号、作者、出版社名称或其他信息。

6. 压槽

压槽是在书籍的前后封和书脊连接的部位压出一条宽约3mm的软质书槽的工艺。在一些较长的阀芯上开一些深度为0.5~0.8mm、宽为1~5mm的凹槽来减小压力，使读者在打开封面时不会把书芯带起来。

7. 腰封

腰封也称作“书腰纸”，是在书封外另外套的一层可拆卸的装饰纸，属于外部装饰物。腰封一般用牢度较强的纸张制作，如可用铜版纸或特种纸。腰封包裹在书籍封面的腰部，其宽度一般相当于图书高度的三分之一，也可更大一些；长度则必须达到能包裹封面的面封、书脊和底封，而且两边还各有一个勒口。腰封上可印与该图书相关的宣传、推荐性文字。腰封主要作用是装饰封面或补充封面的表现不足，一般多用于精装书籍。

7.1.2 文字编排的应用

文字是封面设计中必不可少的组成部分，封面上可以没有图形，但绝不可以没有文字，文字在封面设计中应占非常重要的位置。文字既有语言意义，同时又是抽象的图形符号；它具备了最基本的设计要素的点、线、面，例如对于一个字可以看成一个点，一行字可以看成一条线，一段文字可以看到一个面，可以将这些设计要素组成作用于书籍封面设计中。特别是书名的设计，它是完全的文字形态，但通过文字的艺术处理，即可将其以图形符号来显示。因此，在封面设计中，以文字为主以图形为辅，文字与图形灵活布局，才能设计出好的封面效果。文字在封面中的应用如图7.1所示。

图7.1 文字在封面中的应用

图7.1 文字在封面中的应用（续）

在封面设计中所讲的文字编排是一种艺术表达形式，它是一种视觉语言的传达。在图文设计中，若想使画面主题突出，层次清晰，就需要对不同重点文字的内容进行不同的编排设计，这也是设计中常用的表现手法。好的文字编排设计可以愉悦人们的视觉感受，其意义深刻。因此，掌握好编排的技巧是相当重要的。

字体编排的设计要素主要包括字体、字号、字间距等，下面将针对中、英文字体编排的技巧进行详细讲解。

1. 中文字体编排技巧

- 字体

顾名思义，字体是指文字的风格相貌。比如中文字体可分为黑体、粗黑、宋体、大标宋、楷体、隶书等，这些字体都有自己的属性特征，所呈现出来的感情与意义也是不尽相同的。

字体的选择在很大程度上影响着整个画面版式的结构，在设计中没有最美的字体，只有最合适的字体，选择合适的字体才能表达正确的画面语言。

- 字体的结构

在运用文字的编排之前，我们先来了解一下汉字的结构。在汉字中，字体结构主要分为左右结构、上下结构、上中下结构、左中右结构、半包围结构和全包围结构等。左右结构即是将汉字分为左右两部分的汉字；上下结构即是分为上下两部分的汉字；上中下结构即是分为上、中、下这3个部分的汉字；

左中右结构是指分为左、中、右这3个部分的汉字；半包围结构比较特殊，是指汉字的偏旁部首占据整个汉字的一半，如庞、氛等；全包围结构是指汉字的偏旁部首将内部的文字或部首全部包围，如囚等。字体结构如图7.2所示。

图7.2 字体结构图示

加强对字体结构的认识可以帮助提高字体设计的能力。一种新的字体的产生，往往先是从结构入手，在遵循一定原则的基础之上，从而创新衍生出一种新的字体。

• 字体的情感意义与合理搭配

在汉字中，不同字体的感情意义是不同的，有的优美、有的清秀、有的醒目、有的钢直、有的欢快、有的轻盈、有的苍劲、有的古朴、有的活泼、有的严谨……对于不同的内容需要选用不同的字体来体现。

黑体、粗黑体的造型特征醒目、简洁、有力，常用于大标题的使用，使用此类造型特征的字体可以很好地突出标题，吸引人的注意；而相比之下，宋体、大标宋等字体造型清秀、轻盈，一般适合于正文的使用。

封面文字除了选择恰当的字体外，还要注意字体笔画的清晰度和识别性，要具有较高的可读性，不要选择不容易读懂的字体。虽然随着时代的发展，字体也变得越来越多，但有些小众的字体在选择上要特别注意，尽量不要将主题文字设置成这些字体，不要只注意形式美感而忽略了信息传递的功能，以免造成误读，影响阅读兴趣，影响书籍与读者的交流。当然，在封面设计中字体可选用多种形式的艺术字体，例如一些书法体、美术体、印刷体等。利用这些字体可以让设计更具有强烈的艺术感染力。

值得注意的是，并不是所有的标题和正文都需要用黑体与宋体来表现，也存在特殊情况。在设计中，就需要善于把握不同表现主题的内在意义来选用不同表达意义的字体来呈现。例如图7.3所示：一本新闻类的杂志，在标题上就可以选用具有代表权威性特征的粗黑体，而如果设计的版面是娱乐性杂志，这就需要考虑选用其他的字体，例如严谨而不失活泼综艺体、汉真广标字体等。字体编排设计图示如图7.3所示。

图7.3 字体编排设计图示

由此可以得知，构成版面的元素有很多，要学会善于选用字体，合理灵活搭配运用，如此方能更好地表达主题，增强视觉表现力。在设计中要注意英文字体的合理搭配，一般标题采用较为粗重字体的时候，正文就适宜选用简洁干净的字体，这样能使画面形成虚实、强弱的对比，有利于增强画面的视觉表达力与艺术感。

• 字号

字号即字体的大小。字体大小的标准主要包括号数制和点数制。号数制是用来计算汉字铅活字大小标准的制度。目前的字号有初号、小初号、一号、小一号、二号、小二号、三号、四号、小四号、五号、小五号、六号和小六号。点数制是国际通用的一种计量字体大小的标准制度，英文是“point”。因各个字母的深宽度不同，所以其点数只能按长度来计算，1点为0.35 mm，72点为1 inch。

封面设计的字号设置不同，产生的视觉效果也不同。书名一般采用较大的字号，以突出主题，而作者名和出版社名称等可以选用较小的字号，以辅助的形式出现。字号与点数之间的计算关系及用途如图7.4所示。

号数	点数	用途
初号	42	标题
小初号	36	标题
一号	27.5	标题
小一号	24	标题
二号	21	标题
小二号	18	标题
三号	15.75	标题、正文
四号	13.75	标题、正文
小四号	12	标题、正文
五号	10.5	书刊正文
小五号	9	注文、报刊正文
六号	7.87	脚注
小六号	7.78	注文

图7.4　字号与点数之间的计算关系及用途

- 字号大小的灵活运用

字号大小的选用在版面设计中有着举足轻重的作用，它直接影响着版面的格局，决定着版面的布局与层次。相同内容的文字，通常情况下字号越大越具有吸引力，越突出。但这条规则并不适用于所有情况，还需要根据实际信息内容而定。一般标题采用大字号，以达到突出主题、醒目的视觉效果。字号大小的不同应用效果如图7.5所示。

此版面字号大小对比弱，体现不出画面的标题与重点，整个版面感觉呆板，没有活力。

图7.5　字号大小的不同应用效果

此版面字号大小运用对比强烈，主题突出，虚实对比明显，版面格局清晰简洁，视觉感强烈。

图7.5　字号大小的不同应用效果（续）

小字号在版面中也可以起到活跃画面、画龙点睛的作用。比如企业的标志，将其单独放于画册版面的左上角或右下角，这并不会显得单薄，反而会给人以简约且有足够的分量感的视觉平衡感受。

同时值得注意的是，小字号的文字在版面中也不宜应用太多，否则画面会显得散乱无章，毫无视觉凝聚力，从而影响阅读。小字号文字在版面中的应用效果如图7.6所示。

① 凝聚视觉的版面

此处画面版式干净简洁，位于版面右下角的标志与左上角的图文起到很好的呼应效果，也是画龙点睛之笔。

② 散乱无章的版面

此幅版面画面零散，过小字号的文字应用太多，主题不明显，影响了视觉阅读。

图7.6　小字号文字在版面中的应用效果

- 字距、行距与段距

通常，在平面设计中，我们将字与字之间的距离称为字距，将行与行之间的距离称为行距，将段落与段落之间的距离称为段距。

在版面设计中，段落文字的编排是相当重要的一个环节，而在进行文字段落编排时，就需要注意字距、行距以及段距之间的调整与设置。字距、行距与段距之间参数的调整将会影响整个版面的格局。

通常情况下，在篇幅大的段落中，可将字距设置为默认字距或者稍小一点，而行距就要适当增大，因为篇幅大的段落本身文字信息就很多，如果行距过于紧密就会给人很紧的视觉感受，不利于阅读。字距、行距与段距效果如图7.7所示。

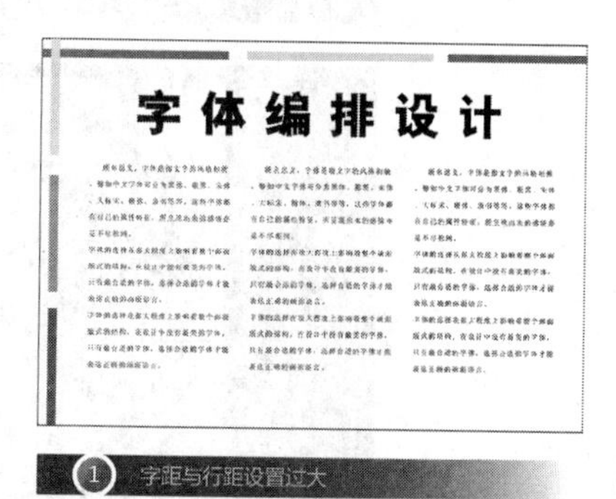

2 合适的字距与行距设置

图7.7 字距、行距与段距效果

而在篇幅小的段落文字信息中，也并不一定要缩短行距，这样不一定美观。对于字距、行距与段距参数的设置，需要依据实际版面的设计需求，参数设置不宜过大，否则会使画面显得散乱，但也不宜过小，要尽量满足阅读的舒服性与自然性，以不影响正常阅读为宜。行距的不同应用效果如图7.8所示。

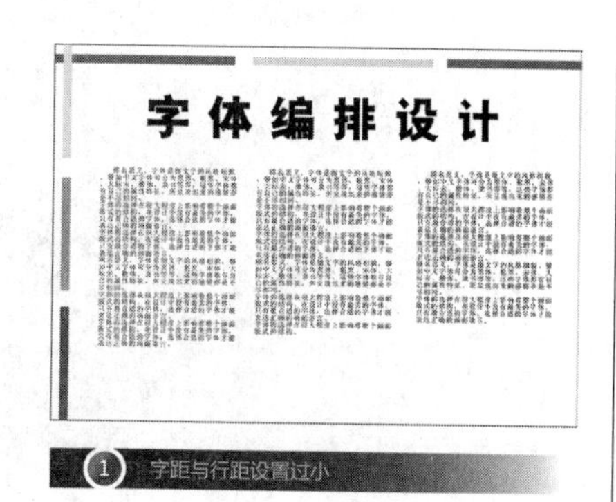

图7.8 行距的不同应用效果

2 合适的字距与行距设置

图7.8 行距的不同应用效果（续）

2. 英文字体编排技巧

• 字体的应用

在英文字体中，不同字形所表达的意义也是不同的。常用的英文字体有Helvetica、Times New Poman、Arial、Myriad Pro等，而Times New Poman 、Arial和Helvetica常应用于标题的使用， Myriad Pro常应用于正文的使用。

对于英文的编排也要遵循设计的基本原则，突出主题，分清层次。在字号的应用上应按突出大小对比的设计原则，增加版面的活力与动感。字体的应用效果如图7.9所示。

1 不和谐的字体搭配

此处大标题运用了较为纤细的字体，使得画面主题不够突出醒目；同时正文粗黑字体的应用又显得较为沉重，不利于阅读。

2 和谐的字体搭配

此幅页面的设计较为符合视觉感受，粗重大标题的应用突出了主题，正文清爽字体的应用显得简洁，利于阅读。

图7.9 字体的应用效果

• 字号的应用

英文中的粗体给人以坚毅有力的感觉，这种类型的字体常用于突出版面主要内容的文字。同样的，常规体的文字可应用于一般版块的文字内容。

字号的应用效果如图7.10所示。

06.24.2012/SUNDAY
NOT TO BE MISSED NIGHT
OF THE DANCE FROM SPAIN SHENG
SPAIN DANCE
The top team from the apanish dance
masterpiece
Hige-end dance equipment
Magnificent stage effect light
Pageantry
Cordially invite you to join
SPAIN DANCE

① 字号大小的合适应用

② 字号大小的颠倒应用

此处大标题使用了大字号的字体，次要内容则取用了相对合适大小的字号，版面主题突出，对比明显，层次关系清晰。

此幅版面的字号大小关系混乱，主题不明显，版面呆板、无次序。

图7.10　字号的应用效果

- 字距、行距的应用

对于英文字体的字距、行距以及段距等之间的关系也可参考中文字距、行距及段距等之间的设计技巧。

7.1.3 文字设计技巧

文字在封面设计中占有重要的地位，那么文字应该如何设计，有没有什么技巧呢？下面根据大量设计师实践而来的经验，总结讲解几种文字设计中的技巧。

1. 文字配色技巧

根据封面类型的不同，文字的配色使用技巧也不同，例如一些较华丽的杂志封面，文字的颜色在使用上就讲究比较鲜艳；一般在一些科普性的封面设计中，则颜色的使用又比较中规中矩。黑白色文字是比较常用的两种颜色的文字，这种文字一般适合一些副标题或说明性文字，因为一些大标题或重点的文字可以添加其他色彩的文字，使其更加醒目。这里需要特别注意的是，封面设计的颜色都不是随便添加的。在封面设计中，一般常用的方法是将封面中的图片与文字颜色进行匹配，使图片与文字的颜色相响应，这样可以使整个设计风格更加统一、自然。图7.11中，一个封面采用蓝色为主色调，将封面文字与图片上的红色进行呼应，使整个设计更加统一，更加醒目；另一个封面采用洋红色为主色调，将封面文字与粗细不同的线条颜色相统一，使整个设计更加协调。

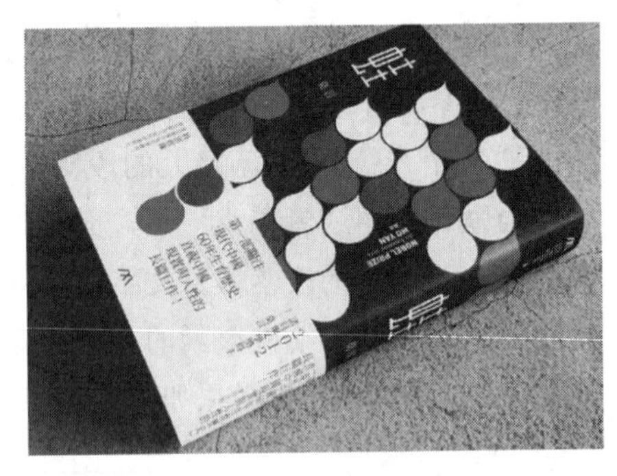

图7.11　文字配色的应用效果

2. 文字的位置

对于封面文字的摆放一般要与图片和底色相结合，一般要注意背景颜色深的地方要用浅色，背景颜色浅的地方要使用深色的文字，深浅的搭配更能体现出明暗效果，使文字更加突出。文字的摆放位置效果展示如图7.12所示。

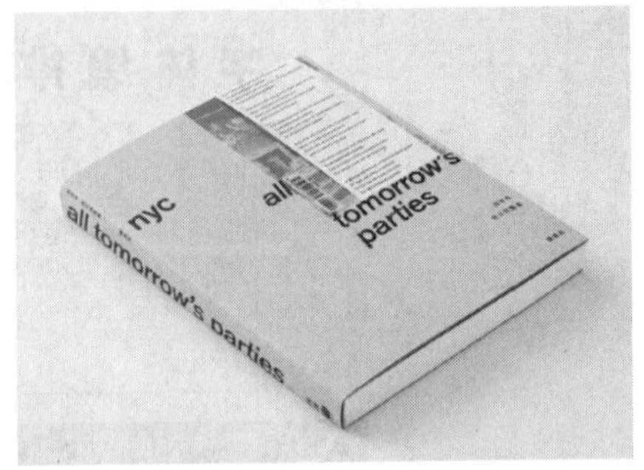

图7.12　文字的摆放位置效果展示

图7.12 文字的摆放位置效果展示（续）

3. 字体的使用

在使用封面文字时，还要注意运用不同的字体，例如隶书、楷书、行书、宋体、黑体、圆黑体和综艺体等，同时还要注意字体的样式，例如粗体、斜体和仿斜体等。在封面设计中，不同字体的混合使用往往能达到艺术化的效果，而且还可以减少视觉疲劳，更加吸引用户注意。特别是杂志的设计，一些主要的标题一般都是在封面中展现的，这更加需要设计师将这些主题以不同的字体、样式和一些图片、色块相结合，以彰显杂志的精彩看点，吸引读者去深入阅读。不同的字体使用效果如图7.13所示。

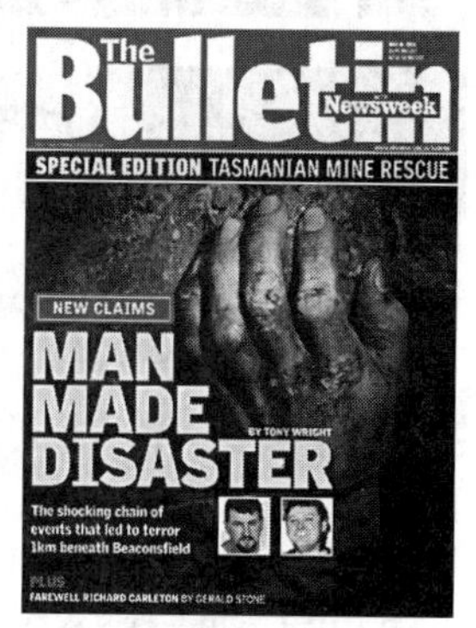

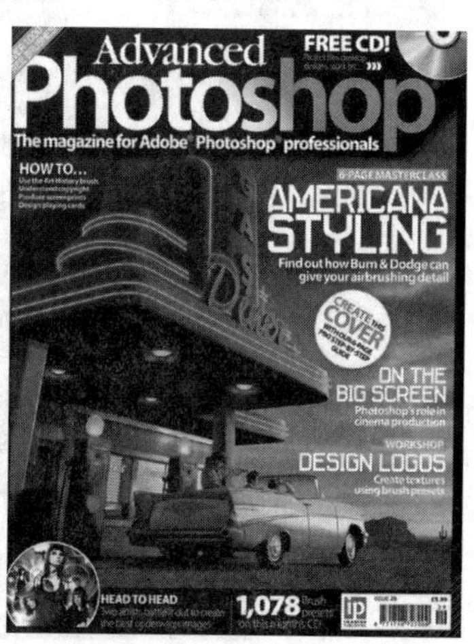

图7.13 不同的字体使用效果

4. 文字的编排

文字的编排与封面设计也有很大的关系，文字可以与封面构图结合使用，封面文字一般以书名为主体，作者和出版社等信息为辅。通常，在封面设计中所讲的文字编排是一种艺术表达形式，它是一种视觉语言的传达。在图文设计中，若想使画面主题突出、层次清晰，就需要对不同重点文字的内容进行不同的编排设计，这也是设计中常用的表现手法。好的文字编排设计，可以愉悦人们的视觉感受，其意义深刻。因此，掌握好编排的技巧是相当重要的。不同文字的编排位置效果如图7.14所示。

- 文字垂直排列可以将封面设计成垂直构图，文字在垂直构图中可以上居中、下居中、居左、居右、居中垂直等。垂直构图可以形成严肃、刚直、庄重、高尚的风格。
- 文字水平排列可以将封面设计成水平构图，文字在水平构图中可以水平居中、水平居上、水平居左、水平居右等。如果将主题文字放在中间会让人感觉沉稳、古典、规矩；在书的上部令人感觉轻松、飘逸；居左靠近书口的一边有动感，有向外的张力；在下部让人感觉压抑、沉闷；水平构图给人以平静、安定、稳重的感觉。
- 文字倾斜构排列可以将封面设计成倾斜构图，倾斜构图可以表现动感，打破过于死板的画面，以静求动。主题文字的倾斜排列令画面活跃有生气，运用合理有助于强化书籍主题。
- 文字聚焦排列可以使封面设计呈现一种安定的秩序感，并能增强视觉冲击力。在人的心理上产生紧张密集的感觉，从而吸引读者的注意力。

图7.14 不同文字的编排位置效果

图7.14　不同文字的编排位置效果（续）

7.1.4 图片设计技巧

封面设计有时候离不开图片，一张恰当的图片可以使书籍内容更加清晰明了，也可以使封面设计更加生动、华美，易与读者产生共鸣。图片的内容丰富多彩，最常见的如人物、动画、植物、风景等，以及我们所有看到的、想到的；图片的选择也可以包括很多种，例如摄影图片、手绘图片等，可以是写实的、抽象的或写意的。

一般休闲类书籍杂志是最大众化的，通常选择当红的影视明星或模特来做封面图片；而科普性的书籍则是知识性书籍，比较严谨，一般选择与大自然有关的先进科技成果图片；体育类书籍杂志则选用体坛或竞技场面图片；新闻类的书籍杂志则选择与新闻有关的人物或场面；摄影、美术刊物的封面可以选择优秀摄影和艺术作品，它的标准是艺术价值；而对于说明书之类则要选择突出产品的个性化及性能要点，利用产品图片突出产品的个性化即可。

一般少儿读物、通俗读物、文艺或科技读物的封面多采用写实手法，这样可以增加读者对具体形象的理解，更具科学性和准确性。一些科技、政治和教育等方面的书籍通常采用抽象手法，因为对于这些很难用具体的形象去表达，运用抽象手法可以使读者体会其中的含义；文学封面上多采用写意手法，有些像中国的国画，着重抓住事物的形和神，以简练的手法获得具有韵味的情调和感人的联想。图片在封面设计中的不同应用效果如图7.15所示。

图7.15　图片在封面设计中的不同应用效果

7.1.5 色彩设计技巧

封面除了文字和图片外，还要注意色彩的处理。色彩的应用要根据书籍的内容进行设计，不同色彩所表现的内容也会不同。书名是书籍的重点部分，所以在色彩应用上要尽量使用纯正的颜色。

由于儿童天性活泼，对万物充满好奇，因此儿童书籍封面富有童趣的画面更能吸引孩子的目光，所以在色彩运用上要梦幻，色彩要鲜明，并减弱各种颜色的对比度，强调柔和、温暖的感觉，设计风格也应充满童趣；对于女性书籍封面可以根据女性的特征进行设计，在色彩的选择上要选择温馨、妩媚、典雅、高贵的色彩；艺术类书籍封面的色彩要有艺术性，表现上要注意有深度、有内涵，切不可媚俗；体育类书籍封面要强调色彩的对比，使用具有冲击力的色彩，给人以刺激、兴奋的感受；时装类书籍色彩要明快、青春、个性并要追求时代潮流；科普类书籍封面色彩可以强调神秘、真挚、和平的感觉。

在色彩的应用上，除了色彩的统一外，还要注意色彩的对比关系。通常在色相环之中，我们把每一个颜色对面（180度对角）的颜色称之为“对比色”。比如红与绿、蓝与橙、黄与紫。将这样具有鲜明对比的色彩放于同一个画面之中，会给我们带来强烈的视觉冲击感。色彩的对比包括色相对比、明度对比、饱和度对比、冷暖对比等，这些元素都是构成具有明显色彩效果的重要因素，也就是说，这些元素的对比越强烈，整个对比就会越明显。色彩不同对比效果如图7.16所示。

• 色相对比：即颜色的对比，“色”是指色彩、颜色，“相”是指相貌，此处的色相对比可以简单地理解为色彩的相貌、样子，例如红色、蓝色、绿色等。

• 明度对比：是指色彩的亮度对比，色彩的亮度越大，明度也就越大，反之明度对比值就越弱。

• 饱和度对比：是指色彩的纯度、鲜明度，纯度越高，响应的饱和度也就越大。举一个简单的例子：一个没有掺入任何杂质的水晶，其纯度是相当高的；而掺入杂质的水晶，其表现出来的色泽就会暗淡，纯度也就大大降低了。

• 冷暖对比：是指色彩给人感观上的对比，是平面设计中常用的一种对比手法，例如红色、黄色就是暖色，蓝色、绿色就是冷色，而冷色和暖色同时也是相对应而存在的，没有绝对的冷色，也没有绝对的暖色，比如同样是黄色，橘黄色就比土黄色显得冷一些。画面中的冷、暖色调就决定了整个画面的主色调，加强冷暖对比的应用可以大大增加画面的层次感，这也是绘画艺术中所讲的：在同一个画面中，冷色会往后走，暖色会往前靠，这样一前一后，画面层次感就出来了，也就有了所谓的画面空间立体感。

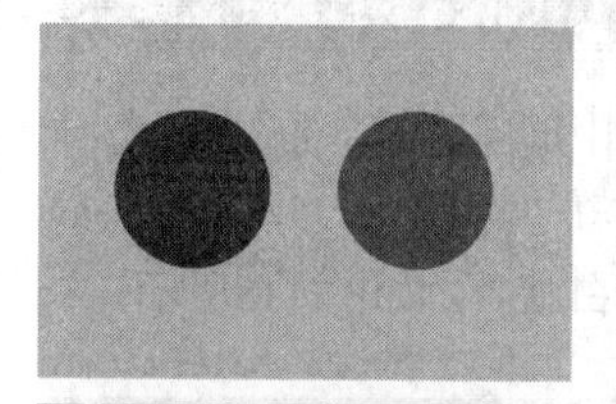

① 色相对比

画面中的这两个圆形，我们所能感受到的一个是红色，一个是蓝色。这两个色彩是属于不同色系的色彩，也可以说它们的色相是不同的。

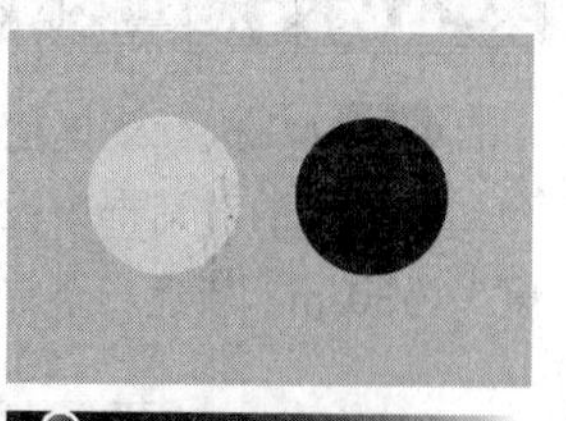

② 明度对比

从视觉上来讲，黄色的圆形比深红色的圆形明度上要亮一些，而深红色明度要暗一些。

③ 饱和度对比

同样是黄色的图形，三角形的饱和度比圆形的饱和度要高。

④ 冷暖对比

在色彩心理学上看来，黄色三角形比蓝色圆形的色调看起来要暖一些。

图7.16 色彩不同对比效果

7.2 科技封面装帧设计

素材位置	素材文件\第7章\科技封面
案例位置	案例文件\第7章\科技封面平面效果设计.ai、科技封面展示效果制作.psd
视频位置	多媒体教学\第7章\7.2 科技封面装帧设计.avi
难易指数	★★☆☆☆

本例讲解科技封面装帧设计，本例在制作过程中围绕科技公司的定位，特别选用与公司定位相关的素材图像相结合，封面的展示效果最能直观地体

现出封面的设计感，在本例中以木纹图像作为背景与绿色生物科技相结合，整个展示效果相当不错，最终效果如图7.17所示。

图7.17　最终效果

7.2.1 使用Illustrator制作平面效果

STEP 01 执行菜单栏中的“文件”|“新建”命令，在弹出的对话框中设置“宽度”为42cm，“高度”为30cm，新建一个空白画布，如图7.18所示。

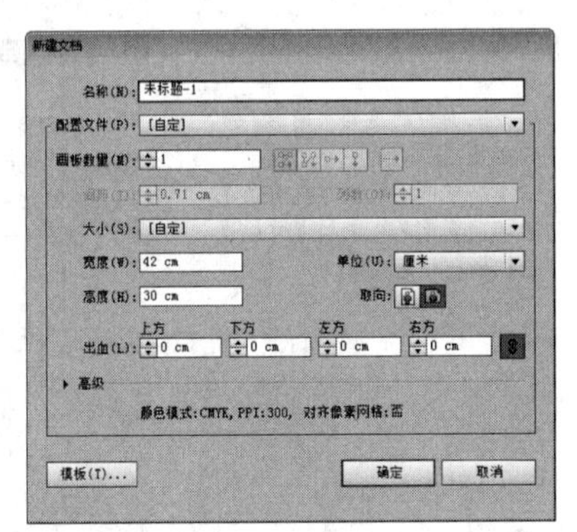

图7.18　新建文档

STEP 02 选择工具箱中的“矩形工具”，将“填色”更改为灰色（R：250，G：250，B：250），绘制一个与画布大小相同的矩形，如图7.19所示。

图7.19　绘制图形

STEP 03 执行菜单栏中的“文件”|“打开”命令，打开“线条图.ai”文件，将打开的素材图像拖入画布中，将其复制3份，并分别调整大小并放在不同的位置，如图7.20所示。

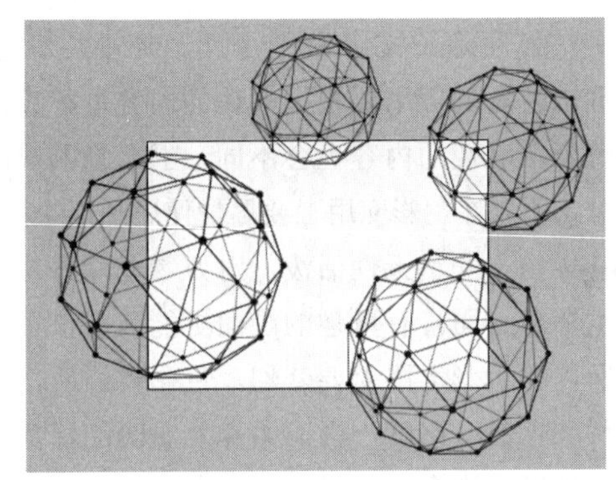

图7.20　添加素材

STEP 04 将刚添加的素材全部选中，将其“不透明度”更改为20%，如图7.21所示。

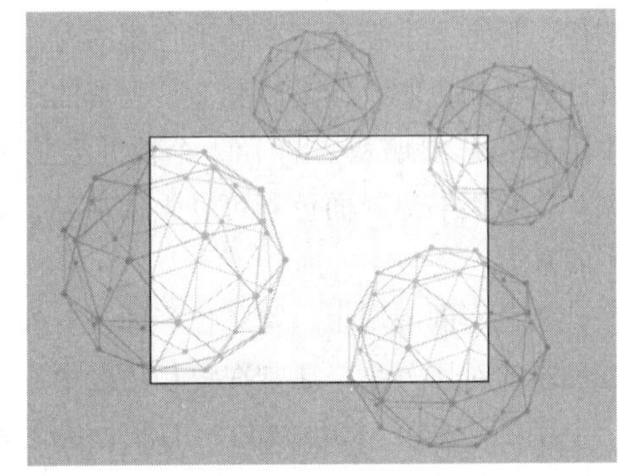

图7.21　修改不透明度

STEP 05 选择工具箱中的“直线段工具”，将“填色”更改为无，“描边”更改为灰色（R：176，G：176，B：176），“粗细”更改为1pt，在画板左上角位置绘制一条倾斜的线段，如图7.22所示。

STEP 06 选中线段图形，按住Alt键并向右下角方向拖动将其复制出一份，如图7.23所示。

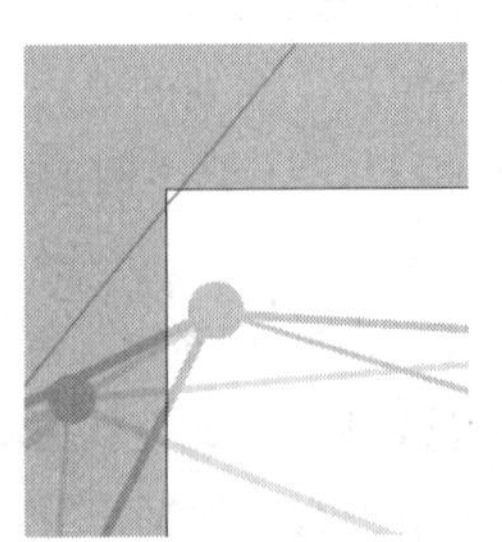

图7.22　绘制图形

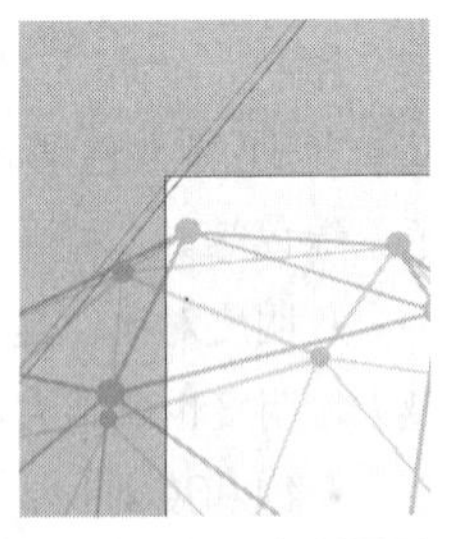

图7.23　复制图形

STEP 07 按住Ctrl+D组合键执行上一次操作命令，直至铺满整个画板，然后将线条全部选中，将其“不透明度”更改为20%，如图7.24所示。

图7.24 复制图形

技巧与提示

按住Ctrl+D组合键可连续复制图形。

STEP 08 选择工具箱中的“矩形工具”，将“填色”更改为任意颜色，绘制一个与画布相同大小的矩形，如图7.25所示。

图7.25 绘制图形

STEP 09 同时选中所有图形，单击鼠标右键，从弹出的快捷菜单中选择“建立剪切蒙版”命令，将多余的线段隐藏，如图7.26所示。

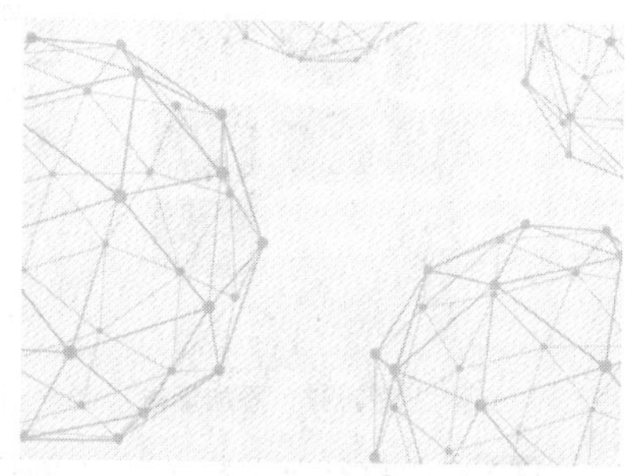

图7.26 建立剪切蒙版

STEP 10 执行菜单栏中的“视图”|“标尺”|“显示标尺”命令，此时工作区内侧边缘将出现标尺，在左侧标尺上按住鼠标左键并向右侧拖动创建一个参考线，在选项栏中“X”后方的文本框中输入21cm，如图7.27所示。

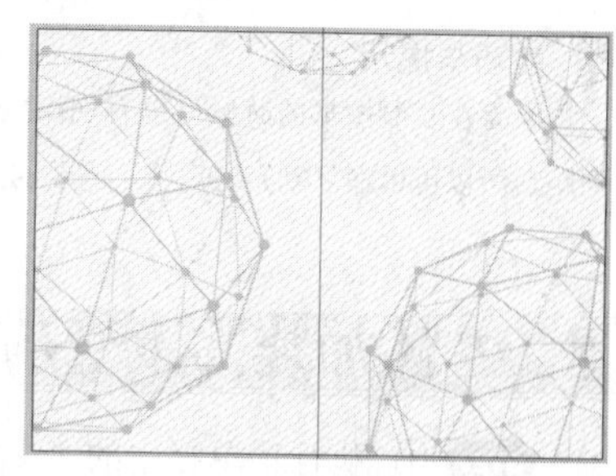

图7.27 新建参考线

技巧与提示

按Ctrl+R组合键可快速显示或者隐藏标尺。

技巧与提示

执行菜单栏中的“视图”|“参考线”|“建立参考线”命令同样可以创建参考线。

STEP 11 选择工具箱中的“圆角矩形工具”，将“填色”更改为绿色（R：38，G：160，B：70），在参考线右侧位置绘制一个圆角矩形，如图7.28所示。

STEP 12 选中圆角矩形将其复制多份，如图7.29所示。

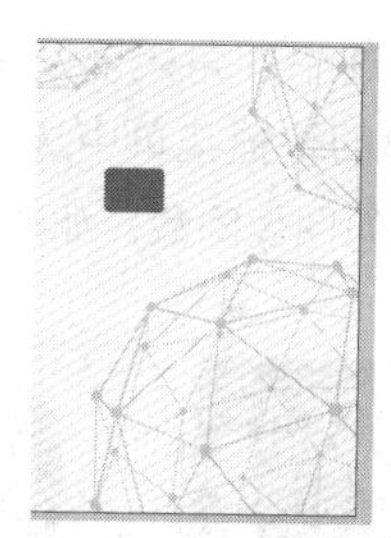

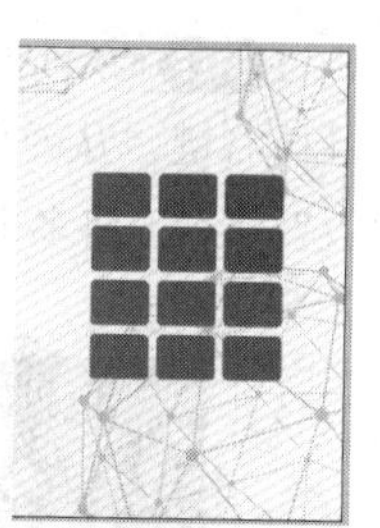

图7.28 绘制图形　图7.29 复制图形

技巧与提示

在绘制圆角矩形的时候按键盘上的向上或者向下方向键可以更改圆角半径。

STEP 13 选中底部左侧的两个图形，按Delete键将其删除，如图7.30所示。

STEP 14 选中右侧部分图形，将其图形颜色更改为红色（R：230，G：0，B：18），如图7.31所示。

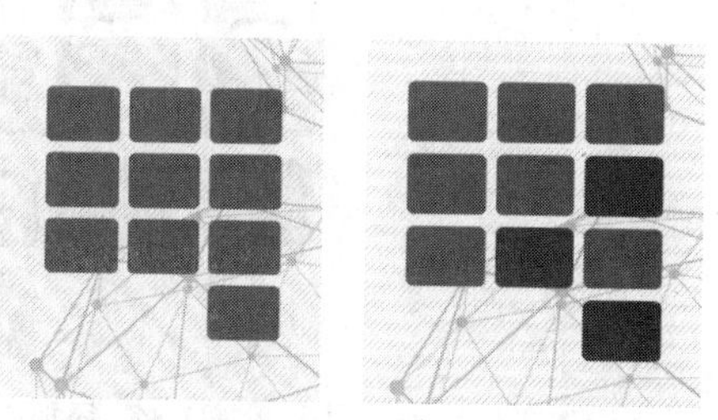

图7.30 删除图形　图7.31 更改图形颜色

技巧与提示

因为在复制图形的时候可以有规律地复制以保持同样的间距，所以可以在复制完之后将不需要的图形删除。

7.2.2 添加装饰素材及文字

STEP 01 执行菜单栏中的“文件”|“打开”命令，打开“花草.jpg”文件，将打开的素材图像拖入画板中左上角圆角矩形位置，单击鼠标右键，从弹出的快捷菜单中选择“排列”|“后移一层”命令，如图7.32所示。

图7.32 添加素材并更改顺序

STEP 02 同时选中圆角矩形及素材图像，单击鼠标右键，从弹出的快捷菜单中选择“建立剪切蒙版”命令，将多余的图像隐藏，如图7.33所示。

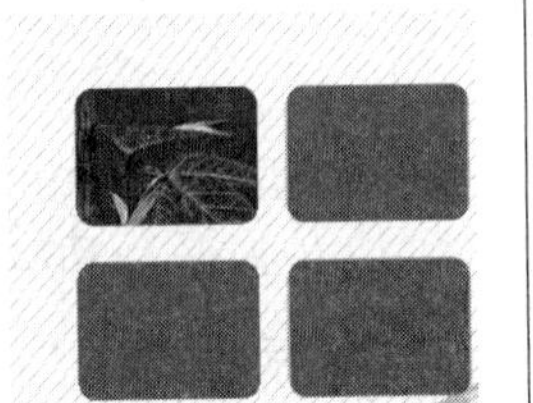

图7.33 建立剪切蒙版

STEP 03 以同样的方法添加其他3个素材图像，并以同样的方法建立剪切蒙版隐藏多余图像，如图7.34所示。

图7.34 添加素材并隐藏图像

STEP 04 选择工具箱中的“钢笔工具”，将“填色”更改为绿色（R：38，G：160，B：70），在刚才绘制的圆角矩形之间位置绘制一个不规则图形将其连接，如图7.35所示。

STEP 05 选中绘制的图形并将其复制并移至其他圆角矩形之间将其连接，修改红色连接位置的颜色为红色（R：230，G：0，B：18），如图7.36所示。

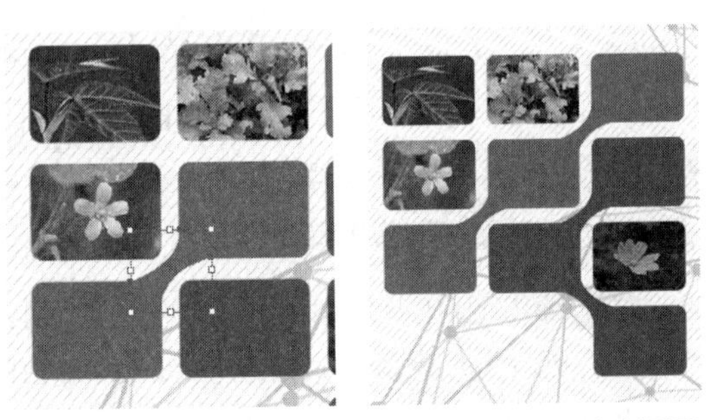

图7.35 绘制图形　　图7.36 复制图形

技巧与提示

将红色圆角矩形连接时可以在选中连接图形之后选择工具箱中的“吸管工具”，然后直接在红色的圆角矩形上单击即可更改其颜色。

STEP 06 执行菜单栏中的“文件”|“打开”命令，打开“Logo.psd”文件，将打开的素材图像拖入画布中适当位置，如图7.37所示。

STEP 07 选择工具箱中的“文字工具”T，在画布适当位置添加文字，如图7.38所示。

图7.37 添加素材　　图7.38 添加文字

STEP 08 执行菜单栏中的“文件”|“打开”命令，打开“清晨.jpg”文件，将打开的素材图像拖入画布中的适当位置，如图7.39所示。

STEP 09 选择工具箱中的“矩形工具”，将“填色”更改为白色，在添加的素材图像上绘制一个矩形，如图7.40所示。

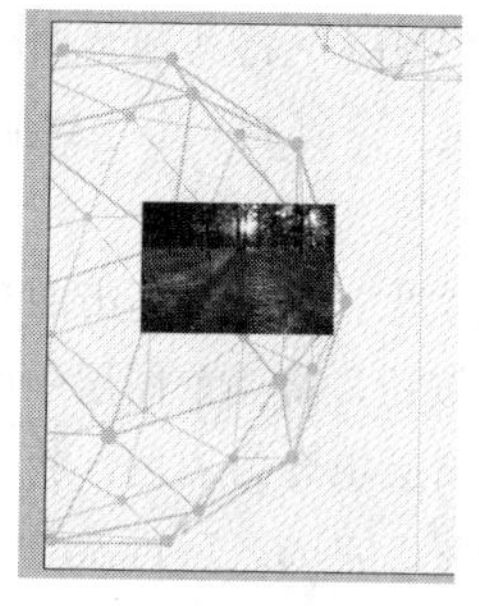
图7.39 添加素材

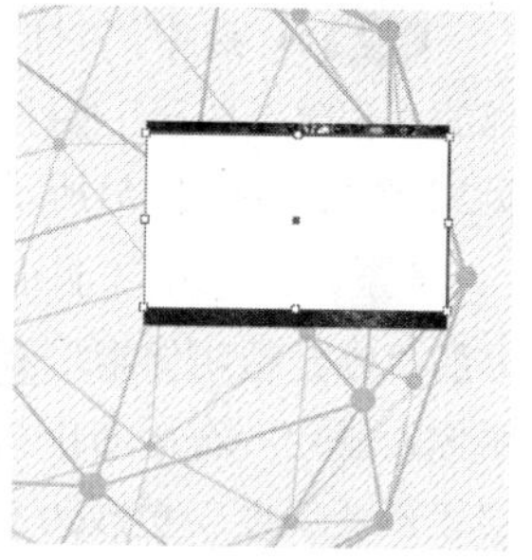
图7.40 绘制图形

STEP 10 同时选中矩形及素材图像，单击鼠标右键，从弹出的快捷菜单中选择“建立剪切蒙版”命令，将多余的图像隐藏，如图7.41所示。

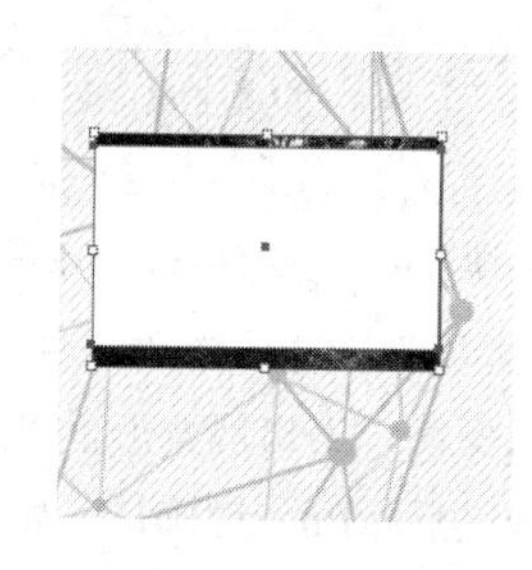

图7.41 建立剪切蒙版

STEP 11 将Logo和文字复制一份移动到左侧，这样就完成了效果制作，最终效果如图7.42所示。

图7.42 最终效果

7.2.3 使用Photoshop处理封面图形

STEP 01 执行菜单栏中的“文件”|“新建”命令，在弹出的对话框中设置“宽度”为20厘米，“高度”为15厘米，“分辨率”为150像素/英寸，“颜色模式”为RGB颜色，新建一个空白画布，如图7.43所示。

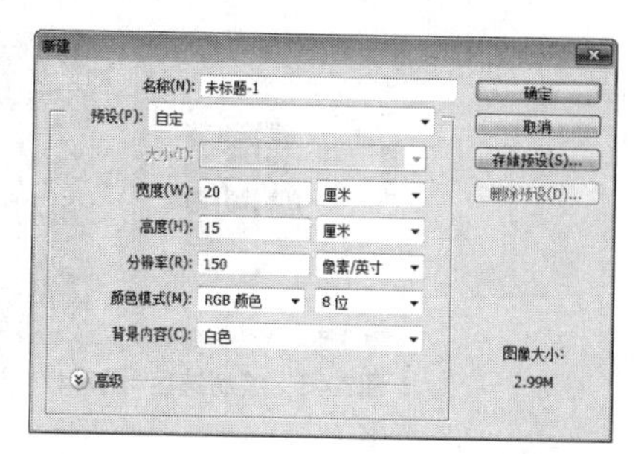

图7.43 新建画布

STEP 02 执行菜单栏中的“文件”|“打开”命令，打开“木纹.jpg”文件，将打开的素材拖入画布中并适当缩小，按Ctrl+E组合键将其与“背景”图层合并，如图7.44所示。

图7.44 添加素材

STEP 03 执行菜单栏中的“文件”|“打开”命令，打开“科技封面平面效果设计.ai”文件，将打开的素材拖入画布中并适当缩小，其图层名称将更改为“图层1”，如图7.45所示。

图7.45 打开素材

STEP 04 选择工具箱中的“矩形选框工具”，在画布中封面右侧位置绘制一个矩形选区以选中正面封面，如图7.46所示。

STEP 05 选中“图层 1”图层，执行菜单栏中的“图层”|“新建”|“通过剪切的图层”命令，将生成的图层名称更改为“封面”，将“图层1”图层名称更改为“封底”，如图7.47所示。

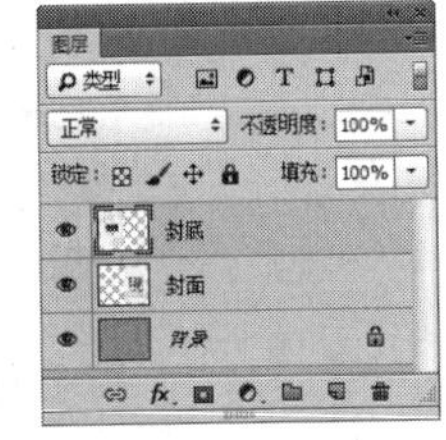

图7.46 绘制选区 图7.47 通过剪切的图层

7.2.4 变形封面图形

STEP 01 选中“封面”图层，在画布中按Ctrl+T组合键对其执行自由变换命令，将鼠标指针移至出现的变形框中单击鼠标右键，从弹出的快捷菜单中选择“扭曲”命令，将图形扭曲变形，完成之后按Enter键确认，如图7.48所示。

STEP 02 在“图层”面板中选中“封面”图层，将其拖至面板底部的“创建新图层”按钮上，复制一个“封面 拷贝”图层，如图7.49所示。

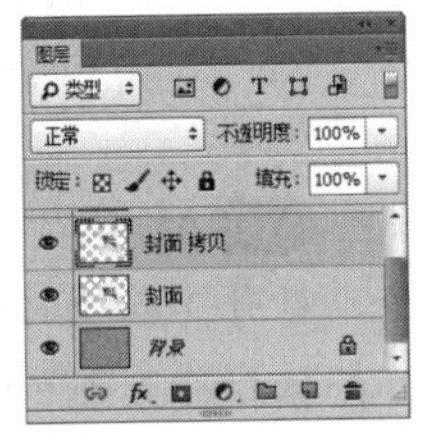

图7.48 变换图形 图7.49 复制图层

技巧与提示

为了方便观察图像的变形情况，在对“封面”图层中的图像进行变形操作的时候可以先将“封底”图层隐藏。

STEP 03 在“图层”面板中选中“封面”图层，单击面板上方的“锁定透明像素”按钮，将当前图层中的透明像素锁定，在画布中将图层填充为灰色（R：60，G：60，B：60），填充完成之后再次单击此按钮将解除锁定，在画布中将其向下稍微移动，再将其图层“不透明度”更改为40%，如图7.50所示。

图7.50 填充颜色并移动图像

STEP 04 选中“封面”图层，将其拖至面板底部的“创建新图层”按钮上，复制一个“封面 拷贝2”图层，如图7.51所示。

STEP 05 选中“封面拷贝”图层，单击面板上方的“锁定透明像素”按钮，将当前图层中的透明像素锁定，在画布中将图层填充为黑色，将其图层“不透明度”更改为30%，完成之后再次单击此按钮将解除锁定，如图7.52所示。

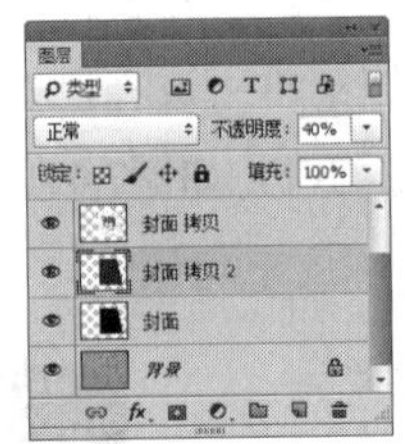

图7.51 复制图层 图7.52 更改图层不透明度

STEP 06 选中“封面拷贝”图层，在画布中按Ctrl+T组合键对其执行自由变换，当出现变形框以后将其稍微等比例放大，完成之后按Enter键确认，如图7.53所示。

图7.53 变换图形

7.2.5 制作立体效果

STEP 01 选中“封面”图层，执行菜单栏中的“滤镜”|“模糊”|“高斯模糊”命令，在弹出的对话框中将“半径”更改为3像素，设置完成之后单击“确定”按钮，如图7.54所示。

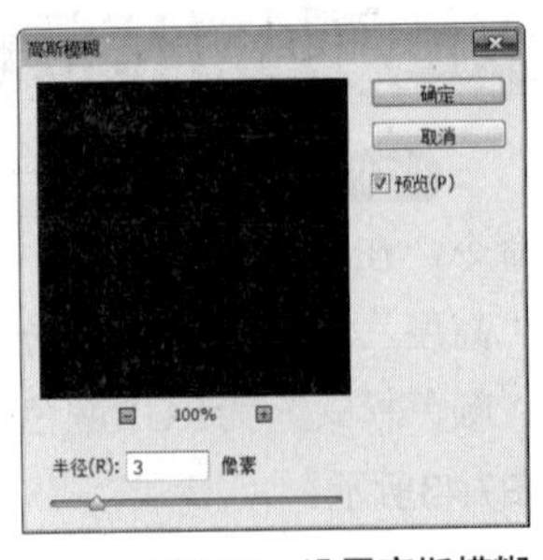

图7.54 设置高斯模糊

STEP 02 选择工具箱中的“钢笔工具”，在选项栏中单击“选择工具模式” 路径 按钮，在弹出的选项中选择“图形”，将“填充”更改为灰色（R：235，G：235，B：235），“描边”更改为无，在封面图像靠底部边缘绘制一个细长的不规则图形，此时将生成一个“形状1”图层，将其移至“封面 拷贝 2”图层下方，如图7.55所示。

图7.55 绘制图形

STEP 03 在“图层”面板中选中“形状1”图层，将其拖至面板底部的“创建新图层”按钮上，复制出一个“形状1 拷贝”图层，将“形状1 拷贝”移至“封面 拷贝 2”图层上方，如图7.56所示。

STEP 04 选择工具箱中的“直接选择工具”，拖动“形状1 拷贝 ”图层中的图形锚点将其稍微变形以缩小右侧的高度，如图7.57所示。

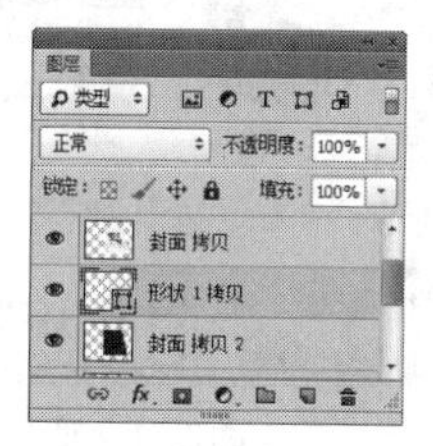

图7.56 复制图层　图7.57 变换图形

STEP 05 同时选中“封面 拷贝”“形状 1 拷贝”“封面拷贝2”及“形状1”图层并按Ctrl+G组合键将图层编组，将生成一个“组1”组，如图7.58所示。

STEP 06 在“图层”面板中选中“组1”组，单击面板底部的“添加图层蒙版”按钮，为该图层添加图层蒙版，如图7.59所示。

图7.58 将图层编组　图7.59 添加图层蒙版

STEP 07 选择工具箱中的“画笔工具”，在画布中单击鼠标右键，在弹出的面板中选择一种圆角笔触，将“大小”更改为30像素，“硬度”更改为80%，如图7.60所示。

STEP 08 将前景色更改为黑色，在画布中图像左下角位置涂抹将部分图像隐藏使其更加柔和，如图7.61所示。

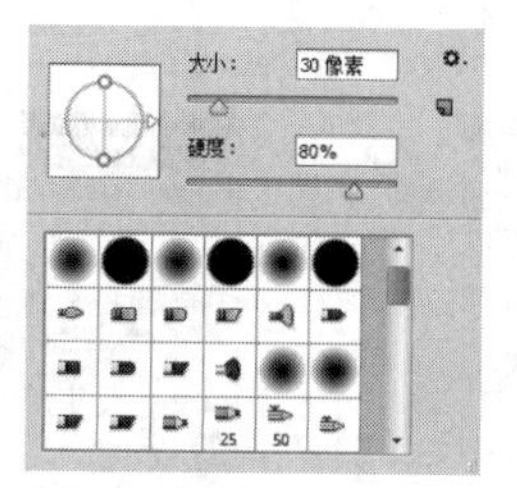

图7.60 设置笔触　图7.61 隐藏图像

STEP 09 以同样的方法在左上角位置涂抹，如图7.62所示。

图7.62 隐藏图像

STEP 10 选中“封底”图层，在画布中按Ctrl+T组合键对其执行自由变换命令，将鼠标指针移至出现的变形框中并单击鼠标右键，从弹出的快捷菜单中选择“扭曲”命令，将图形扭曲变形，再将其移至“背景”图层上方，完成之后按Enter键确认，如图7.63所示。

图7.63 将图像变形

STEP 11 在“图层”面板中，选中“封底”图层，将其拖至面板底部的“创建新图层”按钮上，复制一个“封底 拷贝”图层，如图7.64所示。

STEP 12 在“图层”面板中，选中“封底”图层，单击面板上方的“锁定透明像素”按钮，将当前图层中的透明像素锁定，在画布中将图层填充为黑色，填充完成之后再次单击此按钮将其解除锁定，如图7.65所示。

图7.64 复制图层

图7.65 锁定透明像素并填充颜色

STEP 13 选中“封底”图层，执行菜单栏中的“滤镜”|“模糊”|“高斯模糊”命令，在弹出的对话框中将“半径”更改为5像素，设置完成之后单击“确定”按钮，再将其图层“不透明度”更改为50%，再将图像向下稍微移动，如图7.66所示。

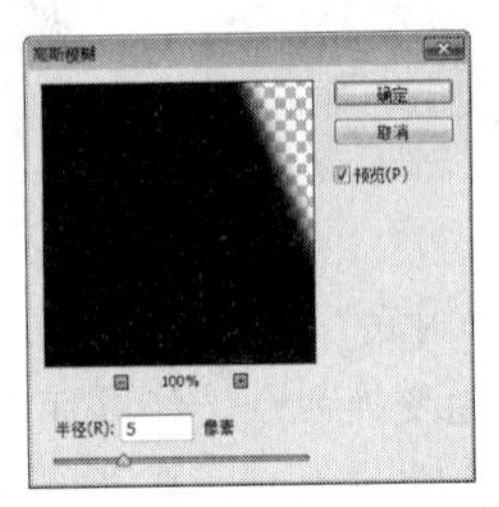

图7.66 设置高斯模糊并更改图层不透明度

STEP 14 在“图层”面板中选中“背景”图层，将其拖至面板底部的“创建新图层”按钮上，复制出一个“背景 拷贝”图层，如图7.67所示。

STEP 15 将“背景 拷贝”图层混合模式更改为正片叠底，如图7.68所示。

图7.67 复制图层

图7.68 设置图层混合模式

STEP 16 在“图层”面板中选中“背景 拷贝”图层，单击面板底部的“添加图层蒙版”按钮，为其图层添加图层蒙版，如图7.69所示。

STEP 17 选择工具箱中的“画笔工具”，在画布中单击鼠标右键，在弹出的面板中选择一种圆角笔触，将“大小”更改为400像素，“硬度”更改为0%，如图7.70所示。

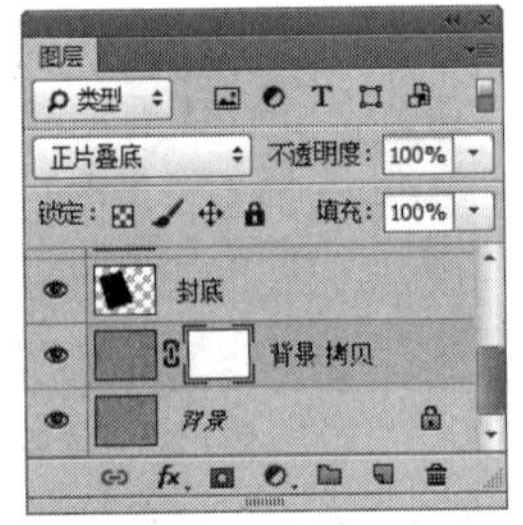

图7.69 添加图层蒙版

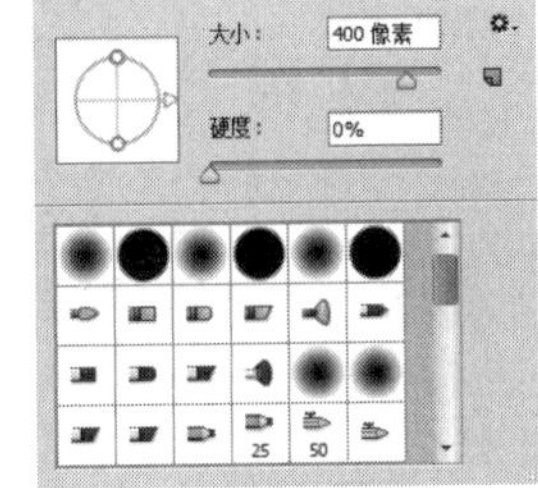

图7.70 设置笔触

STEP 18 单击“背景 拷贝”图层蒙版缩览图，在画布中该图像上单击，将部分图像隐藏以加深背景边缘颜色，如图7.71所示。

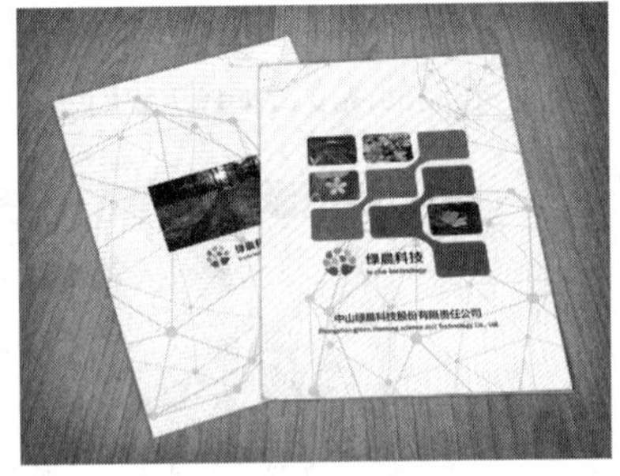

图7.71 隐藏图像加深颜色

STEP 19 单击面板底部的“创建新图层”按钮，新建一个“图层1”图层，如图7.72所示。

STEP 20 选中“图层1”图层，按Ctrl+Alt+Shift+E组合键执行盖印可见图层命令，如图7.73所示。

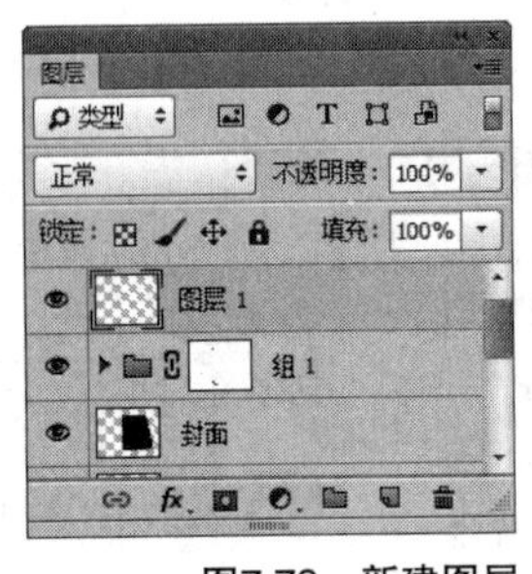

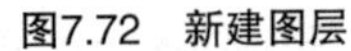

图7.72 新建图层

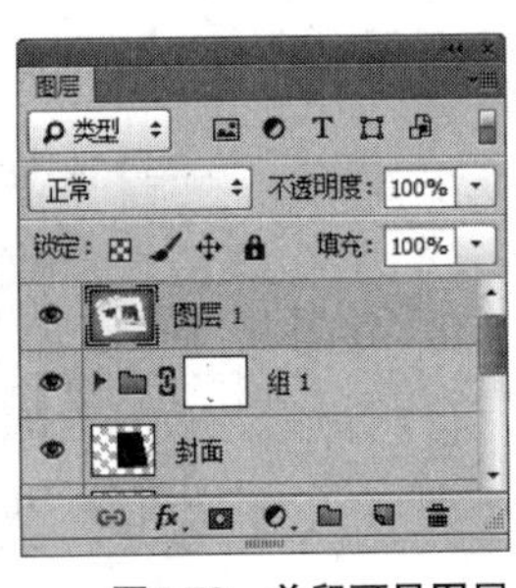

图7.73 盖印可见图层

STEP 21 在“图层”面板中选中“图层1”图层，将其图层混合模式设置为叠加，“不透明度”更改为30%，这样就完成了效果制作，最终效果如图7.74所示。

图7.74 最终效果

7.3 工业封面装帧设计

素材位置	素材文件\第7章\工业封面
案例位置	案例文件\第7章\工业封面平面效果设计.ai、工业封面展示效果制作.psd
视频位置	多媒体教学\第7章\7.3　工业封面装帧设计.avi
难易指数	★★★☆☆

本例讲解工业封面装帧设计，本例在制作过程中选用工业素材图像与科技蓝色的色调相结合，整个画面达到和谐统一。本例在封面展示效果制作过程中采用经典的俯视角度，以最直观地展示封面的设计，制作过程比较简单，重点注意最后加深画布边缘的操作过程，最终效果如图7.75所示。

图7.75 最终效果

7.3.1 使用Illustrator制作平面效果

STEP 01 执行菜单栏中的“文件”|“新建”命令，在弹出的对话框中设置“宽度”为42cm，“高度”为28cm，新建一个空白画布，如图7.76所示。

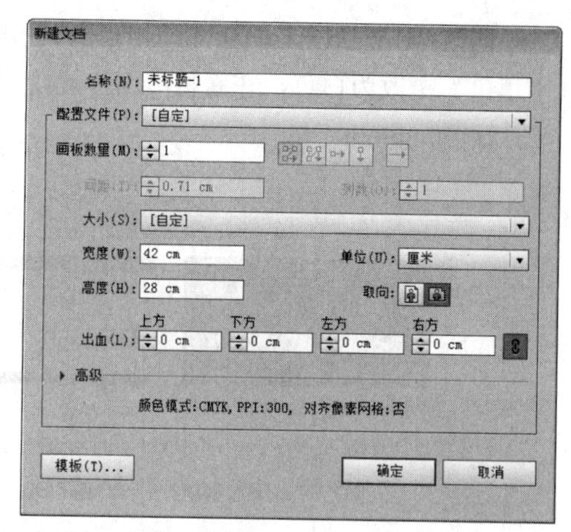

图7.76 新建文档

STEP 02 选择工具箱中的“矩形工具”，将“填色”更改为灰色（R：250，G：250，B：250），绘制一个与画布大小相同的矩形，如图7.77所示。

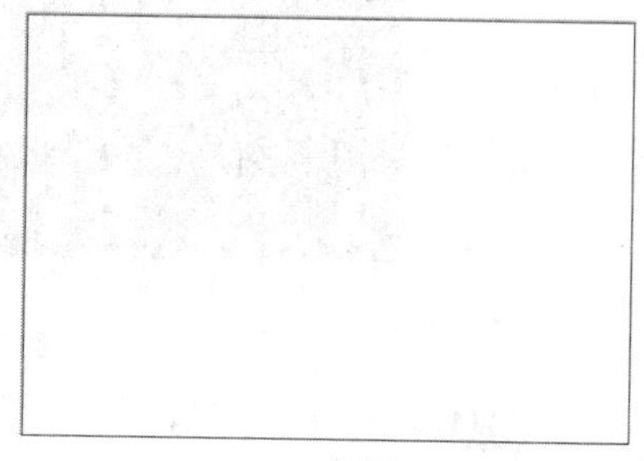

图7.77 绘制图形

STEP 03 执行菜单栏中的“视图”|“标尺”|“显示标尺”命令，此时工作区内侧边缘将出现标尺，在左侧标尺上按住鼠标左键并向右侧拖动创建一个参考线，在选项栏中“X”后方的文本框中输入21cm，如图7.78所示。

图7.78 新建参考线

STEP 04 执行菜单栏中的“文件”|“打开”命令，打开“图像.jpg”文件，将打开的素材图像拖入画布中靠右侧位置并适当缩小，如图7.79所示。

STEP 05 选择工具箱中的“矩形工具”，将“填色”更改为白色，在素材图像位置绘制一个矩形，如图7.80所示。

图7.79 添加素材　　图7.80 绘制图形

STEP 06 同时选中矩形及素材图像，单击鼠标右键，从弹出的快捷菜单中选择“建立剪切蒙版”命令，将部分图像隐藏，这样就完成了效果制作，最终效果如图7.81所示。

图7.81 建立剪切蒙版

STEP 07 选择工具箱中的“矩形工具”，将“填色”更改为任意颜色，按Shift键并在图像上方位置绘制一个矩形，如图7.82所示。

STEP 08 选中矩形，按住Alt+Shift组合键并向右侧拖动将图形复制出两份，如图7.83所示。

图7.82 绘制图形　　图7.83 复制图形

技巧与提示

复制图形之后需要注意将图形与画板右侧边缘对齐。

STEP 09 执行菜单栏中的“文件”|“打开”命令，打开“图像2.jpg”文件，将打开的素材图像拖入画布中最左侧矩形位置，如图7.84所示。

图7.84 添加图像

STEP 10 选中图像并单击鼠标右键，从弹出的快捷菜单中选择“对象”|“排列”|“后移一层”命令，直到将其移至矩形下方，如图7.85所示。

STEP 11 选中最左侧矩形，将其“不透明度”更改为50%，如图7.86所示。

图7.85 更改图层顺序　　图7.86 修改不透明度

STEP 12 同时选中矩形及下方素材图像，单击鼠标右键，从弹出的快捷菜单中选择“建立剪切蒙版”命令，将部分图像隐藏，如图7.87所示。

图7.87 建立剪切蒙版

技巧与提示

更改图形不透明度的目的是方便观察素材图像，以便在建立剪切蒙版的时候方便对其进行构图。

STEP 13 执行菜单栏中的“文件”|“打开”命令，打开“图层3.jpg”“图层4.jpg”文件，将打开的素材图像拖入画布中矩形位置并剪切蒙版，如图7.88所示。

图7.88　添加素材并建立剪切蒙版

STEP 14 选择工具箱中的“矩形工具”，在画布左侧位置绘制一个矩形，如图7.89所示。

STEP 15 选中图形，选择工具箱中的“渐变工具”，在“渐变”面板中将“渐变”更改为蓝色（R：10，G：40，B：150）到蓝色（R：70，G：112，B：190），在图形上拖动以填充渐变，如图7.90所示。

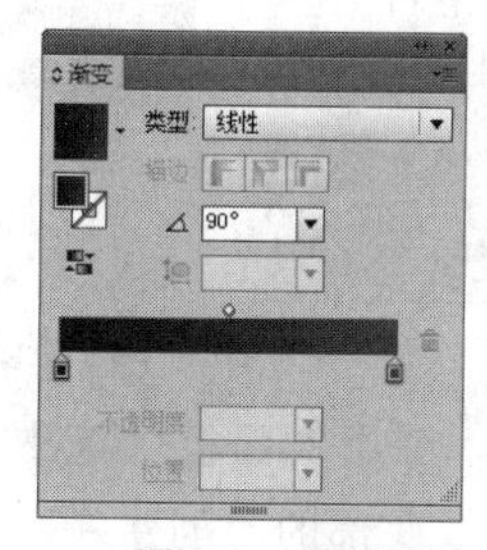

图7.89　绘制图形　图7.90　添加渐变

STEP 16 选择工具箱中的“文字工具”T，在画布适当位置添加文字，这样就完成了效果制作，最终效果如图7.91所示。

图7.91　最终效果

技巧与提示

完成制作之后参考线无用可以将其取消，也可将其选中后按Delete键删除。

7.3.2 使用Photoshop制作立体效果

STEP 01 执行菜单栏中的“文件”|“新建”命令，在弹出的对话框中设置“宽度”为20厘米，“高度”为15厘米，“分辨率”为300像素/英寸，“颜色模式”为RGB颜色，新建一个空白画布，如图7.92所示。

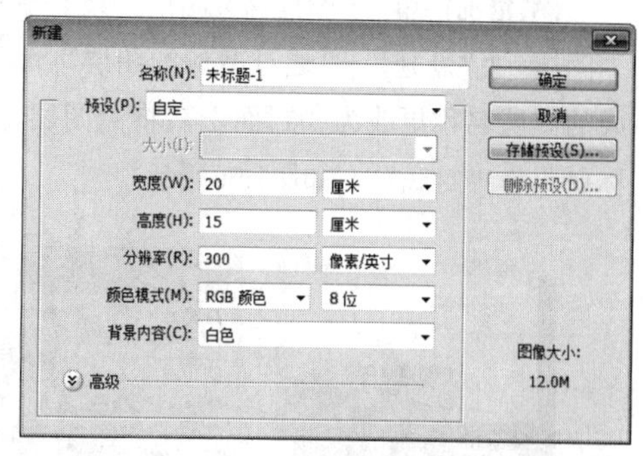

图7.92　新建画布

STEP 02 选择工具箱中的“渐变工具”，编辑渐变颜色为白色到灰色（R：190，G：190，B：190），设置完成之后单击“确定”按钮，再单击选项栏中的“径向渐变”按钮，从左上角向右下角方向拖动以填充渐变，如图7.93所示。

图7.93　填充渐变

STEP 03 执行菜单栏中的“文件”|“打开”命令，打开“工业封面平面效果设计.ai”文件，将打开的素材拖入画布中并适当缩小，其图层名称将更改为“图层1”，如图7.94所示。

图7.94　添加素材

STEP 04 选择工具箱中的“矩形选框工具”，在画布中封面右侧位置绘制一个矩形选区以选中正面封面，如图7.95所示。

STEP 05 选中“图层 1”图层，执行菜单栏中的“图层”|“新建”|“通过剪切的图层”命令，将生成的图层名称更改为“封面”，将“图层1”图层名称更改为“封底”，如图7.96所示。

图7.95　绘制选区　　图7.96　通过剪切的图层

STEP 06 选中“封面”图层，在画布中按Ctrl+T组合键对其执行“自由变换”命令，单击鼠标右键，从弹出的快捷菜单中选择“扭曲”命令，将图形扭曲变形，完成之后按Enter键确认，如图7.97所示。

STEP 07 在“图层”面板中选中“封面”图层，将其拖至面板底部的“创建新图层”按钮上，复制出一个“封面 拷贝”图层，如图7.98所示。

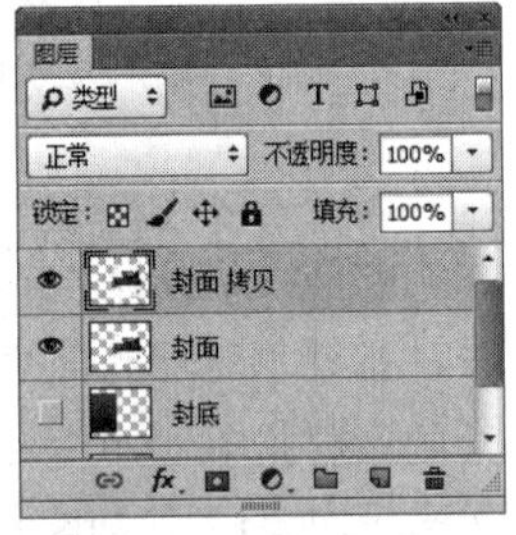

图7.97　变换图形　　图7.98　复制图层

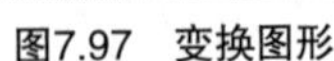

技巧与提示

为了方便观察编辑效果，在对图像进行变形的时候可以先将“封底”图层暂时隐藏。

STEP 08 在“图层”面板中选中“封面”图层，单击面板上方的“锁定透明像素”按钮，将当前图层中的透明像素锁定，在画布中将图层填充为灰色（R：60，G：60，B：60），填充完成之后再次单击此按钮解除锁定，如图7.99所示。

图7.99　锁定透明像素并填充颜色

STEP 09 选中“封面”图层，在画布中将其向下稍微移动，再将其图层“不透明度”更改为40%，如图7.100所示。

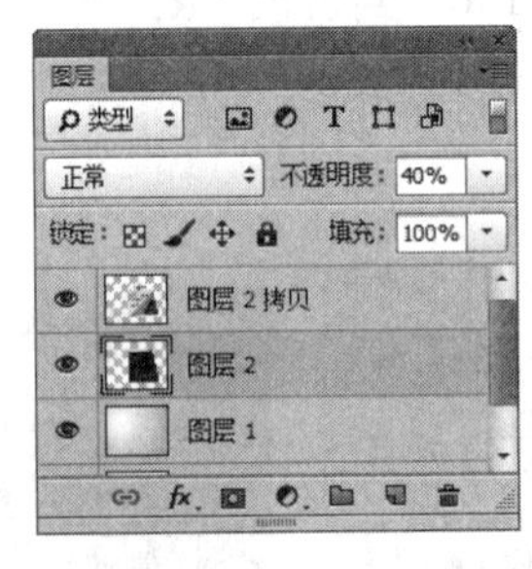

图7.100　更改图层不透明度

STEP 10 在“图层”面板中选中“封面”图层，将其拖至面板底部的“创建新图层”按钮上，复制出一个“封面 拷贝2”图层，如图7.101所示。

STEP 11 在“图层”面板中选中“封面”图层，单击面板上方的“锁定透明像素”按钮，将当前图层中的透明像素锁定，在画布中将图层填充为黑色，将其图层“不透明度”更改为80%，完成之后再次单击此按钮将解除锁定，如图7.102所示。

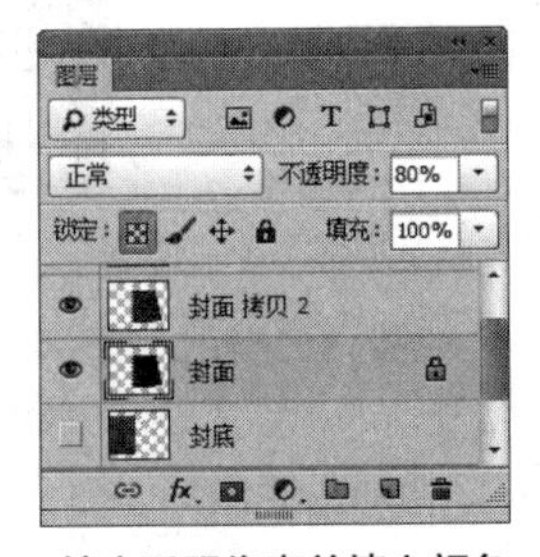

图7.101　复制图层　图7.102　锁定透明像素并填充颜色

STEP 12 选中“封面”图层，在画布中按Ctrl+T组合键对其执行自由变换，当出现变形框以后按住Alt+Shift组合键将其稍微等比例放大，完成之后按Enter键确认，如图7.103所示。

图7.103 将图像变形

7.3.3 制作阴影效果

STEP 01 选中“封面”图层，执行菜单栏中的“滤镜”|“模糊”|“高斯模糊”命令，在弹出的对话框中将“半径”更改为5.0像素，设置完成之后单击“确定”按钮，再将其图层“不透明度”更改为20%，如图7.104所示。

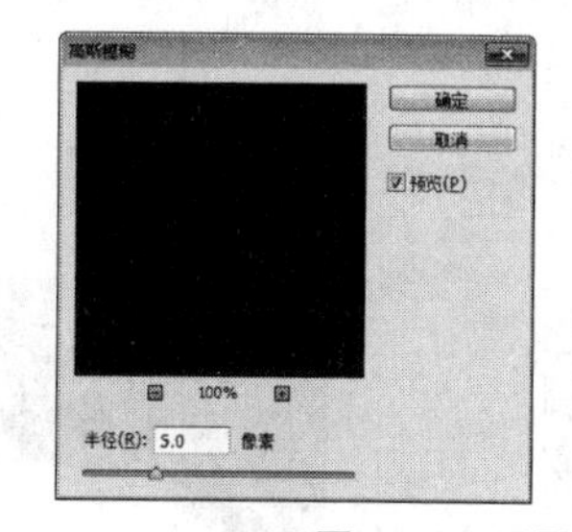

图7.104 设置高斯模糊并更改不透明度

STEP 02 选择工具箱中的“多边形套索工具”，在画布中沿杂志底部边缘绘制一个不规则选区，如图7.105所示。

STEP 03 单击面板底部的“创建新图层”按钮，新建一个“图层1”图层，将其移至“封面”图层下方，如图7.106所示。

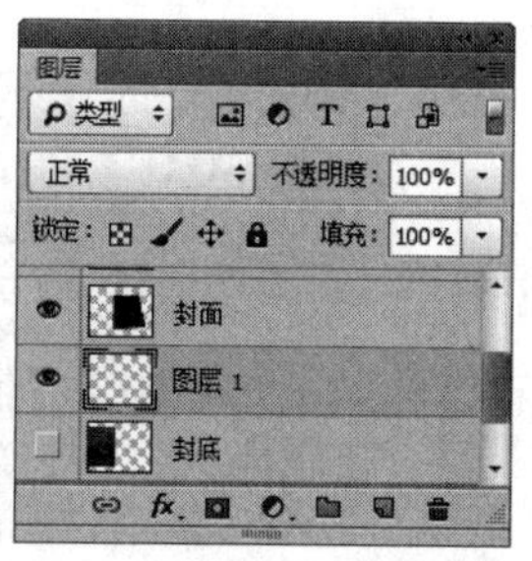

图7.105 绘制选区　　图7.106 新建图层

STEP 04 选中“图层1”图层，在画布中将选区填充为灰色（R：235，G：235，B：235），填充完成之后按Ctrl+D组合键将选区取消，如图7.107所示。

图7.107 填充颜色

STEP 05 在“图层”面板中选中“图层1”图层，单击面板底部的“添加图层样式”按钮，在菜单中选择“投影”命令，在弹出的对话框中将“不透明度”更改为25%，“距离”更改为4像素，“大小”更改为13像素，完成之后单击“确定”按钮，如图7.108所示。

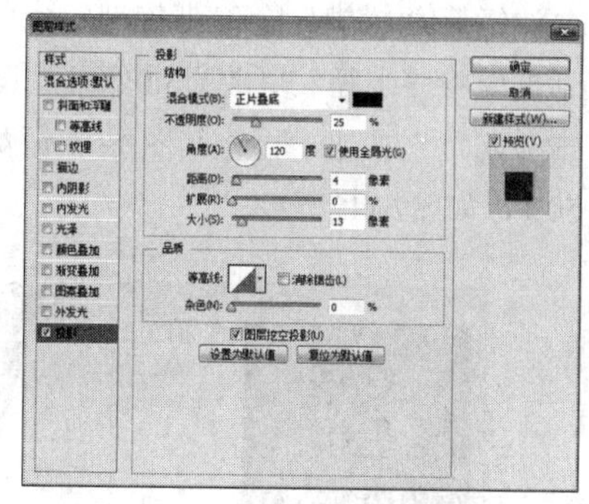

图7.108 设置投影

STEP 06 选中“封底”图层，在画布中按Ctrl+T组合键对其执行自由变换命令，将鼠标指针移至出现的变形框中并单击鼠标右键，从弹出的快捷菜单中选择“扭曲”命令，将图像扭曲变形，完成之后按Enter键确认，如图7.109所示。

图7.109 将图像变形

STEP 07 在“图层”面板中选中“封底”图层，将其拖至面板底部的“创建新图层”按钮上，复制一个“封底 拷贝”图层，如图7.110所示。

STEP 08 在“图层”面板中选中“封底”图层，单击面板上方的“锁定透明像素”按钮，将当前图层中的透明像素锁定，在画布中将图层填充为黑色，填充完成之后再次单击此按钮将其解除锁定，如图7.111所示。

图7.110 复制图层　图7.111 锁定透明像素并填充颜色

STEP 09 选中“封底”图层，执行菜单栏中的“滤镜”|“模糊”|“高斯模糊”命令，在弹出的对话框中将“半径”更改为3.0像素，设置完成之后单击“确定”按钮，再将其图层“不透明度”更改为50%，如图7.112所示。

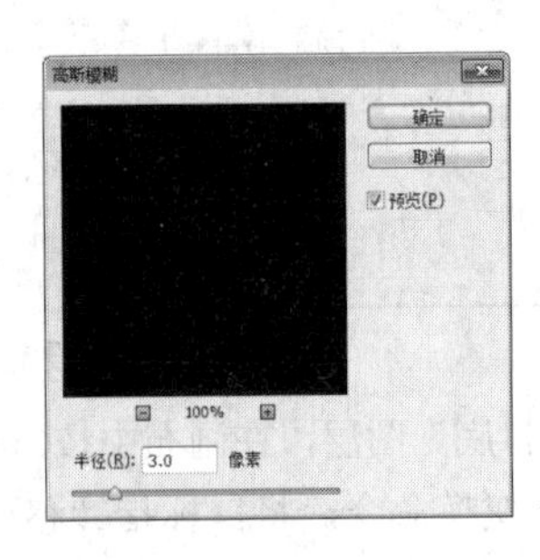

图7.112 设置高斯模糊

STEP 10 选择工具箱中的“多边形套索工具”，在画布沿上方封面图像和下方封面重叠的边缘绘制一个不规则选区，如图7.113所示。

STEP 11 单击面板底部的“创建新图层”按钮，新建一个“图层2”图层，将“图层2”移至“封底 拷贝”图层上方，如图7.114所示。

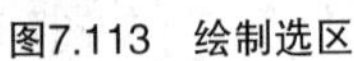

图7.113 绘制选区　图7.114 新建图层

STEP 12 选中“图层2”图层，在画布中将选区填充为黑色，填充完成之后按Ctrl+D组合键将选区取消，再将其向左侧稍微移动，如图7.115所示。

图7.115 填充颜色

STEP 13 选中“图层2”图层，按Ctrl+Alt+F组合键打开“高斯模糊”命令对话框，在弹出的对话框中将“半径”更改为10像素，设置完成之后单击“确定”按钮，再将其图层“不透明度”更改为50%，如图7.116所示。

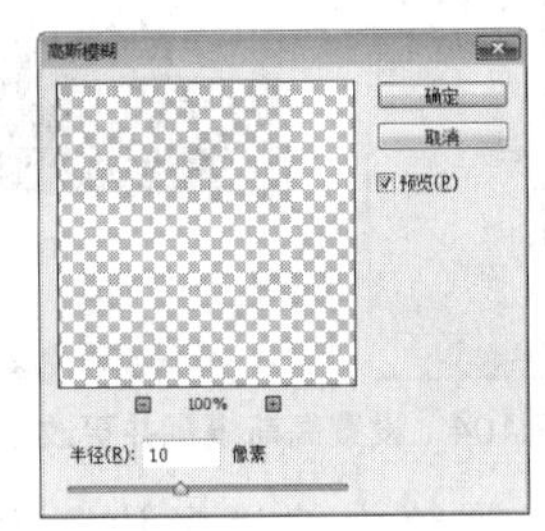

图7.116 设置高斯模糊

STEP 14 单击面板底部的“创建新图层”按钮，新建一个“图层3”图层，如图7.117所示。

STEP 15 选中“图层3”图层，按Ctrl+Alt+Shift+E组合键执行盖印可见图层命令，如图7.118所示。

图7.117 新建图层　图7.118 盖印可见图层

STEP 16 在“图层”面板中选中“图层3”图层，将其图层混合模式设置为正片叠底，如图7.119所示。

图7.119　设置图层混合模式

STEP 17 在“图层”面板中选中“图层3”图层，单击面板底部的“添加图层蒙版”按钮，为其图层添加图层蒙版，如图7.120所示。

STEP 18 选择工具箱中的“画笔工具”，在画布中单击鼠标右键，在弹出的面板中选择一种圆角笔触，将“大小”更改为500像素，“硬度”更改为0%，如图7.121所示。

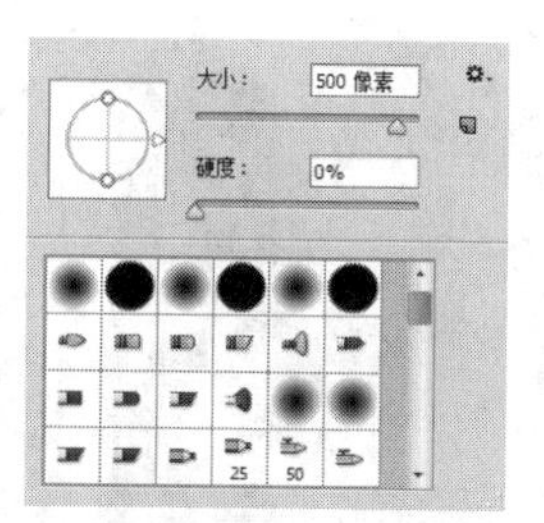

图7.120　添加图层蒙版　　　图7.121　设置笔触

STEP 19 将前景色更改为黑色，在图像上的部分区域涂抹以将其隐藏，这样就完成了效果制作，最终效果如图7.122所示。

图7.122　最终效果

7.4　印刷封面装帧设计

素材位置	素材文件\第7章\印刷封面
案例位置	案例文件\第7章\印刷封面平面效果设计.ai、印刷封面展示效果制作.psd
视频位置	多媒体教学\第7章\7.4　印刷封面装帧设计.avi
难易指数	★★☆☆☆

本例讲解印刷封面装帧设计，本例在制作过程中采用前沿新锐的设计风格，整体色彩丰富且十分漂亮，同时背面的二维码图像也很符合当下设计潮流，在展示效果制作过程中采用原生木质图像作为背景，与淡雅风格的封面组合成一个经典的展示效果，最终效果如图7.123所示。

图7.123　最终效果

7.4.1　使用Illustrator制作封面平面效果

STEP 01 执行菜单栏中的“文件”|“新建”命令，在弹出的对话框中设置“宽度”为42cm，“高度”为28cm，新建一个空白画布，如图7.124所示。

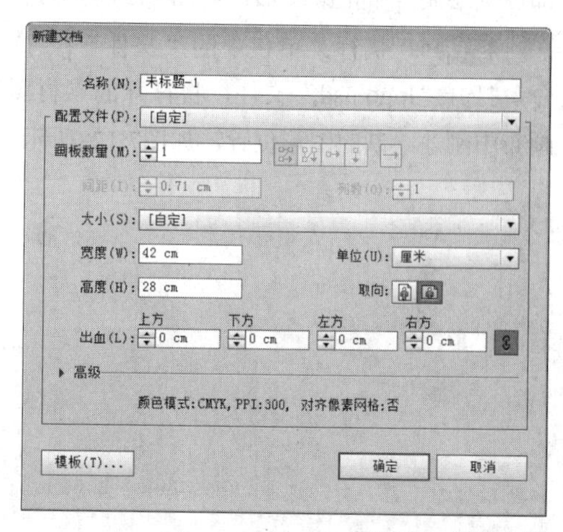

图7.124　新建文档

STEP 02 选择工具箱中的“矩形工具”，将“填色”更改为浅黄色（R：240，G：234，B：232），绘制一个与画布大小相同的矩形，如图7.125所示。

图7.125　绘制图形

STEP 03 执行菜单栏中的“视图”|“标尺”|“显示标尺”命令，此时工作区内侧边缘将出现标尺，在左侧标尺上按住鼠标左键并向右侧拖动创建一个参考线，在选项栏中“X”后方的文本框中输入21cm，如图7.126所示。

图7.126　新建参考线

STEP 04 选择工具箱中的“椭圆工具”，将“填色”更改为白色，按住Shift键并在画布右侧顶部位置绘制一个正圆图形，如图7.127所示。

STEP 05 执行菜单栏中的“文件”|“打开”命令，打开“logo.psd”文件，将打开的素材图像拖入画布中刚才绘制的图形位置，如图7.128所示。

图7.127　绘制图形

图7.128　添加素材

STEP 06 选择工具箱中的“圆角矩形工具”，将“填色”更改为橙色（R：240，G：174，B：55），在椭圆图形左侧位置绘制一个圆角矩形，用同样的方法再绘制一个正圆，如图7.129所示。

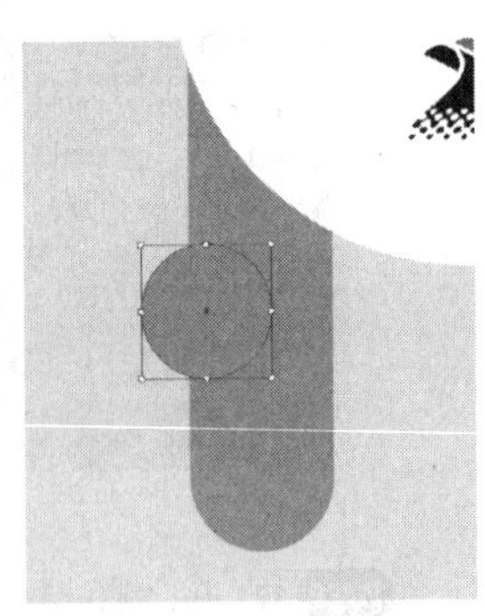

图7.129　绘制图形更改顺序

STEP 07 同时选中椭圆及圆角矩形，在“路径查找器”面板中单击“差集”按钮，如图7.130所示。

STEP 08 选中图形单击鼠标右键，从弹出的快捷菜单中选择“对象”|“排列”|“后移一层”命令，将图形移至椭圆图形下方，如图7.131所示。

图7.130　差集

图7.131　更改图层顺序

STEP 09 选中图形，双击工具箱中的“镜像工具”图标，在弹出的对话框中勾选“垂直”单选按钮，单击“复制”按钮，将图像复制，再选中复制生成的图像并将其移至右侧位置，如图7.132所示。

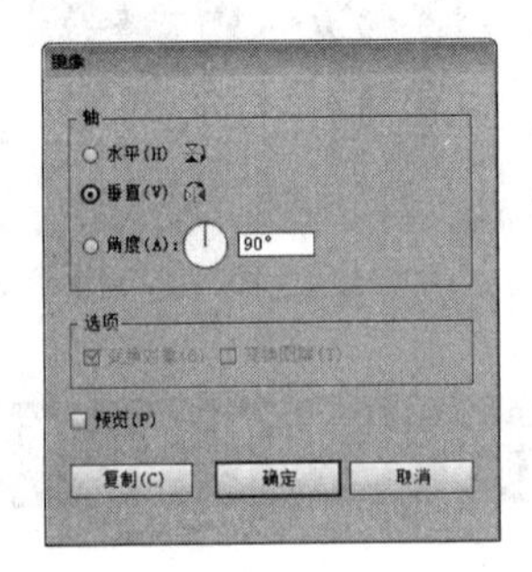

图7.132　设置镜像

STEP 10 选中复制生成的图形，将其颜色更改为蓝色（R：46，G：163，B：207），并将其适当变形，如图7.133所示。

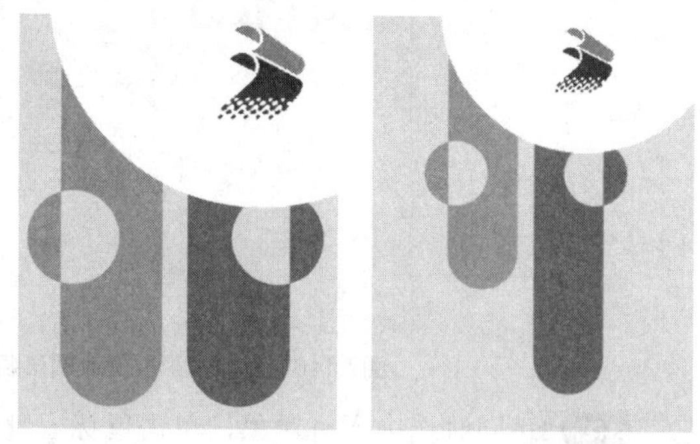

图7.133　更改图形颜色并变形

STEP 11 以同样的方法再将图形复制出两份，并分别将其缩小及更改颜色，如图7.134所示。

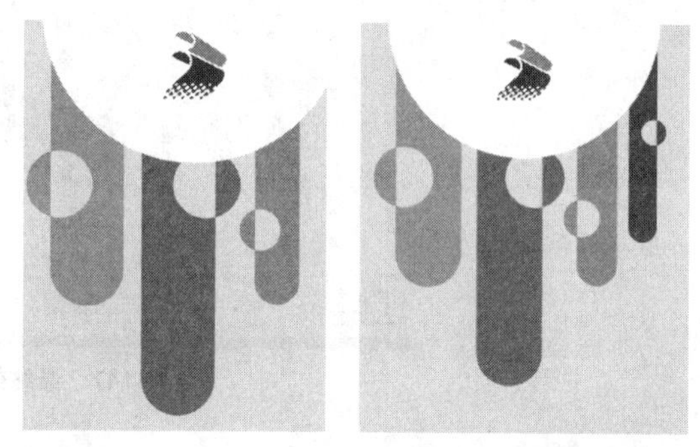

图7.134　复制变换图形

STEP 12 选择工具箱中的“直线段工具”，将“描边”更改为橙色（R：240，G：174，B：55），“粗细”为2pt，在最左侧圆角矩形下方绘制一条线段，如图7.135所示。

STEP 13 选择工具箱中的“椭圆工具”，将“填色”更改为黄色（R：240，G：174，B：55），在线段位置绘制一个椭圆图形，如图7.136所示。

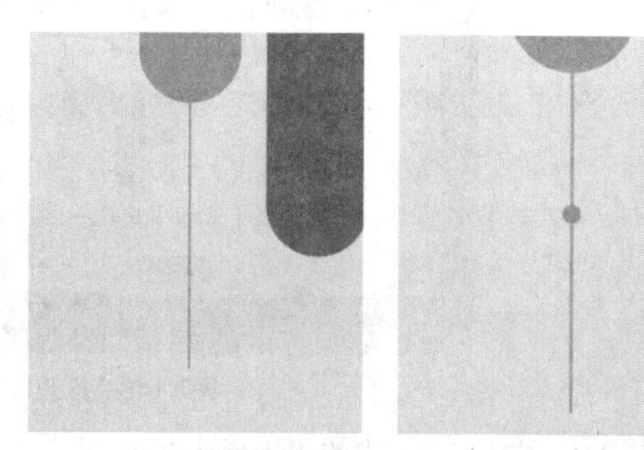

图7.135　绘制直线　　图7.136　绘制椭圆

STEP 14 同时选中线段及圆图形，按住Alt+Shift组合键并向右侧拖动将图形复制，再更改其颜色。

STEP 15 以同样的方法再将图形复制出两份并分别更改其颜色，如图7.137所示。

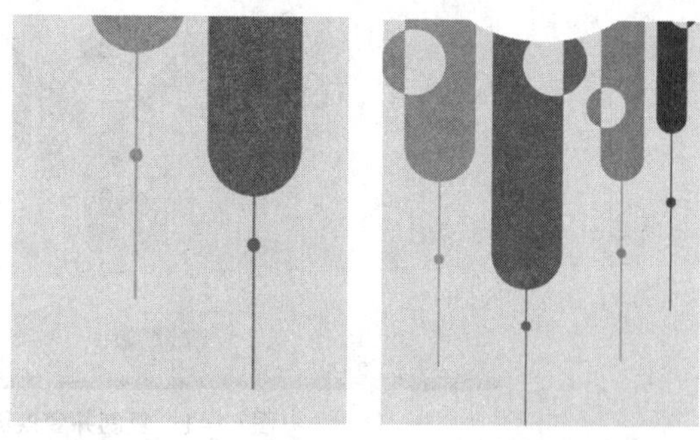

图7.137　复制图形并更改颜色

STEP 16 选择工具箱中的“矩形工具”，将“填色”更改为紫色（R：224，G：36，B：121），在刚才绘制的图形下方位置绘制一个矩形，如图7.138所示。

STEP 17 选择工具箱中的“文字工具” T，在画布适当位置添加文字，如图7.139所示。

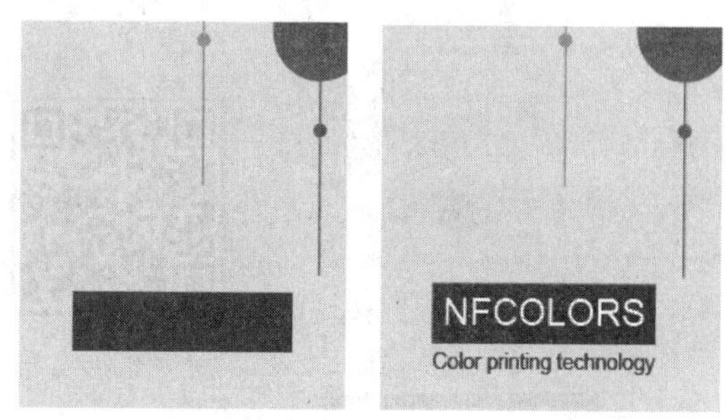

图7.138　绘制图形　　图7.139　添加文字

STEP 18 选择工具箱中的“矩形工具”，将“填色”更改为紫色（R：224，G：36，B：121），在画板底部位置绘制一个与其宽度相同的矩形，如图7.140所示。

图7.140　绘制图形

STEP 19 选中矩形，按住Alt+Shift组合键并向上拖动将图形复制，将复制生成的图形高度缩小，再将其颜色更改为深黄色（R：121，G：94，B：73），如图7.141所示。

图7.141　复制并变换图形

STEP 20 执行菜单栏中的“文件”|“打开”命令，打开“二维码.png”文件，将打开的素材图像拖入画布左侧位置并等比例缩小，如图7.142所示。

STEP 21 选择工具箱中的“矩形工具”▭，将“填色”更改为紫色（R：224，G：36，B：121），在二维码图像位置绘制一个矩形并将其移至二维码图像下方，如图7.143所示。

图7.142　添加素材

图7.143　绘制图形

STEP 22 选择工具箱中的“文字工具”T，在画布适当位置添加文字，如图7.144所示。

STEP 23 选中画布右侧上方Logo图像，按住Alt键并将其拖至左上角位置并等比例缩小，如图7.145所示。

图7.144　添加文字

图7.145　复制并变换图像

STEP 24 选中最下方矩形，按Ctrl+C组合键将其复制，按Ctrl+F组合键将其粘贴至前方，再单击鼠标右键，从弹出的快捷菜单中选择“对象”|“排列”|“置于顶层”命令，如图7.146所示。

图7.146　复制图形并更改图层顺序

STEP 25 同时选中所有对象，单击鼠标右键，从弹出的快捷菜单中选择“建立剪切蒙版”命令，将部分图像隐藏，这样就完成了效果制作，最终效果如图7.147所示。

图7.147　最终效果

7.4.2 使用Photoshop制作封面立体效果

STEP 01 执行菜单栏中的“文件”|“打开”命令，打开“木板.jpg”“印刷封面平面效果设计.ai”文件，如图7.148所示。

图7.148　打开素材

STEP 02 选择工具箱中的“矩形选框工具”⬚，在图像右侧绘制一个选区以选中封面图像，如图7.149所示。

STEP 03 选中“图层1”图层，执行菜单栏中的“图层”|“新建”|“通过剪切的图层”命令，将生

成的图层名称更改为“封面”，“图层1”图层名称更改为“封底”，如图7.150所示。

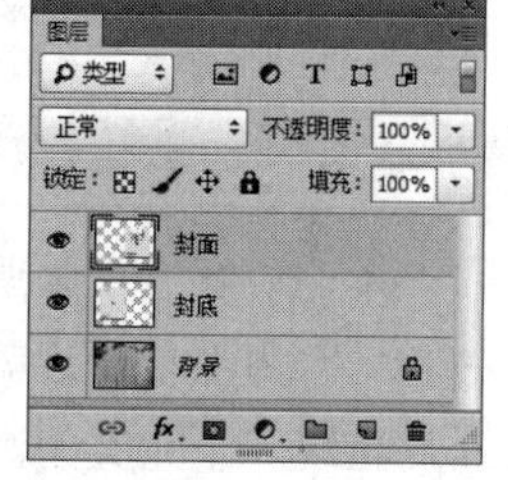

图7.149 绘制选区 图7.150 通过剪切的图层

STEP 04 选中“封面”图层，按Ctrl+T组合键对其执行“自由变换”命令，将图像等比例缩小并适当旋转，完成之后按Enter键确认，以同样的方法选中“封底”图层，将图像缩小，如图7.151所示。

图7.151 变换图像

STEP 05 在“图层”面板中选中“封面”图层，将其拖至面板底部的“创建新图层”按钮上，复制出一个“封面 拷贝”图层，如图7.152所示。

STEP 06 在“图层”面板中选中“封面”图层，单击面板上方的“锁定透明像素”按钮，将透明像素锁定，将图像填充为灰色（R：230，G：222，B：220），在画布中将其向左下方稍微移动，如图7.153所示。

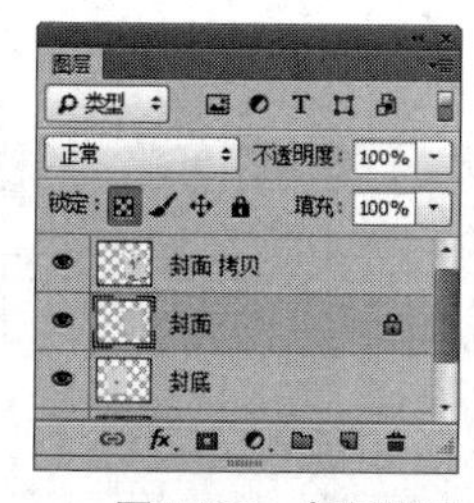

图7.152 复制图层 图7.153 填充颜色

STEP 07 在“图层”面板中选中“封面”图层，单击面板底部的“添加图层样式”按钮，在菜单中选择“投影”命令，在弹出的对话框中将“不透明度”更改为35%，取消“使用全局光”复选框，将“角度”更改为90度，“距离”更改为3像素，“大小”更改为8像素，完成之后单击“确定”按钮，如图7.154所示。

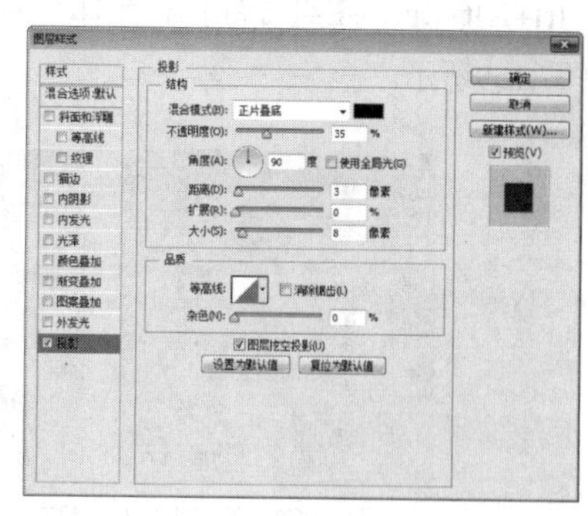

图7.154 设置投影

STEP 08 在“封面”图层上单击鼠标右键，从弹出的快捷菜单中选择“拷贝图层样式”命令，在“封面 拷贝”图层上单击鼠标右键，从弹出的快捷菜单中选择“粘贴图层样式”命令，如图7.155所示。

STEP 09 双击“封面 拷贝”图层样式名称，在弹出的对话框中将“不透明度”更改为20%，取消“使用全局光”复选框，“角度”更改为146度，“距离”更改为3像素，“大小”更改为5像素，如图7.156所示。

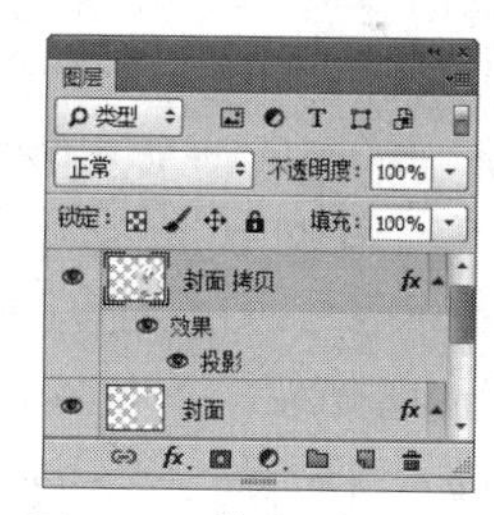

图7.155 粘贴图层样式 图7.156 修改图层样式

STEP 10 在“封面”图层上单击鼠标右键，从弹出的快捷菜单中选择“拷贝图层样式”命令，在“封底”图层上单击鼠标右键，从弹出的快捷菜单中选择“粘贴图层样式”命令，如图7.157所示。

图7.157 复制并粘贴图层样式

STEP 11 单击面板底部的“创建新图层”按钮，新建一个“图层1”图层，如图7.158所示。

STEP 12 选中“图层1”图层，按Ctrl+Alt+Shift+E组合键执行盖印可见图层命令，如图7.159所示。

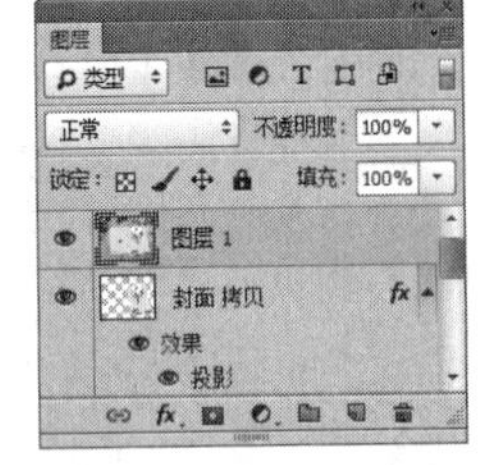

图7.158 新建图层 图7.159 盖印可见图层

STEP 13 在“图层”面板中选中“图层 1”图层，将其图层混合模式更改为正片叠底，再单击面板底部的“添加图层蒙版”按钮，为其图层添加图层蒙版，如图7.160所示。

STEP 14 选择工具箱中的“画笔工具”，在画布中单击鼠标右键，在弹出的面板中选择一种圆角笔触，将“大小”更改为400像素，“硬度”更改为0%，如图7.161所示。

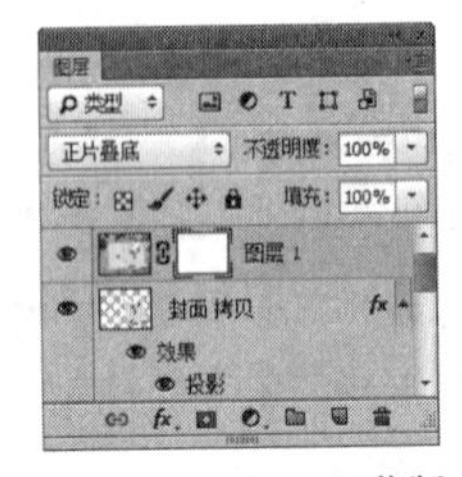
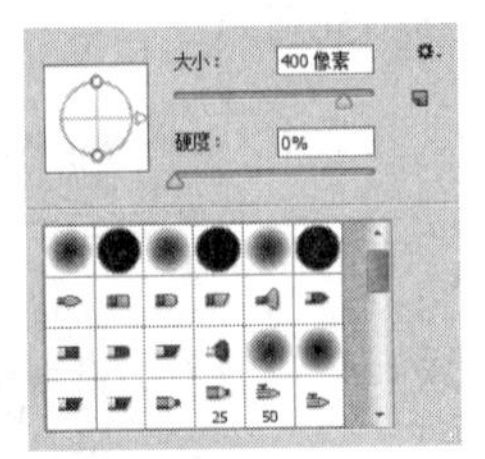

图7.160 添加图层蒙版 图7.161 设置笔触

STEP 15 单击“图层1”图层蒙版缩览图，在画布中其图像上单击，将部分图像隐藏以加深背景边缘颜色，这样就完成了效果制作，最终效果如图7.162所示。

图7.162 最终效果

7.5 汽车画册封面装帧设计

素材位置	素材文件\第7章\汽车画册封面
案例位置	案例文件\第7章\汽车画册封面平面效果设计ai、汽车画册封面展示效果制作.psd
视频位置	多媒体教学\第7章\7.5 汽车画册封面装帧设计.avi
难易指数	★★★☆☆

本例讲解汽车画册封面装帧设计，以汽车与科技相结合为主，通过蓝色主色调与简洁整齐的版式布局呈现一个完美的汽车画册封面效果。本例的展示效果制作过程比较简单，以经典的俯视视角与灰色的背景组合成完美的封面展示效果，最终效果如图7.163所示。

图7.163 最终效果

7.5.1 使用Illustrator制作平面效果

STEP 01 执行菜单栏中的“文件”|“新建”命令，在弹出的对话框中设置“宽度”为42cm，“高度”为28cm，新建一个空白画布，如图7.164所示。

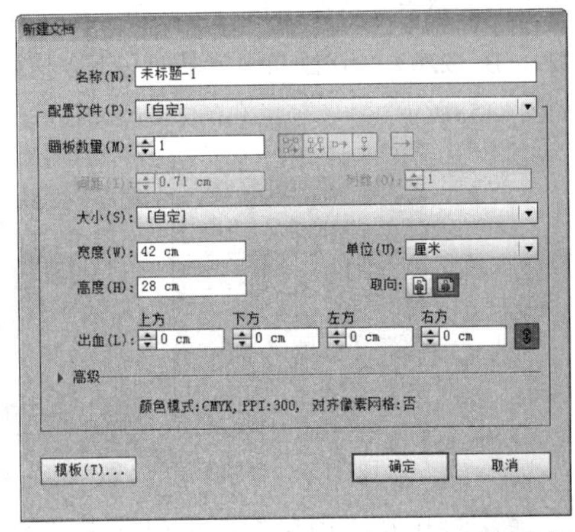

图7.164 新建文档

STEP 02 选择工具箱中的“矩形工具”，将“填色”更改为灰色（R：245，G：245，B：

245），绘制一个与画布大小相同的矩形，如图7.165所示。

图7.165 绘制图形

STEP 03 执行菜单栏中的“视图”|“标尺”|“显示标尺”命令，此时工作区内侧边缘将出现标尺，在左侧标尺上按住鼠标左键并向右侧拖动创建一个参考线，在选项栏中“X”后方的文本框中输入21cm，如图7.166所示。

图7.166 新建参考线

STEP 04 选择工具箱中的“矩形工具”，将“填色”更改为蓝色（R：115，G：200，B：240），在画布右侧靠底部位置绘制一个矩形，如图7.167所示。

STEP 05 选中矩形，按住Alt+Shift组合键并向上方拖动将图形复制，并将其高度适当缩小，再将其颜色更改为蓝色（R：10，G：88，B：173），如图7.168所示。

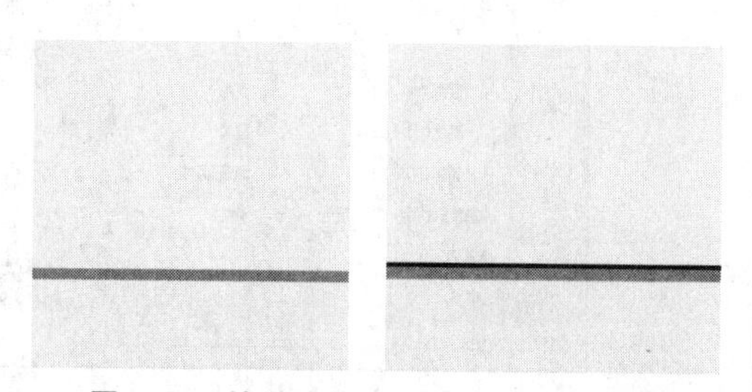

图7.167 绘制图形 图7.168 复制并变换图形

STEP 06 选择工具箱中的“矩形工具”，将“填色”更改为蓝色（R：150，G：210，B：240），在刚才绘制的矩形上方位置绘制一个矩形，如图7.169所示。

STEP 07 选中矩形按住Alt+Shift组合键并向上拖动将图形复制，再复制生成的图形颜色更改为蓝色（R：0，G：156，B：217），如图7.170所示。

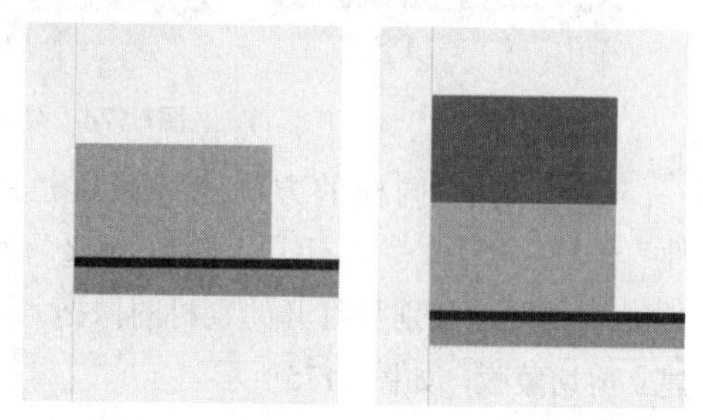

图7.169 绘制图形 图7.170 复制图形

STEP 08 选中矩形将其复制多份并更改相似的颜色，如图7.171所示。

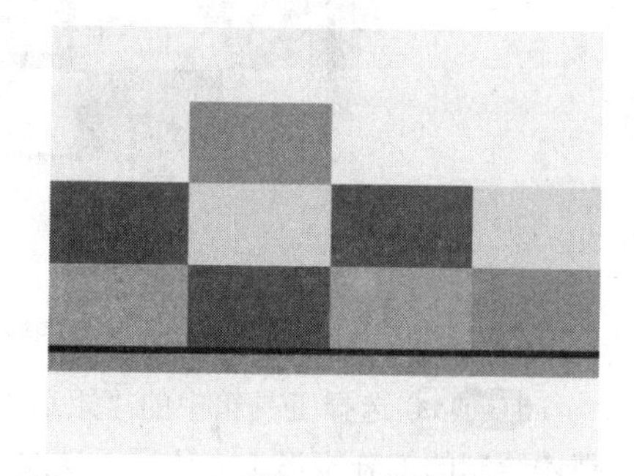

图7.171 复制并变换图形

STEP 09 执行菜单栏中的“文件”|“打开”命令，打开“图像.jpg”文件，将打开的素材图像拖入画布中刚才绘制的矩形位置，如图7.172所示。

STEP 10 选中素材图像，单击鼠标右键从弹出的快捷菜单中选择“排列”|“后移一层”命令，将素材图像移至矩形下方，如图7.173所示。

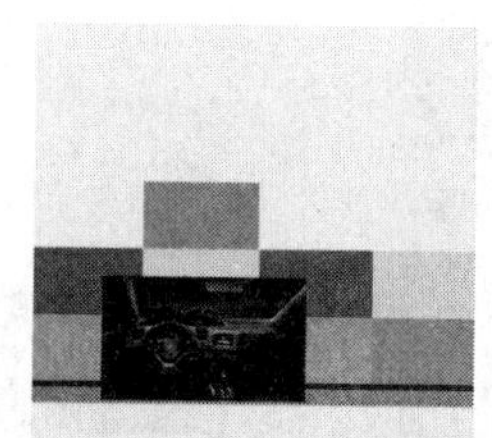

图7.172 添加素材 图7.173 更改顺序

STEP 11 同时选中图像与其上方的矩形，单击鼠标右键，从弹出的快捷菜单中选择“建立剪切蒙版”命令，将部分图像隐藏，如图7.174所示。

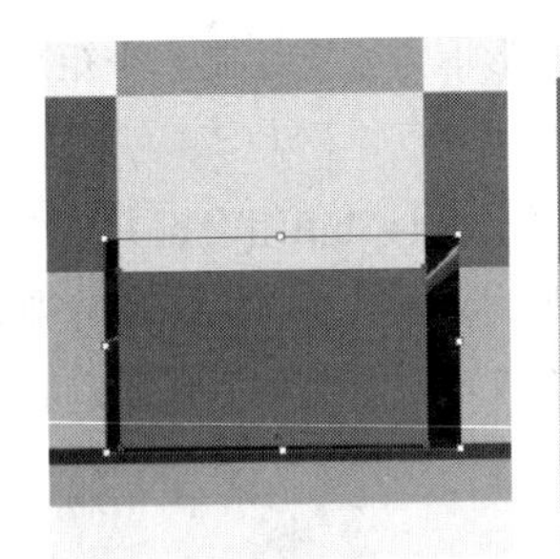
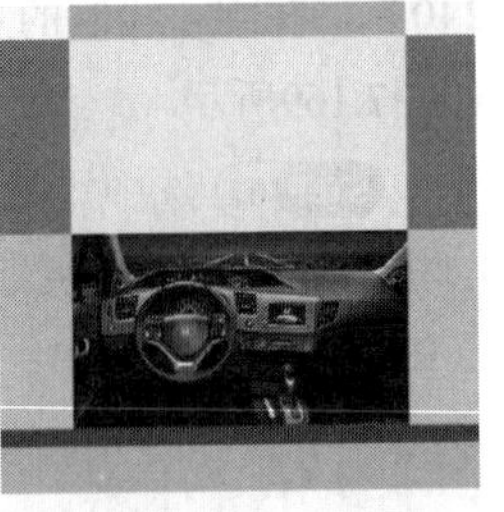

图7.174　建立剪切蒙版

STEP 12　以同样的方法执行菜单栏中的“文件”|“打开”命令，打开“图像2.jpg”和“图像3.jpg”文件，分别将打开的素材图像拖入画布中并建立剪切蒙版，如图7.175所示。

图7.175　添加图像并建立剪切蒙版

STEP 13　选择工具箱中的“矩形工具”▭，在刚才绘制的部分矩形上方位置再次绘制一个矩形，如图7.176所示。

STEP 14　选中图形，选择工具箱中的“渐变工具”■，在“渐变”面板中将“渐变”更改为透明到蓝色（R：210，G：238，B：250），在图形上拖动以填充渐变，如图7.177所示。

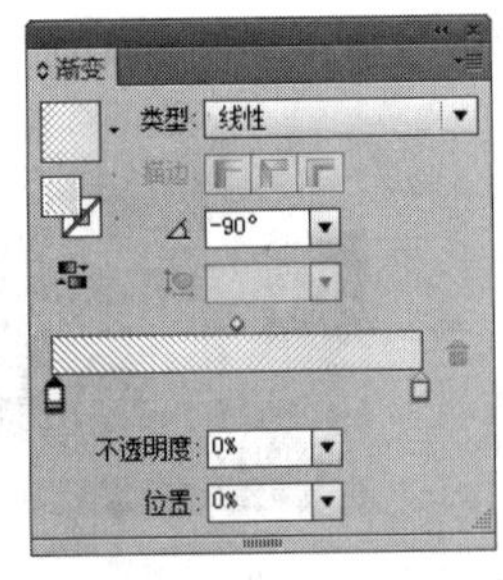

图7.176　绘制图形　　图7.177　填充渐变

STEP 15　执行菜单栏中的“文件”|“打开”命令，打开“线条图.ai”文件，将打开的素材图像拖入画布靠左侧位置，如图7.178所示。

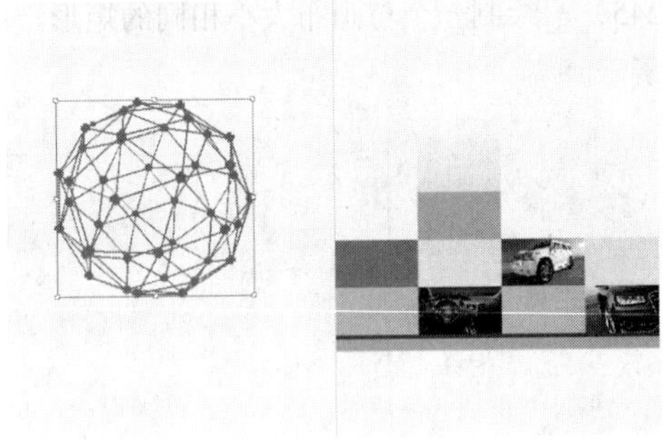

图7.178　添加素材

STEP 16　选择工具箱中的“文字工具”T，在画布适当位置添加文字，这样就完成了效果制作，最终效果如图7.179所示。

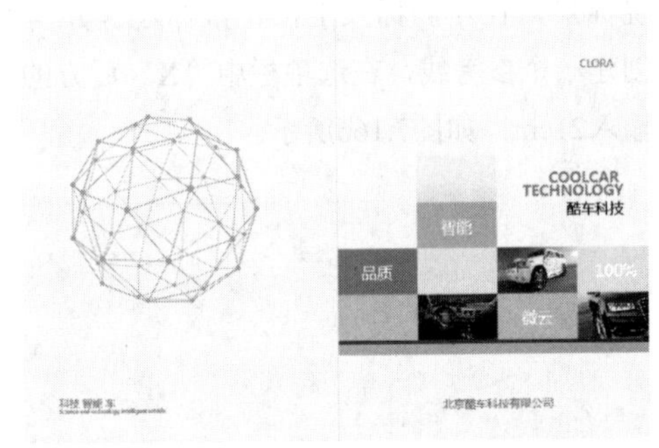

图7.179　最终效果

7.5.2 使用Photoshop制作立体效果

STEP 01　执行菜单栏中的“文件”|“新建”命令，在弹出的对话框中设置“宽度”为20厘米，“高度”为15厘米，“分辨率”为150像素/英寸，“颜色模式”为RGB颜色，新建一个空白画布，如图7.180所示。

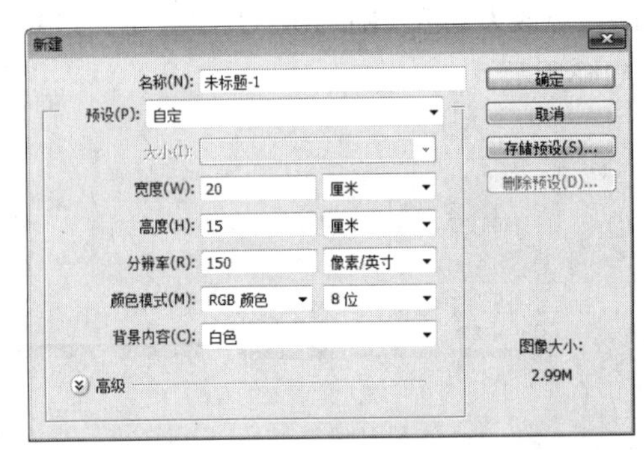

图7.180　新建画布

STEP 02　选择工具箱中的“渐变工具”■，编辑渐变颜色为白色到灰色（R：190，G：190，B：

190），设置完成之后单击“确定”按钮，再单击选项栏中的“径向渐变”按钮，从左上角向右下角方向拖动以填充渐变，如图7.181所示。

图7.181 填充渐变

STEP 03 执行菜单栏中的“文件”|“打开”命令，打开“汽车画册封面平面效果设计.ai”文件，将打开的素材拖入画布中并适当缩小，其图层名称将更改为“图层1”，如图7.182所示。

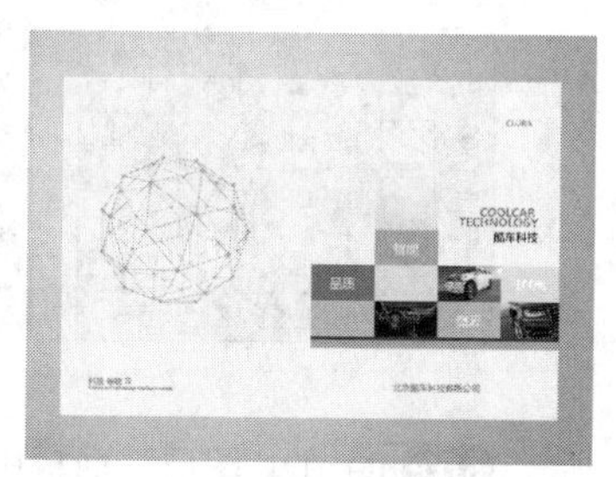

图7.182 添加素材

STEP 04 选择工具箱中的“矩形选框工具”，在画布中封面右侧位置绘制一个矩形选区以选中正面封面，如图7.183所示。

STEP 05 选中“图层 1”图层，执行菜单栏中的“图层”|“新建”|“通过剪切的图层”命令，将生成的图层名称更改为“封面”，将“图层1”图层名称更改为“封底”，如图7.184所示。

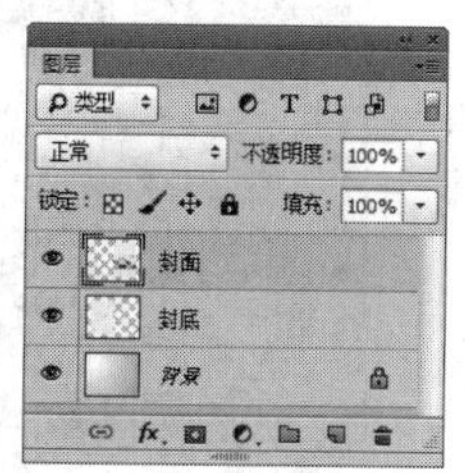

图7.183 绘制选区 图7.184 修改图层名称

STEP 06 选中“封面”图层，在画布中按Ctrl+T组合键对其执行“自由变换”命令，单击鼠标右键，从弹出的快捷菜单中选择“扭曲”命令，将图形扭曲变形，完成之后按Enter键确认，如图7.185所示。

STEP 07 在“图层”面板中选中“封面”图层，将其拖至面板底部的“创建新图层”按钮上，复制一个“封面 拷贝”图层，如图7.186所示。

图7.185 变换图像 图7.186 复制图层

技巧与提示

在对“封底”图层上方图层中的图像编辑时可以先将其图层暂时隐藏，这样更加方便观察画布中的编辑效果。

STEP 08 在“图层”面板中，选中“封面”图层，单击面板上方的“锁定透明像素”按钮，将当前图层中的透明像素锁定，在画布中将图层填充为黑色，填充完成之后再次单击此按钮将解除锁定，在画布中将其向下稍微移动，如图7.187所示。

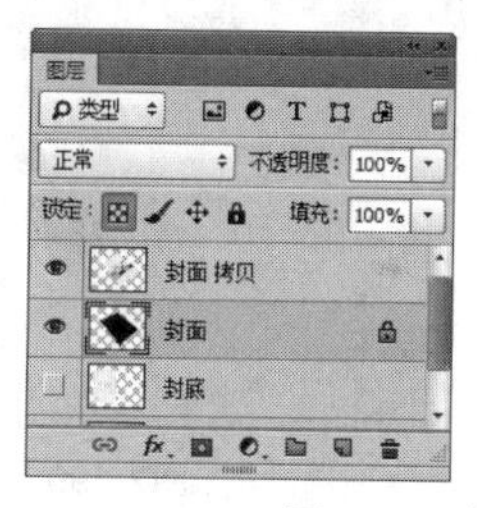

图7.187 锁定透明像素并填充颜色

STEP 09 选中“封面”图层，执行菜单栏中的“滤镜”|“模糊”|“高斯模糊”命令，在弹出的对话框中将“半径”更改为3像素，设置完成之后单击“确定”按钮，再将其图层“不透明度”更改为50%，如图7.188所示。

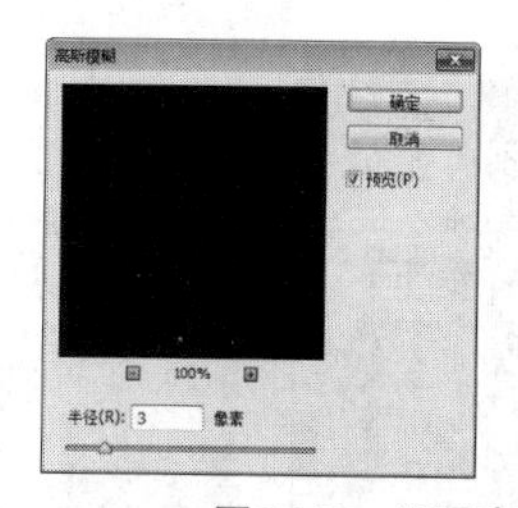

图7.188 设置高斯模糊并更改不透明度

STEP 10 选择工具箱中的“钢笔工具”，在选项栏中单击“选择工具模式”路径按钮，在弹出的选项中选择“形状”，将“填充”更改为灰色（R：212，G：212，B：212），“描边”更改为无，在封面底部位置绘制出一个不规则图形，此时将生成一个“形状1”图层，将“形状1”图层移至“封面 拷贝”图层下方，如图7.189所示。

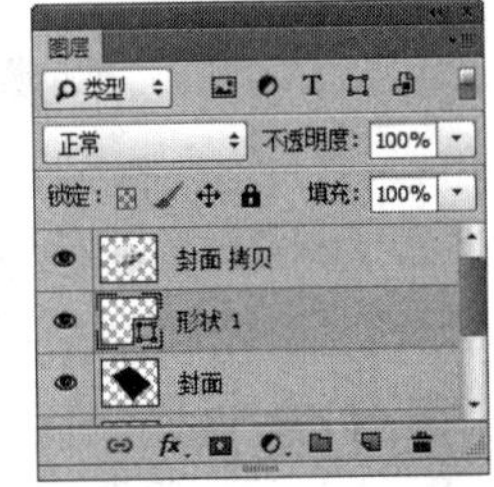

图7.189　绘制图形

STEP 11 选中“封底”图层，以同样的方法在画布中按Ctrl+T组合键对其执行“自由变换”命令，单击鼠标右键，从弹出的快捷菜单中选择“扭曲”命令，将图形扭曲变形，完成之后按Enter键确认，如图7.190所示。

图7.190　将图像变形

STEP 12 在“图层”面板中选中“封底”图层，将其拖至面板底部的“创建新图层”按钮上，复制出一个“封底 拷贝”图层，如图7.191所示。

STEP 13 以同样的方法为“封底”图层填充颜色并添加高斯模糊效果后制作阴影效果，如图7.192所示。

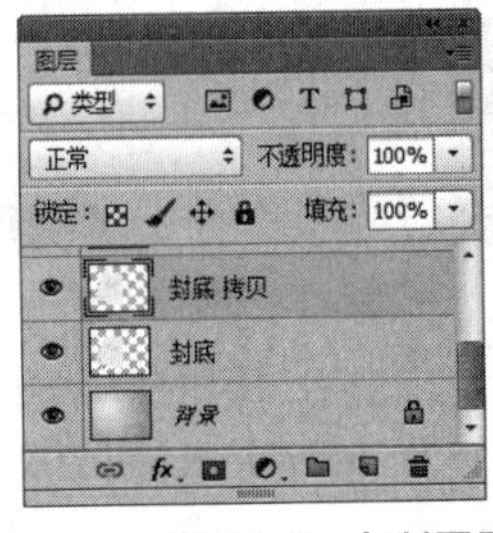

图7.191　复制图层

图7.192　制作阴影

STEP 14 以同样的方法在封底图像底部位置绘制图形以制作厚度效果，如图7.193所示。

图7.193　绘制图形

STEP 15 同时选中“封面 拷贝”“形状 1”及“封面”图层之外的所有图层，按Ctrl+G组合键将其编组，此时将生成一个“组1”组，如图7.194所示。

图7.194　从图层建立组

STEP 16 在“图层”面板中选中“组1”组，将其拖至面板底部的“创建新图层”按钮上，复制出一个“组1 拷贝”组，如图7.195所示。

STEP 17 选中“组1 拷贝”组将其展开，选中“封面”图层，将其图层“不透明度”更改为30%，再选中“组1 拷贝”组，在画布中按Ctrl+T组合键对其执行自由变换，当出现变形框以后将其适当旋转，完成之后按Enter键确认，如图7.196所示。

图7.195　复制组

图7.196　变换图像

STEP 18 以同样的方法选中“组1 拷贝”组，将其复制数份，在画布中将其适当旋转，这样就完成了效果制作，最终效果如图7.197所示。

图7.197 最终效果

7.6 本章小结

本章通过多个不同封面的平面及立体效果制作，详细讲解了封面装帧设计的方法，读者通过这些实例的制作就可以掌握封面装帧设计的精髓。

7.7 课后习题

书籍生产过程中的装潢设计工作，又称作书籍艺术。本章安排3个课后习题供读者练习，以巩固前面所学的知识，掌握封面装帧设计的方法和技巧。

7.7.1 课后习题1——地产杂志封面设计

素材位置	素材文件\第7章\地产杂志封面设计
案例位置	案例文件\第7章\地产杂志封面效果处理.psd、地产杂志封面平面效果ai、地产杂志封面展示效果.psd
视频位置	多媒体教学\第7章\7.7.1 课后习题1——地产杂志封面设计.avi
难易指数	★★★☆☆

本例主要讲解的是地产杂志封面设计制作，封面的设计整体向地产界内容靠拢，从成熟的配色到经典的图形及图像摆放，可以看出这是一款极为成功的地产杂志封面设计。最终效果如图7.198所示。

图7.198 最终效果

步骤分解如图7.199所示。

图7.199 步骤分解图

7.7.2 课后习题2——公司宣传册封面设计

素材位置	素材文件\第7章\公司宣传册封面设计
案例位置	案例文件\第7章\公司宣传册封面平面效果ai、公司宣传册封面展示效果.psd
视频位置	多媒体教学\第7章\7.7.2 课后习题2——公司宣传册封面设计.avi
难易指数	★★☆☆☆

本例主要讲解的是公司宣传册封面设计制作，在设计之初就采用了简洁的图形及文字组合，使整个封面十分简洁，在色彩方面采用了经典的蓝色系，使整个封面设计简约，令人赏心悦目。最终效果如图7.200所示。

图7.200 最终效果

步骤分解如图7.201所示。

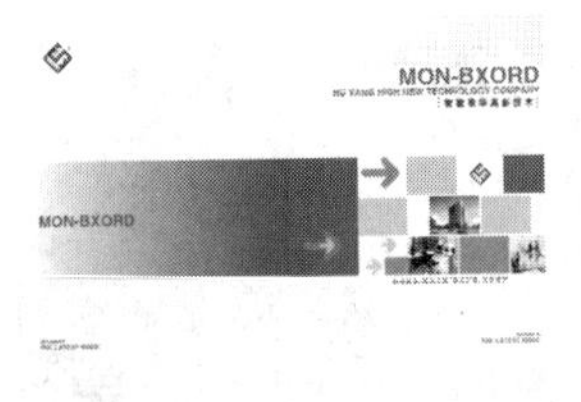

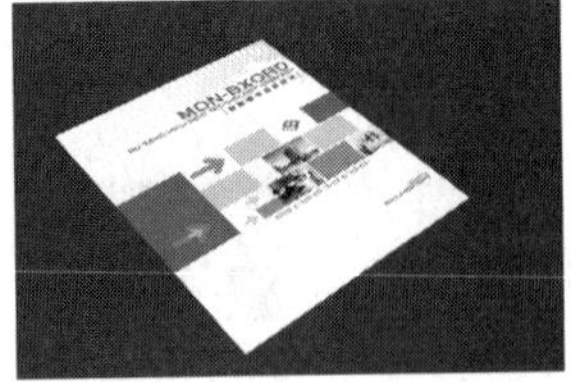

图7.201　步骤分解图

7.7.3 课后习题3——旅游杂志封面设计

素材位置	素材文件\第7章\旅游杂志封面设计
案例位置	案例文件\第7章\旅游杂志封面效果处理.psd、旅游杂志封面平面效果ai、旅游杂志封面展示效果.psd
视频位置	多媒体教学\第7章\7.7.3　课后习题3——旅游杂志封面设计.avi
难易指数	★★☆☆☆

本例讲解的是旅游杂志封面设计制作，杂志封面设计主要在于背景图像的色调调整以及文字信息的摆放，同时颜色搭配也是至关重要，不同的颜色搭配所得到的最终效果都会有较大的差别。最终效果如图7.202所示。

图7.202　最终效果

步骤分解如图7.203所示。

图7.203　步骤分解图

第8章 商业包装设计

本章讲解商业包装设计与制作。商业包装是品牌理念及产品特性的综合反映，它直接影响到消费者的购买欲。包装是建立在产品与消费者之间极具亲和力的手段，包装的功能是保护商品提高产品附加值，通过对包装的规整设计令整个品牌效应持久及出色。包装的设计原则是体现品牌特点，传达直观印象、漂亮图案、品牌印象及产品特点等。通过本章的学习可以快速掌握商业包装的设计与制作。

要点索引

- 了解包装的发展
- 了解包装的特点与功能
- 了解包装的原则
- 了解包装的材料与分类
- 掌握包装展开面与立体效果的制作技巧

8.1 包装设计相关知识

在市场经济高速发展的今天，有越来越多的人认识到包装的重要性，包装已经成为商品销售中必不可少的一个环节。在今天这种大量生产和大量销售的时代，现代包装已经成了沟通生产者与消费者的最好桥梁，设计的好坏直接影响到新产品的销售情况。

包装设计是平面设计中的一个分支，涉及管理学、营销学、广告学以及学术设计等诸多方面的知识，可以说是一个比较完善的学科。

8.1.1 包装的概念

所谓包装，从字面上可以理解为包扎、包裹、装饰的意思。在过去，包装只是为了保护商品，方便运输和储藏。而到了今天，包装已经不是局限在保护商品的定义中，它已经是美化商品、宣传商品、进一步提高商品的商业价值的一种体现，是一种营销的手段。

包装设计包含丰富的内容，包括材料、造型、印刷等多方面要素，因此包装设计已经是提高商品商业价值的艺术处理过程。一个成功的包装设计应能准确反映商品的属性和档次，并且构思新颖，具有较强的视觉冲击力。

8.1.2 包装的发展

包装作为人类智慧的结晶，是随着人类商品交易的发展而发展起来的，经历了从简到繁、从普通到美化提升的发展过程。

最初，人们使用树叶、果壳、贝壳等天然材料作为食物的包装。随着纸的发明，出现了纸包装。在公元前100年前后，人类生产木箱作为包装；在公元300年前后，在罗马的普通家庭中使用了玻璃瓶进行包装，成为最早的玻璃包装。

随着社会的发展，包装行业得到了很大发展，出现了专门的包装设计学校和相关专业，包装设计水平也有了极大的飞跃。现在，包装已经越来越豪华，甚至已经超越了商品本身的价值，而导致包装价值越来越高，商品价值越来越低的局面。例如前几年常见的月饼包装，出现了所谓的“黄金月饼”。

8.1.3 包装的特点

随着包装行业的兴起，包装也有了自身的特点，只有掌握了包装的特点才能更好地应用这些特点来表现包装的意义，以改变其产品在消费者心中的形象，从而也提升企业自身的形象。不同包装效果如图8.1所示。

1. 保护商品

保护商品是包装设计的前提，也是包装设计的基本特点。不管应用什么样的包装，首先要考虑包装保护商品的能力，要根据商品的特点来设计包装。

2. 宣传商品

包装除了起保护商品的作用外，现在还有更重要的特点，那就是宣传商品，让消费者从包装上了解该商品，从而引发他们的购物欲望。包装虽然不能直接诱导消费者去购买商品，但通过包装能显示出商品的特点，引起消费者的注意，以潜移默化的力量促进消费者的购买行为。

3. 营销目标

在设计包装时，还要注意企业的目标市场所面对消费群体的消费能力和人情世故，商品本身价值要大于包装的价值。面对消费群体的不同，商品的包装设计也不同，商品包装的价值也就不同，如对于相对低端市场的商品则不宜过分华丽，应以朴实为主。不能让消费者买回去后发现包装与商品不符，更不能以次充好来欺骗消费者，否则以后该商品将无人问津。

图8.1　不同包装效果

图8.1 不同包装效果（续）

8.1.4 包装的功能

包装的功能是指包装对所包装的商品起到的作用和效果。包装的主要作用体现在如下几个方面。精彩包装效果如图8.2所示。

1. 保护作用

包装最基本的作用是保护商品，方便商品的存储及运输，对商品起到防潮、防震、防污染和防破坏等保护作用。

2. 容器作用

包装可以将一些不易储存和运输的物品（如液态、气态、颗粒状等）进行包装封袋，以方便储存、运输和销售。

3. 促销作用

在市场经济的今天，包装对商品的影响越来越大，对于同样的商品采用不同的包装将直接影响到该商品在市场中的销售情况。包装不但可以起到美化商品的作用，还可以提高商品的档次，促进消费者的购买欲望，从而达到促进商品销售的目的。

图8.2 精彩包装效果

图8.2 精彩包装效果（续）

8.1.5 包装设计的原则

要想将包装设计发挥出更好的效果，在包装设计中应遵循以下三大原则。精彩包装效果如图8.3所示。

1. 注重色彩的表现

色彩设计在包装设计中占据重要的位置，色彩是美化和突出产品的重要因素。包装设计在力求创意的同时还要注意色彩的表现，精美的图案及艳丽的色彩才能使商品更加醒目，才能更好地刺激消费者的购买欲。

2. 注意产品的信息表现

成功的包装不仅要色彩突出，还要注意新产品信息的表现，告诉人们包装所表达的产品信息，准确地传达新产品特点，不能以次充好，这样才能更好地起到表现产品信息的目的，刺激消费者。

3. 以消费者为根本

包装的造型、色彩以及质地，在设计中都会影响到消费者。包装设计不但要满足消费者的需要，还要满足消费者的习惯。要注意各个民族有不同的喜爱色，例如美国人喜欢黄色，使用黄色包装的商品一般都畅销；但日本人不喜欢黄色，在日本采用黄色包装往往会销量不佳。这种民族喜好的心理也是相对的、变化的，要在设计之前了解一下这方面的细节，这样才能做到让消费者满意。

图8.3　精彩包装效果

8.1.6 包装的材料

包装材料的选择是包装设计的前提，不同类型的商品有不同的包装材料。设计者在进行包装设计时不仅要考虑产品的属性，还要熟悉包装材料的特点。要进行包装设计，首先就要考虑包装的材料。下面介绍几种包装设计中常用的材料。

1. 纸材料

在商品包装中，纸材料的应用是最多的。当然，不同的纸张有不同的性能，只有充分了解纸张的性能，才能更好地应用它们。一般纸材料包括牛皮纸、玻璃纸、瓦楞纸、铜版纸和蜡纸等。纸材料包装效果如图8.4所示。

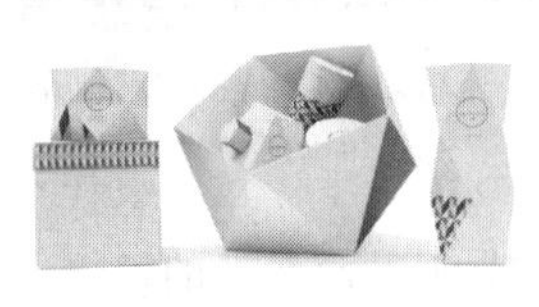

图8.4　纸材料包装效果

2. 木制材料

木材是常见的包装材料，通常分为硬木和软木两种，主要用于制作木盒、木桶和木箱等。木制包装具有耐压、抗菌等特点，适合制作运输包装和储藏包装。但也有缺点，比如较笨重而不易运输。木制材料包装效果如图8.5所示。

图8.5　木制材料包装效果

3. 金属材料

金属类包装的主要形式有各种金属罐、金属软管和桶等，多应用在生活用品、饮料、罐头包装中，也出现在工业产品的包装中。金属包装中使用最多的是马口铁、铝、铝箔和镀铬无锡铁皮等。金属材料包装效果如图8.6所示。

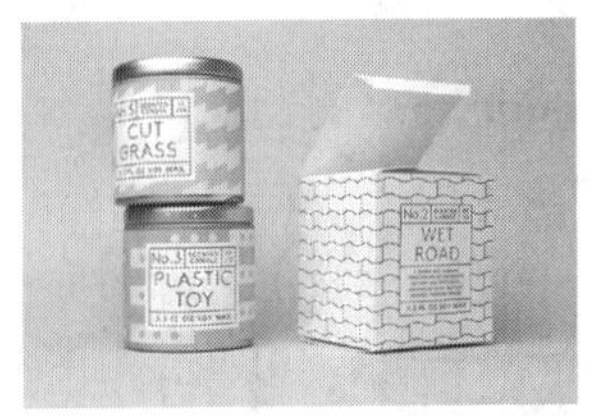

图8.6　金属材料包装效果

4. 玻璃材料

玻璃材料也是包装中常用的材料之一，它是

由一种天然矿石制造而成，经吹塑或压制成型，制作出各种形状供包装使用，它是饮料、酒类、化妆品、食品等常用的包装材料。玻璃具有耐酸、稳定、无毒、无味和透明等特点，但缺点也很明显：易碎、不易运输，所以一般在应用玻璃包装的同时，还要再加上纸材料或木材料来包装，以减小它的缺点。玻璃材料包装效果如图8.7所示。

图8.7 玻璃材料包装效果

5. 塑料材料

塑料的种类很多，常用于商品包装的塑料有聚氯乙烯薄膜、聚丙乙烯薄膜和聚乙烯醇薄膜等，具有高强度、防潮性、保护性和防腐蚀等特点。但也有缺点，比如不耐热、易变形和不易分解等。塑料材料包装效果如图8.8所示。

图8.8 塑料材料包装效果

8.1.7 包装的分类

商品包装发展到今天也有很多类别，可以分为不同的种类，这里大概讲解几种比较常见的分类。

1. 按产品种类分类

按产品各类分，可分为日用品类、食品类、化妆品类、烟酒类、医药类、文体类、五金家电类、工艺品类和纺织品类等。

2. 按包装的形态分类

按照包装的形态，可以将包装分为个包装、中包装和外包装3类。

• 个包装

个包装是指单个包装，有时也称为小包装，它是商品包装的第一层，直接与商品接触，因此要注意材料的选择，以无侵蚀、无污染为主，以防止对商品造成损害。另外还要注意个包装的设计，有些商品本身就只有一层包装，要注意包装的吸引力和宣传力。个包装效果如图8.9所示。

图8.9 个包装效果

• 中包装

中包装有时也称为中包，是指对有包装的商品进行再次包装，一般指两个或两个以上的包装面组成的包装整体。中包装一般是为了加强对商品的保护面而另加的包装，位于外包装的内层，并处于个包装的外层。不但要注意保护商品，还要注意设计的视觉冲击力。中包装效果如图8.10所示。

图8.10　中包装效果

• 外包装

外包装也称为大包装、运输包装。通常是将几份或是多份商品打包，将其整理以便于运输，一般用硬纸箱或大木箱来包装，上面标有产品的型号、规格、数量、出厂日期等。如果是特殊商品，还要加上特殊的警示标志，如易碎品、禁堆放、有毒等。外包装效果如图8.11所示。

图8.11　外包装效果

3. 按包装材料的质地分类

按照包装材料的质地进行分类，可以将商品包装分为软包装、半硬包装和硬包装3种。但也有人将其粗略地分为软包装和硬包装两种。

4. 按包装材料分类

按照使用的包装材料不同，可将包装分为纸包装、木包装、金属包装、玻璃包装、塑料包装和纺织品包装等。

8.2 简约手提袋包装设计

素材位置	素材文件\第8章\简约手提袋
案例位置	案例文件\第8章\简约手提袋平面效果.ai、简约手提袋展示效果.psd
视频位置	多媒体教学\第8章\8.2　简约手提袋包装设计.avi
难易指数	★★☆☆☆

本例讲解简约手提袋包装设计制作，以浅灰色和绿色图形作为经典组合，整个正面效果十分简洁，文字与图形的结合完美地体现出简洁特点。包装展示效果的目的是通过将平面图像经过变换之后转换为立体图像，在视觉上形成一种十分直观的效果，最终效果如图8.12所示。

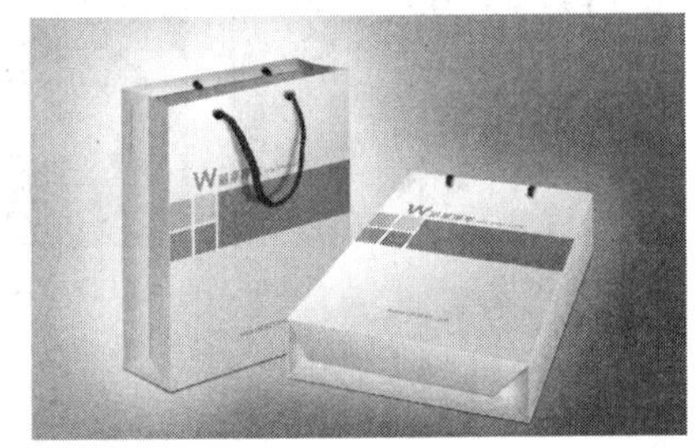

图8.12　最终效果

8.2.1 使用Illustrator制作展开面效果

STEP 01 执行菜单栏中的“文件”|“新建”命令，在弹出的对话框中设置“宽度”为400mm，“高度”为300mm，如图8.13所示，新建一个空白画布。

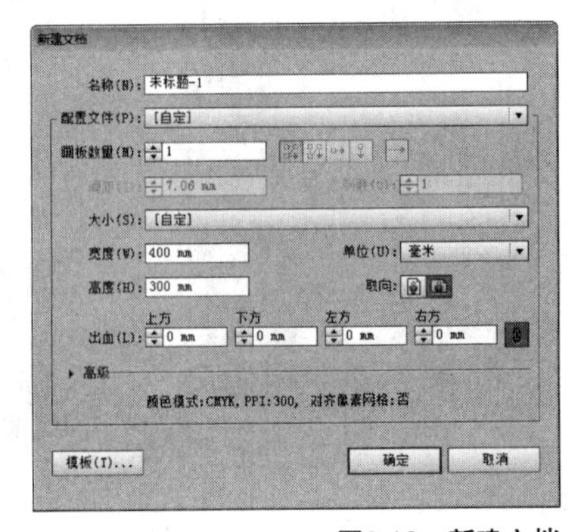

图8.13　新建文档

STEP 02 选择工具箱中的“矩形工具”，

将“填色”更改为浅灰色（R：250，G：250，B：250），在画布中绘制一个与其大小相同的矩形，如图8.14所示。

图8.14 绘制图形

STEP 03 选择工具箱中的“矩形工具”，在画布中单击，在弹出的对话框中将“宽度”更改为80mm，“高度”更改为300mm，完成之后单击“确定”按钮，将图形移至画布左侧位置，如图8.15所示。

STEP 04 执行菜单栏中的“视图”|“标尺”|“显示标尺”命令，此时工作区内侧边缘将出现标尺，在左侧标尺上按住鼠标左键并向右侧拖动创建一个参考线，在选项栏中“X”后方的文本框中输入80mm，如图8.16所示。

图8.15 绘制图形　　图8.16 创建参考线

技巧与提示

按Ctrl+R组合键可快速显示或者隐藏标尺。

STEP 05 同时选中矩形及参考线，按住Alt+Shift组合键并将其拖至画布右侧边缘位置，将其复制，如图8.17所示。

STEP 06 选中参考线并将其移至矩形左侧边缘位置，如图8.18所示。

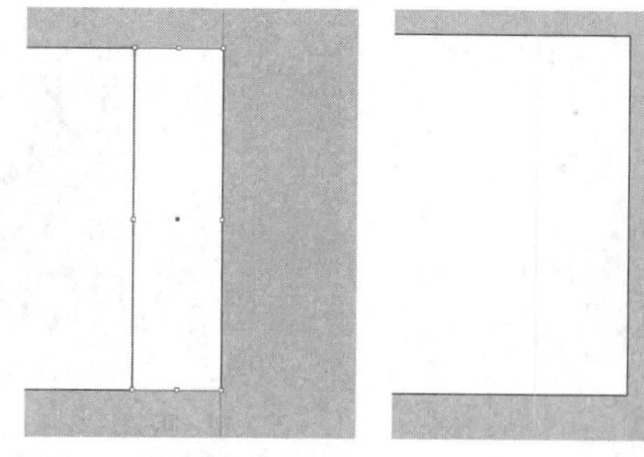

图8.17 复制参考线及矩形　　图8.18 移动参考线

技巧与提示

按Ctrl+2组合键可锁定任意对象包括参考线，按Ctrl+Alt+2组合键可解除锁定。

STEP 07 选择工具箱中的“矩形工具”，将“填色”更改为绿色（R：152，G：200，B：112），在两条参考线中间位置绘制一个矩形，如图8.19所示。

图8.19 绘制图形

STEP 08 选择工具箱中的“圆角矩形工具”，将“填色”更改为绿色（R：152，G：200，B：112），按住Shift键绘制一个矩形，如图8.20所示。

STEP 09 选中矩形并按住Alt键将其复制3份，如图8.21所示。

图8.20 绘制图形　　图8.21 复制图形

STEP 10 分别选中复制的圆角矩形，适当更改其不透明度，如图8.22所示。

图8.22　更改图形不透明度

STEP 11 执行菜单栏中的“文件”|“打开”命令，打开“Logo.psd”文件，将打开的素材图像拖入画板中刚才绘制的圆角矩形上方位置，如图8.23所示。

STEP 12 选择工具箱中的“文字工具”T，在画布适当位置添加文字，如图8.24所示。

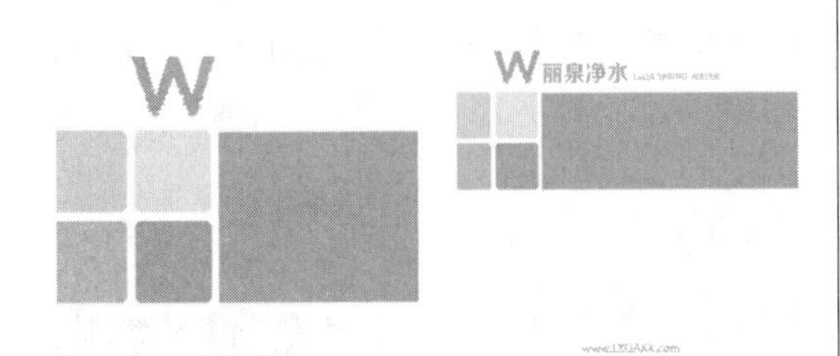

图8.23　添加素材　　　　图8.24　添加文字

STEP 13 选中“LXQA SPRING WATER”文字，按住Alt键并将其拖至画布右下角位置将其复制，如图8.25所示。

STEP 14 双击工具箱中的“旋转工具”，在弹出的对话框中将“角度”更改为90度，完成之后单击“确定”按钮，如图8.26所示。

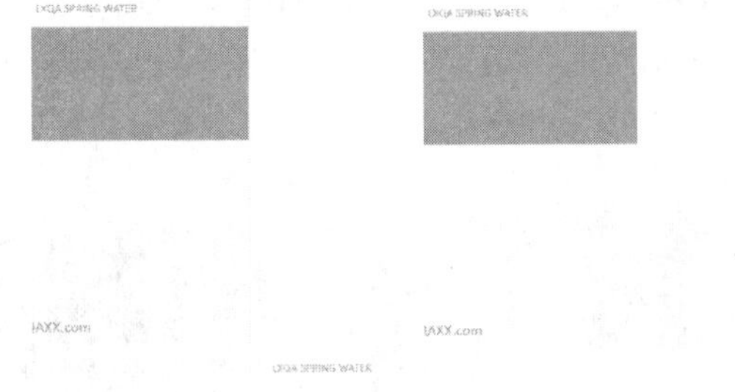

图8.25　复制文字　　　　图8.26　旋转文字

STEP 15 选中右下角文字，按住Alt键并将其拖至左上角位置，再双击工具箱中的“旋转工具”，在弹出的对话框中将“角度”更改为180度，完成之后单击“确定”按钮，这样就完成了效果制作，最终效果如图8.27所示。

图8.27　最终效果

技巧与提示

完成最终效果制作之后可以直接选中参考线将其删除。

8.2.2 使用Photoshop剪切轮廓图层

STEP 01 执行菜单栏中的“文件”|“新建”命令，在弹出的对话框中设置“宽度”为10厘米，“高度”为7.5厘米，“分辨率”为300像素/英寸，“颜色模式”为RGB颜色，新建一个空白画布，如图8.28所示。

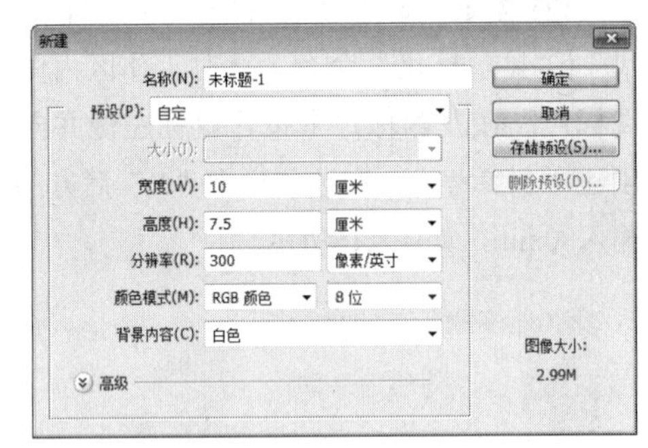

图8.28　新建画布

STEP 02 选择工具箱中的“渐变工具”，编辑灰色（R：228，G：233，B：233）到灰色（R：187，G：194，B：195）的渐变，单击选项栏中的“线性渐变”按钮，在画布中从左上角向右下角方向拖动为画布填充渐变，如图8.29所示。

图8.29　填充渐变

STEP 03 执行菜单栏中的“文件”|“打开”命令，打开“简约手提袋平面效果.ai”文件，将打开的素材拖入画布中并适当缩小，其图层名称将更改为“图层1”，如图8.30所示。

图8.30 添加图像

STEP 04 选择工具箱中的“矩形选框工具”，在画布中图像左侧位置绘制一个矩形选区以选中部分图像，如图8.31所示。

STEP 05 选中“图层1”图层，执行菜单栏中的“图层”|“新建”|“通过剪切的图层”命令，将生成的图层名称更改为“左侧”，如图8.32所示。

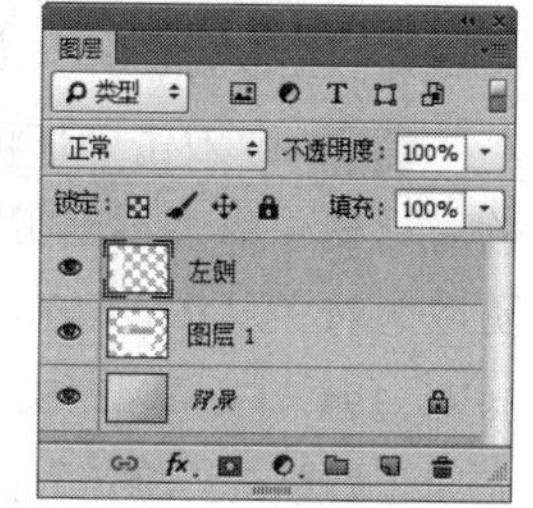

图8.31 绘制选区 图8.32 通过剪切的图层

STEP 06 以同样的方法在图像右侧相对位置绘制一个矩形选区，以选中右侧部分图像，选中“图层1”图层，如图8.33所示。

STEP 07 执行菜单栏中的“图层”|“新建”|“通过剪切的图层”命令，将生成的图层名称更改为“右侧”，将“图层1”图层名称更改为“正面”，如图8.34所示。

图8.33 绘制选区 图8.34 通过剪切的图层

STEP 08 同时选中除“背景”之外所有图层，按Ctrl+G组合键将其编组，将生成的组名称更改为“立体”，如图8.35所示。

STEP 09 在“图层”面板中选中“立体”组，将其拖至面板底部的“创建新图层”按钮上，复制出一个“立体 拷贝”组，将其名称更改为“俯视”，再将其暂时隐藏，如图8.36所示。

图8.35 将图层编组 图8.36 复制组

8.2.3 将图像变形

STEP 01 选中“立体”组中的“右侧”图层，将其删除，选中“正面”图层，按Ctrl+T组合键对其执行自由变换命令，在出现的变形框中单击鼠标右键，从弹出的快捷菜单中选择“扭曲”命令，将图像扭曲变形完成之后按Enter键确认。

STEP 02 用同样的方法选中“左侧”图层，将其扭曲变形，如图8.37所示。

图8.37 将图像变形

STEP 03 选择工具箱中的“钢笔工具”，在选项栏中单击“选择工具模式” 路径 按钮，在弹出的选项中选择“形状”，将“填充”更改为白色，“描边”更改为无，在包装靠左侧位置绘制一个不规则图形，此时将生成一个“形状1”图层，将其移至“左侧”图层上方，如图8.38所示。

图8.38　绘制图形

STEP 04 在“图层”面板中选中“形状1”图层，单击面板底部的“添加图层样式”fx按钮，在菜单中选择“渐变叠加”命令，在弹出的对话框中将“混合模式”更改为正片叠底，“不透明度”更改为60%，“渐变”更改为灰色（R：170，G：170，B：170）到灰色（R：225，G：225，B：225），“角度”更改为0度，完成之后单击“确定”按钮，如图8.39所示。

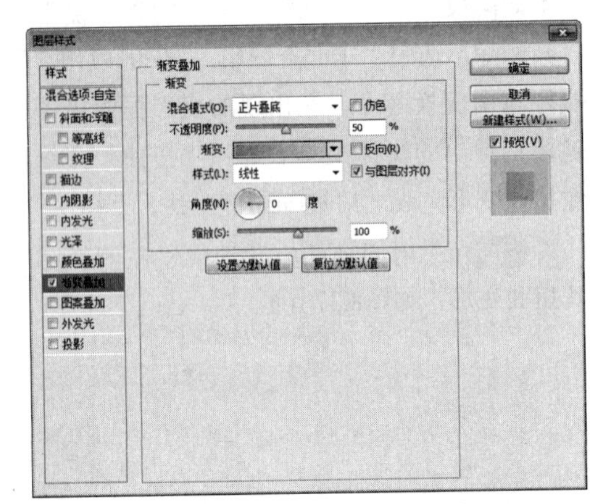

图8.39　设置渐变叠加

STEP 05 选中“形状1”图层，将其“填充”更改为0%，如图8.40所示。

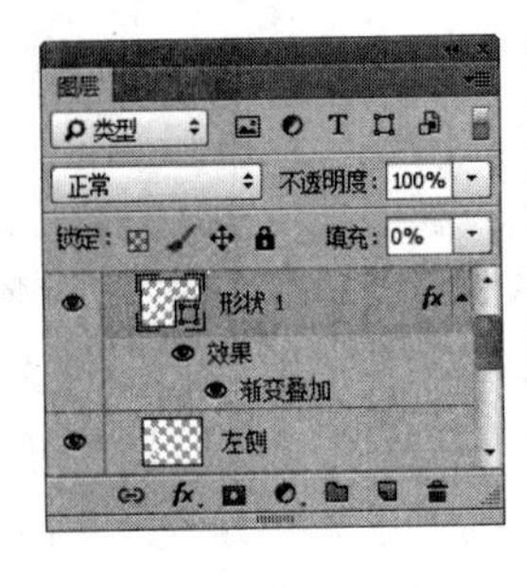

图8.40 更改填充

STEP 06 选择工具箱中的“钢笔工具”，在选项栏中单击“选择工具模式”路径按钮，在弹出的选项中选择“形状”，将“填充”更改为白色，“描边”更改为无，以同样的方法在刚才绘制的图形右侧位置再次绘制一个不规则图形，此时将生成一个“形状2”图层，如图8.41所示。

图8.41　绘制图形

STEP 07 在“形状1”图层上单击鼠标右键，从弹出的快捷菜单中选择“拷贝图层样式”命令，在“形状2”图层上单击鼠标右键，从弹出的快捷菜单中选择“粘贴图层样式”命令，将“形状2”图层的“填充”更改为100%，如图8.42所示。

STEP 08 双击“形状2”图层样式名称，在弹出的对话框中将“不透明度”更改为60%，“渐变”更改为灰色（R：170，G：170，B：170）到灰色（R：194，G：194，B：194，“角度”更改为−8，完成之后单击“确定”按钮，效果如图8.43所示。

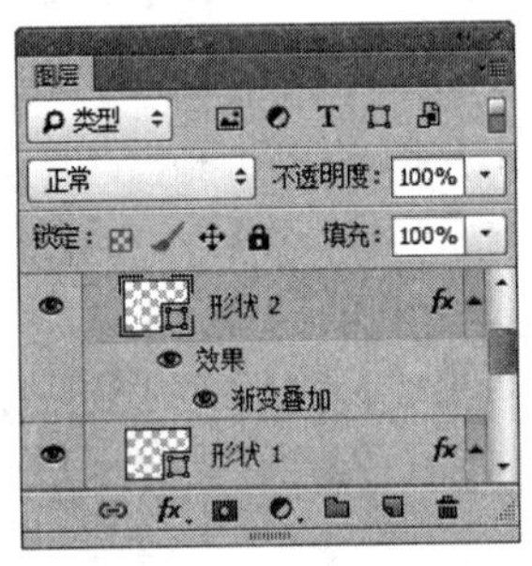

图8.42　复制粘贴图层样式　　图8.43　设置图层样式

STEP 09 以同样的方法在刚才绘制的图形中间靠底部的位置再次绘制一个不规则图形，此时将生成一个“形状3”图层，如图8.44所示。

STEP 10 选中“形状3”图层，为其添加渐变叠加图层样式，如图8.45所示。

图8.44　绘制图形

图8.45　添加渐变叠加

STEP 11 选择工具箱中的“钢笔工具”，在选项栏中单击“选择工具模式”按钮，在弹出的选项中选择“形状”，将“填充”更改为灰色（R：250，G：250，B：250），“描边”更改为无，在“左侧”图层中图形顶部位置绘制出一个不规则图形，此时将生成一个“形状4”图层，将其移至“左侧”图层下方，如图8.46所示。

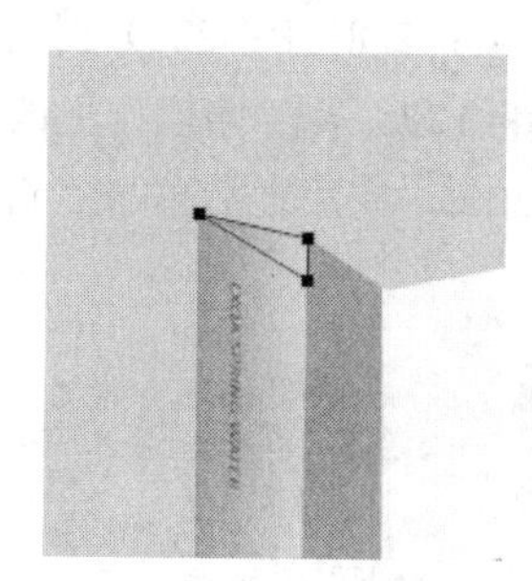

图8.46　绘制图形

技巧与提示

由于为“左侧”图层中图形上方的图形添加图层样式中设置了正片叠底混合模式，所以需要在其顶部空缺位置绘制图形以弥补显示不正常的部分。

STEP 12 在“图层”面板中选中“正面”图层，单击面板底部的“添加图层样式”按钮，在菜单中选择“渐变叠加”命令，在弹出的对话框中将“混合模式”更改为正片叠底，“不透明度”更改为70%，“渐变”更改为灰色（R：254，G：254，B：254）到灰色（R：205，G：205，B：205），“角度”更改为-43度，完成之后单击“确定”按钮，如图8.47所示。

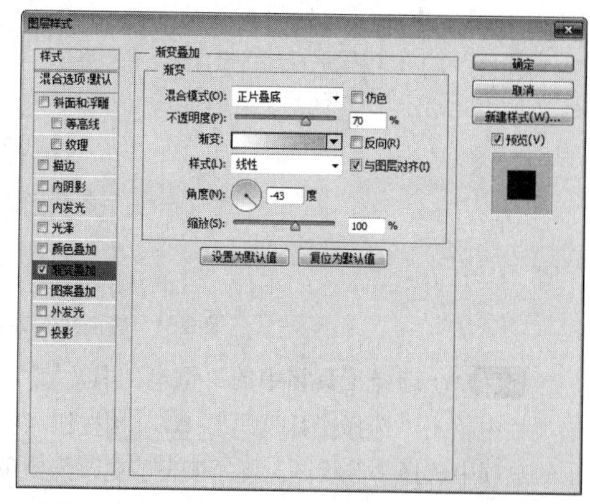

图8.47　设置渐变叠加

STEP 13 选择工具箱中的“矩形工具”，在选项栏中将“填充”更改为白色，“描边”为无，在手提袋口位置绘制一个矩形，此时将生成一个“矩形1”图层，如图8.48所示。

图8.48　绘制图形

STEP 14 选择工具箱中的“直接选择工具”，拖动绘制的图形锚点将其变形，如图8.49所示。

STEP 15 选择工具箱中的“添加锚点工具”，在经过变形的图形右侧位置单击添加锚点，如图8.50所示。

图8.49　将图形变形

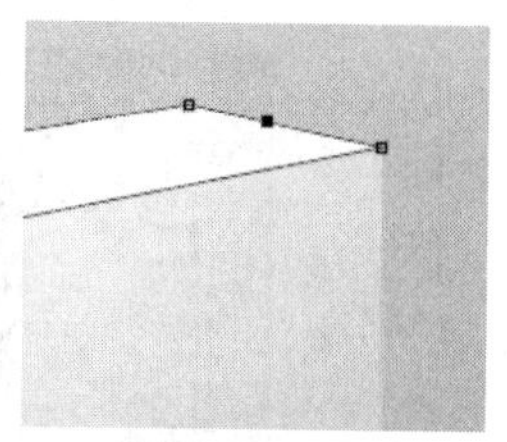

图8.50　添加锚点

STEP 16 选择工具箱中的“转换点工具”，单击刚才添加的锚点将其转换成节点，选择工具箱中的“直接选择工具”，拖动节点将图形变形，如图8.51所示。

图8.51　转换并拖动锚点

STEP 17 选择工具箱中的“钢笔工具”，在选项栏中单击“选择工具模式” 路径 按钮，在弹出的选项中选择“形状”，将“填充”更改为白色，“描边”更改为无，在口袋位置绘制一个不规则图形，此时将生成一个“形状5”图层，如图8.52所示。

STEP 18 将“形状5”图层移至“正面”图层下方，如图8.53所示。

图8.52　绘制图形

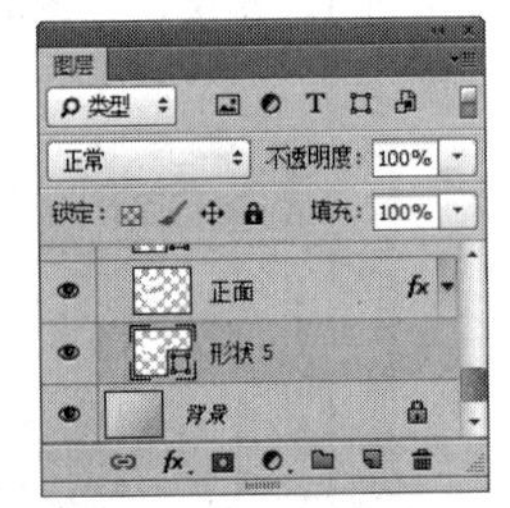

图8.53　移动图层

STEP 19 在“图层”面板中选中“形状5”图层，单击面板底部的“添加图层样式” fx 按钮，在菜单中选择“渐变叠加”命令，在弹出的对话框中将“渐变”更改为灰色（R：193，G：193，B：193）到灰色（R：162，G：160，B：160），“角度”更改为100度，“缩放”更改为25%，完成之后单击“确定”按钮，如图8.54所示。

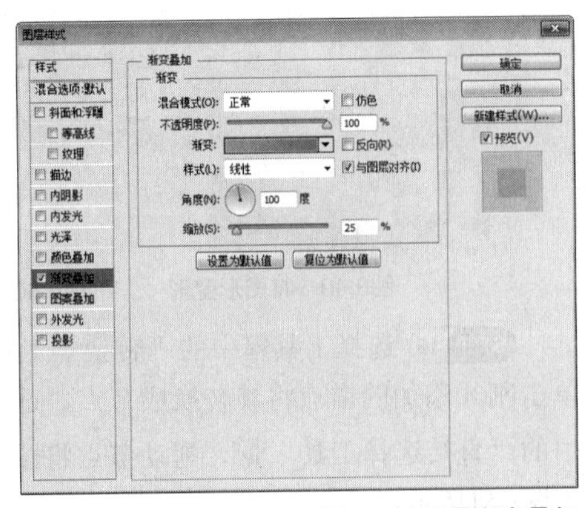

图8.54　设置渐变叠加

STEP 20 选中“矩形1”并将其移至“形状5”图层下方，如图8.55所示。

图8.55　更改图层顺序

STEP 21 在“形状5”图层上单击鼠标右键，从弹出的快捷菜单中选择“拷贝图层样式”命令，在“矩形 1”图层上单击鼠标右键，从弹出的快捷菜单中选择“粘贴图层样式”命令，如图8.56所示。

STEP 22 双击“矩形1”图层样式名称，将“渐变”更改为灰色（R：228，G：228，B：228）到灰色（R：127，G：127，B：127），“角度”更改为10度，“缩放”更改为20%，完成之后单击“确定”按钮，如图8.57所示。

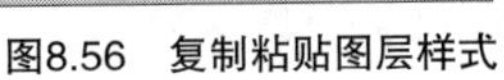

图8.56　复制粘贴图层样式　　图8.57　设置图层样式

8.2.4 绘制图形细节

STEP 01 选择工具箱中的“钢笔工具”，在选项栏中单击“选择工具模式” 路径 按钮，在弹出的选项中选择“形状”，将“填充”更改为白色，“描边”更改为无，在口袋位置绘制一个不规则图形，此时将生成一个“形状6”图层，如图8.58所示。

STEP 02 将“形状6”图层移至“形状1”图层下方，如图8.59所示。

图8.58 绘制图形　　图8.59 更改图层顺序

STEP 03 在“形状6”图层名称上单击鼠标右键，从弹出的快捷菜单中选择“粘贴图层样式”命令，再双击其图层样式名称，在弹出的对话框中将“渐变”更改为灰色（R：245，G：245，B：245）到灰色（R：204，G：204，B：204），“角度”更改为94度，“缩放”更改为50%，完成之后单击“确定”按钮，如图8.60所示。

图8.60 粘贴并设置图层样式

STEP 04 以同样的方法在靠右侧位置再次绘制两个图形，此时将生成“形状7”“形状8”两个新的图层，分别为其添加渐变叠加图层样式，如图8.61所示。

图8.61 绘制图形并添加图层样式

STEP 05 同时选中“形状6”“形状7”及“形状8”图层，按Ctrl+G组合键将其编组，将生成的组名称更改为“口袋内衬”，如图8.62所示。

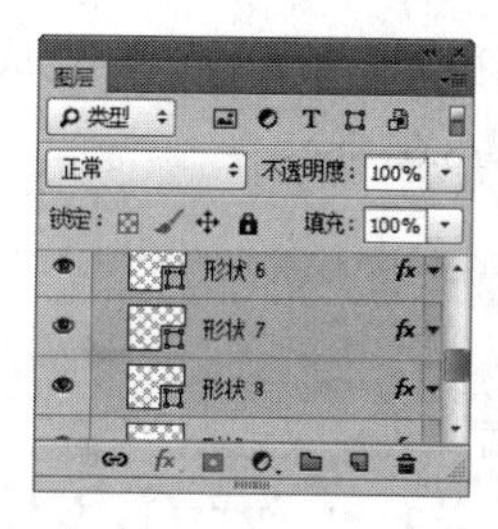

图8.62 将图层编组

STEP 06 在“图层”面板中选中“口袋内衬”图层，单击面板底部的“添加图层样式”*fx*按钮，在菜单中选择“投影”命令，在弹出的对话框中将“不透明度”更改为15%，“距离”更改为2像素，“大小”更改为2像素，完成之后单击“确定”按钮，如图8.63所示。

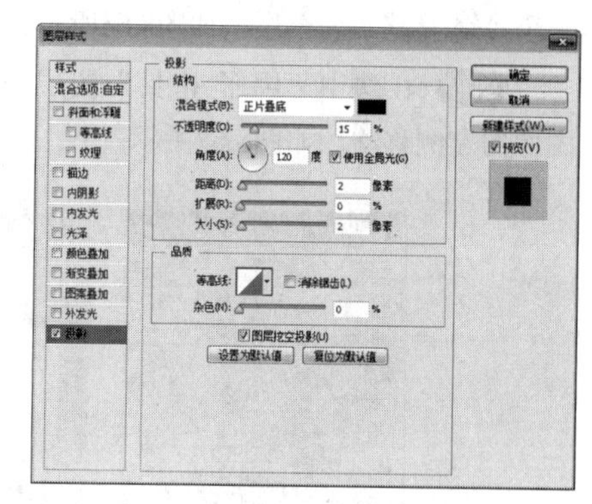

图8.63 设置投影

8.2.5 添加绳子素材

STEP 01 执行菜单栏中的“文件”|“打开”命令，打开“绳子.psd”文件，将打开的素材拖入画布中并适当缩小，如图8.64所示。

图8.64 添加素材

STEP 02 在“图层”面板中选中“绳子”组中的“绳子”图层，单击面板底部的“添加图层样式”*fx*按钮，在菜单中选择“投影”命令，在弹出的对话框中将“不透明度”更改为30%，“距离”

更改为2像素，“大小”更改为2像素，完成之后单击“确定”按钮，如图8.65所示。

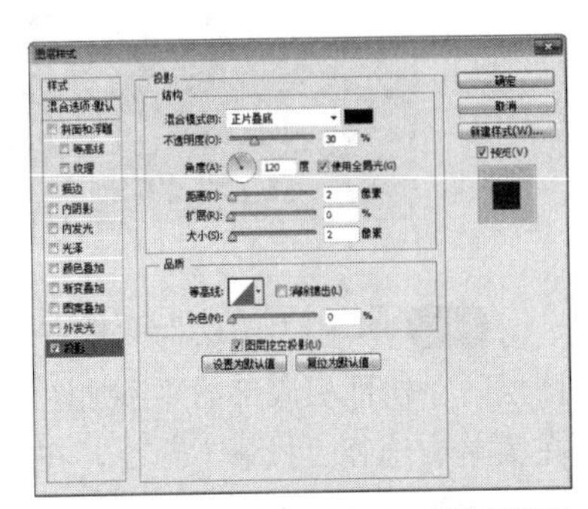

图8.65 设置投影

STEP 03 选中“绳子”组中的“绳子”图层，将其拖至面板底部的“创建新图层”按钮上，复制出一个“绳子 拷贝”图层，如图8.66所示。

STEP 04 选中“绳子 拷贝”图层，在画布中将图像向左侧移动，如图8.67所示。

图8.66 复制图层

图8.67 移动图像

STEP 05 选择工具箱中的“椭圆工具”，在选项栏中将“填充”更改为白色，“描边”为无，在“绳子 2”图像左侧位置绘制一个椭圆图形，此时将生成一个“椭圆1”图层，并将其移至“绳子2”图层下方，如图8.68所示。

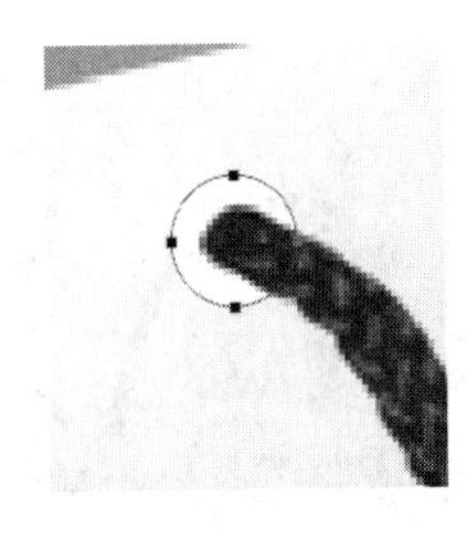

图8.68 绘制图形

STEP 06 在“图层”面板中选中“椭圆1”图层，单击面板底部的“添加图层样式”按钮，在菜单中选择“渐变叠加”命令，在弹出的对话框中将“不透明度”更改为80%，“渐变”更改为黑色到白色，完成之后单击“确定”按钮，如图8.69所示。

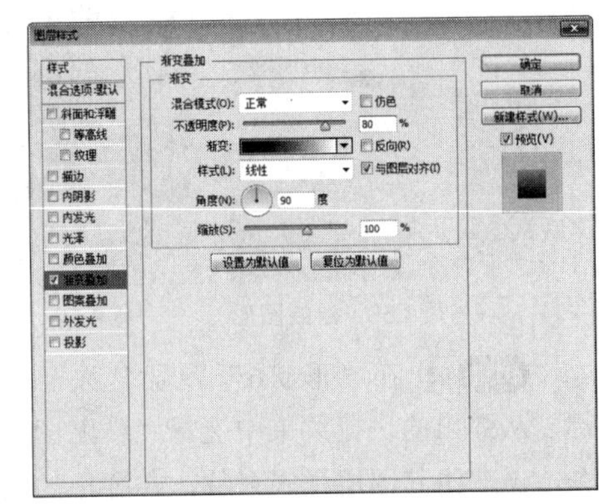

图8.69 设置渐变叠加

STEP 07 在“图层”面板中选中“椭圆1”图层，将其拖至面板底部的“创建新图层”按钮上，复制出一个“椭圆1 拷贝”图层，如图8.70所示。

STEP 08 选中“椭圆1 拷贝”图层，在画布中将图像向右侧移至绳子相对位置，如图8.71所示。

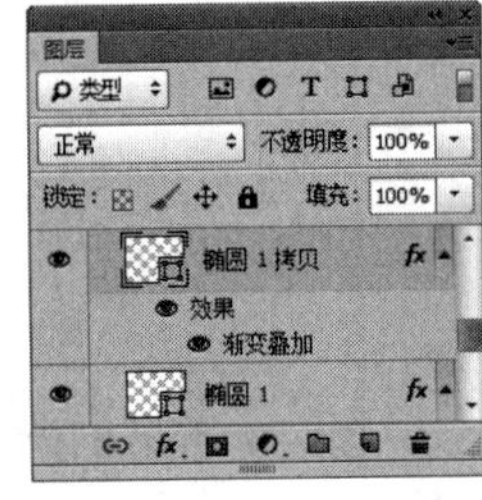

图8.70 复制图层

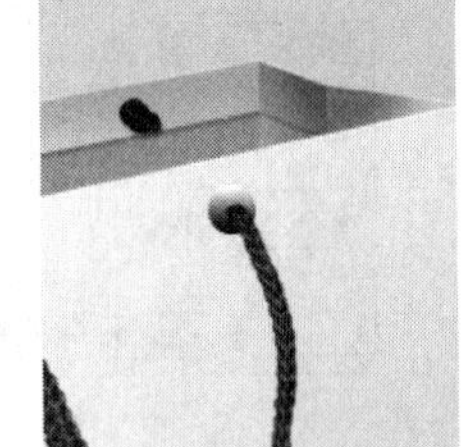

图8.71 移动图像

STEP 09 在“图层”面板中选中“绳子2”图层，将其拖至面板底部的“创建新图层”按钮上，复制出一个“绳子2 拷贝”图层，如图8.72所示。

STEP 10 在“图层”面板中选中“绳子2”图层，单击面板上方的“锁定透明像素”按钮，将当前图层中的透明像素锁定，在画布中将图像填充为黑色，填充完成之后再次单击此按钮将其解除锁定，如图8.73所示。

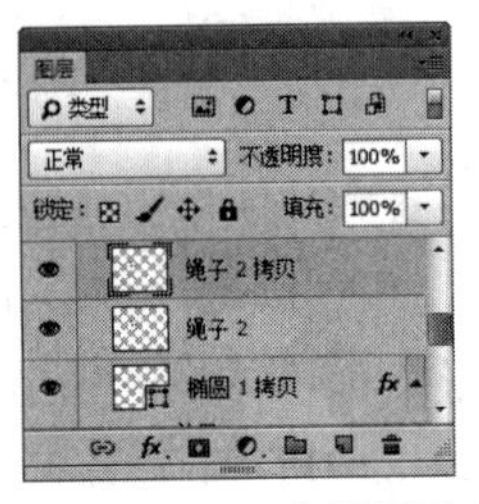

图8.72 复制图层

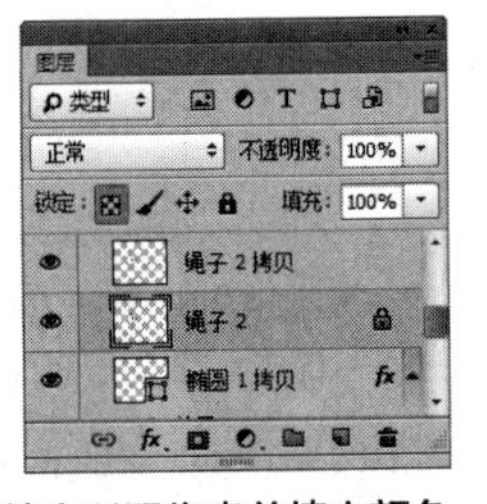

图8.73 锁定透明像素并填充颜色

STEP 11 选中“绳子2”图层，按Ctrl+T组合键对其执行自由变换命令，在出现的变形框中单击鼠标右键，从弹出的快捷菜单中选择“斜切”命令，拖动变形框控制点将图像扭曲变形，完成之后按Enter键确认，如图8.74所示。

图8.74 将图像变形

STEP 12 选中“绳子2”图层，执行菜单栏中的“滤镜”|“模糊”|“高斯模糊”命令，在弹出的对话框中将“半径”更改为2像素，完成之后单击“确定”按钮，再将其图层“不透明度”更改为20%，如图8.75所示。

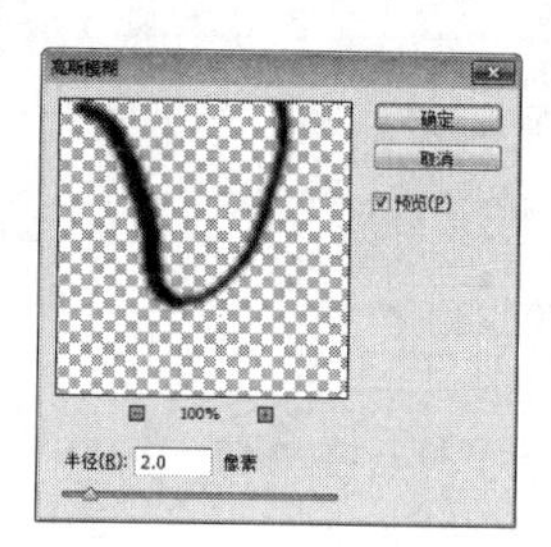

图8.75 设置高斯模糊

STEP 13 选择工具箱中的“钢笔工具”，在选项栏中单击“选择工具模式”按钮，在弹出的选项中选择“形状”，将“填充”更改为黑色，“描边”为无，在手提袋图像靠底部边缘位置绘制一个不规则图形，此时将生成一个“形状9”图层，将其移至“背景”图层上方，如图8.76所示。

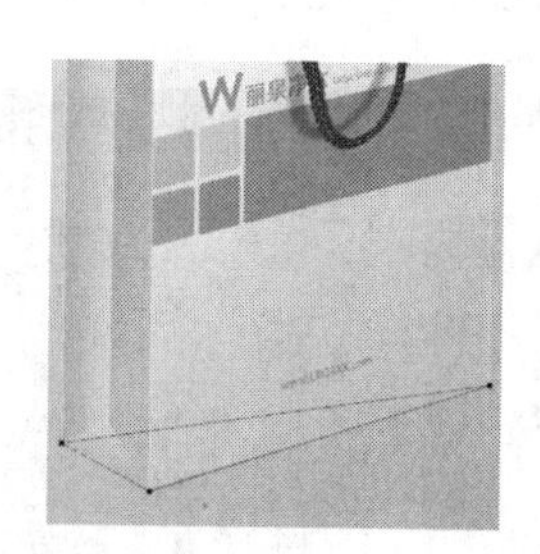

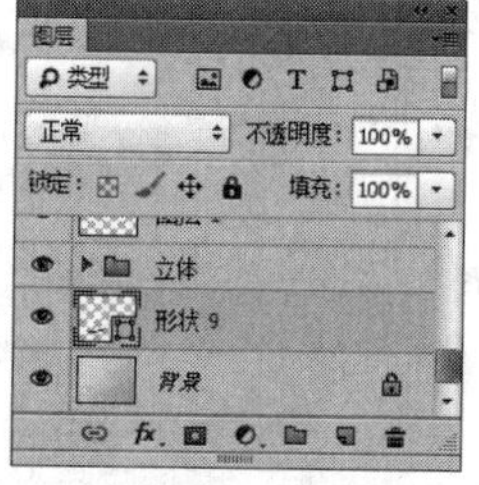

图8.76 绘制图形

STEP 14 选中“形状9”图层，按Ctrl+F组合键为其添加高斯模糊效果，如图8.77所示。

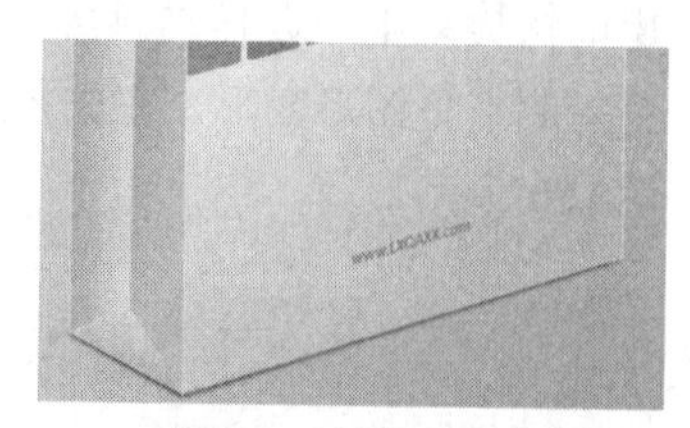

图8.77 添加高斯模糊效果

8.2.6 制作俯视立体

STEP 01 选中“俯视”组中的“正面”图层，按Ctrl+T组合键对其执行自由变换命令，在出现的变形框中单击鼠标右键，从弹出的快捷菜单中选择“扭曲”命令，将图像扭曲变形完成之后按Enter键确认。

STEP 02 以同样的方法分别选中“右侧”图层，将其扭曲变形，如图8.78所示。

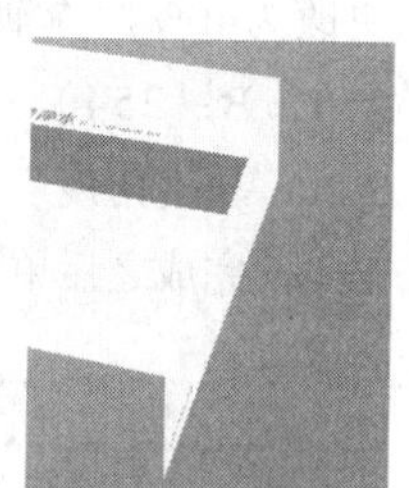

图8.78 将图像变形

技巧与提示

将图像变形制作完成俯视效果之后可以将无用的“左侧”图层删除。

STEP 03 选择工具箱中的“矩形工具”，在选项栏中将“填充”更改为白色，“描边”为无，在刚才经过变形的图形下方位置绘制一个矩形，此时将生成一个“矩形2”图层，如图8.79所示。

图8.79 绘制图形

STEP 04 选中“矩形2”图层，按Ctrl+T组合键对其执行“自由变换”命令，单击鼠标右键，从弹出的快捷菜单中选择“斜切”命令，拖动变形框左侧控制点将图形变形，完成之后按Enter键确认，如图8.80所示。

图8.80 将图形变形

STEP 05 在“图层”面板中选中“正面”图层，单击面板底部的“添加图层样式”fx按钮，在菜单中选择“渐变叠加”命令，在弹出的对话框中将“混合模式”更改为正片叠底，“不透明度”更改为40%，“渐变”更改为灰色（R：254，G：254，B：254）到灰色（R：205，G：205，B：205），“角度”更改为－70度，“缩放”更改为45%，完成之后单击“确定”按钮，如图8.81所示。

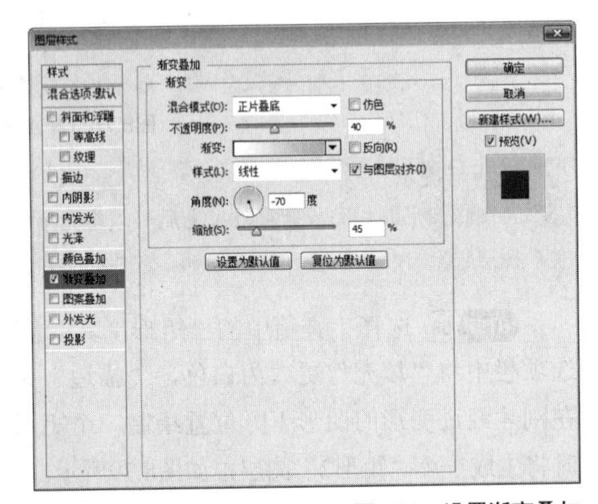

图8.81 设置渐变叠加

STEP 06 在“正面”图层上单击鼠标右键，从弹出的快捷菜单中选择“拷贝图层样式”命令，在“右侧”图层上单击鼠标右键，从弹出的快捷菜单中选择“粘贴图层样式”命令，如图8.82所示。

STEP 07 双击“右侧”图层样式名称，在弹出的对话框中将“不透明度”更改为100%，“角度”更改为-17，“缩放”更改为100%，如图8.83所示。

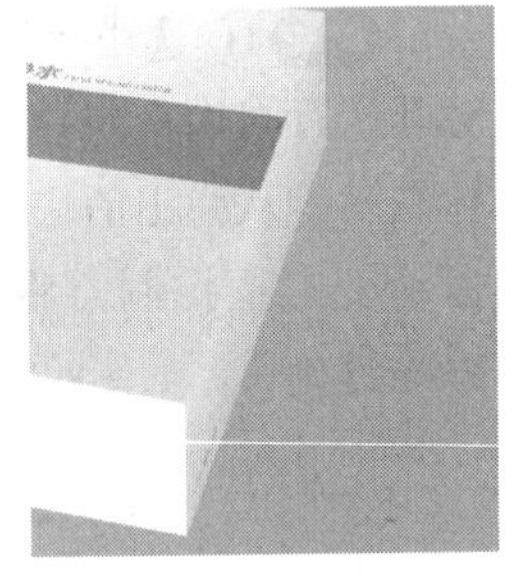

图8.82 粘贴图层样式　　图8.83 设置图层样式

STEP 08 在“图层”面板中选中“矩形2”图层，单击面板底部的“添加图层样式”fx按钮，在菜单中选择“内发光”命令，在弹出的对话框中将“混合模式”更改为正常，“颜色”更改为灰色（R：194，G：194，B：194），“大小”更改为70像素，完成之后单击“确定”按钮，如图8.84所示。

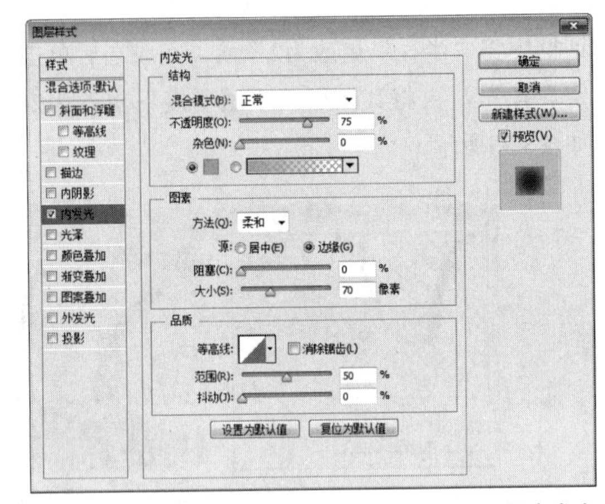

图8.84 设置内发光

STEP 09 选择工具箱中的“钢笔工具”，在选项栏中单击“选择工具模式”路径按钮，在弹出的选项中选择“形状”，将“填充”更改为白色，“描边”更改为无，在“矩形2”图层中图形位置绘制一个不规则图形，此时将生成一个“形状10”图层，如图8.85所示。

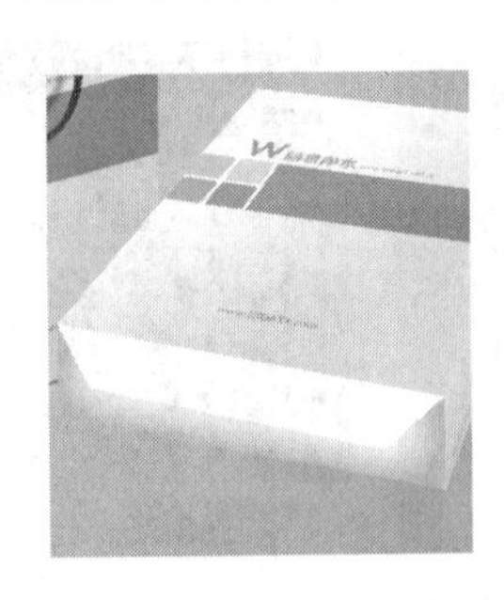

图8.85 绘制图形

STEP 10 在“图层”面板中选中“形状10”图层，单击面板底部的“添加图层样式” fx 按钮，在菜单中选择“渐变叠加”命令，在弹出的对话框中将“渐变”更改为灰色（R：202，G：202，B：202）到灰色（R：244，G：244，B：244），“角度”更改为77度，如图8.86所示。

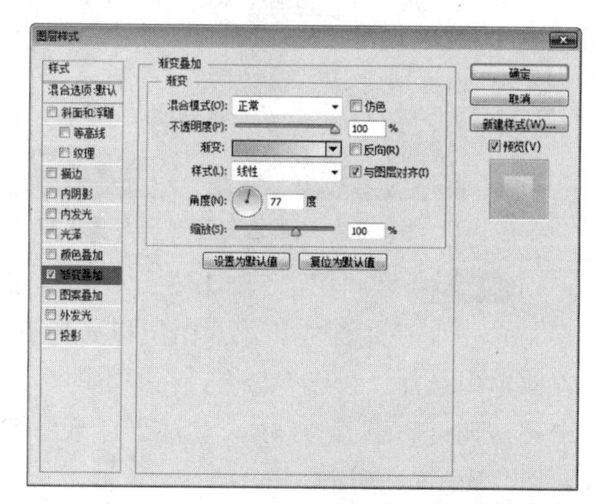

图8.86 设置渐变叠加

STEP 11 勾选“投影”复选框，将“不透明度”更改为20%，“距离”更改为2像素，“大小”更改为3像素，完成之后单击“确定”按钮，如图8.87所示。

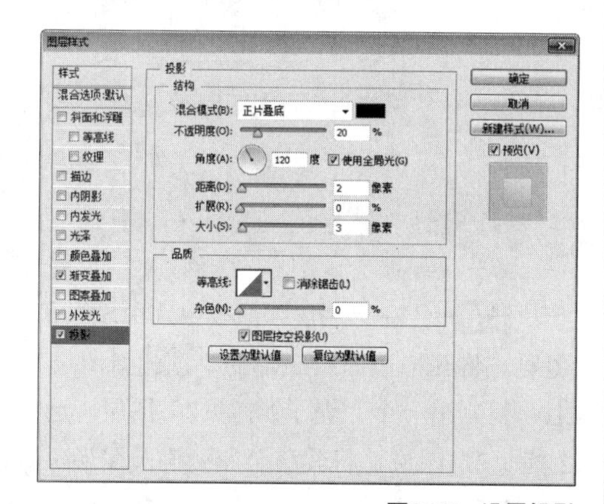

图8.87 设置投影

STEP 12 选择工具箱中的“钢笔工具”，在选项栏中单击“选择工具模式” 路径 按钮，在弹出的选项中选择“形状”，将“填充”更改为白色，“描边”更改为无，在刚才绘制的图形位置绘制一个不规则图形，此时将生成一个“形状11”图层，并将“形状11”移至“形状10”图层下方，如图8.88所示。

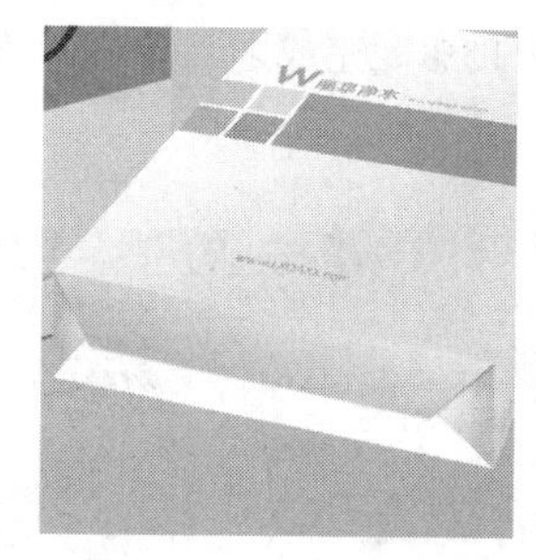

图8.88 绘制图形

STEP 13 在“形状10”图层上单击鼠标右键，从弹出的快捷菜单中选择“拷贝图层样式”命令，在“形状11”图层上单击鼠标右键，从弹出的快捷菜单中选择“粘贴图层样式”命令，将“投影”图层样式删除，如图8.89所示。

STEP 14 双击“形状11”图层样式名称，在弹出的对话框中将“角度”更改为82度，“缩放”更改为75%，如图8.90所示。

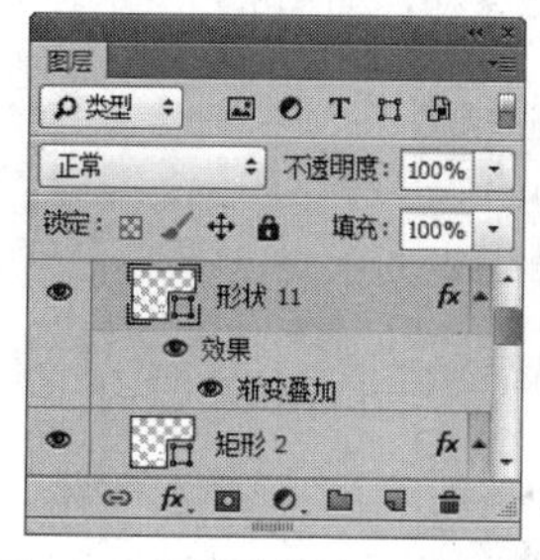

图8.89 复制并粘贴图层样式

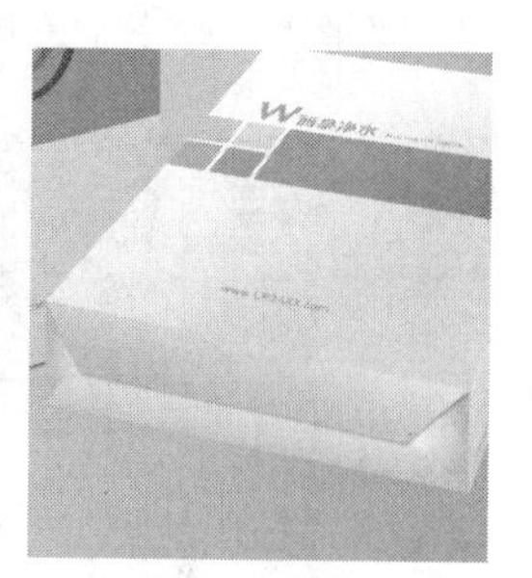

图8.90 设置图层样式

STEP 15 选择工具箱中的“椭圆工具”，在选项栏中将“填充”更改为白色，“描边”为无，在手提袋顶部位置绘制一个椭圆图形，此时将生成一个“椭圆2”图层，如图8.91所示。

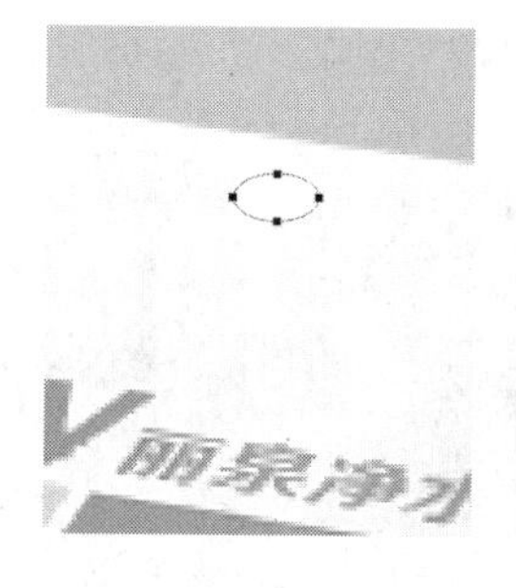

图8.91 绘制图形

STEP 16 在“图层”面板中选中“椭圆2”图层，单击面板底部的“添加图层样式” fx 按钮，在菜单中选择“渐变叠加”命令，在弹出的对话框中将“不透明度”更改为15%，完成之后单击“确定”按钮，如图8.92所示。

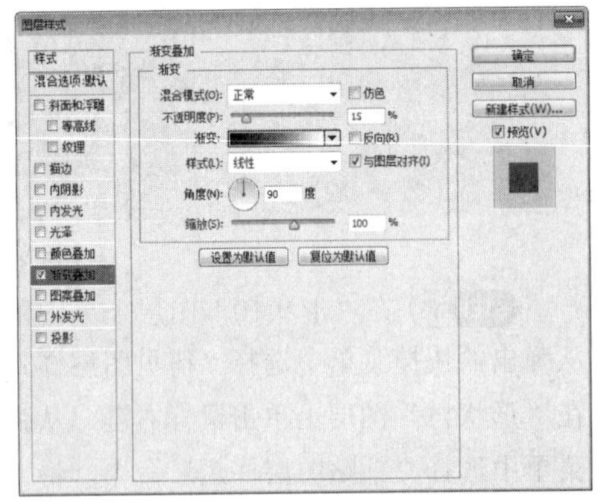

图8.92　设置渐变叠加

STEP 17 在“图层”面板中选中“椭圆2”图层，将其拖至面板底部的“创建新图层”按钮上，复制出一个“椭圆2 拷贝”图层，选中“椭圆2 拷贝”图层，将其向右侧移动，如图8.93所示。

图8.93　复制图层并移动图形

STEP 18 执行菜单栏中的“文件”|“打开”命令，打开“绳子.psd”文件，将“绳子2”拖入画布中并适当缩小，如图8.94所示。

STEP 19 选择工具箱中的“多边形套索工具”，选中多余的绳子部分将其删除，如图8.95所示。

图8.94　添加素材　　图8.95　删除图像

STEP 20 选中“绳子 2”图层，按Ctrl+T组合键对其执行“自由变换”命令，单击鼠标右键，从弹出的快捷菜单中选择“扭曲”命令，拖动控制点将图像扭曲变形，完成之后按Enter键确认，如图8.96所示。

STEP 21 选择工具箱中的“多边形套索工具”，以刚才同样的方法选中多余的绳子部分将其删除，如图8.97所示。

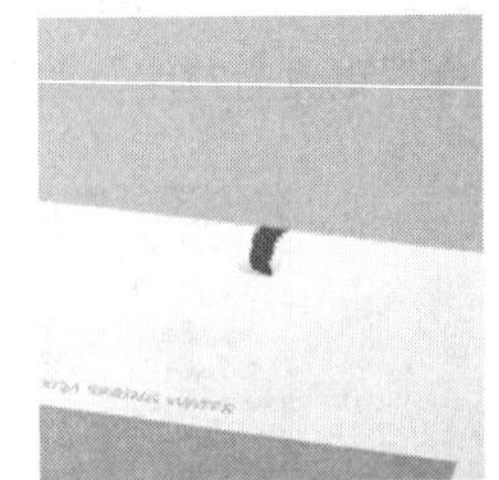

图8.96　将图像变形　　图8.97　删除图像

STEP 22 在“图层”面板中选中“绳子 2”图层，单击面板底部的“添加图层样式”按钮，在菜单中选择“投影”命令，在弹出的对话框中将“不透明度”更改为35%，完成之后单击“确定”按钮，如图8.98所示。

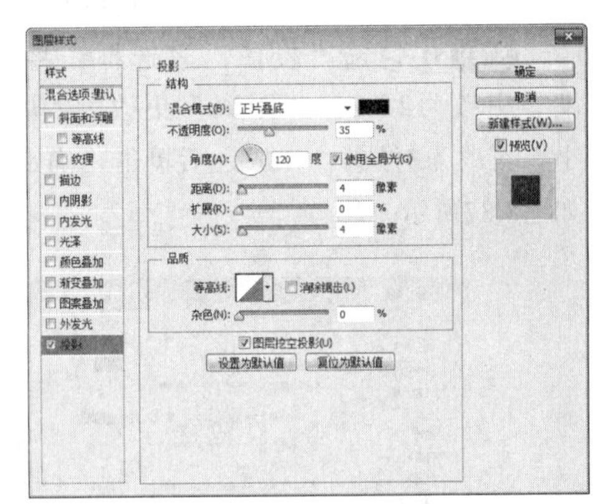

图8.98　设置投影

STEP 23 在“图层”面板中选中“绳子2 拷贝”图层，将其拖至面板底部的“创建新图层”按钮上，复制出一个“绳子2 拷贝2”图层，选中“绳子2 拷贝2”图层，将其移至左侧椭圆图形位置，如图8.99所示。

图8.99　复制图层并移动图像

8.2.7 制作阴影效果

STEP 01 选择工具箱中的“钢笔工具”，在选项栏中单击“选择工具模式”按钮，在弹出的选项中选择“形状”，将“填充”更改为黑色，“描边”为无，沿底部边缘位置绘制一个不规则图形，此时将生成一个“形状12”图层，并将其移至“背景”图层上方，如图8.100所示。

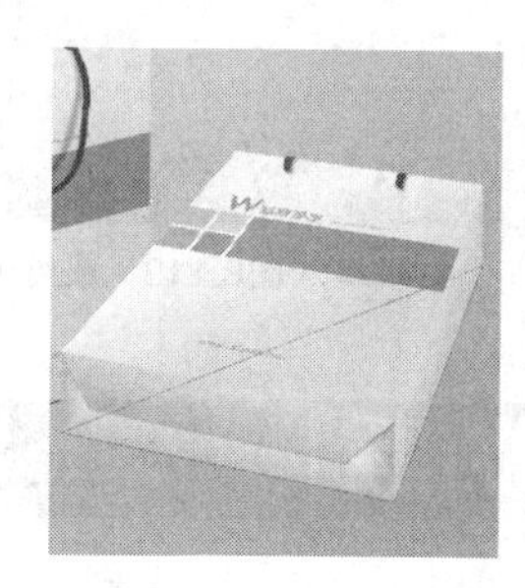

图8.100 绘制图形

STEP 02 选中“形状12”图层，按Ctrl+F组合键为其添加高斯模糊效果，如图8.101所示。

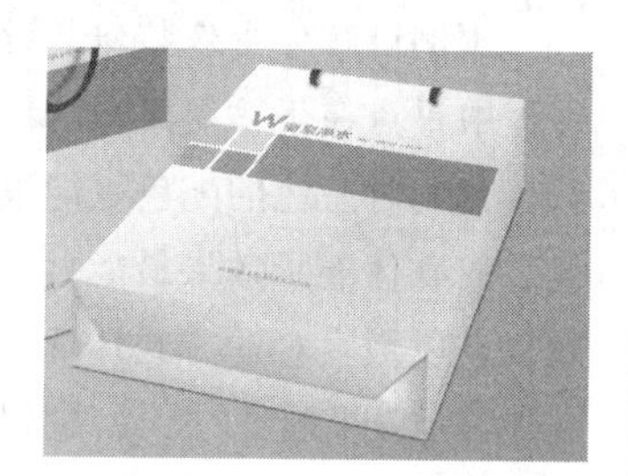

图8.101 添加高斯模糊效果

STEP 03 单击面板底部的“创建新图层”按钮，新建一个“图层1”图层，将“图层1”移至“绳子 2”图层下方，如图8.102所示。

STEP 04 选择工具箱中的“画笔工具”，在画布中单击鼠标右键，在弹出的面板中选择一种圆角笔触，将“大小”更改为1像素，“硬度”更改为0%，如图8.103所示。

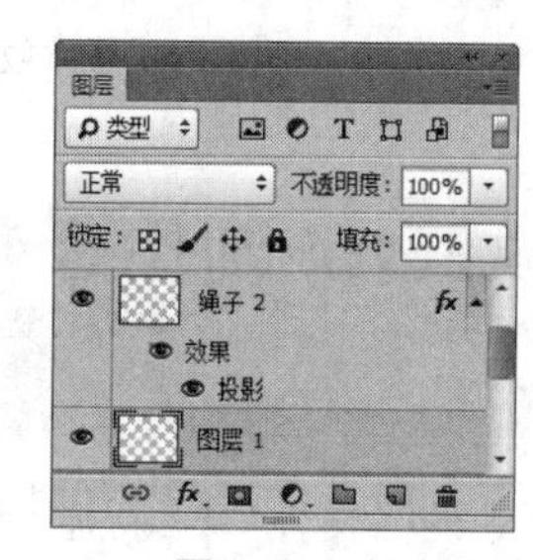

图8.102 新建图层

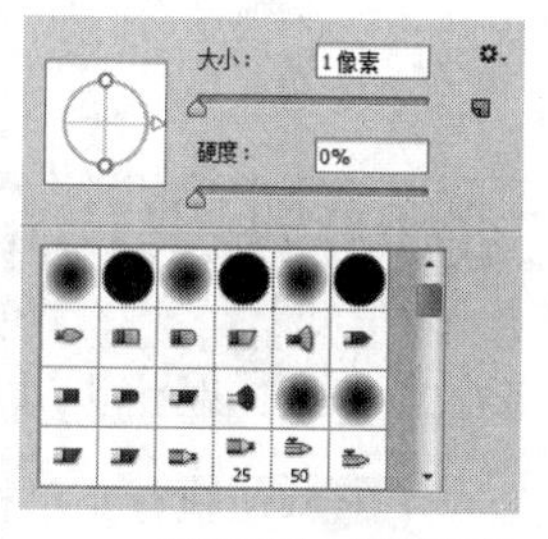

图8.103 设置笔触

STEP 05 将前景色更改为白色，选中“图层1”图层，在手提袋棱角边缘上拖动以添加质感效果，如图8.104所示。

STEP 06 选中“图层1”图层，将其图层“不透明度”更改为70%，如图8.105所示。

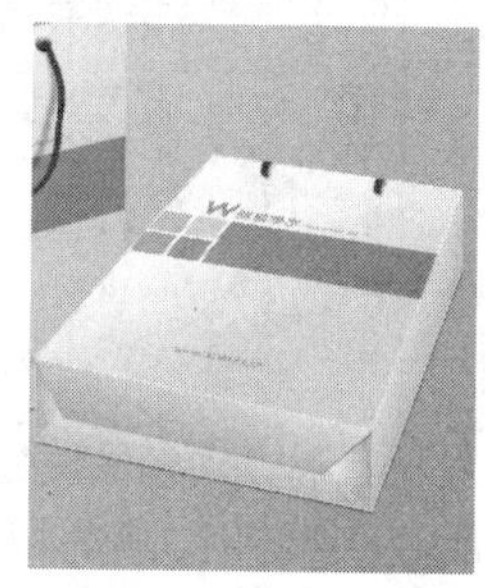

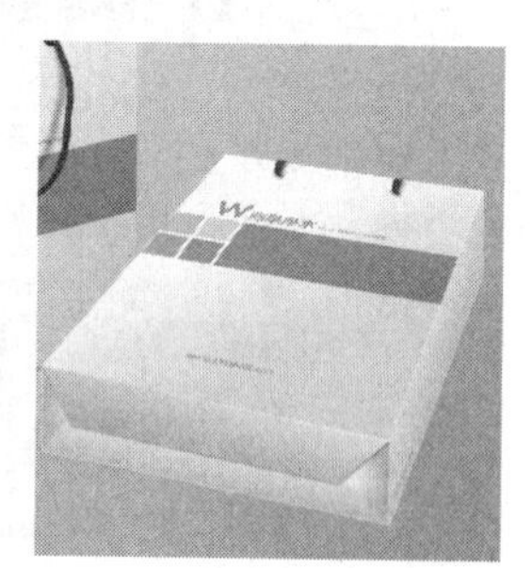

图8.104 添加质感效果 图8.105 更改图层不透明度

STEP 07 选中“背景”图层，单击面板底部的“创建新图层”按钮，新建一个“图层2”图层。

STEP 08 选择工具箱中的“画笔工具”，在画布中单击鼠标右键，在弹出的面板中选择一种圆角笔触，将“大小”更改为500像素，“硬度”更改为0%，如图8.106所示。

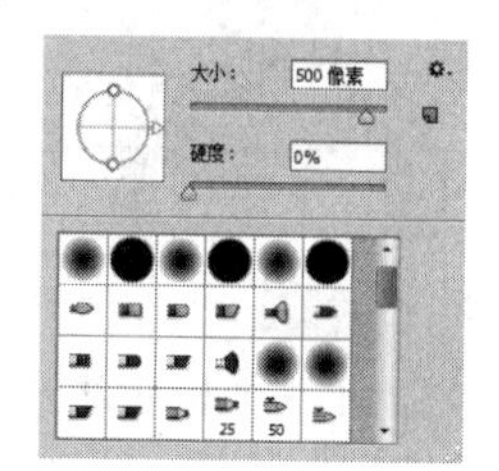

图8.106 设置笔触

STEP 09 在选项栏中将“不透明度”更改为50%，将前景色更改为白色，选中“图层2”图层，在立体手提袋位置单击数次添加高光效果，如图8.107所示。

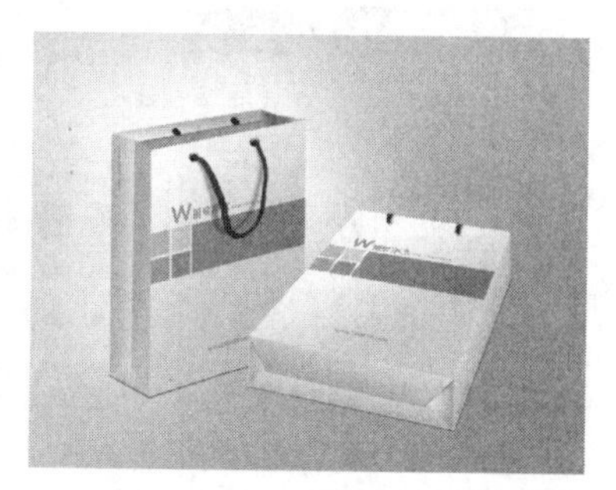

图8.107 添加高光

STEP 10 单击面板底部的“创建新图层”按钮，新建一个“图层3”图层，如图8.108所示。

STEP 11 选中“图层3”图层，按Ctrl+Alt+Shift+E组合键执行盖印可见图层命令，如图8.109所示。

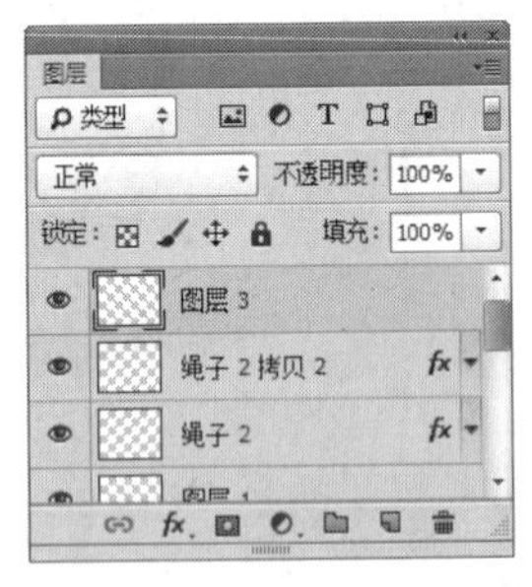

图8.108 新建图层

图8.109 盖印可见图层

STEP 12 在“图层”面板中选中“图层3”图层，将其图层混合模式设置为正片叠底，如图8.110所示。

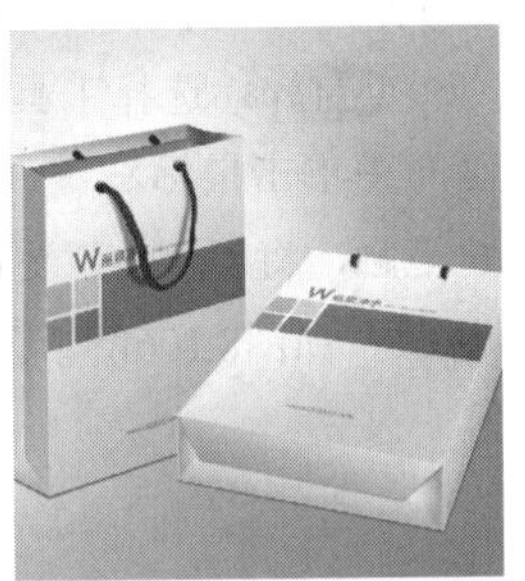

图8.110 设置正片叠底

STEP 13 在“图层”面板中选中“图层3”图层，单击面板底部的“添加图层蒙版”按钮，为该图层添加图层蒙版，如图8.111所示。

STEP 14 选择工具箱中的“画笔工具”，在画布中单击鼠标右键，在弹出的面板中选择一种圆角笔触，将“大小”更改为250像素，“硬度”更改为0%，如图8.112所示。

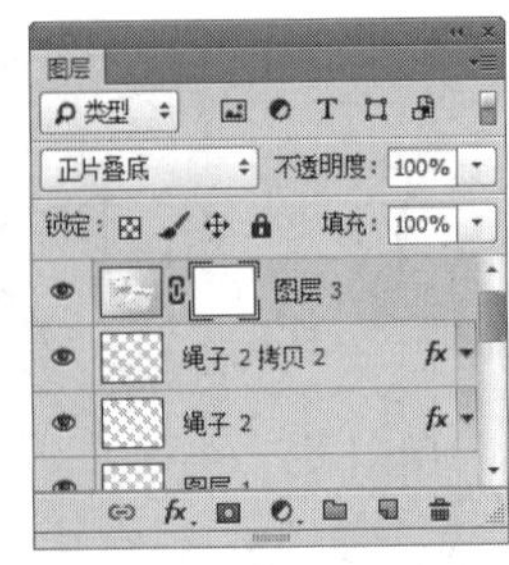

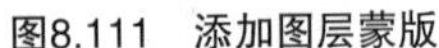

图8.111 添加图层蒙版

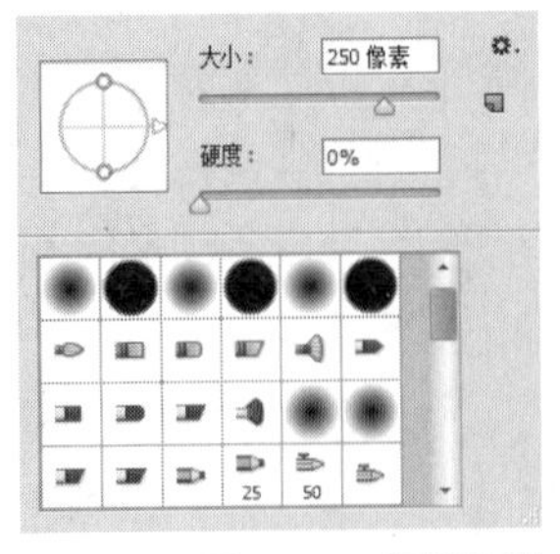

图8.112 设置笔触

STEP 15 将前景色更改为黑色，在图像上的部分区域涂抹以将其隐藏，这样就完成了效果制作，最终效果如图8.113所示。

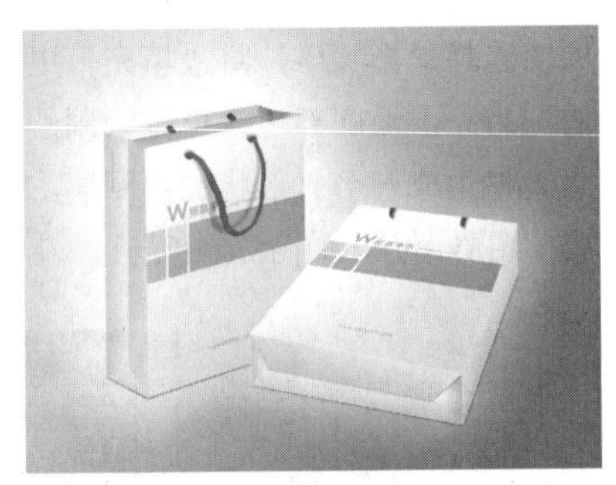

图8.113 最终效果

8.3 牙膏包装设计

素材位置	素材文件\第8章\牙膏包装
案例位置	案例文件\第8章\牙膏包装平面效果.ai、牙膏包装展示效果.psd
视频位置	多媒体教学\第8章\8.3 牙膏包装设计.avi
难易指数	★★★☆☆

本例讲解牙膏包装包装设计制作，本例在制作过程中重点在于体现牙膏的特点，以图案与文字相结合，同时蓝色的配色更能很好地表现广告主题，包装的立体展示效果最能直接展示包装的实际应用效果，以最直观的方式体现出产品的特点，这也是制作展示效果的目的，最终效果如图8.114所示。

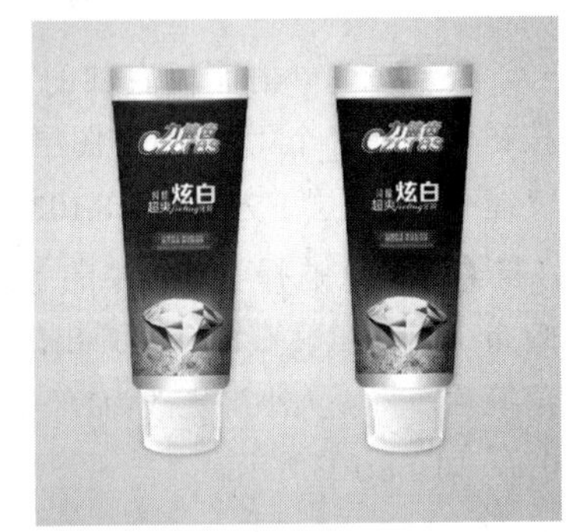

图8.114 最终效果

8.3.1 使用Illustrator制作牙膏背景

STEP 01 执行菜单栏中的“文件”|“新建”命

令，在弹出的对话框中设置“宽度”为100mm，“高度”为200mm，如图8.115所示，新建一个空白画布。

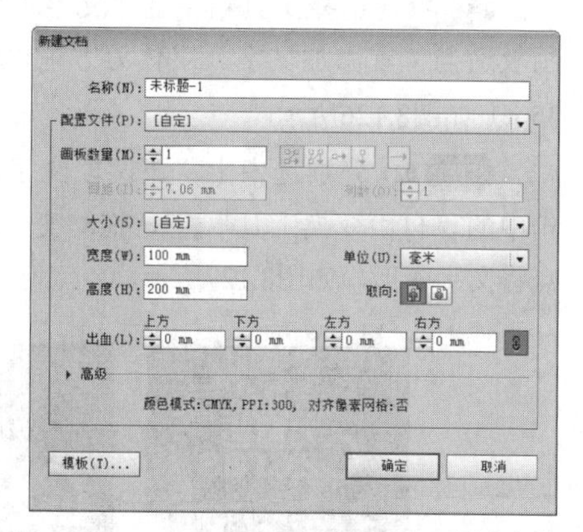

图8.115　新建文档

STEP 02 选择工具箱中的“矩形工具”，将“填色”更改为蓝色（R：30，G：28，B：160），在画布中绘制一个与其大小相同的矩形，如图8.116所示。

图8.116　绘制图形

STEP 03 执行菜单栏中的“文件”|“打开”命令，打开“冰块.psd”“钻石.psd”“光芒.psd”文件，将打开的素材图像拖入画布中靠底部位置，如图8.117所示。

图8.117　添加素材

STEP 04 选中光芒图像，双击工具箱中的“镜像工具”图标，在弹出的对话框中勾选“垂直”单选按钮，单击“复制”按钮，将图像复制，再选中复制生成的图像移至右侧相对位置，如图8.118所示。

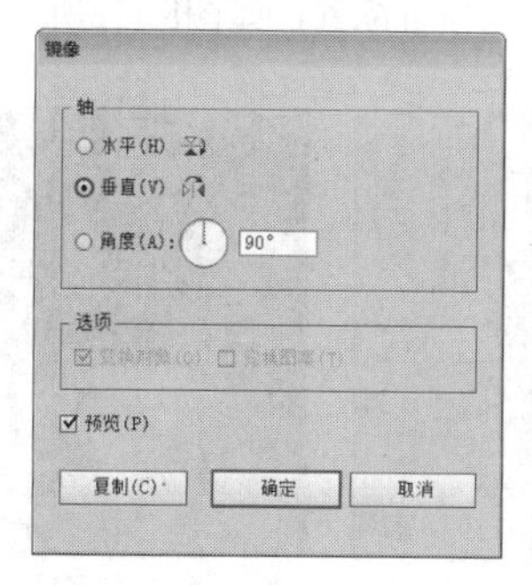

图8.118　设置镜像

STEP 05 选中光芒图像，将其复制数份并适当缩小及移动，如图8.119所示。

STEP 06 选择工具箱中的“椭圆工具”，将“填色”更改为蓝色（R：0，G：195，B：255），在画布左下角位置绘制一个椭圆图形，将图形移至光芒及钻石图像下方，如图8.120所示。

图8.119　复制图像

图8.120　绘制图形

STEP 07 选中椭圆图形，执行菜单栏中的“效果”|“模糊”|“高斯模糊”命令，在弹出的对话框中将“半径”更改为95像素，完成之后单击“确定”按钮，适当缩小图像宽度并将其旋转，再将其“不透明度”更改为60%，如图8.121所示。

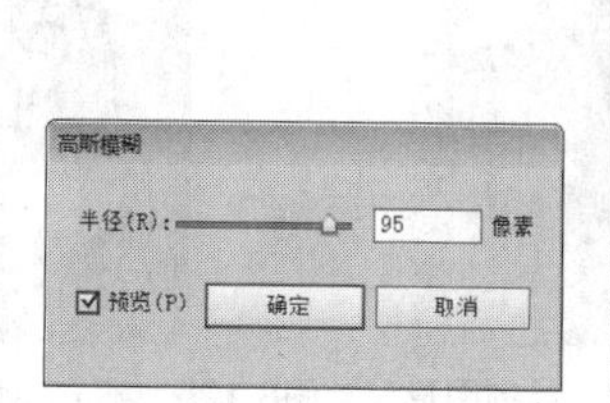

图8.121　设置高斯模糊

STEP 08 选中椭圆图像，双击工具箱中的“镜像工具”图标，在弹出的对话框中勾选“垂直”单选按钮，单击“复制”按钮，将图像复制，再选中复制生成的图像并移至右侧相对位置，如图8.122所示。

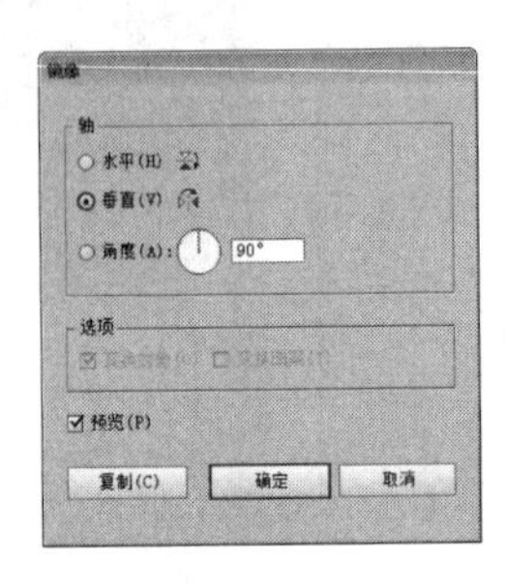

图8.122 设置镜像

STEP 09 选中钻石图像，执行菜单栏中的“效果”|“风格化”|“外发光”命令，在弹出的对话框中将“模式”更改为正常，“颜色”更改为白色，“不透明度”更改为100%，“模糊”更改为10mm完成之后单击“确定”按钮，如图8.123所示。

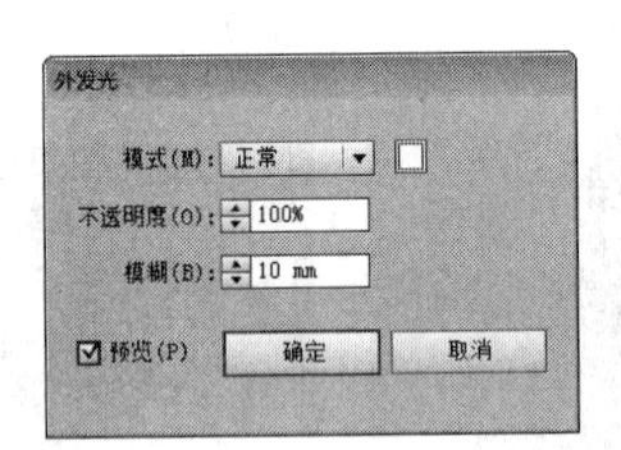

图8.123 设置外发光

STEP 10 选择工具箱中的“矩形工具”，绘制一个矩形，如图8.124所示。

STEP 11 同时选中所有对象，单击鼠标右键，从弹出的快捷菜单中选择“建立剪切蒙版”命令，将部分图像隐藏，这样就完成了效果制作，最终效果如图8.125所示。

图8.124 绘制图形

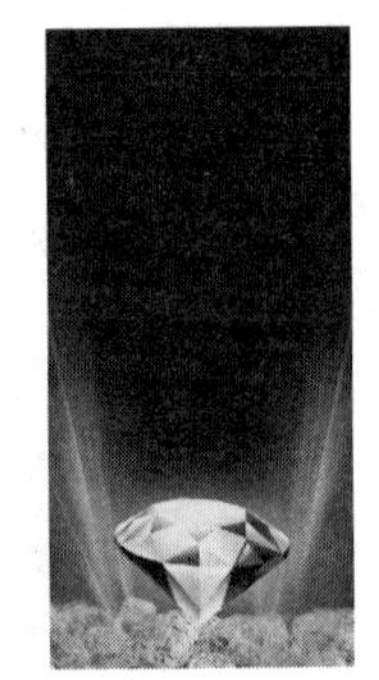

图8.125 建立剪切蒙版

8.3.2 添加艺术文字

STEP 01 选择工具箱中的“文字工具”T，在画板适当位置添加文字（字体为方正正粗黑简体，35pt）如图8.126所示。

STEP 02 分别选中上、下两段文字，选择工具箱中的“自由变换工具”，拖动变形框顶部控制点将文字变形，如图8.127所示。

图8.126 添加文字

图8.127 将文字变形

技巧与提示

在添加文字的时候需要注意将中文中的“力”及英文中的“C”单独添加。

STEP 03 同时选中所有文字，单击鼠标右键，从弹出的快捷菜单中选择“创建轮廓”命令，如图8.128所示。

图8.128 创建轮廓

STEP 04 选中“力”字，选择工具箱中的“渐变工具”，在“渐变”面板中将“渐变”更改为红色（R：156，G：2，B：104）到红色（R：246，G：36，B：40），“角度”更改为90度，如图8.129所示。

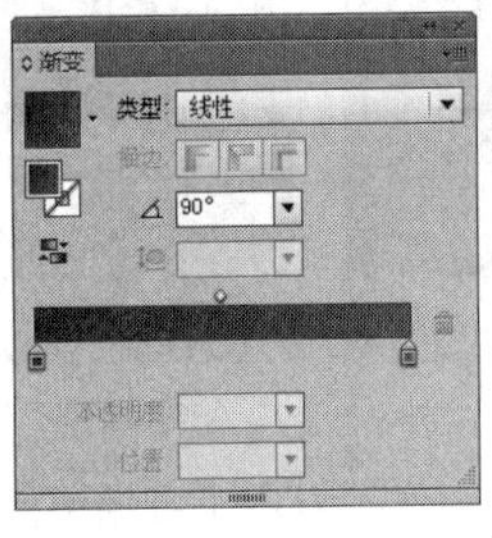

图8.129 设置渐变并填充

STEP 05 选中“C”图层，选择工具箱中的“吸管工具”单击“力”文字，为其添加相同渐变，如图8.130所示。

图8.130 添加渐变

STEP 06 以同样的方法为其他几个文字添加蓝色（R：4，G：125，B：214）到蓝色（R：6，G：220，B：253）的渐变，如图8.131所示。

图8.131 添加其他渐变

STEP 07 同时选中所有文字，按Ctrl+G组合键将其编组，如图8.132所示。

图8.132 将文字编组

STEP 08 选中文字，按Ctrl+C组合键将其复制，再按Ctrl+F组合键将其粘贴至原文字前方，再单击鼠标右键，从弹出的快捷菜单中选择“选择”|“下方的下一个对象”命令，将其“描边”更改为白色，“粗细”更改为3pt，如图8.133所示。

图8.133 粘贴文字并添加锚边

STEP 09 保持文字选中状态，执行菜单栏中的“效果”|“风格化”|“投影”命令，在弹出的对话框中将“X位移”更改为0.1mm，“Y位移”更改为0.1mm，“模糊”更改为0.1mm，完成之后单击“确定”按钮，如图8.134所示。

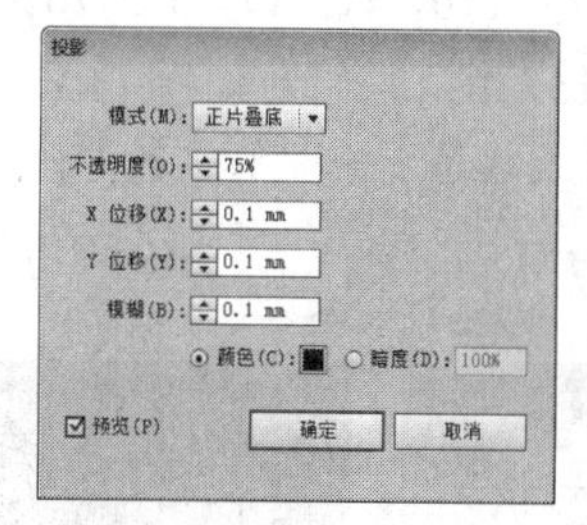

图8.134 添加投影

STEP 10 选中上方文字，按Ctrl+Shift+E组合键为其添加相同的投影效果，如图8.135所示。

STEP 11 选择工具箱中的“钢笔工具”，将“填色”更改为白色，“描边”更改为无，在上方文字的下方位置绘制一个不规则图形，如图8.136所示。

图8.135 添加投影

图8.136 绘制图形

8.3.3 绘制渐变图形

STEP 01 选择工具箱中的“矩形工具”，将“填色”更改为白色，在画布中绘制一个矩形，如图8.137所示。

STEP 02 选择工具箱中的“自由变换工具”，在左侧出现的图标中选择“透视扭曲”，拖动变形框控制点将图形透视，如图8.138所示。

图8.137　绘制图形

图8.138　将图形变形

STEP 03 选中经过变形的矩形，选择工具箱中的“渐变工具”，在“渐变”面板中将“渐变”更改为紫色（R：110，G：17，B：76）到紫色（R：170，G：15，B：74）到紫色（R：170，G：15，B：74）再到紫色（R：110，G：17，B：76），如图8.139所示。

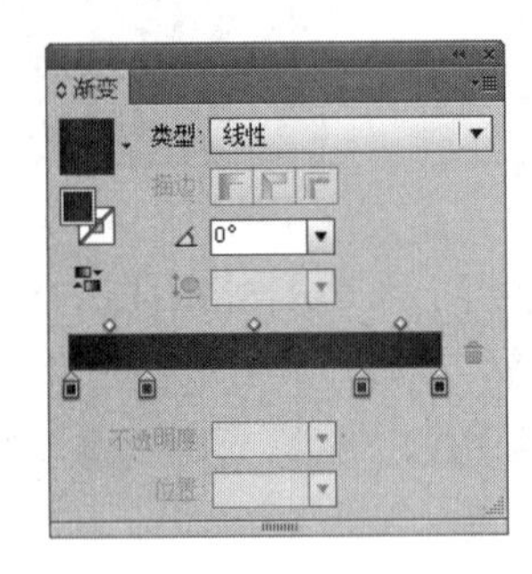

图8.139　设置并填充渐变

STEP 04 选择工具箱中的“文字工具”T，在画布适当位置添加文字，如图8.140所示。

图8.140　添加文字

STEP 05 选中“炫白”文字，执行菜单栏中的“效果”|“风格化”|“投影”命令，在弹出的对话框中将“X位移”更改为0.1mm，“Y位移”更改为0.1mm，“模糊”更改为0.5mm，完成之后单击“确定”按钮，如图8.141所示。

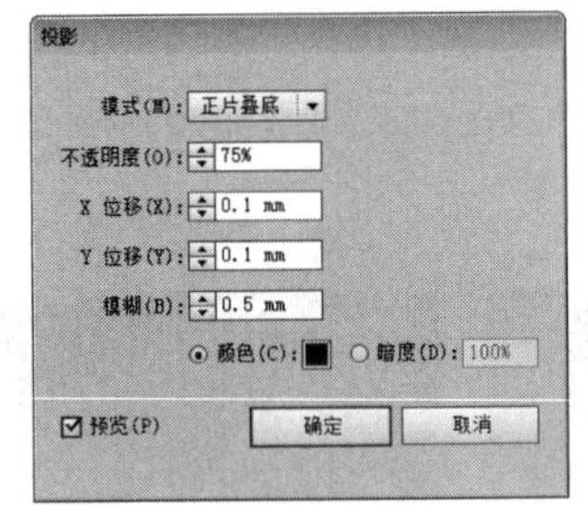

图8.141　设置投影

STEP 06 选中“超爽feeling牙膏”文字，按Ctrl+Shift+E组合键为其添加相同的投影效果，这样就完成了效果制作，最终效果如图8.142所示。

图8.142　添加投影及最终效果

8.3.4 使用Photoshop制作主体效果

STEP 01 执行菜单栏中的“文件”|“新建”命令，在弹出的对话框中设置“宽度”为10厘米，“高度”为10厘米，“分辨率”为300像素/英寸，“颜色模式”为RGB颜色，新建一个空白画布，如图8.143所示。

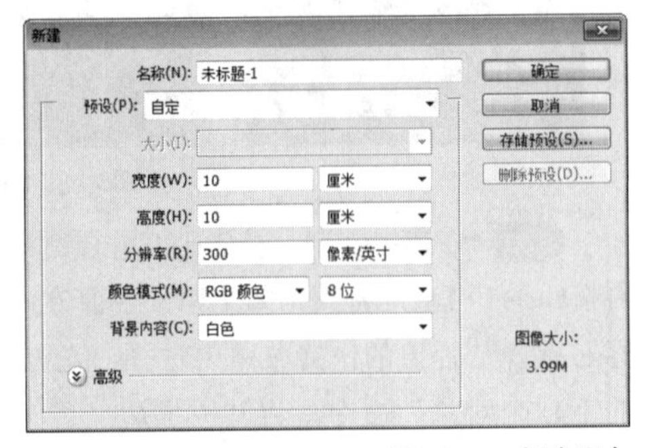

图8.143　新建画布

STEP 02 选择工具箱中的“渐变工具”，编辑渐变从灰色（R：242，G：245，B：246）到浅蓝色（R：177，G：214，B：225），单击选项栏中的“径向渐变”按钮，在画布中从中间向边缘方向拖动以填充渐变，如图8.144所示。

图8.144　填充渐变

STEP 03 执行菜单栏中的“文件”|“打开”命令，打开“牙膏包装平面效果.ai”文件，将打开的素材拖入画布中并适当缩小，其图层名称将更改为“图层1”，如图8.145所示。

图8.145　添加图像

STEP 04 选择工具箱中的“钢笔工具”，在画布中沿着包装边缘绘制一个封闭路径，如图8.146所示。

STEP 05 按Ctrl+Enter组合键将路径转换为选区，执行菜单栏中的“选择”|“反向”命令，选中“图层1”图层，将选区中的图像删除，如图8.147所示。

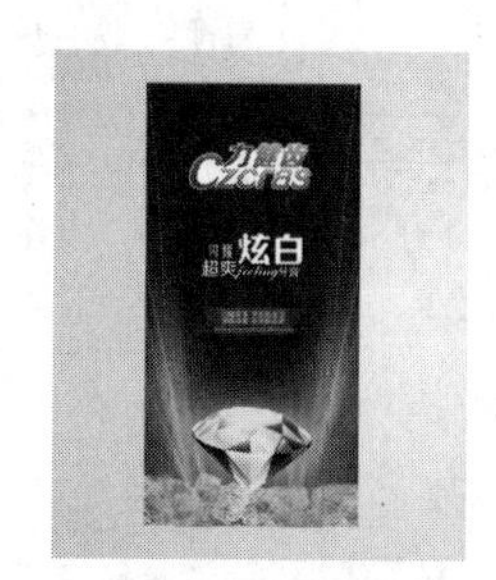

图8.146　绘制路径　图8.147　转换选区并删除图像

STEP 06 选择工具箱中的“矩形选框工具”，在图像顶部位置绘制一个矩形选区以选中部分图像，选中“图层1”图层，将选区中图像删除，完成之后按Ctrl+D组合键将选区取消，如图8.148所示。

图8.148　删除图像

STEP 07 在“图层”面板中选中“图层1”图层，将其拖至面板底部的“创建新图层”按钮上，复制出一个“图层1 拷贝”图层，如图8.149所示。

STEP 08 在“图层”面板中选中“图层1 拷贝”图层，单击面板上方的“锁定透明像素”按钮，将透明像素锁定，将图像填充为蓝色（R：8，G：28，B：74），填充完成之后再次单击此按钮将其解除锁定，如图8.150所示。

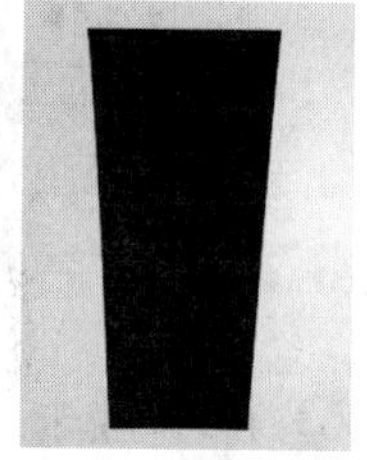

图8.149　复制图层　图8.150　填充颜色

STEP 09 在“图层”面板中选中“图层1 拷贝”图层，单击面板底部的“添加图层蒙版”按钮，为其图层添加图层蒙版，如图8.151所示。

STEP 10 选择工具箱中的“画笔工具”，在画布中单击鼠标右键，在弹出的面板中选择一种圆角笔触，将“大小”更改为160像素，“硬度”更改为0%，如图8.152所示。

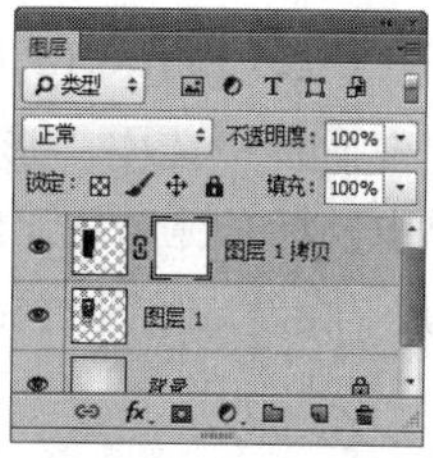

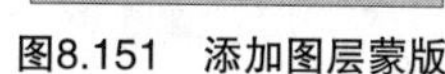

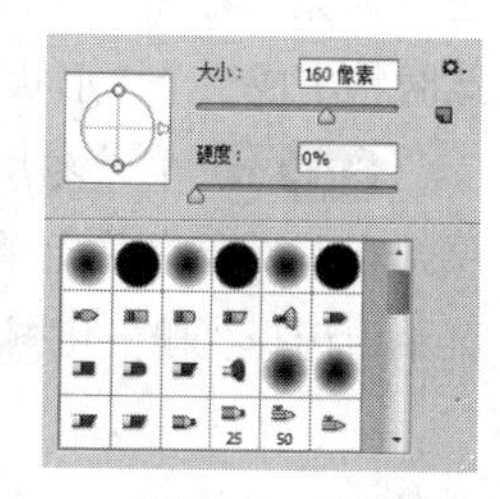

图8.151　添加图层蒙版　图8.152　设置笔触

STEP 11 将前景色更改为黑色，在图像上的部分区域涂抹以将其隐藏，如图8.153所示。

图8.153　隐藏图像

STEP 12 在“图层”面板中选中“图层1 拷贝”图层，将其图层混合模式设置为正片叠底，如图8.154所示。

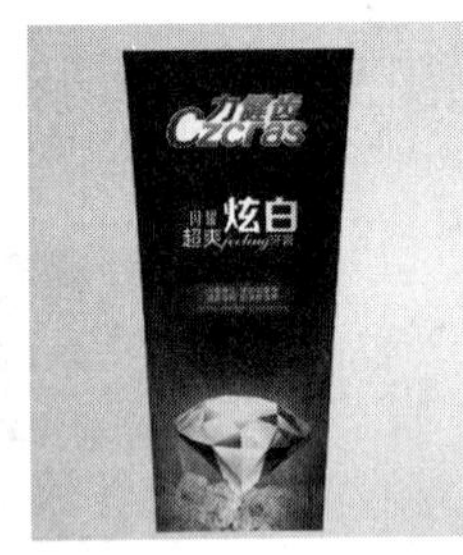

图8.154　设置图层混合模式

技巧与提示

设置图层混合模式之后可以根据实际的阴影效果再适当调整隐藏效果。

8.3.5 绘制底部装帧

STEP 01 选择工具箱中的“钢笔工具”，在选项栏中单击“选择工具模式”按钮，在弹出的选项中选择“形状”，将“填充”更改为白色，“描边”为无，在图像顶部位置绘制一个不规则图形，此时将生成一个“形状1”图层，如图8.155所示。

STEP 02 在“图层”面板中选中“形状1”图层，在其图层名称上单击鼠标右键，从弹出的快捷菜单中选择“栅格化图层”命令，如图8.156所示。

图8.155　绘制图形　　图8.156　栅格化图层

STEP 03 选择工具箱中的“矩形选框工具”，在“形状1”图层中图形下半部分位置绘制一个矩形选区，如图8.157所示。

STEP 04 选中“形状1”图层，执行菜单栏中的“图层”|“新建”|“通过剪切的图层”命令，此时将生成一个“图层2”图层，如图8.158所示。

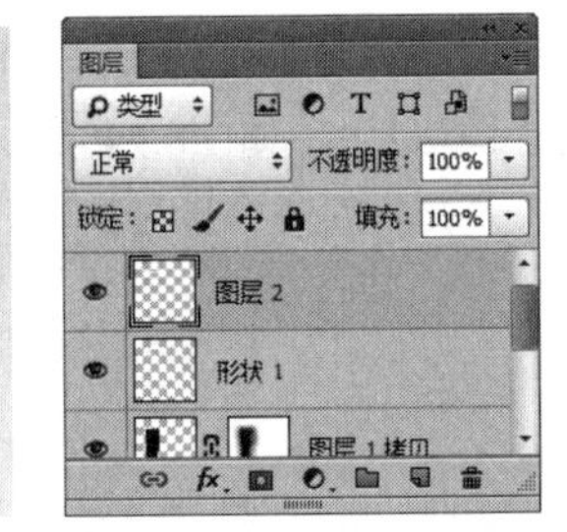

图8.157　绘制选区　　图8.158　通过剪切的图层

STEP 05 在“图层”面板中选中“形状1”图层，单击面板底部的“添加图层样式”按钮，在菜单中选择“渐变叠加”命令，在弹出的对话框中将“渐变”更改为灰色（R：166，G：167，B：170）到白色到灰色（R：166，G：167，B：170）再到白色最后到灰色（R：166，G：167，B：170），“角度”更改为0度，完成之后单击“确定”按钮，如图8.159所示。

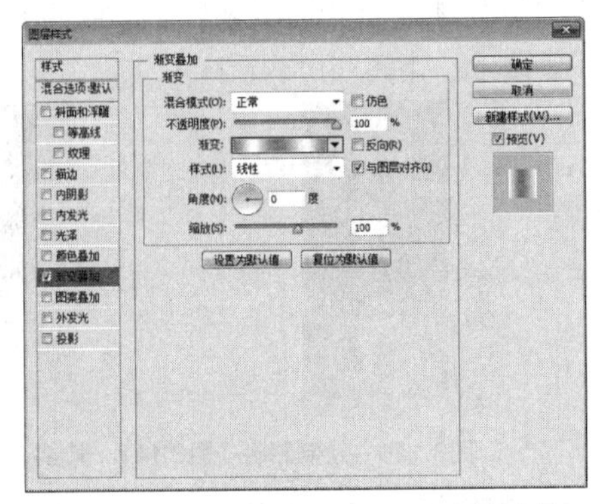

图8.159　设置渐变叠加

STEP 06 在“形状1”图层上单击鼠标右键，从弹出的快捷菜单中选择“拷贝图层样式”命令，在“图层 2”图层上单击鼠标右键，从弹出的快捷菜单中选择“粘贴图层样式”命令，双击“图层2”图层“渐变叠加”样式名称，在弹出的对话框中将“不透明度”更改为40%，如图8.160所示。

图8.160 复制并粘贴图层样式

STEP 07 勾选“内发光”复选框，将“混合模式”更改为正常，“不透明度”更改为15%，“颜色”更改为黑色，“大小”更改为10像素，完成之后单击“确定”按钮，如图8.161所示。

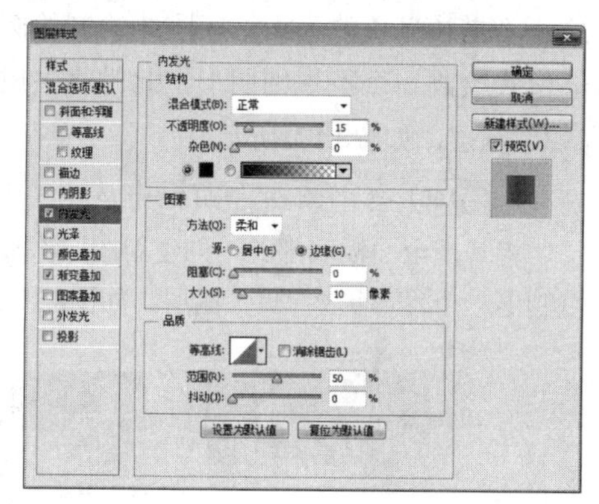

图8.161 设置内发光

STEP 08 选择工具箱中的“直线工具”，在选项栏中将“填充”更改为白色，“描边”为无，“粗细”为2像素，在“图层2”图层中图形上方边缘位置绘制一条线段，此时将生成一个“形状2”图层，如图8.162所示。

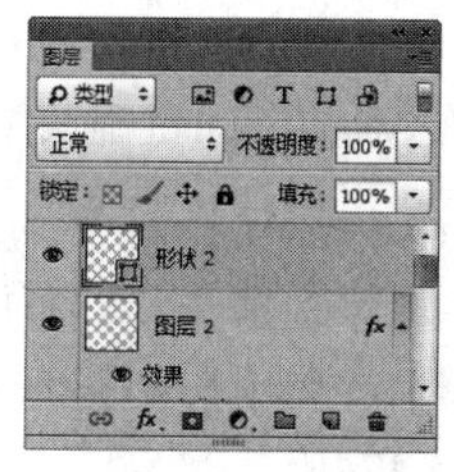

图8.162 绘制图形

STEP 09 选中“形状2”图层，执行菜单栏中的“滤镜”|“模糊”|“高斯模糊”命令，在弹出的对话框中将“半径”更改为2像素，如图8.163所示。

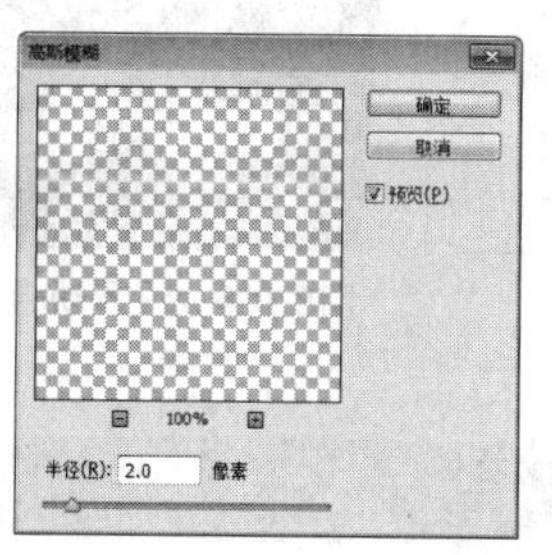

图8.163 设置高斯模糊

STEP 10 选择工具箱中的“椭圆工具”，在选项栏中将“填充”更改为白色，“描边”为无，在“图层2”图层中图形下方位置绘制一个椭圆图形，此时将生成一个“椭圆1”图层，如图8.164所示。

图8.164 绘制图形

STEP 11 选中“椭圆1”图层，按Ctrl+Alt+F组合键打开“高斯模糊”命令对话框，在弹出的对话框中将“半径”更改为5像素，设置完成之后单击“确定”按钮，如图8.165所示。

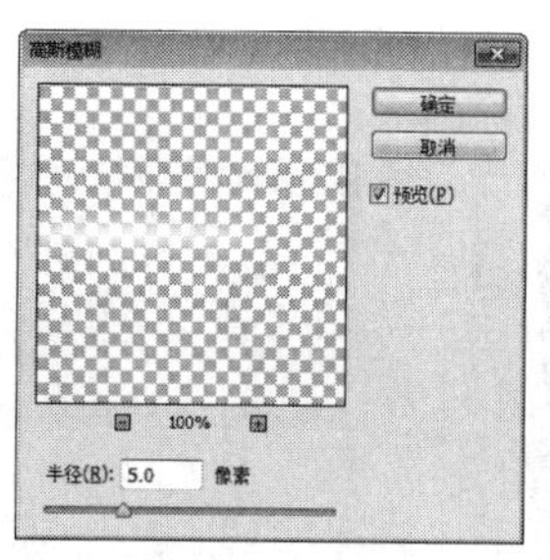

图8.165 设置高斯模糊

STEP 12 选中“椭圆1”图层，执行菜单栏中的“滤镜”|“模糊”|“动感模糊”命令，在弹出的对话框中将“角度”更改为0度，“距离”更改为170像素，设置完成之后单击“确定”按钮，如图8.166所示。

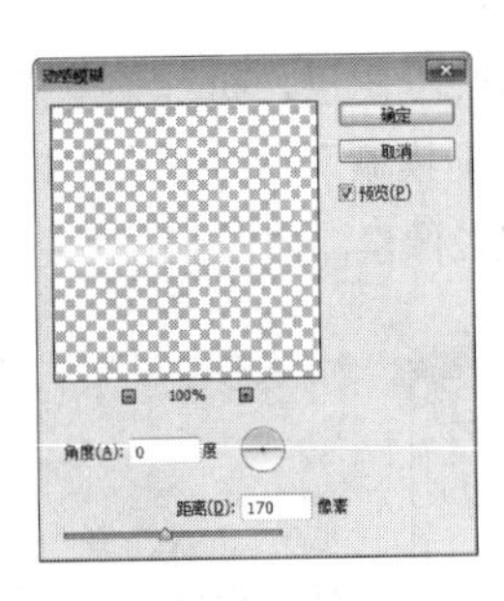

图8.166　设置动感模糊

8.3.6 绘制牙膏盖子

STEP 01 选择工具箱中的“圆角矩形工具”，在选项栏中将“填充”更改为白色，“描边”为无，“半径”15为像素，在图像底部绘制一个圆角矩形，此时将生成一个“圆角矩形 1”图层，如图8.167所示。

图8.167　绘制图形

STEP 02 选择工具箱中的“直接选择工具”，选中图形顶部锚点并将其删除，如图8.168所示。

STEP 03 选择工具箱中的“直接选择工具”，同时选中删除图形后顶部的两个锚点并向上拖动以适当增加图形高度，如图8.169所示。

图8.168　删除锚点　　图8.169　拖动锚点

STEP 04 在“图层”面板中选中“圆角矩形 1”图层，单击面板底部的“添加图层样式”按钮，在菜单中选择“渐变叠加”命令，在弹出的对话框中将“渐变”更改为灰色（R：132，G：133，B：137）到白色再到灰色（R：132，G：133，B：137），“角度”更改为0度，完成之后单击“确定”按钮，如图8.170所示。

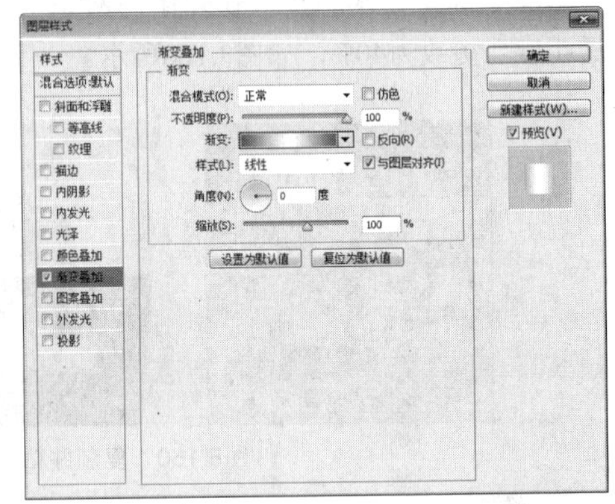

图8.170　设置渐变叠加

STEP 05 选择工具箱中的“钢笔工具”，在选项栏中单击“选择工具模式” 路径 按钮，在弹出的选项中选择“形状”，将“填充”更改为白色，“描边”更改为无，在刚才绘制的圆角矩形底部位置绘制一个不规则图形，此时将生成一个“形状3”图层，如图8.171所示。

STEP 06 在“图层”面板中选中“形状3”图层，将其拖至面板底部的“创建新图层”按钮上，复制出一个“形状3 拷贝”图层，如图8.172所示。

图8.171　绘制图形　　图8.172　复制图层

STEP 07 选中“形状3拷贝”图层，按Ctrl+T组合键对其执行“自由变换”命令，单击鼠标右键，从弹出的快捷菜单中选择“水平翻转”命令，完成之后按Enter键确认，将图形向右侧平移，如图8.173所示。

STEP 08 选择工具箱中的“直接选择工具”，选中图形锚点并将两个图形边缘对齐，如图8.174所示。

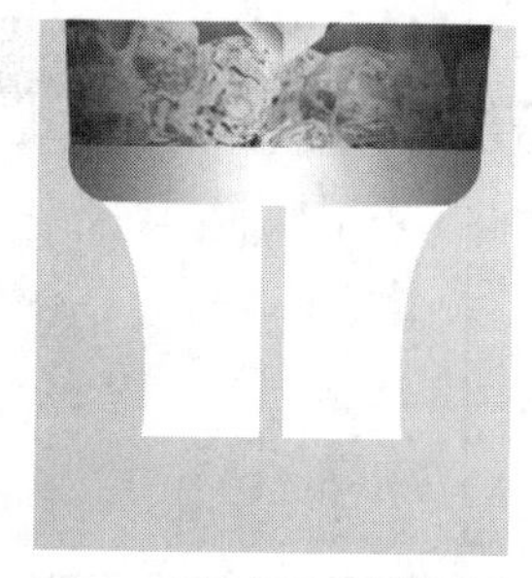

图8.173 变换图形

图8.174 对齐图形

STEP 09 选择工具箱中的“椭圆工具”，在选项栏中将“填充”更改为白色，“描边”为无，在图像底部绘制一个椭圆图形，此时将生成一个“椭圆2”图层，如图8.175所示。

图8.175 绘制图形

STEP 10 同时选中“椭圆2”“形状3 拷贝”及“形状3”图层，按Ctrl+E组合键将其合并，此时将生成一个“椭圆2”图层，如图8.176所示。

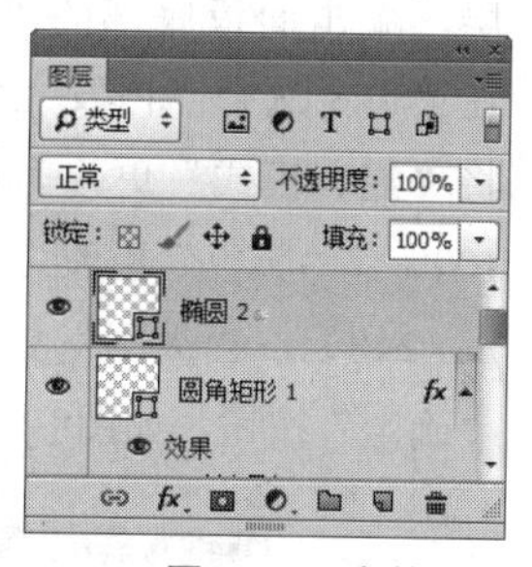

图8.176 合并图层

STEP 11 在“图层”面板中选中“椭圆2”图层，单击面板底部的“添加图层样式”fx按钮，在菜单中选择“渐变叠加”命令，在弹出的对话框中将“渐变”更改为灰色（R：250，G：250，B：250）到灰色（R：210，G：210，B：210），“角度”更改为0度，完成之后单击“确定”按钮，如图8.177所示。

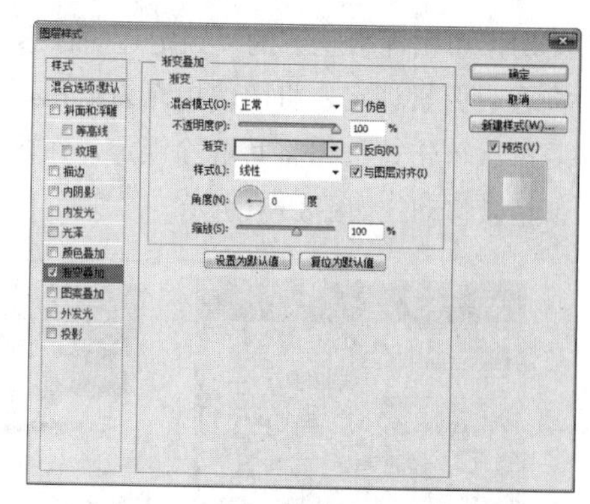

图8.177 设置渐变叠加

STEP 12 选择工具箱中的“钢笔工具”，在选项栏中单击“选择工具模式”路径按钮，在弹出的选项中选择“形状”，将“填充”更改为白色，“描边”更改为无，在刚才绘制的图形位置绘制一个弧形图形，此时将生成一个“形状3”图层，如图8.178所示。

图8.178 绘制图形

STEP 13 选中“形状3”图层，执行菜单栏中的“滤镜”|“模糊”|“高斯模糊”命令，在弹出的对话框中将“半径”更改为2像素，完成之后单击“确定”按钮，如图8.179所示。

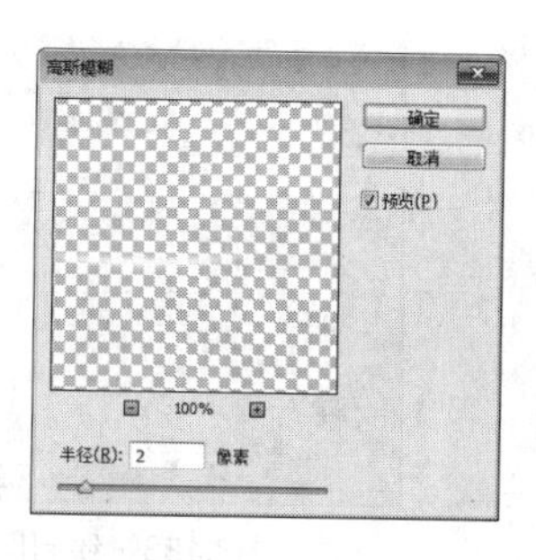

图8.179 设置高斯模糊

STEP 14 在“图层”面板中选中“形状3”图层，将其拖至面板底部的“创建新图层”按钮上，复制出一个“形状3 拷贝”图层，如图8.180所示。

STEP 15 在“图层”面板中选中“形状3 拷贝”

图层，单击面板上方的“锁定透明像素”按钮，将透明像素锁定，将图像填充为黑色，填充完成之后再次单击此按钮将其解除锁定，在画布中将其向下稍微移动，如图8.181所示。

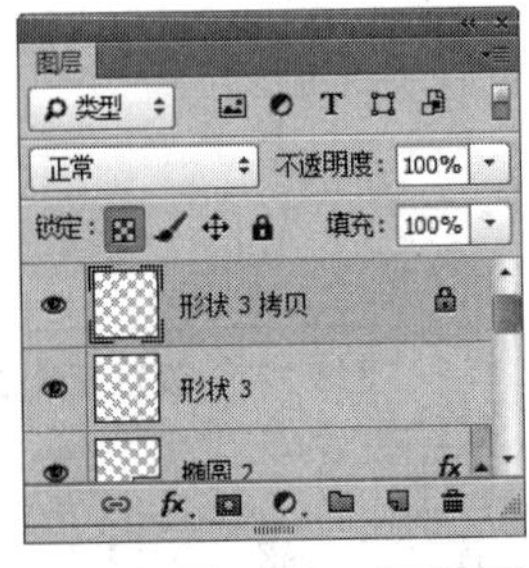

图8.180 复制图层

图8.181 填充颜色

STEP 16 选中“形状 3 拷贝”图层，按Ctrl+F组合键数次重复为其添加高斯模糊效果，再将其图层“不透明度”更改为20%，如图8.182所示。

图8.182 重复添加高斯模糊并更改不透明度

STEP 17 选择工具箱中的“钢笔工具”，在选项栏中单击“选择工具模式”路径按钮，在弹出的选项中选择“形状”，将“填充”更改为黑色，“描边”更改为无，在底部位置绘制一个不规则图形，此时将生成一个“形状4”图层，如图8.183所示。

图8.183 绘制图形

STEP 18 选中“形状4”图层，执行菜单栏中的“滤镜”|“模糊”|“高斯模糊”命令，在弹出的对话框中将“半径”更改为5像素，完成之后单击“确定”按钮，如图8.184所示。

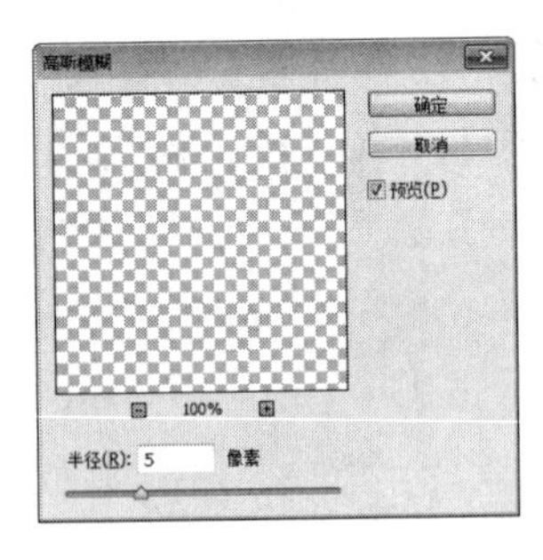

图8.184 设置高斯模糊

STEP 19 选择工具箱中的“钢笔工具”，在选项栏中单击“选择工具模式”路径按钮，在弹出的选项中选择“形状”，将“填充”更改为白色，“描边”更改为无，在底部位置绘制一个不规则图形，此时将生成一个“形状5”图层，将其移至“椭圆2”图层下方，如图8.185所示。

图8.185 绘制图形

STEP 20 在“图层”面板中选中“形状5”图层，单击面板底部的“添加图层样式”按钮，在菜单中选择“内发光”命令，在弹出的对话框中将“混合模式”更改为正常，“不透明度”更改为100%，“颜色”更改为浅蓝色（R：227，G：244，B：248），“大小”更改为35像素，完成之后单击“确定”按钮，如图8.186所示。

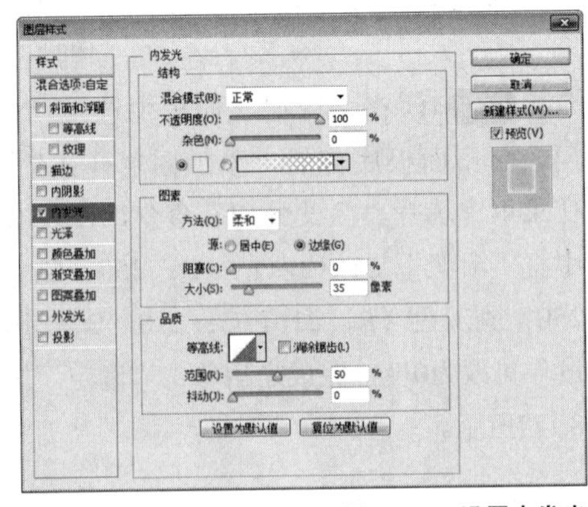

图8.186 设置内发光

STEP 21 选择工具箱中的“钢笔工具”，在选项栏中单击“选择工具模式”路径按钮，在弹出的选项中选择“形状”，将“填充”更改为无，“描边”更改为灰色（R：220，G：220，B：220），“大小”为0.3点，在底部位置绘制一个弧形线段，此时将生成一个“形状6”图层，如图8.187所示。

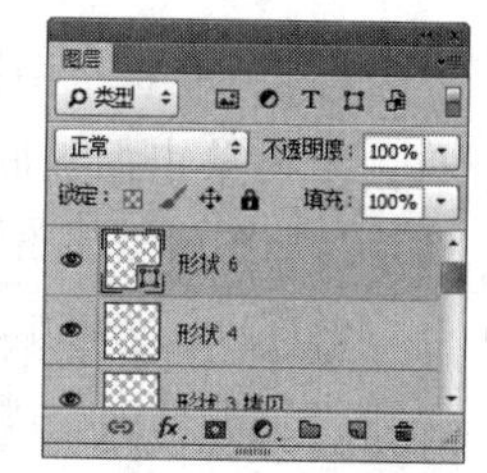

图8.187 绘制图形

STEP 22 在“图层”面板中选中“形状6”图层，单击面板底部的“添加图层样式”按钮，在菜单中选择“投影”命令，在弹出的对话框中将“颜色”更改为白色，“不透明度”更改为50%，取消“使用全局光”复选框，将“角度”更改为90度，“距离”更改为1像素，完成之后单击“确定”按钮，如图8.188所示。

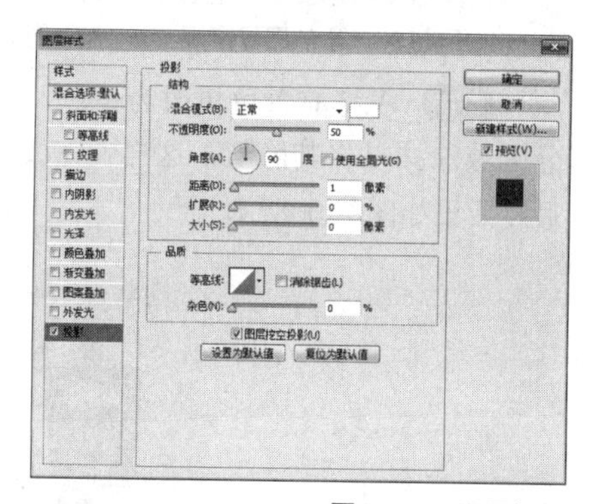

图8.188 设置投影

STEP 23 同时选中除“背景”之外所有图层，按Ctrl+G组合键将其编组，将生成的组名称更改为立体，如图8.189所示。

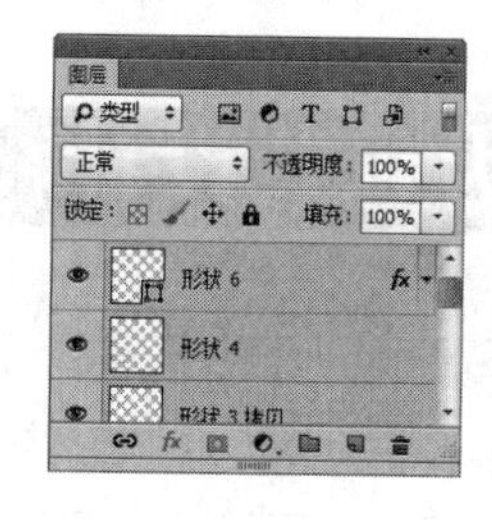

图8.189 将图层编组

8.3.7 添加阴影增强立体

STEP 01 在“图层”面板中选中“立体”组，单击面板底部的“添加图层样式”按钮，在菜单中选择“外发光”命令，在弹出的对话框中将“混合模式”更改为正常，“不透明度”更改为20%，“颜色”更改为黑色，“大小”更改为20像素，完成之后单击“确定”按钮，如图8.190所示。

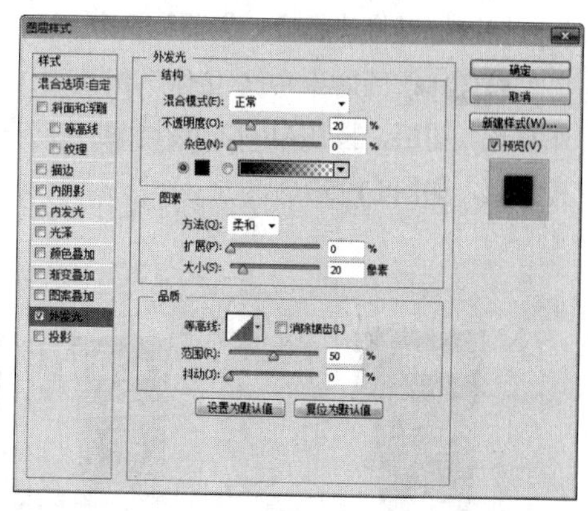

图8.190 设置外发光

STEP 02 在“图层”面板中的“立体”组图层样式名称上单击鼠标右键并从弹出的快捷菜单中选择“创建图层”命令，此时将生成“‘立体’的外发光”新的图层，如图8.191所示。

图8.191 创建图层

STEP 03 在“图层”面板中选中“‘立体’的外发光”图层，单击面板底部的“添加图层蒙版”按钮，为其图层添加图层蒙版，如图8.192所示。

STEP 04 选择工具箱中的“画笔工具”，在画布中单击鼠标右键，在弹出的面板中选择一种圆角笔触，将“大小”更改为180像素，“硬度”更改为0%，如图8.193所示。

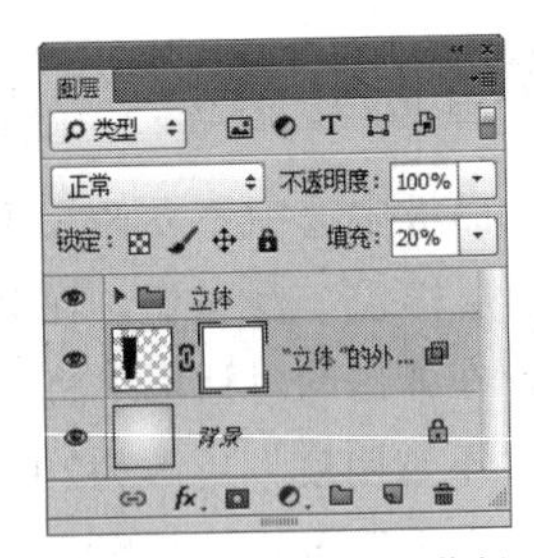

图8.192　添加图层蒙版

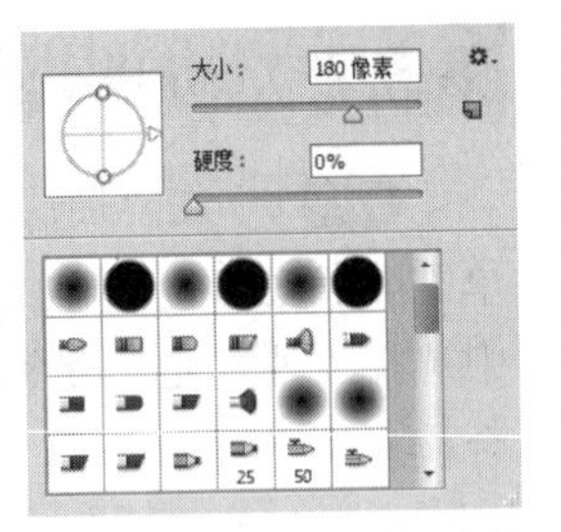

图8.193　设置笔触

STEP 05 将前景色更改为黑色，在图像上的部分区域涂抹以将其隐藏，如图8.194所示。

STEP 06 同时选中"立体"组及"'立体'的外发光"图层，按住Alt+Shift组合键并向右侧拖动将其复制，如图8.195所示。

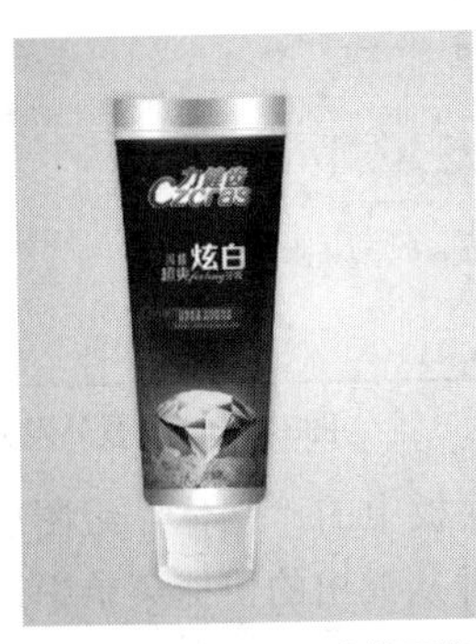

图8.194　隐藏图像

图8.195　复制图像

STEP 07 同时选中除"背景"之外所有图层，按Ctrl+G组合键将其编组，将生成的组名称更改为"展示效果"。选中"展示效果"组，将其拖至面板底部的"创建新图层"按钮上，复制出一个"展示效果 拷贝"组，如图8.196所示。

图8.196　将图层编组并复制组

STEP 08 在"图层"面板中选中"展示效果 拷贝"组，将其图层混合模式设置为叠加，"不透明度"更改为50%，如图8.197所示。

图8.197　设置图层混合模式

STEP 09 在"图层"面板中选中"展示效果 拷贝"组，单击面板底部的"添加图层蒙版"按钮，为该图层添加图层蒙版，如图8.198所示。

STEP 10 选择工具箱中的"画笔工具"，在画布中单击鼠标右键，在弹出的面板中选择一种圆角笔触，将"大小"更改为150像素，"硬度"更改为0%，如图8.199所示。

图8.198　添加图层蒙版

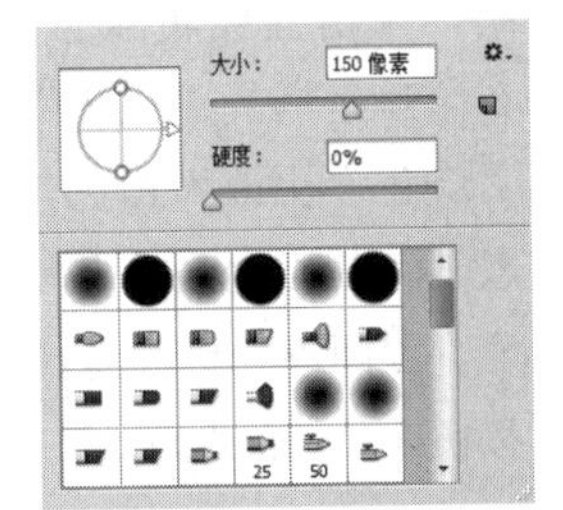

图8.199　设置笔触

STEP 11 将前景色更改为黑色，在图像上的部分区域涂抹以将其隐藏，这样就完成了效果制作，最终效果如图8.200所示。

图8.200　隐藏图像及最终效果

8.4 巧克力包装设计

素材位置	素材文件\第8章\巧克力包装
案例位置	案例文件\第8章\巧克力包装平面效果.ai、巧克力包装展示效果.psd
视频位置	多媒体教学\第8章\8.4　巧克力包装设计.avi
难易指数	★★★☆☆

本例讲解巧克力包装设计制作，食品类包装通常以体现食品的特点为制作重点，在本例中采用液体巧克力作为背景，同时将巧克力图像与相对应的字体进行组合，整个最终效果透露着浓浓的“巧克力风味”。在展示效果制作过程中需要注意细节图像的处理，比如阴影及高光的添加，同时在制作背景上采用液体巧克力图像也很好地衬托出包装主题，最终效果如图8.201所示。

图8.201 最终效果

8.4.1 使用Illustrator制作巧克力背景

STEP 01 执行菜单栏中的“文件”|“新建”命令，在弹出的对话框中设置“宽度”为200mm，“高度”为80mm，如图8.202所示，新建一个空白画布。

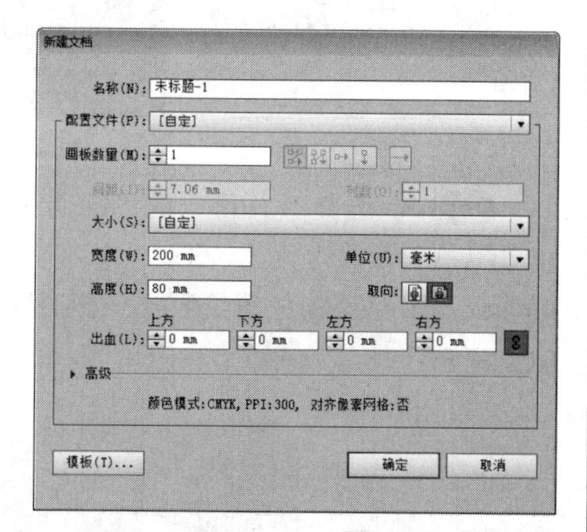

图8.202 新建文档

STEP 02 执行菜单栏中的“文件”|“打开”命令，打开“巧克力.jpg”文件，将打开的素材图像拖入画布中，如图8.203所示。

图8.203 添加素材

> **技巧与提示**
> 背景制作完成之后可以将其选中，执行菜单栏中的“对象”|“锁定”|“所选对象”命令可以将其锁定。

> **技巧与提示**
> 按Ctrl+2组合键可以锁定所选对象。

STEP 03 选择工具箱中的“椭圆工具”，将“填色”更改为黄色（R：230，G：174，B：107），在画布左侧位置绘制一个椭圆图形，如图8.204所示。

图8.204 绘制图形

STEP 04 选中椭圆图形，执行菜单栏中的“效果”|“模糊”|“高斯模糊”命令，在弹出的对话框中将“半径”更改为90像素，完成之后单击“确定”按钮，如图8.205所示。

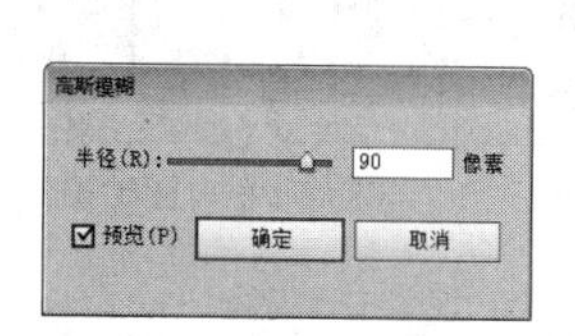

图8.205 设置高斯模糊

STEP 05 将“不透明度”更改为60%，如图8.206所示。

图8.206 放大图形并更改不透明度

STEP 06 选中椭圆图形，按Ctrl+C组合键将其复制，按Ctrl+F组合键将其粘贴至原图像前方并将其颜色更改为白色，再按住Alt+Shift组合键将其等比例缩小，在选项栏中将“不透明度”更改为70%，如图8.207所示。

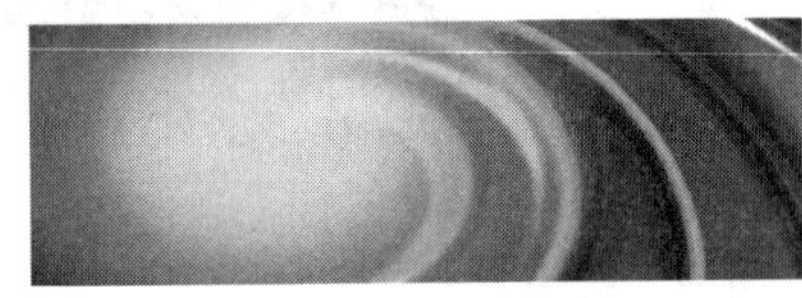

图8.207　变换图形

STEP 07 执行菜单栏中的“文件”|“打开”命令，打开“巧克力.psd”文件，将打开的素材图像拖入画布中靠右侧位置，如图8.208所示。

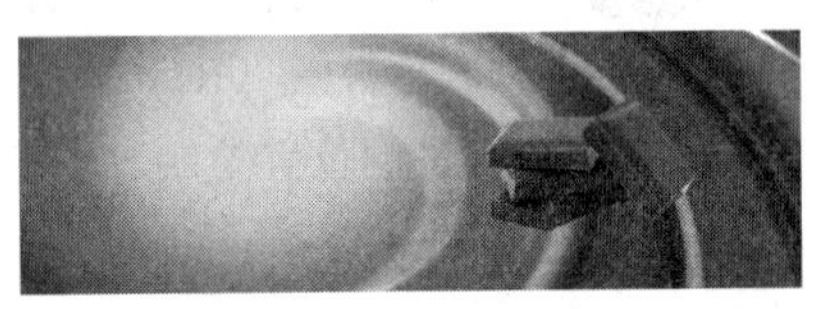

图8.208　添加素材

STEP 08 选中巧克力图像，执行菜单栏中的“效果”|“风格化”|“投影”命令，在弹出的对话框中将“X位移”更改为1mm，“Y位移”更改为1mm，“模糊”更改为1mm，完成之后单击“确定”按钮，如图8.209所示。

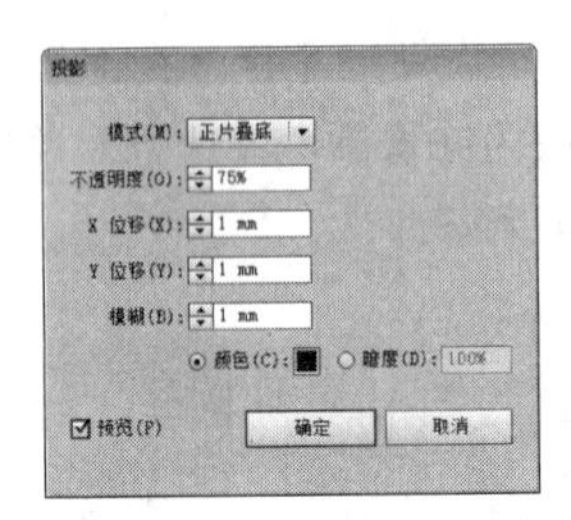

图8.209　设置投影

8.4.2 添加文字及装饰

STEP 01 选择工具箱中的“文字工具” T，在画布靠左侧位置添加文字，如图8.210所示。

图8.210　添加文字

STEP 02 选中文字，按Ctrl+C组合键将其复制，按Ctrl+F组合键将其粘贴至原文字前方，再单击鼠标右键，从弹出的快捷菜单中选择“选择”|“下方的下一个对象”命令，将其“描边”更改为黄色（R：252，G：208，B：143），“粗细”更改为6pt，如图8.211所示。

图8.211　粘贴文字并添加描边

STEP 03 保持文字选中状态，执行菜单栏中的“效果”|“风格化”|“投影”命令，在弹出的对话框中将“模式”更改为正常，“不透明度”更改为100%，“X位移”更改为-1mm，“Y位移”更改为-0.5mm，“颜色”更改为深黄色（R：110，G：55，B：18），完成之后单击“确定”按钮，如图8.212所示。

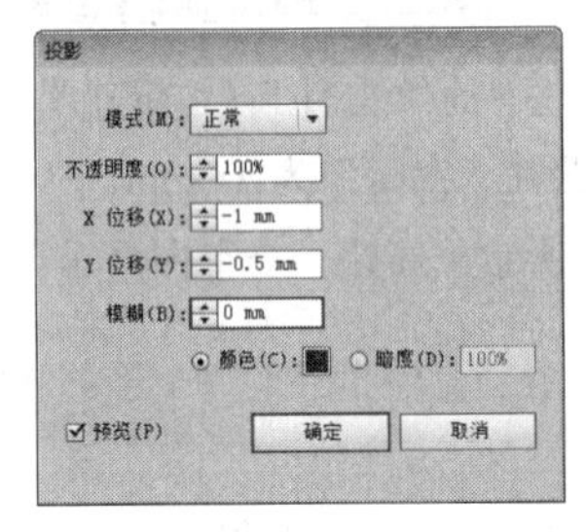

图8.212　添加投影

STEP 04 选择工具箱中的“椭圆工具”，将“填色”更改为黄色（R：204，G：122，B：40），在文字左侧位置绘制一个椭圆图形，如图8.213所示。

图8.213　绘制图形

STEP 05 选中绘制的图形，执行菜单栏中的“效果”|“模糊”|“高斯模糊”命令，在弹出的对话框中将“半径”更改为6像素，完成之后单击“确定”按钮，如图8.214所示。

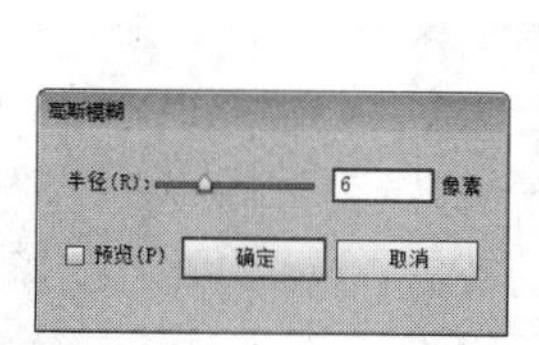

图8.214 设置高斯模糊

STEP 06 选择工具箱中的“椭圆工具”，将“填色”更改为黄色（R：244，G：220，B：180），在文字左侧位置绘制一个椭圆图形，如图8.215所示。

STEP 07 分别缩小椭圆图形的高度并增加其宽度，如图8.216所示。

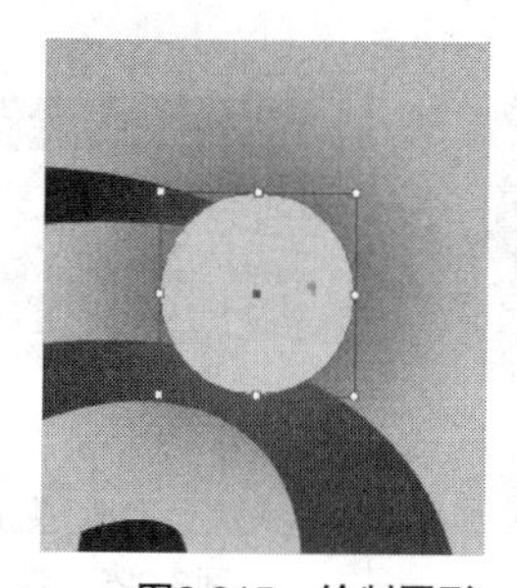

图8.215 绘制图形

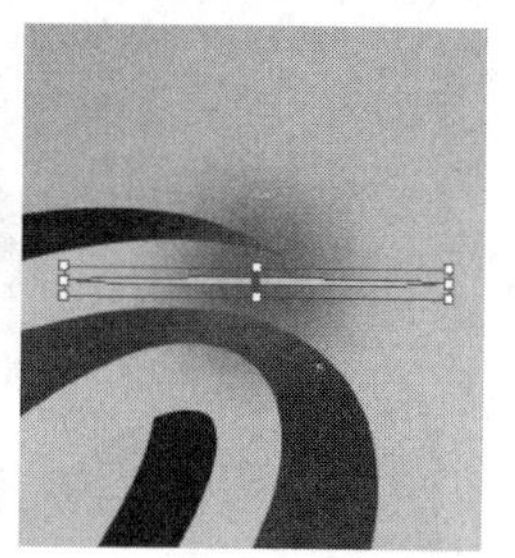

图8.216 将图形变形

STEP 08 选中经过变形的椭圆图形，双击工具箱中的“旋转工具”，在弹出的对话框中将“角度”更改为90度，完成之后单击“复制”按钮，如图8.217所示。

图8.217 设置旋转

STEP 09 同时选中制作的所有星光效果图形，按住Alt键将其复制数份并分别放在文字其他位置，如图8.218所示。

图8.218 复制图像

STEP 10 选择工具箱中的“文字工具” T，在画布适当位置添加文字，如图8.219所示。

图8.219 添加文字

STEP 11 选择工具箱中的“矩形工具”，将“填色”更改为任意颜色，绘制一个与画布大小相同的矩形，如图8.220所示。

图8.220 绘制图形

STEP 12 同时选中矩形及图像，单击鼠标右键，从弹出的快捷菜单中选择“建立剪切蒙版”命令，将部分图像隐藏，这样就完成了效果制作，最终效果如图8.221所示。

图8.221 建立剪切蒙版及最终效果

8.4.3 使用Photoshop制作展示背景

STEP 01 执行菜单栏中的“文件”|“新建”命令，在弹出的对话框中设置“宽度”为8厘米，“高度”为6厘米，“分辨率”为300像素/英寸，“颜色模式”为RGB颜色，新建一个空白画布，如图8.222所示。

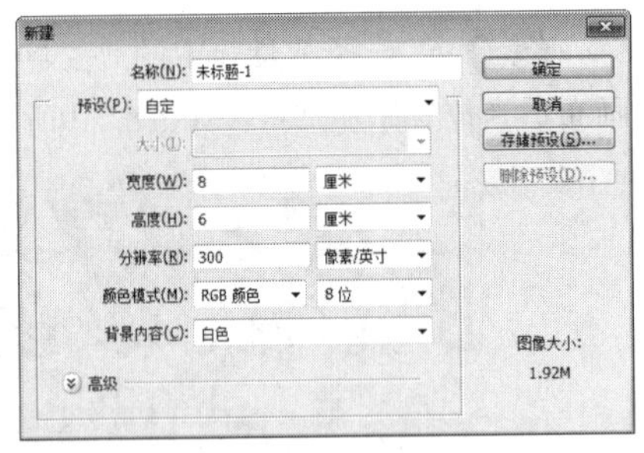

图8.222　新建画布

STEP 02 执行菜单栏中的“文件”|“打开”命令，打开“奶花.jpg”文件，将打开的素材拖入画布中并适当缩小，其图层名称将更改为“图层1”，如图8.223所示。

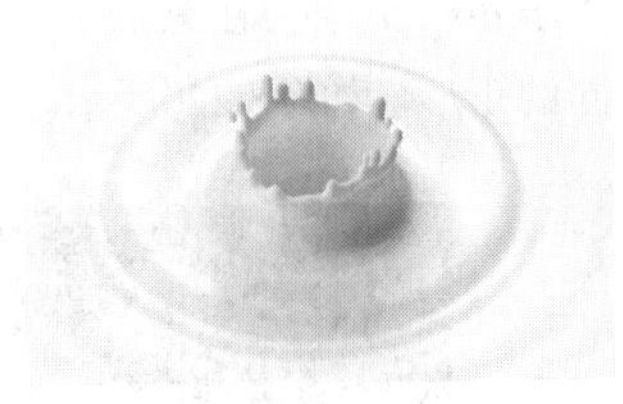

图8.223　添加素材

STEP 03 在“图层”面板中选中“图层 1”图层，将其拖至面板底部的“创建新图层”按钮上，复制出一个“图层 1 拷贝”图层，如图8.224所示。

STEP 04 在“图层”面板中选中“图层 1 拷贝”图层，将其图层混合模式设置为正片叠底，如图8.225所示。

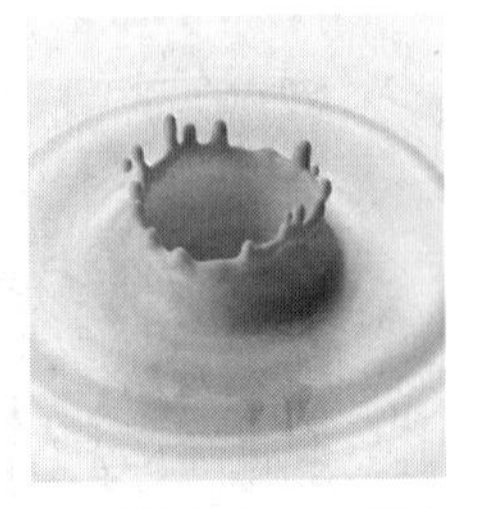

图8.224　复制图层　图8.225　设置图层混合模式

STEP 05 单击面板底部的“创建新图层”按钮，新建一个“图层2”图层，将其填充为深黄色（R：112，G：56，B：2），如图8.226所示。

STEP 06 选中“图层2”图层，将其图层混合模式设置为叠加，如图8.227所示。

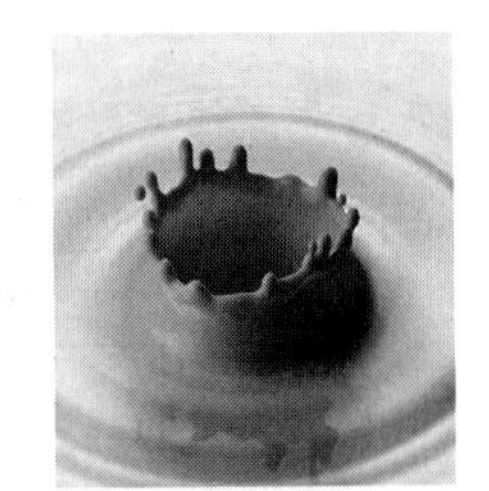

图8.226　新建图层填充颜色　图8.227　设置图层混合模式

STEP 07 选择工具箱中的“矩形工具”，在选项栏中将“填充”更改为黄色（R：250，G：223，B：110），“描边”为无，在画布中绘制一个与其宽度相同的矩形，此时将生成一个“矩形1”图层，如图8.228所示。

图8.228　绘制图形

STEP 08 在“图层”面板中选中“矩形1”图层，将其图层“不透明度”更改为30%，再单击面板底部的“添加图层蒙版”按钮，为其添加图层蒙版，如图8.229所示。

STEP 09 选择工具箱中的“渐变工具”，编辑黑色到白色的渐变，单击选项栏中的“线性渐变”按钮，在该图形上拖动将部分图形隐藏，如图8.230所示。

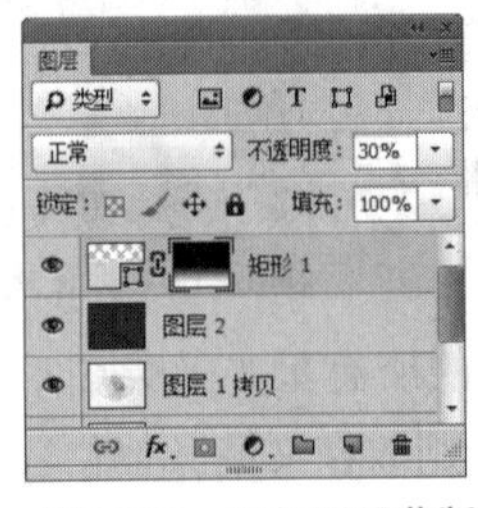

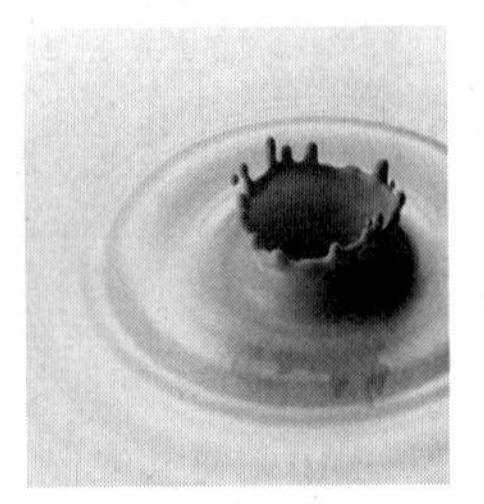

图8.229　添加图层蒙版　图8.230　设置渐变并隐藏图形

8.4.4 添加巧克力素材

STEP 01 执行菜单栏中的“文件”|“打开”命令，打开“巧克力包装平面效果.ai”文件，将打开的素材拖入画布中并适当缩小，将其图层名称更改为“平面”，如图8.231所示。

图8.231 添加素材

STEP 02 选择工具箱中的“钢笔工具”，在画布中沿着包装图像的上半部分边缘绘制一个封闭路径将部分图像选中，如图8.232所示。

图8.232 绘制路径

STEP 03 按Ctrl+Enter组合键将所绘制的路径转换为选区。选中“平面”图层，在画布中按Delete键将多余图像删除，如图8.233所示。

图8.233 删除多余图像

STEP 04 选择工具箱中的任意选区工具，在画布中的选区中单击鼠标右键，在弹出的快捷菜单中选择“变换选区”命令，然后在出现的变形中再次单击鼠标右键并从弹出的菜单中选择垂直翻转命令，再按住Shift键将拖动变形框向下垂直移动，以选中图像的底部部分区域，之后按Enter键确认，如图8.234所示。

STEP 05 以同样的方法选中“平面”图层，按Delete键将多余图像删除，完成之后按Ctrl+D组合键将选区取消，如图8.235所示。

图8.234 移动图形　　图8.235 删除多余图像

8.4.5 制作锯齿边缘

STEP 01 选择工具箱中的“矩形工具”，在选项栏中将其“填充”更改为黑色，“描边”为无，按住Shift键并在画布中任意位置绘制一个矩形，此时将生成一个“矩形1”图层，如图8.236所示。

STEP 02 选中“矩形2”图层，执行菜单栏中的“图层”|“栅格化”|“图形”命令，将当前图形栅格化，如图8.237所示。

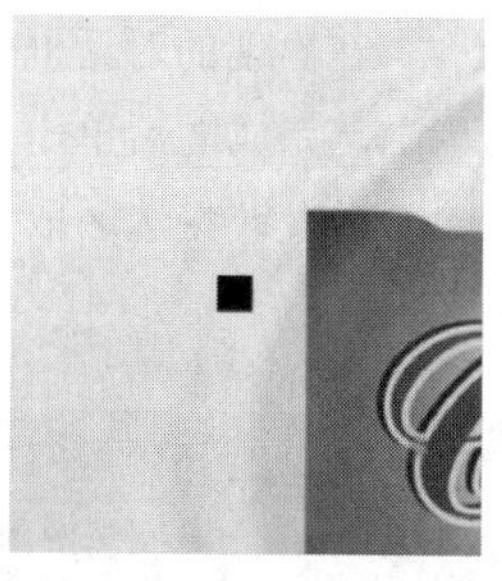

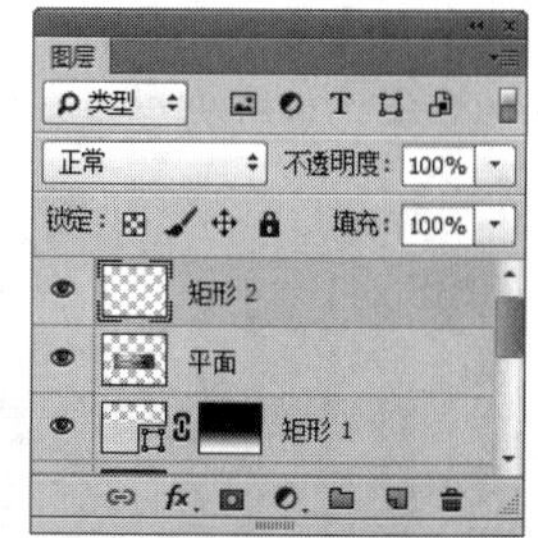

图8.236 绘制矩形　　图8.237 栅格化形状

STEP 03 选中“矩形2”图层，在画布中按Ctrl+T组合键对其执行“自由变换”命令，在选项栏中的“旋转”的文本框中输入-45度，然后在画布中按住Alt键将其上下缩小，完成之后按Enter键确认，如图8.238所示。

STEP 04 选中“矩形2”图层，按Ctrl+T组合键对其执行“自由变换”命令，将图像高度缩小，完成之后按Enter键确认，如图8.239所示。

图8.238　变换图形

图8.239　缩小高度

STEP 05 选择工具箱中的“矩形选框工具”，选中“矩形2”图层，在画布中绘制选区选中部分图形，按Delete键将多余图形删除，删除完成之后按Ctrl+D组合键将选区取消，如图8.240所示。

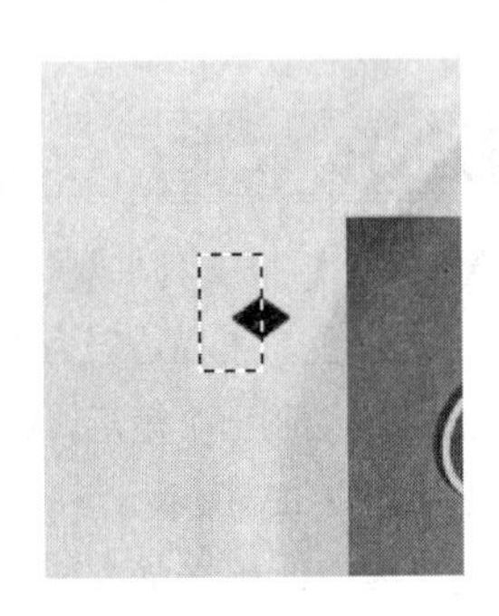

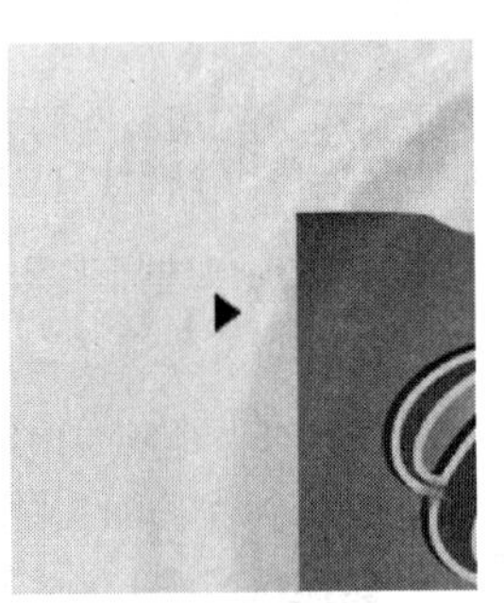

图8.240　删除部分图形

STEP 06 在“图层”面板中，按住Ctrl键并单击“矩形2”图层将其载入选区，执行菜单栏中的“编辑”|“定义画笔预设”命令，在出现的对话框中将“名称”更改为“包装锯齿”，完成之后单击“确定”按钮，完成之后按Ctrl+D组合键将选区取消，如图8.241所示。

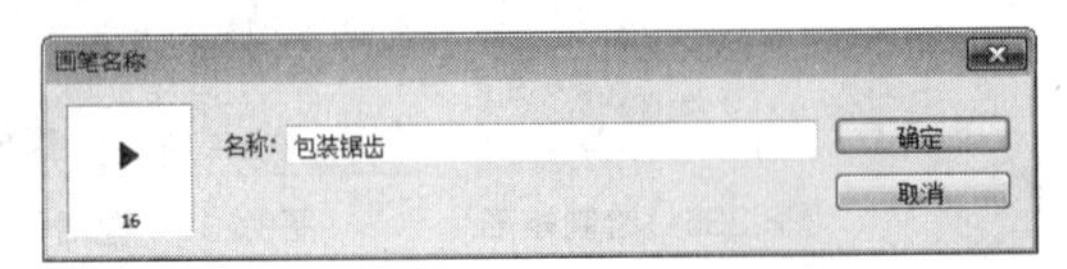

图8.241　定义画笔预设

STEP 07 选中“矩形2”图层，在画布中按Ctrl+A组合键将图层中的小三角图形选中，按Delete键将其删除，完成之后按Ctrl+D组合键将选区取消，如图8.242所示。

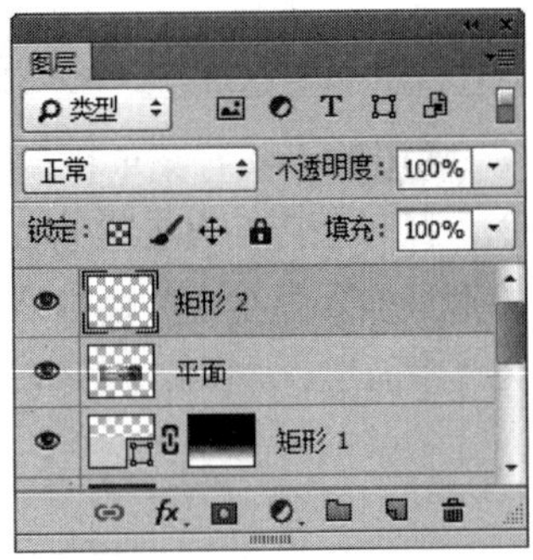

图8.242　选中“矩形2”图层

STEP 08 在“画笔”面板中选择刚才所定义的“包装锯齿”笔触，将“大小”更改为10像素，“间距”更改为150%，如图8.243所示。

STEP 09 勾选“平滑”复选框，如图8.244所示。

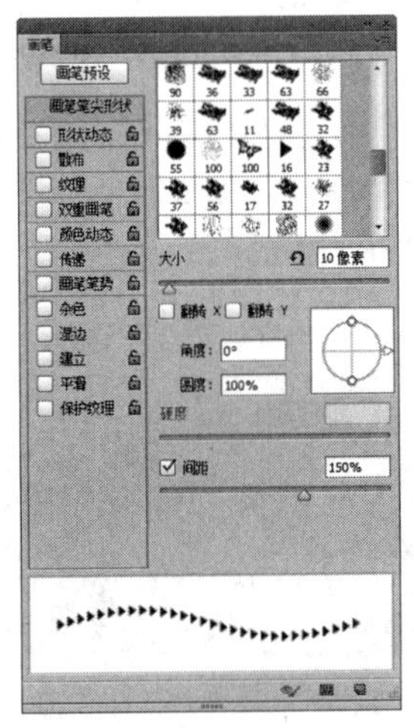

图8.243　设置画笔笔尖形状

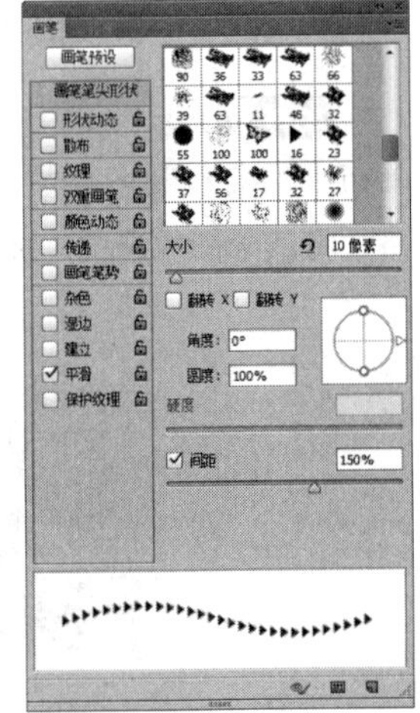

图8.244　勾选平滑

STEP 10 选中“矩形2”图层，在画布中包装的左上角位置单击，再按住Shift键并在左下角位置再次单击，如图8.245所示。

图8.245　绘制图形

STEP 11 在“图层”面板中，按住Ctrl键并单击

“矩形2”图层，将其载入选区，如图8.246所示。

STEP 12 选中“平面”图层，在画布中按Delete键将部分图形删除，再选中“矩形2”图层并拖曳至面板底部的“删除图层”按钮上以将其删除，如图8.247所示。

图8.246 载入选区

图8.247 删除部分图像

技巧与提示

绘制锯齿图像之后无法与包装边缘对齐时可以适当缩小图像高度，这样隐藏图像后的锯齿效果更加自然。

STEP 13 选择工具箱中任意选区工具，在选区中单击鼠标右键，在弹出的快捷菜单中选择变换选区命令，然后在出现的变形中再次单击鼠标右键并从弹出的菜单中选择“水平翻转”命令，再按住Shift键将拖动变形框向右平移，以选中图形的右侧部分图形，之后按Enter键确认，如图8.248所示。

STEP 14 以同样的方法按Delete键将多余图形删除，完成之后按Ctrl+D组合键将选区取消，如图8.249所示。

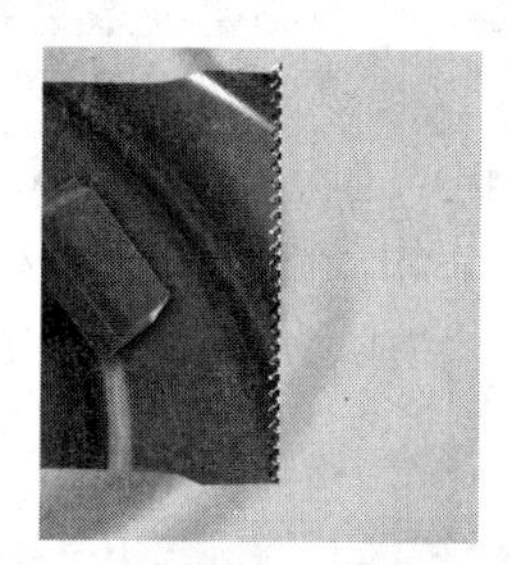

图8.248 变换图形

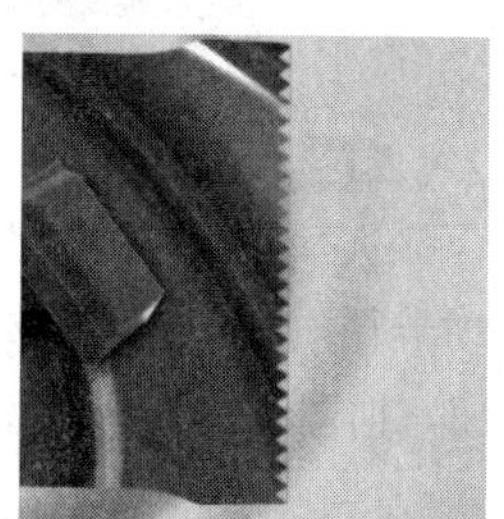

图8.249 删除部分图形

8.4.6 制作阴影和高光

STEP 01 选择工具箱中的“钢笔工具”，单击选项栏中的“选择工具模式” 路径 按钮，在弹出的选项中选择“形状”，将“填充”更改为深黄色（R：60，G：32，B：14），“描边”更改为无，在包装左侧位置绘制一个弧形不规则图形，此时将生成一个“形状1”图层，如图8.250所示。

图8.250 绘制图形

STEP 02 选中“形状1”图层，执行菜单栏中的“滤镜”|“模糊”|“高斯模糊”命令，在弹出的对话框中将“半径”更改为5像素，设置完成之后单击“确定”按钮，如图8.251所示。

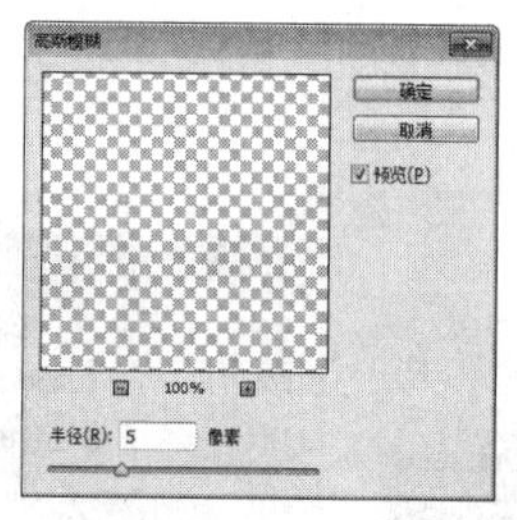

图8.251 设置高斯模糊

STEP 03 选中“形状 1”图层，执行菜单栏中的“滤镜”|“模糊”|“动感模糊”命令，在弹出的对话框中将“角度”更改为90度，“距离”更改为50像素，设置完成之后单击“确定”按钮，再将其图层“不透明度”更改为50%，如图8.252所示。

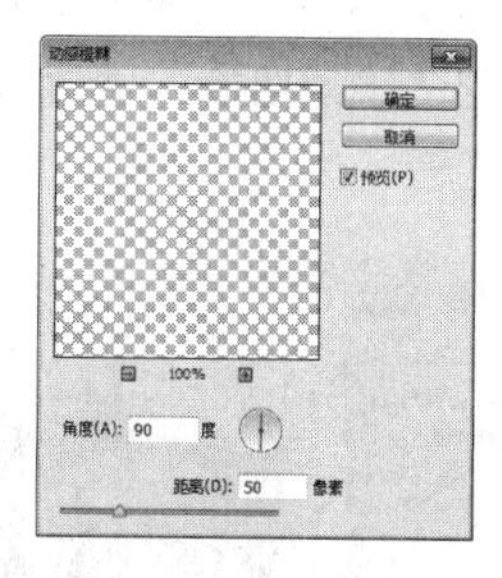

图8.252 设置动感模糊

STEP 04 在“图层”面板中选中“形状1”图层，将其拖至面板底部的“创建新图层”按钮上，复制出一个“形状1 拷贝”图层，如图8.253所示。

STEP 05 选中“形状1 拷贝”图层，在画布中按Ctrl+T组合键对其执行“自由变换”命令，将鼠标指针移至出现的变形框上并单击鼠标右键，从弹出的快捷菜单中选择“水平翻转”命令，完成之后按Enter键确认，将图像移至包装右侧相对位置，如图8.254所示。

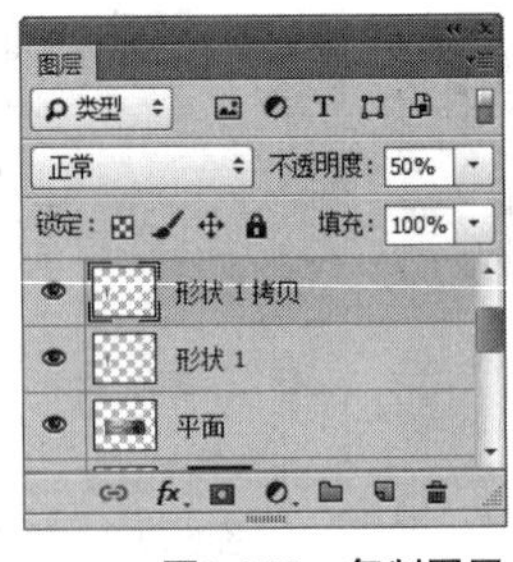

图8.253　复制图层　　图8.254　变换图像

STEP 06 选择工具箱中的“钢笔工具”，单击选项栏中的“选择工具模式”路径按钮，在弹出的选项中选择“形状”，将“填充”更改为黑色，“描边”更改为无，在包装靠顶部位置绘制一个不规则图形，此时将生成一个“形状2”图层，如图8.255所示。

图8.255　绘制图形

STEP 07 选中“形状2”图层，执行菜单栏中的“滤镜”|“模糊”|“高斯模糊”命令，在弹出的对话框中将“半径”更改为4像素，完成之后单击“确定”按钮，再将其图层“不透明度”更改为40%，如图8.256所示。

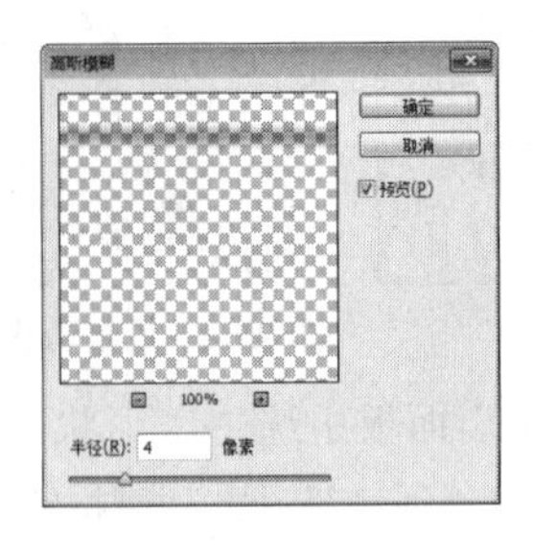

图8.256　设置高斯模糊

STEP 08 在“图层”面板中选中“形状2”图层，将其拖至面板底部的“创建新图层”按钮上，复制出一个“形状2 拷贝”图层，如图8.257所示。

STEP 09 选中“形状2 拷贝”图层，在画布中将其垂直移至包装靠底部位置再按Ctrl+T组合键对其执行“自由变换”命令，将鼠标指针移至出现的变形框上并单击鼠标右键，从弹出的快捷菜单中选择“垂直翻转”命令，再将图像高度缩小，完成之后按Enter键确认，如图8.258所示。

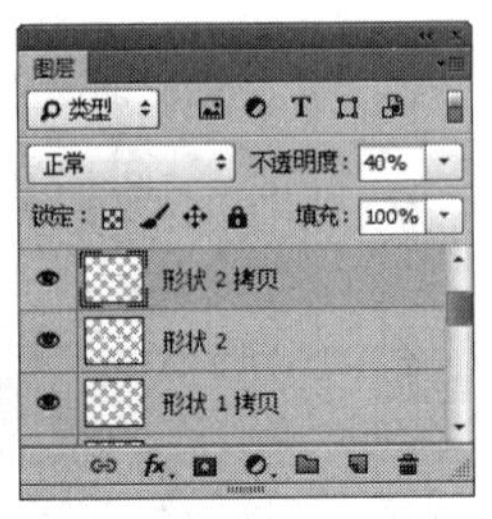

图8.257　复制图层　　图8.258　变换图像

STEP 10 选择工具箱中的“钢笔工具”，单击选项栏中的“选择工具模式”路径按钮，在弹出的选项中选择“形状”，将“填充”更改为白色，“描边”更改为无，在包装图像上绘制一个不规则图形，此时将生成一个“形状3”图层，如图8.259所示。

图8.259　绘制图形

STEP 11 选中“形状3”图层，按Ctrl+Alt+F组合键执行“高斯模糊”命令，在弹出的对话框中将“半径”更改为3像素，完成之后单击“确定”按钮，如图8.260所示。

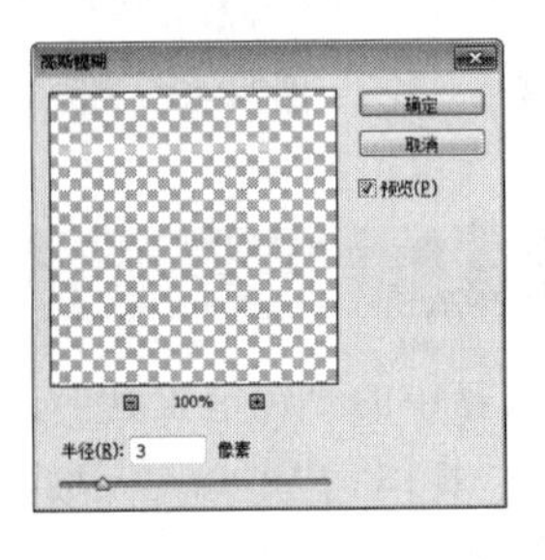

图8.260　设置高斯模糊

STEP 12 在“图层”面板中选中“形状 3”图层，单击面板底部的“添加图层蒙版”按钮，为其图层添加图层蒙版，如图8.261所示。

STEP 13 选择工具箱中的“画笔工具”，在画布中单击鼠标右键，在弹出的面板中选择一种圆角笔触，将“大小”更改为65像素，“硬度”更改为0%，如图8.262所示。

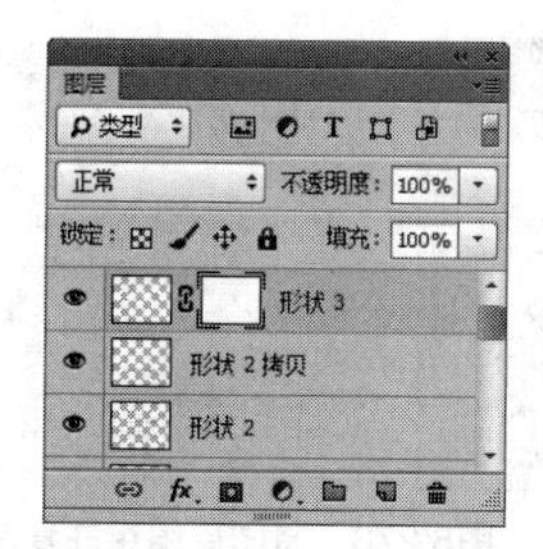
图8.261 添加图层蒙版

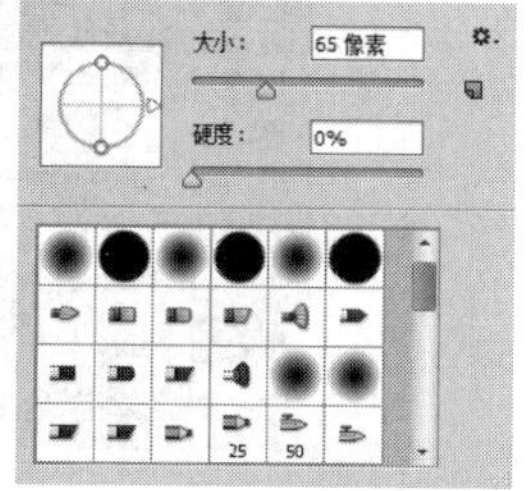
图8.262 设置笔触

STEP 14 将前景色更改为黑色，在图像上的部分区域涂抹以将其隐藏，如图8.263所示。

图8.263 隐藏图像

技巧与提示

在隐藏图像的过程中适当更改画笔的不透明度及大小，这样经过隐藏后的高光效果更加自然。

STEP 15 在“图层”面板中选中“形状 3”图层，将其图层混合模式设置为叠加，如图8.264所示。

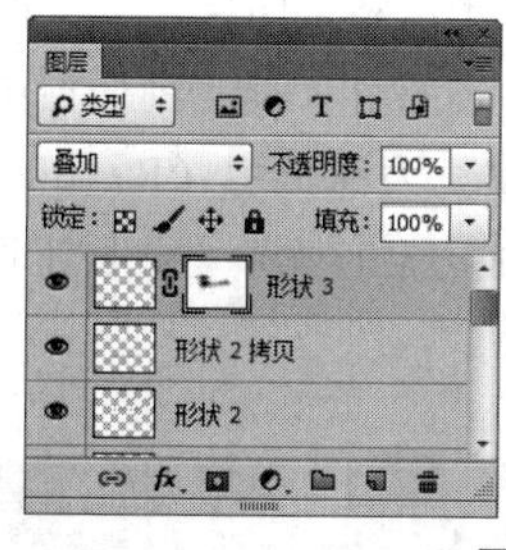

图8.264 设置图层混合模式

STEP 16 在“图层”面板中选中“形状3”图层，将其拖至面板底部的“创建新图层”按钮上，复制出一个“形状3 拷贝”图层，如图8.265所示。

STEP 17 选中“形状3 拷贝”图层，在画布中按Ctrl+T组合键对其执行自由变换命令，将鼠标指针移至出现的变形框上并单击鼠标右键，从弹出的快捷菜单中选择“垂直翻转”命令，完成之后按Enter键确认，将图像移至包装底部位置，如图8.266所示。

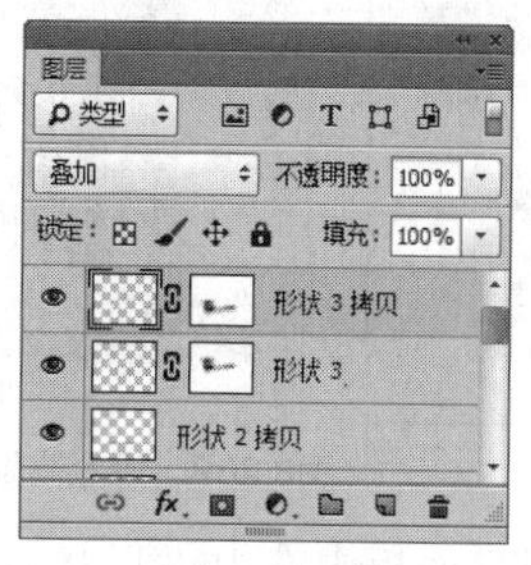
图8.265 复制图层

图8.266 变换图像

STEP 18 选择工具箱中的“画笔工具”，单击“形状3 拷贝”图层蒙版缩览图，在其图像上的部分区域涂抹以调整高光效果，如图8.267所示。

图8.267 添加高光质感

8.4.7 完善细节部分

STEP 01 选择工具箱中的“直线工具”，在选项栏中将“填充”更改为深黄色（R：60，G：32，B：14），“描边”为无，“粗细”更改为1像素，按住Shift键并在包装图像左侧位置绘制一条垂直线段，此时将生成一个“形状4”图层，如图8.268所示。

图8.268 绘制图形

STEP 02 选中“形状 4”图层，执行菜单栏中的“滤镜”|“模糊”|“高斯模糊”命令，在弹出的对话框中将“半径”更改为2像素，完成之后单击“确定”按钮，如图8.269所示。

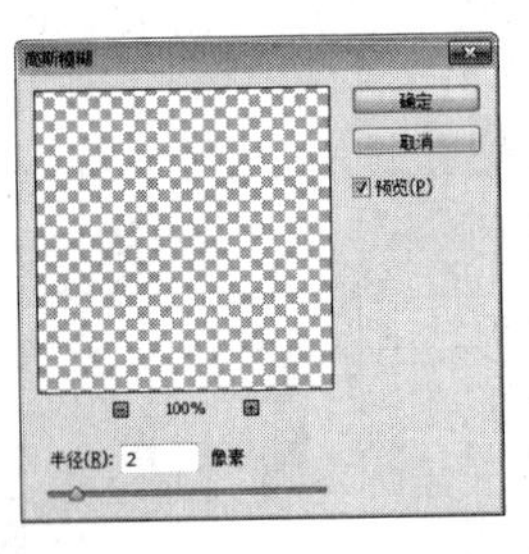

图8.269 设置高斯模糊

STEP 03 在“图层”面板中选中“形状 4”图层，单击面板底部的“添加图层蒙版”按钮，为其图层添加图层蒙版，如图8.270所示。

STEP 04 选择工具箱中的“渐变工具”，编辑黑色到白色再到黑色的渐变，单击选项栏中的“线性渐变”按钮，在其图像上从上至下拖动将部分图像隐藏，如图8.271所示。

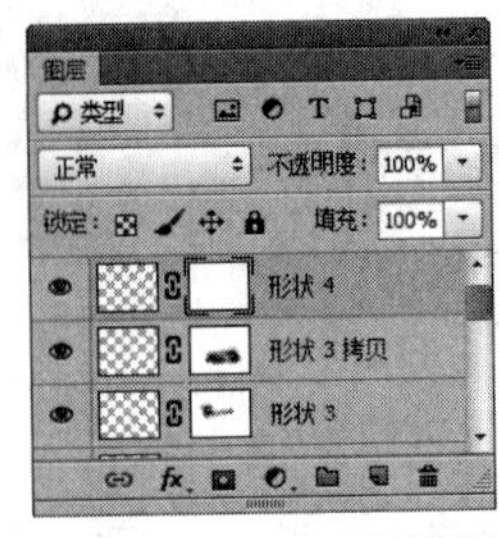

图8.270 添加图层蒙版

图8.271 隐藏图像

STEP 05 选中“形状4”图像，在画布中按住Alt+Shift组合键并向左侧拖动，将图像复制数份以制作封口压痕。

STEP 06 同时选中包括“形状4”在内的所有“形状4 拷贝”图层，按住Alt+Shift组合键并向右侧拖动将图形复制，如图8.272所示。

图8.272 复制图像

STEP 07 同时选中所有和包装相关的图层并按Ctrl+G组合键将图层编组，将生成的组名称更改为“立体包装”，选中“立体包装”组并将其拖至面板底部的“创建新图层”按钮上，复制“立体包装拷贝”和“立体包装 拷贝 2”图层，如图8.273所示。

图8.273 将图层编组并复制组

STEP 08 在“图层”面板中选中“立体包装 拷贝 2”组，将其图层混合模式设置为叠加，“不透明度”更改为50%，再同时选中“立体包装 拷贝 2”及“立体包装 拷贝”图层，按Ctrl+E组合键将其合并，如图8.274所示。

图8.274 设置组混合模式

STEP 09 在“图层”面板中选中“立体包装”组并按Ctrl+E组合键将其合并，此时将生成一个“立体包装”图层，如图8.275所示。

STEP 10 选中“立体包装”图层，单击面板上方的“锁定透明像素”按钮，将当前图层中的透明像素锁定，将图像填充为深黄色（R：60，G：32，B：14），填充完成之后再次单击此按钮将其解除锁定，如图8.276所示。

图8.275 合并图层

图8.276 填充颜色

STEP 11 选中“立体包装”图层，按Ctrl+Alt+F组合键执行“高斯模糊”命令，在弹出的对话框中将“半径”更改为12.0像素，完成之后单击“确定”按钮，如图8.277所示。

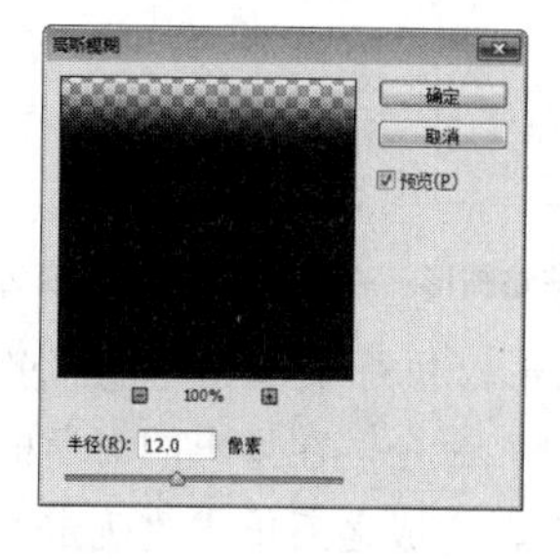

图8.277 设置高斯模糊

STEP 12 在“图层”面板中选中“立体包装 拷贝 2”图层，将其拖至面板底部的“创建新图层”按钮上，复制出一个“立体包装 拷贝 3”图层。选中“立体包装 拷贝 2”图层，将其移至“立体包装”图层下方，如图8.278所示。

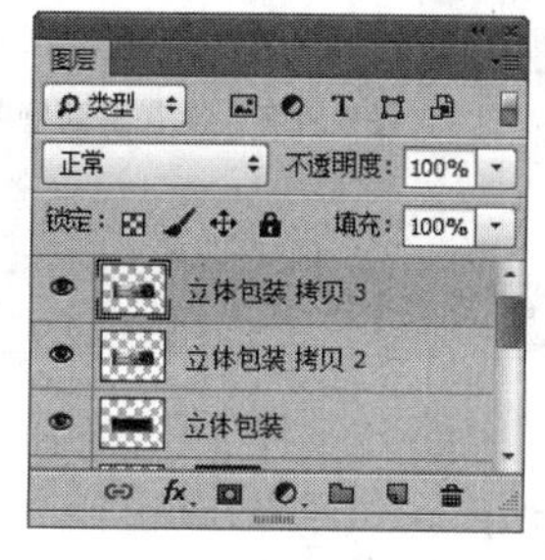

图8.278 复制图层

STEP 13 选中“立体包装 拷贝 2”图层，按Ctrl+T组合键对其执行“自由变换”命令，将图形适当等比例缩小并旋转，完成之后按Enter键确认，这样就完成了效果制作，最终效果如图8.279所示。

图8.279 最终效果

8.5 果酱包装设计

素材位置	素材文件\第8章\果酱包装
案例位置	案例文件\第8章\果酱包装平面效果.ai、果酱包装展示效果.psd
视频位置	多媒体教学\第8章\8.5 果酱包装设计.avi
难易指数	★★★★☆

本例讲解果酱包装设计制作，本例在制作过程中以矢量水果图像为主视觉，同时搭配简洁易懂的文字信息，整体效果十分直观，此款果酱包装采用玻璃瓶做容器，可以十分直观地观察果酱的品质，同时瓶口的小标签也起到很好的装饰作用，最终效果如图8.280所示。

图8.280 最终效果

8.5.1 使用Illustrator制作不规则背景

STEP 01 执行菜单栏中的“文件”|“新建”命令，在弹出的对话框中设置“宽度”为200mm，“高度”为200mm，新建一个空白画布，如图8.281所示。

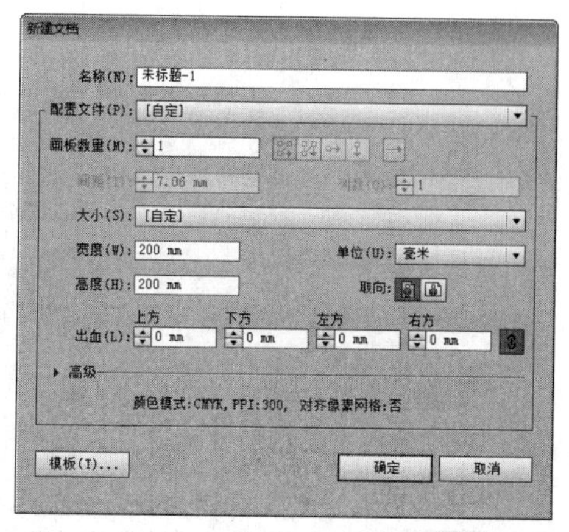

图8.281 新建文档

STEP 02 选择工具箱中的“钢笔工具”，将“填充”更改为浅黄色（R：255，G：253，B：238），“描边”更改为无，在画布左侧位置绘制一个不规则图形，如图8.282所示。

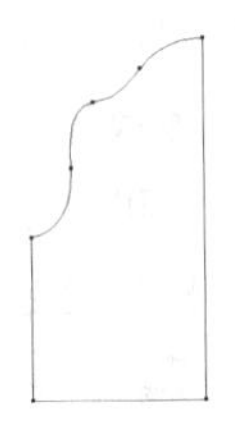

图8.282 绘制图形

STEP 03 选中图形，双击工具箱中的“镜像工具”图标，在弹出的对话框中单击“垂直”单选按钮，单击“复制”按钮，选中复制生成的图像并将其移至右侧相对位置，如图8.283所示。

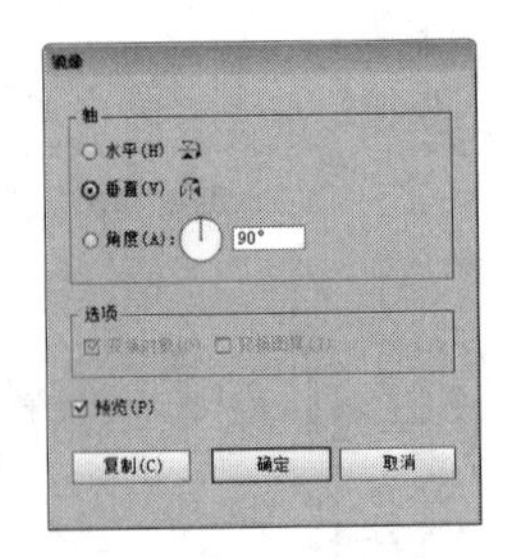

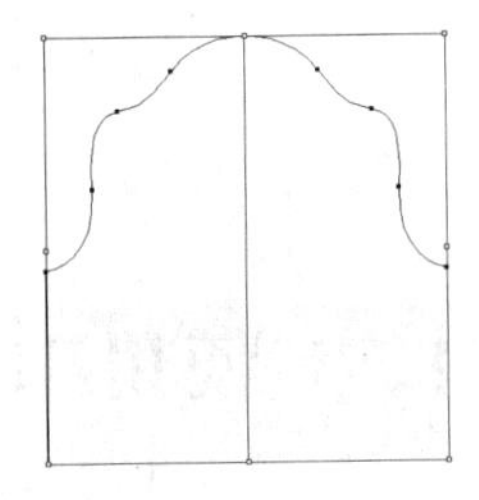

图8.283 复制图形

STEP 04 同时选中两个图形，在“路径查找器”面板中单击“合并”按钮将图形合并，如图8.284所示。

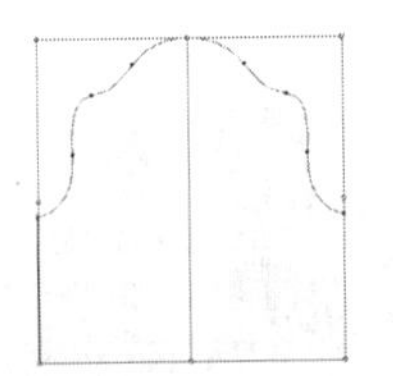

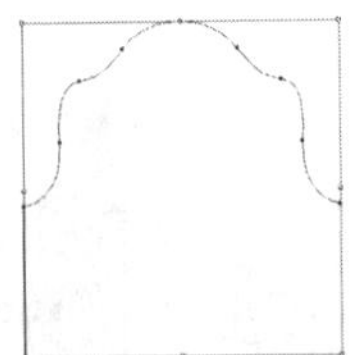

图8.284 合并图形

技巧与提示

按Ctrl+Shift+F9组合键可打开“路径查找器”面板。

STEP 05 选中图形按Ctrl+C组合键将其复制，再按Ctrl+F组合键将其粘贴至原图形上方，将其适当缩小，如图8.285所示。

STEP 06 将上方图形“描边”更改为灰色（R：214，G：214，B：214），“粗细”更改为2pt，如图8.286所示。

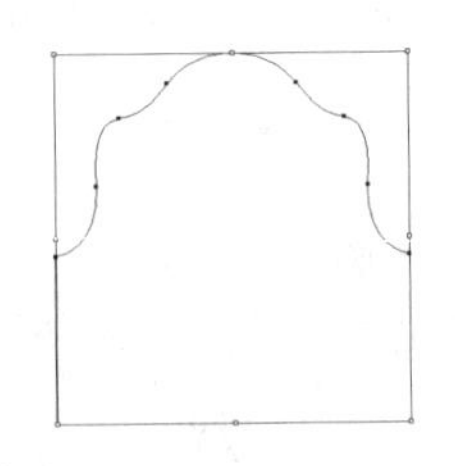

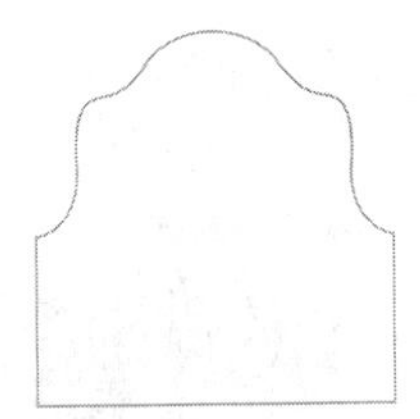

图8.285 复制并粘贴图形　　图8.286 添加描边

STEP 07 选中上方图形，执行菜单栏中的“效果”|“模糊”|“高斯模糊”命令，在弹出的对话框中将“半径”更改为1像素，完成之后单击“确定”按钮，如图8.287所示。

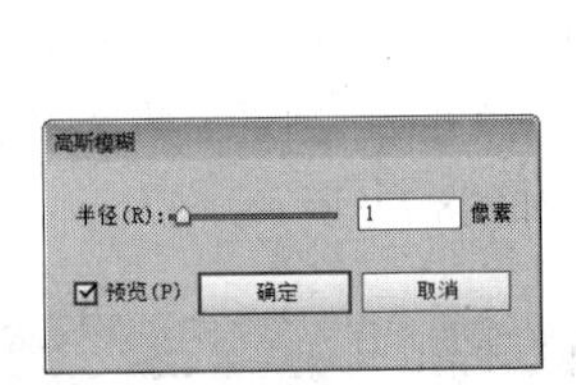

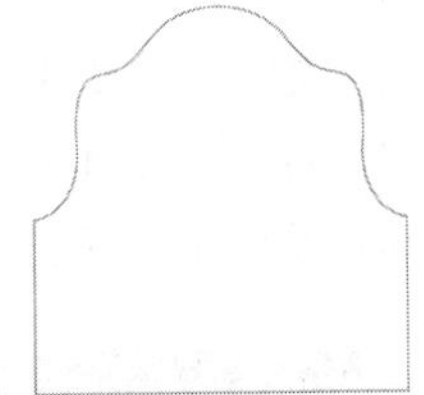

图8.287 设置高斯模糊

8.5.2 添加水果素材和文字

STEP 01 执行菜单栏中的“文件”|“打开”命令，打开“猕猴桃.png”“苹果.png”“西柚.png”“杏子.png”“杏子2.png”“樱桃.png”文件，将打开的素材图像拖入画布中适当位置并缩放，如图8.288所示。

STEP 02 选择工具箱中的“钢笔工具”，将“填色”更改为黄色（R：255，G：210，B：123），在水果上方位置绘制一个弧形图形，如图8.289所示。

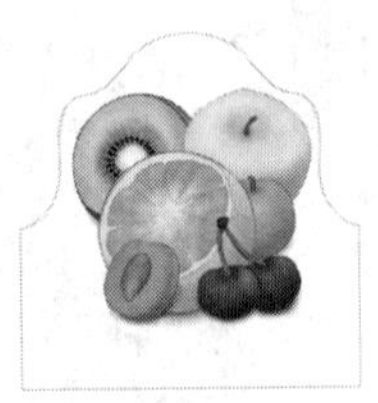

图8.288 添加素材　　图8.289 绘制图形

STEP 03 选中绘制的图形，执行菜单栏中的

“效果”|“模糊”|“高斯模糊”命令，在弹出的对话框中将“半径”更改为5像素，完成之后单击“确定”按钮，如图8.290所示。

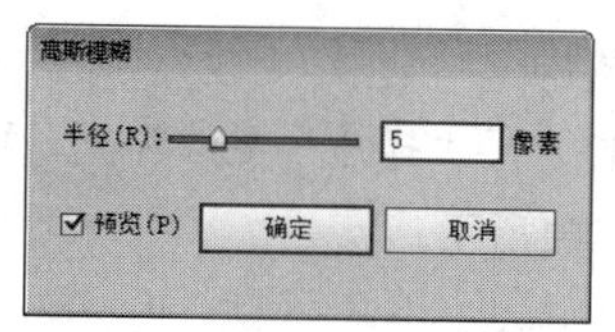

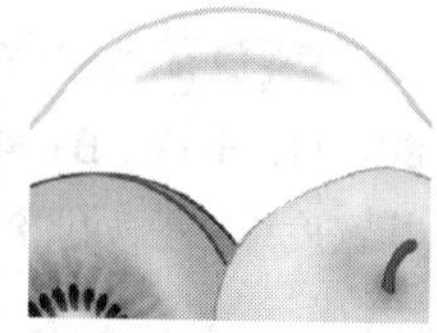

图8.290 设置高斯模糊

STEP 04 选择工具箱中的“钢笔工具”，将“填色”更改为绿色（R：158，G：188，B：63），在水果图像位置绘制一个不规则图形，如图8.291所示。

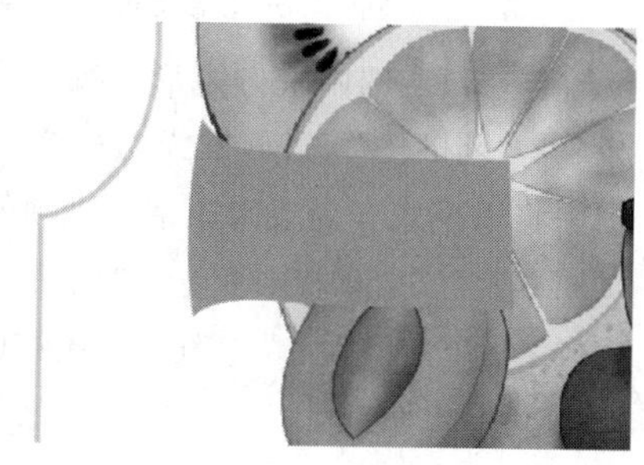

图8.291 绘制图形

STEP 05 选中，双击工具箱中的“镜像工具”图标，在弹出的对话框中单击“垂直”单选按钮，单击“复制”按钮，将图像复制，再选中复制生成的图像移至与原图形相对的位置，完成之后单击“确定”按钮，如图8.292所示。

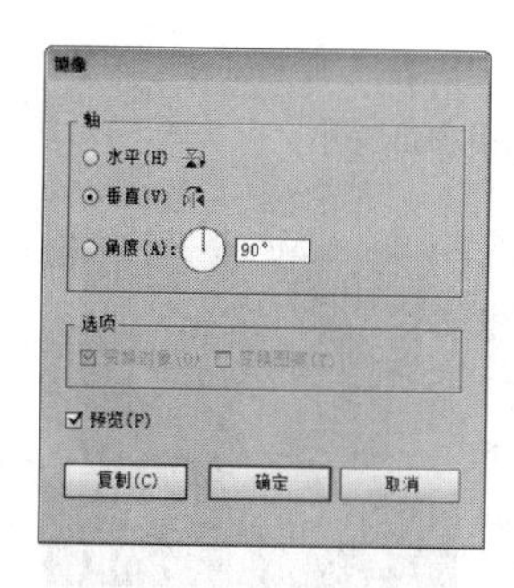

图8.292 设置镜像

STEP 06 同时选中两个图形，在“路径查找器”面板中单击“合并”按钮，将图形合并，如图8.293所示。

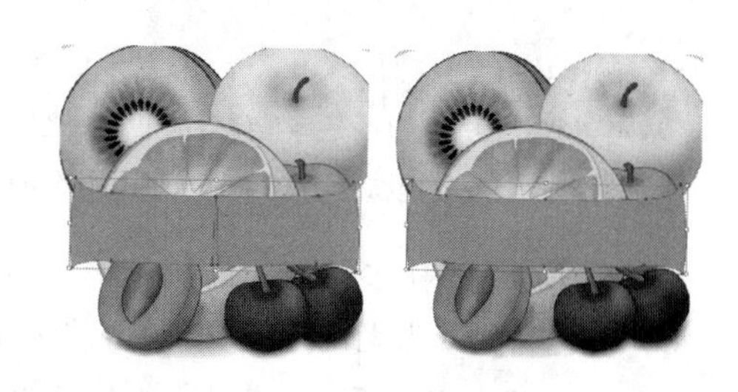

图8.293 合并图形

STEP 07 选中合并后的图形，将其“不透明度”更改为80%，如图8.294所示。

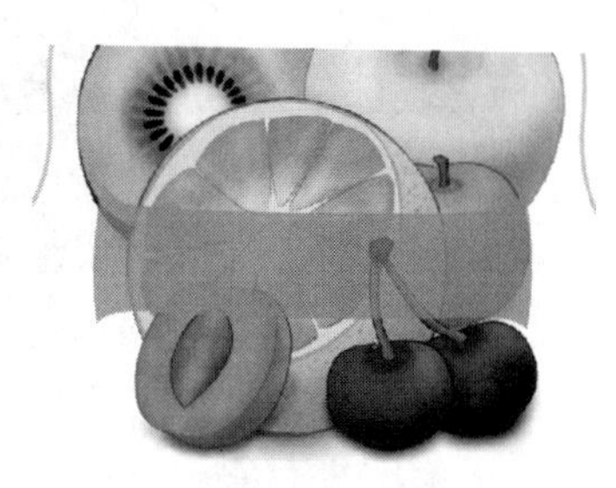

图8.294 更改不透明度

STEP 08 选中合并后的图形，执行菜单栏中的“效果”|“风格化”|“内发光”命令，在弹出的对话框中将“模式”更改为正常，“颜色”更改为绿色（R：73，G：90，B：22），完成之后单击“确定”按钮，如图8.295所示。

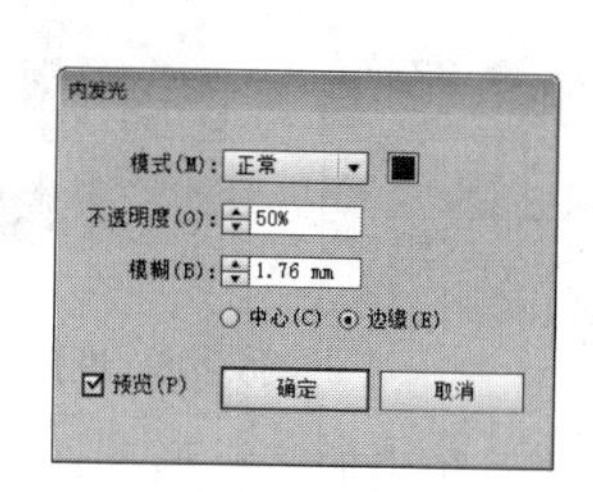

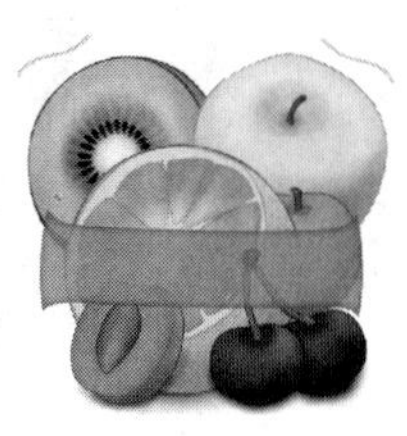

图8.295 设置内发光

STEP 09 选中图形，单击鼠标右键，从弹出的快捷菜单中选择“排列”|“后移一层”命令，更改图形顺序，如图8.296所示。

图8.296 更改顺序

技巧与提示

更改图形顺序的目的是将其移至水果图像之间的位置，当无法移动图形时可以适当移动部分水果图像的顺序。

STEP 10 选择工具箱中的“钢笔工具”，将“填色”更改为无，“描边”更改为绿色（R：180，G：196，B：77），“粗细”更改为0.5pt，沿水果图像边缘位置绘制一个不规则图形，如图8.297所示。

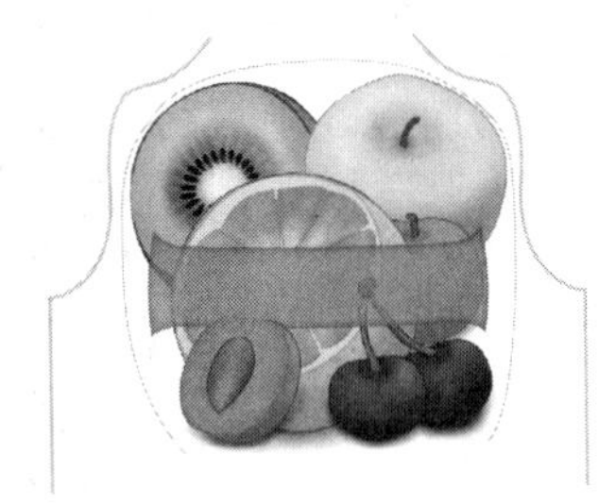

图8.297　绘制图形

STEP 11 选中绘制的图形，执行菜单栏中的“效果”|“模糊”|“高斯模糊”命令，在弹出的对话框中将“半径”更改为5像素，完成之后单击“确定”按钮，如图8.298所示。

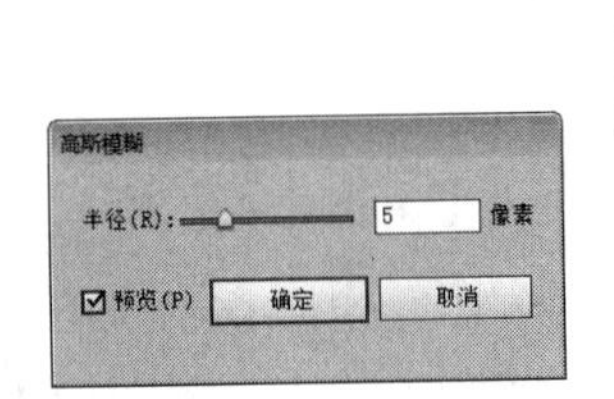

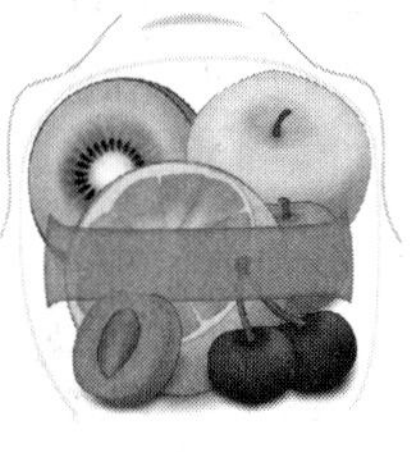

图8.298　设置高斯模糊

STEP 12 选择工具箱中的“矩形工具”，将“填色”更改为无，“描边”更改为绿色（R：180，G：196，B：77），“粗细”更改为1.5pt，在水果图像下方绘制一个矩形，如图8.299所示。

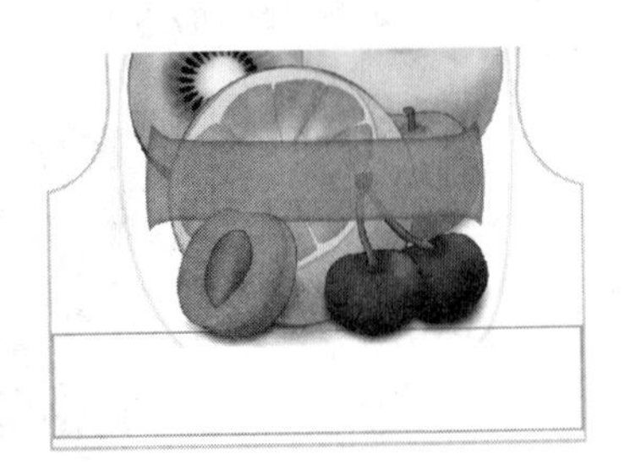

图8.299　绘制矩形

技巧与提示

在绘制图形的时候需要注意图形的前后顺序。

STEP 13 选中图形按Ctrl+C组合键将图形复制，再按Ctrl+F组合键将其粘贴至原图形上方，如图8.300所示。

STEP 14 将上方图形“填色”更改为绿色（R：80，G：105，B：47），“描边”更改为无，再将其宽度缩小，如图8.301所示。

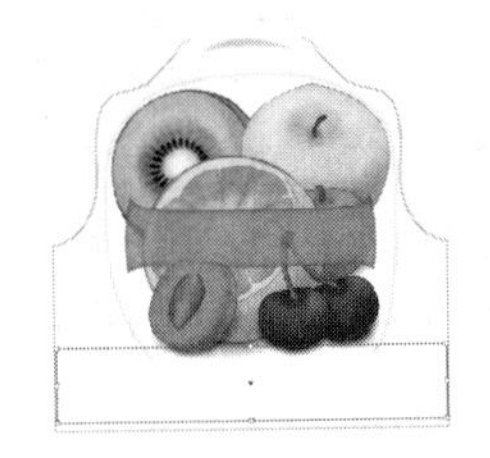

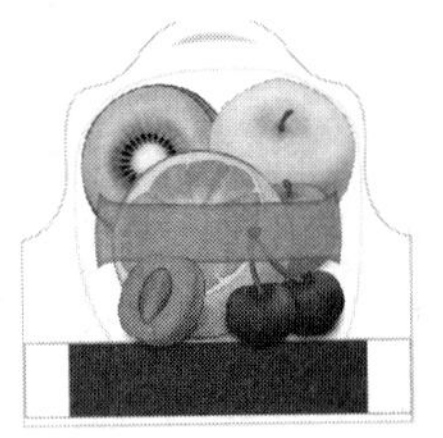

图8.300　复制图形　　图8.301　变换图形

STEP 15 选中上方矩形，执行菜单栏中的“效果”|“风格化”|“内发光”命令，在弹出的对话框中将“模式”更改为正常，“颜色”更改为绿色（R：42，G：50，B：8），“模糊”更改为10mm，完成之后单击“确定”按钮，如图8.302所示。

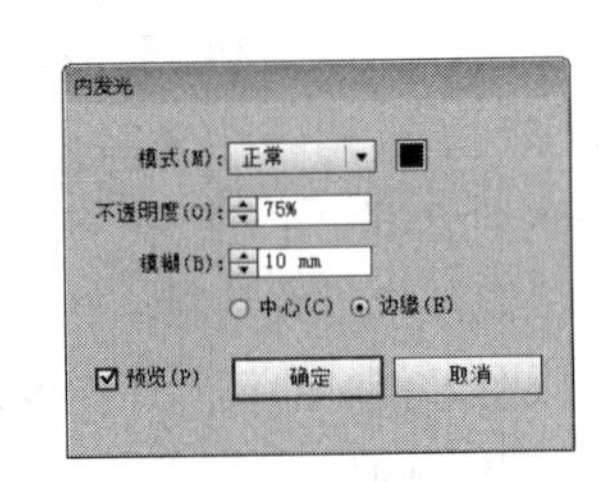

图8.302　设置内发光

STEP 16 选择工具箱中的“文字工具”T，在适当位置添加文字，如图8.303所示。

图8.303　添加文字

STEP 17 选择工具箱中的“直线段工具”，将“描边”更改为绿色（R：180，G：196，B：77），“大小”更改为1pt，在底部图形位置按住

Shift键并绘制一条线段，如图8.304所示。

STEP 18 选择工具箱中的“圆角矩形工具”，将“填色”更改为绿色（R：207，G：210，B：90），在线段中间位置绘制一个椭圆图形，如图8.305所示。

图8.304 绘制直线 图8.305 绘制圆角矩形

STEP 19 选择工具箱中的“矩形工具”，将“填色”更改为黄色（R：250，G：234，B：215），“描边”为白色，“粗细”为1pt，在画布左上角位置绘制一个矩形，如图8.306所示。

STEP 20 选择工具箱中的“文字工具” T，在适当位置添加文字，如图8.307所示。

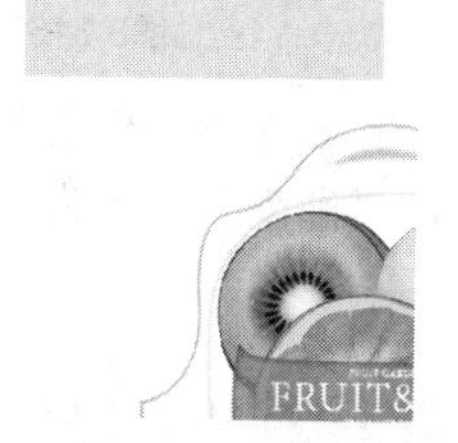

图8.306 绘制图形 图8.307 添加文字

STEP 21 执行菜单栏中的“文件”|“打开”命令，打开“Logo.ai”文件，将打开的素材图像拖入画布中矩形里的适当位置并旋转，这样就完成了效果制作，最终效果如图8.308所示。

图8.308 最终效果

8.5.3 使用Photoshop绘制主体瓶子

STEP 01 执行菜单栏中的“文件”|“新建”命令，在弹出的对话框中设置“宽度”为10厘米，“高度”为8厘米，“分辨率”为300像素/英寸，“颜色模式”为RGB颜色，新建一个空白画布，如图8.309所示。

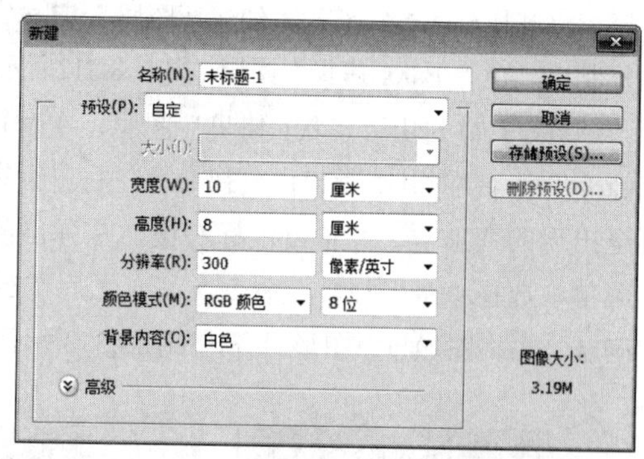

图8.309 新建画布

STEP 02 选择工具箱中的“渐变工具”，编辑黄色（R：248，G：242，B：234）到黄色（R：208，G：190，B：140）的渐变，单击选项栏中的“径向渐变”按钮，在画布中从中间向右下角方向拖动以填充渐变，如图8.310所示。

图8.310 填充渐变

STEP 03 选择工具箱中的“钢笔工具”，在选项栏中单击“选择工具模式” 路径 按钮，在弹出的选项中选择“形状”，将“填充”更改为橙色（R：200，G：113，B：0），“描边”更改为无，在位置绘制一个不规则图形，此时将生成一个“形状1”图层，如图8.311所示。

图8.311　绘制图形

STEP 04 在“图层”面板中选中“形状1”图层，将其拖至面板底部的“创建新图层”按钮上，复制出一个“形状1 拷贝”图层，如图8.312所示。

STEP 05 选中“形状1 拷贝”图层，在画布中按Ctrl+T组合键对其执行自由变换命令，将鼠标指针移至出现的变形框上并单击鼠标右键，从弹出的快捷菜单中选择“水平翻转”命令，完成之后按Enter键确认，再将图形与原图形对齐，如图8.313所示。

图8.312　复制图层

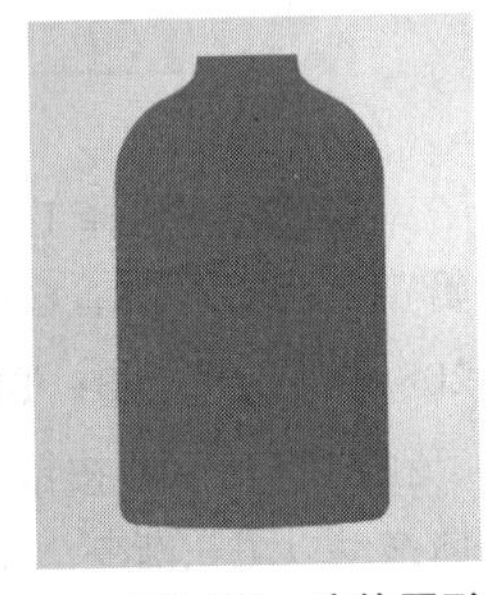

图8.313　变换图形

STEP 06 同时选中“形状1 拷贝”及“形状1”图层，按Ctrl+E组合键将图层合并，将生成的图层名称更改为“瓶身”，如图8.314所示。

图8.314　合并图层

STEP 07 执行菜单栏中的“文件”|“打开”命令，打开“棉絮.jpg”文件，执行菜单栏中的“编辑”|“定义图案”命令，在弹出的对话框中将“名称”更改为“果酱纹理”，完成之后单击“确定”按钮，如图8.315所示。

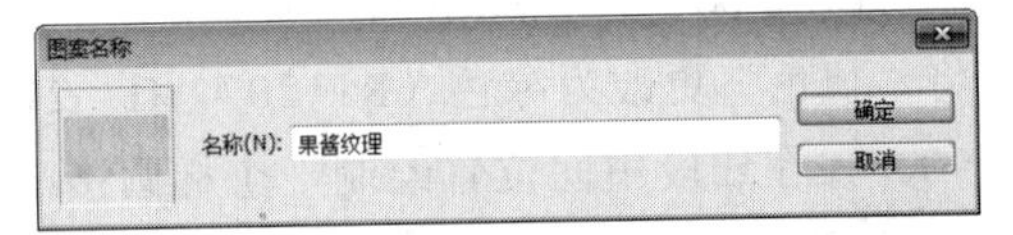

图8.315　打开素材并定义图案

STEP 08 在“图层”面板中选中“瓶身”图层，单击面板底部的“添加图层样式”按钮，在菜单中选择“图案叠加”命令，在弹出的对话框中将“混合模式”更改为叠加，“图案”更改为刚才定义的“果酱纹理”，如图8.316所示。

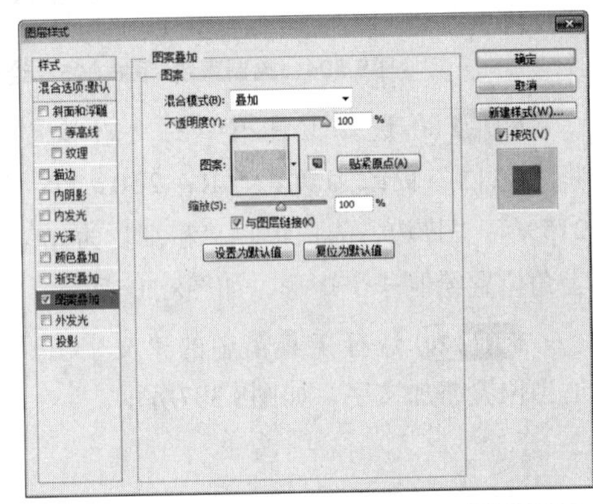

图8.316　设置图案叠加

STEP 09 勾选“渐变叠加”复选框，将“混合模式”更改为柔光，“渐变”更改为白色到黑色，如图8.317所示。

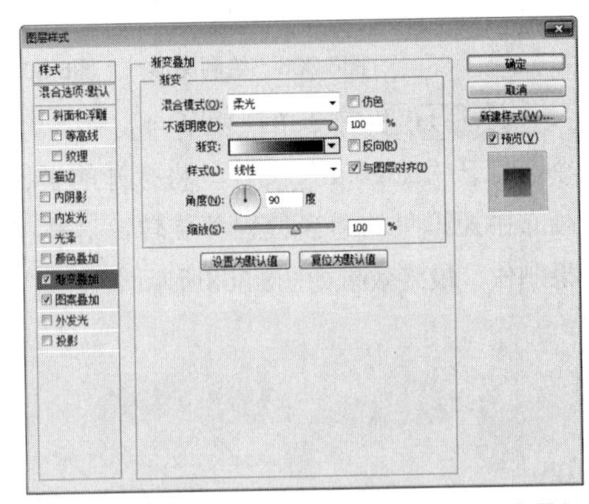

图8.317　设置渐变叠加

STEP 10 勾选“颜色叠加”复选框，将“混合模式”更改为正片叠底，“颜色”更改为橙色（R：230，G：90，B：0），“不透明度”更改为50%，完成之后单击“确定”按钮，如图8.318所示。

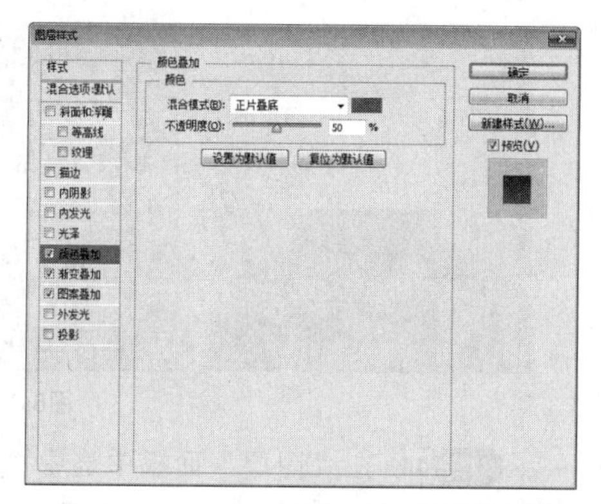

图8.318　设置颜色叠加

技巧与提示

最后设置“颜色叠加”图层样式可以更方便观察实际的图像效果。

STEP 11 在“图层”面板中选中“瓶身”图层，单击面板底部的“添加图层蒙版”按钮，为其图层添加图层蒙版，如图8.319所示。

STEP 12 选择工具箱中的“多边形套索工具”，在瓶身靠顶部位置绘制一个不规则选区，如图8.320所示。

图8.319　添加图层蒙版　　图8.320　绘制选区

STEP 13 将选区填充为黑色，完成之后按Ctrl+D组合键将选区取消，如图8.321所示。

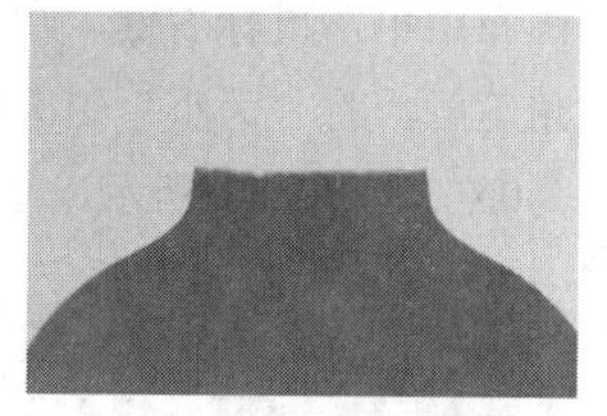

图8.321　隐藏图像

8.5.4 绘制高光及瓶盖

STEP 01 选择工具箱中的“钢笔工具”，在选项栏中单击“选择工具模式” 路径 按钮，在弹出的选项中选择“形状”，将“填充”更改为白色，“描边”更改为无，在瓶身靠左侧位置绘制一个不规则图形，此时将生成一个“形状1”图层，如图8.322所示。

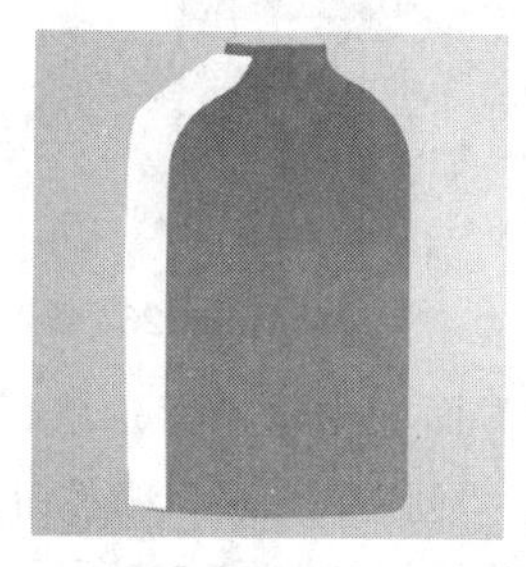

图8.322　绘制图形

STEP 02 选中“形状1”图层，执行菜单栏中的“图层”|“创建剪贴蒙版”命令，为当前图层创建剪贴蒙版将部分图形隐藏，如图8.323所示。

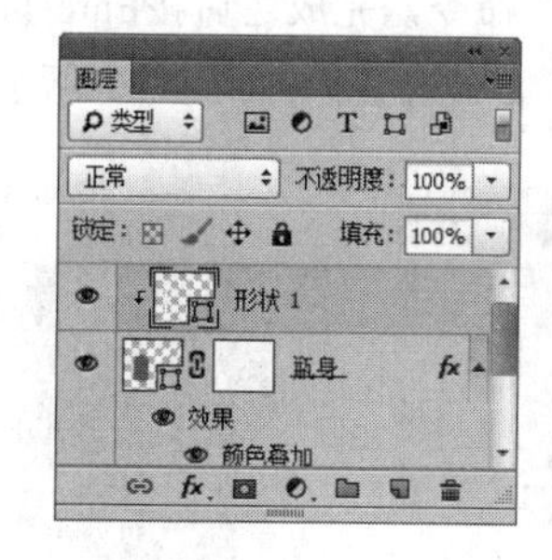

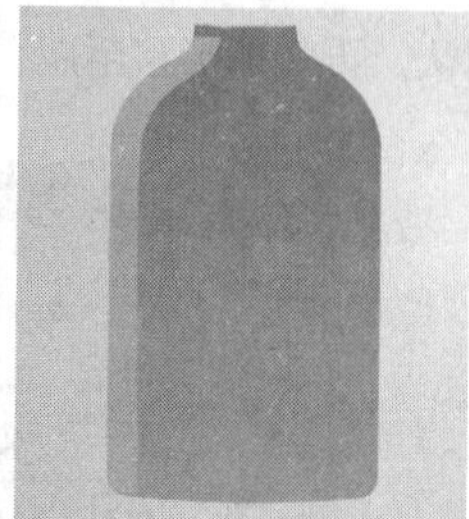

图8.323　创建剪贴蒙版

STEP 03 在“图层”面板中选中“形状1”图层，单击面板底部的“添加图层蒙版”按钮，为该图层添加图层蒙版，如图8.324所示。

STEP 04 选择工具箱中的“画笔工具”，在画布中单击鼠标右键，在弹出的面板中选择一种圆角笔触，将“大小”更改为150像素，“硬度”更改为0%，如图8.325所示。

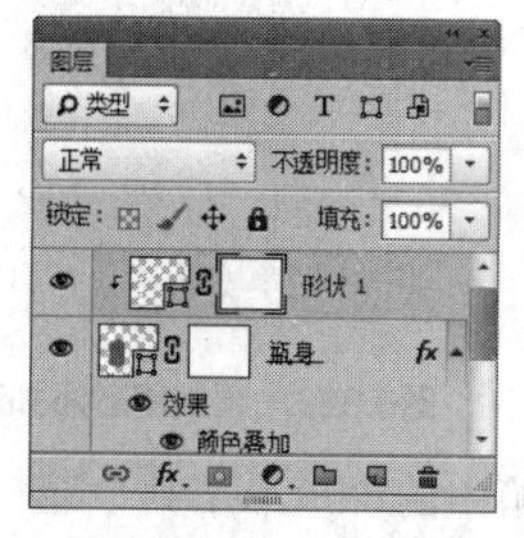

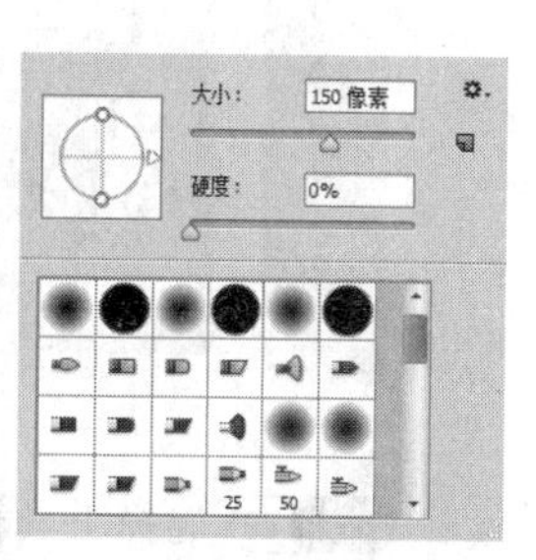

图8.324　添加图层蒙版　　图8.325　设置笔触

STEP 05 将前景色更改为黑色，在画布中图像上的部分区域涂抹以将其隐藏，如图8.326所示。

图8.326　隐藏图像

STEP 06 在“图层”面板中选中“形状1”图层，将其拖至面板底部的“创建新图层”按钮上，复制出一个“形状1 拷贝”图层，如图8.327所示。

STEP 07 选中“形状1 拷贝”图层，在画布中按Ctrl+T组合键对其执行自由变换命令，将鼠标指针移至出现的变形框上并单击鼠标右键，从弹出的快捷菜单中选择“水平翻转”命令，完成之后按Enter键确认，再将图形移至瓶身靠右侧位置，如图8.328所示。

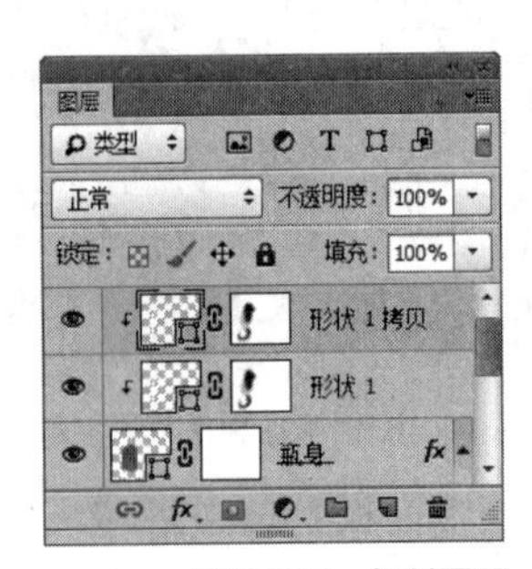

图8.327　复制图层　　图8.328　变换图像

STEP 08 以同样的方法绘制图形继续为瓶身添加高光效果，如图8.329所示。

图8.329　绘制图形添加高光

STEP 09 选择工具箱中的“矩形工具”，在选项栏中将“填充”更改为白色，“描边”为无，在瓶身顶部位置绘制一个矩形，此时将生成一个“矩形1”图层，如图8.330所示。

图8.330　绘制图形

STEP 10 在“图层”面板中选中“矩形1”图层，单击面板底部的“添加图层样式”按钮，在菜单中选择“内发光”命令，在弹出的对话框中将“混合模式”更改为正常，“颜色”更改为白色，“大小”更改为25像素，完成之后单击“确定”按钮，如图8.331所示。

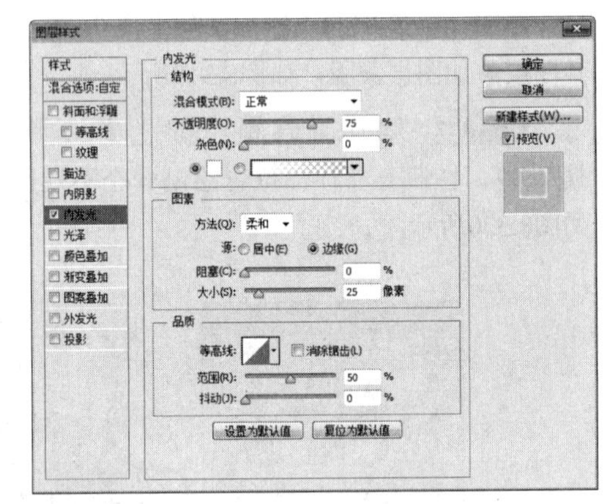

图8.331　设置内发光

STEP 11 在“图层”面板中选中“矩形 1”图层，单击面板底部的“添加图层蒙版”按钮，为其图层添加图层蒙版，如图8.332所示。

STEP 12 选择工具箱中的“画笔工具”，在画布中单击鼠标右键，在弹出的面板中选择一种圆角笔触，将“大小”更改为50像素，“硬度”更改为0%，如图8.333所示。

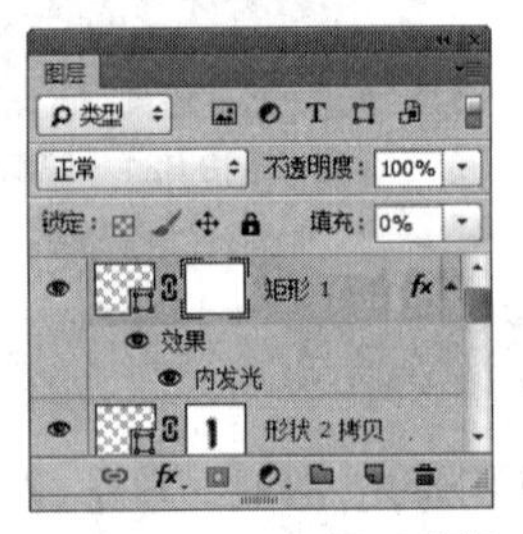

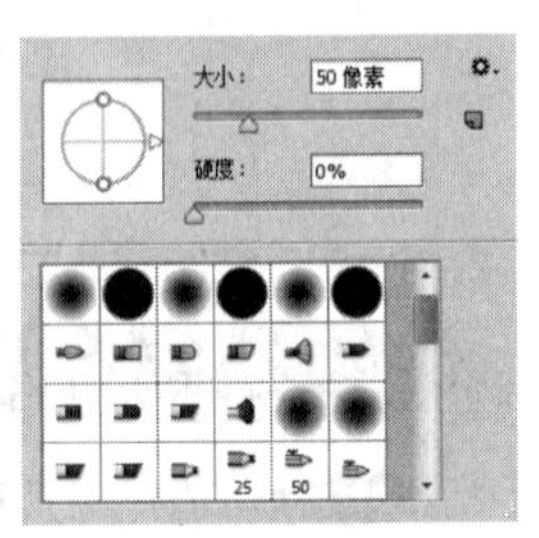

图8.332　添加图层蒙版　　图8.333　设置笔触

STEP 13 将前景色更改为黑色，在图像上靠底部区域涂抹以将其隐藏，将“填充”更改为0%，如图8.334所示。

图8.334　隐藏图像

STEP 14 选择工具箱中的“圆角矩形工具”，在选项栏中将“填充”更改为白色，“描边”为无，“半径”为10像素，在瓶口位置绘制一个圆角矩形，此时将生成一个“圆角矩形 1”图层，如图8.335所示。

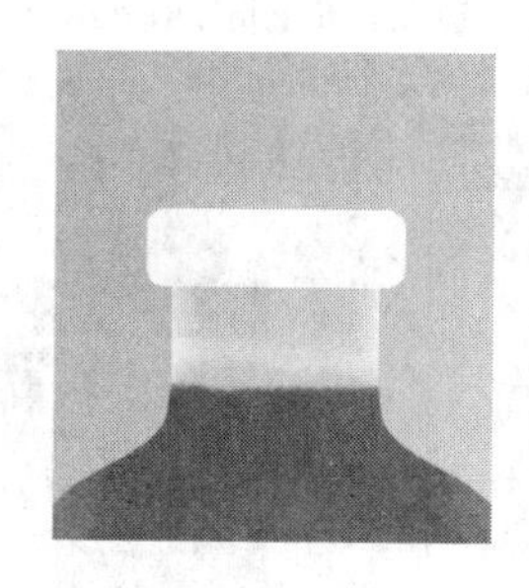

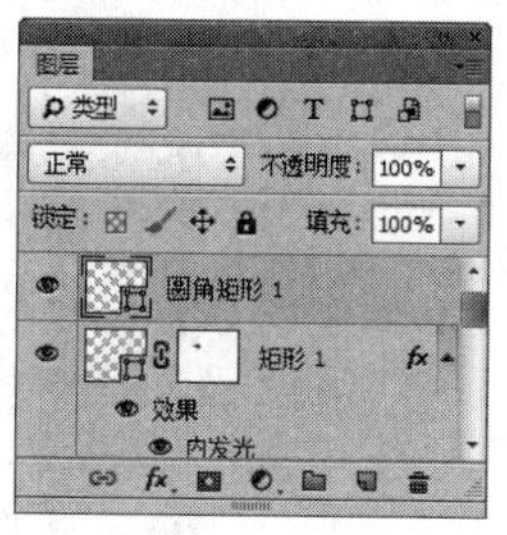

图8.335　绘制图形

STEP 15 在“图层”面板中选中“圆角矩形1”图层，单击面板底部的“添加图层样式”fx按钮，在菜单中选择“渐变叠加”命令，在弹出的对话框中将“渐变”更改为深黄色（R：88，G：45，B：33）到深黄色（R：170，G：130，B：110）再到深黄色（R：88，G：45，B：33），“角度”更改为0度，完成之后单击“确定”按钮，如图8.336所示。

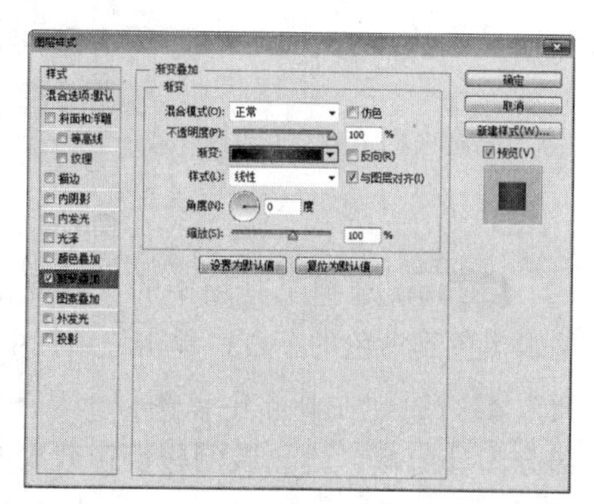

图8.336　设置渐变叠加

STEP 16 选中“圆角矩形 1”图层，执行菜单栏中的“滤镜”|“杂色”|“添加杂色”命令，在弹出的对话框中单击“平均分布”单选按钮并勾选“单色”复选框，将“数量”更改为2%，完成之后单击“确定”按钮，如图8.337所示。

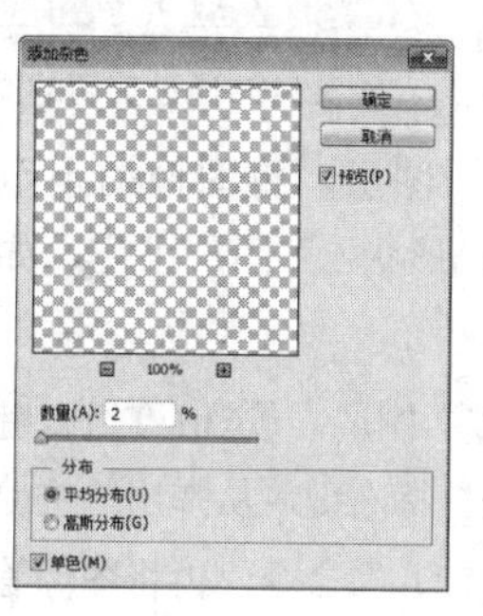

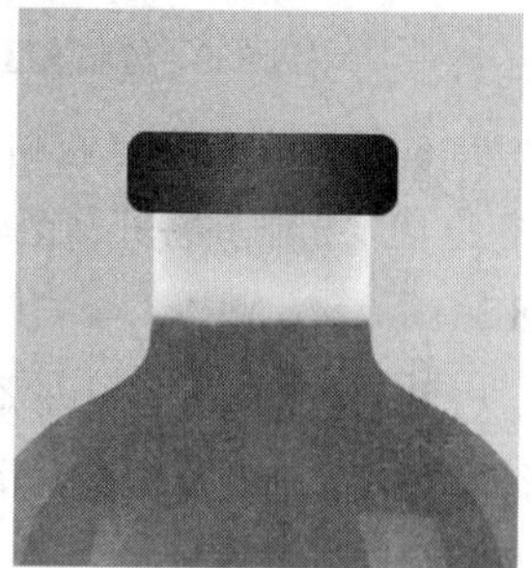

图8.337　设置添加杂色

8.5.5 添加标签图像

STEP 01 执行菜单栏中的“文件”|“打开”命令，打开“果酱包装平面效果.ai”文件，将打开的素材拖入画布中并适当缩小，其图层名称将更改为“图层1”，如图8.338所示。

图8.338　添加图像

STEP 02 选择工具箱中的“多边形套索工具”，在画布中小标签图像位置绘制一个不规则选区以选中部分图像，如图8.339所示。

STEP 03 执行菜单栏中的“图层”|“新建”|“通过剪切的图层”命令，将生成的图层名称更改为“小标签”，将“图层1”图层名称更改为“瓶贴”，如图8.340所示。

图8.339 绘制选区

图8.340 通过剪切的图层

STEP 04 选中“瓶贴”图层，将图像缩小至与瓶身宽度相同并将其移至“形状 2”图层下方，如图8.341所示。

STEP 05 选中“小标签”图层，按Ctrl+T组合键执行“自由变换”命令，单击鼠标右键，从弹出的快捷菜单中选择“旋转90度（逆时针）”命令，再将图像等比例缩小，完成之后按Enter键确认，如图8.342所示。

图8.341 调整图层

图8.342 变换图像

STEP 06 同时选中除“背景”图层之外所有图层并按Ctrl+G组合键将其编组，将生成的组名称更改为“立体包装”，如图8.343所示。

STEP 07 在“图层”面板中选中“立体包装”组，将其拖至面板底部的“创建新图层”按钮上，复制出一个“立体包装 拷贝”组，选中“立体包装”组按Ctrl+E组合键将其合并，如图8.344所示。

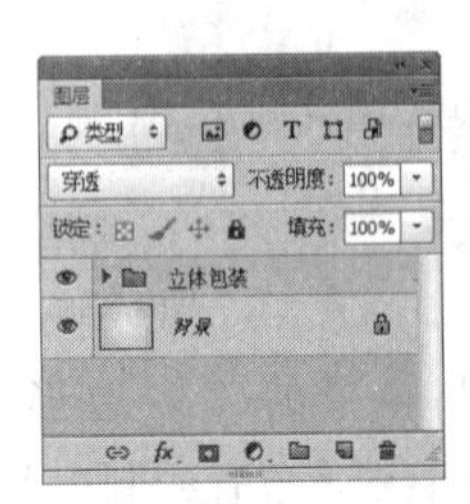

图8.343 将图层编组

图8.344 复制及合并组

8.5.6 制作倒影并增强对比

STEP 01 选中“立体包装”图层，在画布中按Ctrl+T组合键对其执行“自由变换”命令，将鼠标指针移至出现的变形框上并单击鼠标右键，从弹出的快捷菜单中选择“垂直翻转”命令，完成之后按Enter键确认，再将图像与原图像对齐，如图8.345所示。

图8.345 变换图像

STEP 02 选中“立体包装”图层，执行菜单栏中的“滤镜”|“模糊”|“动感模糊”命令，在弹出的对话框中将“角度”更改为0度，“距离”更改为10像素，设置完成之后单击“确定”按钮，如图8.346所示。

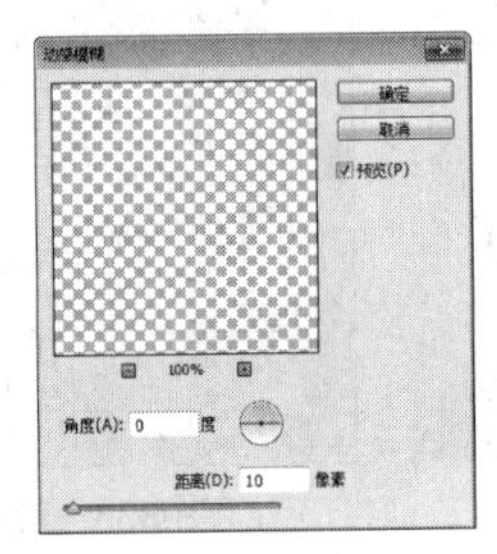

图8.346 设置动感模糊

STEP 03 在“图层”面板中选中“立体包装”图层，单击面板底部的“添加图层蒙版”按钮，为该图层添加图层蒙版，如图8.347所示。

图8.347 添加图层蒙版

STEP 04 选择工具箱中的“渐变工具”，编辑黑色到白色的渐变，单击选项栏中的“线性渐变”按钮，在画布中该图像上从下至上拖动将部分图像隐藏，为包装制作倒影效果，如图8.348所示。

图8.348 隐藏图像

STEP 05 选择工具箱中的“椭圆工具”，在选项栏中将“填充”更改为黑色，“描边”为无，在瓶子底部绘制一个椭圆图形，此时将生成一个“椭圆1”图层，将“椭圆1”图层移至“立体包装拷贝”组下方，如图8.349所示。

图8.349 绘制图形

STEP 06 选中“椭圆1”图层，执行菜单栏中的“滤镜”|“模糊”|“高斯模糊”命令，在弹出的对话框中将“半径”更改为5像素，完成之后单击“确定”按钮，如图8.350所示。

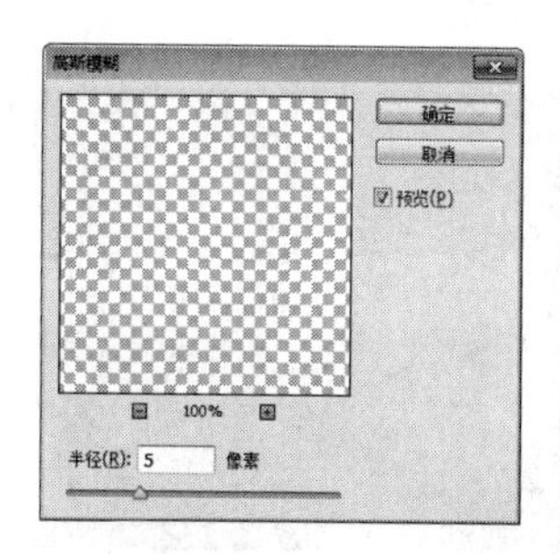

图8.350 设置高斯模糊

STEP 07 选中“椭圆1”图层，执行菜单栏中的“滤镜”|“模糊”|“动感模糊”命令，在弹出的对话框中将“角度”更改为0度，“距离”更改为65像素，设置完成之后单击“确定”按钮，如图8.351所示。

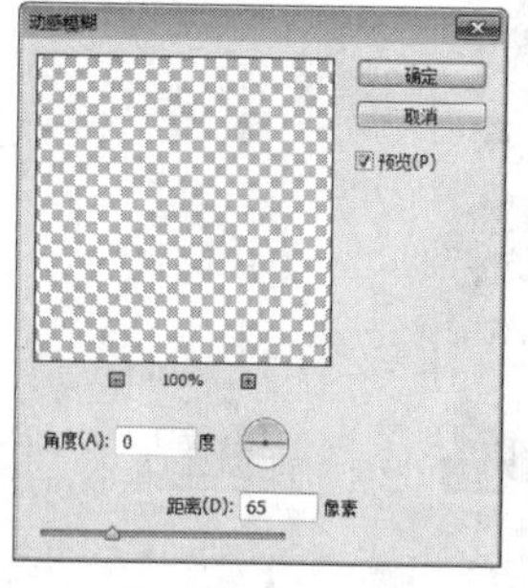

图8.351 设置动感模糊

STEP 08 同时选中除“背景”图层之外的所有图层，在画布中按住Alt+Shift组合键并向右侧拖动将图像复制，如图8.352所示。

图8.352 复制图像

STEP 09 同时选中除背景图层外的所有图层，按Ctrl+G组合键将其编组，将生成的组名称更改为“最终效果”，如图8.353所示。

STEP 10 选中“最终效果”组，将其拖至面板底部的“创建新图层”按钮上，复制出一个“最终效果 拷贝”组，如图8.354所示。

图8.353 编组图层　　图8.354 复制组

STEP 11 选中“最终效果 拷贝”图层，将其图层混合模式更改为叠加，“不透明度”更改为30%，这样就完成了效果制作，最终效果如图8.355所示。

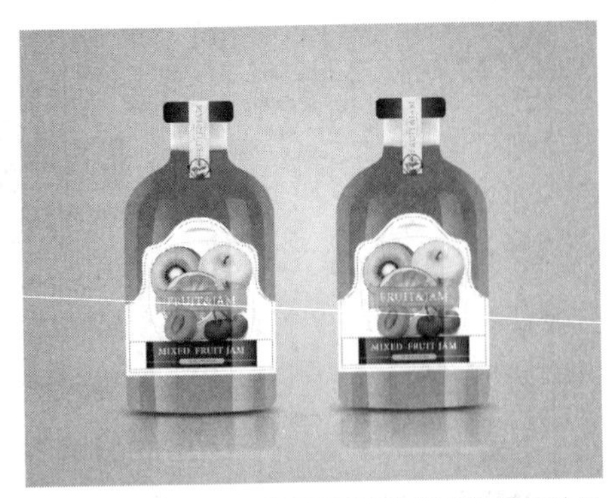

图8.355　设置图层混合模式及最终效果

8.6 饼干包装设计

素材位置	素材文件\第8章\饼干包装
案例位置	案例文件\第8章\饼干包装平面效果.ai、饼干包装展示效果.psd
视频位置	多媒体教学\第8章\8.6　饼干包装设计.avi
难易指数	★★★☆☆

本例讲解饼干包装设计制作，本例在设计上十分卡通化，以形象的卡通动物与实物饼干图像相结合，组合成一个简洁却十分可爱的包装效果。此款饼干以体现“酥脆”特点为主，所以在立体展示效果制作上采用与薯片包装相同的真空包装效果，在制作过程中表现出远近透视的视觉效果，最终展示效果如图8.356所示。

图8.356　最终效果

8.6.1 使用Illustrator制作包装展开面效果

STEP 01 执行菜单栏中的“文件”|“新建”命令，在弹出的对话框中设置“宽度”为160mm，“高度”为200mm，新建一个空白画布，如图8.357所示。

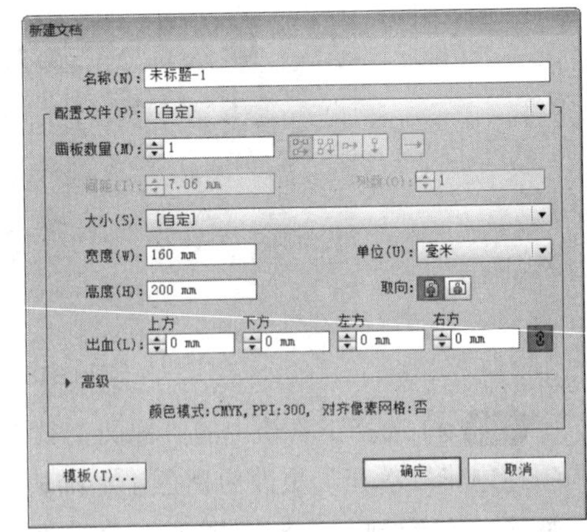

图8.357　新建文档

STEP 02 选择工具箱中的“矩形工具”，将“填色”更改为蓝色（R：8，G：97，B：182），在画布中绘制一个与其大小相同的矩形，如图8.358所示。

图8.358　绘制图形

STEP 03 执行菜单栏中的“文件”|“打开”命令，打开“饼干.psd”文件，将打开的素材图像拖入画布中靠底部位置，如图8.359所示。

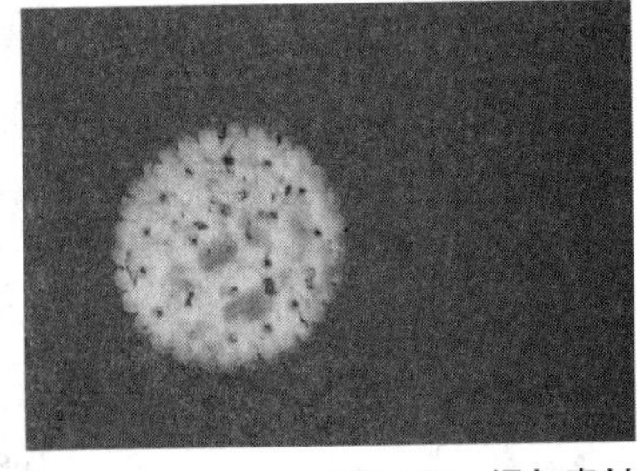

图8.359　添加素材

STEP 04 选中饼干图像，执行菜单栏中的“效果”|“风格化”|“投影”命令，在弹出的对话框中将“不透明度”更改为30%，“X位移”更改为1mm，“Y位移”更改为1mm，“模糊”更改为1mm，完成之后单击“确定”按钮，如图8.360所示。

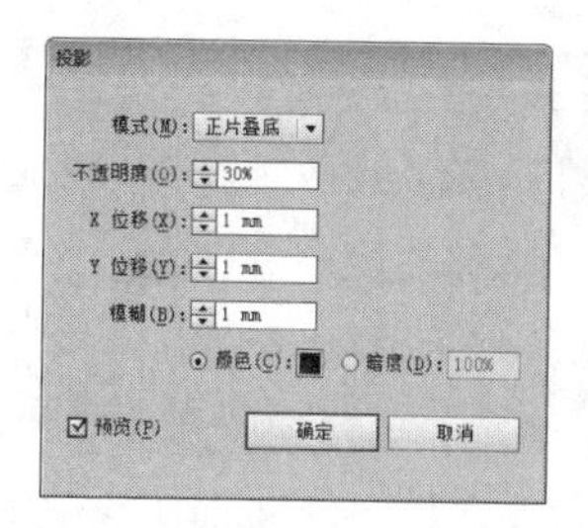

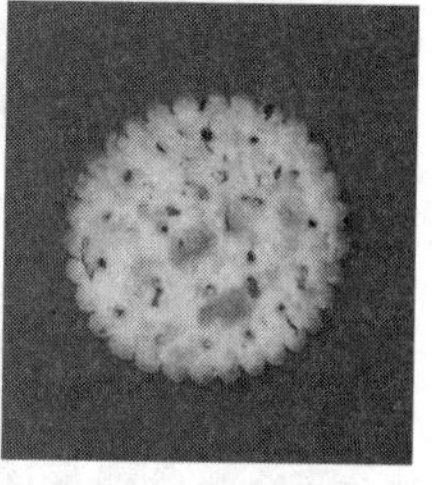

图8.360 设置投影

STEP 05 选择工具箱中的“钢笔工具”，将“填色”更改为蓝色（R：130，G：220，B：252），在画布适当位置绘制一个卡通鲸鱼形状图形，如图8.361所示。

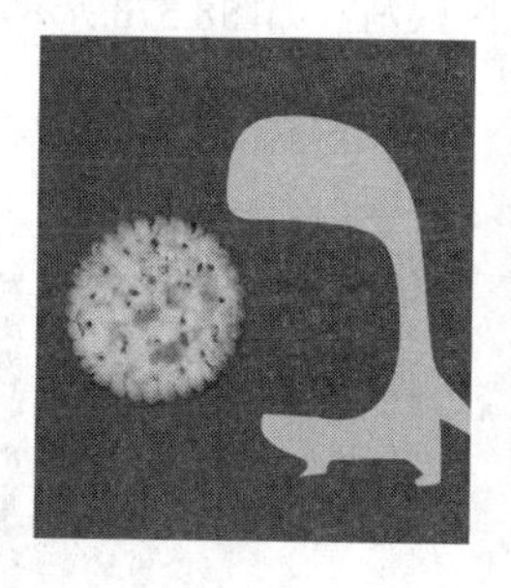

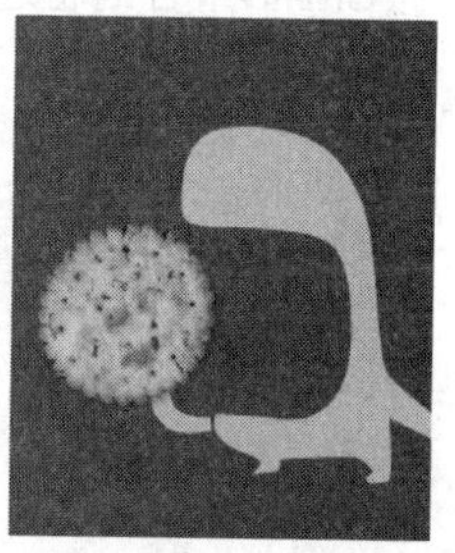

图8.361 绘制图形

STEP 06 以同样的方法在图形位置继续绘制卡通图形，如图8.362所示。

图8.362 继续绘制图形

STEP 07 选择工具箱中的“文字工具”T，在画布适当位置添加文字，这样就完成了效果制作，最终效果如图8.363所示。

图8.363 添加文字及最终效果

8.6.2 使用Photoshop处理包装效果

STEP 01 执行菜单栏中的“文件”|“新建”命令，在弹出的对话框中设置“宽度”为10厘米，“高度”为6.5厘米，“分辨率”为300像素/英寸，新建画个空白画布，如图8.364所示。

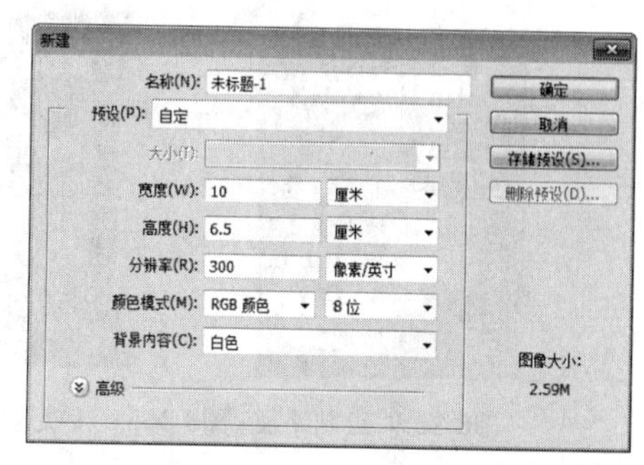

图8.364 新建画布

STEP 02 选择工具箱中的“渐变工具”，编辑蓝色（R：192，G：218，B：243）到白色的渐变，单击选项栏中的“线性渐变”按钮，在画布中从上向下拖动为画布填充渐变，如图8.365所示。

图8.365 填充渐变

STEP 03 执行菜单栏中的“文件”|“打开”命令，打开“饼干包装平面效果.ai”文件，将打开的素材图像拖入画布中适当位置，将其图层名称将更改为“包装”，如图8.366所示。

图8.366 添加图像

STEP 04 选择工具箱中的“钢笔工具”，在包装图像上绘制一个包装形状不规则路径，如图8.367所示。

STEP 05 按Ctrl+Enter组合键将路径转换为选区，执行菜单栏中的“选择”|“反向”命令，选中“包装”图层，在画布中将选区中图像删除，完成之后按Ctrl+D组合键将选区取消，如图8.368所示。

图8.367 绘制路径 图8.368 转换选区并删除图像

STEP 06 选择工具箱中的“矩形工具”，在选项栏中将其“填充”更改为黑色，“描边”为无，按住Shift键并在画布中任意位置绘制一个矩形，此时将生成一个“矩形1”图层，如图8.369所示。

STEP 07 选中“矩形1”图层，执行菜单栏中的“图层”|“栅格化”|“图形”命令，将当前图形栅格化，如图8.370所示。

图8.369 绘制矩形 图8.370 栅格化形状

STEP 08 选中“矩形1”图层，在画布中按Ctrl+T组合键对其执行自由变换命令，在选项栏中的“旋转”的文本框中输入45度，然后在画布中按住Alt键将其上下缩小，完成之后按Enter键确认，如图8.371所示。

STEP 09 选中“矩形1”图层，按Ctrl+T组合键对其执行“自由变换”命令，将图像高度缩小，完成之后按Enter键确认，如图8.372所示。

图8.371 变形图形 图8.372 缩小高度

STEP 10 选择工具箱中的“矩形选框工具”，选中“矩形1”图层，在画布中绘制选区选中部分图形，按Delete键将多余图形删除，删除完成之后按Ctrl+D组合键将选区取消，如图8.373所示。

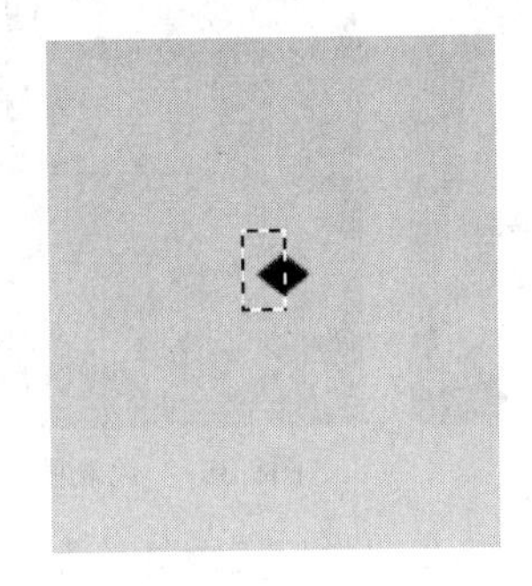

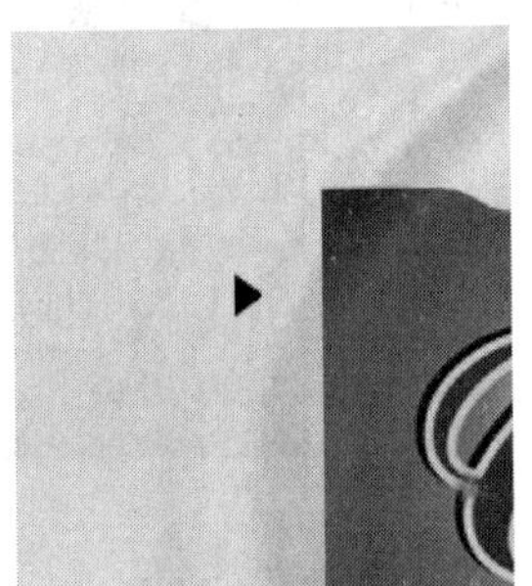

图8.373 删除部分图形

STEP 11 在“图层”面板中，按住Ctrl键并单击“矩形1”图层将其载入选区，执行菜单栏中的“编辑”|“定义画笔预设”命令，在出现的对话框中将“名称”更改为“包装锯齿”，完成之后单击“确定”按钮，完成之后按Ctrl+D组合键将选区取消，如图8.374所示。

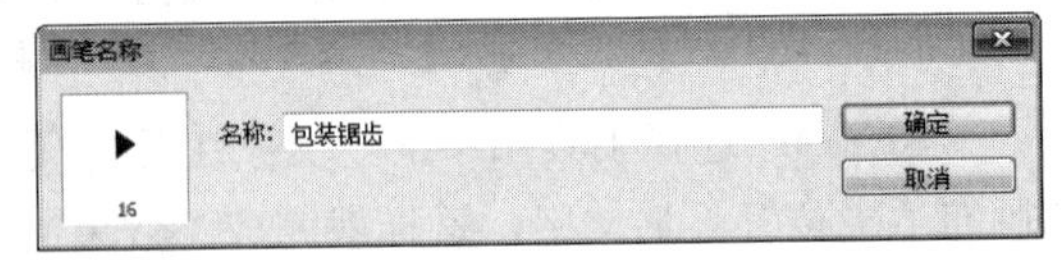

图8.374 定义画笔预设

STEP 12 选中“矩形1”图层，在画布中按Ctrl+A组合键将图层中的小三角图形选中，按Delete键将其删除，完成之后按Ctrl+D组合键将选区取消，如图8.375所示。

STEP 13 按住Ctrl键并单击“包装”图层缩览图，将其载入选区，如图8.376所示。

图8.375　删除图像

图8.376　载入选区

STEP 14 选择任意选区工具，在画布选区中单击鼠标右键，从弹出的快捷菜单中选择“建立工作路径”命令，在弹出的对话框中将“容差”更改为1.0像素，完成之后单击“确定”按钮，如图8.377所示。

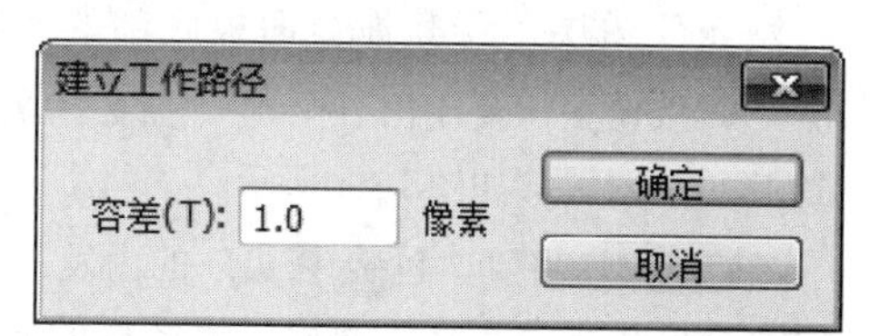

图8.377　建立工作路径

STEP 15 选择工具箱中的“直接选择工具”，选中左右两侧的路径，按Delete键将其删除，如图8.378所示。

STEP 16 选择工具箱中的“直接选择工具”，调整锚点使路径尽量与包装边缘吻合，如图8.379所示。

图8.378　删除锚点

图8.379　调整锚点

STEP 17 在“画笔”面板中选择刚才所定义的“包装锯齿”笔触，将“大小”更改为13像素，“间距”更改为150%，如图8.380所示。

STEP 18 勾选“形状动态”复选框，将“角度抖动”中的“控制”更改为方向，如图8.381所示。

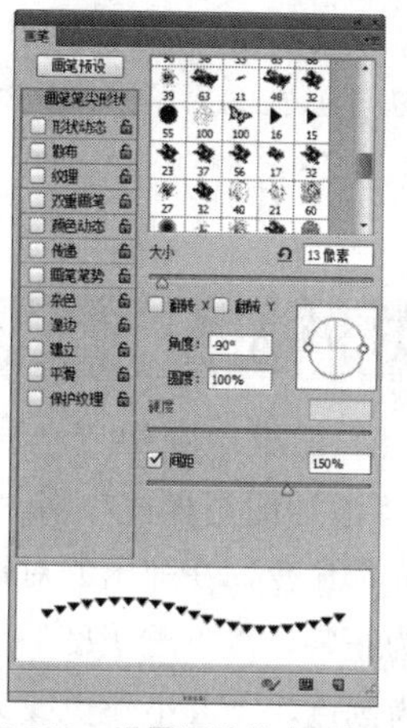
图8.380　设置画笔笔尖形状

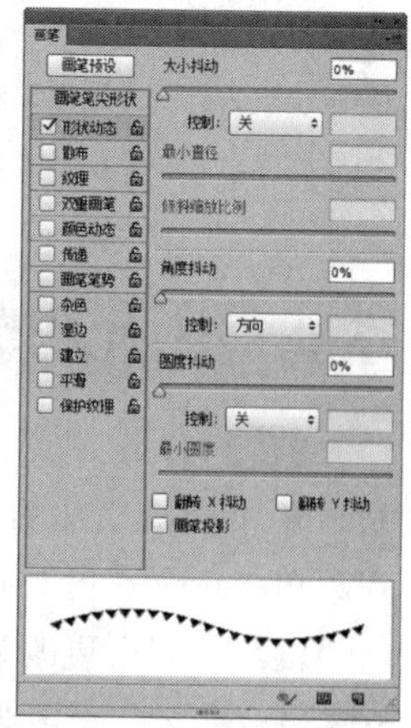
图8.381　勾选形状动态

STEP 19 选中“矩形1”图层，在“路径”面板中，在“工作路径”上单击鼠标右键，从弹出的快捷菜单中选择“描边路径”命令，在弹出的对话框中选择“工具”为画笔，确认取消勾选“模拟压力”复选框，完成之后单击“确定”按钮，如图8.382所示。

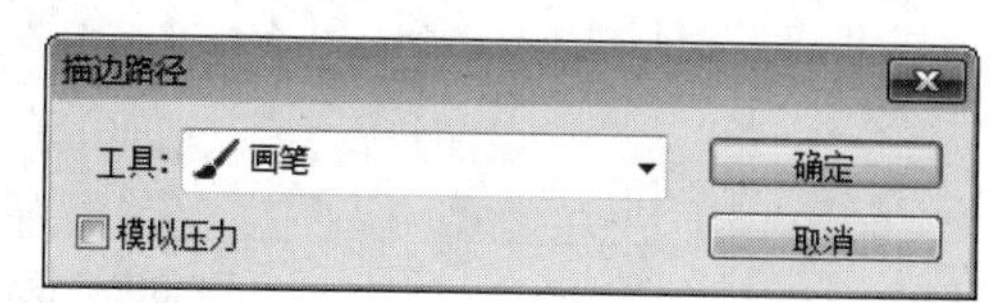

图8.382　设置描边路径

技巧与提示

勾选“模拟压力”复选框之后描边将不能正常显示。

STEP 20 在“图层”面板中，按住Ctrl键并单击“矩形1”图层，将其载入选区，如图8.383所示。

STEP 21 选中“包装”图层，在画布中按Delete键将部分图形删除，再选中“矩形1”图层并拖至面板底部的“删除图层”按钮上将其删除，如图8.384所示。

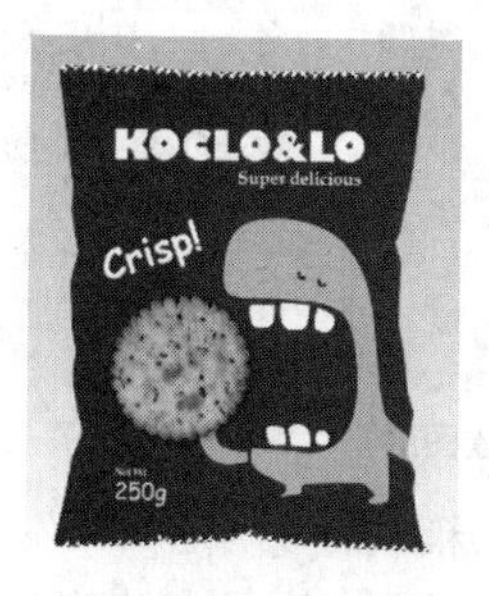

图8.383　载入选区

图8.384　删除图像

技巧与提示

绘制锯齿图像之后无法与包装边缘对齐时可以适当缩小图像高度，这样隐藏图像后的锯齿效果更加自然。

8.6.3 添加阴影和高光

STEP 01 在“图层”面板中选中“包装”图层，单击面板底部的“添加图层样式” fx 按钮，在菜单中选择“内发光”命令，在弹出的对话框中将“混合模式”更改为正常，“不透明度”更改为50%，“颜色”更改为黑色，“大小”更改为80像素，完成之后单击“确定”按钮，如图8.385所示。

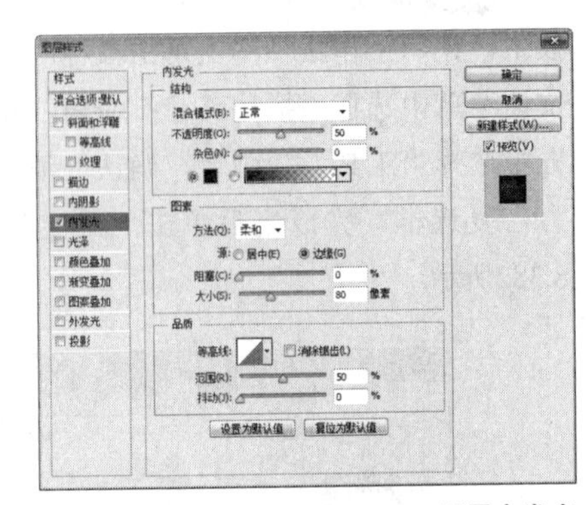

图8.385 设置内发光

STEP 02 在“图层”面板中的“包装”图层样式名称上单击鼠标右键并从弹出的快捷菜单中选择“创建图层”命令，此时将生成“‘包装’的内发光”图层，如图8.386所示。

STEP 03 在“图层”面板中选中“‘包装’的内发光”图层，单击面板底部的“添加图层蒙版” 按钮，为其添加图层蒙版，如图8.387所示。

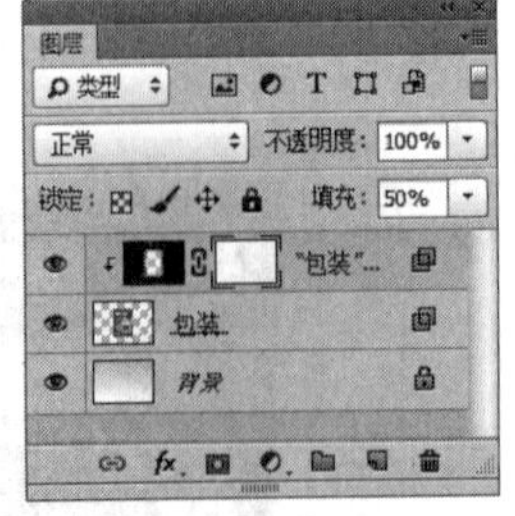

图8.386 创建图层　　图8.387 添加蒙版

STEP 04 选择工具箱中的“画笔工具” ，在画布中单击鼠标右键，在弹出的面板中选择一种圆角笔触，将“大小”更改为150像素，“硬度”更改为0%，如图8.388所示。

STEP 05 将前景色更改为黑色，在画布中图像上的部分区域涂抹以将其隐藏，如图8.389所示。

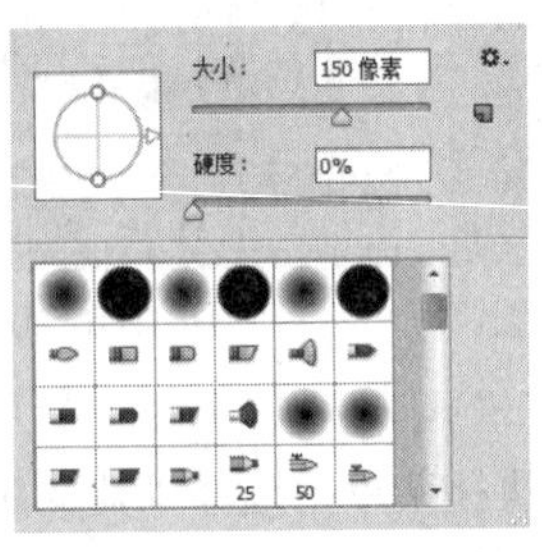

图8.388 设置笔触　　图8.389 隐藏图层样式

STEP 06 在“图层”面板中选中“‘包装’的内发光”图层，将其拖至面板底部的“创建新图层” 按钮上，复制出一个“‘包装 拷贝’的内发光 拷贝”图层，如图8.390所示。

STEP 07 将“‘包装 拷贝’的内发光 拷贝”图层混合模式更改为正片叠底，以同样的方法将其图层中部分图层样式隐藏，如图8.391所示。

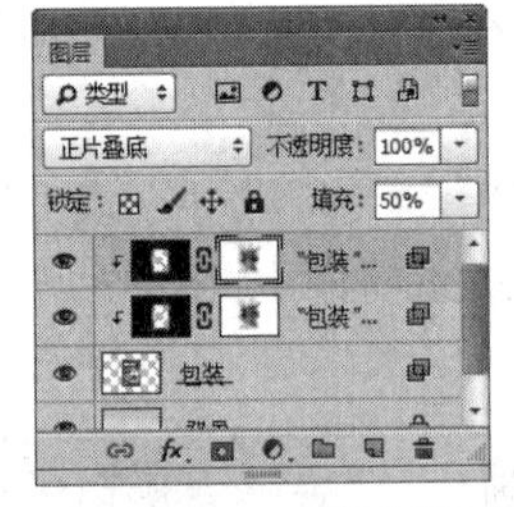

图8.390 复制图层 图8.391 设置图层混合模式

技巧与提示

复制图层的目的是加深包装阴影部分使整体立体感更加强烈，因此在隐藏图层样式时应以体现立体效果为原则。

STEP 08 选择工具箱中的“钢笔工具” ，在选项栏中将“填充”更改为无，“描边”为白色，“粗细”更改为0.2点，在包装靠顶部绘制一条线段，此时将生成一个“形状1”图层，如图8.392所示。

图8.392 绘制图形

STEP 09 选中“形状 1”图层，将其图层“混合模式”更改为柔光，“不透明度”更改为50%，如图8.393所示。

图8.393 更改不透明度

STEP 10 选中“形状1”图层，在画布中按住Alt+Shift组合键并向下拖动将图像复制数份，如图8.394所示。

STEP 11 以同样的方法在包装底部绘制压痕图形，如图8.395所示。

图8.394 复制图形

图8.395 绘制图形

STEP 12 选择工具箱中的“钢笔工具”，在选项栏中单击“选择工具模式” 路径 按钮，在弹出的选项中选择“形状”，将“填充”更改为黑色，“描边”更改为无，在包装顶部位置绘制一个不规则图形，此时将生成一个“形状3”图层，如图8.396所示。

图8.396 绘制图形

STEP 13 选中“形状3”图层，执行菜单栏中的“滤镜”|“模糊”|“高斯模糊”命令，在弹出的对话框中将“半径”更改为2像素，完成之后单击“确定”按钮，如图8.397所示。

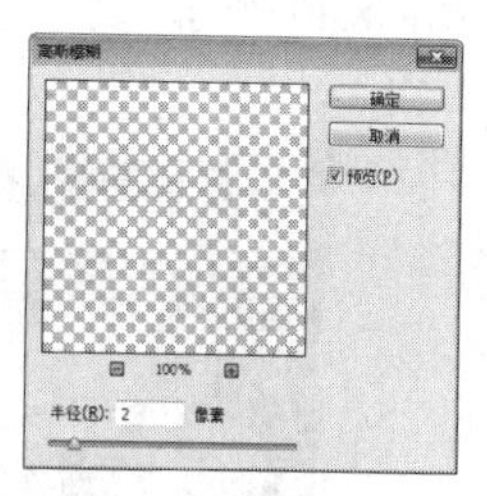

图8.397 设置高斯模糊

STEP 14 在“图层”面板中选中“形状3”图层，单击面板底部的“添加图层蒙版” 按钮，为该图层添加图层蒙版，如图8.398所示。

STEP 15 选择工具箱中的“画笔工具”，在画布中单击鼠标右键，在弹出的面板中选择一种圆角笔触，将“大小”更改为30像素，“硬度”更改为0%，如图8.399所示。

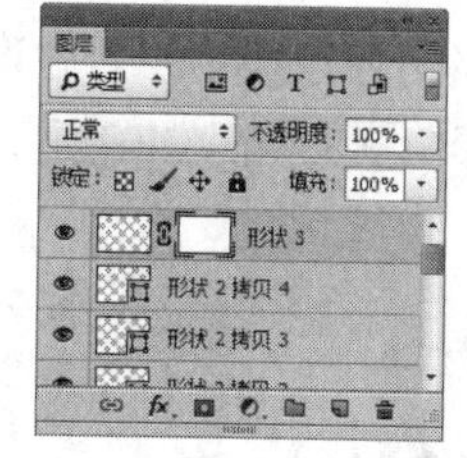

图8.398 添加图层蒙版

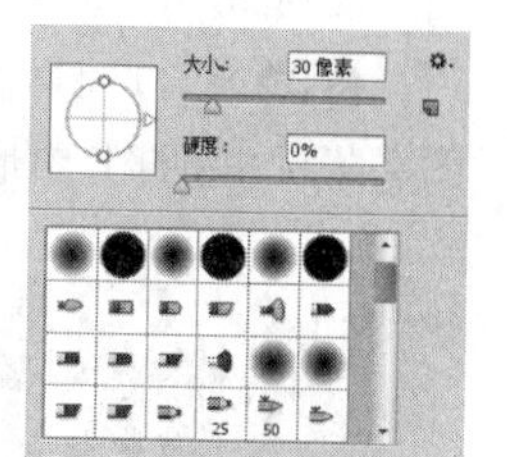

图8.399 设置笔触

STEP 16 将前景色更改为黑色，在图像上的部分区域涂抹以将其隐藏，如图8.400所示。

图8.400 隐藏图像

STEP 17 以同样的方法绘制一个白色不规则图形并制作高光效果，如图8.401所示。

图8.401 绘制图形制作阴影效果

STEP 18 以同样的方法在包装折痕位置绘制黑色图形并添加高斯模糊，利用图层蒙版将部分图像隐藏制作阴影效果，如图8.402所示。

图8.402 绘制图形制作阴影效果

STEP 19 选择工具箱中的“钢笔工具”，在选项栏中单击“选择工具模式” 路径 按钮，在弹出的选项中选择“形状”，将“填充”更改为白色，“描边”更改为无，在包装靠顶部位置绘制一个不规则图形，如图8.403所示。

STEP 20 以同样的方法，为图形所在图层添加图层蒙版并将部分图形隐藏，如图8.404所示。

图8.403 绘制图形

图8.404 隐藏图形

STEP 21 以同样方法在包装其他位置绘制白色图形制作高光效果，如图8.405所示。

图8.405 添加高光

8.6.4 制作倒影效果

STEP 01 同时选中除“背景”图层之外所有图层并按Ctrl+G组合键将其编组，将生成的组名称更改为“立体效果”，如图8.406所示。

STEP 02 在“图层”面板中选中“立体效果”组，将其拖至面板底部的“创建新图层”按钮上，复制出一个“立体效果 拷贝”组，选中“立体效果”组并按Ctrl+E组合键将其合并，此时将生成一个“立体效果”图层，如图8.407所示。

图8.406 将图层编组

图8.407 复制及合并组

STEP 03 选中“立体效果”图层，在画布中按Ctrl+T组合键对其执行“自由变换”命令，将鼠标指针移至出现的变形框上并单击鼠标右键，从弹出的快捷菜单中选择“垂直翻转”命令，完成之后按Enter键确认，再将图像与原图像底部对齐，如图8.408所示。

STEP 04 在“图层”面板中选中“立体效果”图层，单击面板底部的“添加图层蒙版”按钮，为该图层添加图层蒙版，如图8.409所示。

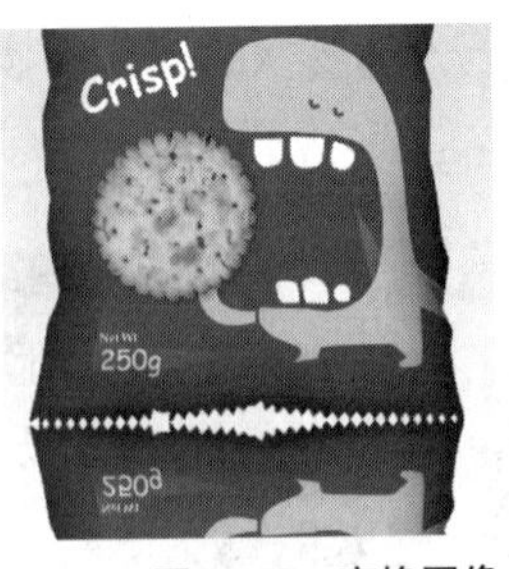

图8.408 变换图像

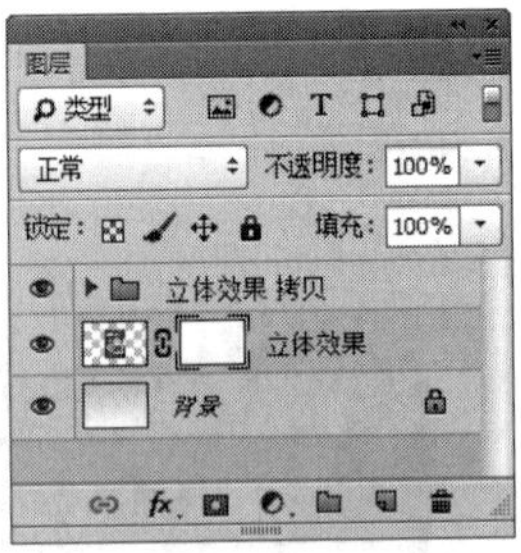

图8.409 添加图层蒙版

STEP 05 选择工具箱中的“渐变工具”，编辑黑色到白色的渐变，单击选项栏中的“线性渐变”按钮，在画布中图像上从下至上拖动将部分图像隐藏，为包装制作倒影效果，如图8.410所示。

图8.410 隐藏图像

STEP 06 同时选中除“背景”图层之外所有的图层并按Ctrl+G组合键将其编组，此时将生成一个“组1”组，如图8.411所示。

STEP 07 在“图层”面板中选中“组1”组，将其拖至面板底部的“创建新图层”按钮上，复制出一个“组1拷贝”组，选中“组1”组并按Ctrl+E组合键将其合并，此时将生成一个“组1”图层，如图8.412所示。

图8.411 将图层编组　　图8.412 复制及合并组

STEP 08 选中“组1”图层，在画布中按Ctrl+T组合键对其执行自由变换将图像等比例缩小，完成之后按Enter键确认，将图像向左侧稍微平移并等比例缩小，如图8.413所示。

图8.413 变换图像

STEP 09 选中“组 1”图层，按Ctrl+Alt+F组合键打开“高斯模糊”命令对话框，在弹出的对话框中将“半径”更改为3像素，完成之后单击“确定”按钮，如图8.414所示。

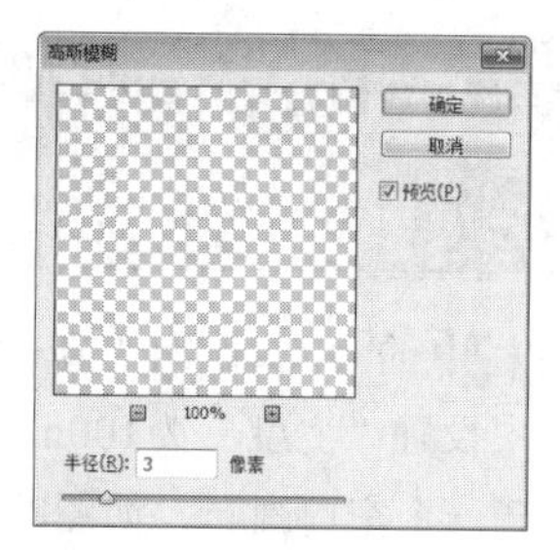

图8.414 设置高斯模糊

STEP 10 选中“组1”图层，按住Alt+Shift组合键并向右侧拖动将其复制，这样就完成了效果制作，最终效果如图8.415所示。

图8.415 复制图像及最终效果

8.7 咖啡杯包装设计

素材位置	素材文件\第8章\咖啡杯
案例位置	案例文件\第8章\咖啡杯包装平面效果.ai、咖啡杯包装展示效果.psd
视频位置	多媒体教学\第8章\8.7 咖啡杯包装设计.avi
难易指数	★★★★☆

本例讲解咖啡杯包装设计制作，本例采用花纹与简洁文字相结合的方式，而勺子图像的添加十分形象，咖啡杯展示效果制作的重点在于咖啡杯效果的制作，通过将平面图像进行变换及添加阴影、高光等制作出真实的杯子效果，最终展示效果如图8.416所示。

图8.416 最终效果

8.7.1 使用Illustrator绘制杯子并填充花纹

STEP 01 执行菜单栏中的“文件”|“新建”命令，在弹出的对话框中设置“宽度”为100mm，“高度”为100mm，新建一个空白画布，如图8.417所示。

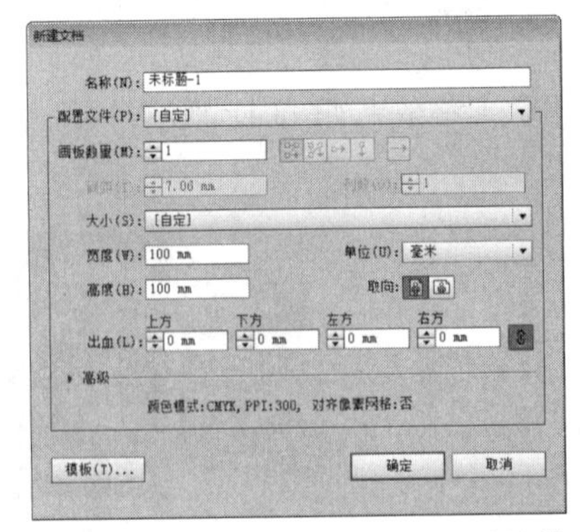

图8.417　新建文档

STEP 02 选择工具箱中的“矩形工具”，将“填色”更改为深黄色（R：140，G：96，B：64），在画布中绘制一个矩形，选择工具箱中的“自由变换工具”，拖动变形框控制点将图形透视变形，如图8.418所示。

图8.418　绘制图形并变形

STEP 03 选择工具箱中的“添加锚点工具”，在图形底部添加锚点，如图8.419所示。

STEP 04 选择工具箱中的“转换锚点工具”，单击添加的锚点，选择工具箱中的“直接选择工具”，拖动锚点将图形变形，如图8.420所示。

图8.419　添加锚点　图8.420　将图形变形

STEP 05 执行菜单栏中的“文件”|“打开”命令，打开“花纹.ai”文件，将打开的素材图像拖入画布中图形位置并适当缩放，如图8.421所示。

图8.421　添加素材

STEP 06 选中图形外轮廓，按Ctrl+C组合键将其复制，再按Ctrl+F组合键将其粘贴至原文字前方，再单击鼠标右键，从弹出的快捷菜单中“排列”|“置于顶层”命令，如图8.422所示。

STEP 07 同时选中所有对象，单击鼠标右键，从弹出的快捷菜单中选择“建立剪切蒙版”命令，将部分图像隐藏，如图8.423所示。

图8.422　复制并粘贴图形　图8.423　隐藏图形

8.7.2 绘制图形效果

STEP 01 选择工具箱中的“钢笔工具”，在杯子靠右上角位置绘制一个不规则图形，如图8.424所示。

图8.424　绘制图形

STEP 02 选中图形，双击工具箱中的“镜像工具”图标，在弹出的对话框中单击“垂直”单选按钮，单击“复制”按钮，将图像复制，再选中复制生成的图像并将其移至右侧相对位置，完成之后单击“确定”按钮，如图8.425所示。

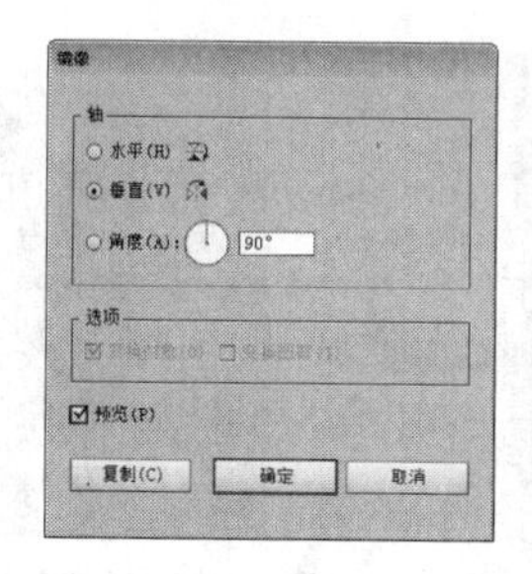

图8.425 设置镜像

STEP 03 同时选中两个图形，在“路径查找器”面板中单击“合并”按钮，将图形合并，如图8.426所示。

图8.426 合并图形

STEP 04 选中文字，按Ctrl+C组合键将其复制，再按Ctrl+F组合键将其粘贴至原文字前方，如图8.427所示。

图8.427 复制并粘贴图形

STEP 05 选中图形，选择工具箱中的“渐变工具”，在“渐变”面板中，将“渐变”更改为灰色（R：142，G：140，B：130）到灰色（R：227，G：238，B：238）到灰色（R：127，G：127，B：130）到灰色（R：227，G：238，B：238），在图形上拖动以填充渐变，如图8.428所示。

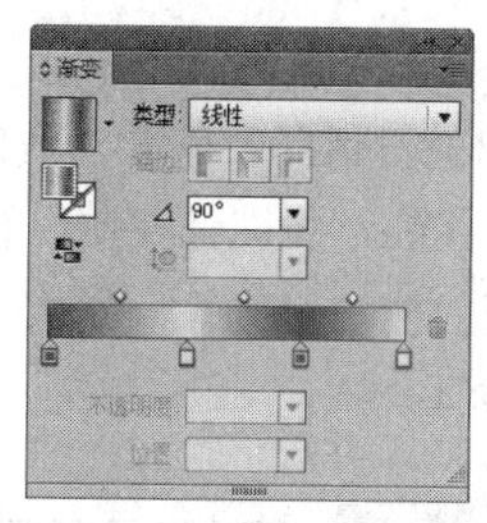

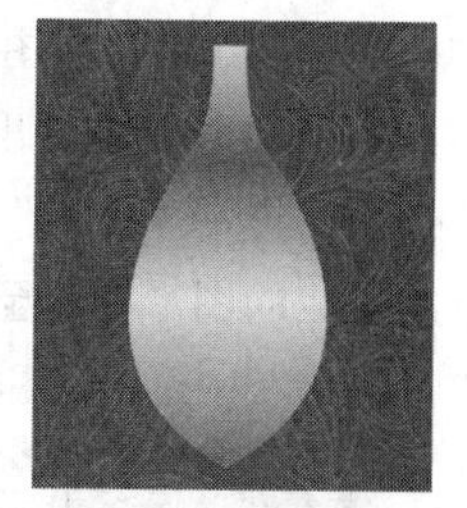

图8.428 设置并填充渐变

STEP 06 选择工具箱中的“直接选择工具”，拖动锚点将图形缩小，如图8.429所示。

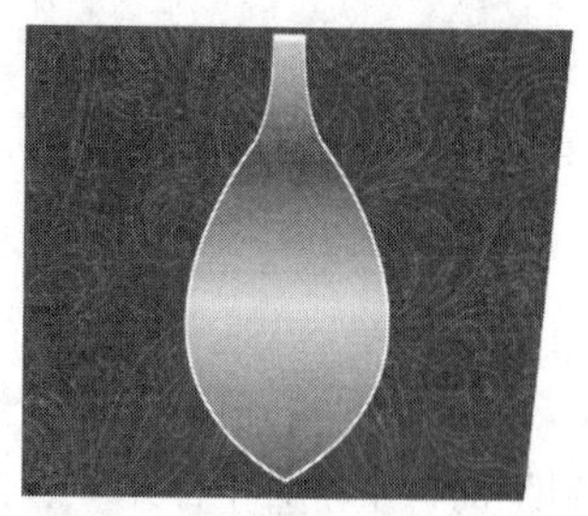

图8.429 缩小图形

STEP 07 选中绘制的图形，执行菜单栏中的“效果”|“模糊”|“高斯模糊”命令，在弹出的对话框中将“半径”更改为3像素，完成之后单击“确定”按钮，如图8.430所示。

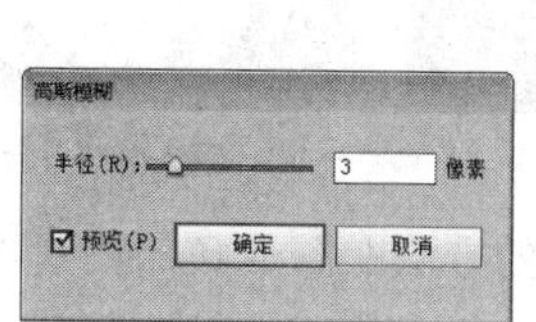

图8.430 设置高斯模糊

STEP 08 选择工具箱中的“钢笔工具”，在刚才绘制的图形位置再次绘制一个不规则图形，如图8.431所示。

图8.431 绘制图形

STEP 09 选中图形，双击工具箱中的“镜像工具”图标，在弹出的对话框中单击“垂直”单选按钮，单击“复制”按钮，将图像复制，再选中复制生成的图形并移至右侧相对位置，完成之后单击“确定”按钮，如图8.432所示。

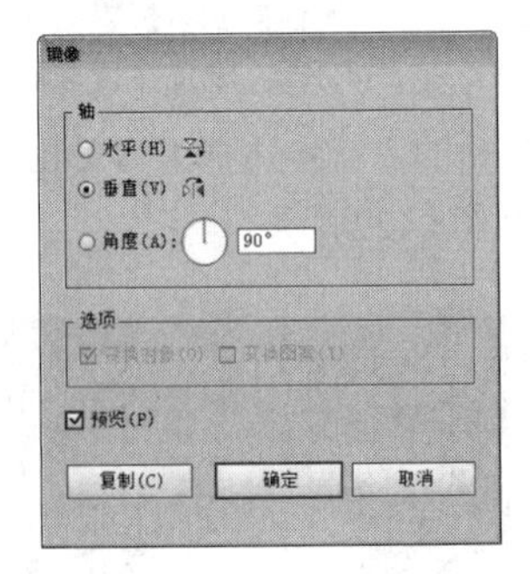

图8.432　设置镜像

STEP 10 同时选中两个图形，在“路径查找器”面板中单击“合并”按钮，将图形合并，如图8.433所示。

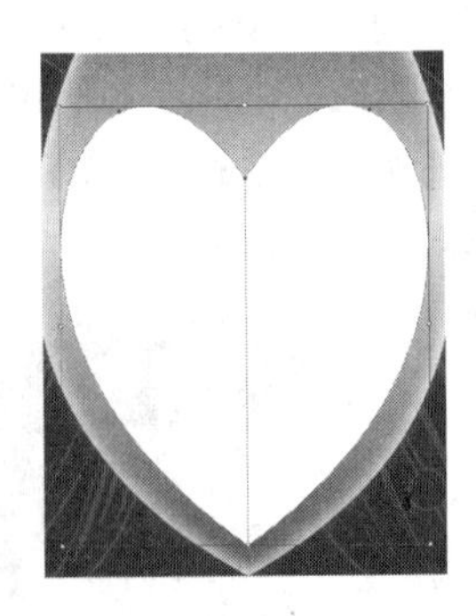

图8.433　合并图形

STEP 11 以同样的方法在图形底部位置再次绘制相同的图形并将其合并制作水滴样式图形，如图8.434所示。

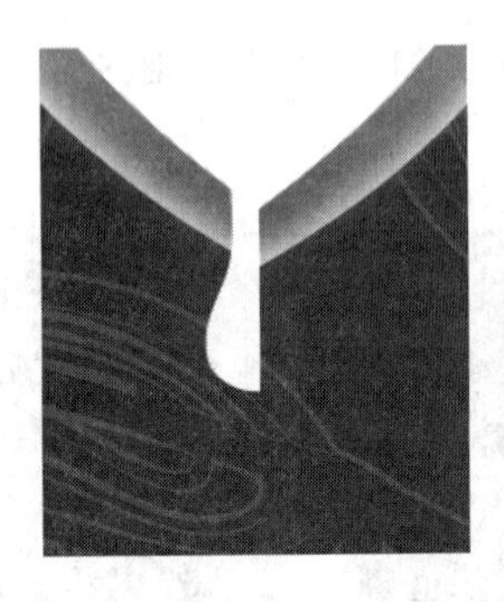
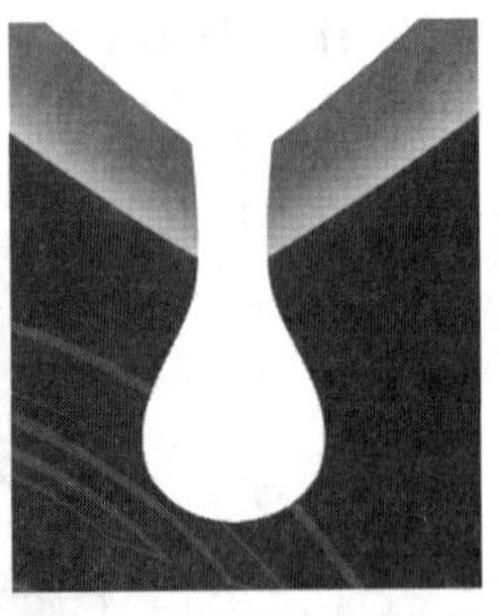

图8.434　绘制图形并合并

技巧与提示

将绘制的水滴样式图形移至心形图形下方。

STEP 12 选中图形，选择工具箱中的“渐变工具”，在“渐变”面板中将“渐变”更改为黄色（R：214，G：158，B：64）到黄色（R：150，G：88，B：26），“类型”更改为径向，在图形上拖动以填充渐变，如图8.435所示。

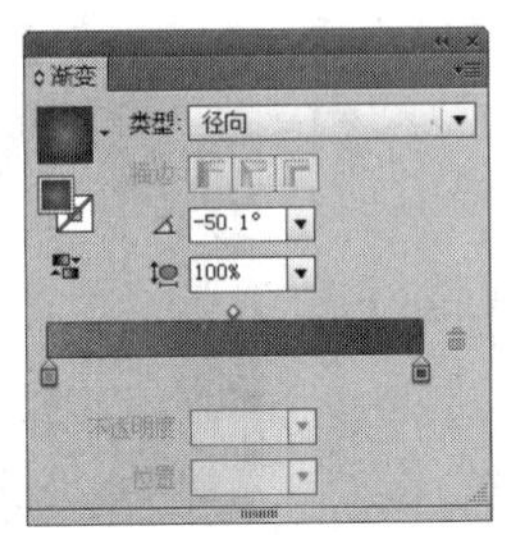

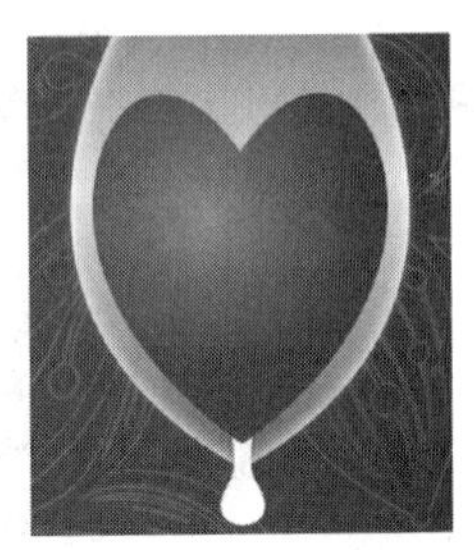

图8.435　设置并填充渐变

STEP 13 选中水滴图形，在其图形上拖动以添加渐变，如图8.436所示。

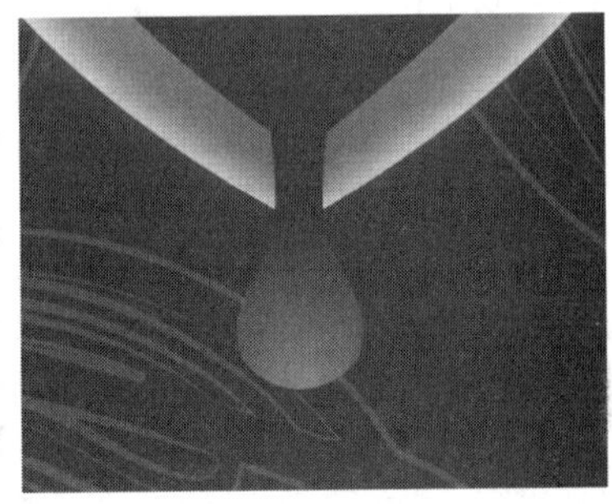

图8.436　添加渐变

STEP 14 同时选中两个图形，在“路径查找器”面板中单击“合并”按钮，将图形合并，如图8.437所示。

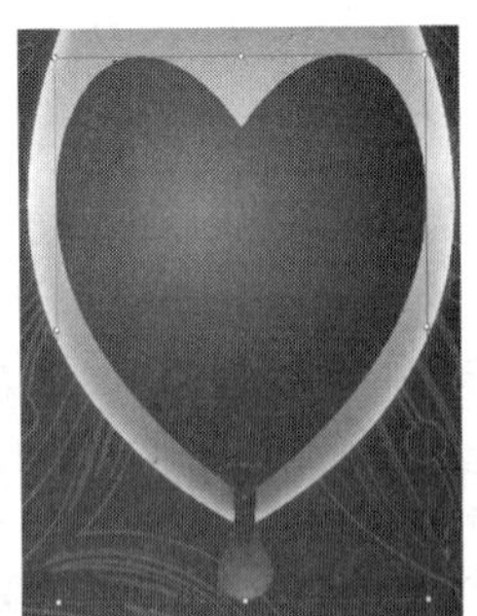

图8.437　合并图形

STEP 15 选中心形图形，执行菜单栏中的“效果”|“风格化”|“内发光”命令，在弹出的对话框中将“颜色”更改为白色，“模糊”更改为0.3mm，完成之后单击“确定”按钮，如图8.438所示。

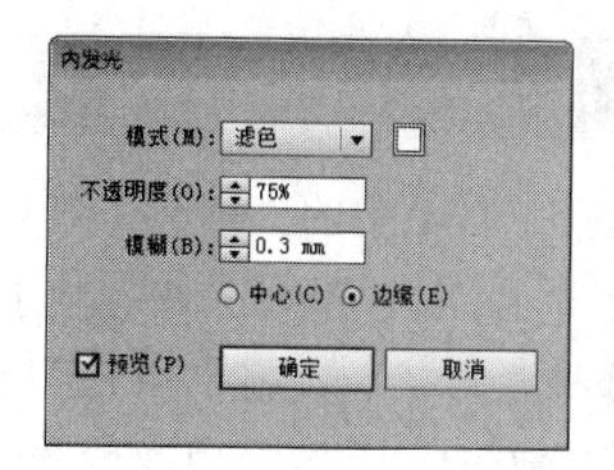

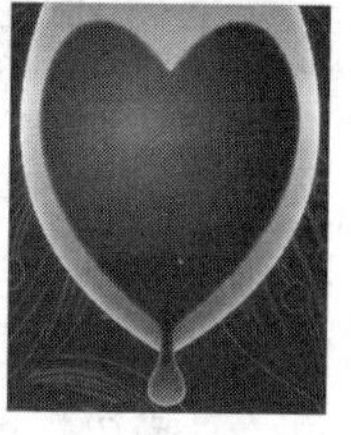

图8.438 设置内发光

STEP 16 选择工具箱中的“钢笔工具”，将“填色”更改为白色，在心形左侧位置绘制一个不规则图形，如图8.439所示。

图8.439 绘制图形

STEP 17 选中绘制的图形，执行菜单栏中的“效果”|“模糊”|“高斯模糊”命令，在弹出的对话框中将“半径”更改为2像素，完成之后单击“确定”按钮，再将其图形“不透明度”更改为20%，如图8.440所示。

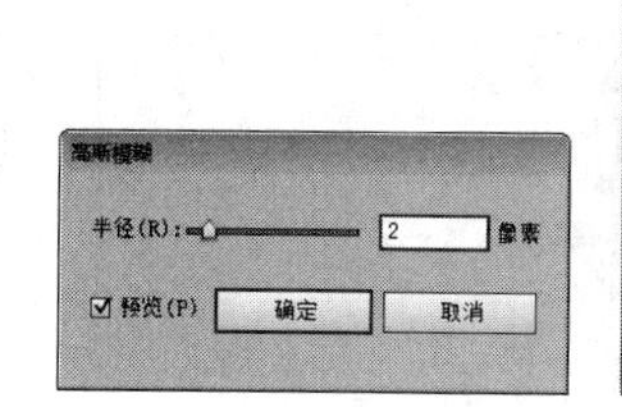

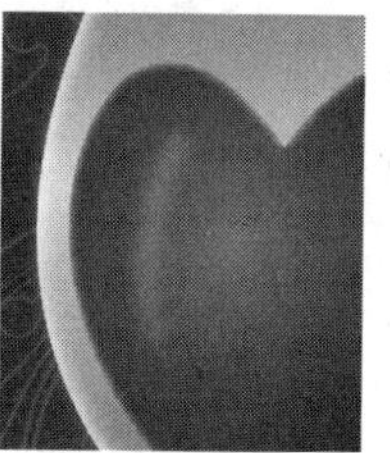

图8.440 添加高斯模糊

STEP 18 选择工具箱中的“文字工具”T，在画布适当位置添加文字，这样就完成了效果制作，最终效果如图8.441所示。

图8.441 添加文字及最终效果

8.7.3 使用Photoshop制作背景并添加阴影

STEP 01 执行菜单栏中的“文件”|“新建”命令，在弹出的对话框中设置“宽度”为10厘米，“高度”为6.5厘米，“分辨率”为300像素/英寸，新建一个空白画布，如图8.442所示。

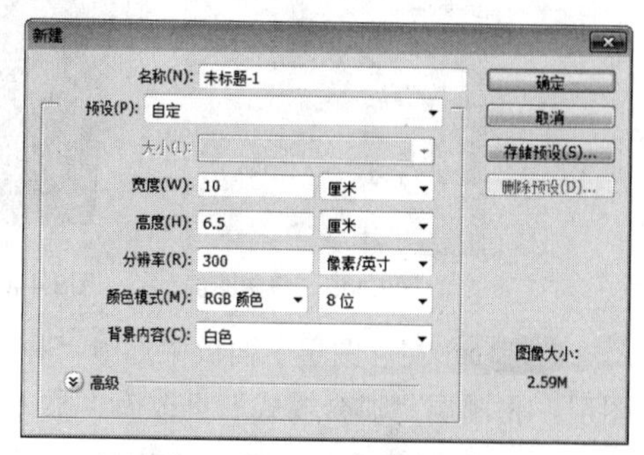

图8.442 新建画布

STEP 02 选择工具箱中的“渐变工具”，编辑浅灰色（R：245，G：245，B：245）到浅黄色（R：226，G：208，B：190）的渐变，单击选项栏中的“径向渐变”按钮，在画布中从中间向右下角方向拖动为画布填充渐变，如图8.443所示。

图8.443 填充渐变

STEP 03 执行菜单栏中的“文件”|“打开”命令，打开“咖啡杯平面效果设计.ai”文件，将打开的素材图像拖入画布中适当位置，其图层名称将更改为“杯子”，如图8.444所示。

图8.444 添加图像

STEP 04 在“图层”面板中选中“杯子”图层，

将其拖至面板底部的“创建新图层”按钮上，复制出一个“杯子 拷贝”图层，如图8.445所示。

STEP 05 选中“杯子 拷贝”图层，单击面板上方的“锁定透明像素”按钮，将透明像素锁定，将图像填充为黑色，填充完成之后再次单击此按钮将其解除锁定，如图8.446所示。

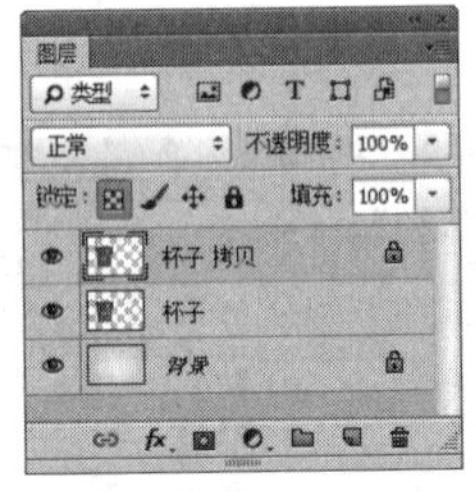

图8.445 复制图层　　图8.446 填充颜色

STEP 06 在“图层”面板中选中“杯子 拷贝”图层，将图层“混合模式”更改为“柔光”，单击面板底部的“添加图层蒙版”按钮，为其图层添加图层蒙版，如图8.447所示。

STEP 07 选择工具箱中的“画笔工具”，在画布中单击鼠标右键，在弹出的面板中选择一种圆角笔触，将“大小”更改为150像素，“硬度”更改为0%，如图8.448所示。

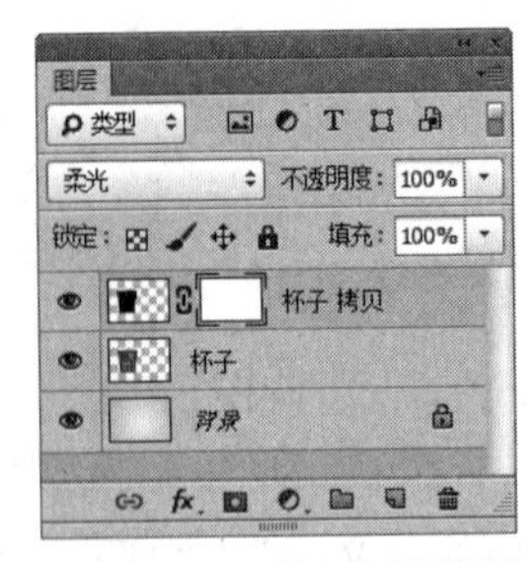

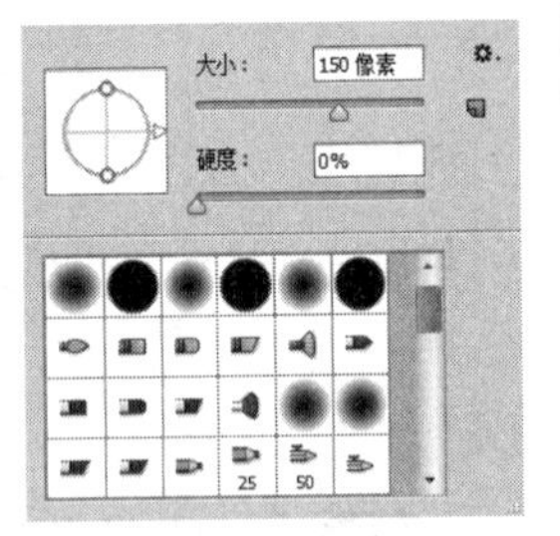

图8.447 添加图层蒙版　　图8.448 设置笔触

STEP 08 将前景色更改为黑色，在图像上的部分区域涂抹以将其隐藏，如图8.449所示。

图8.449 隐藏图像

8.7.4 绘制杯盖效果

STEP 01 选择工具箱中的“钢笔工具”，在选项栏中单击“选择工具模式” 路径 按钮，在弹出的选项中选择“形状”，将“填充”更改为白色，“描边”更改为无，在图形顶部位置绘制一个杯盖形状的不规则图形，此时将生成一个“形状1”图层，如图8.450所示。

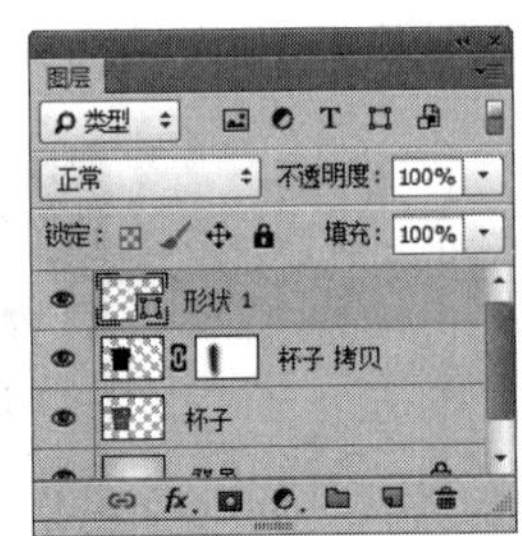

图8.450 绘制图形

STEP 02 在“图层”面板中选中“形状1”图层，单击面板底部的“添加图层样式”按钮，在菜单中选择“描边”命令，在弹出的对话框中将“大小”更改为1像素，“颜色”更改为深黄色（R：136，G：107，B：85），如图8.451所示。

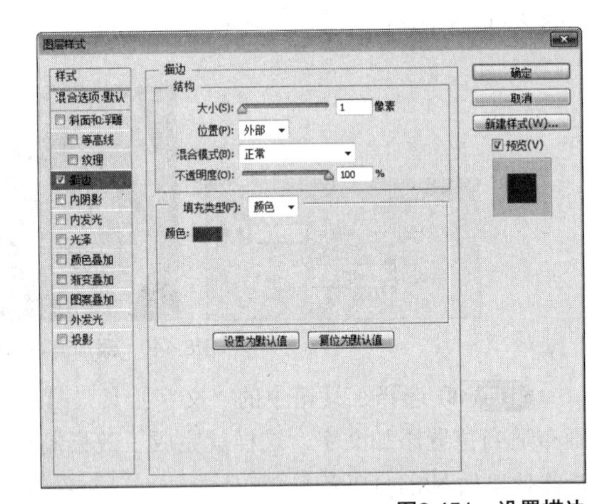

图8.451 设置描边

STEP 03 勾选“渐变叠加”复选框，在弹出的对话框中将“渐变”更改为黄色（R：107，G：80，B：58）到深黄色（R：47，G：28，B：14），然后到黄色（R：105，G：82，B：64）再到深黄色（R：20，G：8，B：2）最后到黄色（R：107，G：80，B：58），“角度”更改为0度，如图8.452所示。

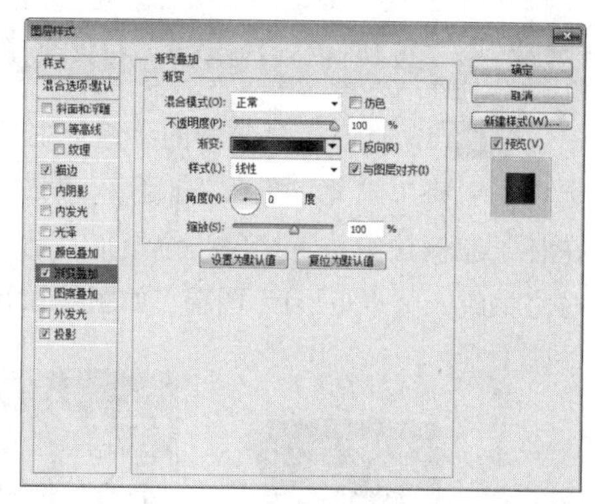
图8.452　设置渐变叠加

STEP 04 勾选“投影”复选框，将“不透明度”更改为60%，取消“使用全局光”复选框，将“角度”更改为90度，“距离”更改为4像素，“大小”更改为8像素，完成之后单击“确定”按钮，如图8.453所示。

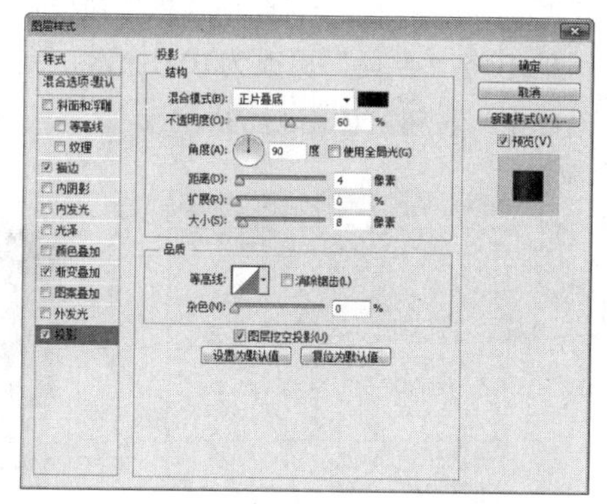
图8.453　设置投影

STEP 05 选择工具箱中的“钢笔工具”，在选项栏中单击“选择工具模式”路径按钮，在弹出的选项中选择“形状”，将“填充”更改为深黄色（R：27，G：10，B：0），“描边”更改为无，在杯盖下方位置绘制一个不规则图形，此时将生成一个“形状2”图层，并将其移至“杯子”图层下方，如图8.454所示。

图8.454　绘制图形

STEP 06 在“图层”面板中的“形状 1”组图层样式名称上单击鼠标右键并从弹出的快捷菜单中选择“创建图层”命令，此时将生成“‘形状 1’的渐变填充”“‘形状 1’的外描边”及“‘形状 1’的投影”这3个新的图层，如图8.455所示。

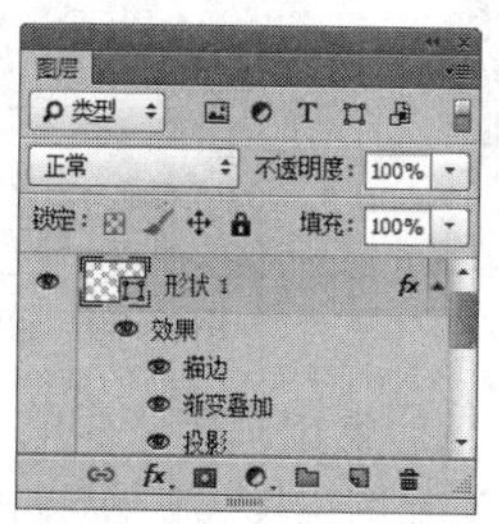

图8.455　创建图层

STEP 07 在“图层”面板中选中““形状 1”的投影”图层，单击面板底部的“添加图层蒙版”按钮，为该图层添加图层蒙版，如图8.456所示。

STEP 08 选择工具箱中的“画笔工具”，在画布中单击鼠标右键，在弹出的面板中选择一种圆角笔触，将“大小”更改为30像素，“硬度”更改为0%，如图8.457所示。

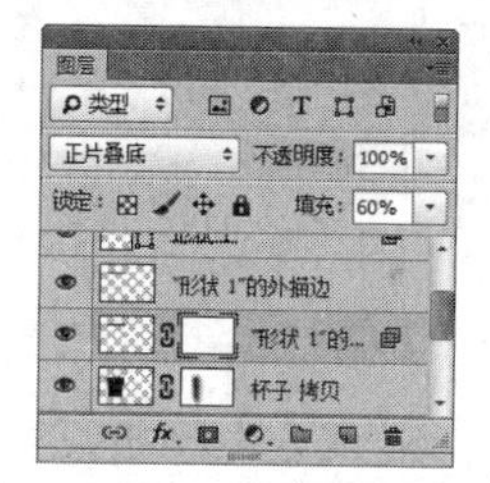
图8.456　添加图层蒙版

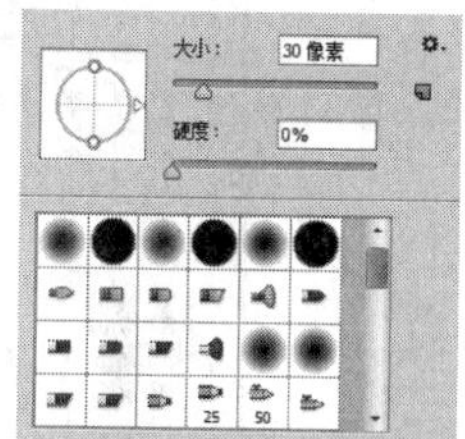
图8.457　设置笔触

STEP 09 将前景色更改为黑色，在杯盖区域外涂抹将多余阴影效果隐藏，如图8.458所示。

图8.458　隐藏图像

STEP 10 选择工具箱中的“钢笔工具”，在选项栏中单击“选择工具模式”路径按钮，在弹出的选项中选择“形状”，将“填充”更改为白色，“描边”更改为无，在杯盖顶部位置绘制一个不规则图形，此时将生成一个“形状3”图层，将

"形状3"移至"杯子"图层下方，如图8.459所示。

图8.459　绘制图形

STEP 11 在"图层"面板中选中"形状3"图层，单击面板底部的"添加图层样式" fx 按钮，在菜单中选择"渐变叠加"命令，在弹出的对话框中将"渐变"更改为黄色（R：107，G：80，B：58）到深黄色（R：47，G：28，B：14）到黄色（R：105，G：82，B：64）再到深黄色（R：20，G：8，B：2）最后到黄色（R：107，G：80，B：58），"角度"更改为0度，完成之后单击"确定"按钮，如图8.460所示。

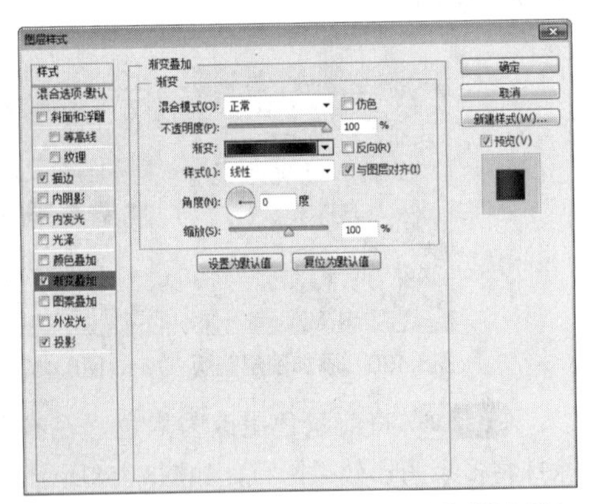

图8.460　设置渐变叠加

STEP 12 同时选中除"背景"之外的所有图层，按Ctrl+G组合键将其编组，此时将生成一个"组1"组，如图8.461所示。

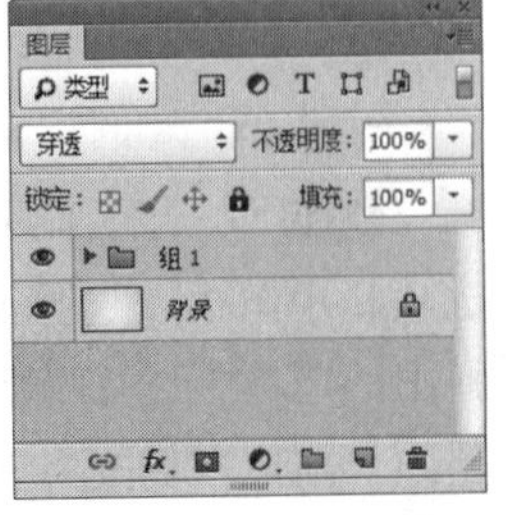

图8.461　将图层编组

8.7.5 添加杯子高光和倒影

STEP 01 选择工具箱中的"矩形工具"，在选项栏中将"填充"更改为白色，"描边"为无，在杯子左侧边缘位置绘制一个矩形，适当旋转，此时将生成一个"矩形1"图层，如图8.462所示。

图8.462　绘制图形

STEP 02 选中"矩形1"图层，执行菜单栏中的"滤镜"|"模糊"|"高斯模糊"命令，在弹出的对话框中将"半径"更改为10.0像素，完成之后单击"确定"按钮，如图8.463所示。

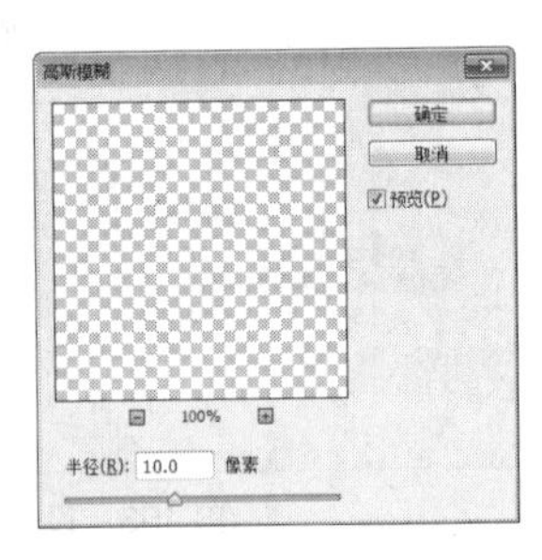

图8.463　设置高斯模糊

STEP 03 选中"矩形1"图层，将其图层混合模式更改为柔光，执行菜单栏中的"图层"|"创建剪贴蒙版"命令，为当前图层创建剪贴蒙版将部分图像隐藏，如图8.464所示。

图8.464　创建剪贴蒙版

STEP 04 以同样的方法绘制图形，为图形添加高光效果，如图8.465所示。

图8.465 绘制图形添加高光

技巧与提示

选中绘制的图形，直接按Ctrl+F组合键即可为图形添加高斯模糊效果以创建高光效果。

STEP 05 同时选中除“背景”图层之外所有的图层并按Ctrl+G组合键将其编组，将生成的组名称更改为“立体效果”，如图8.466所示。

STEP 06 在“图层”面板中选中“立体效果”组，将其拖至面板底部的“创建新图层”按钮上，复制出一个“立体效果 拷贝”组，选中“立体效果”组并按Ctrl+E组合键将其合并，此时将生成一个“立体效果”图层，如图8.467所示。

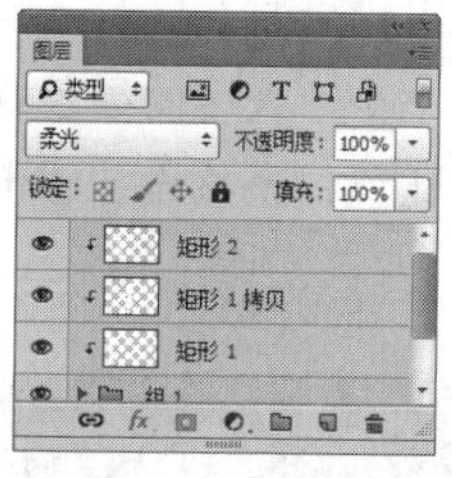

图8.466 将图层编组 图8.467 复制及合并组

STEP 07 选中“立体效果”图层，在画布中按Ctrl+T组合键对其执行“自由变换”命令，将鼠标指针移至出现的变形框上并单击鼠标右键，从弹出的快捷菜单中选择“垂直翻转”命令，完成之后按Enter键确认，再将图像与原图像底部对齐，如图8.468所示。

STEP 08 在“图层”面板中选中“立体效果”图层，单击面板底部的“添加图层蒙版”按钮，为该图层添加图层蒙版，如图8.469所示。

图8.468 变换图像 图8.469 添加图层蒙版

STEP 09 选择工具箱中的“渐变工具”，编辑黑色到白色的渐变，单击选项栏中的“线性渐变”按钮，在画布中图像上从下至上拖动将部分图像隐藏为包装制作倒影效果，如图8.470所示。

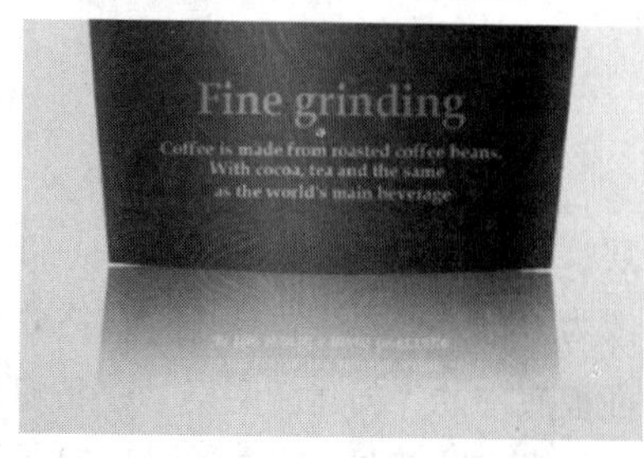

图8.470 隐藏图像

STEP 10 选择工具箱中的“椭圆工具”，在选项栏中将“填充”更改为黑色，“描边”为无，在杯子底部绘制一个椭圆图形，此时将生成一个“椭圆1”图层，并将“椭圆1”移至“立体效果 拷贝”图层下方，如图8.471所示。

图8.471 绘制图形

STEP 11 选中“椭圆 1”图层，执行菜单栏中的“滤镜”|“模糊”|“高斯模糊”命令，在弹出的对话框中将“半径”更改为3.0像素，完成之后单击“确定”按钮，再将其图层“不透明度”更改为80%，如图8.472所示。

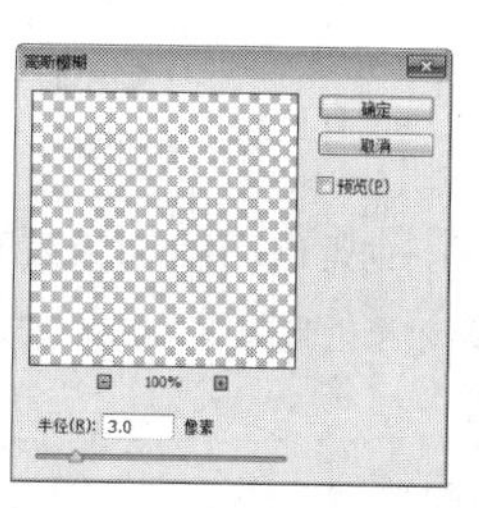

图8.472 设置高斯模糊

STEP 12 选中除“背景”之外所有图层，在画布中按住Alt+Shift组合键并向右侧拖动将图像复制，如图8.473所示。

图8.473　复制图像

STEP 13 同时选中除“背景”之外所有的图层，按Ctrl+G组合键将其编组，将生成的组名称更改为“最终效果”，选中“最终效果”组将其拖至面板底部的“创建新图层”按钮上，复制出一个“最终效果 拷贝”组，如图8.474所示。

图8.474　将图层编组并复制组

STEP 14 在“图层”面板中选中“最终效果 拷贝”组，将其图层混合模式设置为叠加，“不透明度”更改为30%，这样就完成了效果制作，最终效果如图8.475所示。

图8.475　最终效果

技巧与提示

设置图层混合模式的目的是让最终的展示效果立体感更强，可以根据实际的显示效果适当降低“最终效果 拷贝”组的不透明度。

8.8 本章小结

本章通过不同类型的包装案例，详细讲解了包装设计的展开面与立体效果的制作方法，让读者通过这些案例的学习，掌握包装设计的设计技巧。

8.9 课后习题

在经济全球化的今天，包装与商品已融为一体。包装作为实现商品价值和使用价值的手段，在生产、流通、销售和消费领域中发挥着极其重要的作用。本章特意安排了两个不同类型的包装练习，通过这些练习可以更加深入学习包装设计的方法和技巧。

8.9.1 课后习题1——手提袋包装设计

素材位置	素材文件\第8章\手提袋包装设计
案例位置	案例文件\第8章\手提袋包装平面效果.ai、手提袋包装展示效果.psd
视频位置	多媒体教学\第8章\8.9.1　课后习题1——手提袋包装设计.avi
难易指数	★★☆☆☆

本例讲解的是手提袋包装设计制作，手提袋的整体设计偏简洁，采用较少的素材图像搭配Logo制作袋子，使档次上升不少，采用的绿色背景与手提袋的红色成鲜明的对比色，整体设计感十足。最终效果如图8.476所示。

图8.476　最终效果

步骤分解如图8.477所示。

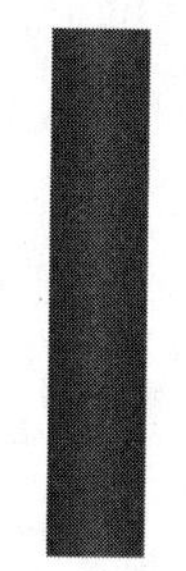

图8.477 步骤分解图

8.9.2 课后习题2——油鸡包装设计

素材位置	素材文件\第8章\油鸡包装设计
案例位置	案例文件\第8章\油鸡包装平面效果.ai、油鸡包装包装展示效果.psd
视频位置	多媒体教学\第8章\8.9.2 课后习题2——油鸡包装设计.avi
难易指数	★★★☆☆

本例讲解的是油鸡包装设计制作，此款包装的整体设计着重突出了“油鸡”，通过醒目的文字及矢量素材图形的组合，制作出符合产品特点的包装，同时深色系的色彩搭配提高了产品的档次。最终效果如图8.478所示。

图8.478 最终效果

步骤分解如图8.479所示。

图8.479 步骤分解图